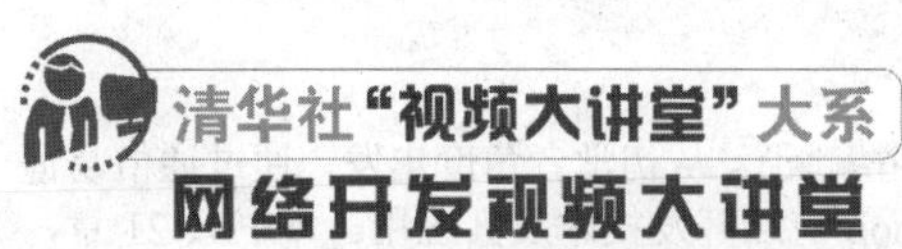

Dreamweaver+Flash+Photoshop 网页设计从入门到精通（微课精编版）

前端科技　编著

清华大学出版社

北　京

内 容 简 介

《Dreamweaver+Flash+Photoshop 网页设计从入门到精通（微课精编版）》从初学者角度出发，通过通俗易懂的语言、丰富多彩的实例，详细介绍了 Dreamweaver+Flash+Photoshop 前端开发技术及其应用。本书共 21 章，包括使用 Dreamweaver 新建网页、设计网页文本、使用网页多媒体、设计超链接、设计表格、设计表单、设计图像和背景样式、设计 DIV+CSS 页面、设计 HTML5 文档、设计 CSS3 样式、使用 Photoshop 新建网页图像、处理网页图像、设计网页元素、把效果图转换为网页、使用 Flash 新建动画、处理动画素材、设计动画元素、使用 Flash 元件、创建 Flash 动画、设计交互式动画、手机应用类型网站布局与设计等内容。书中所有知识都结合具体实例进行介绍，代码注释详尽，读者可轻松掌握前端技术精髓，提升实际开发能力。

除纸质内容外，本书还配备了多样化、全方位的学习资源，主要内容如下。

- ☑ 195节同步教学微视频
- ☑ 212项实例源代码
- ☑ 305个实例案例分析
- ☑ 242个在线微练习
- ☑ 15000项设计素材资源
- ☑ 4800个前端开发案例
- ☑ 48本权威参考学习手册
- ☑ 1036道企业面试真题

本书适合于从未接触过网页制作的初级读者，以及有一定网页制作基础但想灵活使用 Dreamweaver、Photoshop 和 Flash 软件以提高制作技能的中级读者自学使用，也可作为电脑培训班、学校的教学用书。

图书在版编目（CIP）数据

Dreamweaver+Flash+Photoshop 网页设计从入门到精通：微课精编版 / 前端科技编著. —北京：清华大学出版社，2019

（清华社“视频大讲堂”大系 网络开发视频大讲堂）

ISBN 978-7-302-50797-0

Ⅰ. ①D…　Ⅱ. ①前…　Ⅲ. ①网页制作工具　Ⅳ. ①TP393.092.2

中国版本图书馆 CIP 数据核字（2018）第 178661 号

责任编辑： 贾小红
封面设计： 李志伟
版式设计： 楠竹文化
责任校对： 马军令
责任印制： 杨 艳

出版发行： 清华大学出版社
网　　址： http://www.tup.com.cn，http://www.wqbook.com
地　　址： 北京清华大学学研大厦 A 座　　**邮　　编：** 100084
社 总 机： 010-62770175　　**邮　　购：** 010-62786544
投稿与读者服务： 010-62776969，c-service@tup.tsinghua.edu.cn
质量反馈： 010-62772015，zhiliang@tup.tsinghua.edu.cn
印 装 者： 三河市金元印装有限公司
经　　销： 全国新华书店
开　　本： 203mm×260mm　　**印　　张：** 36.25　　**字　　数：** 922 千字
版　　次： 2019 年 1 月第 1 版　　**印　　次：** 2019 年 1 月第 1 次印刷
定　　价： 89.80 元

产品编号：079158-01

如何使用本书 

本书提供了多样化、全方位的学习资源，帮助读者轻松掌握 Dreamweaver+Flash+Photoshop 技术，从小白快速成长为前端开发高手。

纸质书

视频讲解

拓展学习

在线练习

电子书

手机端+PC 端，线上线下同步学习

1. 获取学习权限

学习本书前，请先刮开图书封底的二维码涂层，使用手机扫描，即可获取本书资源的学习权限。再扫描正文章节对应的二维码，可以观看视频讲解，阅读线上资源和在线练习提升，全程易懂、好学、速查、高效、实用。

2. 观看视频讲解

对于初学者来说，精彩的知识讲解和透彻的实例解析能够引导其快速入门，轻松理解和掌握知识要点。本书中几乎所有案例都录制了视频，可以使用手机在线观看，也可以离线观看，还可以推送到计算机上大屏幕观看。

3. 拓展线上阅读

一本书的厚度有限，但掌握一门技术却需要大量的知识积累。本书选择了那些与学习、就业关系紧密的核心知识点印在书中，而将赠送的拓展性知识放在云盘上，读者扫描“线上阅读”二维码，即可免费阅读数百页的前端开发学习资料，获取大量的额外知识。

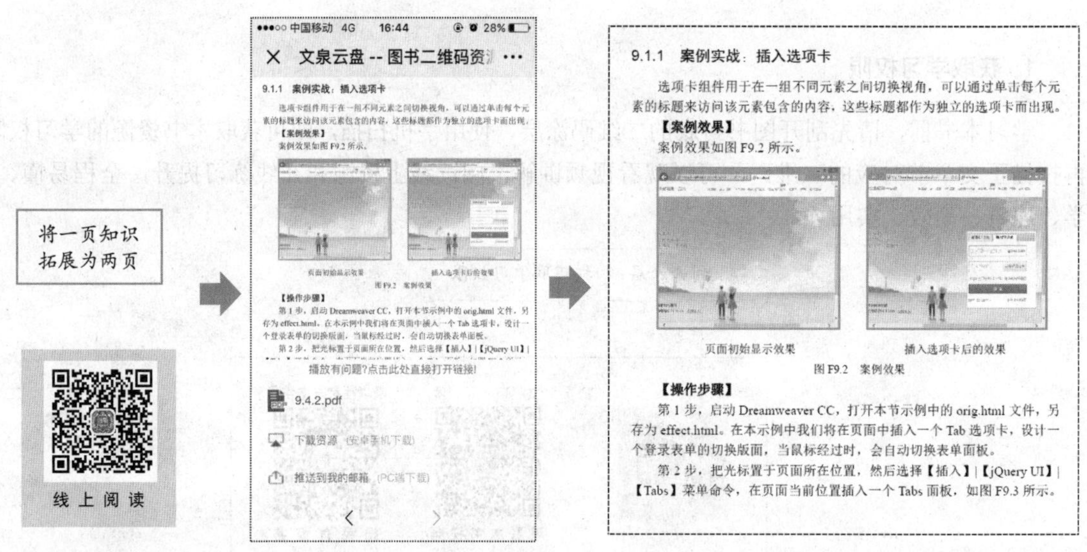

4. 进行线上练习

为方便读者巩固基础知识，提升实战能力，本书附赠了大量的前端练习题目。读者扫描各章最后的“在线练习”二维码，即可通过反复的实操训练加深对知识的领悟程度。

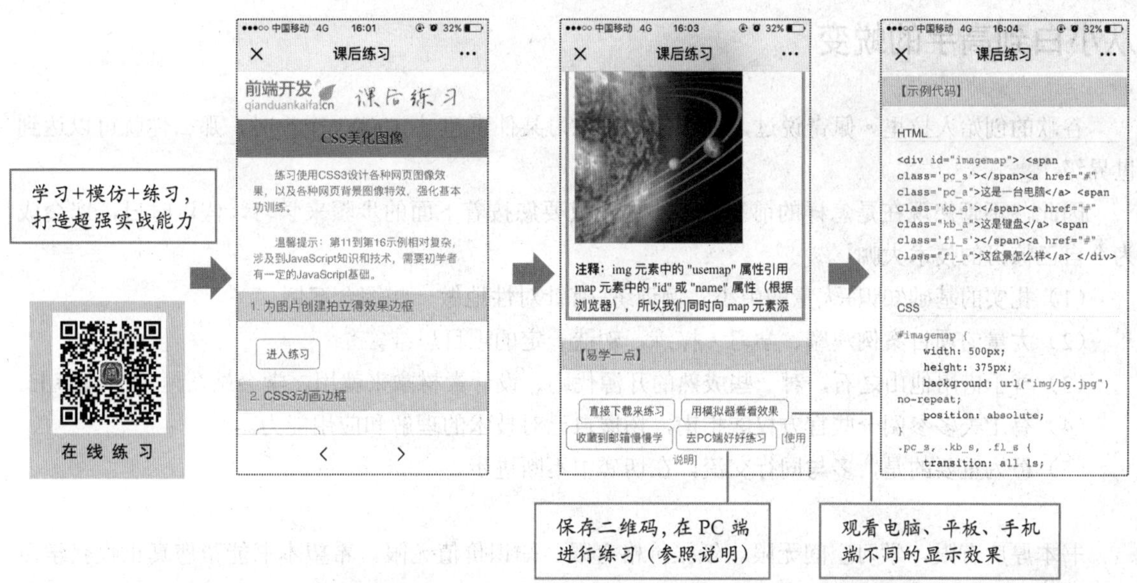

5. 其他 PC 端资源下载方式

除了前面介绍过的可以直接将视频、拓展阅读等资源推送到邮箱之外，还提供了如下几种 PC 端资源获取方式。

☑ 登录清华大学出版社官方网站（www.tup.com.cn），在对应图书页面下查找资源的下载方式。

☑ 申请加入 QQ 群、微信群，获得资源的下载方式。

☑ 扫描图书封底的“文泉云盘”二维码，获得资源的下载方式。

小白实战电子书

为方便读者全面提升，本书赠送了“前端开发百问百答”小白学习电子书。这些内容精挑细选，希望成为您学习路上的好帮手，关键时刻解您所需。

扫描图书封底的二维码，可在手机、平板上学习小白手册内容。

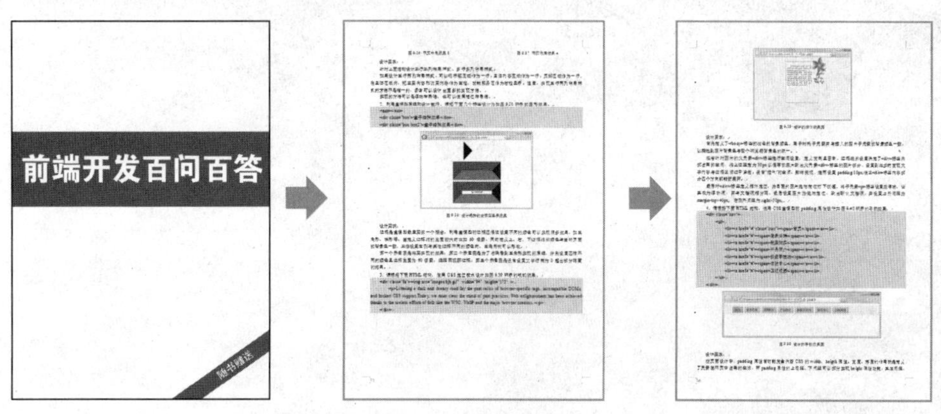

从小白到高手的蜕变

Note

谷歌的创始人拉里·佩奇说过，如果你刻意练习某件事超过 10000 个小时，那么你就可以达到世界级。

因此，不管您现在是怎样的前端开发小白，只要您按着下面的步骤来学习，假以时日，您会成为令自己惊讶的技术大咖。

（1）扎实的基础知识+大量的中小实例训练+有针对性地做一些综合案例。

（2）大量的项目案例观摩、学习、操练，塑造一定的项目思维。

（3）善于借用他山之石，对一些成熟的开源代码、设计素材拿来就用，学会站在巨人的肩膀上。

（4）有工夫多参阅一些官方权威指南，拓展自己对技术的理解和应用能力。

（5）最为重要的是，多与同行交流，在切磋中不断进步。

书本厚度有限，学习空间无限。纸张价格有限，知识价值无限。希望本书能帮您真正收获学习的乐趣和知识。最后，祝您阅读快乐！

前　言

“网络开发视频大讲堂”系列丛书于 2013 年 5 月出版，因其编写细腻、讲解透彻、实用易学、配备全程视频等，备受读者欢迎。丛书累计销售近 20 万册，其中，《HTML5+CSS3 从入门到精通》累计销售 10 万册。同时，系列书被上百所高校选为教学参考用书。

本次改版，在继承前版优点的基础上，进一步对图书内容进行了优化，选择面试、就业最急需的内容，重新录制了视频，同时增加了许多当前流行的前端技术，提供了“入门学习→实例应用→项目开发→能力测试→面试”等各个阶段的海量开发资源库，实战容量更大，以帮助读者快速掌握前端开发所需要的核心精髓内容。

随着网页制作技术的不断发展和完善，市场上流传有众多网页制作软件，但是目前使用最多的是 Dreamweaver、Photoshop 和 Flash 这三种软件，俗称新网页三剑客。新网页三剑客无论从外观还是功能上都表现得很出色，这三种软件的组合可以高效地实现网页的各种功能。因此，无论是对设计师还是初学者，都能更加容易地学习和使用，并能够轻松完成各自的目标。

本书内容

Note

本书特点

1. 由浅入深，编排合理，实用易学

本书面向零基础的初学者，通过“一个知识点+一个例子+一个结果+一段评析+一个综合应用”的写作模式，全面、细致地讲述了 Dreamweaver+Flash+Photoshop 实际开发中所需的各类知识，由浅入深，循序渐进。

2. 跟着案例和视频学，入门更容易

跟着例子学习，通过训练提升，是初学者最好的学习方式。本书案例丰富详尽，多达 300 多个，且都附有详尽的代码注释及清晰的视频讲解。跟着这些案例边做边学，可以避免学到的知识流于表面、限于理论，尽情感受编程带来的快乐和成就感。

3. 丰富的线上资源，多元化学习体验

为了传递更多知识，本书力求突破传统纸质书的厚度限制。本书提供了丰富的线上微资源，通过手机扫码，读者可随时观看讲解视频，拓展阅读相关知识，在线练习强化提升，全程便捷、高效，感受不一样的学习体验。

4. 精彩栏目，易错点、重点、难点贴心提醒

本书根据初学者特点，在一些易错点、重点、难点位置精心设置了“注意”“提示”等小栏目。通过这些小栏目，读者会更留心相关的知识点和概念，绕过陷阱，掌握很多应用技巧。

本书资源

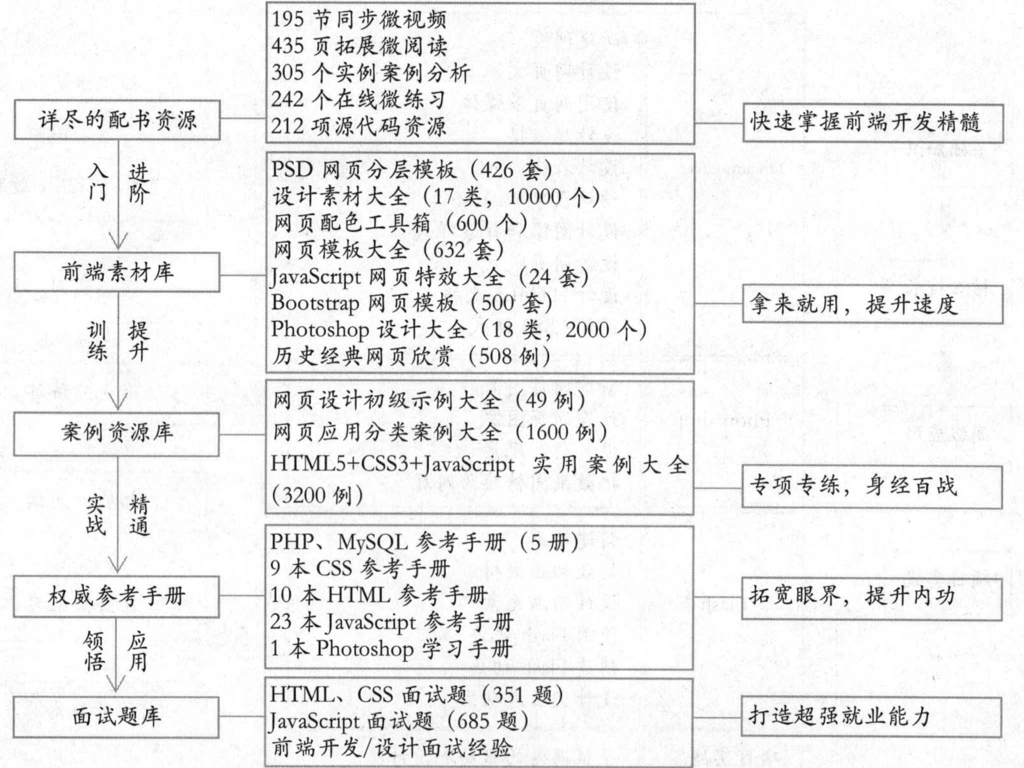

读者对象

☑ 零基础的编程自学者。
☑ 相关培训机构的老师和学生。
☑ 大中专院校的老师和学生。
☑ 参加毕业设计的学生。
☑ 初、中级程序开发人员。

读前须知

本书所用软件和版本为：Photoshop CC、Flash CC 和 Dreamweaver CC。读者可以访问官网下载页面（https://www.adobe.com/cn/downloads.html）进行下载。

本书提供了大量示例，需要用到 IE、Firefox、Chrome、Opera 等主流浏览器的测试和预览。因此，为了测试示例或代码，读者需要安装上述类型的最新版本浏览器，各种浏览器在 CSS3 的表现上可能会稍有差异。

限于篇幅，本书示例没有提供完整的 HTML 代码，读者应该补充完整的 HTML 结构，然后进行测试练习，或者直接参考本书提供的下载源代码，边学边练。

为了给读者提供更多的学习资源，本书提供了很多参考链接，许多本书无法详细介绍的问题都可以通过这些链接找到答案。由于这些链接地址会因时间而有所变动或调整，所以在此说明，这些链接地址仅供参考，本书无法保证所有的这些地址是长期有效的。

读者服务

学习本书时，请先扫描封底的权限二维码（需要刮开涂层）获取学习权限，然后即可免费学习书中的所有线上线下资源。

本书所附赠的超值资源库内容，读者可登录清华大学出版社网站（www.tup.com.cn），在对应图书页面下获取其下载方式。也可扫描图书封底的“文泉云盘”二维码，获取其下载方式。

本书提供QQ群（668118468、697651657）、微信公众号（qianduankaifa_cn）、服务网站（www.qianduankaifa.cn）等互动渠道，提供在线技术交流、学习答疑、技术资讯、视频课堂、在线勘误等功能。在这里，您可以结识大量志同道合的朋友，在交流和切磋中不断成长。

读者对本书有什么好的意见和建议，也可以通过邮箱（qianduanjiaoshi@163.com）发邮件给我们。

关于作者

前端科技是由一群热爱Web开发的青年骨干教师和一线资深开发人员组成的一个团队，主要从事Web开发、教学和培训。参与本书编写的人员包括咸建勋、奚晶、文菁、李静、钟世礼、袁江、

甘桂萍、刘燕、杨凡、朱砚、余乐、邹仲、余洪平、谭贞军、谢党华、何子夜、赵美青、牛金鑫、孙玉静、左超红、蒋学军、邓才兵、陈文广、李东博、林友赛、苏震巍、崔鹏飞、李斌、郑伟、邓艳超、胡晓霞、朱印宏、刘望、杨艳、顾克明、郭靖、朱育贵、刘金、吴云、赵德志、张卫其、李德光、刘坤、彭方强、雷海兰、王鑫铭、马林、班琦、蔡霞英、曾德剑等。

尽管已竭尽全力，但由于水平有限，书中疏漏和不足之处在所难免，欢迎各位读者朋友批评、指正。

编者

2018 年 8 月

目 录

Contents

Note

Note

Note

使用 Dreamweaver 新建网页

Dreamweaver 是网页设计专用工具，它提供了代码编辑和可视化编辑等多种操作视图，是目前公认的网页设计最棒的软件。熟练使用 Dreamweaver，将能成为网页制作高手。本章主要介绍使用 Dreamweaver 新建网页的基本方法。

提示，零基础的读者可以扫描二维码预先了解网页设计和网站开发的一些基本知识。

【学习重点】

- 熟悉 Dreamweaver CC 主界面。
- 使用 Dreamweaver CC 新建网页。
- 设置网页的基本属性。
- 定义网页元信息。

Note

视频讲解

1.1 了解 Dreamweaver

Dreamweaver 是 Adobe 系统公司推出的一款“所见即所得”的可视化网页设计和开发工具。它提供了可视化布局、应用程序开发和代码编辑的强大组合，使不同技术级别的开发者和设计人员都能够快速创建符合标准的网页和网站。

1.1.1 Dreamweaver 发展历史

Dreamweaver 于 1997 年由 Macromedia 公司开发，版本经历多次升级，目前为 CC 版本。

2000 年推出的 Dreamweaver UltraDev 版本是第一个专为商业用户设计的开发工具。成为当时最受欢迎的网页设计工具，Dreamweaver 也一举成为专业网站外观设计的先驱。

2002 年 5 月 Macromedia 推出 Dreamweaver MX（Dreamweaver 6.0），功能强大，不需要编写任何代码，即可设计动态的网页，能提供智能代码提示，使 Dreamweaver 一跃成为专业级别的开发工具。

2003 年 9 月 Macromedia 推出 Dreamweaver MX 2004（Dreamweaver 7.0），新增对 CSS 的可视化支持，将网页设计提升到新的层次，促进了 CSS 的普及。

2005 年末，Adobe 公司收购 Macromedia，从此 Dreamweaver 归 Adobe 公司所有。

Dreamweaver 主要版本以及它们的发布时间如表 1.1 所示。

表 1.1 Dreamweaver 主要版本列表

发布年份	版本
1997	Dreamweaver 2.0
1998	Dreamweaver 2.0
1999	Dreamweaver 3.0 Dreamweaver UltraDev 2.0
2000	Dreamweaver 4.0 Dreamweaver UltraDev 4.0
2002	Dreamweaver MX
2003	Dreamweaver MX 2004
2005	Dreamweaver 8
2007	Dreamweaver CS3
2008	Dreamweaver CS4
2010	Dreamweaver CS5
2012	Dreamweaver CS6
2013	Dreamweaver CC

1.1.2　熟悉 Dreamweaver 界面

启动 Dreamweaver CC 之后，会显示欢迎界面，并要求用户从中选择新建、打开或以其他方式创建文档，然后就可以打开编辑窗口。如果不希望每次启动软件或者关闭所有文档时，总显示欢迎界面，可以在欢迎界面中选中【不再显示】复选框，如图 1.1 所示。

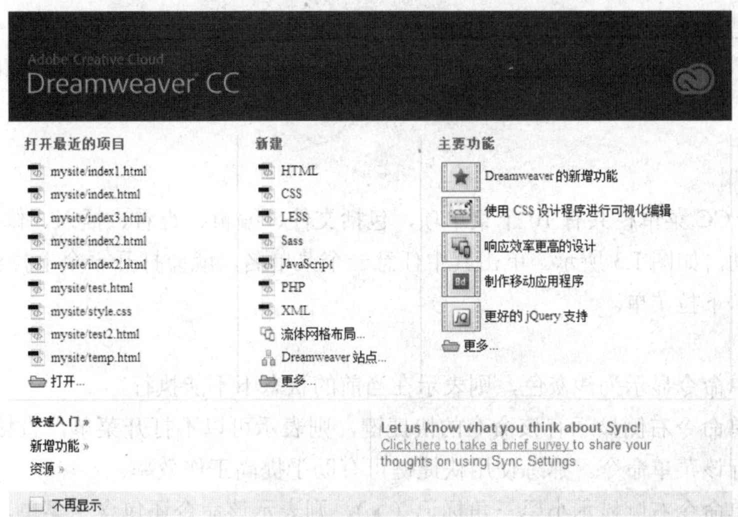

图 1.1　欢迎界面

打开编辑窗口，Dreamweaver CC 主窗口工作界面分成了标题栏、菜单栏、工具栏、状态栏、属性面板、浮动面板等，如图 1.2 所示。

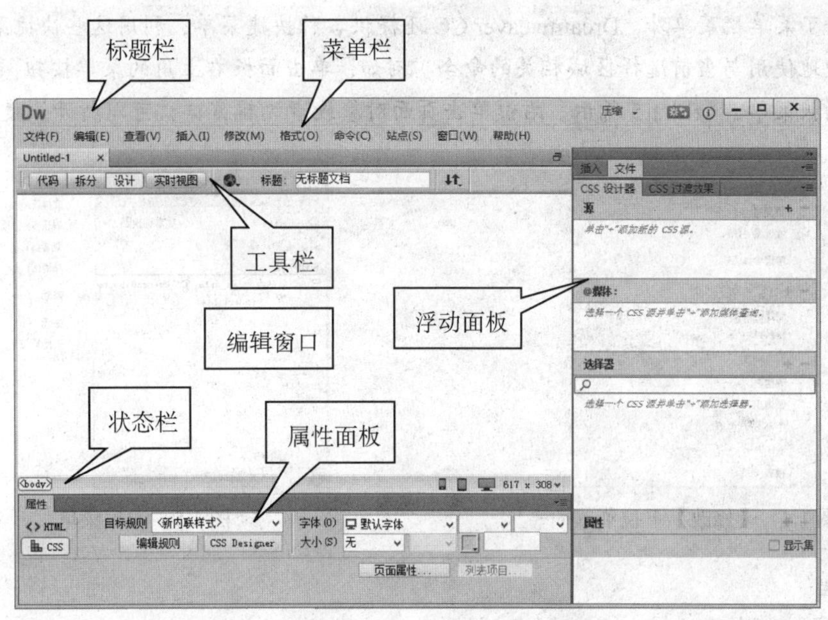

图 1.2　Dreamweaver CC 主窗口工作界面

Note

1. 标题栏

在 Dreamweaver CC 主窗口的顶部是标题栏，当窗口变宽时，标题栏和菜单栏会并行显示，如图 1.3 所示。

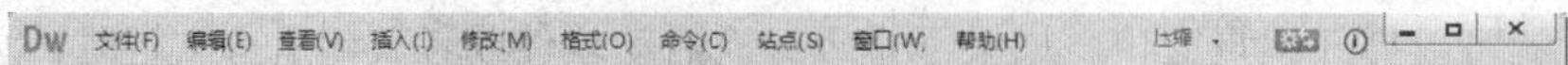

图 1.3　标题栏和菜单栏并行显示

标题栏左侧是 Dreamweaver 图标，右侧提供 3 个常用工具按钮：压缩（工作区布局）、（同步设置）和（帮助）。最右侧还显示了 3 个按钮，分别对应主窗口的【最小化】、【最大化】和【关闭】命令。

2. 菜单栏

Dreamweaver CC 菜单栏共有 10 个菜单项，包括文件、编辑、查看、插入、修改、格式、命令、站点、窗口和帮助，如图 1.3 所示。单击其中任意一个菜单名，就会打开一个下拉菜单，如图 1.4 所示是打开【修改】下拉菜单。

操作说明：

☑ 如果菜单命令显示为浅灰色，则表示在当前的状态下不能执行。

☑ 如果菜单命令右侧显示有该命令的快捷键，则表示可以不打开菜单，直接按下该快捷键就可以执行该菜单命令。熟练使用快捷键可有助于提高工作效率。

☑ 如果菜单命令右侧显示小黑三角标记（▸），则表示该命令还包含子菜单，鼠标指针停留在该菜单命令上片刻即可显示子菜单，也可以单击打开子菜单。

☑ 如果菜单命令右侧显示有省略号（...），则表示该命令能打开一个对话框，需要用户进一步设置才能执行命令。

提示：除了菜单栏菜单外，Dreamweaver CC 还提供各种快捷菜单，利用这些快捷菜单可以很方便地使用与当前选择区域相关的命令。例如，单击面板右上角的菜单按钮，可以打开面板菜单，如图 1.5 所示。右键单击页面对象或者编辑窗口，可以打开快捷菜单等。

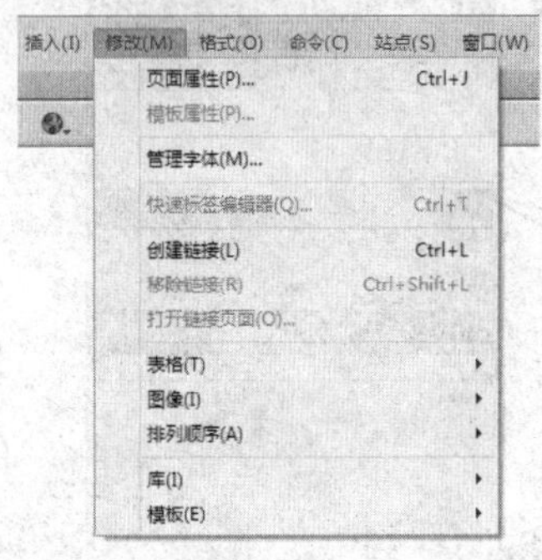

图 1.4　【修改】下拉菜单

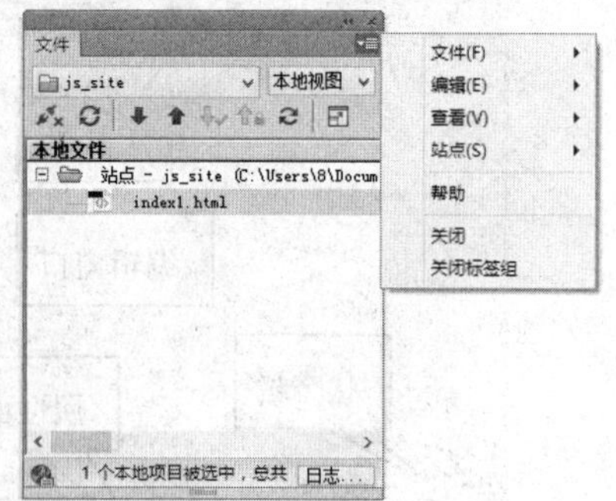

图 1.5　面板菜单

3. 工具栏

工具栏提供了一种快捷操作的方式。选择【查看】|【工具栏】命令，在打开的子菜单中可以选择【文

档】、【标准】和【编码】3 种类型工具栏。其中【编码】工具栏只能够在【代码】视图下观看和使用。

【插入】工具栏在 CC 版本中设计为【插入】面板。选择【窗口】|【插入】命令，可以打开或关闭【插入】面板，如图 1.6 所示。

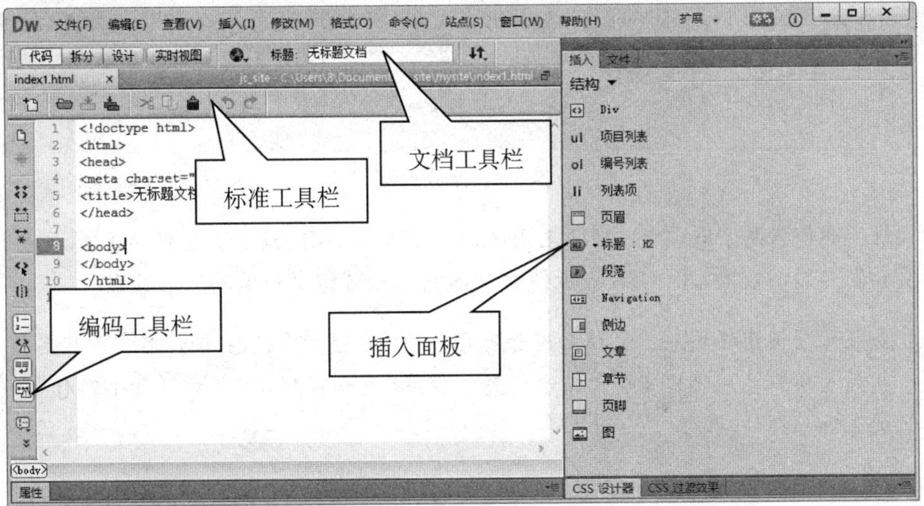

图 1.6　工具栏和【插入】面板

> 提示：【插入】面板中包含 8 类对象的快捷控制按钮，如常用、结构、媒体、表单、jQuery Mobile、jQuery UI、模板和收藏夹。系统默认显示为【常用】工具类，如果单击【插入】面板顶部的向下箭头，可以进行切换。

4. 状态栏

状态栏位于编辑窗口的底部，如图 1.7 所示。在状态栏最左侧是【标签选择器】，显示当前选定内容标签的层次结构。单击该层次结构中的任何标签可以选择该标签及其全部内容。例如，单击<body>可以选择整个文档。

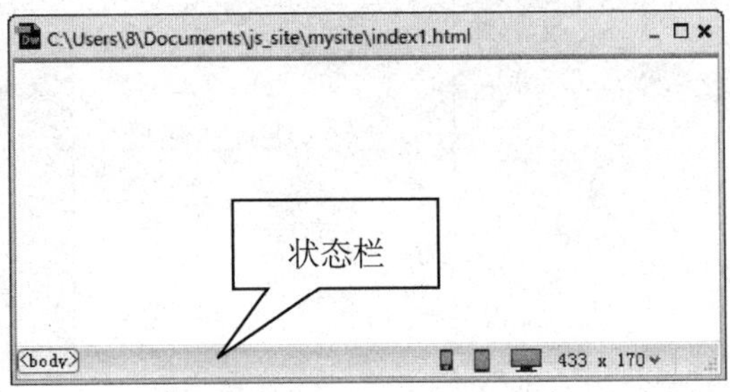

图 1.7　编辑窗口及其状态栏

状态栏右侧为设备类型，用以选择不同设备类型窗口，或者自定义窗口显示大小，以便设计在不同尺寸的屏幕下的网页显示效果。

5. 属性面板

当在编辑窗口中选中特定网页对象，如文字、图像、表格等，就可以在属性面板中设置对象的

Note

属性。属性面板的设置项目会根据对象的不同而不同。

选择【窗口】|【属性】命令，可以打开或关闭属性面板，属性面板上的大部分内容都可以在【修改】菜单项中找到。如图 1.8 所示是选中文字之后的属性面板效果。

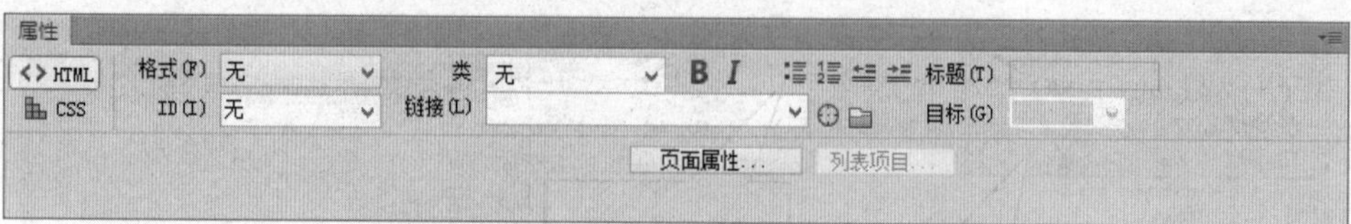

图 1.8　属性面板

属性面板一般包含两个选项卡：HTML 和 CSS。其中 HTML 表示使用 HTML 标记或 HTML 标记属性定义对象的显示效果，而 CSS 表示使用 CSS 行内样式定义对象的显示效果。

提示： 如果希望使用样式表控制对象显示效果，则建议使用【CSS 设计器】进行定义，属性面板设置所产生的代码都会夹杂在标签之中，不利于代码优化，不便于 HTML 和 CSS 分离的设计原则的实现。

6. 浮动面板

浮动面板在 Dreamweaver CC 操作中使用频率比较高，每个面板都集成了不同类型的功能。用户可以根据需要显示不同的浮动面板，拖动面板可以脱离面板组，使其停留在不同的位置。例如，使用鼠标单击左侧浮动面板上面的小三角按钮，可以展开或折叠面板，如图 1.9 所示。

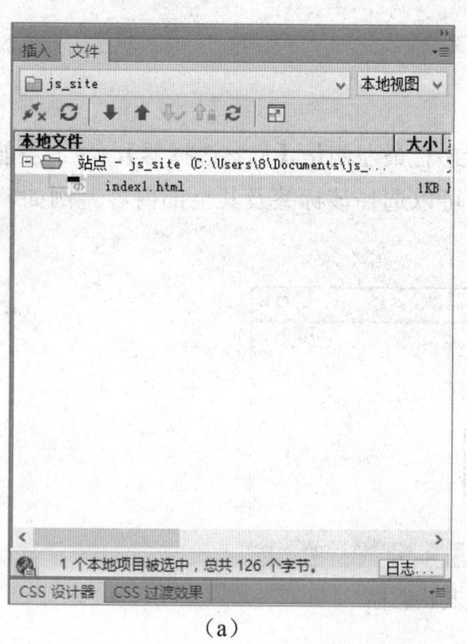

(a)

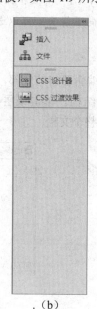

(b)

图 1.9　展开/折叠整个浮动面板

双击浮动面板标题栏区域，可以展开或折叠当前面板组，如图 1.10 所示。

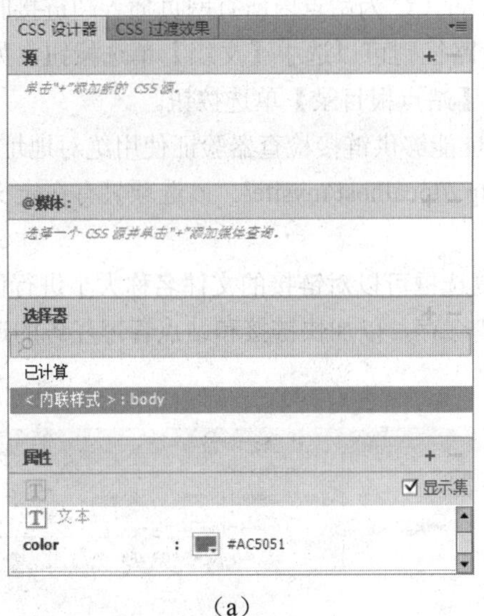

（a）

（b）

图 1.10　展开/折叠当前浮动面板组

使用鼠标拖动面板标题栏，可以把面板从面板组中拖出来，作为单独的窗口放置在 Dreamweaver 工作界面的任意位置上。同样，用相同的方法可以将单独面板拖回默认状态。

1.2　定 义 站 点

相对于远程站点来说，本地站点就是在本地计算机中模拟建立的站点，并能够在本地或联网的其他计算机中访问该网站。

1.2.1　实战演练：定义静态站点

在使用 Dreamweaver 之前，建议先定义一个本地站点，以方便管理各种网页资源，如图片、视频、声音、样式表文件、脚本文件等。

【操作步骤】

第 1 步，启动 Dreamweaver CC，选择【站点】|【新建站点】命令，打开【站点设置对象】对话框。

第 2 步，在【站点名称】文本框中输入站点名称，如 test_site，在【本地站点文件夹】文本框中设置站点在本地文件中的存放路径，可以直接输入，也可以用鼠标单击右侧的【选择文件】按钮选择相应的文件夹，设置如图 1.11 所示。

第 3 步，选择【高级设置】选项卡，展开高级设置选项，在左侧的选项列表中单击【本地信息】选项。然后在【本地信息】对话框中设置本地信息，如图 1.12 所示。

☑　【默认图像文件夹】文本框：设置默认的存放站点图片的文件夹。但是对于比较复杂的网站，图片往往不仅仅只存放在一个文件夹中，因此可以不输入。

Note

☑ 【链接相对于】选项组：定义当在 Dreamweaver CC 为站点内所有网页插入超链接时是采用相对路径，还是绝对路径，如果希望是相对路径则可以选中【文档】单选按钮，如果希望以绝对路径的形式定义超链接，则可以选中【站点根目录】单选按钮。

☑ 【Web URL】文本框：输入网站的网址，该网址能够供链接检查器验证使用绝对地址的链接。在输入网址时需要输入完全网址，例如，http://localhost/mysite/。该选项只有在定义动态站点后有效。

☑ 【区分大小写的链接检查】复选框：选中该复选框可以对链接的文件名称大小进行区分。

☑ 【启用缓存】复选框：选中该复选框可以创建缓存，以加快链接和站点管理任务的速度，建议用户要选中。

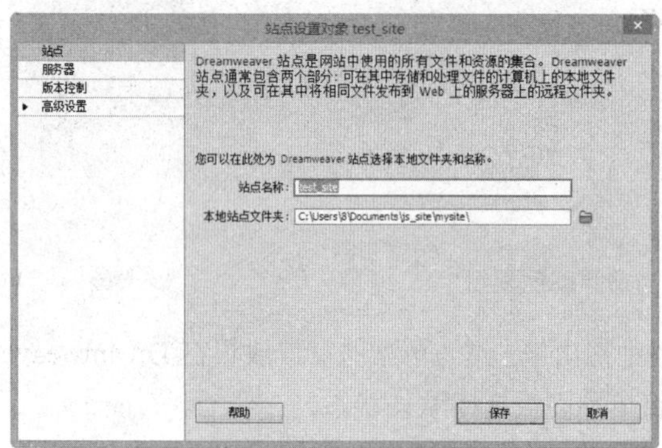

图 1.11　选择【高级设置】选项卡

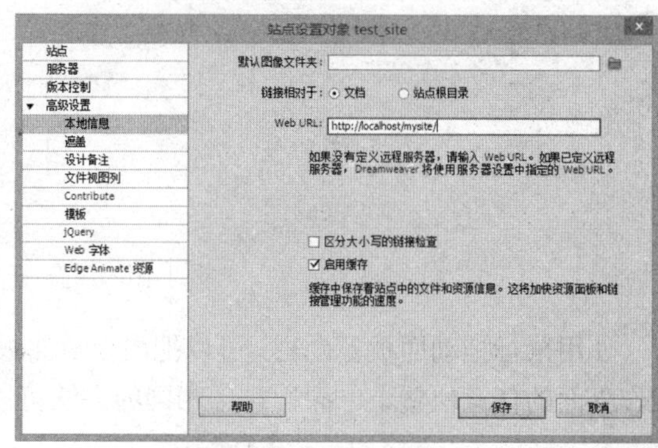

图 1.12　定义本地信息

视频讲解

1.2.2　实战演练：测试本地站点

在【站点设置对象】对话框中设置本地信息的相关内容之后，本地站点也就定义完毕，单击【保存】按钮确认所有设置，下面就是网站内容的开发、测试、维护和管理等工作。

选择【窗口】|【文件】命令，打开【文件】面板。在面板中右击，从弹出的快捷菜单中选择【新建文件】命令，即可在当前站点的根目录下新建一个 untitled.html 文件，把它重命名为 index.html。

然后双击打开该文件，切换到【代码】视图，输入下面一行代码，该代码表示输出显示一行字符串。

```
<h2>Hello world!</h2>
```

按 F12 键预览文件，则 Dreamweaver CC 提示是否要保存并上传文件。选择【是】按钮，如果远程目录中已存在该文件，则 Dreamweaver CC 还会提示是否覆盖该文件。

这时 Dreamweaver CC 将打开默认的浏览器（如 IE）显示预览效果，如图 1.13 所示。实际上在浏览器地址栏中直接输入 http：//localhost/mysite/index.html 或 http：//localhost/mysite，按 Enter 键确认，这时在浏览器窗口中也会打开该页面。这时说明本地站点测试成功。

图 1.13　测试网页

Note

线上阅读

提示，Dreamweaver 提供的站点管理功能比较强大，建议初学者学会使用，这将带来很多便利。具体介绍请扫码阅读。

1.2.3　实战演练：定义动态站点

线上阅读

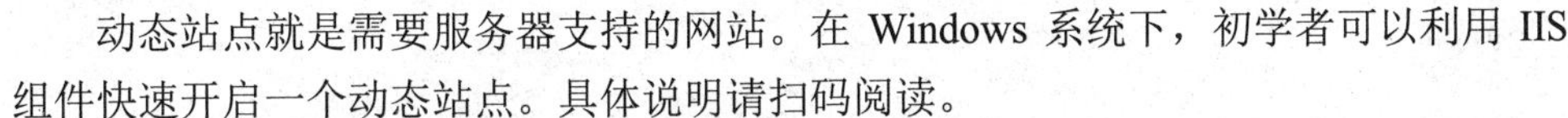

动态站点就是需要服务器支持的网站。在 Windows 系统下，初学者可以利用 IIS 组件快速开启一个动态站点。具体说明请扫码阅读。

1.3　实战演练：新建网页

视频讲解

网页是纯文本文件，通过各种标记来标识文字、图片、表格、表单、视频、声音等网页对象，浏览器根据这些标记把网页对象渲染成页面效果再显示出来，通常是 HTML 格式，扩展名多为.html、.htm。

【操作步骤】

第 1 步，启动 Dreamweaver CC，选择【文件】|【新建】命令，打开【新建文档】对话框，如图 1.14 所示。

第 2 步，【新建文档】对话框由【空白页】、【流体网格布局】、【启动器模板】和【网站模板】共 4 个分类选项卡组成（模板是依照已有的文档结构新建一个文档）。

第 3 步，在左侧选项卡中选择一种类型，如【启动器模板】，然后在【示例文件夹】列表框中选择子类项，如【Mobile 起始页】选项，则右侧列表框将显示【示例页】类别的所有选项，如图 1.15 所示。

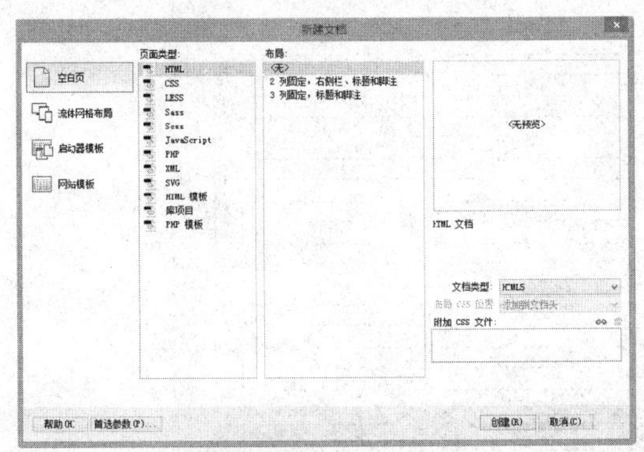

图 1.14　【新建文档】对话框

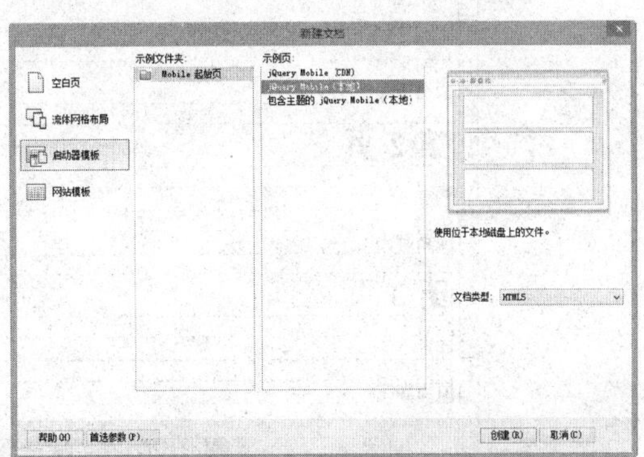

图 1.15　新建启动器模板

第 4 步，在示例页列表框中选择一种类型的页面，在右侧的预览区域和描述区域中可以观看效

Note

果，以及查看该页面的描述文字。

例如，选择【jQuery Mobile（本地）】选项，对话框的预览区域自动生成预览图，描述区域自动显示该主题的描述说明。

如果在分类选项卡中选择【流体网格布局】分类选项，则可以在右侧设置流体网格布局配置参数，如图 1.16 所示。

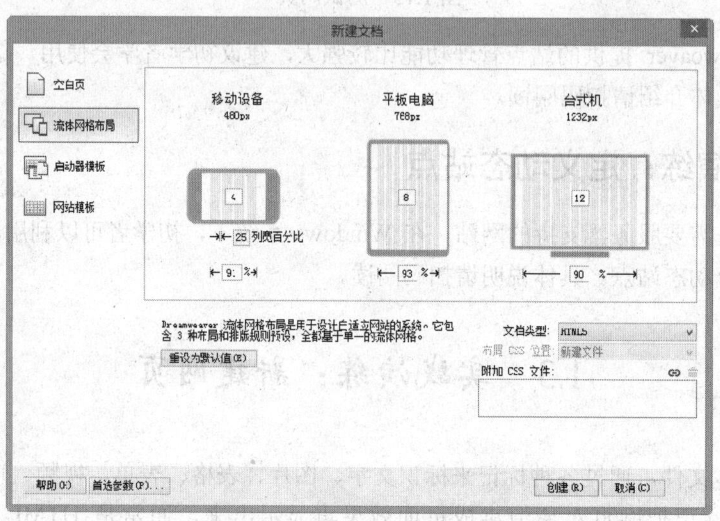

图 1.16　新建流体网格布局

第 5 步，单击【新建文档】对话框中的【创建】按钮，Dreamweaver CC 会自动在当前窗口创建一个移动互联网网页，如图 1.17 所示。

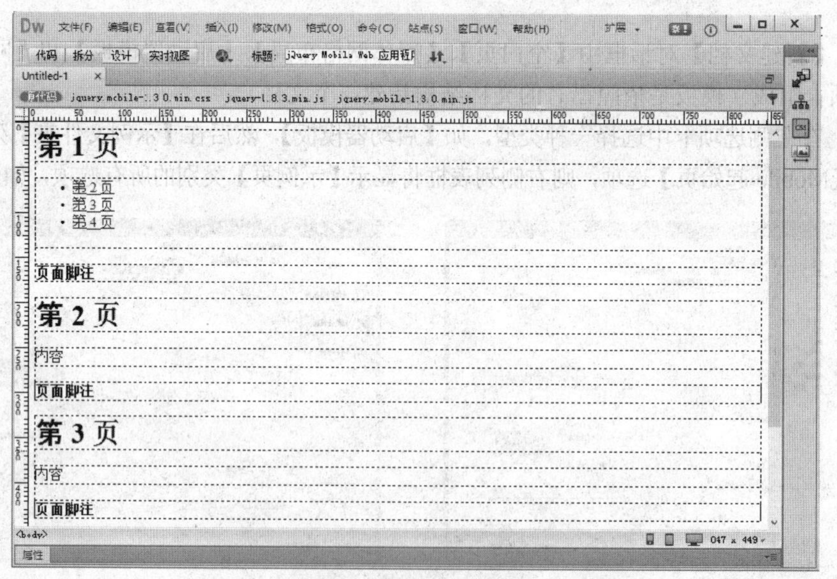

图 1.17　新建的 jQuery Mobile 移动页面模板

可以根据上面介绍的方法创建不同类型的页面或者创建一个空白页，具体步骤就不再重复了。

Note

视频讲解

1.4 设置页面属性

新建网页之后，应设置页面的基本显示属性，如页面背景、页面字体大小、颜色和页面超链接属性等。在 Dreamweaver CC 中设置页面显示属性可以通过【页面属性】对话框来实现。

【操作步骤】

第 1 步，启动 Dreamweaver CC，新建一个空白页文档，保存为 test.html。

第 2 步，选择【修改】|【页面属性】命令，打开【页面属性】对话框，如图 1.18 所示。

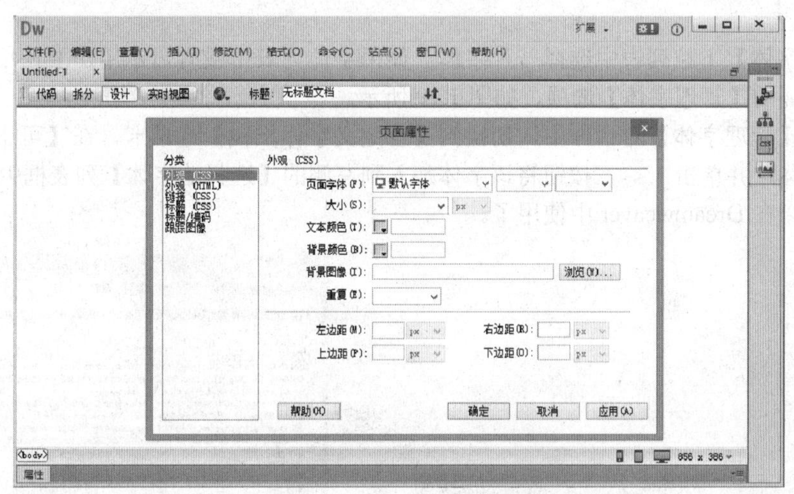

图 1.18 【页面属性】对话框

第 3 步，在【页面属性】对话框左侧的【分类】列表框中选择分类，然后在右侧设置具体属性。页面基本属性共有 6 类，分别是外观（CSS）、外观（HTML）、链接（CSS）、标题（CSS）、标题/编码和跟踪图像。

提示： 分类名称后面小括号中的 CSS 表示该类选项中所有设置由 CSS 样式定义，相反，小括号中的 HTML 表示使用 HTML 标记属性进行定义。

1.4.1 设置外观

外观主要包括页面的基本显示样式，如页面字体类型、字体大小、文本颜色、网页背景样式、页边距等。【页面属性】对话框提供了以下两种设置方式：

- ☑ 如果在【页面属性】对话框左侧【分类】列表框中选择【外观（CSS）】选项，则可以使用标准的 CSS 样式来进行设置。
- ☑ 如果在【页面属性】对话框左侧【分类】列表框中选择【外观（HTML）】选项，则可以使用传统方式（非标准）的 HTML 标记属性来进行设置。

【示例】如果使用标准方式设置页面背景色为白色，则 Dreamweaver CC 会生成如下样式来控制页面背景色：

```
<style type="text/css">
body { background-color: rgba (255, 255, 255, 1); }
</style>
```

Note

反之，如果使用非标准方式设置页面背景色为白色，则 Dreamweaver CC 会在<body>标记中插入如下属性：

```
<body bgcolor="#FFFFFF">
```

下面详细讲解页面外观属性设置。

1. 页面字体

在【页面字体】下拉列表中选择一种字体。如果字体列表中没有显示用户要使用的字体，可以选择列表最下面的【管理字体】选项，如图 1.19 所示。

在打开的【管理字体】对话框中，切换到【自定义字体堆栈】选项卡，在【可用字体】列表框中选择一种字体，并单击 << 按钮将该字体加入到左侧的【选择的字体】列表框中，如图 1.20 所示，这样就可以在 Dreamweaver 中使用了。

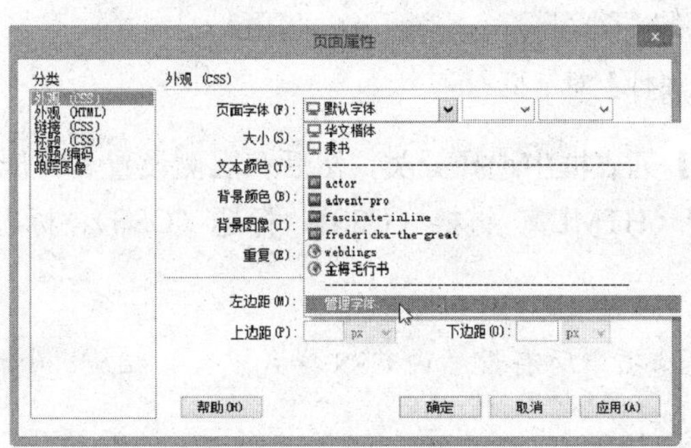

图 1.19 【页面属性】对话框中的【外观】选项

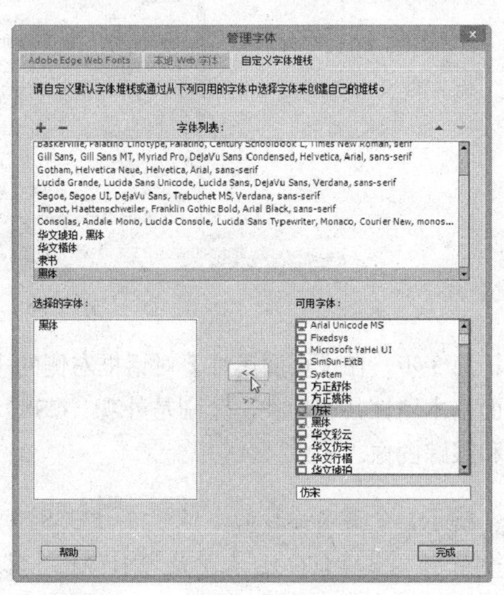

图 1.20 【管理字体】对话框

在【页面属性】对话框的【页面字体】右侧的下拉列表中，分别可以设置斜体（italic）和粗体（bold）样式。

提示： 建议使用系统默认字体（如宋体、雅黑等），不要使用非常用的艺术字体。如果要使用某些艺术字体，可以先在 Photoshop 中把艺术字体生成图片，然后以背景样式的形式显示，或者插入到网页中。

2. 大小

在【大小】下拉列表中可以设置页面字体大小，也可以输入数字定义字体大小。输入数字后，

右侧下拉列表变为可编辑状态，在这里可以选择数字单位，如 px（像素）、pt（点数）、in（英寸）、cm（厘米）和 mm（毫米）等。在【大小】下拉列表中还有一些特殊的字号，如图 1.21 所示。

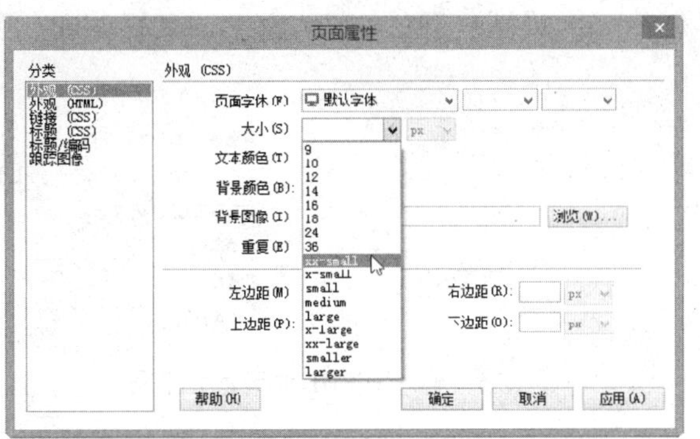

图 1.21　在【页面属性】对话框中选择特殊字号

下面列出这些特定字号所设置的字体大小，如图 1.22 所示，可直观进行比较。

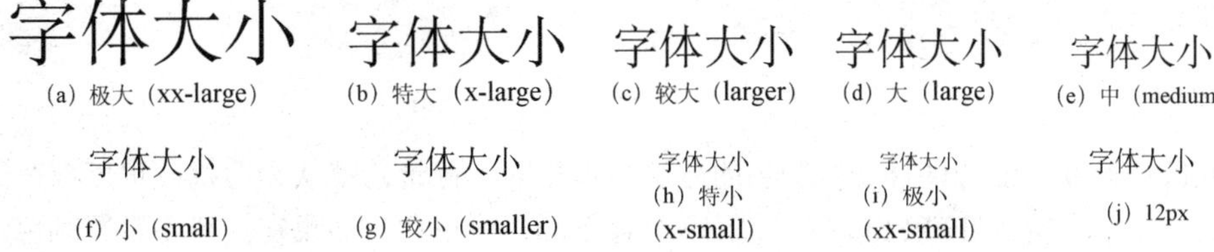

图 1.22　特殊字号效果比较

3. 文本颜色

单击【文本颜色】旁边的矩形框，打开颜色面板，其中每一个小色块代表一种颜色，鼠标指针经过任何颜色，色板的上面区域都会显示出该颜色相应的十六进制代码（#号加上 6 个十六进制的数），选择一个色块单击即可完成颜色的选取，如图 1.23 所示。

提示： 在颜色面板底部单击吸管按钮，鼠标指针会变成吸管形状，此时可以在编辑窗口快速选择一种颜色，如图 1.24 所示。此外，单击颜色面板底部的 RGBa、Hex、HSLa 按钮，可以切换选择颜色的表示方式，如 rgba（229，222，168，2.00）、#E5DEA8、hsla（53，54%，78%，2.00）。

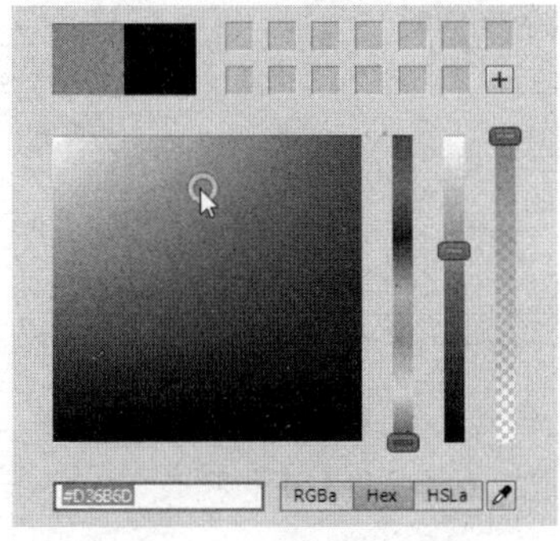

图 1.23　颜色面板

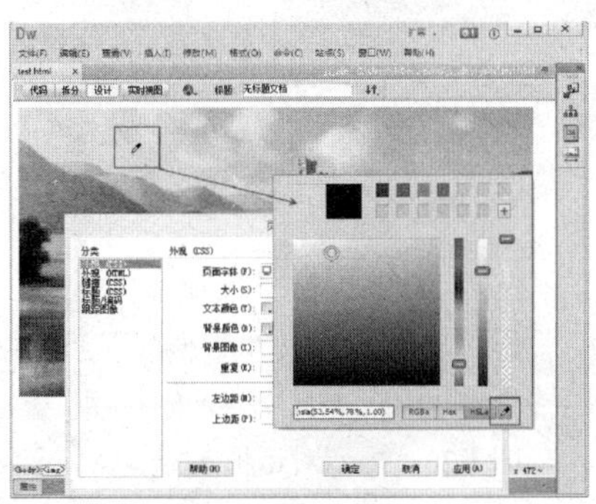

图 1.24　快速取色

Note

返回【页面属性】对话框，在【文本颜色】右侧的文本框中也可以直接输入颜色值。HTML 预设了一些颜色名称，也可以在【文本颜色】右侧的文本框中直接输入这个颜色名称。例如，在文本框中输入红色的名称 red，可设置红颜色，输入蓝色的名称 blue，可设置蓝颜色，如图 1.25 所示。

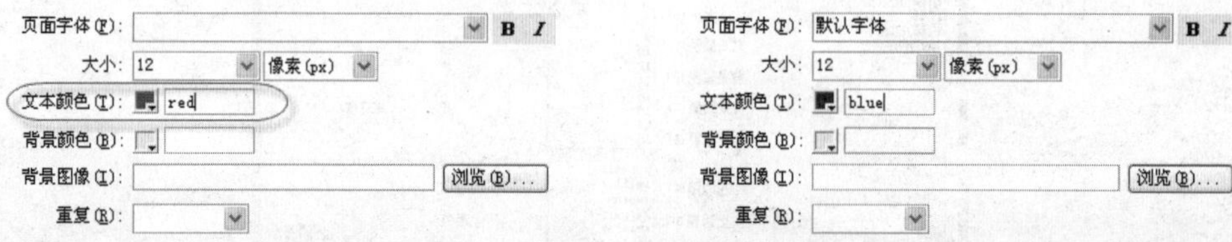

图 1.25　输入 HTML 预设颜色名称

提示： 常用的预设颜色名称有 black（黑色）、olive（橄榄色）、teal（凫蓝色）、red（红色）、blue（蓝色）、maroon（栗色）、navy（藏青色）、gray（灰色）、lime（柠檬色）、fuchsia（紫红色）、white（白色）、green（绿色）、purple（紫色）、yellow（黄色）和 aqua（浅绿色）。

4. 背景颜色

背景颜色的设置方法与设置文本颜色的方法基本相同。背景色默认为白色，也可以在【背景颜色】右侧的文本框中输入#FFFFFF 显式定义网页背景颜色为白色，如果在这里不设置颜色，浏览器会把白色默认为网页背景颜色。

5. 背景图像

在【背景图像】文本框中可以直接输入图像的路径，或者直接单击后面的【浏览】按钮，在打开的对话框中选择想用作背景的图像文件，如果图像文件不在网站本地目录下，会弹出如图 1.26 所示的提示对话框，单击【是】按钮，把图像文件复制到网站根目录中。

在【背景图像】选项下面有一个【重复】下拉列表，如图 1.27 所示，该选项主要用来设置背景图像在页面上的显示方式，主要包括 no-repeat（不重复）、repeat（重复）、repeat-x（横向重复）和 repeat-y（纵向重复），效果如图 1.28 所示。选择的背景图像，要避免用中文命名，否则会无法显示。

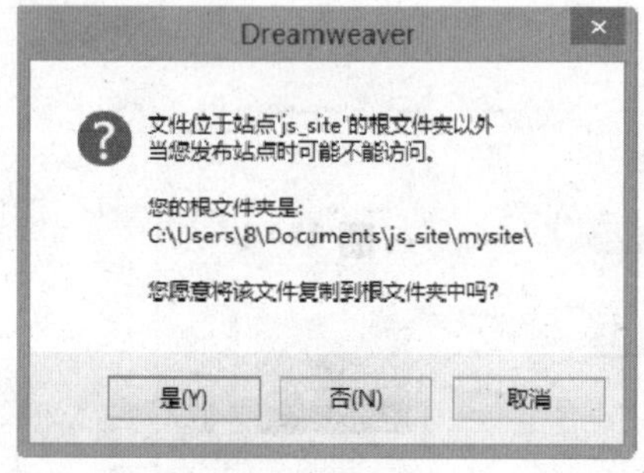

图 1.26　提示对话框

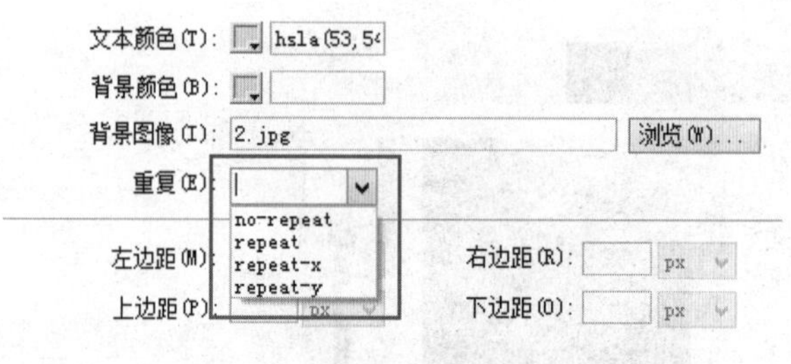

图 1.27　【重复】下拉列表

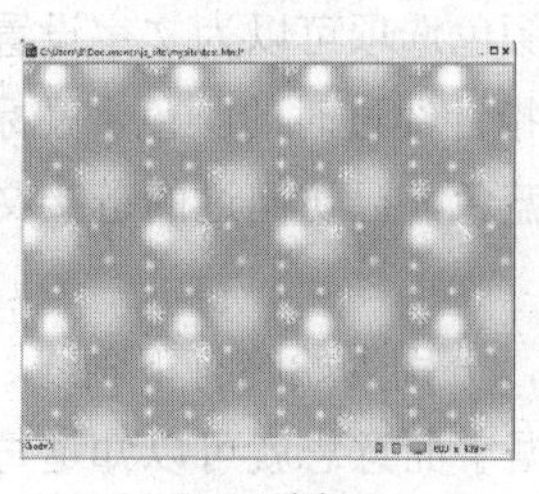

（a）重复

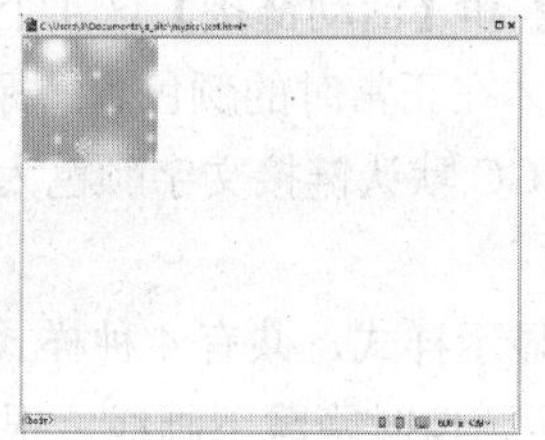

（b）不重复

（c）横向重复

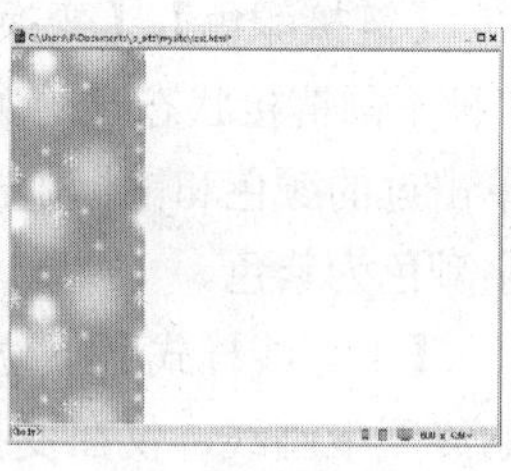

（d）纵向重复

图 1.28　不同背景图像显示方式

6. 设置页边距

在【左边距】、【右边距】、【上边距】和【下边距】文本框中输入数字，分别用来设置网页四周空白区域的宽度或高度，即网页距离浏览器的边框距离。在文本框中输入数字，这时右侧的下拉列表为可选状态，然后在其中选择输入数字的单位，包括 px（像素）、pt（点数）、in（英寸）、cm（厘米）、mm（毫米）、pc（12pt 字）、em（字体高）、ex（字母 x 的高）和%（百分比），如图 1.29 所示。如果不输入单位，系统默认单位为 px（像素）。

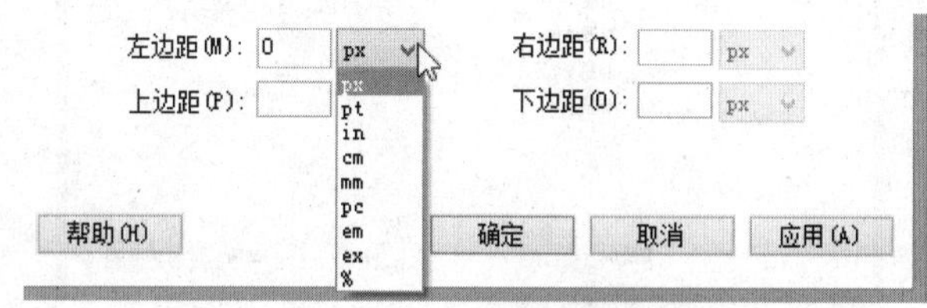

图 1.29　设置页边距

1.4.2　设置链接

在【页面属性】对话框左侧的【分类】列表框中选择【链接】选项，在右侧显示相关链接设置属性，如图 1.30 所示。这些内容主要是针对链接文字字体、大小、颜色和样式属性进行设置，而且只能对链接文字产生作用。

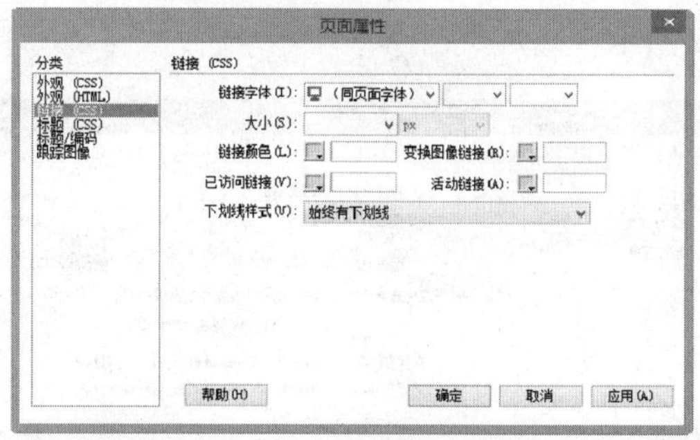

图 1.30　【页面属性】对话框中的【链接】选项

【链接字体】用来设置页面中超链接字体类型。

【大小】设置链接字体的大小。

Note

【链接颜色】、【变换图像链接】、【已访问链接】和【活动链接】这 4 个颜色选项可以为文字设置 4 种不同链接状态时的颜色，它们分别对应链接字体在正常时的颜色、鼠标指针经过时的颜色、鼠标单击过的颜色和鼠标单击时的颜色。Dreamweaver CC 默认链接文字颜色为蓝色，已访问过的链接文字颜色为紫色。

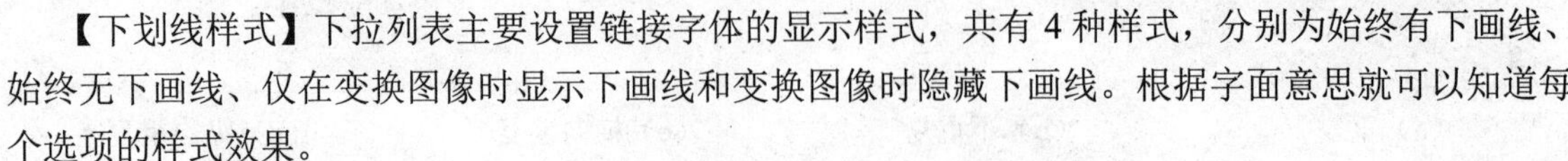

【下划线样式】下拉列表主要设置链接字体的显示样式，共有 4 种样式，分别为始终有下画线、始终无下画线、仅在变换图像时显示下画线和变换图像时隐藏下画线。根据字面意思就可以知道每个选项的样式效果。

1.4.3 设置标题

在【页面属性】对话框左侧的【分类】列表框中选择【标题】选项，在右侧则显示相关标题设置属性，如图 1.31 所示。

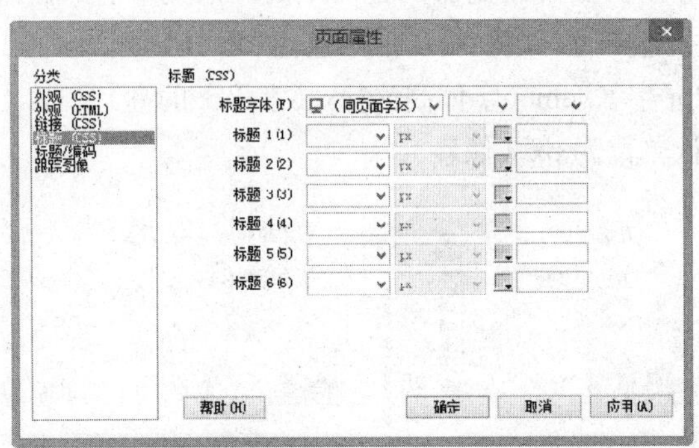

图 1.31 【页面属性】对话框中的【标题】选项

这里的标题主要针对页面内各级不同标题样式，包括字体、粗体、斜体和大小。可以定义标题字体及 6 种预定义的标题字体样式。

1.4.4 设置标题/编码

在【页面属性】对话框左侧的【分类】列表框中选择【标题/编码】选项，在右侧则显示相关标题/编码设置属性，如图 1.32 所示。

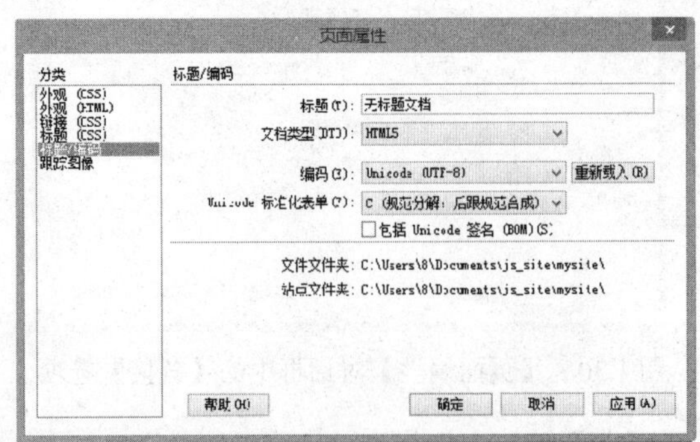

图 1.32 【页面属性】对话框中的【标题/编码】选项

这里主要设置网页标题，该标题将显示在浏览器的标题栏中。同时还可以设置 HTML 源代码中字符编码，网页默认设置 Unicode（UTF-8）即可。

1.4.5 设置跟踪图像

在制作网页时，很多设计师习惯于先用绘图工具绘制网页草图（即设计网页草稿），为方便设计师快速参考设计草图，Dreamweaver CC 可以将设计草图设置成跟踪图像，铺在编辑的网页下面作为背景，用于引导网页的设计。不过跟踪图像只是起辅助编辑的作用，最终并不会在浏览器中显示，所以它与页面背景图像存在本质区别。

【操作步骤】

操作之前，用户应准备好设计草图或者参考效果图，也可打开本案例素材设计图 bg2-2.jpg，然后执行下面的操作步骤。

第 1 步，启动 Dreamweaver，新建网页并保存为 test.html。在【页面属性】对话框左侧的【分类】列表框中选择【跟踪图像】选项，在右侧则显示相关跟踪图像设置的属性，如图 1.33 所示。

第 2 步，在【跟踪图像】文本框中可以为当前制作的网页添加跟踪图像。单击文本框后面的【浏览】按钮，打开【选择图像源文件】对话框，选择参考图像。如果图像文件不在网站本地目录下，会弹出提示对话框，单击【是】按钮，把图像文件复制到网站根目录中。

第 3 步，拖动【透明度】滑块可以设置跟踪图像的透明度，以确保它不影响正常的网页设计操作。透明度越高，跟踪图像显示得越明显，透明度越低，跟踪图像显示得越不明显。最后，单击【应用】按钮，即可在编辑窗口中看到跟踪图像效果，如图 1.34 所示。

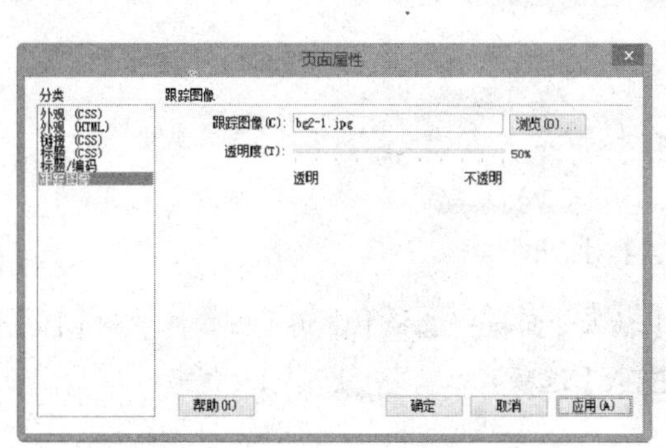

图 1.33 【页面属性】对话框中的【跟踪图像】选项

图 1.34 设置跟踪图像效果

第 4 步，若要显示或隐藏跟踪图像，可以选择【查看】|【跟踪图像】|【显示】命令，如图 1.35 所示。

（1）在网页中选定一个页面元素，然后选择【查看】|【跟踪图像】|【对齐所选范围】命令，可以使跟踪图像的左上角与所选页面元素的左上角对齐。

（2）若要更改跟踪图像的位置，则选择【查看】|【跟踪图像】|【调整位置】命令，打开【调整

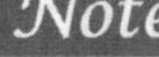
Note

跟踪图像位置】对话框，如图 1.36 所示。在【调整跟踪图像位置】对话框的 X 和 Y 文本框中输入坐标值，单击【确定】按钮就可以调整跟踪图像的位置。例如，在 X 文本框中输入“50”，在 Y 文本框中输入“50”，则跟踪图像的位置被调整到距浏览器左边框 50 像素，距浏览器上边框 50 像素。

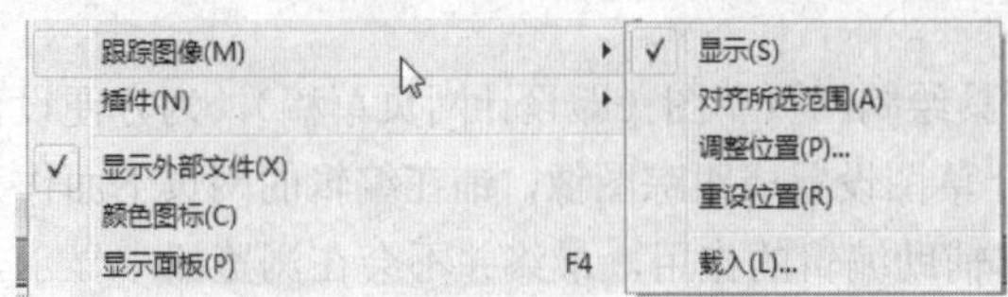

图 1.35 【跟踪图像】子菜单

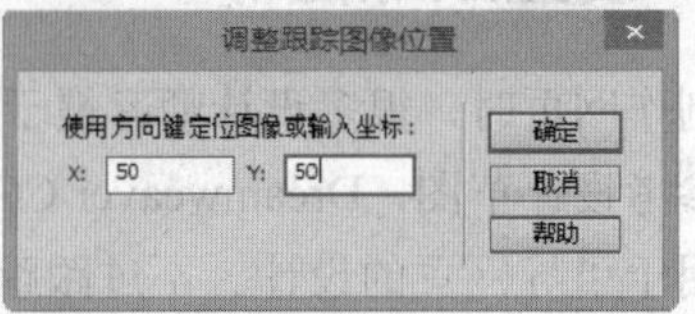

图 1.36 【调整跟踪图像位置】对话框

（3）若要重新指定跟踪图像的位置，选择【查看】|【跟踪图像】|【重设位置】命令，跟踪图像会自动对齐 Dreamweaver CC 编辑窗口的左上角。

视频讲解

1.5 定义网页元信息

网页都由两部分组成：头部信息区和主体可视区。其中头部信息位于<head>和</head>标记之间，不会被显示出来，但可以在源代码中查看，头部信息一般作为网页元信息方便搜索引擎等设备识别，页面可视区域包含在<body>标记中，浏览者所看到的所有网页信息都包含在该区域。

头部信息对于网页来说是非常重要的。例如，当页面以乱码形式显示，就是因为网页字符编码没有设置正确。还可以通过头部信息设置网页标题、关键词、作者、描述等多种信息。

在代码视图下可以直接输入<meta>标记，组合使用 http-equiv、name 和 content 这 3 个属性可以定义各种元数据。在 Dreamweaver CC 中，用户使用可视化方式快速插入元数据会更直观方便。具体方法：选择【插入】|【Head】|【Meta】命令，打开【META】对话框，如图 1.37 所示。

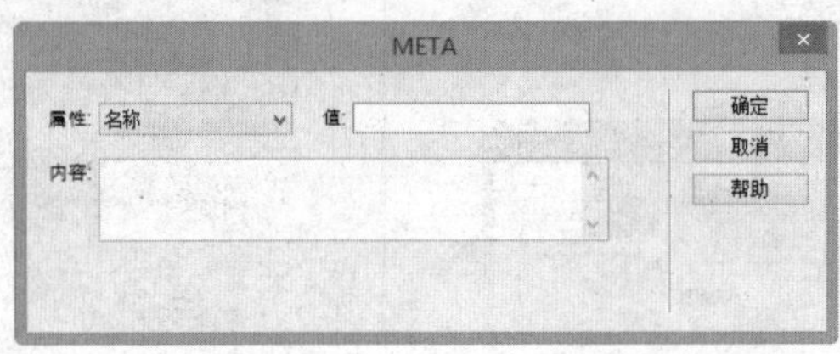

图 1.37 【META】对话框

提示：也可以通过【插入】面板插入元数据。在【插入】面板中选择【常用】工具类中的【Head】图标，在弹出的下拉列表中选择【META】选项。

下面介绍【META】对话框中的各个选项。

☑ 【属性】下拉列表：该列表框中有【HTTP-equivalent】和【名称】两个选项，分别对应 http-equiv 和 name 变量类型。

☑ 【值】文本框：输入 http-equiv 或 name 变量类型的值，用于设置不同类型的元数据。

☑ 【内容】文本框：在该文本框中输入 http-equiv 或 name 变量的内容，即设置元数据项的具体内容。

Note

【拓展】

http-equiv 是 HTTP Equivalence 的简写，它表示 HTTP 的头部协议，这些头部协议信息将反馈给浏览器一些有用的信息，以帮助浏览器正确和精确地解析网页内容。在【META】对话框的【属性】下拉列表中选择【HTTP-equivalent】选项，则可以设置下面各种元数据。

name 属性专门用来设置页面隐性信息。在【META】对话框的【属性】下拉列表中选择【名称】选项，然后设置【值】和【内容】选项的值，就可以定义文档各种隐性数据，这些元信息是不会显示的，但可以在网页源代码中查看，主要目的是方便设备浏览。

1.5.1　实战演练：设置网页字符编码

网页内容可以设置不同的字符集进行显示，例如，GB 2312 简体中文编码、BIG5 繁体中文编码、ISO 8859-1 英文编码，国际通用字符编码 UTF-8 等。对于不同字符编码页面，如果浏览器不能显示该字符，则会显示为乱码。因此需要首先定义页面的字符编码，告诉浏览器应该使用什么编码来显示页面内容。

【示例】在【META】对话框的【属性】下拉列表中选择【HTTP-equivalent】选项，在【值】文本框中输入 Content-Type，在【内容】文本框中输入 text/html;charset=gb2312，则可以设置网页字符编码为简体中文，如图 1.38 所示。

使用 HTML 代码在<head>标记中直接书写，如图 1.39 所示，新建页面默认为 UTF-8 编码（国际通用字符编码），如果在页面中输入其他国家语言，还需要重新设置相应的字符编码。

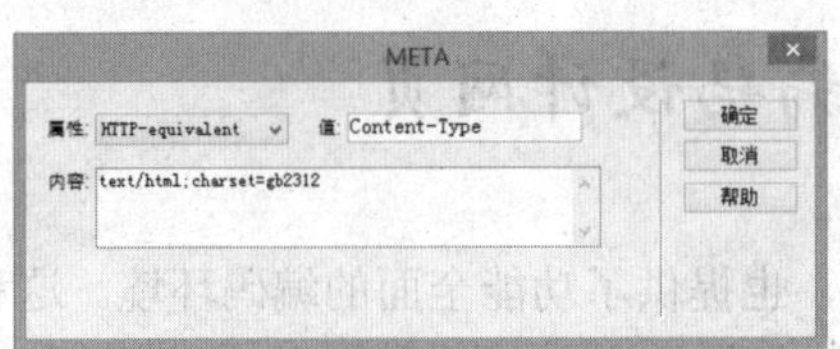

图 1.38　设置简体中文字符

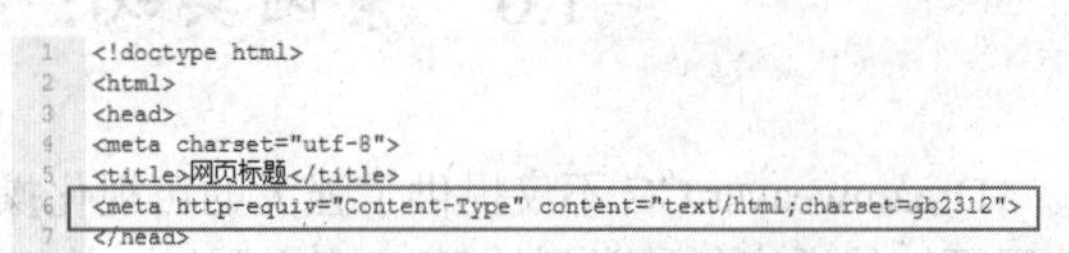

图 1.39　直接输入代码

1.5.2　实战演练：设置网页关键词

关键词的设置非常重要，它是为搜索引擎而设置的，也比较讲究，因为网上浏览网页途径主要是通过搜索引擎来实现的。为了提高在搜索引擎中被搜索到的概率，可以设置多个与网页主题相关的关键词以便搜索。这些关键词不会在浏览器中显示。输入关键词时各个关键词之间用逗号分隔。

【示例】在【META】对话框的【属性】下拉列表中选择【名称】选项，在【值】文本框中输入 keywords，在【内容】文本框中输入与网站相关的关键词，如“网页设计师，网页设计师招聘，网页素材，韩国模板，古典素材，优秀网站设计，国内酷站欣赏……”，如图 1.40 所示。

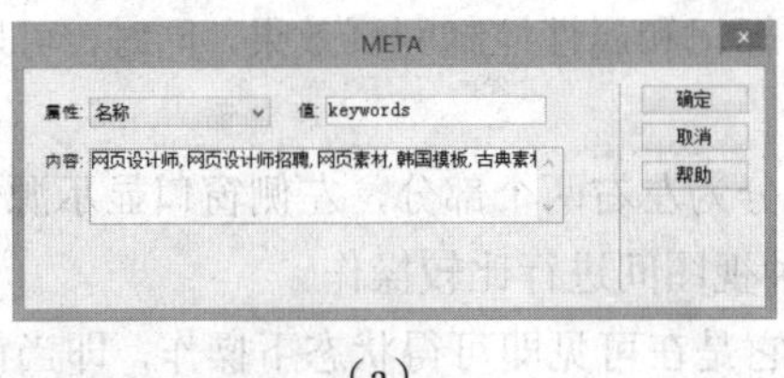

（a）

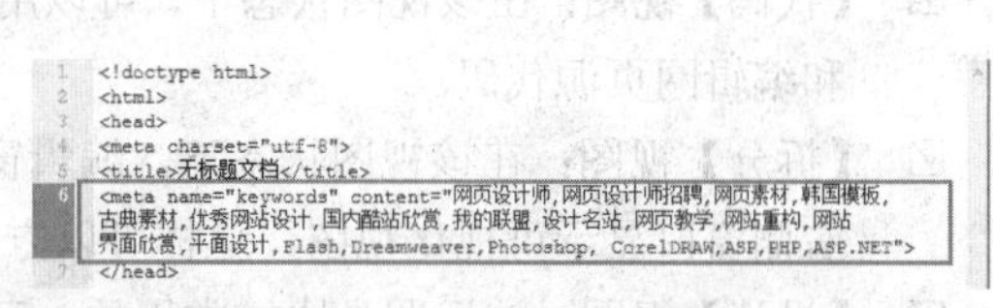

（b）

图 1.40　设置网页关键词

Note

1.5.3 实战演练：设置网页说明

在一个网站中，可以在网页源代码中添加说明文字，概括描述网站的主题内容，方便搜索引擎按主题搜索。这个说明文字内容不会显示在浏览器中，主要为搜索引擎寻找主题网页提供方便，这些说明文字还可存储在搜索引擎的服务器中，在浏览者搜索时随时调用，还可以在检索到网页时作为检索结果返给浏览者，例如，在用搜索引擎搜索的结果网页中显示的说明文字就是通过这样设置的。搜索引擎同样限制说明文字的字数，所以内容要尽量简明扼要。

【示例】在【META】对话框的【属性】下拉列表中选择【名称】选项，在【值】文本框中输入“description”，在【内容】文本框中输入说明文字即可，如“网页设计师联盟，国内专业网页设计人才基地，为广大设计师提供学习交流空间”，如图 1.41 所示。

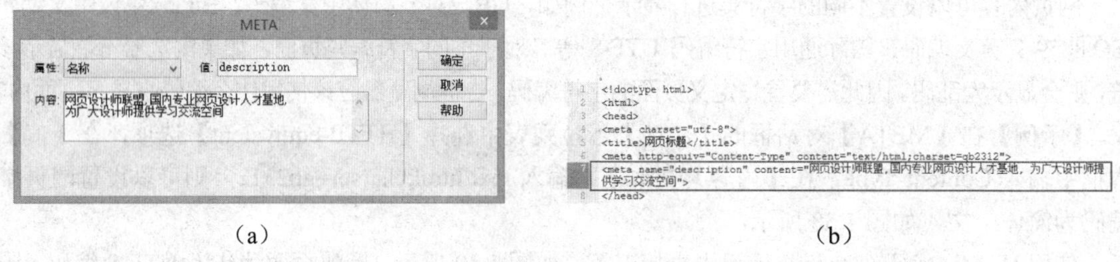

（a）　　（b）

图 1.41　设置搜索说明

视频讲解

1.6　案例实战：使用编码设计网页

Dreamweaver CC 不仅提供了强大的可视化操作环境，也提供了功能全面的编码环境。这种代码编写环境能适应各种类型的 Web 应用开发，从编写简单的 HTML 代码到设计、编写、测试和部署复杂的动态网站和 Web 应用程序。

在 Dreamweaver CC 主窗口中，包括 4 种视图：【代码】视图、【拆分】视图、【设计】视图和【实时视图】，如图 1.42 所示。

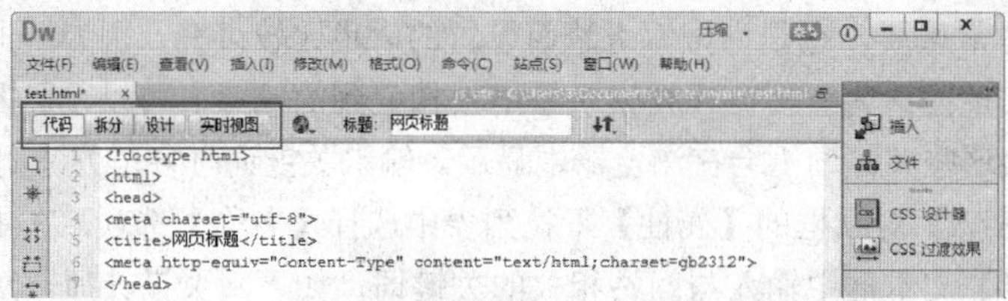

图 1.42　Dreamweaver CC 主窗口中的 4 种视图

☑ 【代码】视图：在该视图状态下，可以用 HTML 标记和属性控制网页效果，同时，可以查看和编辑网页源代码。

☑ 【拆分】视图：在该视图状态下，编辑窗口被拆分为左右两个部分，左侧窗口显示源代码，右侧窗口显示可视化视图，这样可以方便在两种视图间进行比较操作。

☑ 【设计】视图：该视图是比较常用的一种视图，它是在可见即可得状态下操作，即当前编辑的效果和发布网页中的效果相同。

Note

☑ 【实时视图】：当页面包含复杂的脚本、特效样式，或者页面是动态网页时，在【设计】视图下是看不到效果的，此时只有通过实时视图才能够看到最终效果。

下面使用【代码】视图制作一个简单的页面。

提示，对于零基础的读者来说，初次接触 HTML 代码，建议先扫码了解什么是 HTML 结构、标签和属性，这样在 Dreamweaver 的帮助下，写代码的速度会更快。

线 上 阅 读

【操作步骤】

第 1 步，启动 Dreamweaver，单击【代码】按钮，切换到【代码】视图。

第 2 步，先设置页面头部信息，由于系统已经设置了 HTML 文档基本结构和页面基础信息，因此，可以先保持默认值，当需要时，再不断充实。只需重定义<title>标记中的网页标题，如图 1.43 所示。

第 3 步，在<body>和</body>标记之间输入网页源代码文本内容，如“<h1>学好 Dreamweaver，网页设计真不怕。</h1>”，如图 1.44 所示。其中<h1>标记表示一级标题的意思。

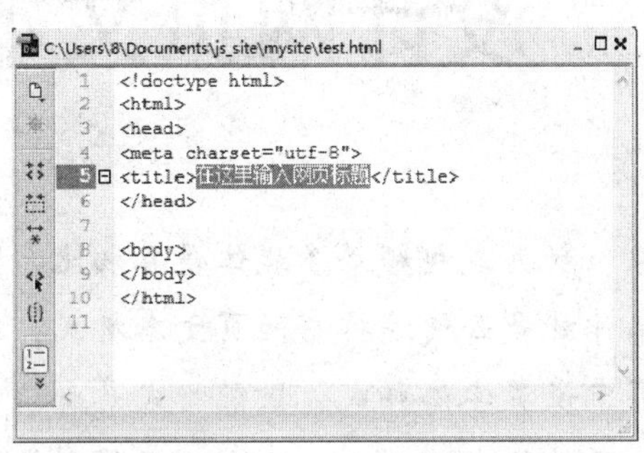

图 1.43　定义网页标题

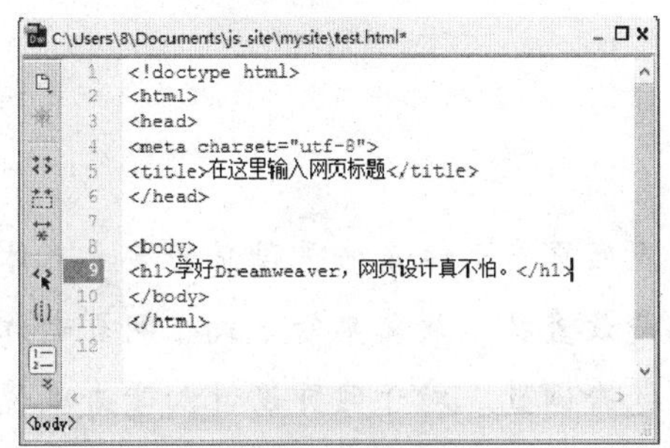

图 1.44　输入页面内容

第 4 步，选择【文件】|【在浏览器中预览】|【IEXPLORE】命令，或者按 F12 键，即可在浏览器中观看到网页效果，如图 1.45 所示。

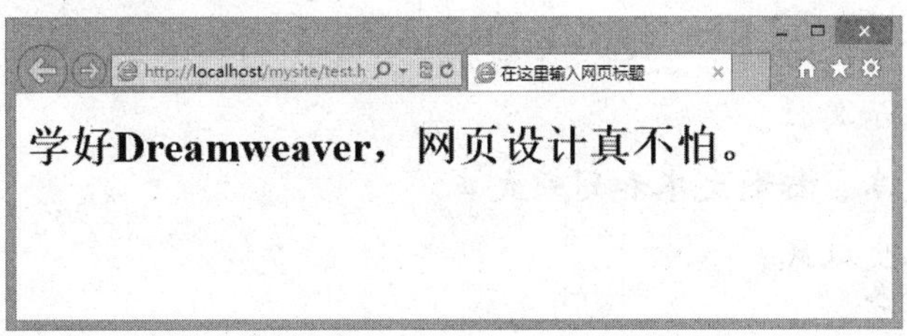

图 1.45　网页预览效果

如果在运行时没有保存页面，系统会弹出一个提示对话框，提示用户先保存页面。

1.7　在 线 练 习

练习设计 HTML5 文档的基本方法，感兴趣的读者可以扫码练习。

在 线 练 习

第2章

设计网页文本

在网页中文字是传递信息的主要载体，与图像、动画或视频等多媒体信息相比，文字信息是最直接、最简单的方式。网页制作的重点工作就是如何编排好网页文本格式，以方便浏览者浏览。对于网页设计初学者来说，在网页中设置字体样式、段落格式是必须具备的基本技能之一。本章将详细讲解网页字体设置、段落格式编排，以及如何设置列表等基本操作。

【学习重点】

- 在网页中输入文本。
- 设置文本显示属性。
- 设计段落文本、标题文本和列表文本。
- 设计网页正文版式。

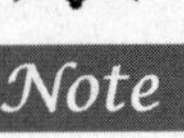

视频讲解

2.1　在网页中输入文本

在 Dreamweaver CC 中输入文本有以下两种方法：

☑　直接在编辑窗口中输入文本。先确定要插入文本的位置，然后打字输入文本。

☑　复制其他窗口中的文本，粘贴到 Dreamweaver CC 编辑窗口中。方法是：先在其他文本编辑器中选中文本，按 Ctrl+C 快捷键复制，然后切换到 Dreamweaver CC 编辑窗口，选择【编辑】|【粘贴】命令即可，快捷键为 Ctrl+V。

【操作步骤】

第 1 步，选择【编辑】|【首选项】命令，打开【首选项】对话框，在左侧【分类】列表框中选择【复制/粘贴】选项，在右侧具体设置复制/粘贴的格式，如图 2.1 所示。然后单击对话框底部的【应用】按钮。最后，单击【关闭】按钮关闭对话框。

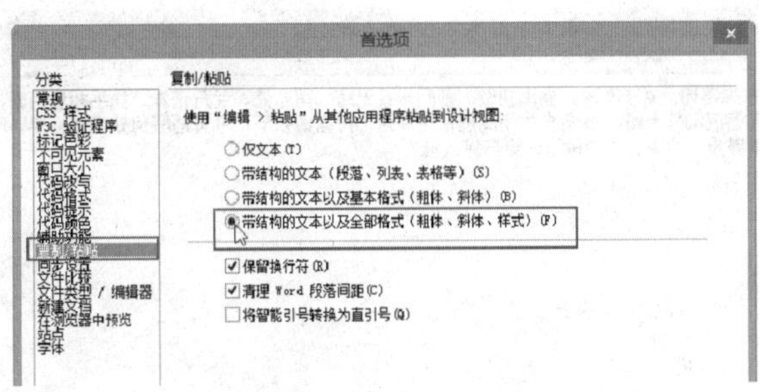

图 2.1　设置粘贴文本的格式

第 2 步，在其他文本编辑器中选择带格式的文本。例如，在 Word 中选择一段带格式的文本，按 Ctrl+C 快捷键进行复制，如图 2.2 所示。

第 3 步，启动 Dreamweaver CC，新建文档，保存为 test.html，在编辑窗口中按 Ctrl+V 快捷键粘贴文本，则效果如图 2.3 所示。

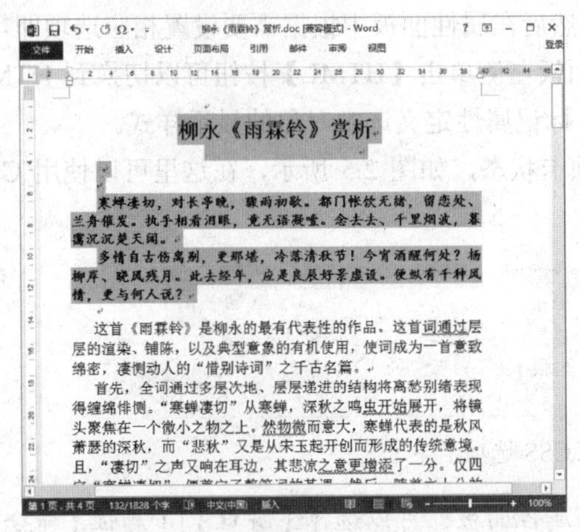

图 2.2　复制 Word 中带格式的文本

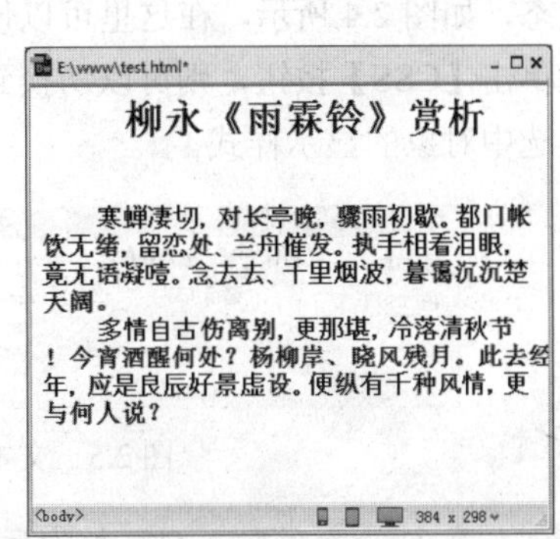

图 2.3　粘贴带格式的文本

提示：在粘贴时，如果选择【编辑】|【选择性粘贴】命令，会打开【选择性粘贴】对话框，在该对话框中可以进行不同的粘贴操作，例如，仅粘贴文本，或仅粘贴基本格式文本，或者完整粘贴文本中的所有格式等。

Note

视频讲解

Dreamweaver 的文本编辑能力非常强大，下面介绍一些特殊用法和功能。具体操作请扫码阅读。

线上阅读

2.2 定义文本属性

输入文本之后，还需要设置文本的属性，如文字的字体、大小和颜色，文本的对齐方式、缩排和列表等。设置这些属性最好的方法就是使用文本属性面板。属性面板一般位于编辑窗口的下方，如图 2.4 所示。

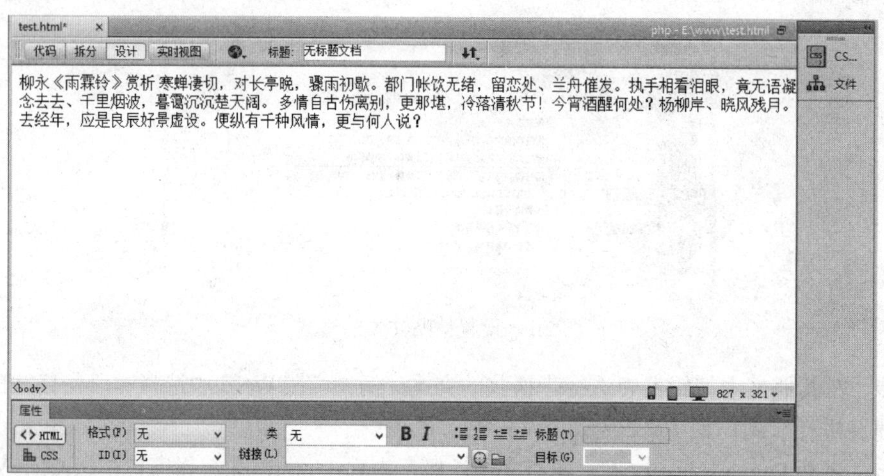

图 2.4 文本属性面板（HTML 选项卡下）

要设置文本属性，应先在编辑窗口中选中文本，然后在属性面板中根据需要设置相应选项即可。

属性面板包括两类选项卡：CSS 和 HTML。在面板左侧单击【HTML】按钮可以切换到 HTML 选项卡状态，如图 2.4 所示，在这里可以使用 HTML 标记属性定义选中对象的显示样式。

如果单击【CSS】按钮，则可以切换到 CSS 选项卡状态，如图 2.5 所示，在这里可以使用 CSS 代码定义选中对象的显示样式。

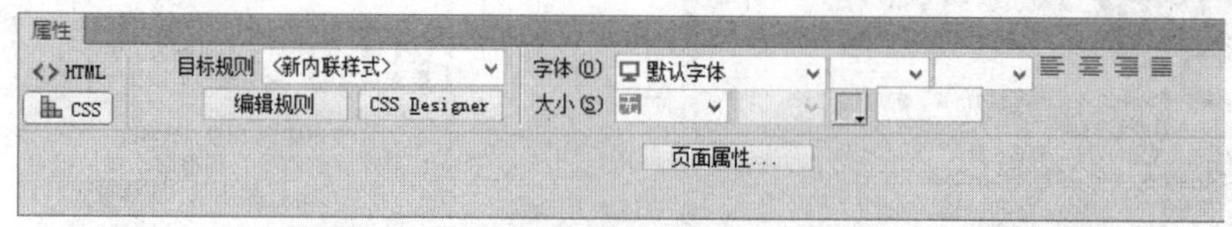

图 2.5 文本属性面板（CSS 选项卡下）

提示：如果 Dreamweaver CC 主界面中没有显示属性面板，可以选择【窗口】|【属性】命令打开属性面板，或者按 Ctrl+F3 快捷键快速打开或关闭属性面板。

Note

2.3　定义文本格式

文本格式类型实际上就是定义文本所包含的标记类型，该标记表示文本所代表的语义性。在文本属性面板中单击【格式】下拉列表可以快速设置，包括段落格式、标题格式、预先格式化。如果在【格式】下拉列表中选择【无】选项，可以取消格式操作，或者设置无格式文本。

2.3.1　实战演练：设置段落文本

视频讲解

段落格式就是设置所选文本为段落。在 HTML 源代码中是使用<p>标记来表示，段落文本默认格式是在段落文本上下边显示 1 行空白间距（约 12px），其语法格式为：

```
<p>段落文本</p>
```

【操作步骤】

第 1 步，启动 Dreamweaver CC，新建文档，保存为 test.html。

第 2 步，在编辑窗口中，手动输入文本“《雨霖铃》”。

第 3 步，在属性面板中单击【格式】右侧向下箭头，在弹出的下拉列表中选择【段落】选项，即可设置当前输入文本为段落格式，如图 2.6 所示。

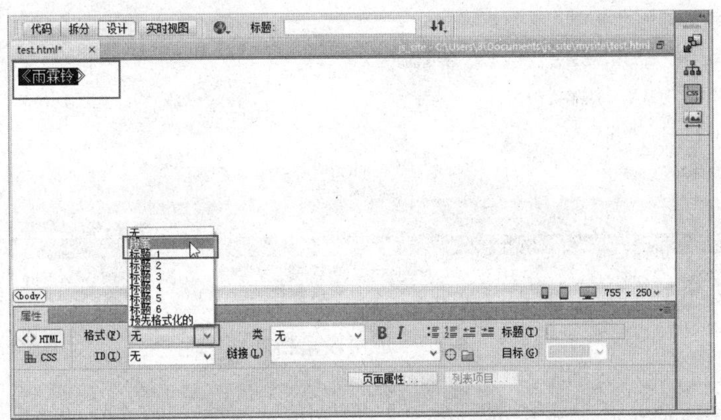

图 2.6　设置段落格式

【技巧】

在【设计】视图下，输入一些文字后，按 Enter 键，就会自动生成一个段落，这时也会自动应用段落格式，光标会自动换行，同时【格式】下拉列表中显示为“段落”状态。

第 4 步，切换到【代码】视图下，可以直观比较段落文本和无格式文本的不同。

（1）输入文本，按 Enter 键前：

```
<body>
《雨霖铃》
</body>
```

Note

（2）输入文本，按 Enter 键后：

```
<body>
<p>《雨霖铃》</p>
<p>  </p>
</body>
```

（3）输入文本后，选择【段落】格式选项：

```
<body>
<p>《雨霖铃》
</p>
</body>
```

第 5 步，按 Enter 键换行显示，继续输入文本。以此类推，输入全部诗句。在【设计】视图下可以看到如图 2.7 所示的效果，生成的 HTML 代码如下所示。

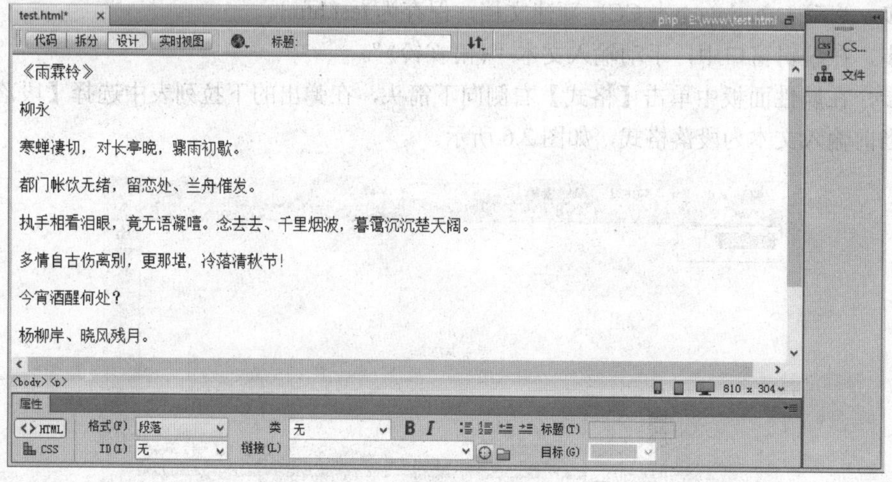

图 2.7　应用段落格式

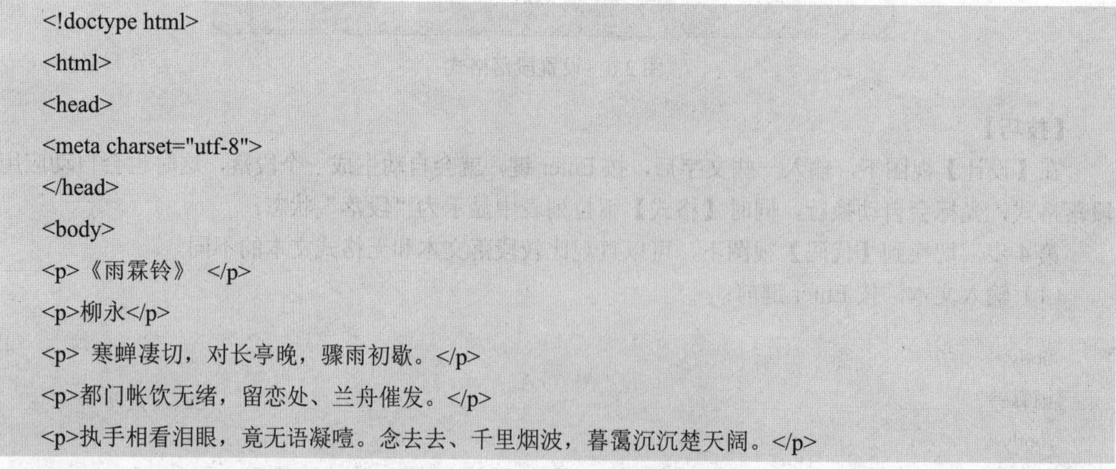

```
<!doctype html>
<html>
<head>
<meta charset="utf-8">
</head>
<body>
<p>《雨霖铃》 </p>
<p>柳永</p>
<p> 寒蝉凄切，对长亭晚，骤雨初歇。</p>
<p>都门帐饮无绪，留恋处、兰舟催发。</p>
<p>执手相看泪眼，竟无语凝噎。念去去、千里烟波，暮霭沉沉楚天阔。</p>
```

Note

```
<p>多情自古伤离别，更那堪，冷落清秋节！</p>
<p>今宵酒醒何处？</p>
<p>杨柳岸、晓风残月。</p>
<p>此去经年，应是良辰好景虚设。</p>
<p>便纵有千种风情，更与何人说？ </p>
</body>
</html>
```

2.3.2 实战演练：设置标题文本

视频讲解

标题文本主要用于强调文本信息的重要性。在 HTML 中，定义了 6 级标题，分别用<h1>、<h2>、<h3>、<h4>、<h5>、<h6>标记来表示，每级标题的字体大小依次递减，标题格式一般都加粗显示。

【操作步骤】

第 1 步，启动 Dreamweaver CC，打开 2.3.1 节创建的网页文档 test.html。下面将文档中的文本“《雨霖铃》”定义为 1 级标题居中显示，将文本“柳永”定义为 2 级标题居中显示。

第 2 步，在编辑窗口中拖选文本“《雨霖铃》”，在文本属性面板的【格式】下拉列表中选择【标题 1】选项。

第 3 步，选择【格式】|【对齐】|【居中对齐】命令，则会设置标题文本居中显示，如图 2.8 所示。

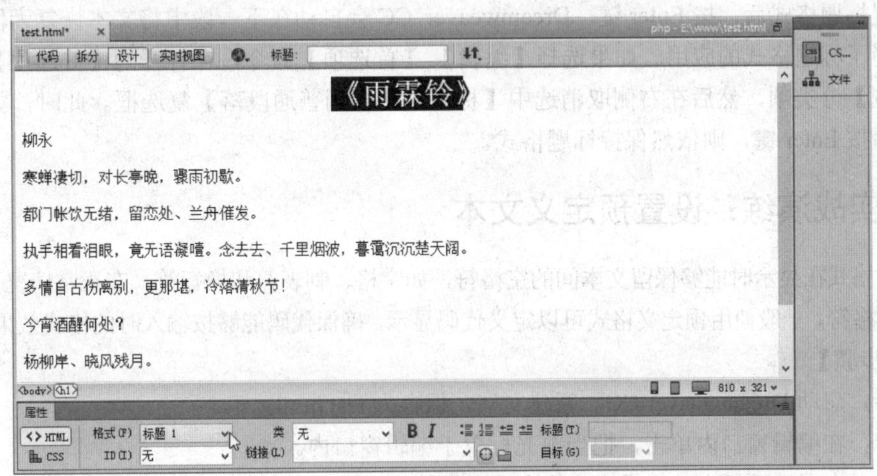

图 2.8 设置标题格式

第 4 步，切换到【代码】视图下，可以看到生成如下的 HTML 代码：

```
<h1 align="center">《雨霖铃》</h1>
```

第 5 步，把光标置于文本“柳永”中，在文本属性面板的【格式】下拉列表中选择【标题 2】选项，设置文本“柳永”为二级标题格式。

提示：在上面的操作中，没有选中操作文本，这是因为段落格式和标题格式作用文本上光标插

入点所在的一段，如果要将多段设置一个标题，可以同时选中。如果按 Shift+Enter 快捷键或者用
标记使文本换行，但上下行依然是一段，因此，标题格式和段落格式同样起作用。

Note

第 6 步，选择【格式】|【对齐】|【居中对齐】命令，设置二级标题文本居中显示，如图 2.9 所示。

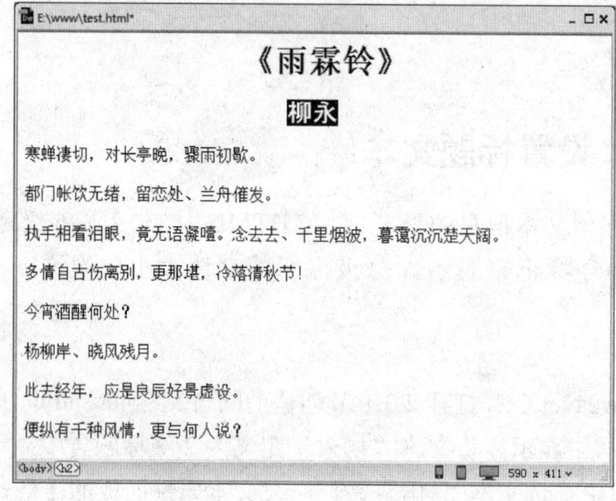

图 2.9　设置标题格式效果

【技巧】

当设置标题格式后，按 Enter 键，Dreamweaver CC 会自动在下一段中将文本恢复为段落文本格式，即取消了标题格式的应用。如果选择【编辑】|【首选项】命令，在打开的【首选项】对话框中选择【常规】分类项，然后在右侧取消选中【标题后切换到普通段落】复选框。此时，如果在标题格式文本后按 Enter 键，则依然保持标题格式。

视频讲解

2.3.3　实战演练：设置预定义文本

预定义格式在显示时能够保留文本间的空格符，如空格、制表符和换行符。在正常情况下浏览器会忽略这些空格符。一般使用预定义格式可以定义代码显示，确保代码能够按输入时的格式效果正常显示。

【操作步骤】

第 1 步，启动 Dreamweaver CC，新建文档，保存为 test.html。

第 2 步，在编辑窗口内单击，把当前光标置于编辑窗口内。

第 3 步，在属性面板中单击【格式】右侧向下箭头，在弹出的下拉列表中选择【预先格式化的】选项。

第 4 步，在编辑窗口中输入如下 CSS 样式代码，在【设计】视图下，用户会看到输入的代码文本格式，如图 2.10 所示。

```
<style type="css/text">
h1{
    text-align:center;
    font-size:24px;
```

```
    color:red;
}
</style>
```

上面的样式代码定义一级标题文本居中显示，字体大小为 24 像素，字体颜色为红色。

第 5 步，按 Ctrl+S 快捷键保存文档，按 F12 键浏览效果，在浏览器中可以看到原来输入的代码依然按原输入格式显示，如图 2.11 所示。

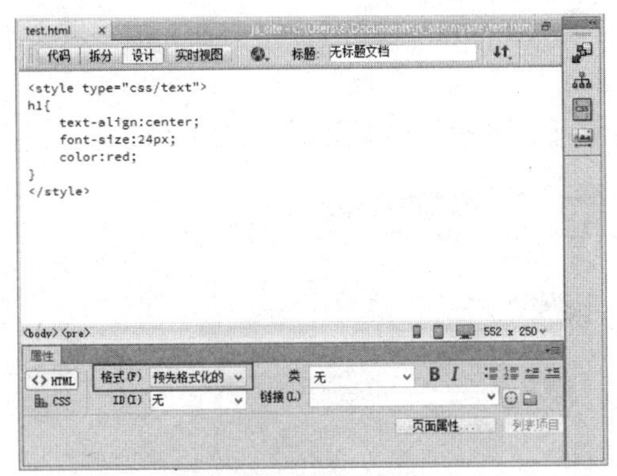

图 2.10　正常状态输入格式化代码

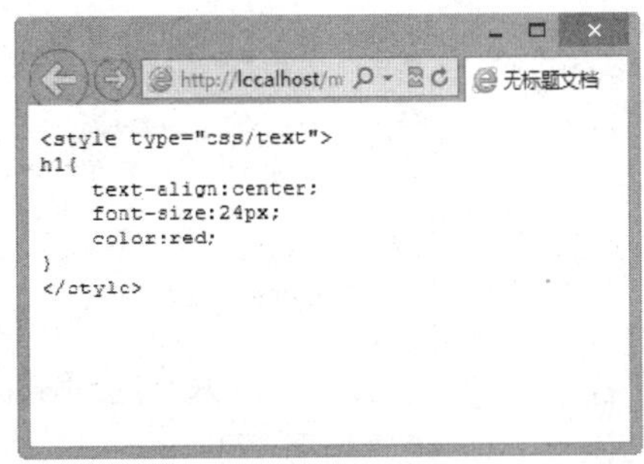

图 2.11　在浏览器中预览预定义格式效果

第 6 步，切换到【代码】视图下，则显示代码如下：

```
<pre>
&lt;style type=&quot;css/text&quot;&gt;
h1{
    text-align:center;
    font-size:24px;
    color:red;
}
&lt;/style&gt;
</pre>
```

提示：预定义格式的标记为<pre>，在该标记中可以输入制表符和换行符，这些特殊符号都会包括在<pre>标记之中。

第 7 步，把 test.html 另存为 test1.html，在【代码】视图下把<pre>标记改为<p>标记，即把预定义格式转换为段落格式，则显示效果如图 2.12 所示。

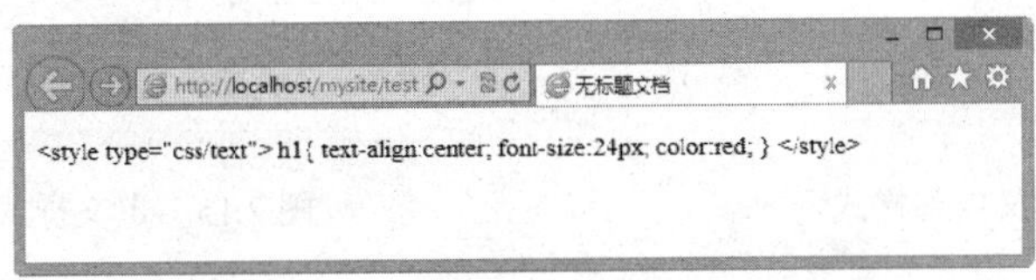

图 2.12　以段落格式显示格式代码效果

2.4 案例实战：定义类文本

Note

视频讲解

文本属性面板中有一个【目标规则】下拉列表，在该下拉列表选项中可以为选中文本应用类样式，下面通过一个案例演示如何应用类样式，设计类文本效果。

【操作步骤】

第 1 步，启动 Dreamweaver CC，新建文档，保存为 test.html。模仿 2.3 节方法完成多段文本的输入操作。

第 2 步，选择【窗口】|【CSS 设计器】命令，打开【CSS 设计器】面板，如图 2.13 所示。

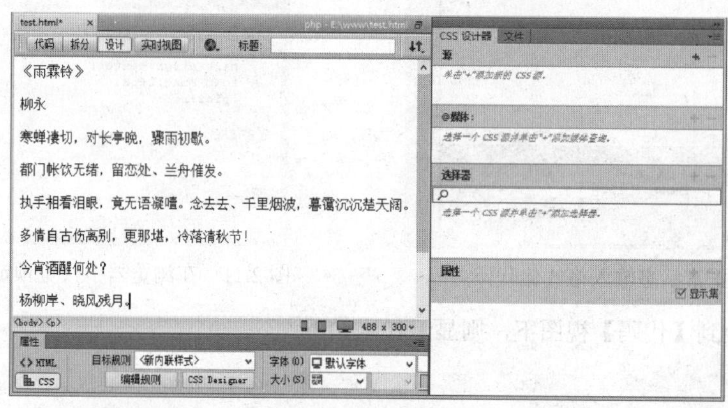

图 2.13 打开【CSS 设计器】面板

第 3 步，在【源】列表框标题栏右侧，单击加号按钮，从弹出的下拉列表中选择【在页面中定义】选项，定义一个内部样式表，如图 2.14 所示。

第 4 步，在【@媒体】列表框中选择【全局】选项，在【选择器】列表框标题栏右侧，单击加号按钮添加一个样式，然后输入样式选择器的名称为.center，如图 2.15 所示。

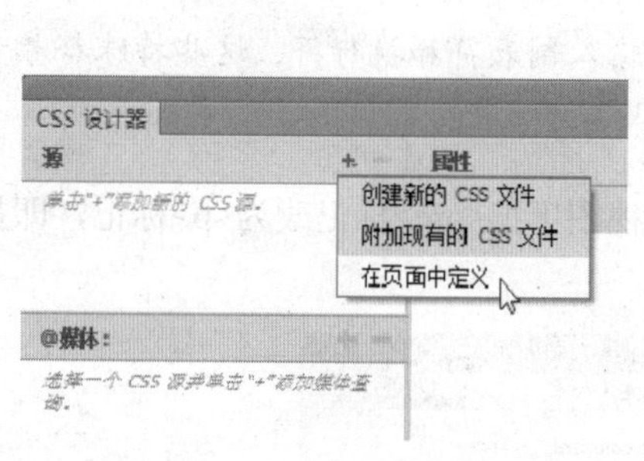

图 2.14 定义内部样式表

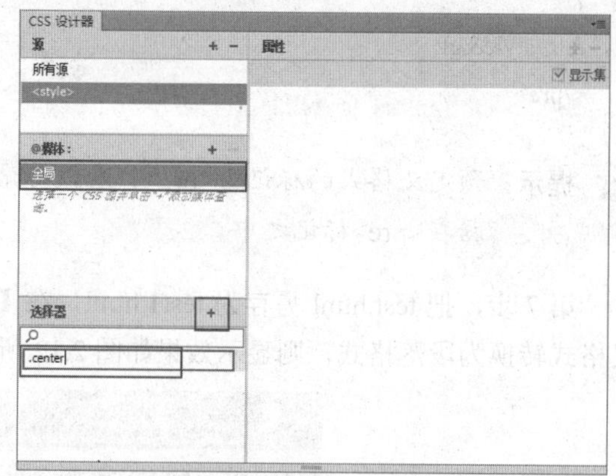

图 2.15 定义样式的选择器名称

第 5 步，在【属性】列表框顶部分类选项中单击“文本”类，然后找到 text-align 属性，在右

侧单击居中图标 ，定义一个居中类样式，如图 2.16 所示。

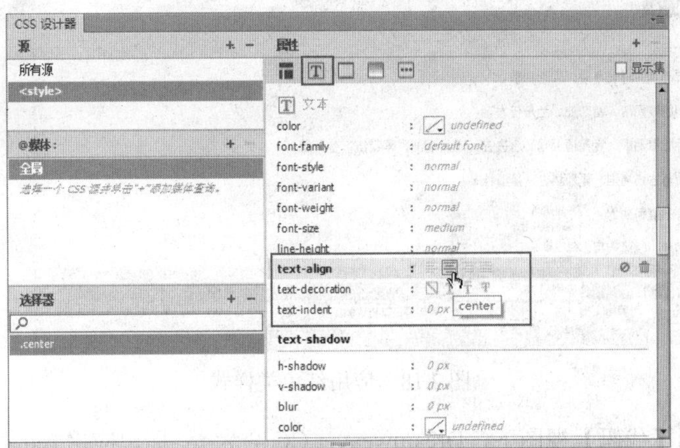

图 2.16　定义居中类样式

第 6 步，重复第 3～5 步操作，定义一个 red 类样式，定义字体颜色为红色，如图 2.17 所示。

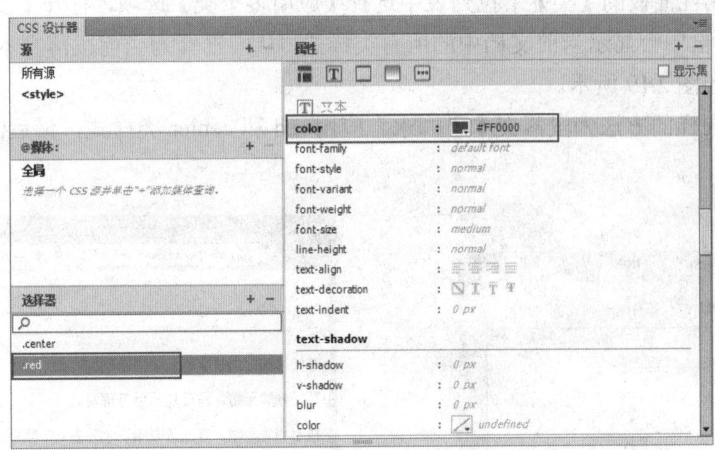

图 2.17　定义 red 类样式

第 7 步，切换到【代码】视图下，在页面头部区域可以看到 Dreamweaver CC 自动生成的样式代码如下所示。如果用户熟悉 CSS 语法，可以手动快速定义类样式：

```
<style type="text/css">
.center { text-align: center; }
.red { color: #FF0000; }
</style>
```

第 8 步，切换到【设计】视图，选中“《雨霖铃》”文本，在属性面板的【目标规则】下拉列表中可以看到刚才定义的类样式。在下拉列表中可以预览到类样式的效果。从中选择一种类样式，如选择 red，在编辑窗口中会立即看到选中文本显示为红色，如图 2.18 所示。

Note

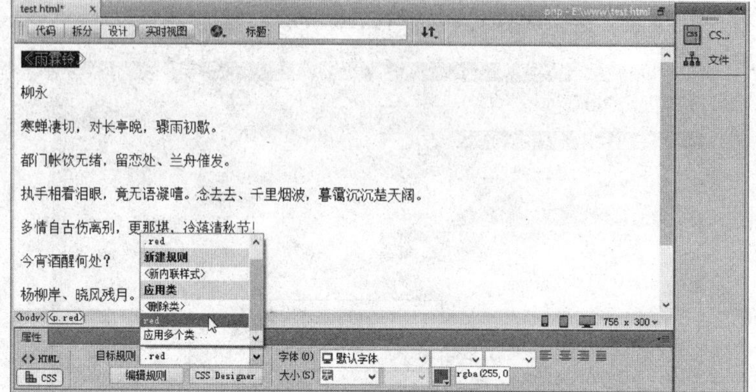

图 2.18　应用红色类样式

第 9 步，切换到【代码】视图下，Dreamweaver CC 会为<p>标记应用 red 类样式。

```
<p class="red">《雨霖铃》 </p>
```

第 10 步，在属性面板的【类】下拉列表中选择【应用多个类】选项，打开【多类选区】对话框，在该对话框的列表框中会显示当前文档中的所有类样式，从中选择为当前段落文本应用多个类样式，如 center 和 red，如图 2.19 所示。

第 11 步，以同样的方法为段落文本“柳永”应用 red 和 center 类样式，最后的页面设计效果如图 2.20 所示。

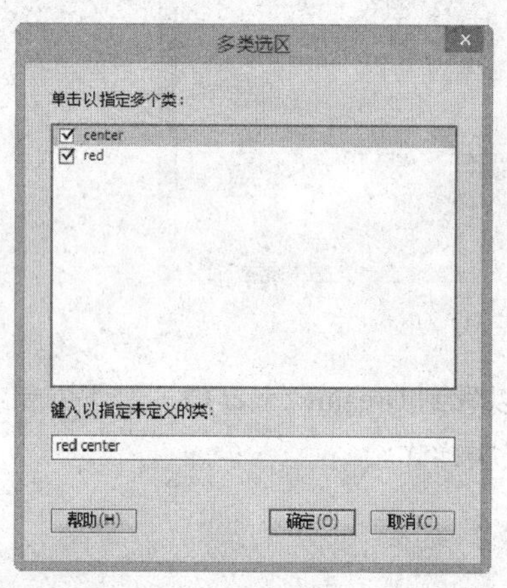

图 2.19　应用多个类样式

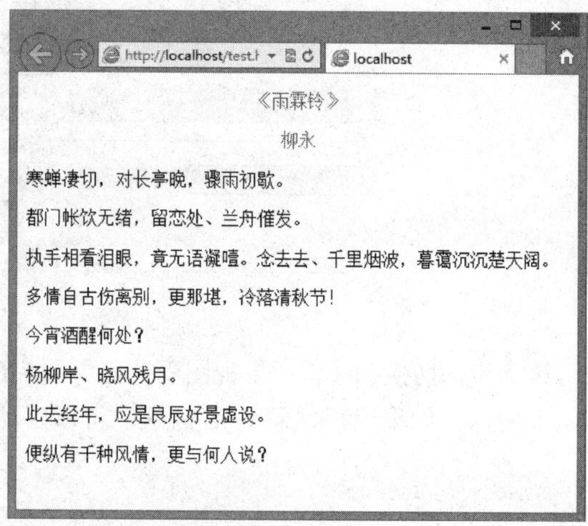

图 2.20　页面设计效果

提示：如果在属性面板的【类】下拉列表中选择【无】选项，则表示所选文本没有 CSS 样式或者取消已应用的 CSS 样式表；选择【重命名】选项表示已经定义的 CSS 类样式可以进行重新命名；【附加样式表...】选项能够打开【使用现有的 CSS 文件】对话框，允许用户导入外部样式表文件。如果在页面中定义了很多类样式，则这些类样式会显示在该下拉列表框中。

Note

视频讲解

2.5　定义字体样式

文本包含很多属性，通过设置这些属性，用户可以控制网页效果。一个网页的设计效果是否精致，很大程度上取决于文本样式设计。

2.5.1　实战演练：设置字体类型

在网页中，中文字体默认显示为宋体，如果选择【修改】|【管理字体】命令，可以打开【管理字体】对话框，重设字体类型。

【操作步骤】

第 1 步，启动 Dreamweaver CC，打开 2.4 节创建的网页文档 test.html，另存为 test1.html。

第 2 步，在编辑窗口中拖选文本“《雨霖铃》”。

第 3 步，选择【修改】|【管理字体】命令，打开【管理字体】对话框，切换到【自定义字体堆栈】选项卡。在【可用字体】列表中选择一种本地系统中可用的字体类型，如“隶书”。

第 4 步，单击添加按钮 << ，把选择的可用字体添加到【选择的字体】列表中，如图 2.21 所示。

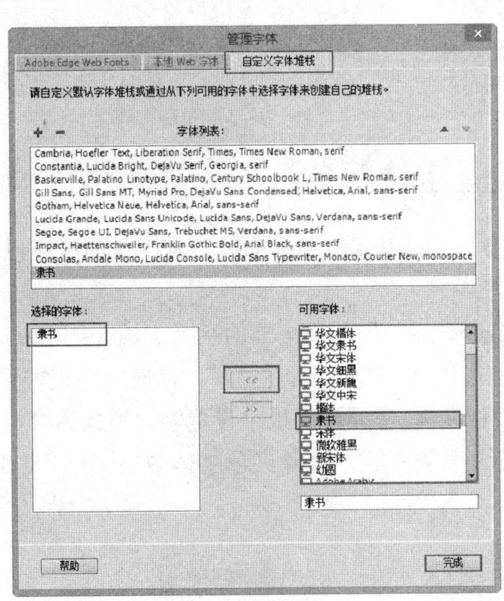

图 2.21　添加可用字体

> 提示：在【管理字体】对话框中可以设置多种字体类型，如自定义字体类型，或者选择本地系统可用字体，只要用户计算机安装的字体，都可以进行选择设置。不过建议用户应该为网页字体设置常用字体类型，以确保大部分浏览者都能够正确浏览。

第 5 步，在属性面板中，切换到 CSS 选项卡，在【字体】列表框中单击右侧向下箭头，从弹出的列表中可以看到新添加的字体，选择添加的字体“隶书”，即可为当前标题应用隶书字体效果，如图 2.22 所示。

Note

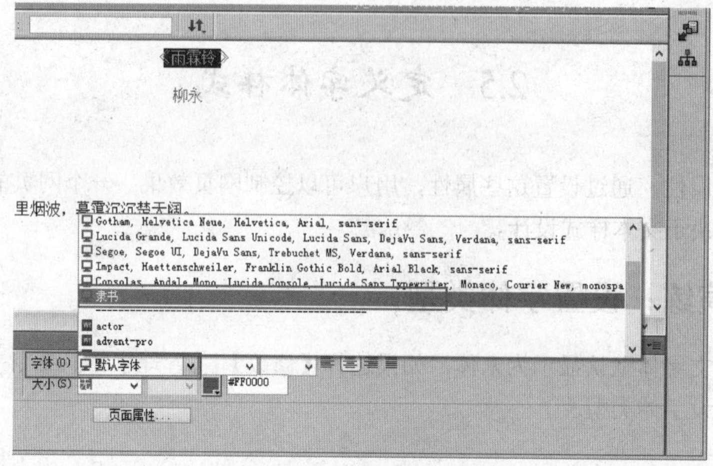

图 2.22　应用字体类型样式

第 6 步，切换到【代码】视图，可以看到 Dreamweaver 使用 CSS 定义的字体样式属性。

```
<p class="red center"><span style="font-family: '隶书'">《雨霖铃》 </span></p>
<p class="red center">柳永</p>
```

提示：在传统布局中，默认使用<font>标记设置字体类型、字体大小和颜色，在标准设计中就不再建议使用。

视频讲解

2.5.2　实战演练：设置字体颜色

选择【格式】|【颜色】命令，打开【颜色】面板，利用该面板可以为字体设置颜色。

【操作步骤】

第 1 步，启动 Dreamweaver CC，打开 2.5.1 节的网页文档 test1.html，另存为 test2.html。

第 2 步，在编辑窗口中拖选段落文本"《雨霖铃》"。在属性面板中设置字体格式为"标题 1"。

第 3 步，拖选段落文本"柳永"。在属性面板中设置字体格式为"标题 2"。同时修改"柳永"的应用类样式为 center，而不是复合类样式，清除红色字体效果，仅让二级标题居中显示，如图 2.23 所示。

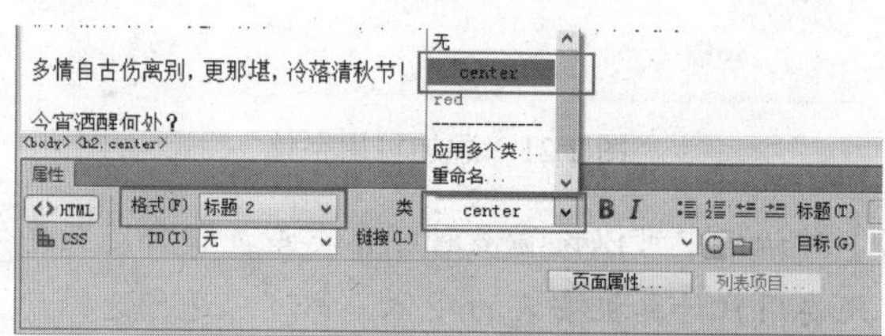

图 2.23　修改标题文本格式化和类样式

第 4 步，拖选词正文的第一段文本，在属性面板中切换到 CSS 选项卡，单击"颜色"小方块，从弹出的颜色面板中选择一种颜色，这里设置颜色为浅绿色，RGBa 值显示为 rgba（60，255，60，1），如图 2.24 所示。

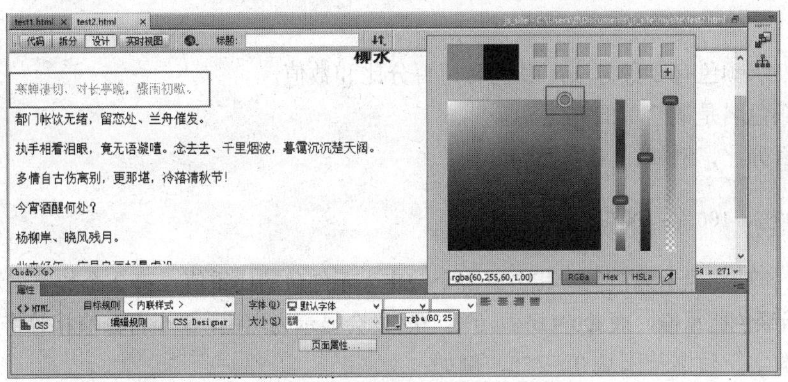

图 2.24　定义第一段文本颜色

第 5 步，拖选第 2 段文本，设置字体颜色为 rgba（60，255，60，0.9），用户也可以直接在属性面板的颜色文本框中输入“rgba（60，255，60，0.9）”，如图 2.25 所示。

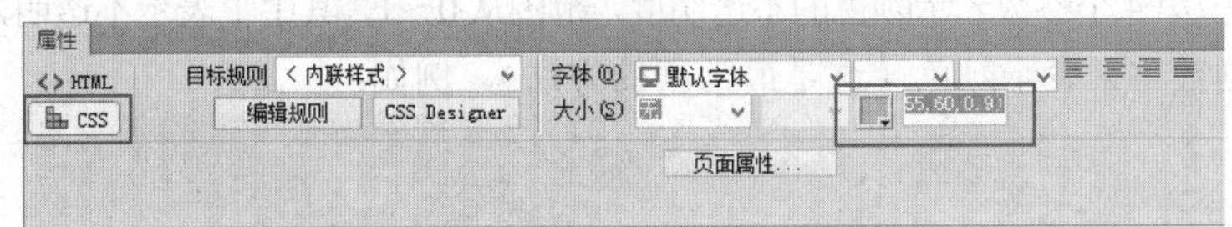

图 2.25　定义第二段文本颜色

第 6 步，以同样的方式执行如下操作：

（1）设置第 3 段文本字体颜色为 rgba（60，255，60，0.8）。

（2）设置第 4 段文本字体颜色为 rgba（60，255，60，0.7）。

（3）设置第 5 段文本字体颜色为 rgba（60，255，60，0.6）。

（4）设置第 6 段文本字体颜色为 rgba（60，255，60，0.5）。

（5）设置第 7 段文本字体颜色为 rgba（60，255，60，0.4）。

（6）设置第 8 段文本字体颜色为 rgba（60，255，60，0.3）。

第 7 步，选中标题 1 文本“《雨霖铃》”，在属性面板中修改字体颜色为 green。

第 8 步，保存文档，按 F12 快捷键，在浏览器中预览，显示效果如图 2.26 所示。

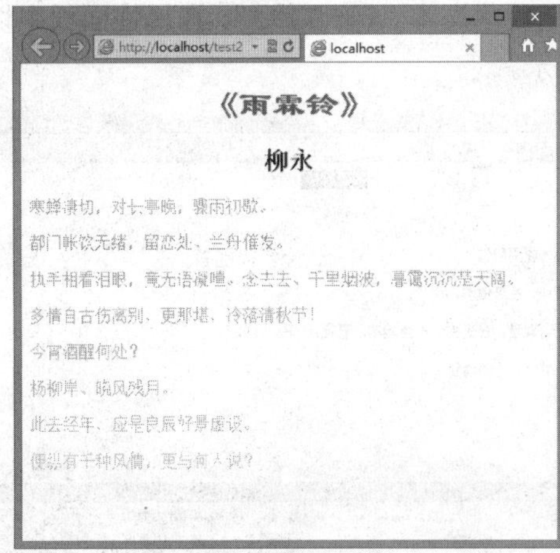

图 2.26　定义字体颜色效果

Note

【拓展】

在网页中表示颜色有 3 种方法：颜色名、百分比和数值。

☑ 使用颜色名是最简单的方法。

☑ 使用百分比，例如：

```
color:rgb (100%，100%，100%);
```

在上面这个声明将显示为白色，其中第 1 个数字表示红色的比重值，第 2 个数字表示蓝色比重值，第 3 个数字表示绿色比重值，而 rgb（0%，0%，0%）会显示为黑色，3 个百分值相等将显示灰色。

☑ 使用数字。数字范围从 0～255，例如：

```
color:rgb (255, 255, 255);
```

上面这个声明将显示为白色，而 rgb（0，0，0）将显示为黑色。使用 rgba()和 hsla()颜色函数，可以设置 4 个参数，其中第 4 个参数表示颜色的不透明度，范围从 0～1，其中 1 表示不透明，0 表示完全透明。

使用十六进制数字来表示颜色（这是最常用的方法），例如：

```
color:#ffffff;
```

其中要在十六进制数字前面加一个#颜色符号。上面这个声明将显示白色，而#000000 将显示为黑色，用 RGB 来描述：

```
color: #RRGGBB;
```

2.5.3 实战演练：设置艺术字体

视频讲解

粗体和斜体是字体的两种特殊艺术效果，在网页中起到强调文本的作用，以加深或提醒用户注意该文本所要传达信息的重要性。

【操作步骤】

第 1 步，启动 Dreamweaver CC，打开本小节备用练习文档 test.html，另存为 test1.html。

第 2 步，在编辑窗口中拖选段落文本“《雨霖铃》”。在属性面板中切换到 HTML 选项卡，然后单击【粗体】按钮，如图 2.27 所示。

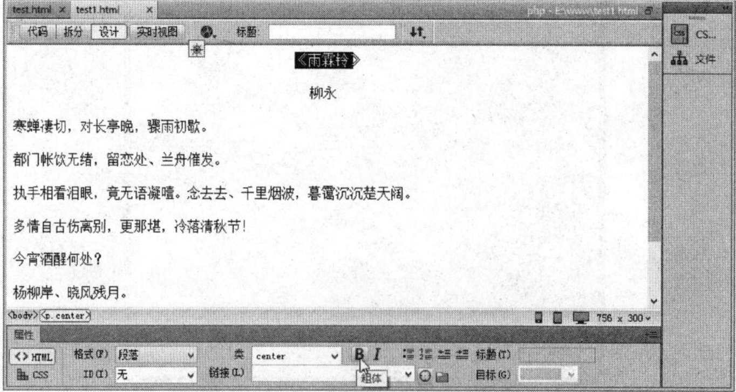

图 2.27　定义加粗字体效果

第 3 步，拖选段落文本“柳永”。在属性面板中单击【斜体】按钮，为该文本应用斜体效果，如图 2.28 所示。

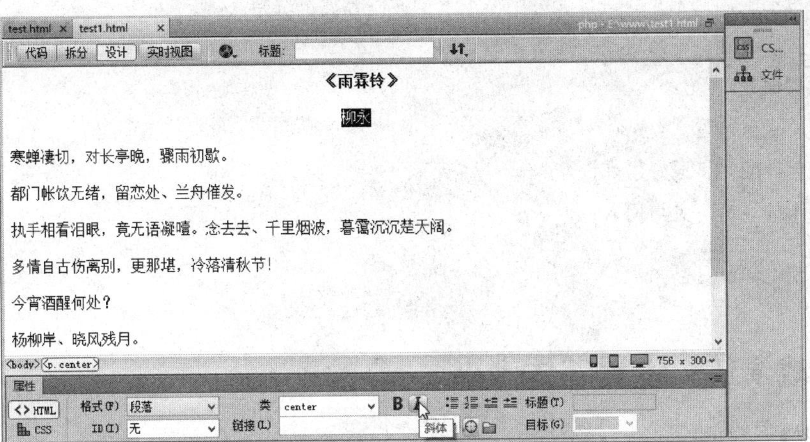

图 2.28　定义斜体字体效果

第 4 步，切换到【代码】视图下，可以看到生成如下的 HTML 代码：

```
<p class="center"><strong>《雨霖铃》 </strong></p>
<p class="center"><em>柳永</em></p>
```

【拓展】

在标准用法中，不建议使用<strong>和<em>标记定义粗体和斜体样式。提倡使用 CSS 样式代码进行定义。例如，针对上面的示例，另存为 test2.html，然后使用 CSS 设计相同的效果，文档完整代码如下：

```
<!doctype html>
<html>
<head>
<meta charset="utf-8">
<style type="text/css">
.center { text-align: center; }
.red { color: #FF0000; }
.bold{ font-weight:bold;}
.ital {font-style:italic;}
</style>
</head>
<body>
<p class="center bold">《雨霖铃》</p>
<p class="center ital">柳永</p>
```

```
<p> 寒蝉凄切，对长亭晚，骤雨初歇。</p>
<p>都门帐饮无绪，留恋处、兰舟催发。</p>
<p>执手相看泪眼，竟无语凝噎。念去去、千里烟波，暮霭沉沉楚天阔。</p>
<p>多情自古伤离别，更那堪，冷落清秋节！</p>
<p>今宵酒醒何处？</p>
<p>杨柳岸、晓风残月。</p>
<p>此去经年，应是良辰好景虚设。</p>
<p>便纵有千种风情，更与何人说？ </p>
</body>
</html>
```

Note

2.5.4 实战演练：设置字体大小

视频讲解

【操作步骤】

第 1 步，启动 Dreamweaver CC，打开本小节备用练习文档 test.html，另存为 test1.html。

第 2 步，在编辑窗口中拖选段落文本“《雨霖铃》”。在属性面板中切换到 CSS 选项卡，然后单击【大小】下拉列表右侧的向下按钮，打开字体下拉列表，选择一个选项即可，这里设置字体大小为 24px，如图 2.29 所示。

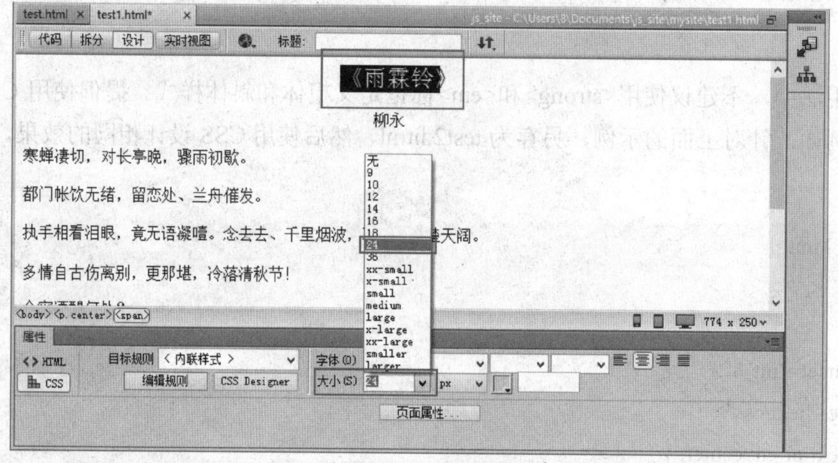

图 2.29 定义第 1 段文本字体大小

提示：也可以直接输入数字，在后面的单位文本框显示为可用状态，从中选择一个单位即可。其中，默认选项【无】是指 Dreamweaver CC 默认字体大小或者继承上级包含框定义的字体，用户可以选择【无】选项来恢复默认字体大小。

第 3 步，拖选段落文本“柳永”。在属性面板中设置字体大小为 18px，如图 2.30 所示。

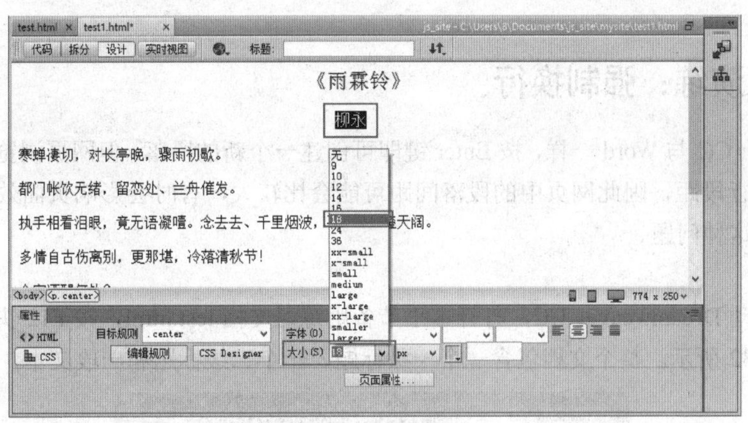

图 2.30　定义第 2 段文本字体大小

第 4 步，切换到【代码】视图下，可以看到自动生成的代码如下：

```
<p class="center"><span style="font-size: 24px">《雨霖铃》 </span></p>
<p class="center"><span style="font-size: 18px">柳永 </span></p>
```

第 5 步，保存文档，按 F12 键在浏览器中预览，显示效果如图 2.31 所示。

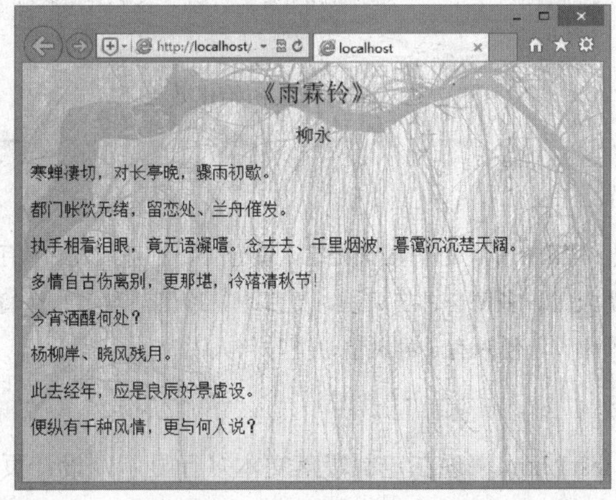

图 2.31　定义字体大小显示效果

提示： 网页默认字体大小为 16 像素，实际设计中网页正文字体大小一般为 12 像素，这个大小符合大多数浏览者的阅读习惯，又能最大容量地显示信息。

2.6　定义段落样式

段落在页面版式设置中占有重要的地位。段落所包含的设计因素也比较多，例如，强制换行、对齐文本、缩进文本等，下面以示例形式逐一进行介绍。

Note

视频讲解

2.6.1 实战演练：强制换行

Dreamweaver CC 与 Word 一样，按 Enter 键即可创建一个新的段落，但网页浏览器一般会自动在段落之间增加一行段距，因此网页中的段落间距可能会比较大，有时会影响页面效果，使用强制换行命令可以避免这种问题。

【操作步骤】

第 1 步，启动 Dreamweaver CC，打开本小节备用练习文档 test.html，按 F12 快捷键预览，默认显示效果如图 2.32 所示。整个文档包含一个一级标题、一个二级标题和一段文本，代码如下所示。

图 2.32　备用页面初始化效果

```
<h1>《雨霖铃》</h1>
<h2>柳永</h2>
<p>寒蝉凄切，对长亭晚，骤雨初歇。都门帐饮无绪，留恋处、兰舟催发。执手相看泪眼，竟无语凝噎。念去去、千里烟波，暮霭沉沉楚天阔。多情自古伤离别，更那堪，冷落清秋节！今宵酒醒何处？杨柳岸、晓风残月。此去经年，应是良辰好景虚设。便纵有千种风情，更与何人说？
</p>
```

第 2 步，另存网页为 test1.html，现在定制段落文本多行显示，设计页面左侧是诗词正文，右侧是标题的版式效果。

第 3 步，把光标置于段落文本的第一句话末尾。选择【插入】|【字符】|【换行符】命令，或者按 Shift+Enter 快捷键换行文本，如图 2.33 所示。

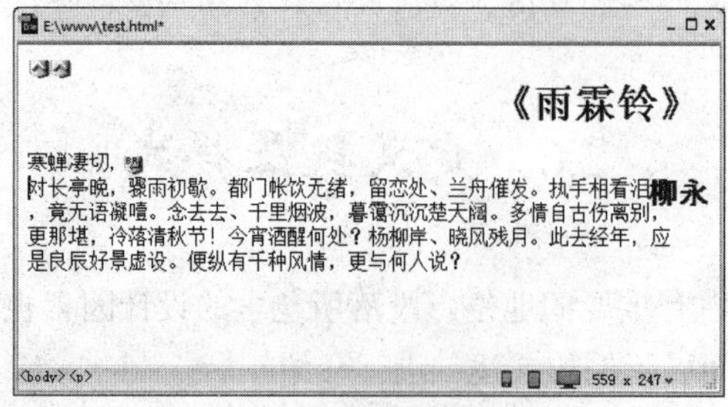

图 2.33　强制换行

第 4 步，以相同的方法为每句话进行强制换行显示，最后保存文档，按 F12 键在浏览器中预览，显示效果如图 2.34 所示。

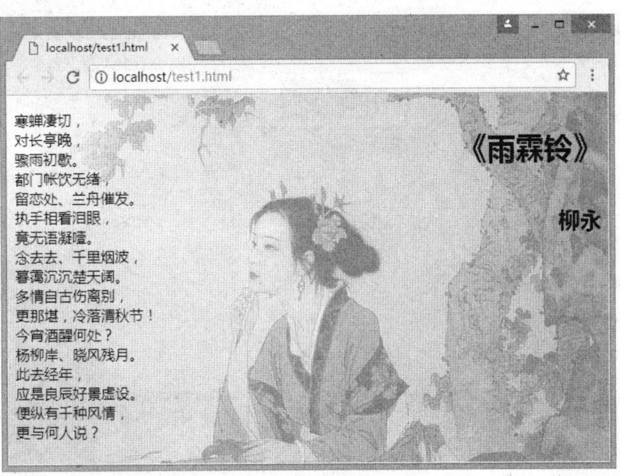

图 2.34　强制换行后的段落文本效果

> **提示：** 在使用强制换行时，上下行之间依然是一个段落，同受一个段落格式的影响。如果希望为不同行应用不同样式，这种方式就显得不是很妥当。同时在标准设计中不建议大量使用强制换行。在 HTML 代码中一般使用
标记强制换行，该标记是一个非封闭类型的标记。

2.6.2　实战演练：对齐文本

视频讲解

文本对齐方式是指文本行相对文档窗口或者浏览器窗口在水平位置上的对齐方式，共包括 4 种方式：左对齐、居中对齐、右对齐和两端对齐。

【操作步骤】

第 1 步，启动 Dreamweaver CC，打开本小节备用练习文档 test.html，按 F12 快捷键预览，默认显示效果如图 2.35 所示。整个文档包含一个一级标题、一个二级标题和 4 段文本。

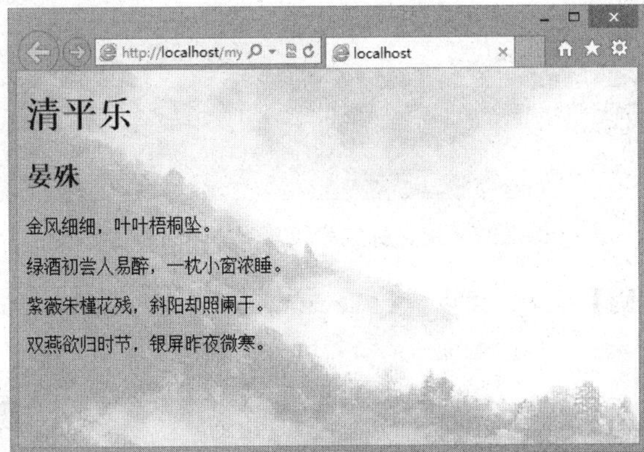

图 2.35　备用页面初始化效果

Note

第 2 步，另存网页为 test1.html。在编辑窗口中选中一级标题文本，在属性面板中切换到 CSS 选项卡，单击【居中对齐】按钮，让标题居中显示，如图 2.36 所示。

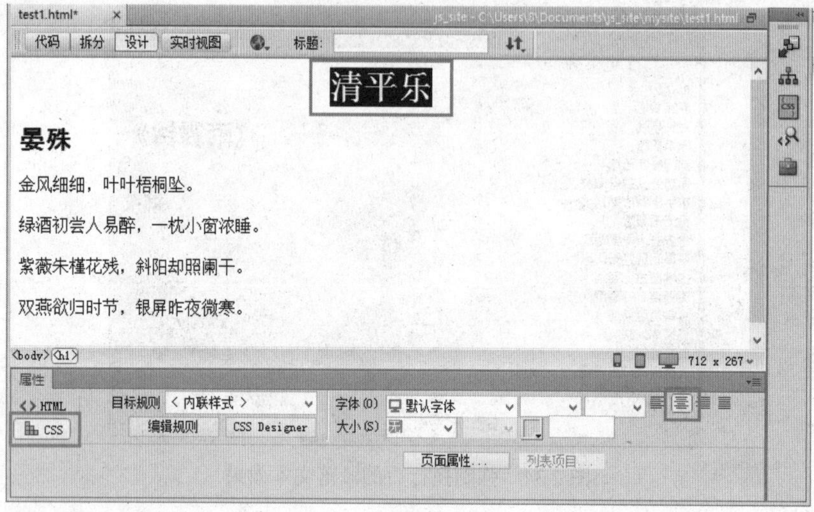

图 2.36　定义一级标题居中显示

第 3 步，以同样的方式设置二级标题居中显示，第一段文本左对齐，第二段文本居中对齐，第三段文本右对齐，第四段文本两端对齐，如图 2.37 所示。

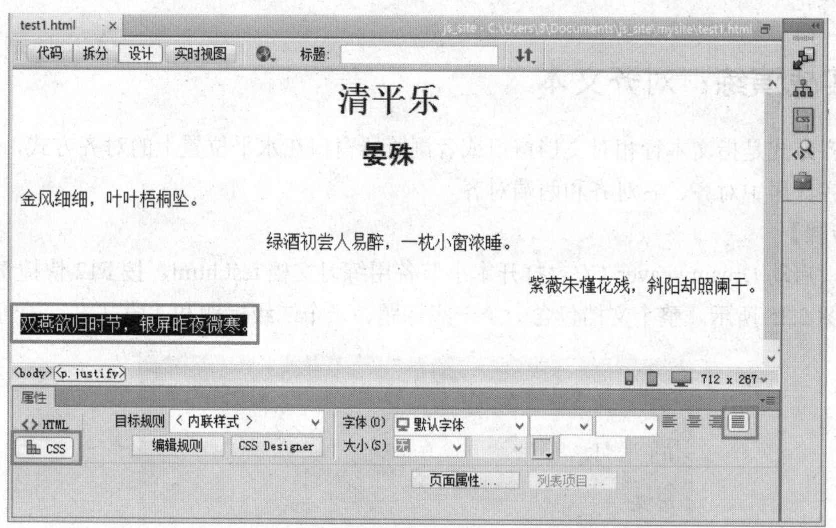

图 2.37　定义标题和段落文本对齐显示

第 4 步，切换到【代码】视图，可以看到 Dreamweaver 自动生成的样式代码如下所示，在浏览器中预览效果如图 2.38 所示。

```
<h1 style="text-align: center">清平乐</h1>
<h2 style="text-align: center">晏殊</h2>
<p class="left">金风细细，叶叶梧桐坠。</p>
```

```
<p class="center" style="text-align: center">绿酒初尝人易醉，一枕小窗浓睡。</p>
<p class="right" style="text-align: right">紫薇朱槿花残，斜阳却照阑干。</p>
<p class="justify" style="text-align: justify">双燕欲归时节，银屏昨夜微寒。</p>
```

Note

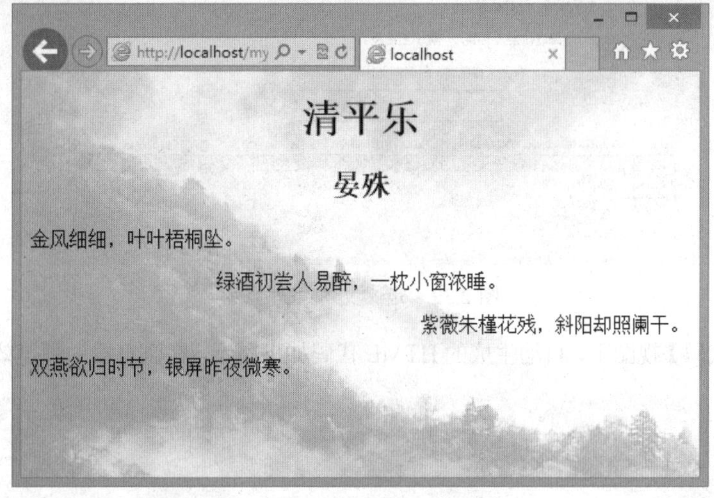

图 2.38　文本对齐显示效果

2.6.3　实战演练：缩进文本

视频讲解

根据排版需要，有时为了强调文本或者表示文本引用等特殊用途，会用到段落缩进或者凸出版式。缩进和凸出主要是相对于文档窗口（或浏览器）左端而言。

缩进和凸出可以嵌套，即在文本属性面板中可以连续单击【缩进】按钮或【凸出】按钮应用多次缩进或凸出。当文本无缩进时，【凸出】按钮将不能正常作用，凸出也将无效果。

【操作步骤】

第 1 步，启动 Dreamweaver CC，打开本小节备用练习文档 test.html，另存为 test1.html。

第 2 步，在编辑窗口中选中二级标题文本，在属性面板中切换到 HTML 选项卡，单击【缩进】按钮，让二级标题缩进显示。

第 3 步，选中第 1 段文本，在属性面板中连续单击 2 次【缩进】按钮，让第 1 段文本缩进 2 次显示。

第 4 步，选中第 2 段文本，在属性面板中连续单击 3 次【缩进】按钮，让第 2 段文本缩进 3 次显示。

第 5 步，选中第 3 段文本，在属性面板中连续单击 4 次【缩进】按钮，让第 3 段文本缩进 4 次显示。

第 6 步，选中第 4 段文本，在属性面板中连续单击 5 次【缩进】按钮，让第 4 段文本缩进 5 次显示，如图 2.39 所示。

【技巧】

按 Ctrl+Alt+]快捷键可以快速缩进文本，按几次就会缩进几次。按 Ctrl+Alt+[快捷键可以快速凸出缩进文本，也就是恢复缩进。

Note

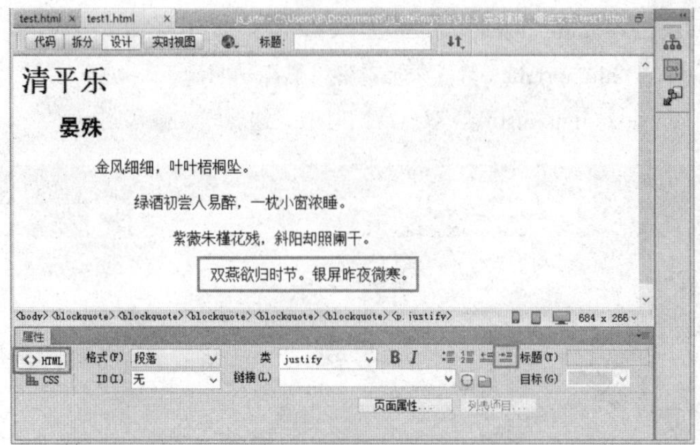

图 2.39　定义文本缩进显示

第 7 步，在【代码】视图下，自动生成的 HTML 代码如下所示，在浏览器中预览效果如图 2.40 所示。

```
<h1>清平乐</h1>
<blockquote>
    <h2>晏殊</h2>
    <blockquote>
        <p class="left">金风细细，叶叶梧桐坠。    </p>
        <blockquote>
            <p class="center">绿酒初尝人易醉，一枕小窗浓睡。    </p>
            <blockquote>
                <p class="right">紫薇朱槿花残，斜阳却照阑干。    </p>
                <blockquote>
                    <p class="justify">双燕欲归时节。银屏昨夜微寒。  </p>
                </blockquote>
            </blockquote>
        </blockquote>
    </blockquote>
</blockquote>
```

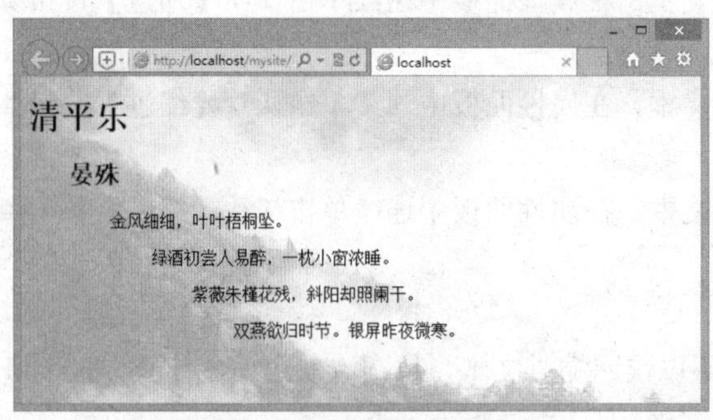

图 2.40　缩进文本显示效果

【拓展】

<blockquote>标记表示块状文本引用的意思，它可以通过 cite 属性来指向一个 URL，用于表明引用出处。例如：

Note

```
<p>Adobe 中国：</p>
<blockquote cite="http://www.adobe.com/cn/">
    <p>Adobe 正通过数字体验改变世界。我们帮助客户创建、传递和优化内容及应用程序。... </p>
    <p><img src="bg1.jpg" width="600" /></p>
</blockquote>
```

2.7 定义列表文本

在 HTML 中，列表结构有两种类型：无序列表和有序列表，前者是用项目符号来标记无序的项目，后者则使用编号来记录项目的顺序。此外还有一种特殊类型的列表——定义列表。

视频讲解

2.7.1 实战演练：设计项目列表

在项目列表中，各个列表项之间没有顺序级别之分，即使用一个项目符号作为每条列表的前缀。在 HTML 中，有 3 种类型的项目符号，分别是○（环形）、●（球形）和■（矩形）。

【操作步骤】

第 1 步，启动 Dreamweaver CC，打开本小节备用练习文档 test.html，另存为 test1.html。

第 2 步，在编辑窗口中把光标置于定位盒子内，输入 5 段段落文本，如图 2.41 所示。

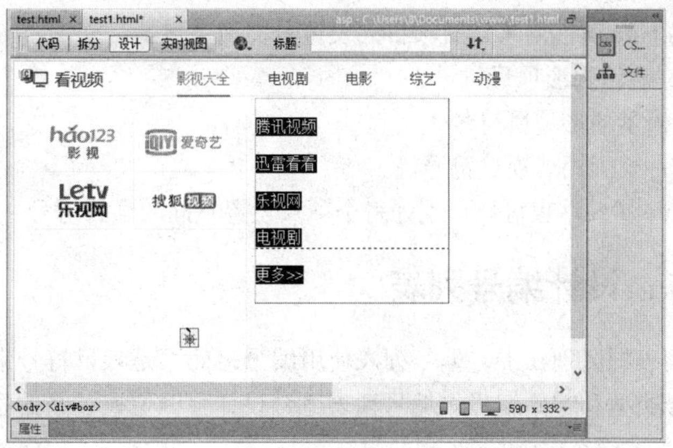

图 2.41 输入段落文本

第 3 步，使用鼠标拖选 5 段段落文本，在属性面板中切换到 HTML 选项卡，然后单击【项目列表】按钮 ，把段落文本转换为列表文本，如图 2.42 所示。

Note

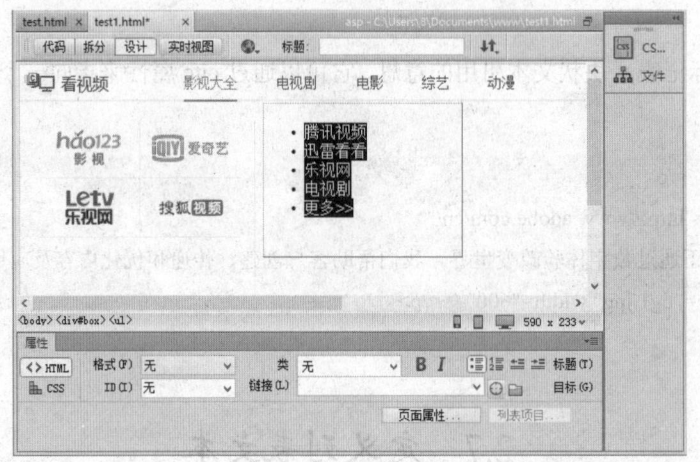

图 2.42　把段落文本转换为列表文本

【拓展】

在 HTML 中使用下面的代码实现项目列表：

```
<ul>
    <li>腾讯视频</li>
    <li>迅雷看看</li>
    <li>乐视网</li>
    <li>电视剧</li>
    <li>更多>></li>
</ul>
```

其中，<ul>标记的 type 属性用来设置项目列表符号类型，包括：

☑　type="circle"：表示圆形项目符号。

☑　type="disc"：表示球形项目符号。

☑　type="square"：表示矩形项目符号。

<li>标记也带有 type 属性，也可以分别为每个项目设置不同的项目符号。

视频讲解

2.7.2　实战演练：设计编号列表

编号列表同项目列表的区别在于，编号列表使用编号，而不是项目符号来编排项目。对于有序编号，可以指定其编号类型和起始编号。编号列表适合设计强调位置关系的各种排序列表结构，如排行榜等。

【操作步骤】

第 1 步，启动 Dreamweaver CC，打开本小节备用练习文档 test.html，另存为 test1.html。

第 2 步，在编辑窗口中把光标置于定位盒子内，输入 10 段段落文本，如图 2.43 所示。

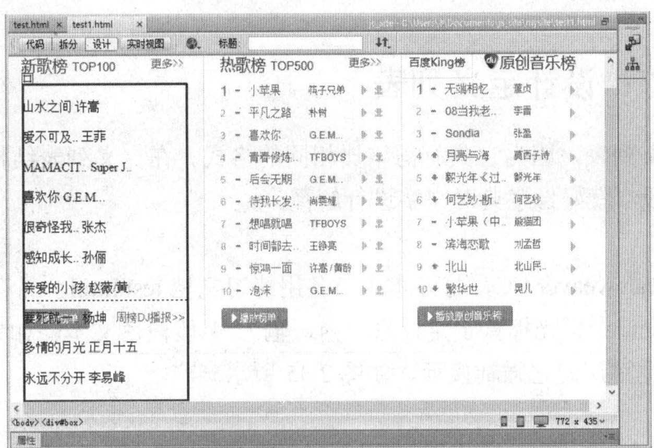

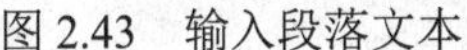
图 2.43　输入段落文本

第 3 步，使用鼠标拖选 10 段段落文本，在属性面板中切换到 HTML 选项卡，然后单击【编号列表】按钮 ，把段落文本转换为列表文本，如图 2.44 所示。

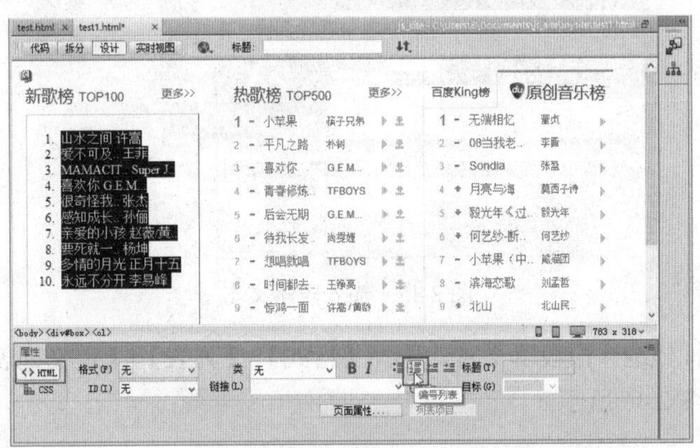

图 2.44　把段落文本转换为列表文本

【拓展】

在 HTML 中使用<ol>标记定义编号列表，它包含 type 和 start 等属性，用于设置编号的类型和起始编号。设置 type 属性，可以指定数字编号的类型，如下所示。

☑　type= "1"：表示以阿拉伯数字作为编号。

☑　type= "a"：表示以小写字母作为编号。

☑　type= "A"：表示以大写字母作为编号。

☑　type= "i"：表示以小写罗马数字作为编号。

☑　type= "I"：表示以大写罗马数字作为编号。

通过<ol>标记的 start 属性，可以决定编号的起始值。对于不同类型的编号，浏览器会自动计算相应的起始值。例如，start="4"，表明对于阿拉伯数字编号从 4 开始，对于小写字母编号从 d 开始等。

默认时使用数字编号，起始值为 1，因此可以省略其中对 type 属性的设置。同样<li>标记也带有 type 和 start 属性，如果为列表中某个<li>标记设置 type 属性，则会从该<li>标记所在行起使用新的编号类型，同样如果为列表中的某个<li>标记设置 start 属性，将会从该<li>标记所在行起使用新的起始编号。

2.7.3 实战演练：设计定义列表

Note

定义列表也称字典列表，因为它具有与字典相同的格式。在定义列表结构中，每个列表项都带有一个缩进的定义字段，就好像字典对文字进行解释。

视频讲解

【操作步骤】

第 1 步，启动 Dreamweaver CC，打开本小节备用练习文档 test.html，另存为 test1.html。

第 2 步，在编辑窗口中把光标置于定位盒子内，输入 4 段段落文本，如果行内文本过长，可以考虑按 Shift+Enter 快捷键，使它强制换行，如图 2.45 所示。

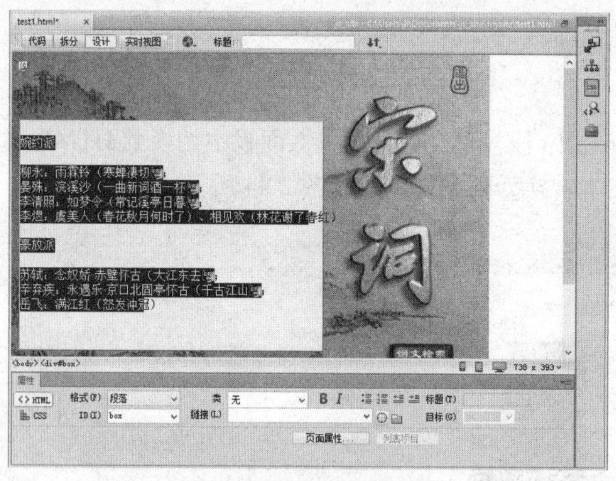

图 2.45 输入段落文本

第 3 步，使用鼠标拖选 4 段段落文本，选择【格式】|【列表】|【定义列表】命令，把段落文本转换为定义列表，如图 2.46 所示。

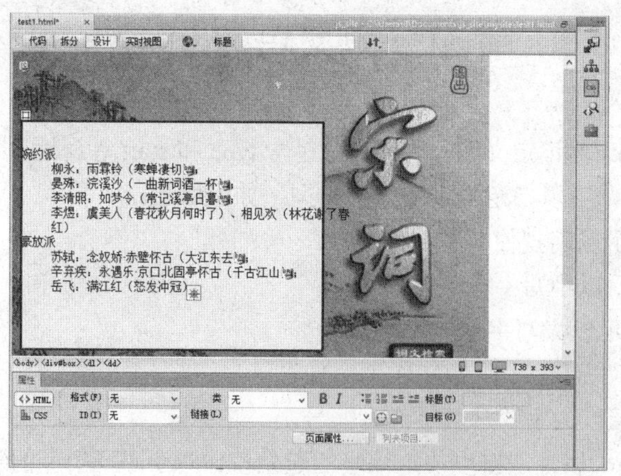

图 2.46 把段落文本转换为定义列表文本

第 4 步，切换到【代码】视图，可以看到 Dreamweaver 把<p>标记转换为下面的 HTML 代码。

```
<dl>
```

Note

```
<dt>婉约派</dt>
<dd>柳永：雨霖铃（寒蝉凄切）；<br>
    晏殊：浣溪沙（一曲新词酒一杯）；<br>李清照：如梦令（常记溪亭日暮）；<br>李煜：虞美人（春花秋月何时了）、相见欢（林花谢了春红）</dd>
<dt>豪放派</dt>
<dd>苏轼：念奴娇·赤壁怀古（大江东去）；<br>辛弃疾：永遇乐·京口北固亭怀古（千古江山）；<br>岳飞：满江红（怒发冲冠）</dd>
</dl>
```

其中<dl>标记表示定义列表，<dt>标记表示一个标题项，<dd>标记表示一个对应说明项，<dt>标记中可以嵌套多个<dd>标记。

视频讲解

2.7.4　实战演练：设计嵌套列表结构

线上阅读

结合使用缩进功能和列表结构可以设计多层列表嵌套，制作复杂的版式效果。下面示例将演示如何设计多层目录结构。读者可以扫码了解具体内容。

2.8　综合案例

本节将通过几个案例演示如何借助 Dreamweaver 设计网页正文版式和榜单栏效果。

视频讲解

2.8.1　设计榜单栏

在榜单栏中的每个列表项包含歌曲标题和歌曲演唱者信息，为了更好地组织榜单栏信息，这里使用项目列表嵌套定义列表的方式进行设计。

【操作步骤】

第 1 步，打开本小节模板文档 index2.html，另存为 index3.html。

第 2 步，打开文档，在【设计】视图下将光标置于歌曲名与演唱者名称之间，然后按 Enter 键，把它们分开为两个项目，如图 2.47 所示。

图 2.47　切分项目文本

Note

第 3 步，选择所有编号列表项，选择【格式】|【列表】|【定义列表】命令，把当前编号列表文本转换为定义列表，如图 2.48 所示。

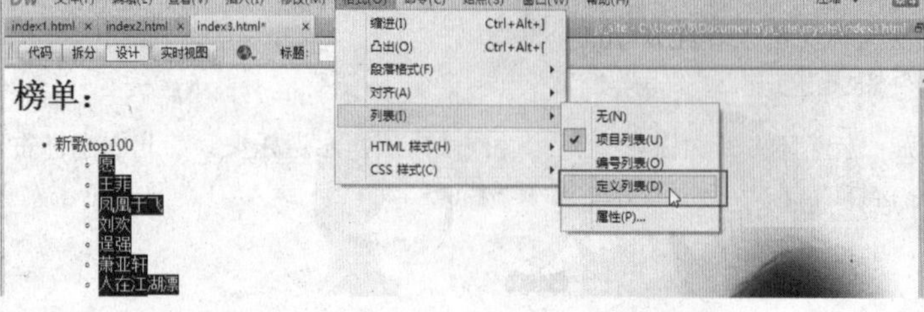

图 2.48　定义【定义列表】

第 4 步，切换到【代码】视图下，可以看到定义列表结构代码如下所示。

```
<li>新歌 top100
    <dl>
        <dt>愿</dt>
        <dd> 王菲 </dd>
        <dt>凤凰于飞 </dt>
        <dd>刘欢</dd>
        <dt>逞强 </dt>
        <dd>萧亚轩</dd>
        <dt>人在江湖漂 </dt>
        <dd>小沈阳</dd>
        <dt>灵魂的共鸣 </dt>
        <dd>林俊杰 </dd>
        <dt>过站不停 </dt>
        <dd>杨坤 </dd>
        <dt>美人 </dt>
        <dd>李玉刚</dd>
        <dt>父亲 </dt>
        <dd>筷子兄...</dd>
        <dt>不是秘密的... </dt>
        <dd>杨幂</dd>
        <dt>没有这首歌 </dt>
        <dd>后弦</dd>
    </dl>
</li>
```

提示：其中<dl>标记定义新歌 top100 榜外框，<dt>标记定义歌曲标题名称，<dd>标记定义歌曲

演唱者姓名，<dt>标记中可以嵌套多个<dd>标记。

第 5 步，在浏览器中预览，显示效果如图 2.49 所示。

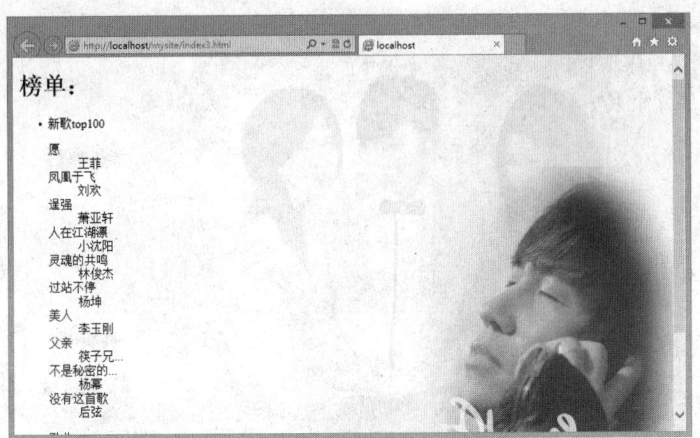

图 2.49　定义榜单显示效果

视频讲解

2.8.2　美化正文版式

正文在页面版式设置中占有重要的地位。网页正文所包含的设计元素比较多，例如，强制换行、文本对齐、文本缩进、背景图像等。本小节通过一个案例演示网页正文的常用设计方法。

【操作步骤】

第 1 步，打开本小节模板文档 index.html，另存为 index1.html。

第 2 步，在【设计】视图下，为每段文本进行强制换行显示。将光标置于第一段的前半句后面，选择【插入】|【字符】|【换行符】命令，或者按 Shift+Enter 快捷键快速强制换行文本。

提示：在 HTML 代码中一般使用
标记强制换行。不过在使用强制换行时，上下行之间依然是一个段落，同受一个段落格式的影响。

第 3 步，以同样的方式为所有段落文本进行强制换行，如图 2.50 所示。

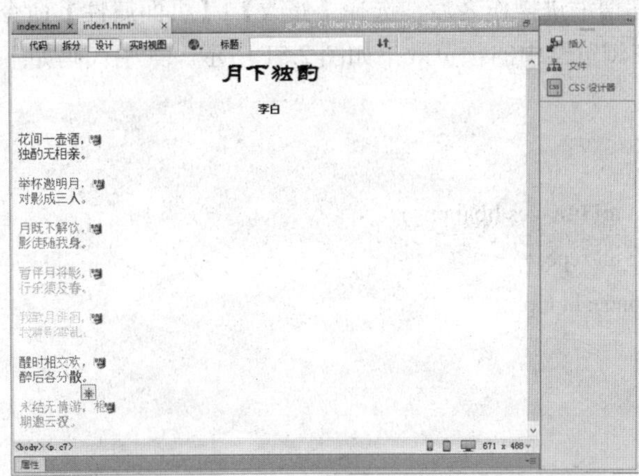

图 2.50　设计强制换行文本

Note

第 4 步，分别选中标题 1 和标题 2 文本，在属性面板中单击【左对齐】按钮，让标题左对齐。此时，在【代码】视图下，可以看到标题 1 和标题 2 样式代码的变化。

```
<style type="text/css">
h1 {
    font-family: "华文隶书";
    text-align: left;
}
h2 {
    font-size: 14px;
    text-align: left;
}
</style>
```

提示：文本对齐方式是指文本行相对文档窗口或者浏览器窗口在水平位置上的对齐方式，共包括 4 种方式：左对齐、居中对齐、右对齐和两端对齐。在属性面板的【HTML】选项卡中分别对应【左对齐】按钮、【居中对齐】按钮、【右对齐】按钮和【两端对齐】按钮。

第 5 步，设置段落文本缩进版式显示。

（1）把光标置于第 1 段文本中，在属性面板中单击【缩进】按钮 1 次。

（2）把光标置于第 2 段文本中，在属性面板中单击【缩进】按钮 2 次。

（3）把光标置于第 3 段文本中，在属性面板中单击【缩进】按钮 3 次。

（4）把光标置于第 4 段文本中，在属性面板中单击【缩进】按钮 4 次。

（5）把光标置于第 5 段文本中，在属性面板中单击【缩进】按钮 5 次。

（6）把光标置于第 6 段文本中，在属性面板中单击【缩进】按钮 6 次。

（7）把光标置于第 7 段文本中，在属性面板中单击【缩进】按钮 7 次。

第 6 步，完成上面递增缩进操作之后，选择【修改】|【页面属性】命令，为网页背景添加一幅图像，定位到右下角，在浏览器中的预览效果如图 2.51 所示。其中代码如下：

```
<style type="text/css">
body {
    background-image: url (images/libai.png);
    background-repeat: no-repeat;
    background-position:right top;
}
</style>
```

图 2.51　正文文本递增缩进效果

2.9　在线练习

使用 HTML5 语义标签灵活定义网页文本，感兴趣的读者可以扫码练习。

在线练习

第3章

使用网页多媒体

Dreamweaver 具有强大的多媒体支持功能，可以在网页中轻松插入图像、动画、视频、音频、控件和小程序等，并能利用属性面板或快捷菜单控制多媒体在网页中的显示。本章将介绍如何在网页中插入图像、设置图像的属性，以及如何正确插入 Flash 动画、FLV 视频、HTML5 音频和 HTML5 视频。

【学习重点】

- 在网页中插入图像。
- 设置图像显示属性。
- 编辑和操作图像。
- 在网页中插入 Flash 动画。
- 在网页中插入 HTML5 音频和 HTML5 视频。

Note

3.1　认识网页图像

图像与文本一样都是重要的网页对象，适当插入图像可以丰富网页信息，增强页面观赏性。图像本身具有很强的视觉冲击力，可以吸引浏览者的眼球，制作精巧、设计合理的图像能激发浏览者浏览网页的兴趣和动力。

在网页中使用的图像类型包括 3 种：GIF、JPEG 和 PNG。下面简单比较一下。

☑　GIF 图像

（1）具有跨平台能力，兼容性最好。

（2）无损压缩，不降低图像的品质，而是减少显示色，最多可以显示的颜色是 256 色。

（3）支持透明背景。

（4）可以设计 GIF 动画。

☑　JPEG 图像

（1）有损压缩，在压缩过程中，图像的某些细节将被忽略，但一般浏览者是看不出来的。

（2）具有跨平台的能力。

（3）支持 1670 万种颜色，可以很好地再现摄影图像，尤其是色彩丰富的大自然。

（4）不支持透明背景和交错显示功能。

☑　PNG 图像

PNG 是网络专用图像，它具有 GIF 格式图像和 JPEG 格式图像的双重优点。一方面它是一种新的无损压缩文件格式，压缩技术比 GIF 好；另一方面它支持的颜色数量达到了 1670 万种，同时还包括对索引色、灰度、真彩色图像以及 Alpha 通道透明的支持。

在网页设计中，如果图像颜色少于 256 色时，建议使用 GIF 格式，如 Logo 等；而颜色较丰富时，应使用 JPEG 或 PNG 格式，如在网页中显示的自然画面的图像。

3.2　在网页中插入图像

图像在网页中可以以多种形式存在，同时 Dreamweaver CC 也提供了多种插入图像的方法。

视频讲解

3.2.1　实战演练：插入图像

如果想要把一幅图像插入到网页中，可以使用如下方法来实现。

【操作步骤】

第 1 步，启动 Dreamweaver CC，打开本小节备用练习文档 test.html，另存为 test1.html。

第 2 步，将光标设在要插入图像的位置，然后选择【插入】|【图像】|【图像】命令，或单击【插入】面板中【常用】选项下的【图像】按钮，从弹出的下拉选项中选择【图像】命令，如图 3.1 所示。

Note

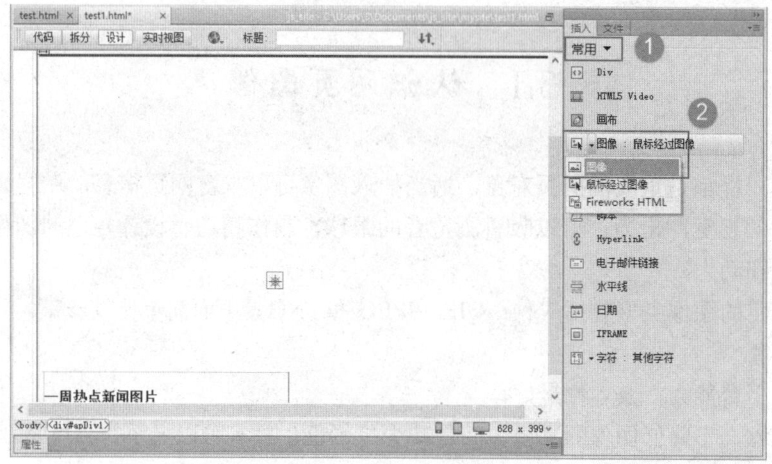

图 3.1 【插入】面板

第 3 步，打开【选择图像源文件】对话框，从中选择图像文件，单击【确定】按钮，图像即被插入页面中，插入效果如图 3.2 所示。

图 3.2 插入图像效果

注意： 在 Dreamweaver CC 编辑窗口中插入图像时，在 HTML 源代码中会自动产生对该图像文件的引用。为确保正确引用，必须要保存图像到当前站点内。如果不存在，Dreamweaver 会询问用户是否要把该图像复制到当前站点内，单击【是】按钮即可。

提示： 在 HTML 中使用<img src= "图像地址（可以是相对地址和绝对地址）">标记可以实现插入图像。具体代码如下：

```
<img src="images/1.jpg" width="600" height="365" />
```

<img>标记主要有 7 个属性，分别是 width（设置图像宽）、height（设置图像高）、hspace（设置图像水平间距）、vspace（设置图像垂直间距）、border（设置图像边框）、align（设置图像对齐方式）和 alt（设置图像指示文字）。

视频讲解

3.2.2　实战演练：插入图像占位符

图像占位符是指没有设置 src 属性的<img>标记。在编辑窗口中默认显示为灰色空白，在浏览器中浏览时显示为一个红叉，如果为其指定了 src 属性，则该图像占位符就会立即显示该图像，在属性面板中还可设置它的宽、高、颜色等属性。

图像占位符的作用：网页制作者可先不用关注所插入图像的内容是什么，图像内容由后台程序在后期自动完成，这样极大提高了网页制作效率。

【操作步骤】

第 1 步，启动 Dreamweaver CC，打开本小节备用练习文档 test.html，另存为 test1.html。

第 2 步，将光标设在要插入的位置，选择【插入】|【图像】|【图像】命令，打开【选择图像源文件】对话框，随意选择并插入一幅图像。

第 3 步，选中插入的任意图像，在属性面板中清除 Src 文本框中的值，此时插入的图像就变成一幅图像占位符，显示灰色区域和该区域的大小，如图 3.3 所示。

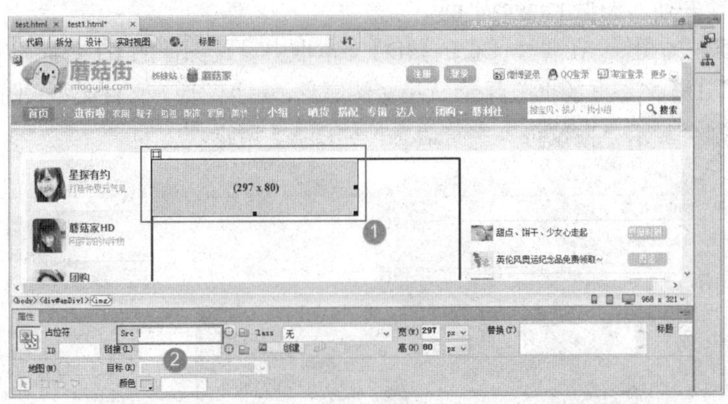

图 3.3　插入图像占位符

第 4 步，可以根据需要，在属性面板中设置图像占位符的基本属性，具体说明可以参考 3.3 节。

第 5 步，属性面板中这些选项不是必选项，用户可根据需要酌情设置，如图 3.4 所示。

图 3.4　插入图像占位符效果

视频讲解

Note

视频讲解

线上阅读

3.2.3 实战演练：插入翻转图像

翻转图像就是当鼠标移动到图像上时，图像会变成另一幅图，而当鼠标移开时，又恢复成原来的图像，这种行为也称为图像轮换。详细操作请扫码阅读。

3.3 设置图像属性

在 Dreamweaver CC 编辑窗口中插入图像之后，选中该图像，就可以在属性面板中查看和编辑图像的显示属性。

【操作步骤】

第 1 步，启动 Dreamweaver CC，打开本小节备用练习文档 test.html，另存为 test1.html。

第 2 步，将光标设在要插入的位置，选择【插入】|【图像】|【图像】命令，打开【选择图像源文件】对话框，选择并插入图像 images/1.jpg。

第 3 步，选中插入的图像，在属性面板的【ID】文本框中设置图像的 ID 名称，以方便用 JavaScript 脚本控制图像。在【ID】文本框的上方显示一些文件信息，如“图像”文件类型，图像大小为 147KB。如果插入占位符，则会显示“占位符”字符信息，如图 3.5 所示。

图 3.5　插入图像并定义图像 ID

第 4 步，插入图像之后如果临时需要更换图像，可以在【Src】文本框中指定新图像的源文件。在文本框中直接输入文件的路径，或者单击【选择文件】按钮，在打开的【选择图像源文件】对话框中找到想要的源文件。

第 5 步，定义图像显示大小。在【宽】和【高】文本框中设置选定图像的宽度和高度，默认以 px（像素）为单位。

提示：当插入图像时，Dreamweaver 默认按原始尺寸显示，同时在该文本框中显示原始宽和高。如果设置的宽度和高度与图像的实际宽度和高度不等比，则图像可能会变形显示。改变

图像原始大小后，可以单击【重设图像大小】按钮恢复图像原始大小。

第 6 步，调整图像大小之后，虽然图像显示变小，但图像实际大小并没有发生变化，下载时间保持不变。在 Dreamweaver 中重新调整图像的大小时，可以对图像进行重新取样，以便根据新尺寸来优化图像品质。

操作方法：单击【重新取样】按钮，重新取样图像，并与原始图像的外观尽可能地匹配。对图像进行重新取样会减小图像文件的大小，但可以提高图像的下载性能，降低带宽，如图 3.6 所示。

第 7 步，为图像指定超链接。在【链接】文本框中输入需要链接的地址，或者单击【选择文件】按钮，在当前站点中浏览并选择一个文档，也可以在文本框中直接输入 URL，为图像创建超链接。

此时，【目标】下拉列表被激活，在这里指定链接页面应该载入的目标框架或窗口，包括_blank、_parent、_self 和_top。设置效果如图 3.7 所示。

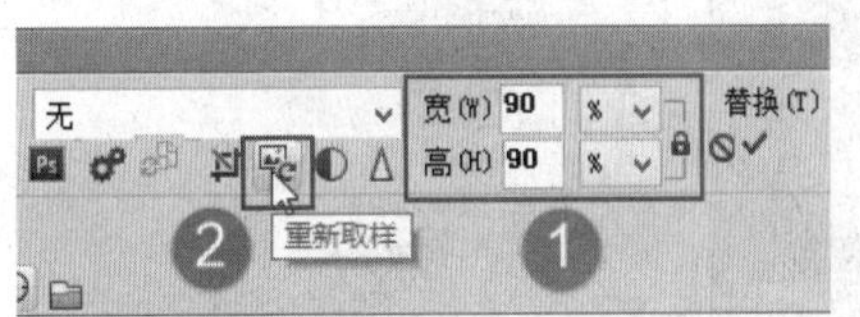

图 3.6　调整图像大小并重新取样

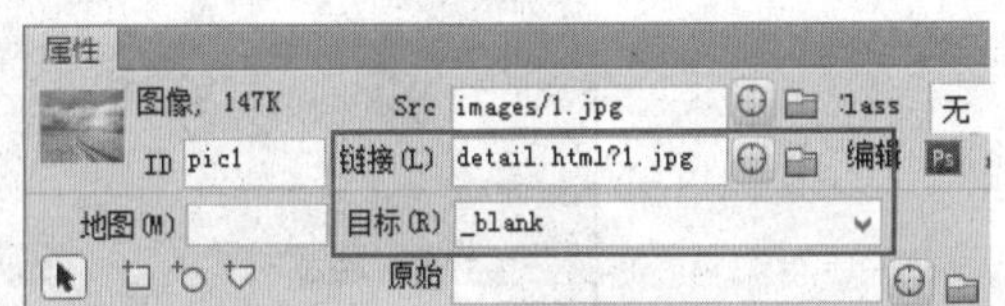

图 3.7　定义图像链接

第 8 步，增强图像可用性。在【替代】文本框中指定在图像位置上显示的可选文字。当浏览器无法显示图像时显示这些文字，如“唯美的秋天景色”；在【标题】文本框中输入文本，定义当鼠标指针移动到图像上面时，会显示的提示性文字，如“高清摄影图片”，如图 3.8 所示。

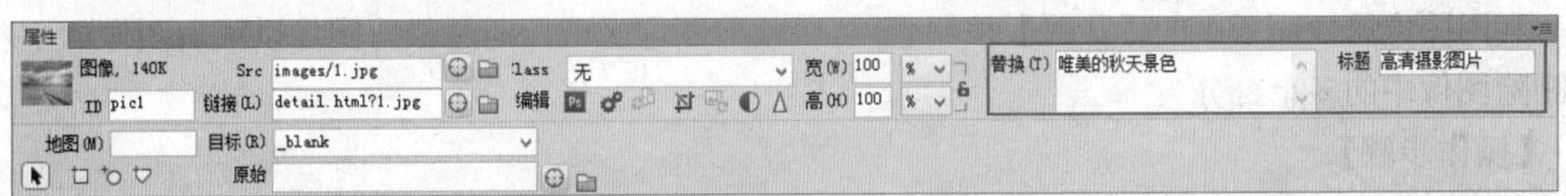

图 3.8　定义图像的标题和替换文本

3.4　编辑网页图像

视频讲解

Dreamweaver CC 虽然不是专业的图像编辑工具，但也提供了常用操作，如图像大小调整、图像裁剪、图像优化等，利用现有的图像编辑功能，用户可以轻松完成图像基本编辑工作。

3.4.1　实战演练：调整图像大小

在 Dreamweaver CC 编辑窗口中，可拖动调整图像大小，也可以在图像属性面板的【宽】和【高】文本框中精确调整图像大小。如果在调整后不甚满意，单击属性面板中的【重设图像大小】按钮，或者单击【宽】和【高】文字标签，可以分别恢复图像的宽度值和高度值。

【操作步骤】

第 1 步，启动 Dreamweaver CC，打开本小节备用练习文档 test.html。

第 2 步，在编辑窗口中选择要调整的图像。在图像的底边、右边以及右下角出现调整手柄。

Note

第 3 步，执行如下任一操作，练习手动拖放图像大小，如图 3.9 所示。

（1）拖动右边的手柄，调整元素的宽度。

（2）拖动底边的手柄，调整元素的高度。

（3）拖动右下角的手柄，可同时调整元素的宽度和高度。如果按住 Shift 键拖动右下角的手柄，可保持元素的宽高比不变。

图 3.9　使用鼠标快速调整图像大小

3.4.2　实战演练：裁剪图像

利用图像属性面板中的【裁剪】按钮可以裁剪图像区域。通过裁剪图像以强调图像的主题，并删除图像中的多余部分。

【操作步骤】

第 1 步，启动 Dreamweaver CC，新建文档，保存为 test.html。

第 2 步，在编辑窗口中插入图像 images/2.jpg，如图 3.10 所示。下面设计仅显示图像中左侧第一个人像。

图 3.10　插入原始图像

Note

第 3 步，选中要裁剪的图像，单击图像属性面板中的【裁剪】按钮，弹出一个对话框。

第 4 步，单击【确定】按钮，在所选图像周围出现裁剪控制点，如图 3.11 所示。

图 3.11　裁剪图像区域

第 5 步，拖曳控制点可以调整裁剪大小，直到满意为止，如图 3.12 所示。

图 3.12　选择要保留的区域

第 6 步，在边界框内部或者直接按 Enter 键就可以裁剪所选区域。所选区域以外的所有像素都被删除，但将保留图像中的其他对象，如图 3.13 所示。

Note

图 3.13　裁剪效果图

3.4.3　实战演练：优化图像

网页图像的要求就是在尽可能短的传输时间里，发布尽可能高质量的图像。因此在设计和处理网页图像时就要求图像有尽可能高的清晰度与尽可能小的尺寸，从而使图像的下载速度达到最快。而图像优化就是去掉图像不必要的颜色、像素等，让图像由大变小，这个大小不仅仅指图像尺寸，而且还包括图像分辨率和图像颜色数等。

【操作步骤】

第 1 步，启动 Dreamweaver CC，打开本小节备用练习文档 test.html，另存为 test1.html。

第 2 步，将光标设在 Logo 位置，选择【插入】|【图像】|【图像】命令，打开【选择图像源文件】对话框，选择并插入图像 images/logo.png，如图 3.14 所示。

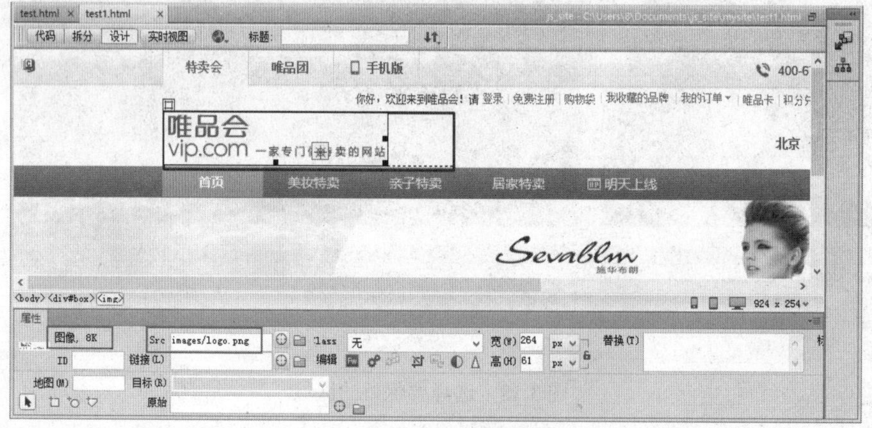

图 3.14　插入 Logo 图像

在属性面板中，可以看到插入 Logo 图像的信息：大小为 8KB，格式为 PNG。显然，对这样一个颜色简单的Logo图像来说，可以对其进行优化，在确保视觉质量不打折扣的基础上，压缩图像大小。

Note

第 3 步，选中 Logo 图像，单击属性面板中的【图像编辑设置】按钮，打开【图像优化】对话框，如图 3.15 所示，在这里可以进行快速编辑图像、优化图像、转换图像格式等基本操作。该功能适合没有安装外部图像编辑工具的用户使用。

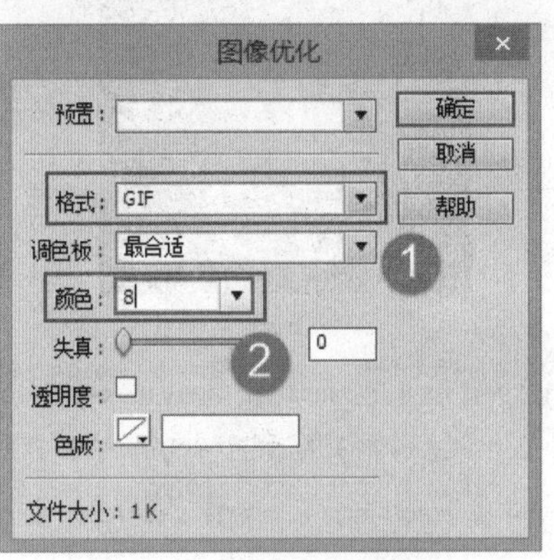

图 3.15　图像快速编辑

第 4 步，考虑该 Logo 图像颜色简单，仅包含白色和粉红色两种，如果加上粉红色渐变，则颜色数不会超过 10 个。因此，设置优化后图像的格式为 GIF，同时设置【颜色】为 8，设置如图 3.15 所示。

第 5 步，单击【确定】按钮，按提示保存优化后图像的位置和名称。此时，在属性面板中查看图像大小，压缩到 2KB，而图像的视觉质量并没有发生变化，如图 3.16 所示。

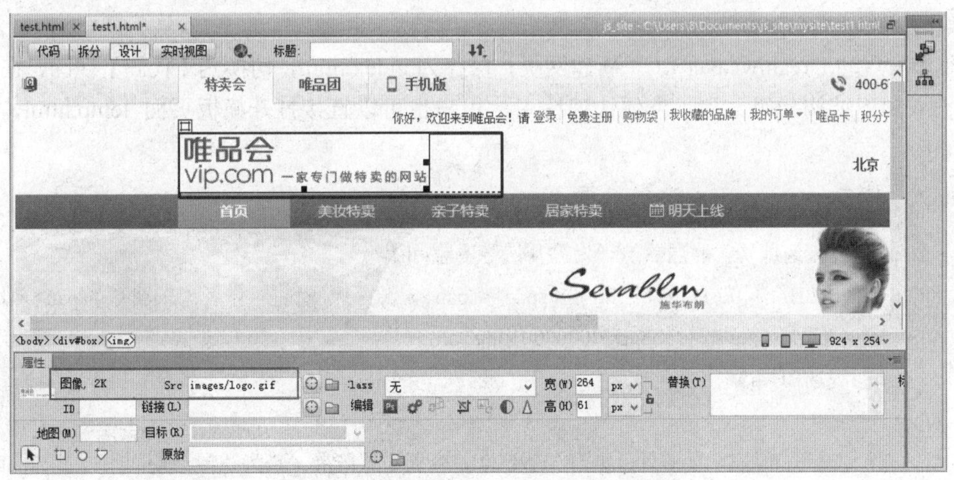

图 3.16　优化后的图像大小和效果

3.5　案例实战：设计新闻内页

视频讲解

网页正文内容部分处理的方式一般很简单，文字和图片或堆叠显示，或图文环绕显示。本案例的设计效果如图 3.17 所示。

Note

图 3.17　设计新闻内容页面版式

新闻内容页面一般情况下不是在页面设计过程中实现的，而是在后期网站发布后通过网站的新闻发布系统进行自动发布，这样的内容发布模式对于图像的大小、段落文本排版都是属于不可控的范围，因此要考虑到图与文不规则的问题。

【操作步骤】

第 1 步，启动 Dreamweaver CC，新建网页，保存为 index.html，切换到【代码】视图，在<body>标记内输入如下结构代码。为了方便快速练习，用户也可以直接打开模板页面 temp.html，另存为 index.html。

```
<div class="pic_news">
    <h1>流量越来越廉价，联通欲携华为提升信号覆盖</h1>
    <h2> <span>2016 年 06 月 29 日 17:39</span><span>来源：凤凰科技 作者：朱羽寒</span> </h2>
    <div class="pic"><img src="images/00000001.jpg" alt="">
        <h3>现场图</h3>
    </div>
    <p>凤凰科技讯 6 月 29 日消息，上海 MWC2016 今天正式开展。华为在展会期间举办了 Small Cell 发布会，宣布将与其战略合作伙伴中国联通共同提升室内数字化网络覆盖。随着流量的不断贬值，室内网络的建设将帮助运营商降低运营成本，获得更多的流量收入。</p>
    <p>据联通方面介绍，截至今年 3 月份国内 4G 用户已经达到 5.33 亿，同比增长 229%。在室分站点数量方面，联通与友商之间还存在差距，有很大的提升空间。</p>
    <p>为提升网络覆盖能力，联通将在室内环境中建设更多的微基站，补充覆盖盲点，并按需扩充容量，提供多种载波方式来提升峰值速率，让用户获得更好的数据网络体验。</p>
    <p>据介绍，Small Cell 微基站相较传统室分设备有明显优势，其成本更加低廉，而且不会因为布局分散，而给运维带来更大压力。</p>
```

```
    ……
</div>
```

整个结构包含在<div class="pic_news">新闻框中，新闻框中包含 3 部分，第一部分是新闻标题，由标题标记负责；第二部分是新闻图像，由<div class="pic">图像框负责控制；第三部分是新闻正文部分，由<p>标记负责管理。

第 2 步，在<head>标记内添加<style type="text/css">标记，定义一个内部样式表，然后输入下面的样式，定义新闻框显示效果。

```
.pic_news {
    width:94%; /* 控制内容区域的宽度，根据实际情况考虑，也可以不需要 */
}
```

第 3 步，继续添加样式，设计新闻标题样式，其中包括三级标题，统一标题为居中显示对齐，一级标题字体大小为 22 像素，二级标题字体大小为 14 像素，三级标题大小为 12 像素，同时三级标题取消默认的上下边界样式。

```
.pic_news h1 {
    text-align:center;          /* 设计标题居中显示 */
    font-size:22px;             /* 设计标题字体大小为 22 像素 */
}
.pic_news h2 {
    text-align:center;          /* 设计副标题居中显示 */
    font-weight:normal;         /* 清除默认加粗显示样式 */
    font-size:14px;             /* 设计副标题字体大小为 14 像素 */
}
.pic_news h3 {
    text-align:center;          /* 设计三级标题居中显示 */
    font-size:12px;             /* 设计三级标题字体大小为 12 像素 */
    margin:0;                   /* 清除三级标题默认的边界 */
    padding:0;                  /* 清除三级标题默认的补白 */
}
```

第 4 步，设计新闻图像框和图像样式，设计新闻图像居中显示，然后定义新闻图像大小固定，并适当拉开与环绕的文字之间的距离。

```
.pic_news div {
    text-align:center;          /* 设计图片在图片框中居中显示 */
}
.pic_news img {
    margin-right:1em;           /* 调整图片右侧的空隙为一个字距大小 */
```

```
    margin-bottom:1em;      /* 调整图片底部的空隙为一个字距大小 */
    width:300px;            /* 固定图片宽度为 300 像素 */
}
```

第 5 步，设计段落文本样式，主要包括段落文本的首行缩进和行高效果。

```
.pic_news p {
    line-height:1.3em;      /* 定义段落文本行高为 1.3 倍字体大小，设计稀疏版式效果 */
    text-indent:2em;        /* 设计段落文本首行缩进 2 个字距 */
}
```

3.6 案例实战：在网页中插入 Flash 动画

视频讲解

Flash 动画也称为 SWF 动画，它以文件小巧、速度快、特效精美、支持流媒体和强大交互功能而成为网页最流行的动画格式，被大量应用于网页中。在 Dreamweaver CC 中插入 SWF 动画比较简单，具体演示如下。

【操作步骤】

第 1 步，启动 Dreamweaver CC，新建文档，保存为 test.html。

第 2 步，在编辑窗口中，将光标定位在要插入 SWF 动画的位置。

第 3 步，选择【插入】|【媒体】|【Flash SWF】命令，打开【选择 SWF】对话框。

第 4 步，在【选择 SWF】对话框中选择要插入的 SWF 动画文件（.swf），然后单击【确定】按钮，此时会打开【对象标签辅助功能属性】对话框，在其中设置动画的标题、访问键和 Tab 键索引，如图 3.18 所示。

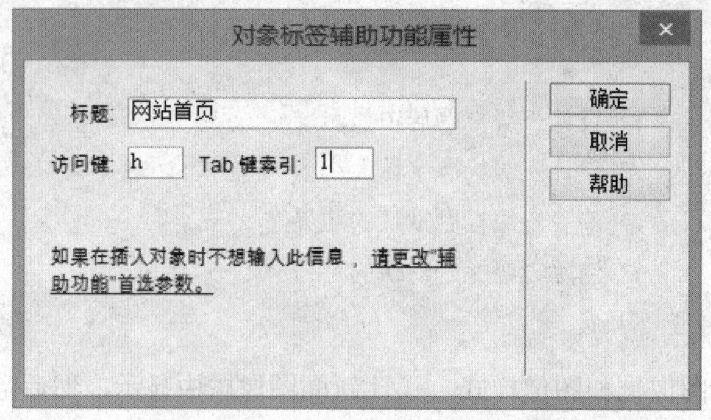

图 3.18　设置对象标签辅助功能属性

第 5 步，单击【确定】按钮，即可在当前位置插入一个 SWF 动画，此时编辑窗口中将出现一个带有字母 f 的灰色区域，如图 3.19 所示，只有在预览状态下才可以观看到 SWF 动画效果。

Note

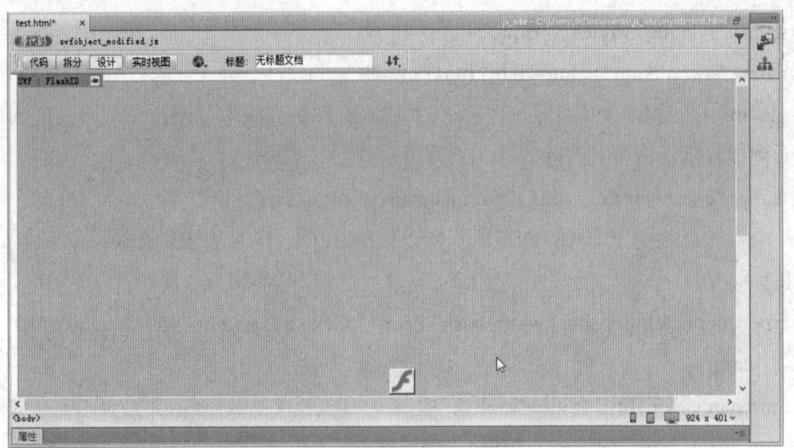

图 3.19　插入 SWF 动画

第 6 步，按 Ctrl+S 快捷键保存文档。当保存已插入 SWF 动画的网页文档时，Dreamweaver CC 会自动弹出对话框，提示保存两个 JavaScript 脚本文件，它们用来播放动画，如图 3.20 所示。

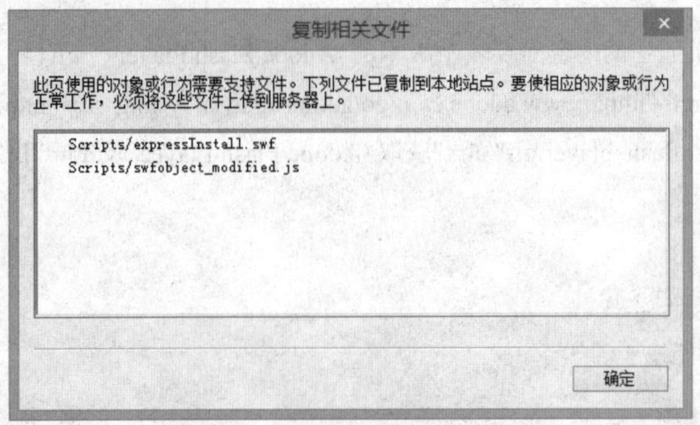

图 3.20　保存脚本支持文件

第 7 步，在 Dreamweaver CC 中插入 SWF 动画之后，切换到【代码】视图，可以看到新增加的代码。

```
<!doctype html>
<html>
<head>
<meta charset="utf-8">
<script src="Scripts/swfobject_modified.js" type="text/javascript"></script>
</head>
<body>
<object classid="clsid:D27CDB6E-AE6D-11cf-96B8-444553540000" width="980" height="750" id="FlashID" accesskey="h" tabindex="1" title="网站首页">
    <param name="movie" value="index.swf">
    <param name="quality" value="high">
```

Note

```
        <param name="wmode" value="opaque">
        <param name="swfversion" value="9.0.114.0">
        <!-- 此 param 标签提示使用 Flash Player 6.0 或 6.5 和更高版本的用户下载最新版本的 Flash Player。如果不想让用户看到该提示，请将其删除。 -->
        <param name="expressinstall" value="Scripts/expressInstall.swf">
        <!-- 下一个对象标签用于非 IE 浏览器。所以使用 IECC 将其从 IE 隐藏。 -->
        <!--[if !IE]>-->
        <object type="application/x-shockwave-flash" data="index.swf" width="980" height="750">
            <!--<![endif]-->
            <param name="quality" value="high">
            <param name="wmode" value="opaque">
            <param name="swfversion" value="9.0.114.0">
            <param name="expressinstall" value="Scripts/expressInstall.swf">
            <!-- 浏览器将以下替代内容显示给使用 Flash Player 4.0 和更低版本的用户。 -->
            <div>
                <h4>此页面上的内容需要较新版本的 Adobe Flash Player。</h4>
                <p><a href="http://www.adobe.com/go/getflashplayer"><img src="http://www. adobe. com/images/shared/download_buttons/get_flash_player.gif" alt="获取 Adobe Flash Player" width="112" height="33" /></a></p>
            </div>
            <!--[if !IE]>-->
        </object>
        <!--<![endif]-->
    </object>
    <script type="text/javascript">
    swfobject.registerObject ("FlashID");
    </script>
    </body>
    </html>
```

插入的源代码可以分为两部分，第一部分为脚本部分，即使用 JavaScript 脚本导入外部 SWF 动画，第二部分是利用<object>标记来插入动画。当用户浏览器不支持 JavaScript 脚本时，可以使用<object>标记插入，这样就可以最大限度地保证 SWF 动画能够适应不同的操作系统和浏览器类型。

<embed>标记表示插入多媒体对象，与 Dreamweaver CC 属性面板中的各种参数设置相同；classid 属性设置类 ID 编号，同 Dreamweaver CC 属性面板中的【类 ID】相同。<param>标记设置类对象的各种参数，与 Dreamweaver CC 属性面板中的【参数】按钮打开的【参数】对话框参数设置相同；codebase 属性与 Dreamweaver CC 属性面板中的【基址】相同。

第 8 步，设置 SWF 动画属性。插入 SWF 动画后，选中动画就可以在属性面板中设置 SWF 动画

属性，如图3.21所示。

图3.21　SWF动画属性面板

第9步，在“Flash”字母标识下面的文本框中设置SWF动画的名称，即定义动画的ID，以便脚本进行控制，同时在旁边显示插入动画的大小。

第10步，在【宽】和【高】文本框中设置SWF动画的宽度和高度，默认单位是像素，也可以设置%（相对于父对象大小的百分比）等其他可用单位。输入时数字和缩写必须紧连在一起，中间不留空格，如20%。

当调整动画显示大小后，可以单击其中的【重设大小】按钮恢复动画的原始大小。

第11步，根据需要设置下面几个选项，用来控制动画的播放属性。

☑ 【循环】复选框：设置SWF动画循环播放。

☑ 【自动播放】复选框：设置网页打开后自动播放SWF动画。

☑ 【品质】下拉列表：设置SWF动画的品质，包括【低品质】、【自动低品质】、【自动高品质】和【高品质】4个选项。

品质设置越高，影片的观看效果就越好，但对硬件的要求也高，以使影片在屏幕上正确显示，低品质能加快速度，但画面较粗糙。【自动低品质】设置一般先看速度，如有可能再考虑外观，【自动高品质】设置一般先看外观和速度这两种品质，但根据需要可能会因为速度而影响外观。

如果单击属性面板中的【播放】按钮，可以在编辑窗口中播放动画，如图3.22所示。

第12步，在【比例】下拉列表中设置SWF动画的显示比例，包括3个选项。

☑ 【默认（全部显示）】选项：SWF动画将全部显示，并保证各部分的比例。

☑ 【无边框】选项：根据设置尺寸调整SWF动画显示。

☑ 【严格匹配】选项：SWF动画将全部显示，但会根据设置尺寸调整显示比例。

图3.22　在编辑窗口中播放动画

Note

第 13 步，可根据页面布局需要设置动画在网页中的显示样式，具体设置包括如下几项。

（1）【背景颜色】选项：指定影片区域的背景颜色。在不播放影片时（在加载时和在播放后）也显示此颜色。

（2）【垂直边距】和【水平边距】文本框：设置 SWF 动画与上下方和左右方与其他页面元素的距离。

（3）【对齐】下拉列表：设置 SWF 动画的对齐方式，包括 10 个选项。

☑ 【默认值】选项：SWF 动画将以浏览器默认的方式对齐（通常指基线对齐）。

☑ 【基线】选项和【底部】选项：将文本（或同一段落中的其他元素）的基线与 SWF 动画的底部对齐。

☑ 【顶端】选项：将 SWF 动画的顶端与当前行中最高项（图像或文本）的顶端对齐。

☑ 【居中】选项：将 SWF 动画的中部与当前行的基线对齐。

☑ 【文本上方】选项：将 SWF 动画的顶端与文本行中最高字符的顶端对齐。

☑ 【绝对居中】选项：将 SWF 动画的中部与当前行中文本的中部对齐。

☑ 【绝对底部】选项：将 SWF 动画的底部与文本行（包括字母下部，如在字母 g 中）的底部对齐。

☑ 【左对齐】选项：将 SWF 动画放置在左边，文本在图像的右侧换行。如果左对齐文本在行上处于对象之前，它通常强制左对齐对象换到一个新行。

☑ 【右对齐】选项：将 SWF 动画放置在右边，文本在对象的左侧换行。如果右对齐文本在行上处于对象之前，它通常强制右对齐对象换到一个新行。

第 14 步，如果需要高级设置，可以单击【参数】按钮，打开【参数】对话框，如图 3.23 所示。可在其中输入传递给影片的附加参数，对动画进行初始化。

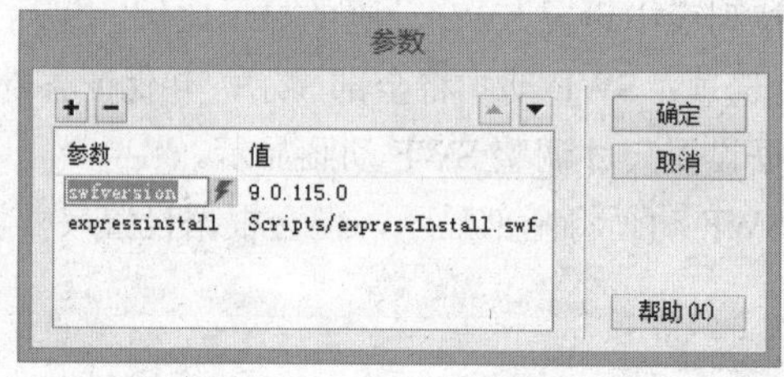

图 3.23　设置动画参数

【拓展】

【参数】对话框中的参数由参数和值两部分组成，一般成对出现。单击【参数】对话框的 + 按钮，可增加一个新的参数，然后在【参数】列表框中输入名称，在【值】下面输入参数值，单击 − 按钮，可删除选定参数。在【参数】对话框中，选中一项参数，单击向上 ▲ 或向下 ▼ 的箭头按钮，可调整各项参数的排列顺序，最后单击【确定】按钮即可。例如，设置 SWF 动画背景透明，可在【参数】列表中输入 wmode，在【值】列表中输入 transparent，即可实现动画背景透明播放。当然，在 Dreamweaver CC 版本中，可以直接在属性面板中设置【Wmode】下拉列表。

提示：如果用户需要更换动画，可以在【文件】文本框中设置 SWF 动画文件地址，单击【选择文件】按钮 可以浏览文件并选定。如果需要修改插入的动画，可以单击【编辑】按钮，

启动 Adobe Flash 以编辑和更新 fla 文件，如果没有安装 Adobe Flash，该按钮将无效。

视频讲解

3.7　案例实战：在网页中插入 FLV 视频

FLV 是 Flash Video 的简称，是一种网络视频格式，由于该格式生成的视频文件小、加载速度快，成为网络视频的通用格式之一。目前很多视频网站，如搜狐视频、56、优酷等都使用 FLV 技术来实现视频的制作、上传和播放。在 Dreamweaver CC 中插入 FLV 视频的方法如下。

【操作步骤】

第 1 步，启动 Dreamweaver CC，新建文档，保存为 test.html。

第 2 步，在编辑窗口中，将光标定位在要插入 FLV 视频的位置。

第 3 步，选择【插入】|【媒体】|【Flash Video】命令，打开【插入 FLV】对话框，如图 3.24 所示。

第 4 步，在【视频类型】下拉列表中选择视频下载类型，包括【累进式下载视频】和【流视频】两种类型。当选择【流视频】选项后，对话框会变成如图 3.25 所示。

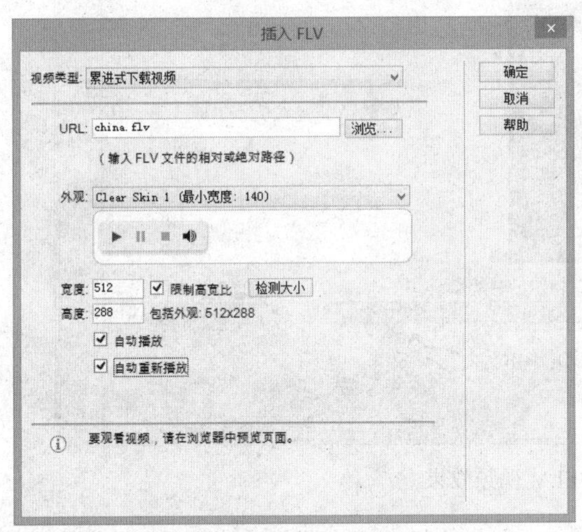

图 3.24　【插入 FLV】对话框

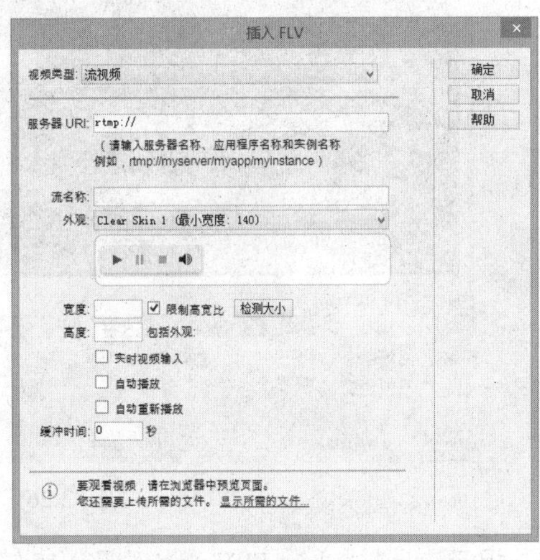

图 3.25　插入流视频

第 5 步，如果希望累进式下载浏览视频，则应该从【视频类型】下拉列表中选择【累进式下载视频】选项。然后在如图 3.24 所示的对话框中设置以下选项。

（1）【URL】文本框：指定 FLV 文件的相对或绝对路径。如果要指定相对路径，例如，mypath/myvideo.flv，用户可以单击【浏览】按钮，在打开的【选择文件】对话框中选择 FLV 文件。如果要指定绝对路径，可以直接输入 FLV 文件的 URL，例如，http://www.example.com/myvideo.flv。

（2）【外观】下拉列表：指定 FLV 视频组件的外观。所选外观的预览会出现在下面预览框中。

（3）【宽度】文本框：以像素为单位指定 FLV 文件的宽度。若要让 Dreamweaver 确定 FLV 文件的准确宽度，可以单击【检测大小】按钮。如果 Dreamweaver 无法确定宽度，则必须输入宽度值。

（4）【高度】文本框：以像素为单位指定 FLV 文件的高度。如果要让 Dreamweaver 确定 FLV 文件的准确高度，可以单击【检测大小】按钮。如果 Dreamweaver 无法确定高度，则必须输入宽度值。注意，

Note

FLV 文件的宽度和高度包括外观的宽度和高度。

（5）【限制宽高比】复选框：保持 FLV 视频组件的宽度和高度之间的纵横比不变。默认情况下会选中该复选框。

（6）【自动播放】复选框：指定在 Web 页面打开时是否播放视频。

（7）【自动重新播放】复选框：指定播放控件在视频播放完之后是否返回起始位置。

第 6 步，设置完毕，单击【确定】按钮关闭对话框，并将 FLV 视频添加到网页中。

第 7 步，插入 FLV 视频之后，系统会自动生成一个视频播放器 SWF 文件和一个外观 SWF 文件，它们用于在网页上显示 FLV 视频内容。这些文件与 FLV 视频内容所添加到的 HTML 文件存储在同一目录中。当用户上传包含 FLV 视频内容的网页时，Dreamweaver 将以相关文件的形式上传这些文件。插入 FLV 视频的网页效果如图 3.26 所示。

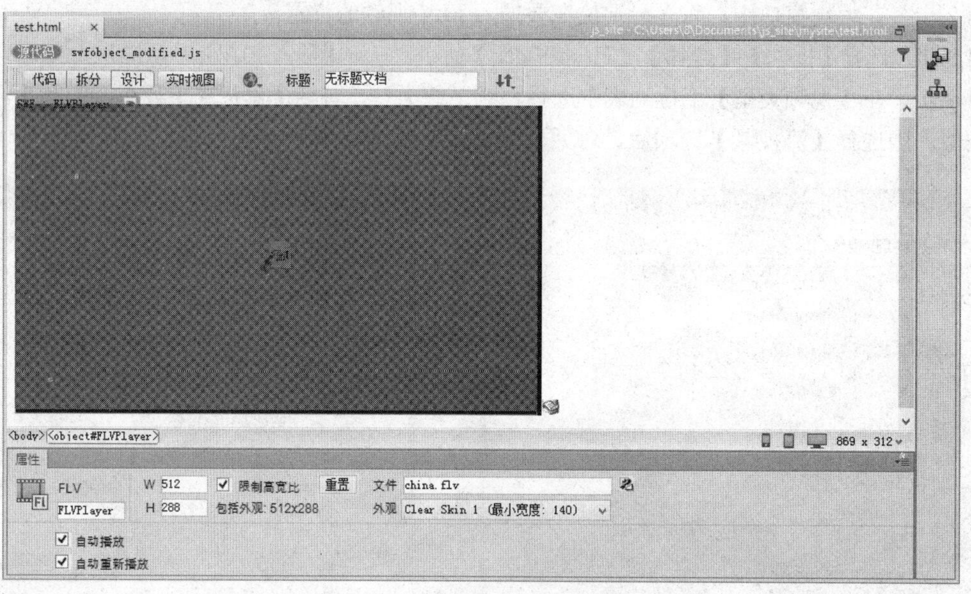

图 3.26　插入 FLV 视频效果

> 提示：如果要更改 FLV 视频设置，可在 Dreamweaver 编辑窗口中选择 FLV 视频组件占位符，在属性面板中可以设置 FLV 视频的宽和高、FLV 视频文件、视频外观等属性。如果要删除 FLV 视频，只需要在 Dreamweaver 的编辑窗口中选择 FLV 视频组件占位符，然后按 Delete 键即可。

3.8　在网页中插入插件

插件是浏览器专用功能扩展模块，它增强了浏览器的对外接口能力，实现对多种媒体对象的播放支持。一般浏览器允许第三方开发者根据插件标准将它们的产品融进网页，比较典型的如 RealPlayer 和 QuickTime 插件。

Note

视频讲解

3.8.1　实战演练：设计背景音乐

音乐是多媒体网页的重要组成部分。由于音频文件存在不同类型和格式，也有不同的方法将这些声音添加到网页中。在决定添加音频格式和方式之前，需要考虑的因素包括用途、格式、文件大小、声音品质和浏览器差别等。不同浏览器对于声音文件的处理方法是非常不同的，彼此之间很可能不兼容。

【操作步骤】

第 1 步，启动 Dreamweaver CC，打开本小节备用练习文档 test.html，另存为 test1.html。

第 2 步，在编辑窗口中，将光标定位在要插入插件的位置。

第 3 步，选择【插入】|【媒体】|【插件】命令，打开【选择文件】对话框。

第 4 步，在对话框中选择要插入的插件文件，这里选择 images/bg.mp3，单击【确定】按钮，这时在 Dreamweaver 编辑窗口中会出现插件图标，如图 3.27 所示。

图 3.27　插入的插件图标

第 5 步，选中插入的插件图标，可以在属性面板中详细设置其属性，如图 3.28 所示。

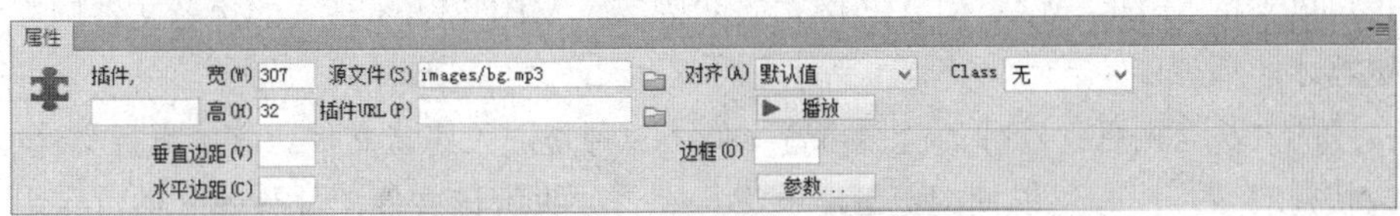

图 3.28　插件属性面板

☑ 【插件名称】文本框：设置插件的名称，以便在脚本中能够引用。

☑ 【宽】和【高】文本框：设置插件在浏览器中显示的宽度和高度，默认以像素为单位。

☑ 【源文件】文本框：设置插件的数据文件。单击【选择文件】按钮，可查找并选择源文

Note

件，或者直接输入文件地址。

☑ 【对齐】下拉列表：设置插件和页面的对齐方式。

☑ 【插件 URL】文本框：设置包含该插件的地址。如果在浏览者的系统中没有装该类型的插件，则浏览器从该地址下载它。如果没有设置【插件 URL】文本框，且又没有安装相应的插件，则浏览器将无法显示插件。

☑ 【垂直边距】和【水平边距】文本框：设置插件的上、下、左、右与其他元素的距离。

☑ 【边框】文本框：设置插件边框的宽度，可输入数值，单位是像素。

☑ 【播放】按钮：单击该按钮，可在 Dreamweaver CC 编辑窗口中预览这个插件的效果，单击【播放】按钮后，该按钮变成【停止】按钮，单击则停止插件的预览。

☑ 【参数】按钮：单击可打开【参数】对话框，设置参数对插件进行初始化。

第 6 步，因为是背景音乐，因此不需要插件控制界面，同时应该让背景音乐自动播放，且能够循环播放。单击【参数】按钮，打开【参数】对话框，设置如下 3 个参数，如图 3.29 所示。

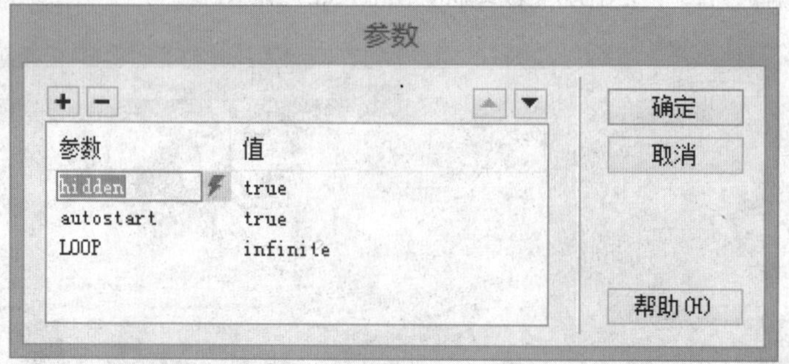

图 3.29 设置插件显示和播放属性

第 7 步，单击【确定】按钮关闭对话框，然后切换到【代码】视图，可看到生成如下代码：

```
<embed src="images/bg.mp3" width="307" height="32" hidden="true" autostart="true" loop= "infinite"> </embed>
```

第 8 步，属性设置完毕，按 F12 键在浏览器中浏览，这时可以边浏览网页，边听着播放的背景音乐。

视频讲解

3.8.2 实战演练：插入音频

在网页中使用的音频格式比较多，常用的包括 MIDI、WAV、AIF、MP3 和 RA 等。很多浏览器不用插件也可以支持 MIDI、WAV 和 AIF 格式的文件，而 MP3 和 RA 格式的声音文件则需要专门插件支持浏览器才能播放。

插入音频的方法有两种：一种是链接声音文件，一种是嵌入声音文件。链接声音文件比较简单，但使用比较快捷有效，同时可以使浏览者能够选择是否要收听该文件，并且使文件可应用于最广范围的观众中。

链接声音文件首先选择要用来指向声音文件链接的文本或图像，然后在属性面板的【链接】文本框中输入声音文件地址，或者单击后面【选择文件】按钮选择文件，如图 3.30 所示。

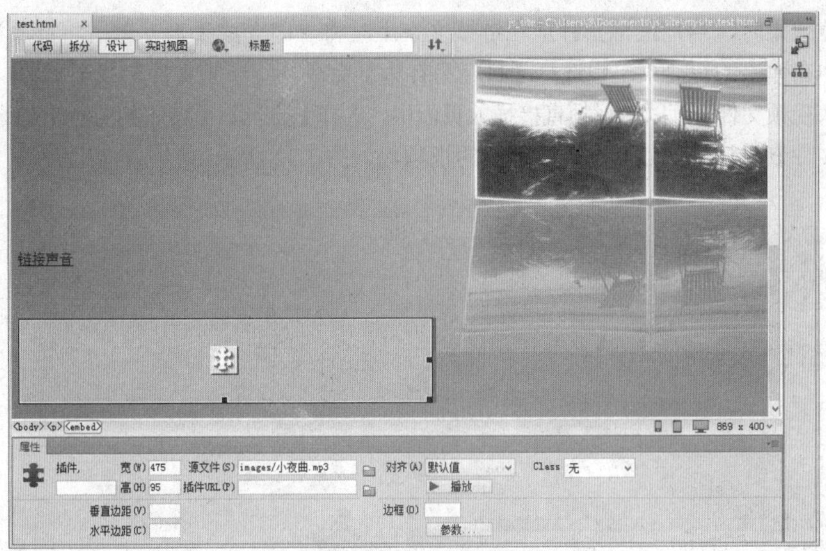

图 3.30　在属性面板中链接声音文件

嵌入声音文件是将声音直接插入页面中，但只有浏览器安装了适当插件后才可以播放声音，具体方法可以参阅 3.8.1 节的讲解。

在浏览器中预览上面示例，演示效果如图 3.31 所示。

图 3.31　在浏览器中播放音频效果

3.8.3　实战演练：插入视频

网络视频格式也很多，常用的包括 MPEG、AVI、WMV、RM 和 MOV 等。插入视频的方法也包括链接视频文件和嵌入视频文件两种，使用方法与插入声音的方法相同。

☑　链接视频文件。在属性面板的【链接】文本框中输入视频文件地址，按 F12 键打开浏览器

Note

浏览效果时，当把鼠标指针放在链接文字上时将立即变成手形，单击将播放视频，或者右击，在弹出的快捷菜单中选择【目标另存为】命令，将视频文件下载至本地，然后再播放。

☑ 嵌入视频文件。可以将视频直接插入页面中，选择【插入】|【媒体】|【插件】命令，打开【选择文件】对话框，然后选择要播放的视频，如图 3.32 所示。

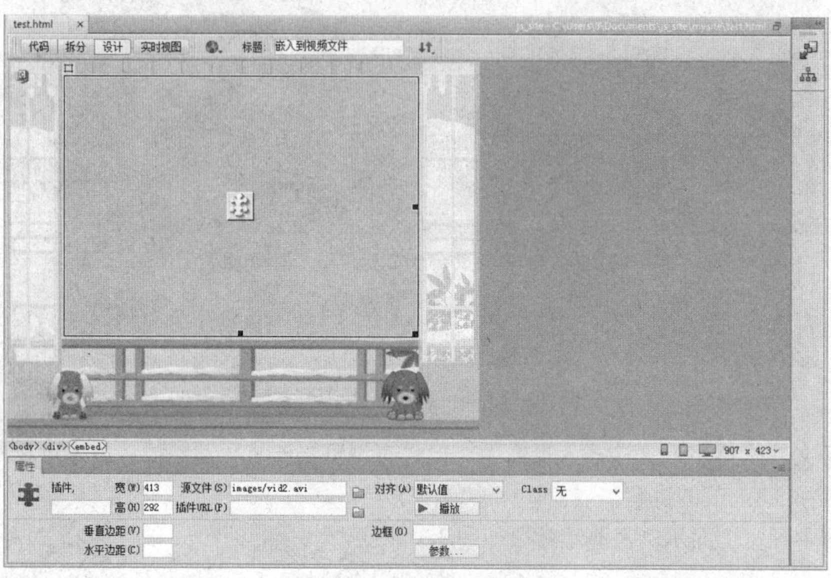

图 3.32 插入视频

提示：只有浏览器安装了所选视频文件的插件才能够正常播放。

在 HTML 中，不管插入音频还是视频文件，使用的标记代码和设置方法相同，详细设置如下。

☑ 链接法代码

```
<a href=" images/vid2.avi">观看视频</a>
```

☑ 嵌入法代码

```
<embed src=" images/vid2.avi" width="339" height="339">
```

视频讲解

3.9 案例实战：插入 HTML5 音频

在 HTML5 中，使用新增的<audio>标记可以播放声音文件或音频流，它支持 Ogg Vorbis（简称 Ogg）、MP3、WAV 等音频格式，其用法如下。

```
<audio src="samplesong.mp3" controls="controls"></audio>
```

其中，src 属性用于指定要播放的声音文件，controls 属性用于提供播放、暂停和音量控件。

如果浏览器不支持<audio>标记，则可以在<audio>与</audio>之间插入一段替换内容，这样旧的

浏览器就可以显示这些信息。例如：

```
<audio src="samplesong.mp3" controls="controls">
您的浏览器不支持 audio 标签。
</audio>
```

替换内容不仅可以是文本，还可以是一些其他音频插件，或者是声音文件的链接等。

下面通过完整的示例演示如何在页面内播放音频。本示例使用<source>标记来链接不同的音频文件，浏览器会自己选择第一个可以识别的格式。

【操作步骤】

第 1 步，启动 Dreamweaver CC，打开本小节备用练习文档 test.html，另存为 test1.html。

第 2 步，在编辑窗口中，将光标定位在要插入插件的位置。

第 3 步，选择【插入】|【媒体】|【HTML5 Audio】命令，在编辑窗口中插入一个音频插件图标，如图 3.33 所示。

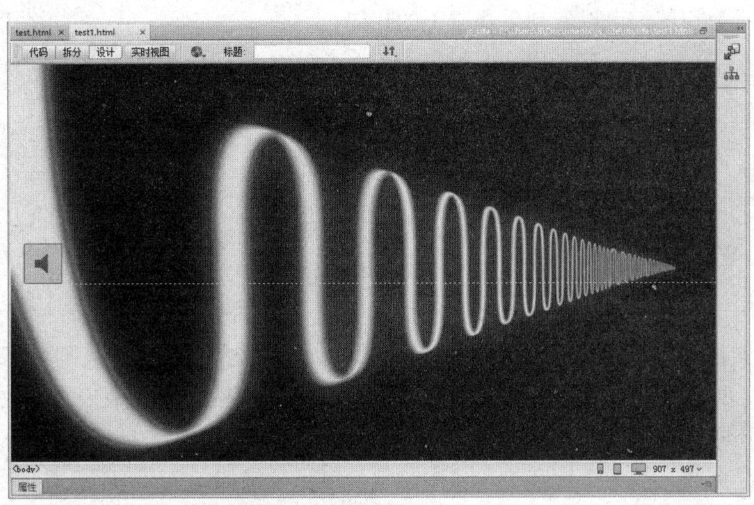

图 3.33　插入 HTML5 音频插件

第 4 步，在编辑窗口中选中插入的音频插件，然后可以在属性面板中设置相关播放属性和播放内容，如图 3.34 所示。

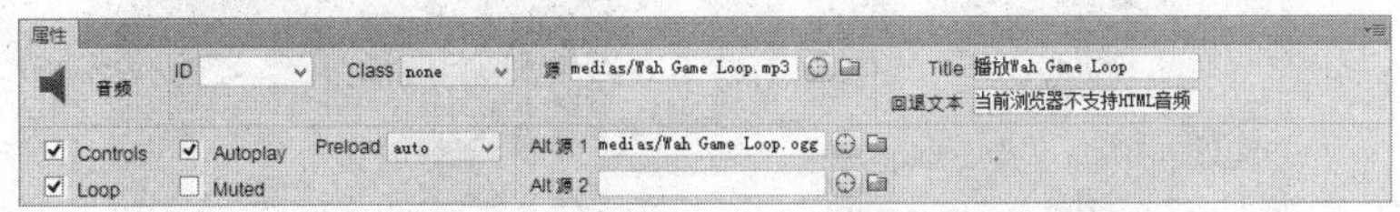

图 3.34　设置 HTML5 音频属性

☑ 【ID】文本框：定义 HTML5 音频的 ID 值，以便脚本进行访问和控制。

☑ 【Class】下拉列表：设置 HTML5 音频控件的类样式。

☑ 【源】、【Alt 源 1】和【Alt 源 2】文本框：在【源】文本框中输入音频文件的位置。或者单击【选择文件】按钮以从计算机中选择音频文件。

对音频格式的支持在不同浏览器上有所不同。如果源中的音频格式不被支持，则会使用【Alt 源

Note

1】和【Alt 源 2】文本框中指定的格式，浏览器选择第一个可识别格式来显示音频。

建议使用多重选择，当从文件夹中为同一音频选择 3 个视频格式时，列表中的第一个格式将用于“源”。列表中下列的格式用于自动填写“Alt 源 1”和“Alt 源 2”。

☑ 【Controls】复选框：设置是否在页面中显示播放控件。

☑ 【Autoplay】复选框：设置是否在页面加载后自动播放音频。

☑ 【Loop】复选框：设置是否循环播放音频。

☑ 【Muted】复选框：设置是否静音。

☑ 【Preload】下拉列表：预加载选项。选择 auto 选项，则会在页面下载时加载整个音频文件；选择 metadata 选项，则会在页面下载完成之后仅下载元数据；选择 none 选项，则不进行预加载。

☑ 【Title】文本框：为音频文件输入标题。

☑ 【回退文本】文本框：输入在不支持 HTML5 的浏览器中显示的文本。

第 5 步，按图 3.34 所示进行设置：显示播放控件，自动播放，循环播放，允许提前预加载，鼠标指针经过时的提示标题为“播放 Wah Game Loop”，回退文本为“当前浏览器不支持 HTML 音频”。然后切换到【代码】视图，可以看到生成以下的代码：

```
<audio title="播放 Wah Game Loop" preload="auto" controls autoplay loop >
    <source src="medias/Wah Game Loop.mp3" type="audio/mp3">
    <source src="medias/Wah Game Loop.ogg" type="audio/ogg">
    <p>当前浏览器不支持 HTML 音频</p>
</audio>
```

从上面的代码可以看出，在<audio>标记中，使用两个新的<source>标记替换了先前的 src 属性。这样可以让浏览器根据自身播放能力自动选择，挑选最佳的来源进行播放。对于来源，浏览器会按照声明顺序判断，如果支持的不止一种，那么浏览器会选择支持的第一个来源。数据源列表的排放顺序应按照用户体验由高到低或者服务器消耗由低到高列出。

第 6 步，保存页面，按 F12 键在浏览器中预览，显示效果如图 3.35 所示。

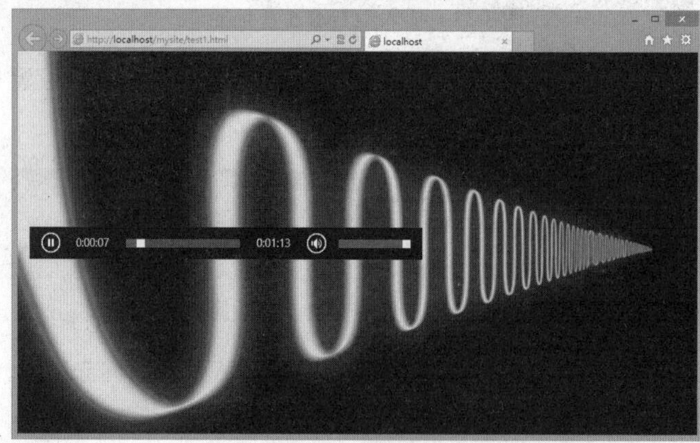

图 3.35 播放 HTML5 音频

在 IE 浏览器中可以看到一个比较简单的音频播放器，包含了播放、暂停、位置、时间显示、音

量控制这些常用控件。

3.10　案例实战：插入 HTML5 视频

在 HTML5 中，使用新增的<video>标记可以播放视频文件或视频流，它支持 Ogg、MPEG-4、WebM 等视频格式，其用法如下。

```
<video src="samplemovie.mp4" controls="controls"></video>
```

其中，src 属性用于指定要播放的视频文件，controls 属性用于提供播放、暂停和音量控件，也可以包含宽度和高度属性。

如果浏览器不支持<video>标记，则可以在<video>与</video>之间插入一段替换内容，这样旧的浏览器就可以显示这些信息。例如：

```
<video src=" samplemovie.mp4" controls="controls">
您的浏览器不支持 video 标签。
</video>
```

下面通过一个完整的示例来演示如何在页面内播放视频。

【操作步骤】

第 1 步，启动 Dreamweaver CC，打开本小节备用练习文档 test.html，另存为 test1.html。

第 2 步，在编辑窗口中，将光标定位在要插入插件的位置。

第 3 步，选择【插入】|【媒体】|【HTML5 Video】命令，在编辑窗口中插入一个视频插件图标，如图 3.36 所示。

图 3.36　插入 HTML5 视频插件

Note

第 4 步，在编辑窗口中选中插入的视频插件，然后可以在属性面板中设置相关的播放属性和播放内容，如图 3.37 所示。

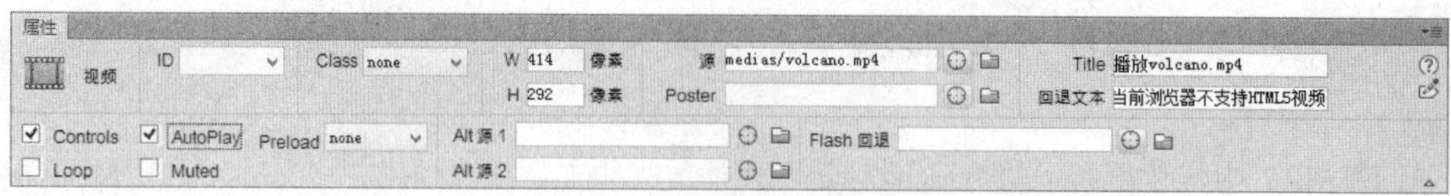

图 3.37　设置 HTML5 视频属性

☑ 【ID】文本框：定义 HTML5 视频的 ID 值，以便脚本进行访问和控制。

☑ 【Class】下拉列表：设置 HTML5 视频控件的类样式。

☑ 【源】、【Alt 源 1】和【Alt 源 2】文本框：在【源】文本框中输入视频文件的位置。或者单击【选择文件】按钮以从计算机中选择视频文件。

对视频格式的支持在不同浏览器有所不同。如果源中的视频格式不被支持，则会使用【Alt 源 1】和【Alt 源 2】文本框中指定的格式，浏览器选择第一个可识别格式来显示视频。

建议使用多重选择，当从文件夹中为同一视频选择 3 个视频格式时，列表中的第一个格式将用于“源”。列表中下列的格式用于自动填写“Alt 源 1”和“Alt 源 2”。

☑ 【W】和【H】文本框：设置视频的宽度和高度，单位为像素。

☑ 【Poster】文本框：输入要在视频完成下载后或用户单击“播放”后显示的图像海报的位置。当插入图像时，宽度和高度值是自动填充的。

☑ 【Controls】复选框：设置是否在页面中显示播放控件。

☑ 【Autoplay】复选框：设置是否在页面加载后自动播放音频。

☑ 【Loop】复选框：设置是否循环播放音频。

☑ 【Muted】复选框：设置是否静音。

☑ 【Preload】下拉列表：预加载选项。选择 auto 选项，则会在页面下载时加载整个视频文件；选择 metadata 选项，则会在页面下载完成之后仅下载元数据；选择 none 选项，则不进行预加载。

☑ 【Title】文本框：为视频文件输入标题。

☑ 【回退文本】文本框：输入在不支持 HTML5 的浏览器中显示的文本。

☑ 【Flash 回退】文本框：对于不支持 HTML5 视频的浏览器选择 SWF 文件。

第 5 步，按图 3.37 所示进行设置：显示播放控件，自动播放，允许提前预加载，鼠标指针经过时的提示标题为“播放 volcano.mp4”，回退文本为“当前浏览器不支持 HTML5 视频”，视频宽度为 414 像素，高度为 292 像素。然后切换到【代码】视图，可以看到生成以下的代码：

```
<video width="414" height="292" title="播放 volcano.mp4" preload="auto" controls autoplay >
    <source src="medias/volcano.mp4" type="video/mp4">
    <p>当前浏览器不支持 HTML5 视频</p>
</video>
```

第 6 步，保存页面，按 F12 键在浏览器中预览，显示效果如图 3.38 所示。

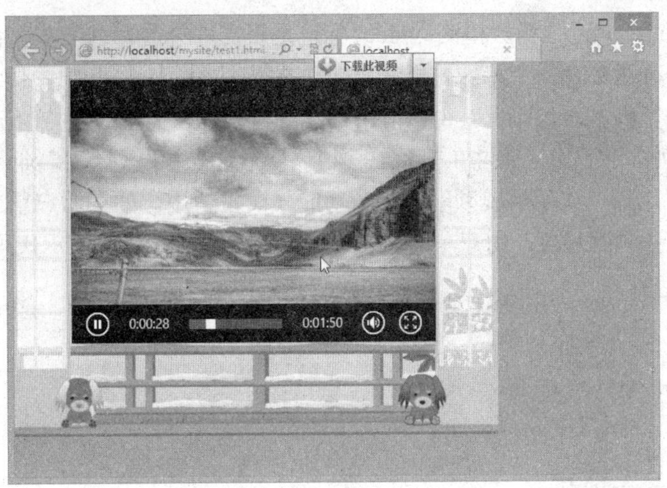

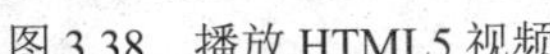
图 3.38　播放 HTML5 视频

> **提示：** 在<audio>标记或<video>标记中指定 controls 属性可以在页面上以默认方式进行播放控制。如果不加这个特性，那么在播放时就不会显示控制界面。如果播放的是音频，那么页面上任何信息都不会出现，因为音频元素的唯一可视化信息就是对应的控制界面。如果播放的是视频，那么视频内容会显示。即使不添加 controls 属性也不会影响页面的正常显示。

【拓展】

有一种方法可以让没有 controls 特性的音频或视频正常播放，那就是在<audio>标记或<video>标记中设置另一个属性 autoplay。

```
<video autoplay>
    <source src="medias/volcano.ogg" type="video/ogg">
    <source src="medias/volcano.mp4" type="video/mp4">
您的浏览器不支持 video 标签。
</video >
```

通过设置 autoplay 属性，不需要任何用户交互，音频或视频文件就会在加载完成后自动播放。不过大部分用户对这种方式会比较反感，所以应慎用 autoplay。在无任何提示的情况下，播放一段音频通常有两种用途，第一种是用来制造背景氛围，第二种是强制用户接收广告。这种方式的问题在于会干扰用户本机播放的其他音频，尤其会给依赖屏幕阅读功能进行 Web 内容导航的用户带来不便。

如果内置的控件不适应用户界面的布局，或者希望使用默认控件中没有的条件或者动作来控制音频或视频文件，那么可以借助一些内置的 JavaScript 函数和属性来实现，简单说明如下。

- ☑ load()：该函数可以加载音频或者视频文件，为播放做准备。通常情况下不必调用，除非是动态生成的元素。用来在播放前预加载。
- ☑ play()：该函数可以加载并播放音频或视频文件，除非音频或视频文件已经暂停在其他位，否则默认从开头播放。
- ☑ pause()：该函数暂停处于播放状态的音频或视频文件。

☑ canPlayType (type)：该函数检测<video>标记是否支持给定 MIME 类型的文件。

canPlayType (type) 函数有一个特殊的用途：向动态创建的<video>标记中传入某段视频的 MIME 类型后，仅仅通过一行脚本语句即可获得当前浏览器对相关视频类型的支持情况。

【示例】下面示例演示了如何通过在视频上移动鼠标指针来触发 play 和 pause 功能。页面包含多个视频，且由用户来选择播放某个视频时，这个功能就非常适用。如在用户鼠标指针移到某个视频上时，播放简短的视频预览片段，用户单击后，播放完整的视频。具体演示代码如下所示。

```
<video id="movies" onmouseover="this.play()" onmouseout="this.pause()" autobuffer="true"
    width="400px" height="300px">
    <source src="medias/volcano.ogv" type='video/ogg; codecs="theora, vorbis"'>
    <source src="medias/volcano.mp4" type='video/mp4'>
</video>
```

上面的代码在浏览器中预览，显示效果如图 3.39 所示。

图 3.39　使用鼠标控制视频播放

3.11　在线练习

使用多媒体标签丰富网站内容，突出网站的重点，感兴趣的读者可以扫码练习。

在线练习

第4章 设计超链接

超链接是互联网的桥梁，网站与网站之间、网页与网页之间都是通过超链接建立联系。如果没有超链接，那么整个互联网将成为无数个数字孤岛，失去访问的价值。本章将详细讲解如何使用 Dreamweaver 设置各种类型的超链接，并利用 CSS 设计超链接的样式，以及多个超链接组成的导航菜单的样式。

【学习重点】

- 在网页中插入链接。
- 创建不同类型的链接。
- 设计网页链接的基本样式。
- 设计列表版块样式。
- 设计菜单样式。

4.1 定义链接

Note

视频讲解

超链接（Hyper Link），也称网页链接，它是指从一个网页指向一个目标的连接关系，这个目标可以是另一个网页，也可以是网页上的某个位置，还可以是一张图片、一个电子邮件地址、一个文件，甚至是一个应用程序。在一个网页中用来超链接的对象，可以是一段文本或者是一张图片，当浏览者单击已经链接的文字或图片后，链接目标将显示在浏览器上，并且根据目标的类型打开或运行。详细介绍请扫码了解。

线上阅读

4.1.1 实战演练：使用属性面板

使用属性面板定义链接的方法如下。

【操作步骤】

第 1 步，启动 Dreamweaver CC，打开本小节备用练习文档 test.html，另存为 test1.html。

第 2 步，选择编辑窗口中的 Logo 图像。

第 3 步，选择【窗口】|【属性】命令，打开属性面板，然后执行如下任一操作。

（1）单击【链接】文本框右边的【选择文件】按钮，在打开的【选择文件】对话框中浏览并选择一个文件，如图 4.1 所示。在【相对于】下拉列表中选择【文档】选项（设置相对路径）或【站点根目录】选项（设置根路径），然后单击【确定】按钮。

图 4.1 【选择文件】对话框

当设置【相对于】下拉列表中的选项后，Dreamweaver CC 把该选项设置为以后定义链接的默认路径类型，直至改变该项选择为止。

（2）在属性面板的【链接】文本框中，输入要链接文件的路径和文件名，如图 4.2 所示。

Note

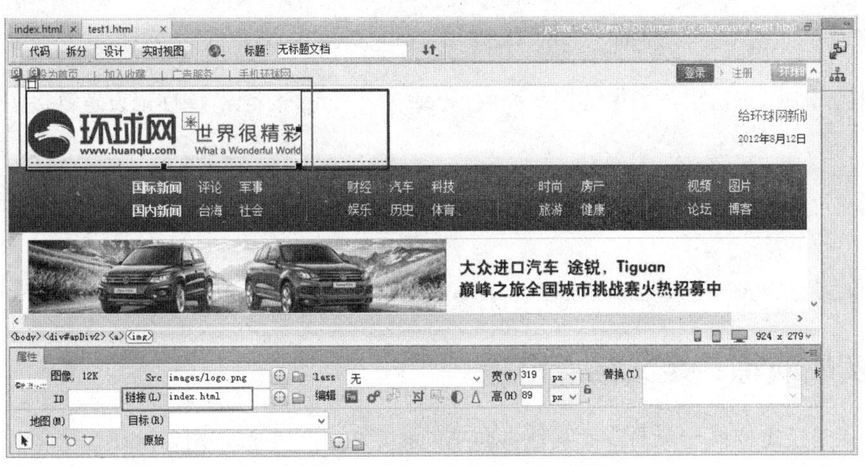

图 4.2　在属性面板中定义链接

第 4 步，选择被链接文件的载入目标。在默认情况下，被链接文件打开在当前的窗口或框架中。要使被链接的文件显示在其他地方，需要从属性面板的【目标】下拉列表中选择一个选项，如图 4.3 所示。

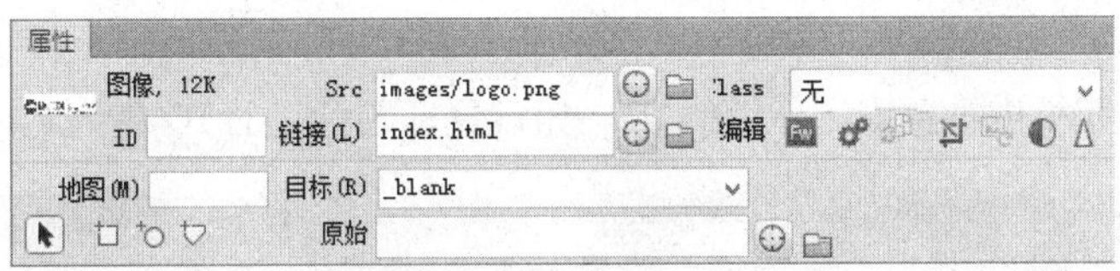

图 4.3　定义链接的目标

☑　_blank：将被链接文件载入新的未命名浏览器窗口中。

☑　_parent：将被链接文件载入父框架集或包含该链接的框架窗口中。

☑　_self：将被链接文件载入与该链接相同的框架或窗口中。

☑　_top：将被链接文件载入整个浏览器窗口并删除所有框架。

4.1.2　实战演练：使用代码定义链接

在【代码】视图下可以直接输入 HTML 代码定义链接。

1. 文本链接

使用<a>标记定义文本链接的方法如下：

```
<a href="index.html" title="返回首页" accesskey="t" target="_blank">唯品会</a>
```

其中，href 属性用来设置目标文件的地址，target 属性相当于 Dreamweaver 属性面板中的【目标】选项设置，当属性值等于_blank，表示在新窗口中打开。除此之外还包括其他 3 种：_parent、_self 和_top。

2. 图像链接

图像链接与文本链接基本相同，都是用<a>标记实现，唯一的差别就在于<a>属性设置。例如：

```
<a href="index.html" target="_blank"><img src="images/logo.png" border="0" /></a>
```

从实例代码中可以看出，图像链接在<a>标记中多了<img>标记，该标记设置链接图像的属性。

Note

4.2 应 用 链 接

视频讲解

链接存在多种类型，主要是根据链接的对象和位置来划分，具体介绍如下。

4.2.1 实战演练：定义锚点链接

锚点链接是指定向同一页面或者其他页面中的特定位置的链接。例如，在一个很长的页面中，在底部设置一个锚点，单击后可以跳转到页面顶部，这样避免了上下滚动的麻烦。另外，在页面内容的标题上设置锚点，然后在页面顶部设置锚点的链接，这样就可以通过链接快速地浏览具体内容。

【操作步骤】

第 1 步，启动 Dreamweaver CC，打开模板页面 temp.html，另存为 index.html。

第 2 步，在编辑窗口中，把光标设置在要创建锚点的位置，或者选中要链接到锚点的文字、图像等对象。

第 3 步，在属性面板中设置锚点标记的 ID，如设置标题标记的 ID 值为 c，如图 4.4 所示。

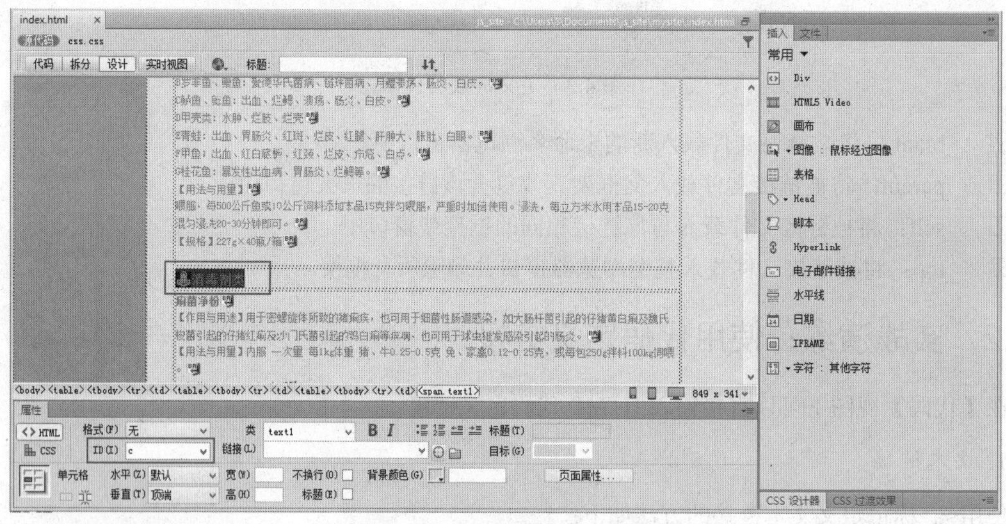

图 4.4 在属性面板中设置 ID

给锚点标记的 ID 命名时不要含有空格，同时不要置于绝对定位元素内。

> 提示：要创建锚点链接，首先要创建用于链接的锚点。任何被定义了 ID 值的元素都可以作为锚点标记，然后就可以设置指向该位置点的锚点链接。这样当单击超链接时，浏览器会自动定位到页面中锚点指定的位置，这对于一个页面包含很多屏时，特别有用。

第 4 步，在编辑窗口选中或插入并选中要链接到锚点的文字、图像等对象。

第 5 步，在属性面板的【链接】文本框中输入“#+锚点名称”，如输入#c，如图 4.5 所示。如果要链接到同一文件夹内的其他文件中，如 test.html，则输入 test.html#c，可以使用绝对路径，也可以使用相对路径。要注意锚点名称是区分大小写的。

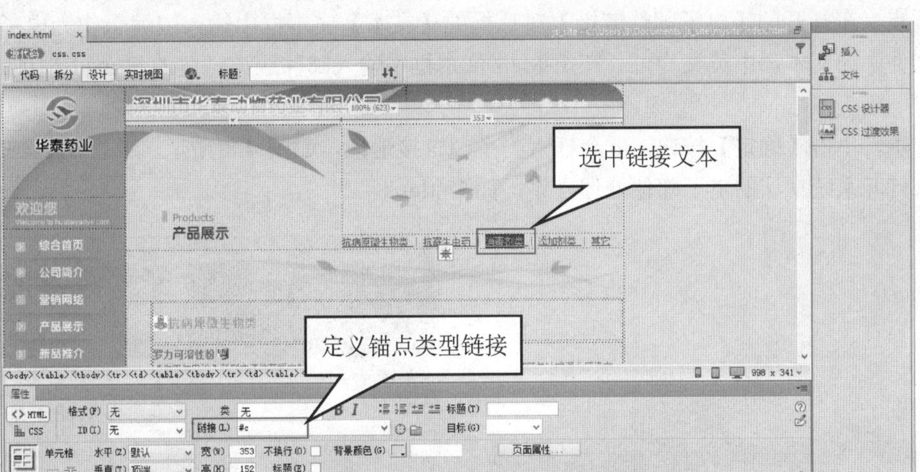

图 4.5 设置锚点链接

第 6 步，保存网页，按 F12 键可以预览效果，如果单击超链接，则页面会自动跳转到锚点指向的位置，如图 4.6 所示。

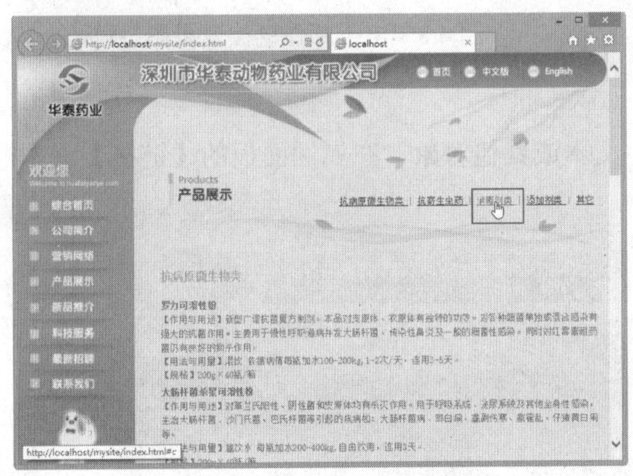

（a）单击锚点类型的超链接

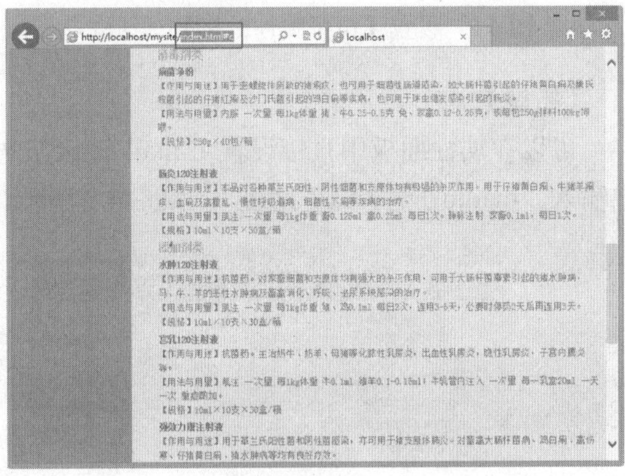

（b）跳转到锚点指向的位置

图 4.6 锚点链接应用效果

4.2.2 实战演练：定义电子邮箱链接

定义超链接地址为邮箱地址，即为 E-mail 链接。通过 E-mail 链接可以为用户提供方便的反馈与交流机会。当浏览者单击邮件链接时，会自动打开客户端浏览器默认的电子邮件处理程序（如 Outlook Express），收件人邮件地址被电子邮件链接中指定的地址自动更新。

【操作步骤】

第 1 步，启动 Dreamweaver CC，打开模板页面 temp.html，另存为 index.html。

第 2 步，在编辑窗口中，将光标置于希望显示电子邮件链接的地方。

第 3 步，选择【插入】|【电子邮件链接】命令，或者在【插入】面板的【常用】选项卡中单击【电子邮件链接】选项。

第 4 步，在打开的【电子邮件链接】对话框的【文本】文本框中输入或编辑作为电子邮件链接显示在文件中的文本，中英文均可。在 E-Mail 文本框中输入邮件应该送达的 E-mail 地址，如图 4.7 所示。

第 5 步，单击【确定】按钮，就会插入一个超链接地址，如图 4.8 所示。单击 E-mail 链接的文字，即可打开系统默认的电子邮件处理程序，如 Outlook。

图 4.7　设置【电子邮件链接】对话框

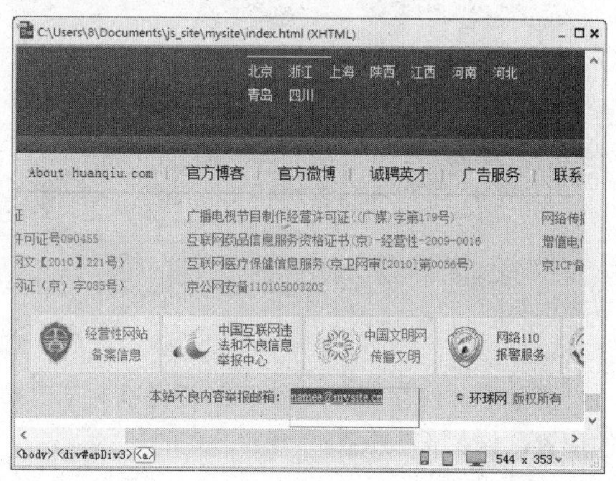

图 4.8　电子邮件链接效果图

【拓展】

可以在属性面板中直接设置 E-mail 链接。选中文本或其他对象，在属性面板的【链接】文本框中输入“mailto:+电子邮件地址”，如图 4.9 所示。

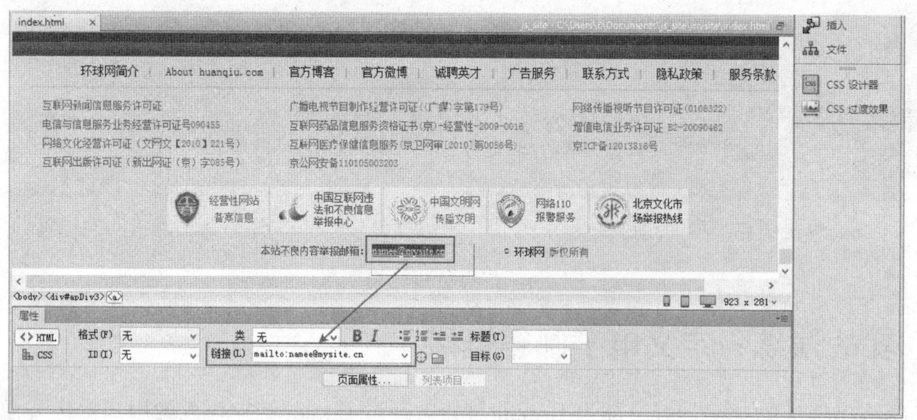

图 4.9　在面板中直接设置 E-mail 链接

也可以在属性面板的【链接】文本框中输入“mailto:+电子邮件地址+?+subject=+邮件主题”，这样就可以快速输入邮件主题，如“mailto:namee@mysite.cn?subject=意见和建议”。在 HTML 中可以使用<a>标记创建电子邮件链接，代码如下：

```
<a href="mailto:namee@mysite.cn">namee@mysite.cn</a>
```

在该链接中多了“mailto:”字符，表示电子邮件，其他基本相同。

4.2.3　实战演练：定义空链接

空链接就是没有指定路径的链接。利用空链接可以激活文档中链接的对象或文本。一旦对象或文本被激活，则可以为之添加行为，以实现当鼠标移动到链接上时进行切换图像或显示分层等动作。有些客户端动作，需要由超链接来调用，这时就需要用到空链接。

在网站开发初期，设计师也习惯把所有页面链接设置为空链接，这样方便测试和预览。

【操作步骤】

第 1 步，启动 Dreamweaver CC，新建文档，保存为 test.html。

第 2 步，在编辑窗口中，选择要设置链接的文本或其他对象，在属性面板的【链接】文本框中只输入一个“#”符号即可，如图 4.10 所示。

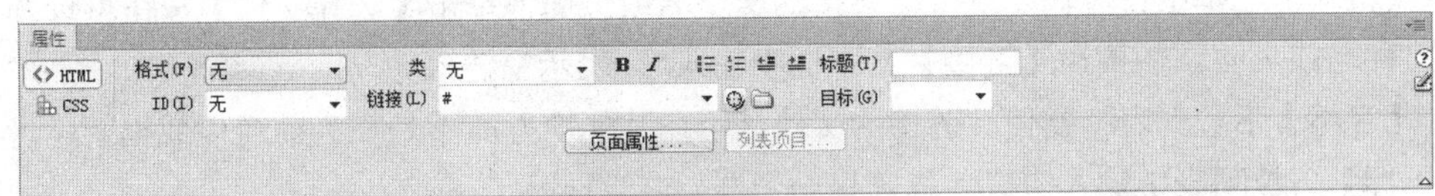

图 4.10　设置空链接

第 3 步，切换到【代码】视图，在 HTML 中可以直接使用<a>标记创建空链接，代码如下：

```
<a href="#">空链接</a>
```

4.3　案例实战：定义图像热点

视频讲解

图像热点也称为图像地图，即指定图像内部某个区域为热点，当单击该热点区域时，会触发超链接，并跳转到其他网页或网页的某个位置。图像地图是一种特殊的超链接形式，常用来在图像中设置局部区域导航。当在一幅图上定义多个热点区域，以实现单击不同的热区链接到不同页面，这时就可以使用图像地图。

【操作步骤】

第 1 步，启动 Dreamweaver CC，新建文档，保存为 index.html。

第 2 步，在编辑窗口中插入图像，然后选中图像，打开属性面板，并单击属性面板右下角的展开箭头 ▽，显示图像地图制作工具，如图 4.11 所示。

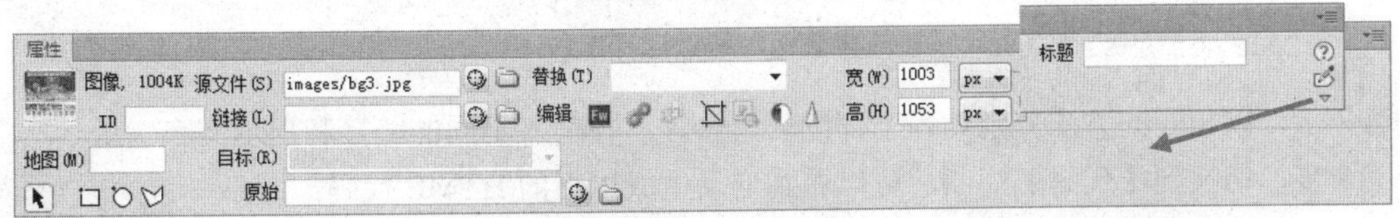

图 4.11　图像属性面板

Note

提示：在图像属性面板中用【指针热点工具】、【矩形热点工具】、【椭圆热点工具】和【多边形热点工具】可以调整和创建热点区域，简单说明如下。

☑【指针热点工具】按钮：调整和移动热点区域。

☑【椭圆热点工具】按钮：在选定图像上拖动鼠标指针可以创建圆形热区。

☑【矩形热点工具】按钮：在选定图像上拖动鼠标指针可以创建矩形热区。

☑【多边形热点工具】按钮：在选定图像上，单击选择一个多边形，定义一个不规则形状的热区。单击【指针热点工具】按钮可以结束多边形热区定义。

第 3 步，在属性面板的【地图】文本框中输入热点区域名称。如果一个网页的图像中有多个热点区域，必须为每个图像热点区域起一个唯一的名称。

第 4 步，选择一个工具，根据不同部位的形状可以选择不同的热点工具，这里选择【矩形热点工具】按钮，在选定的图像上拖动鼠标指针，便可创建出图像热区。

第 5 步，热点区域创建完成后，选中热区，可以在属性面板中设置热点属性。

☑【链接】文本框：可输入一个被链接的文件名或页面，单击【选择文件】按钮可选择一个文件名或页面。如果在【链接】文本框中输入#，表示空链接。

☑【目标】下拉列表：要使被链接的文档显示在其他地方而不是在当前窗口或框架，可在【目标】下拉列表中输入窗口名或选择一个框架名。

☑【替换】文本框：在该文本框中输入所定义热区的提示文字。在浏览器中当鼠标移到该热点区域中将显示提示文字。可设置不同部位的热区显示不同的文本。

第 6 步，用【矩形热点工具】创建一个热区，在【替换】下拉列表中输入提示文字，并设置好链接和目标窗口，如图 4.12 所示。

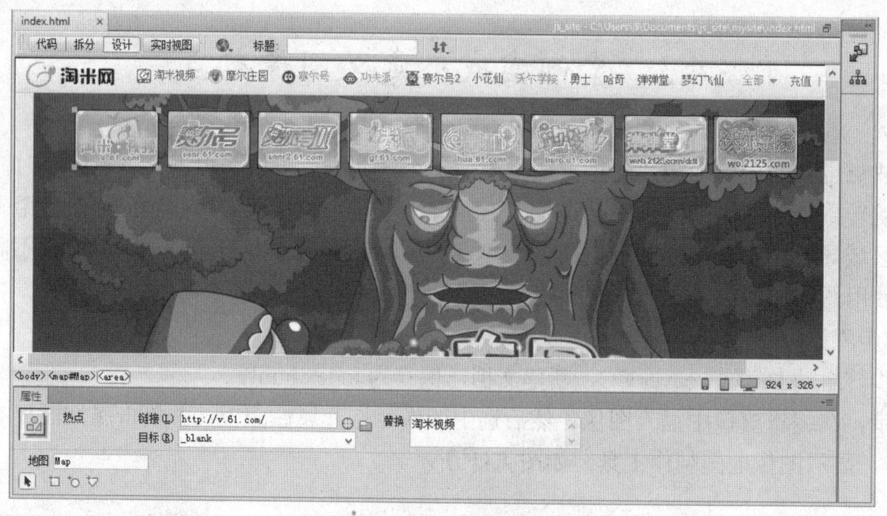

图 4.12　热点属性面板

第 7 步，以相同的方法分别为各个部位创建热区，并输入不同的链接和提示文字。

第 8 步，切换到【代码】视图，可以看到自动生成以下的 HTML 代码：

```
<img src="images/bg.jpg" width="1003" height="1053" usemap="#Map" border="0">
```

```
<map name="Map" id="Map">
    <area shape="rect" coords="798, 57, 894, 121" href=http://wo.2126.com/?tmcid=187 target="_ blank" alt="沃尔学院">
    <area shape="rect" coords="697, 57, 793, 121" href="http://web.2126.com/ddt/" target="_blank" alt="弹弹堂">
    <area shape="rect" coords="591, 57, 687, 121" href="http://hero.61.com/" target="_blank" alt="摩尔勇士">
    <area shape="rect" coords="488, 57, 584, 121" href="http://hua.61.com/" target="_blank" alt="小花仙">
    <area shape="rect" coords="384, 57, 480, 121" href="http://gf.61.com/" target="_blank" alt="功夫派">
    <area shape="rect" coords="279, 57, 375, 121" href="http://seer2.61.com/" target="_blank" alt="赛尔号 2">
    <area shape="rect" coords="69, 57, 165, 121" href="http://v.61.com/" target="_blank" alt="淘米视频">
    <area shape="rect" coords="175, 57, 271, 121" href="http://seer.61.com/" target="_blank" alt="赛尔号">
</map>
```

Note

其中，<map>标记表示图像地图，name 属性作为<img>标记中 usermap 属性要引用的对象。然后用<area>标记确定热点区域，shape 属性设置形状类型，coords 属性设置热点区域各个顶点坐标，href 属性表示链接地址，target 属性表示目标，alt 属性表示替代提示文字。

第 9 步，保存并预览，这时单击不同的热区就会跳转到对应的页面中。

4.4　设计超链接样式

本节将通过几个案例演示如何借助 Dreamweaver 自定义网页链接的动态效果，并根据页面风格设计不同效果的链接样式。

4.4.1　定义基本样式

视频讲解

设计链接样式需要用到下面 4 个伪类选择器，它们可以定义超链接的 4 种不同状态。简单说明如下。

☑　a:link：定义超链接的默认样式。

☑　a:visited：定义超链接被访问后的样式。

☑　a:hover hover：定义鼠标经过超链接时的样式。

☑　a:active：定义超链接被激活时的样式，如鼠标单击之后，到鼠标被松开之间的这段时间的样式。

【操作步骤】

第 1 步，启动 Dreamweaver CC，打开模板页面 temp.html，另存为 index.html。

第 2 步，在编辑窗口中选择文本“第三届国际茶文化节 11 月在广州举行”。

第 3 步，选择【窗口】|【CSS 设计器】命令，打开【CSS 设计器】面板，依次执行下面的操作，详细提示如图 4.13 所示。

（1）在【源】标题右侧单击加号按钮 +，在弹出的下拉菜单中选择【在页面中定义】选项，设

Note

计网页内部样式表，然后选择<style>标记。

（2）在【选择器】标题右侧单击加号按钮 +，新增一个选择器，命名为 a:link。

（3）在【属性】列表框中分别设置文本样式：color 为#8FB812， text-decoration 为 none，定义字体颜色为鹅黄色，清除下画线样式，如图 4.13 所示。

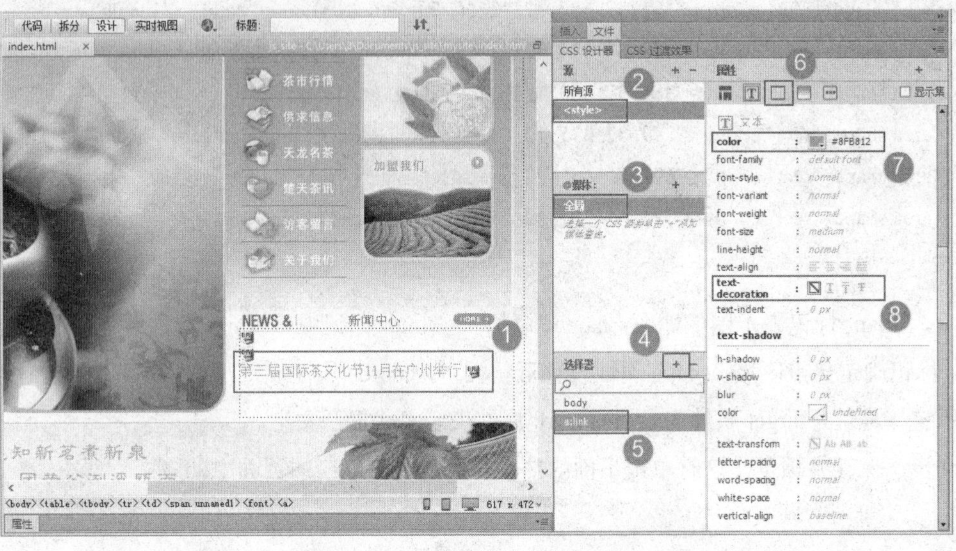

图 4.13　定义超链接伪类默认样式

第 4 步，以同样的方式继续添加 3 个伪类样式，设计超链接的其他状态样式，主要定义文本样式，设置鼠标经过超链接过程中呈现不同的超链接文本颜色，设置如图 4.14 所示。

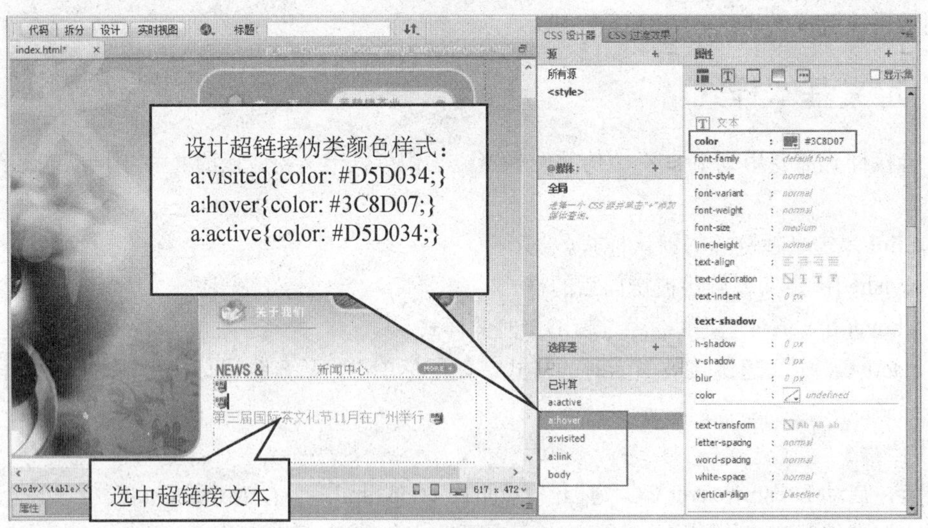

图 4.14　定义遮罩层的不透明效果

第 5 步，按 Ctrl+S 快捷键，保存网页，再按 F12 键在浏览器中预览，演示效果如图 4.15 所示。超链接文本在默认状态隐藏显示了下画线，同时设置颜色为淡黄色，当鼠标经过时显示为鲜绿色。

图 4.15　设计超链接的样式

视频讲解

4.4.2　定义下画线样式

在定义网页链接的字体颜色时，一般都会考虑选择网站专用色，以确保与页面风格融合。下画线是网页链接的默认样式，但很多网站都会清除所有链接的下画线。方法如下：

```
a {/* 完全清除超链接的下画线效果*/
    text-decoration:none;
}
```

不过从用户体验的角度分析，取消下画线效果之后，可能会影响部分用户对网页的访问。因为下画线效果能够很好地提示访问者，当前鼠标经过的文字是一个链接。

下画线的效果当然不仅仅是一条实线，也可以根据需要进行设计。设计的方法包括：

☑　使用 text-decoration 属性定义下画线样式。

☑　使用 border-bottom 属性定义下画线样式。

☑　使用 background 属性定义下画线样式。

下面的示例演示了如何分别使用上面 3 种方法定义不同的下画线链接效果。

【操作步骤】

第 1 步，启动 Dreamweaver CC，打开模板页面 temp.html，另存为 index.html。

第 2 步，在编辑窗口中构建一个列表结构。为每个列表项目文本定义空链接，并分别为它们定义一个类，以方便单独为每个列表项目定义不同的链接样式。

```
<ul>
    <li class="underline1"><a href="#">隐私家园</a></li>
    <li class="underline2"><a href="#">微博公众号</a></li>
    <li class="underline3"><a href="#">微信公众号</a></li>
</ul>
```

第 3 步，在<head>标记内添加<style type="text/css">标记，定义一个内部样式表，然后准备在其

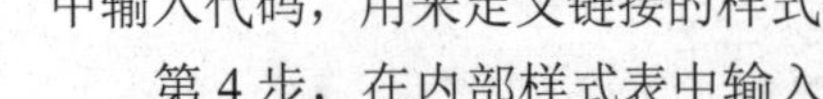

Note

中输入代码，用来定义链接的样式。

第 4 步，在内部样式表中输入下面的代码，定义两个样式，其中第一个样式清除项目列表的缩进效果，清除项目符号；第二个样式定义列表项目向左浮动，让多个列表项目并列显示，同时使用 margin 属性调整每个列表项目的间距，效果如图 4.16 所示。

```
<style type="text/css">
ul, li {/* 清除列表的默认样式效果*/
    margin: 0;                    /* 清除缩进显示*/
    padding: 0;                   /* 清除缩进显示*/
    list-style: none;             /* 清除列表项目*/
}
li {/* 定义列表项目并列显示*/
    float: left;                  /* 设计每个列表项目向左浮动显示*/
    margin: 0 20px;               /* 设计每个列表项目之间的间距*/
}
</style>
```

图 4.16　设计列表并列显示样式

第 5 步，设计页面链接的默认样式：清除下画线效果，定义字体颜色为粉色。

```
a {
    text-decoration: none;          /* 清除链接下画线*/
    color: #EF68AD;                 /* 定义链接字体颜色为粉色*/
}
a:hover { text-decoration: none; }  /* 鼠标经过时，不显示下画线*/
```

第 6 步，使用 text-decoration 属性为第一个链接样式定义下画线样式。

```
.underline1 a:hover {text-decoration:underline;}
```

第 7 步，使用 border-bottom 属性为第二个链接样式定义下画线样式。

```
.underline2 a:hover {
    border-bottom: dashed 1px #EF68AD;              /*粉色虚下画线效果*/
    zoom: 1;                                        /*解决 IE 浏览器无法显示问题*/
}
```

第 8 步，使用 Photoshop 设计一个虚线段，如图 4.17 所示是一个放大 32 倍的虚线段设计图效果，在设计时应该确保高度为 1 像素，宽度可以为 4 像素、6 像素或 8 像素，主要根据虚线的疏密进行设置。然后使用粉色（#EF68AD）以跳格方式进行填充，最后保存为 GIF 格式图像即可，当然最佳视觉空隙是间隔两个像素空格。

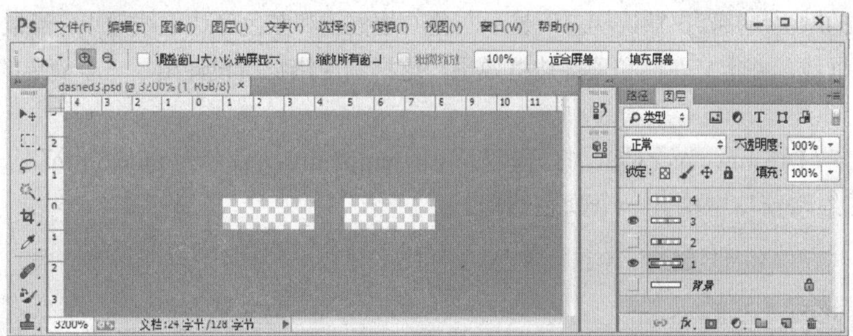

图 4.17 使用 Photoshop 设计虚线段

提示： 由于浏览器在解析虚线时的效果并不一致，且显示效果不是很精致，最好的方法是使用背景图像来定义虚线，效果会更好。

第 9 步，使用 background 属性定义下画线样式，为第三个链接样式定义下画线样式。

```
.underline3 a:hover {
  /*定义背景图像，定位到链接元素的底部，并沿 x 轴水平平铺*/
    background:url (images/dashed3.gif) left bottom repeat-x;
}
```

第 10 步，保存网页，按 F12 键在浏览器中预览，比较效果如图 4.18 所示。

图 4.18 下画线链接样式效果

4.4.3 定义立体样式

Note

视频讲解

立体效果设计技巧如下：

☑ 利用边框线的颜色变化来制造视觉错觉。可以把右边框和底部边框结合，把顶部边框和左边框结合，利用明暗色彩的搭配来设计立体变化效果。

☑ 利用链接背景色的变化来营造凸凹变化的效果。链接的背景色可以设置相对深色的效果，以营造凸起效果，当鼠标经过时，再定义浅色背景来营造凹下效果。

☑ 利用环境色、字体颜色（前景色）来烘托这种立体变化过程。

本案例定义的网页链接，在默认状态下显示灰色右边框线和灰色底边框线效果。当鼠标经过时，则清除右侧和底部边框线，并定义左侧和顶部边框效果，这样利用错觉就设计出了一个简单的凸凹立体效果。

【操作步骤】

第 1 步，启动 Dreamweaver CC，打开模板页面 temp.html，另存为 index.html。

第 2 步，在编辑窗口中构建一个列表结构。

```
<ul>
    <li><a href="#">首页</a></li>
    <li><a href="#">今日最热</a></li>
    <li><a href="#">衣服</a></li>
    <li><a href="#">鞋子</a></li>
    <li><a href="#">包包</a></li>
    <li><a href="#">配饰</a></li>
    <li><a href="#">美妆</a></li>
    <li><a href="#">特卖</a></li>
    <li><a href="#">团购</a></li>
    <li><a href="#">好店</a></li>
    <li><a href="#">杂志</a></li>
    <li><a href="#">爱美丽 Club</a></li>
</ul>
```

第 3 步，在<head>标记内添加<style type="text/css">标记，定义一个内部样式表，然后准备在其中输入代码，用来定义链接的样式。

第 4 步，在内部样式表中输入下面的代码，定义两个样式，其中第一个样式清除项目列表的缩进效果，清除项目符号；第二个样式定义列表项目向左浮动，让多个列表项目并列显示，同时使用 margin 属性调整每个列表项目的间距，效果如图 4.19 所示。

```
<style type="text/css">
ul, li {/* 清除列表的默认样式效果*/
    margin: 0;                          /* 清除缩进显示*/
    padding: 0;                         /* 清除缩进显示*/
```

```
    list-style: none;                    /* 清除列表项目*/
}
li {/* 定义列表项目并列显示*/
    float: left;                         /* 设计每个列表项目向左浮动显示*/
    margin: 0 1px;                       /* 设计每个列表项目之间的间距*/
}
</style>
```

图 4.19　设计列表并列显示样式

第 5 步，定义<a>标记在默认状态下的显示效果，即鼠标未经过时的样式。

```
a {/* 链接的默认样式*/
    text-decoration:none;                         /* 清除链接下画线*/
    border:solid 1px;                             /* 定义 1 像素实线边框*/
    padding: 0.4em 0.8em;                         /* 增加链接补白*/
    color: #444;                                  /* 定义灰色字体*/
    background: #FFCCCC;                          /* 链接背景色*/
    border-color: #fff #aaab9c #aaab9c #fff;      /* 分配边框颜色*/
    zoom:1;                                       /* 解决 IE 浏览器无法显示问题*/
}
```

第 6 步，定义鼠标经过时的链接样式。

```
a:hover {/* 鼠标经过时样式*/
    color: #800000;                               /* 链接字体颜色*/
    background: transparent;                      /* 清除链接背景色*/
    border-color: #aaab9c #fff #fff #aaab9c;      /* 分配边框颜色*/
}
```

第 7 步，保存网页，按 F12 键在浏览器中预览，演示效果如图 4.20 所示。

Note

图 4.20　立体链接样式效果

4.4.4　定义动态背景样式

线 上 阅 读

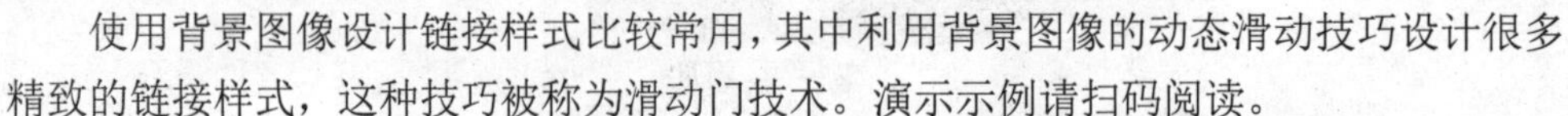

使用背景图像设计链接样式比较常用，其中利用背景图像的动态滑动技巧设计很多精致的链接样式，这种技巧被称为滑动门技术。演示示例请扫码阅读。

4.5　定义列表样式

列表在网页中很常见，由于列表信息比较整齐、直观，非常方便浏览，使用率非常高。CSS 定义了多个列表属性，使用 CSS 定义导航列表样式就比较方便。

视 频 讲 解

4.5.1　实战演练：定义列表样式

CSS 提供了 4 个列表类属性，说明如表 4.1 所示。

表4.1　列表的CSS属性

属　性	取　值	说　明
list-style-type	disc（实心圆）｜circle（空心圆）｜square（实心方块）｜decimal（阿拉伯数字）｜lower-roman（小写罗马数字）｜upper-roman（大写罗马数字）｜lower-alpha（小写英文字母）｜upper-alpha（大写英文字母）｜none（不使用项目符号）	定义列表项符号，默认为 disc（实心圆）。当定义 list-style-image 属性的有效地址后，该属性显示无效
list-style-image	none（不指定图像）｜url（指定图像地址）	定义列表项符号的图像。默认为不指定列表项符号的图像
list-style-position	outside（列表项目标记放置在文本以外，且环绕文本不根据标记对齐）｜inside（列表项目标记放置在文本以内，且环绕文本根据标记对齐）	定义列表项符号的显示位置，默认值为 outside
list-style	可以自由设置列表项符号样式、位置和图像。当 list-style-image 和 list-style-type 都被指定时，list-style-image 将获得优先权。除非 list-style-image 设置为 none 或指定 url 地址的图片不能被显示	综合设置列表项目相关样式

下面的示例演示了如何动态控制列表项的显示，即当鼠标经过列表项时，会显示不同的样式，同时显示有趣的提示标志，而鼠标移开后又恢复默认样式。

【操作步骤】

第1步，启动Dreamweaver CC，新建HTML5文档，保存为index.html。

第2步，在页面中构建HTML导航框架结构。切换到【代码】视图，在<body>标记内手动输入下面的代码：

```
<div id="listbar"><!--列表外框-->
    <h2>列表标题</h2><!--列表标题-->
    <ul><!--列表内容-->
        <li><a href="#"><span class="leftlink">列表项</span> <span class=rightlink>1.0</ span></a></li>
        <li><a href="#"><span class="leftlink">列表项</span> <span class=rightlink>2.0</ span></a></li>
        <li><a href="#"><span class="leftlink">列表项</span> <span class=rightlink>3.0</ span></a></li>
        <li><a href="#"><span class="leftlink">列表项</span> <span class=rightlink>4.0</ span></a></li>
        <li><a href="#"><span class="leftlink">列表项</span> <span class=rightlink>6.0</ span></a></li>
        <li><a href="#"><span class="leftlink">列表项</span> <span class=rightlink>6.0</ span></a></li>
        <li id="all"><a href="#">所有>></a> </li>
    </ul>
</div>
```

第3步，在<head>标记内输入<style type="text/css">，定义一个内部样式表，然后在<style>标记内手动输入下面的样式代码：

```
#listbar {/*定义列表外框属性*/
    width:180px;                        /*可以自由设置*/
    overflow: hidden;                   /*定义当列表项内容超出外框将被隐藏*/
    font-size:14px;
}
#listbar h2 {/*定义列表标题属性*/
    padding-bottom:2px;
    margin-bottom:12px; /*定义底边界高，标题元素上下边界值默认为字体大小，因此本例默认为 16px。这个设置很重要，否则默认显示会使标题与第一个列表项空隙过大，不好看，初学者可能会感到莫名其妙，不知道为什么，原因在于潜意识中总认为边界默认值为 0。*/
    border-bottom: #d5d7d0 1px solid;
    text-align:center;
    width:100%;
    color:#a21;
    font:16px "trebuchet ms", verdana, sans-serif;
}
```

Note

```
#listbar ul {/*定义列表属性*/
    padding:0px; /*清除非 IE 浏览器中的默认值，默认缩进 3 个字大小左右*/
    margin:0px; /*清除 IE 浏览器中的默认值，默认缩进 3 个字大小左右*/
    list-style-type:none; /*清除列表项前的默认标记样式*/
    overflow:auto; /*解决非 IE 浏览器中列表框不能自动跟随列表项伸缩问题，这很重要，当设置列表边框或背景后，会发现边框或背景收缩为一条线，感兴趣可以自己试验一下*/
}
#listbar ul li {/*定义列表项属性*/
    margin:0;                    /*可选，清除早期版本的浏览器默认样式*/
    padding:0;                   /*可选，清除早期版本的浏览器默认样式*/
    display:block;               /*块状显示，实现边框样式的显示，否则列表项显示状态下，有些设置属性无效，如定义的下边框*/
    clear:both;                  /*清除列表项并列显示*/
    overflow:auto; /*解决非 IE 浏览器中列表项不能自动跟随列表项伸缩问题*/
    /*当为列表项设置高和行距时，不同浏览器会出现问题，是一个有趣而又奇怪的现象*/
    /*height:1.6em;
    line-height:1.6em;*/
    border:solid #fff 1px;       /*当用背景色为列表项定义边框后，在 IE 中显示的效果才符合逻辑，否则列表项会非常倔强，难以驾驭*/
}
#listbar ul li a {/*定义列表项链接属性，各个属性说明同上，注意当定义链接时，需要为 li 和 li 的 a 分别定义上述属性，否则会出现很多问题*/
    margin:0;                    /*可选，清除早期版本的浏览器默认样式*/
    padding:0;                   /*可选，清除早期版本的浏览器默认样式*/
    display:block;
    overflow:auto;
    border-bottom: #d5d7d0 1px solid;
    text-decoration:none;        /*清除链接下画线*/
    cursor:pointer;              /*定义鼠标指针样式，显示为手形*/
    color: #9a1;
}
.leftlink {/*列表项左侧 span 元素属性*/
    float: left;
    clear:left;}
.rightlink {/*列表项右侧 span 元素属性*/
    font-weight: bold;
    float:right;
    visibility: hidden;          /*隐藏右侧元素内容*/
```

```
}
#listbar ul li a:hover span. leftlink{/*定义鼠标经过列表项时的左侧 span 元素显示样式*/
    background: #fafdf4;
    border-bottom-color: #c3b9a2;
    color: #a21;
}
#listbar ul li a:hover span.rightlink {/*定义鼠标经过列表项时的右侧 span 元素显示样式*/
    visibility: visible; /*鼠标经过列表项时显示右边 span 元素内信息*/
    color: #555555;
}
#all {/*定义最后一项列表项的显示样式*/
    text-align:right;
    font-weight:bold;
    font-size:12px;
}
```

第 4 步，保存文档，按 F12 键在浏览器中预览，效果如图 4.21 所示。

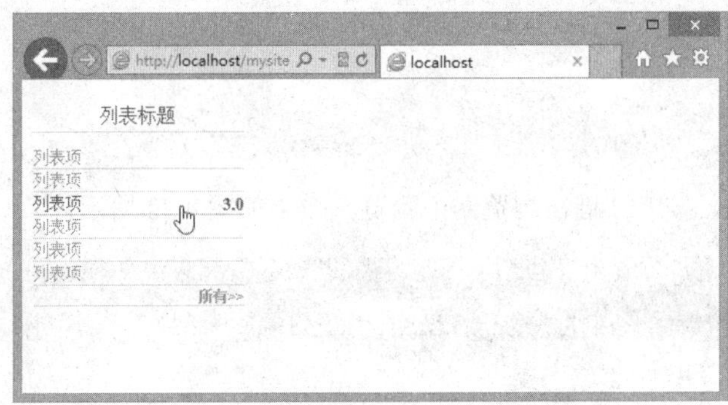

图 4.21　设计列表样式

4.5.2　实战演练：自定义项目符号

CSS 定义的列表项符号比较单一，不能满足实际开发的需要，用户一般可以自定义列表符号，实现的方法有多种方式，一般可用 list-style-image 或者 background 属性来进行定义。

【示例 1】下面的示例介绍了如何利用列表属性 list-style-image 来控制列表符号的显示技巧。

第 1 步，启动 Dreamweaver CC，新建 HTML5 文档，保存为 index.html。

第 2 步，在页面中构建 HTML 导航框架结构。切换到【代码】视图，在<body>标记内手动输入下面的代码：

```
<div id="left_book">
    <ul>
        <li><a href="#">网页设计简略</a></li>
```

Note

```
        <li><a href="#">HTML 手册</a></li>
        <li><a href="#">JavaScript 手册</a></li>
        <li><a href="#">CSS 手册</a></li>
    </ul>
</div>
```

第 3 步，在<head>标记内输入<style type="text/css">，定义一个内部样式表，然后在<style>标记内手动输入下面的样式代码：

```
#left_book {/*定义模块框架*/
    width:180px;
}
#left_book ul {/*定义列表属性*/
    list-style-image:url (icon/1.gif); /*定义列表项符号*/
    font-size:14px;
    line-height:1.6em;
}
#left_book a {/*定义列表选项链接*/
    text-decoration:none;
    color:#66871A;
}
```

第 4 步，保存文档，按 F12 键在浏览器中预览，效果如图 4.22 所示。

图 4.22　通过列表属性定义列表符号

使用 list-style-image 属性定义项目符号虽然简单，但无法灵活控制项目符号的位置。虽然可以使用 list-style-position 属性定义符号位置，但精确性和灵活性都大打折扣。

解决方法：使用 background-image 设置背景属性，并配合 background-position 属性来精确定位背景图像的位置。

【示例 2】下面的示例介绍了如何利用 background-image 来控制列表符号的显示技巧。本例设计在列表项的头和尾定义背景图像作为点缀，修饰列表项效果。

第 1 步，启动 Dreamweaver CC，新建 HTML5 文档，保存为 index1.html。

第 2 步，在页面中构建 HTML 导航框架结构。切换到【代码】视图，在<body>标记内手动输入下面的代码：

```
<div id="left_nav">
    <ul id="news">
        <li><a href="#"><span>2015-05-14</span>我为什么不写软文了</a></li>
        <li><a href="#"><span>2015-04-08</span>互联网乱世之下,那些人才流动中的心酸和无奈</a></li>
        <li><a href="#"><span>2015-03-25</span>硅谷人士怎么看待科技普惠与科技早教？</a></li>
        <li><a href="#"><span>2015-02-12</span>为什么说手游 CP 不适合单独上市？</a></li>
        <li><a href="#"><span>2015-01-01</span>人工智能毁灭人类，马斯克是在危言耸听吗？</a></li>
    </ul>
</div>
```

第 3 步，在<head>标记内输入<style type="text/css">，定义一个内部样式表，然后在<style>标记内手动输入下面的样式代码：

```
#left_nav {/*定义列表框架*/
    float: left;
    width: 380px;
    font-size:12px;
    color:#666;}
#news{/*定义新闻列表*/
    width:100%;
    background: #fff;
    padding:16px 0;                          /*定义列表补白*/
    margin:0;                                /*清除 IE 浏览器中列表缩进格式*/
    list-style:none;                         /*清除列表符号*/
}
#news li {/*定义列表项属性*/
    background:none;                         /*清除列表项背景颜色*/
    padding:0;
    margin:0;
    border-bottom:1px solid #e8e5de;         /*定义列表下画线*/
}
#news li a { /*定义列表项链接属性*/
    display: block; /*定义链接 a 元素显示为块状元素，必须，否则背景图像无法定位*/
    padding: 0.4em 1em 0.3em 0.3em;
    background:url (icon/13.gif) 97% 50% no-repeat; /*定义 a 元素的背景图像，其中 url 指定图像地址，97%
表示 x 轴上离元素左上角的距离，百分比参照物为元素的宽，50% 表示 y 轴上离元素左上角的距离，百分比参
照物为元素的高*/
```

Note

```
    color:#666;
    text-decoration:none;                /*清除链接下画线样式*/
}
#news li a span {/*定义左侧的背景图像*/
    color: #134992;
    background: url (icon/16.gif) 0 0 no-repeat; /*定义左侧的背景图像*/
    padding: 0 0.5em 0 2em;
    line-height:1.4em; }
#news li a:hover, #news li a:focus, #news li a:active { /*鼠标经过、单击和获取焦点时的样式*/
    background-color:#9a9a9a;            /*改变背景色*/
    background:url (icon/15.gif) 97% 50% no-repeat; /*改变右边箭头背景图像*/
    color: #000000;                      /*改变背景色*/
}
```

第 4 步，保存文档，按 F12 键在浏览器中预览，效果如图 4.23 所示。

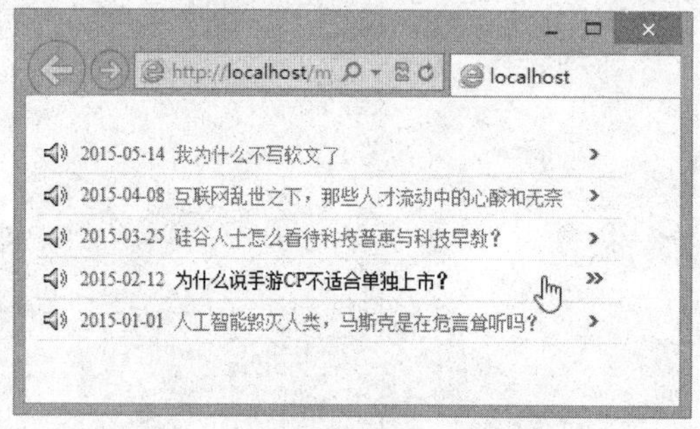

图 4.23　通过背景图像定义列表符号

提示： 用户还可以用图像编辑器制作更精美的背景，然后嵌入列表项内。或者制作一张大图，大小与列表框大小正合适，利用这种方法可以设计更艺术的列表效果。使用 CSS 能够帮助随时改变列表的外观，而从视觉设计上来说，使用背景控制可以为列表版式提供更多的创意可能。

4.5.3　实战演练：自定义项目列表符号

线 上 阅 读

CSS 定义的列表项符号比较单一，不能满足实际开发需要，用户可以自定义列表符号，实现的方法有多种方式，如可用 list-style-image：或者 background 属性来进行定义。演示示例请扫码阅读。

4.6　案 例 实 战

列表结构在网页布局中的作用非常大，它能够组织导航菜单、规划栏目信息，使整个页面井然

视频讲解

有序，层次清晰。下面通过示例分别演示说明。

4.6.1　设计灯箱广告

灯箱广告在各种大型网站中很受青睐，不过一般多使用 Flash 或 JavaScript 来动态实现，下面介绍如何使用 CSS 来实现类似的显示效果。

【设计原理】

巧妙利用锚链接来动态控制列表显示顺序。这与电影胶片放映有点类似，设计演示示意图如图 4.24 所示。

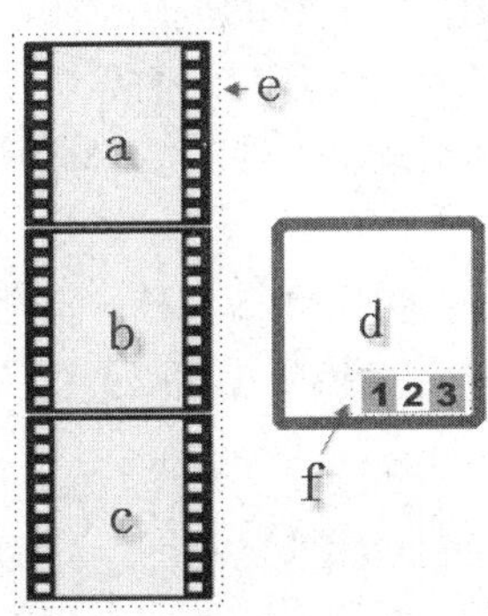

图 4.24　电影胶片放映

在图 4.24 所示的模拟胶片与放映示意图中，e 所指示的胶带就是一个定义列表，其中 a、b 和 c 所指示的胶片就表示一个定义列表项，d 所指示的区域表示放映窗口，也就是说一个显示窗口。

【技术难点】

如何把胶带和放映窗口捆绑在一起，并且不露破绽？实现技巧很简单，就是把 e 所指示的定义列表用 CSS 强制压缩为放映窗口显示大小，也就是 d 所指示区域的大小。由于 e 所指示的虚线框被压缩，且 a、b 和 c 的显示区域与 d 的显示区域大小重合，观众只能看见 a、b 或 c 3 个胶片中的一个列表项，这样就实现了切换显示的基础。

接着，需要突破第二个技术难点，即如何让观众自己控制 a、b 和 c 3 个胶片轮换显示？实现的方法就是利用锚链接。有点 HTML 基础的用户能明白用锚链接实现页内跳转的技巧，锚链接的代码样式如下：

```
<a name="锚记名称" id="锚记名称"></a>
```

实际上锚链接就是不定义 href 属性的超链接。在页内某个区域内定义一个锚链接，并指定一个锚记名称，这样就可以用超链接找到它，定义超链接的代码样式如下：

```
<a href="#锚记名称"></a>
```

明白了什么是锚链接，那么就分别为 a、b、c 3 个列表项定义 id 属性，这个 id 属性就相当于定义一个锚点，然后在图 4.24 中 f 所指示的导航按钮组中分别定义链接到这些锚点的超链接。

最后一个技术难题：如何实现 f 所指示的导航按钮组？是单独制作，还是利用现有资源？如果用

Note

户研究一下定义列表的结构一切就豁然开朗了：

```
<dl>
    <dt></dt>
    <dt></dt>
    <dt></dt>
    <dt></dt>
</dl>
```

用<dl>标记来制作放映机窗口，即图 4.24 中 d 所指示的区域，用 3 个<dd>标记分别来定制 a、b、c 3 个胶片区域，用<dt>标记来定制图 4.24 中 f 所指示的导航按钮组，要控制<dt>标记在胶片上显示，可以通过绝对定位的方式来实现，具体信息用户可以参考下面的示例。

【操作步骤】

第 1 步，启动 Dreamweaver CC，新建 HTML5 文档，保存为 index.html。

第 2 步，在页面中构建 HTML 结构。切换到【代码】视图，在<body>标记内输入下面的代码：

```
<dl><!-- 定义列表 -->
    <dt><a href="#a" title="">1</a><a href="#b" title="">2</a><a href="#c" title="">3</a><a href="#d" title="">4</a></dt><!-- 定义列表名称或标题 -->
    <dd><!-- 定义列表说明 -->
        <img src="bg1.jpg" alt="" title="" id="a" />
        <img src="bg2.jpg" alt="" title="" id="b" />
        <img src="bg3.jpg" alt="" title="" id="c" />
        <img src="bg4.jpg" alt="" title="" id="d" />
    </dd>
</dl>
```

第 3 步，在<head>标记内输入<style type="text/css">，定义一个内部样式表，然后在<style>标记内手动输入下面的样式代码：

```
dl {/*定义列表属性*/
    position:relative;/*相对定位，定义一个包含块，为实现内部元素精确定位奠定基础*/
    width:400px;                    /*自定义宽*/
    height:320px;                   /*自定义高*/
    border:16px solid #6F9412;      /*自定义边框*/
}
dt {/*定义列表标题属性*/
    position:absolute;              /*绝对定位*/
    right:5px;                      /*靠近 dl 元素右侧 5 像素*/
    bottom:5px;                     /*靠近 dl 元素底部 5 像素*/
}
```

```
dd { /*定义列表说明属性*/
    margin:0;                                /*清除边界属性，dd 默认有缩进格式*/
    width:400px;                             /*定义宽*/
    height:320px;                            /*定义高*/
    overflow:hidden;                         /*隐藏超出区域*/
}
img { /*定义图像属性*/
    border:1px solid black;
    width:400px;
    height:320px;}
a { /*定义超链接属性*/
    display:block;                           /*块状显示*/
    float:left;                              /*定义超链接对象向左浮动*/
    margin:1px;                              /*定义边界*/
    width:20px;                              /*定义宽*/
    height:20px;                             /*定义高*/
    text-align:center;                       /*居中显示*/
    font:700 12px/20px "宋体", sans-serif;   /*字体列表、大小、行高和粗体*/
    color:#fff;                              /*字体颜色*/
    text-decoration:none;                    /*清除下画线*/
    background:#666;                         /*定义背景色*/
    border:1px solid #fff;                   /*定义边框*/
    filter:alpha (opacity=40);/*IE 透明特效，值越低越透明，0 为全透明，100 为不透明*/
    opacity:.4;/*在非 IE 中定义透明特效，值越低越透明，0 为全透明，10 为不透明*/
}
a:hover { /*定义超链接属性，即鼠标经过属性*/
    background:#6F9412;}
```

第 4 步，保存文档，按 F12 键在浏览器中预览，效果如图 4.25 所示。

图 4.25　图片灯箱广告显示效果

Note

视频讲解

4.6.2 设计水平菜单

水平菜单就是水平分布的多个超链接，这些超链接样式统一，在结构上被捆绑在一起，这样就形成了完整的导航条模块。制作水平菜单时，需要掌握列表项水平显示的技巧。下面通过示例说明两种比较典型的水平菜单样式。

1. 普通式

这是一个水平下画线效果的导航菜单，当鼠标移过时会显得非常动感。用户还可以为每个<a>标记定义背景图片，使用背景图片会让效果看上去更漂亮。

【操作步骤】

第 1 步，启动 Dreamweaver CC，新建 HTML5 文档，保存为 index.html。

第 2 步，在页面中构建 HTML 导航框架结构。切换到【代码】视图，在<body>标记内手动输入下面的代码：

```
<ul id="menus">
    <li><a href="" class="current" title="menu_1">首页</a></li>
    <li><a href="" title="menu_2">本站新闻</a></li>
    <li><a href="" title="menu_3">在线交流</a></li>
    <li><a href="" title="menu_4">联系方式</a></li>
    <li><a href="" title="menu_5">关于我们</a></li>
</ul>
```

第 3 步，在<head>标记内输入<style type="text/css">，定义一个内部样式表，然后在<style>标记内手动输入下面的样式代码：

```
ul#menus   {/*定义无序列表属性*/
    margin: 0;                              /*清除 IE 默认值*/
    padding: 0;                             /*清除非 IE 默认值*/
    float: left;/*浮动，如果不浮动，需要用其他方法强迫非 IE 浏览器的父元素自适应内部子元素高度
问题*/
    width: 100%;                            /*自定义宽度*/
    border: 1px solid #D2A6C7;              /*定义导航菜单边框*/
    border-width: 1px 0;                    /*隐藏左右边框*/
}
ul#menus li {/*定义列表项属性*/
    display: inline;/*内联流动布局，使各个列表项在同一行内显示*/
}
ul#menus li a {/*定义列表项链接属性*/
    float: left;                            /*定义超链接以块状显示，实现并列分布 */
```

```
        color: #D2A6C7;
        padding: 4px 10px;/*预留补白区域，避免鼠标经过时发生错位现象 */
        text-decoration: none;                          /*清除下画线 */
        background: white url (bg.gif) top right repeat-y;/*定义背景图像，实现更个性的菜单效果，用户可以自己设计出更多的艺术背景图片 */
    }
    ul#menus li a:hover {/*定义列表项链接属性，即鼠标经过时的样式*/
        color: black;
        background-color: #CAE5E8;
        border-bottom: 4px solid #008489;               /* 显示下画线效果 */
        padding-bottom: 0;}
```

第 4 步，保存文档，按 F12 键在浏览器中预览，效果如图 4.26 所示。

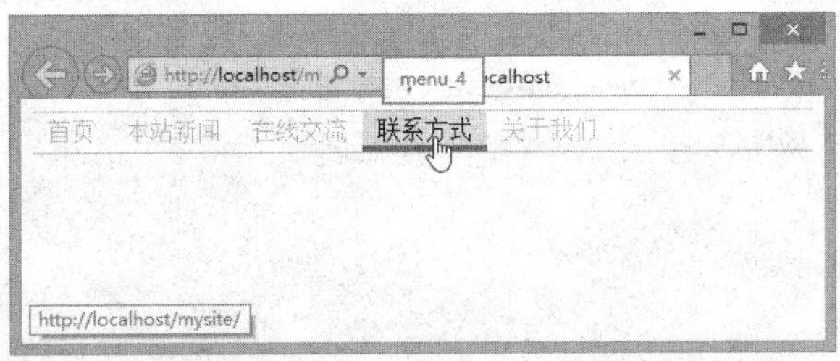

图 4.26　普通的水平导航菜单样式

2. 图像式

本案例利用背景图片设计水平渐变菜单，用了 3 张小图片：bg1.gif、bg2.gif 和 bg3.gif，由于是像素级别的小图标，所以看不太清楚，用户可以在资源包的实例中放大原图片查看。然后用 CSS 实现水平铺展效果，并选择其中的一个菜单项处于选中状态来避免未触发 hover 而带来的图片加载延迟。

【操作步骤】

第 1 步，启动 Dreamweaver CC，新建 HTML5 文档，保存为 index1.html。

第 2 步，在页面中构建 HTML 导航框架结构。切换到【代码】视图，在<body>标记内手动输入下面的代码：

```
<ul id="menus">
    <li><a href="" class="current" title="menu_1">首页</a></li>
    <li><a href="" title="menu_2">本站新闻</a></li>
    <li><a href="" title="menu_3">在线交流</a></li>
    <li><a href="" title="menu_4">联系方式</a></li>
    <li><a href="" title="menu_5">关于我们</a></li>
</ul>
```

Note

第 3 步，在<head>标记内输入<style type="text/css">，定义一个内部样式表，然后在<style>标记内手动输入下面的样式代码：

```
#menus{/*定义无序列表属性*/
    margin: 0;                              /*清除 IE 默认值*/
    padding: 0;                             /*清除非 IE 默认值*/
    list-style-type: none;                  /*清除列表样式，即清除项目符号*/
    width: auto;                            /*宽度自动调节*/
    position: relative;                     /*相对定位*/
    display: block;                         /*块状显示*/
    height: 39px;                           /*固定高度*/
    font-size: 11px;
    font-weight: bold;
    background: transparent url (images/bg1.gif) repeat-x top left;/*使用背景图片实现立体显示效果*/
    font-family: Arial, Verdana, Helvitica, sans-serif;    /*定义字体*/
    border-top: 4px solid #7DA92F;          /*在顶部添加一条修饰线*/
}
#menus li{/*定义列表项属性*/
    display: block;                         /*块状显示*/
    float: left;                            /*向左浮动*/
    margin: 0;                              /*边界显示为 0*/
}
#menus li a{/*定义列表项链接属性*/
    float: left;                            /*向左浮动，实现并列显示*/
    color: #666;
    text-decoration: none;                  /*清除下画线 */
    padding: 11px 20px 0 20px;              /*定义补白 */
    height: 23px;                           /*固定高度*/
    background: transparent url (images/bg3.gif) no-repeat top right; /*背景图实现立体显示*/
}
#menus li a:hover, #menus li a.current{/*定义列表项链接属性，即鼠标经过时的样式*/
    color: #7DA92F;
    background: #fff url (images/bg2.gif) no-repeat top left;/*背景图实现立体导航菜单*/
}
```

第 4 步，保存文档，按 F12 键在浏览器中预览，效果如图 4.27 所示。

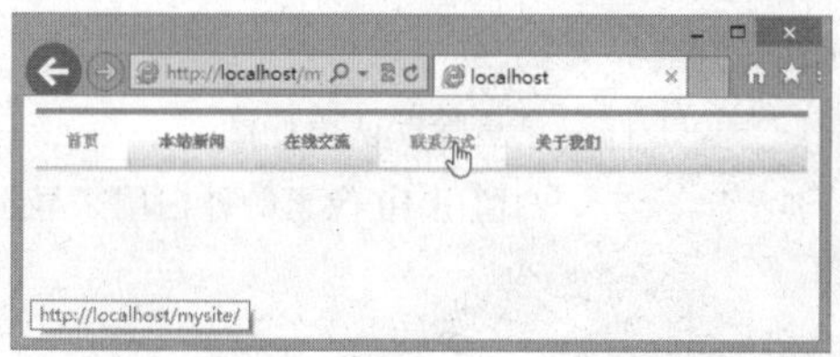

图 4.27 图像设计的水平导航菜单样式

视频讲解

4.6.3 设计垂直菜单

本例使用定义列表（<dl>，<dt>，<dd>）设计垂直导航菜单结构，通过比较会发现用定义列表来制作 CSS 菜单比无序列表要存在很多优势，因为其控制力比较强。

☑ 如果使用<dt>作为菜单标题，则<dd>可以作为菜单链接。

☑ 如果使用<dt>作为菜单链接，则<dd>可以用来为链接做进一步说明。

☑ 如果使用<dt>作为菜单链接，则<dd>可以作为链接的说明，并可以在<dd>文字区域加上其他链接。

相比有序列表和无序列表，使用定义列表可以更灵活定义标记的样式，甚至还可以只针对链接进行样式化，而忽略<dl>和<dt>的样式，其中<dd>的默认缩进不需要时应显式定义清除。

【操作步骤】

第 1 步，启动 Dreamweaver CC，新建 HTML5 文档，保存为 index.html。

第 2 步，在页面中构建 HTML 导航框架结构。切换到【代码】视图，在<body>标记内手动输入下面的代码：

```
<dl id="menus">
    <dt>菜单标题</dt>
    <dd><a href="#" title="menu_1">首页</a></dd>
    <dd><a href="#" title="menu_2">本站新闻</a></dd>
    <dd><a href="#" title="menu_3">在线交流</a></dd>
    <dd><a href="#" title="menu_4">联系方式</a></dd>
    <dd><a href="#" title="menu_5">关于我们</a></dd>
</dl>
```

第 3 步，在<head>标记内输入<style type="text/css">，定义一个内部样式表，然后在<style>标记内手动输入下面的样式代码：

```
#menus    {/*定义列表属性*/
    width: 150px;                                /*固定宽度*/
    margin: 0 auto;                              /*居中显示*/
    padding: 0 0 10px 0;/*底部留出 10 像素的空白用来显示圆角背景图片*/
    font-size:12px;
    background: #69c url (images/bottom.gif) no-repeat bottom left;/*定义底部圆角背景图*/
}
```

Note

```
#menus dt {/*定义列表标题属性*/
    margin: 0;                          /*清除默认值*/
    padding: 10px;                      /*留出 10 像素的补白用来显示圆角背景图像*/
    font-size: 1.4em;
    font-weight: bold;
    color: #fff;
    border-bottom: 1px solid #fff; /*增加白色底边*/
    background: #69c url (images/top.gif) no-repeat top left;/*定义顶部圆角背景色图像*/
}
#menus dd {/*定义列表说明属性*/
    margin: 0;                          /*清除默认值*/
    padding: 0;                         /*清除默认值*/
    color: #fff;                        /*定义字体颜色*/
    font-size: 1em;
    border-bottom: 1px solid #fff;      /*添加白色底边*/
    background: #47a;                   /*设置背景色*/
}
#menus a, #menus a:visited {/*定义列表项内链接属性*/
    color: #fff;                        /*白色字体*/
    text-decoration: none;              /*清除下画线*/
    display: block;                     /*块状显示*/
    padding: 5px 5px 5px 20px;          /*增加补白，控制字体显示位置*/
    background: #47a url (images/arrow.gif) no-repeat 10px 10px;/*定义一个指示箭头*/
    width: 125px;}
#menus a:hover {/*定义列表项内鼠标经过链接时的属性*/
    background: #258 url (images/arrow.gif) no-repeat 11px 10px;/*鼠标经过时，显示箭头*/
    color: #9cf;                        /*鼠标经过时改变颜色*/
}
```

第 4 步，保存文档，按 F12 键在浏览器中预览，效果如图 4.28 所示。

图 4.28　设计垂直菜单样式

4.6.4　设计选项卡

线上阅读

本节案例设计原理与 4.6.1 节示例相同，用户可以尝试改变栏目选项卡的分布位置和显示效果。具体操作就不再深入介绍，用户可以自己动手试验。演示操作请扫码阅读。

4.6.5　设计多级菜单

线上阅读

多级菜单的样式也比较丰富，如平行式、垂直式、并列式、层叠式等。本节将介绍常用多级菜单的样式设计，演示操作请扫码阅读。

视频讲解

视频讲解

4.7　在线练习

本节通过大量案例练习 HTML5 列表和超链接的样式设计，感兴趣的读者可以扫码练习：（1）列表样式；（2）超链接样式。

在线练习1

在线练习2

第5章

设计表格

表格具有很强的数据管理功能，同时在网页设计中还具有布局功能，在传统网页设计中，表格布局比较流行。熟练使用表格可以设计出很多富有创意、风格独特的页面效果。本章将讲解如何使用 Dreamweaver 操作表格，同时介绍如何使用 CSS 设计表格样式。

【学习重点】

- 在网页中插入表格。
- 设置表格和单元格属性。
- 增加、删除、合并、拆分单元格。
- 设计表格样式。
- 使用表格布局网页效果。

视频讲解

5.1　在网页中插入表格

Dreamweaver CC 提供了强大而完善的表格可视化操作功能，利用这些功能可以快捷插入表格、格式化表格等，使开发网页的周期大大缩短。

【操作步骤】

第 1 步，启动 Dreamweaver CC，打开本小节备用练习文档 test.html，另存为 test1.html。

第 2 步，在编辑窗口中，将光标定位在要插入插件的位置。

第 3 步，选择【插入】|【表格】命令（快捷键为 Ctrl+Alt+T），打开【表格】对话框，如图 5.1 所示。

提示：如果插入表格时，不需要显示对话框，可选择【编辑】|【首选项】命令，打开【首选项】对话框，在【常规】分类选项中取消选中【插入对象时显示对话框】复选框，如图 5.2 所示。

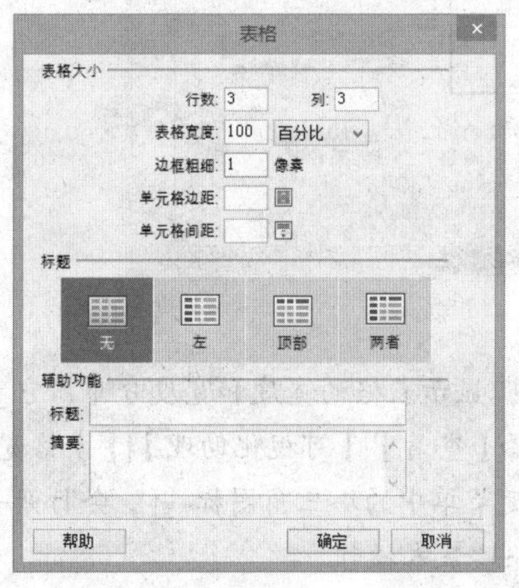

图 5.1　【表格】对话框

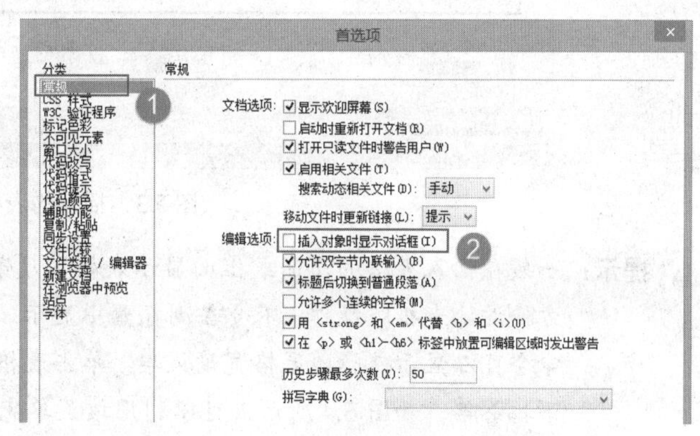

图 5.2　【首选项】对话框

（1）【行数】和【列】文本框：设置表格行数和列数。

（2）【表格宽度】文本框：设置表格的宽度，其后面的下拉列表可选择表格宽度的单位。可以选择【像素】选项设置表格固定宽度，或者选择【百分比】选项设置表格相对宽度（以浏览器窗口或者表格所在的对象作为参照物）。

（3）【边框粗细】文本框：设置表格边框的宽度，单位为像素。

（4）【单元格边距】文本框：设置单元格边框和单元格内容之间的距离，单位为像素。

（5）【单元格间距】文本框：设置相邻单元格之间的距离，单位为像素。

（6）【标题】选项区域：选择设置表格标题列拥有的行或列。标题列单元格使用<th>标记定义，而普通单元格使用<td>标记定义。

☑　【无】选项：不设置表格行或列标题。

Note

☑【左】选项：设置表格的第 1 列作为标题列，以便为表格中的每一行输入一个标题。

☑【顶部】选项：设置表格的第 1 行作为标题列，以便为表格中的每一列输入一个标题。

☑【两者】选项：设置在表格中输入行标题和列标题。

（7）【标题】文本框：设置一个显示在表格外的表格标题。

（8）【摘要】文本框：设置表格的说明文本，屏幕阅读器可以读取摘要文本，但是该文本不会显示在用户的浏览器中。

第 4 步，在【表格】对话框中设置表格 3 行 3 列，宽度为 100（100%），边框为 1 像素，则插入表格效果如图 5.3 所示。

图 5.3　插入的表格

提示：一般在插入表格的下面或上面显示表格宽度菜单，显示表格的宽度和宽度分布，它可以方便设计者排版操作，不会在浏览器中显示。选择【查看】|【可视化助理】|【表格宽度】命令可以显示或隐藏表格宽度菜单。单击表格宽度菜单中的小三角图标，会打开一个下拉菜单，如图 5.4 所示，可以利用该菜单完成一些基本操作。

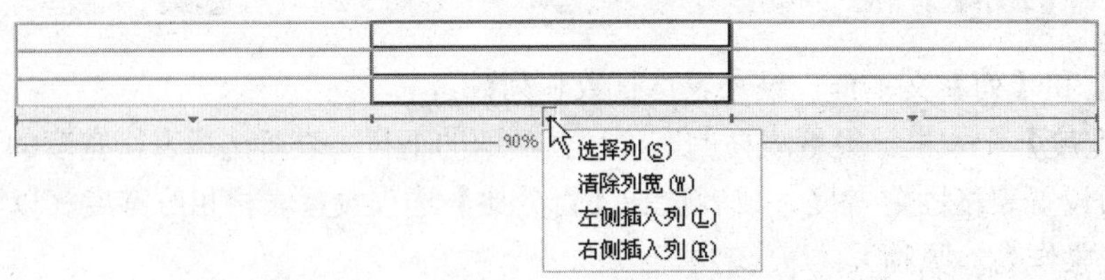

图 5.4　表格宽度菜单

在没有明确指定边框粗细、单元格边距和单元格间距的情况下，大多数浏览器默认边框粗细和单元格边距为 1 像素、单元格间距为 2 像素。如果要利用表格进行版面布局，不希望看见表格边框，可设置边框粗细、单元格边距和单元格间距为 0。【表格】对话框将保留最后一次插入表格所输入的值，作为以后插入表格的默认值。

第 5 步，切换到【代码】视图，可以看到自动生成的 HTML 代码，使用<table>标记创建表格的

代码如下。

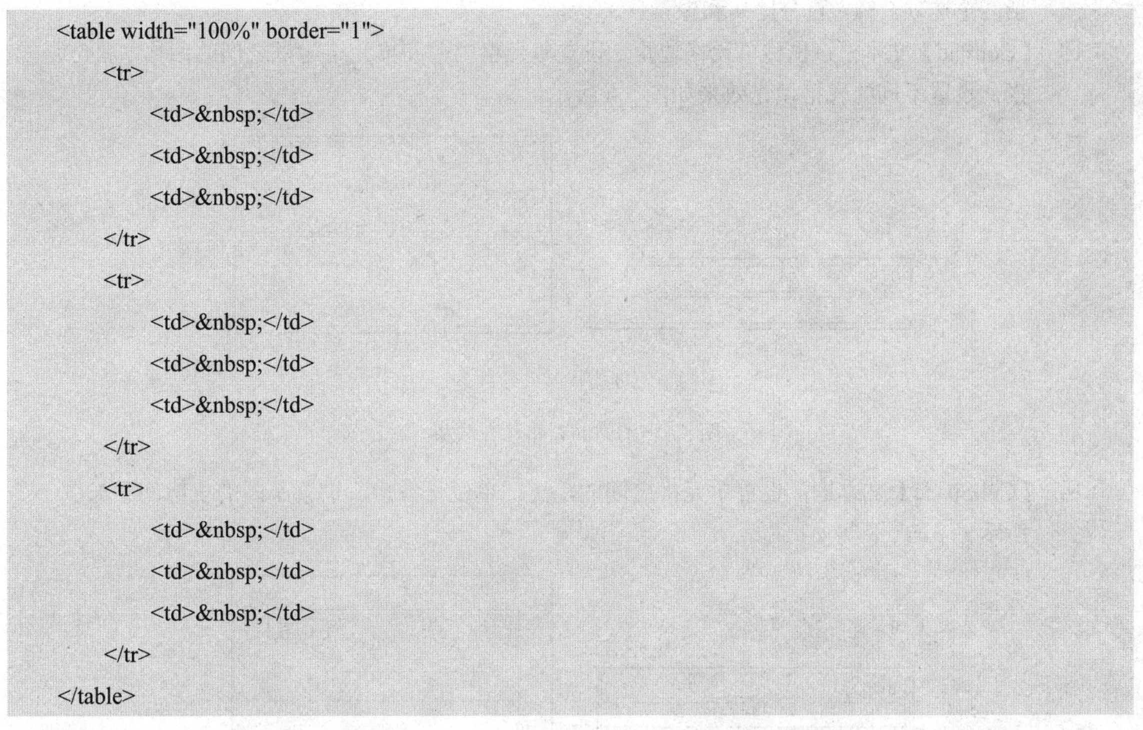

```
<table width="100%" border="1">
    <tr>
        <td> </td>
        <td> </td>
        <td> </td>
    </tr>
    <tr>
        <td> </td>
        <td> </td>
        <td> </td>
    </tr>
    <tr>
        <td> </td>
        <td> </td>
        <td> </td>
    </tr>
</table>
```

其中<table>标记表示表格框架，<tr>标记表示行，<td>标记表示单元格。当插入表格后，在【代码】视图下用户能够精确编辑和修改表格的各种显示属性，如宽、高、对齐、边框等。

5.2　设置表格属性

表格由<table>、<tr>和<td>标记定义，因此设置表格属性时，也需要分别进行设置。

5.2.1　设置表格框属性

选中整个表格之后，就可以利用表格属性面板来设置或修改表格的属性，表格属性面板如图5.5所示。

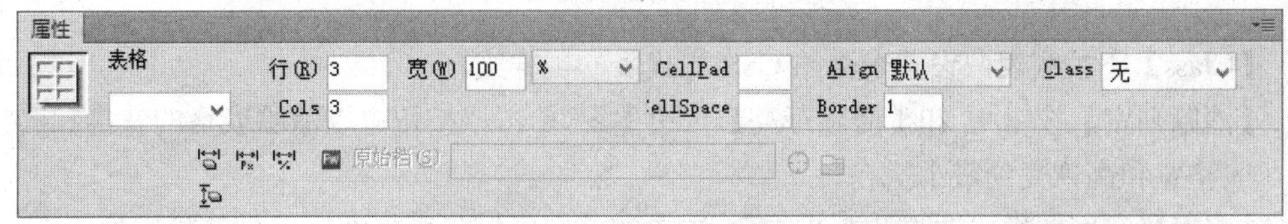

图5.5　表格属性面板

☑ 【表格】下拉列表：设置表格的ID编号，便于用脚本对表格进行控制，一般可不填。

☑ 【行】和【Cols】文本框：设置表格的行数和列数。

Note

☑ 【宽】文本框：设置表格的宽度，可填入数值。可在其后的下拉列表中选择宽度的单位，包括两个选项：%（百分比）和像素。

☑ 【CellPad】文本框：也称单元格边距，设置单元格内部和单元格边框之间的距离，单位是像素，设置不同的表格填充效果如图 5.6 所示。

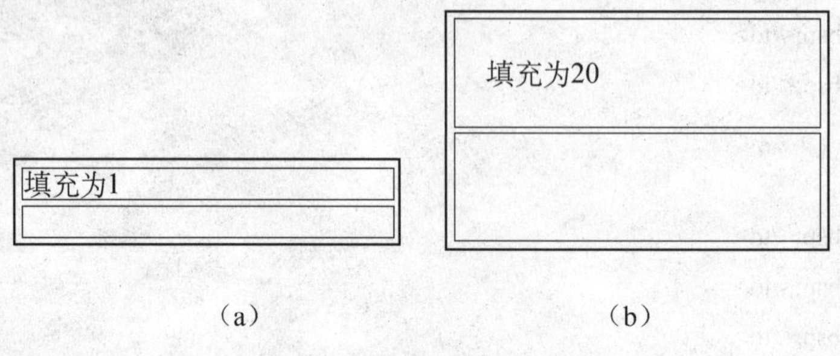

（a）　（b）

图 5.6　不同的表格填充效果

☑ 【CellSpace】文本框：设置单元格之间的距离，单位是像素，设置不同的表格间距如图 5.7 所示。

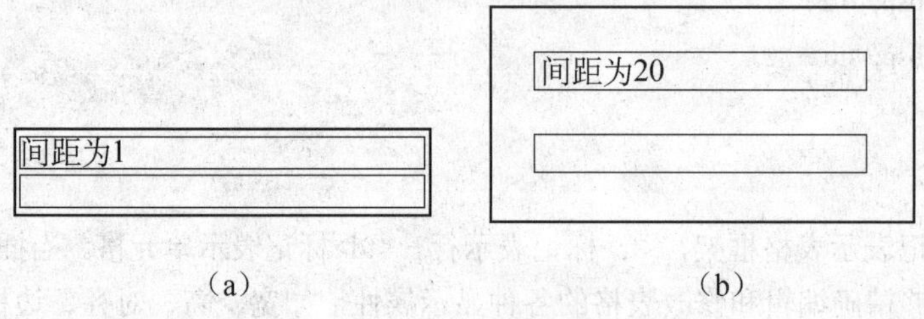

（a）　（b）

图 5.7　不同的表格间距效果

☑ 【Align】下拉列表：设置表格的对齐方式，包括 4 个选项：默认、左对齐、居中对齐和右对齐。

☑ 【Border】文本框：设置表格边框的宽度，单位是像素，设置不同的表格边框，如图 5.8 所示。

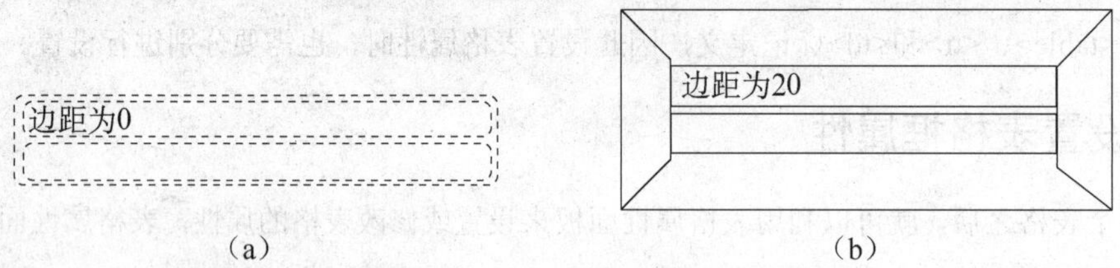

（a）　（b）

图 5.8　不同的表格边框效果

☑ 【Class】下拉列表：设置表格的 CSS 样式表的类样式。

☑ 【清除列宽】按钮和【清除行高】按钮：单击该按钮可以清除表格的宽度和高度，使表格宽和高恢复到最小状态。

☑ 【将表格宽度转换成像素】按钮：单击该按钮可以将表格宽度单位转换为像素。

☑ 【将表格宽度转换成百分比】按钮：单击该按钮可以将表格宽度单位转换为百分比。

提示：如果使用表格进行页面布局，应设置表格边框为 0，这时要查看单元格和边框，可选择【查

看】|【可视化助理】|【表格边框】命令。

5.2.2　设置单元格属性

将鼠标光标移到表格的某个单元格内，在属性面板中就可以设置单元格属性。在属性面板中，上半部分是设置单元格内文本的属性，下半部分是设置单元格的属性，如果属性面板只显示文本属性的上半部分，可单击属性面板右下角的▽按钮，展开面板，如图 5.9 所示。

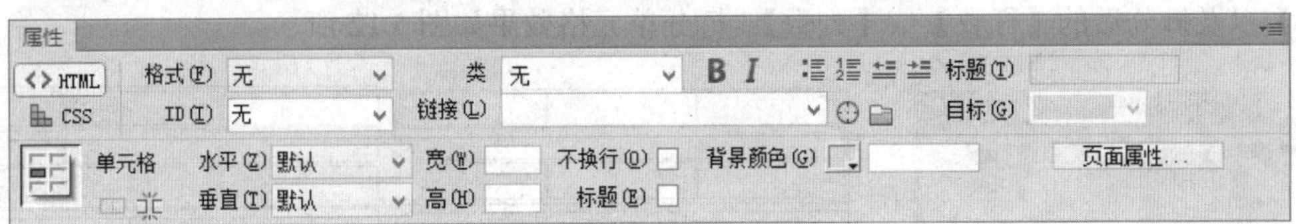

图 5.9　单元格属性面板

(1)【合并单元格】按钮 ：单击可将所选的多个连续单元格、行或列合并为一个单元格。所选多个连续单元格、行或列应该是矩形或直线的形状，如图 5.10 所示。

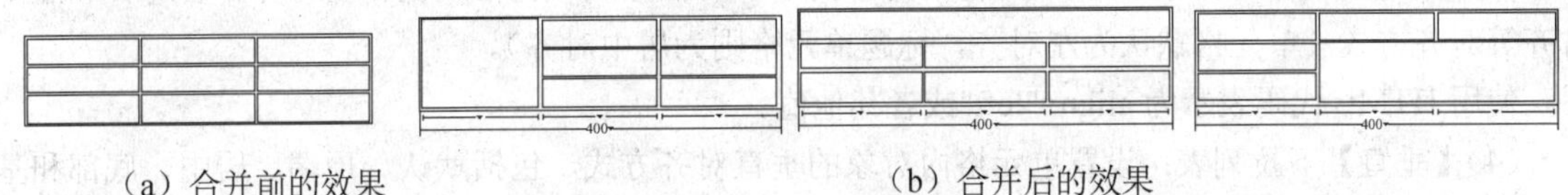

（a）合并前的效果　　（b）合并后的效果

图 5.10　合并单元格

在 HTML 源代码中，可以使用下面的代码表示（下面示例为两行两列的表格）：

☑　合并同行单元格

```
<table width="90%" height="150" border="0" cellpadding="0" cellspacing="0">
    <tr>
        <td colspan="2"> </td>
    </tr>
    <tr>
        <td> </td>
        <td> </td>
    </tr>
</table>
```

☑　合并同列单元格

```
<table width="90%" height="150" border="0" cellpadding="0" cellspacing="0">
    <tr>
        <td rowspan="2"> </td>
        <td> </td>
    </tr>
```

```
    <tr>
        <td> </td>
    </tr>
</table>
```

Note

（2）【拆分单元格】按钮：单击可将一个单元格分成两个或者更多的单元格。单击该按钮后会打开【拆分单元格】对话框，如图 5.11 所示，在该对话框中可以选择将选中的单元格拆分成【行】或【列】以及拆分后的【行数】或【列数】。拆分单元格效果如图 5.12 所示。

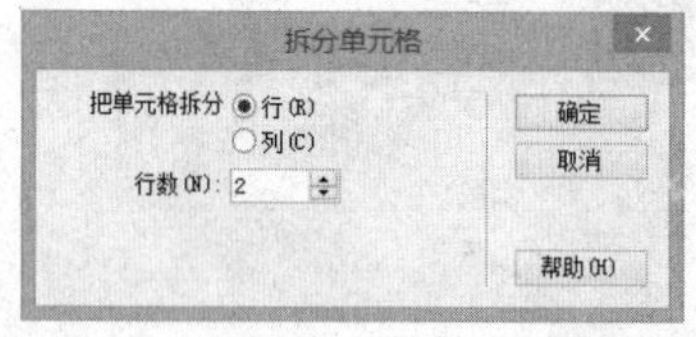

图 5.11 【拆分单元格】对话框

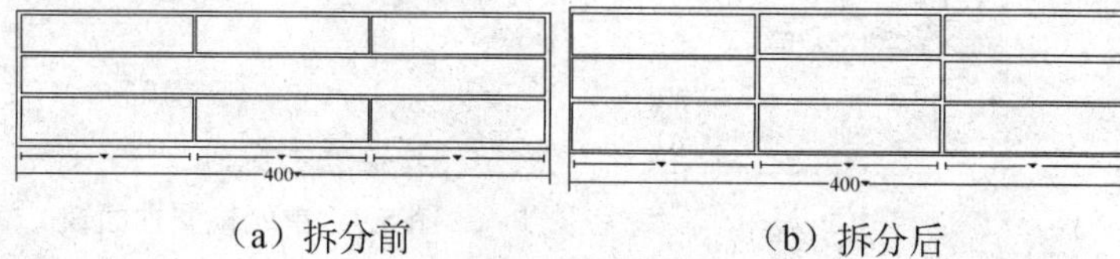

（a）拆分前 （b）拆分后

图 5.12 拆分单元格

（3）【水平】下拉列表：设置单元格内对象的水平对齐方式，包括默认、左对齐、右对齐和居中对齐等对齐方式（单元格默认为左对齐，标题单元格则为居中对齐）。

使用 HTML 代码表示为 align="left"或者其他值。

（4）【垂直】下拉列表：设置单元格内对象的垂直对齐方式，包括默认、顶端、居中、底部和基线等对齐方式（默认为居中对齐），如图 5.13 所示。

使用 HTML 代码表示为 valign="top"或者其他值。

默认	顶部	居中	底部	基线

图 5.13 单元格垂直对齐方式

（5）【宽】和【高】文本框：设置单元格的宽度和高度，可以以像素或百分比来表示，在文本框中可以直接合并输入，如 45%、45（像素单位可以不输入）。

（6）【不换行】复选框：设置单元格文本是否换行。如果选中该复选框，则当输入的数据超出单元格宽度时，单元格会调整宽度来容纳数据。

使用 HTML 代码表示为 nowrap="nowrap"。

（7）【标题】复选框：选中该复选框，可以将所选单元格的格式设置为表格标题单元格。默认情况下，表格标题单元格的内容为粗体并且居中对齐。使用 HTML 代码表示为<th>标记，而不是<td>标记。

（8）【背景颜色】文本框：设置单元格的背景颜色。使用 HTML 代码表示为 bgcolor="#CC898A"。

提示： 当<table>标记属性与<td>标记属性设置冲突时，将优先使用单元格中设置的属性。

行、列和单元格的属性面板设置相同，只不过是选中行、列和单元格时，属性面板下半部分的左上角显示不同的名称。

视频讲解

5.3　操作表格

除了使用属性面板设置表格及其元素的各种属性外，使用鼠标可以徒手调整表格，也可以使用各种命令精确编辑表格。

5.3.1　实战演练：选择表格

操作表格之前，需要先选中表格或表格元素（表格单元格、行、列或多行、多列等），Dreamweaver CC 提供了多种灵活选择表格或表格元素的方法，同时还可以选择表格中的连续或不连续的多个单元格等。

选择整个表格，可以执行如下操作之一：

（1）移动鼠标指针到表格的左上角，当鼠标指针右下角附带一表格图形 时，单击即可，或者在表格的右边缘及下边缘或者单元格内边框的任何地方单击（平行线光标 ），如图 5.14 所示。

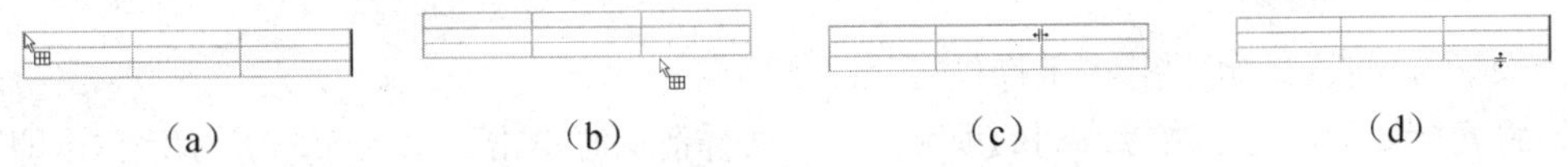

（a）　（b）　（c）　（d）

图 5.14　不同状态下单击选中整个表格

（2）在单元格中单击，然后选择【修改】|【表格】|【选择表格】命令，或者连续按两次 Ctrl+A 快捷键。

（3）在单元格中单击，然后连续选择【编辑】|【选择父标签】命令 3 次，或者连续按 3 次 Ctrl+[快捷键。

（4）在表格内任意处单击，然后在编辑窗口的左下角【标签选择器】中单击<table>标签，如图 5.15 所示。

（5）单击表格宽度菜单中的小三角图标 ，在打开的下拉菜单中选择【选择表格】命令，如图 5.16 所示。

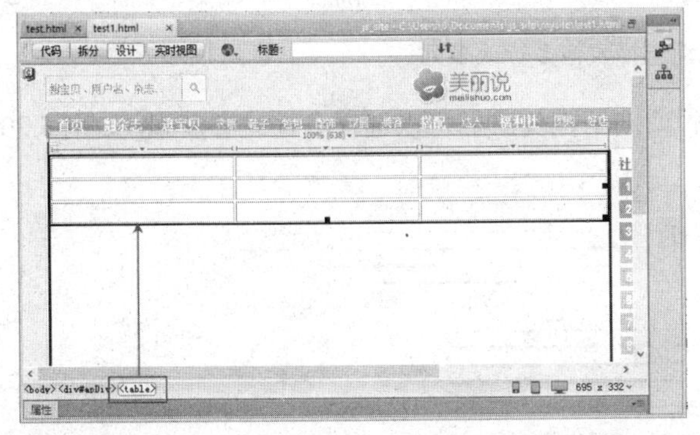

图 5.15　用【标签选择器】选中整个表格

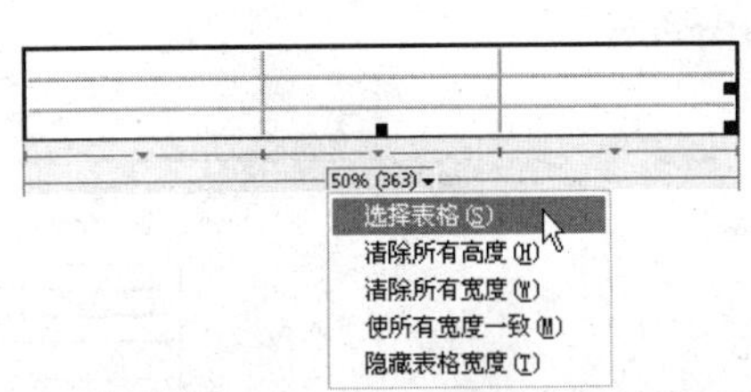

图 5.16　用表格宽度菜单选中整个表格

（6）在【代码】视图下，找到表格代码区域，用鼠标拖选整个表格代码区域（<table>和</table>

标记之间的代码区域），如图 5.17 所示。或者将光标定位到<td>和</td>标记内，连续单击左侧工具条中的【选择父标签】按钮 3 次，或者连续按 3 次 Ctrl+[快捷键。

```
<!DOCTYPE html PUBLIC "-//W3C//DTD XHTML 1.0 Transitional//EN"
"http://www.w3.org/TR/xhtml1/DTD/xhtml1-transitional.dtd">
<html xmlns="http://www.w3.org/1999/xhtml">
<head>
<meta http-equiv="Content-Type" content="text/html; charset=gb2312" />
<title>无标题文档</title>
</head>

<body>
<table width="50%" border="1" cellspacing="0" cellpadding="0">
  <tr>
    <td> </td>
    <td> </td>
    <td> </td>
  </tr>
  <tr>
    <td> </td>
    <td> </td>
    <td> </td>
  </tr>
  <tr>
    <td> </td>
    <td> </td>
    <td> </td>
  </tr>
</table>
</body>
</html>
```

图 5.17　在【代码】视图下选中整个表格代码区域

5.3.2　实战演练：选择行与列

选择表格的行或列，可执行如下操作之一：

（1）将光标置于行的左边缘或列的顶端，出现选择箭头时单击，如图 5.18 所示，单击即可选择该行或列。如果单击并拖动可选择多行或多列，如图 5.19 所示。

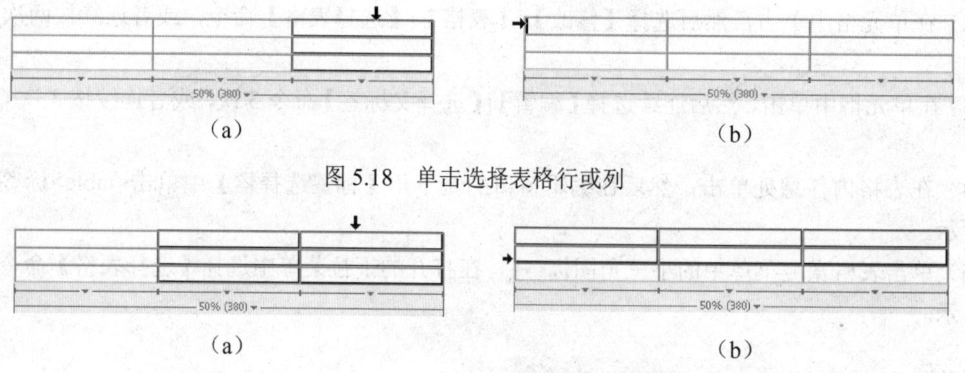

（a）　　（b）

图 5.18　单击选择表格行或列

（a）　　（b）

图 5.19　单击并拖动选择表格多行或多列

（2）将鼠标光标置于表格的任意单元格，平行或向下拖曳鼠标可以选择多行或者多列，如图 5.20 所示。

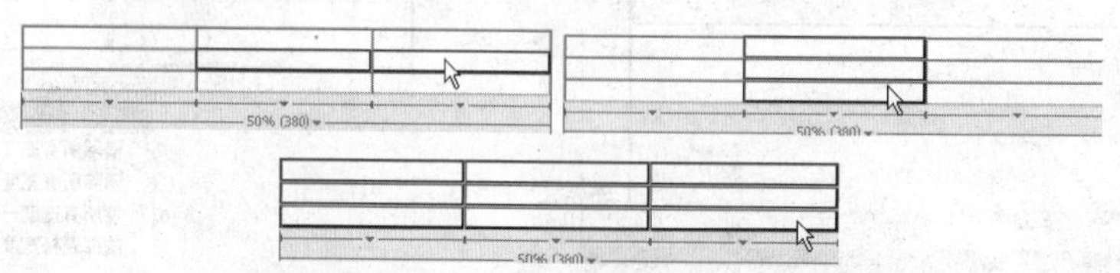

图 5.20　拖选表格多行或多列

（3）在单元格中单击，然后连续选择【编辑】|【选择父标签】命令两次，或者连续按两次 Ctrl+[快捷键，可以选择光标所在行，但不能选择列。

（4）在表格内任意单击，然后在编辑窗口的左下角【标签选择器】中选择<tr>标签，如图 5.21 所示，可以选择光标所在行，但不能选择列。

（5）单击表格列宽度菜单中的小三角图标，在打开的下拉菜单中选择【选择列】命令，如图 5.22 所示，该命令可以选择所在列，但不能选择行。

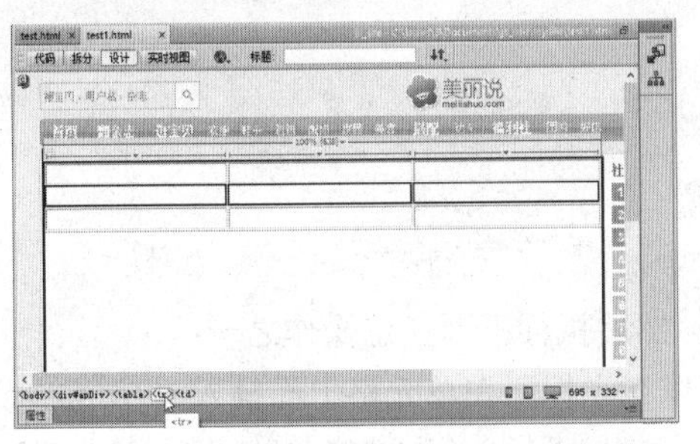

图 5.21　用【标签选择器】选中表格行

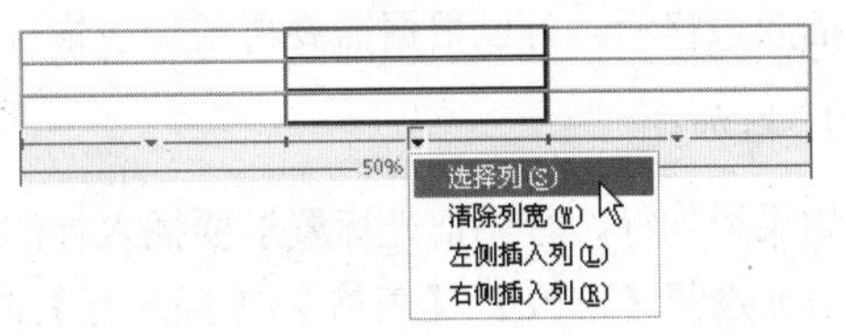

图 5.22　用表格列宽度菜单选中表格列

（6）在【代码】视图下，找到表格代码区域，用鼠标拖选表格内<tr>和</tr>行代码区域，如图 5.23 所示。或者将光标定位到<td>和</td>标记内，连续单击左侧工具栏中的【选择父标签】按钮两次，或者按两次 Ctrl+[快捷键。这种方式可以选择行，但不能选择列。

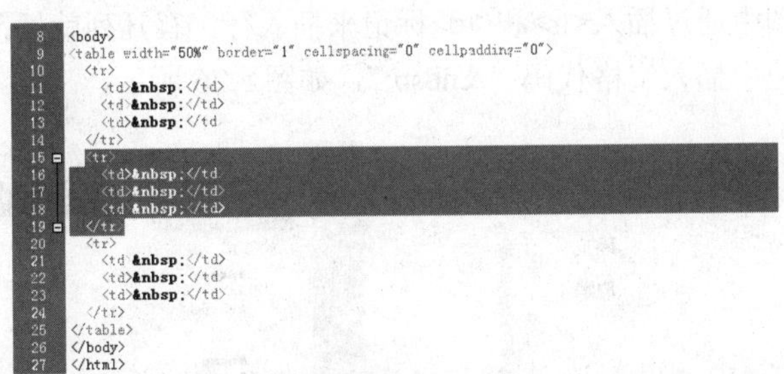

图 5.23　在【代码】视图下选中表格行代码区域

5.3.3　实战演练：选择单元格

选择单元格，可以执行如下操作之一：

（1）在单元格中单击，然后按 Ctrl+A 快捷键。

（2）在单元格中单击，然后选择【编辑】|【选择父标签】命令，或者按 Ctrl+[快捷键。

（3）在单元格中单击，然后在编辑窗口的左下角【标签选择器】中选择<td>标签。

（4）在【代码】视图下，找到表格代码区域，用鼠标拖选<td>和</td>标记区域代码，单击左侧工具栏中的【选择父标签】按钮。

（5）要选择多个单元格，可使用选择行或列中的拖选方式快速选择多个连续的单元格。也可以配合键盘快速选择多个连续或不连续的单元格。

（6）在一个单元格内单击，按住 Shift 键单击另一个单元格。包含两个单元格的矩形区域内所有单元格均被选中。

（7）按 Ctrl 键的同时单击需要选择的单元格（两次单击则取消选定），可以选择多个连续或不连续的单元格，如图 5.24 所示。

Note

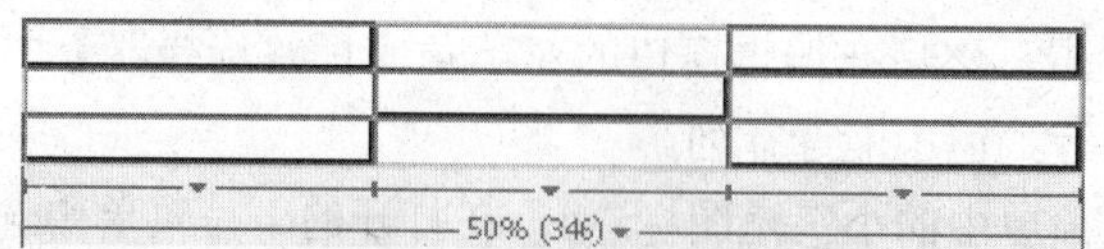

图 5.24　选择多个不连续的单元格

5.3.4　实战演练：增加行和列

插入表格后，可以根据需要再增加表格行和列。

1. 增加行

如果增加行。首先把光标置于要插入行的单元格，然后执行下面任意操作之一：

（1）选择【修改】|【表格】|【插入行】命令，可以在光标所在单元格上面插入一行。

（2）选择【修改】|【表格】|【插入行或列】命令，打开【插入行或列】对话框，在【插入】栏中选中【行】单选按钮，然后设置插入的行数，如图 5.25 所示，可以在光标所在单元格下面或者上面插入行。

（3）通过右击单元格，在弹出的快捷菜单中选择【插入行】（或【插入行或列】）命令，可以以相同功能插入行。

（4）在【代码】视图中通过插入<tr>和<td>标记来插入行，有几列就插入几个<td>标记，为了方便观看，在每个<td>标记中插入空格代码“ ”，如图 5.26 所示。

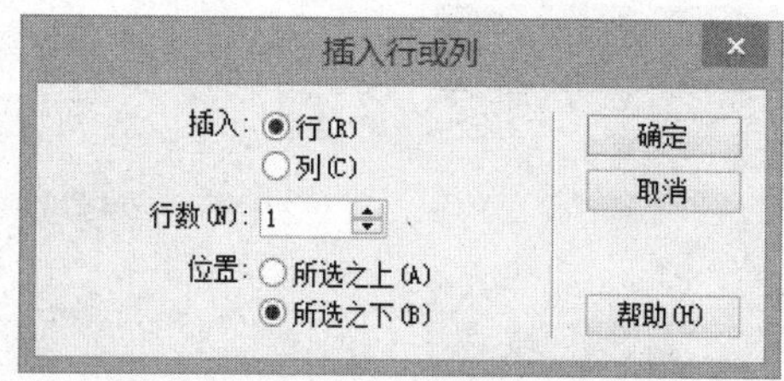

图 5.25　【插入行或列】对话框

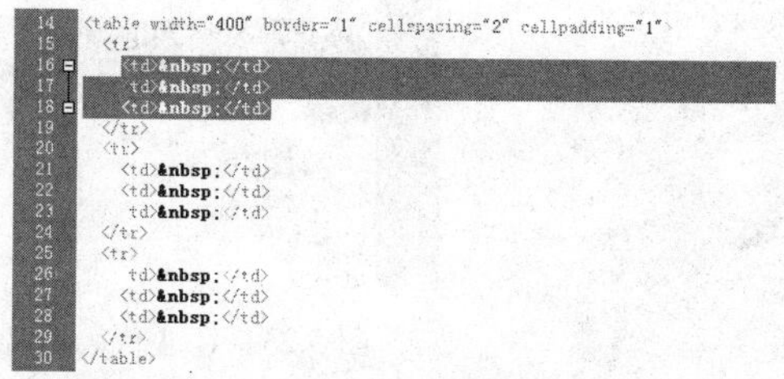

```
<table width="400" border="1" cellspacing="2" cellpadding="1">
  <tr>
    <td> </td>
    <td> </td>
    <td> </td>
  </tr>
  <tr>
    <td> </td>
    <td> </td>
    <td> </td>
  </tr>
  <tr>
    <td> </td>
    <td> </td>
    <td> </td>
  </tr>
</table>
```

图 5.26　在【代码】视图中插入行

（5）选中整个表格，然后在属性面板中增加【行】文本框中的数值，如图 5.27 所示。

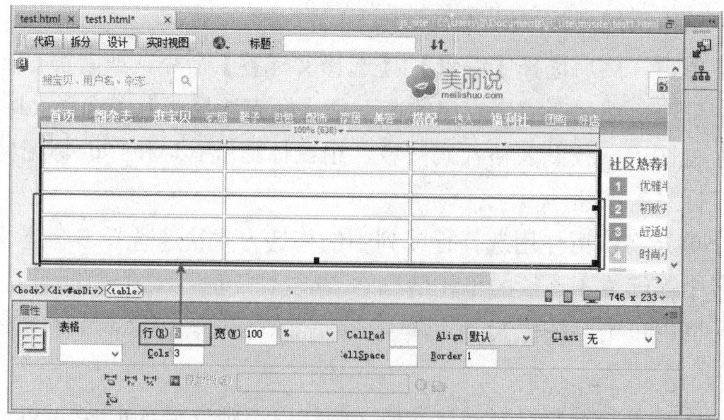

图 5.27　用属性面板插入行

2. 增加列

首先把光标置于要插入列的单元格，然后执行下面任意操作之一：

（1）选择【修改】|【表格】|【插入列】命令，可以在光标所在单元格左面插入一列。

（2）选择【修改】|【表格】|【插入行或列】命令，打开【插入行或列】对话框，可以自由插入多列。

（3）通过右击单元格，在弹出的快捷菜单中选择【插入列】（或【插入行或列】）命令，可以以相同功能插入列。

（4）在列宽度菜单中选择【左侧插入列】（或【右侧插入列】）命令，如图 5.28 所示。

图 5.28　用列宽度菜单插入列

（5）选中整个表格，然后在属性面板中增加【列】文本框中的数值。

5.3.5　实战演练：删除行和列

插入的表格可以删除其中的行、列，也可以删除单元格内对象。

1. 删除单元格内的内容

选择一个或多个不连续的单元格，然后按 Delete 键，可删除单元格内的内容。也可以选择【编辑】|【清除】命令清除单元格内的内容。

2. 删除行或列

要删除一行，可以执行下面操作之一：

（1）选择【修改】|【表格】|【删除行】命令。

（2）选择要删除的行，然后右击，在弹出的快捷菜单中选择【删除行】命令。

（3）选择整个表格，然后在属性面板中减少【行】文本框中的数值，减少多少就会从表格底部往上删除多少行。

要删除一列，方法与删除行基本操作相同。执行下面操作之一：

（1）选择【修改】|【表格】|【删除列】命令。

（2）选择要删除的行，然后右击，在弹出的快捷菜单中选择【删除列】命令。

（3）选择整个表格，然后在属性面板中减少【列】文本框中的数值，减少多少就会从表格右边往左删除多少列。

5.3.6　实战演练：剪切和粘贴单元格

Note

可以一次剪切和粘贴多个表格单元格并且保留单元格的格式，也可以只剪切和粘贴单元格的内容。单元格可以在插入位置被粘贴，也可替换单元格中被选中的内容。要粘贴多个单元格，剪贴板中的内容必须和表格的格式一致。

1. 剪切单元格

选择表格中的一个或多个单元格，要注意选定的单元格必须成矩形才能被剪切。然后选择【编辑】|【剪切】命令，被选择单元格中的一个或多个单元格将从表格中删除。

如果被选择的单元格组成了表格的某些行或列，选择【编辑】|【剪切】命令会把选中的行或列也删除，否则仅删除单元格中的内容和格式。

2. 粘贴单元格

【操作步骤】

第 1 步，启动 Dreamweaver CC，打开本小节备用练习文档 test.html，另存为 test1.html。

第 2 步，选择要粘贴的位置。

第 3 步，如果要在某个单元格内粘贴单元格内容，在该单元格内单击；如果要以粘贴单元格来创建新的表格，单击要插入表格的位置。

第 4 步，选择【编辑】|【粘贴】命令。

如果把整行或整列粘贴到现有表格中，所粘贴的行或列被添加到该表格中，如图 5.29 所示。

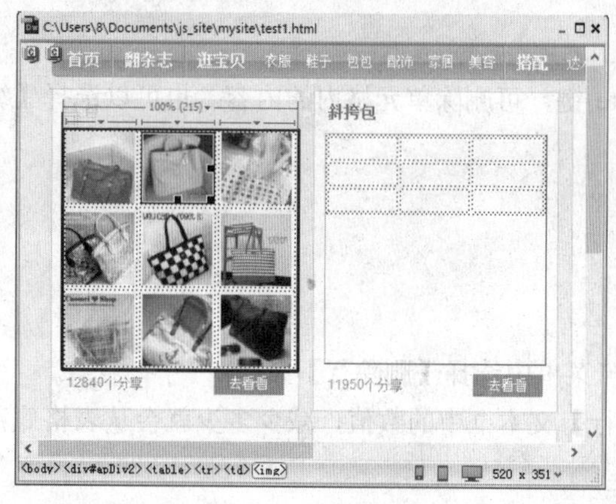

（a）原表

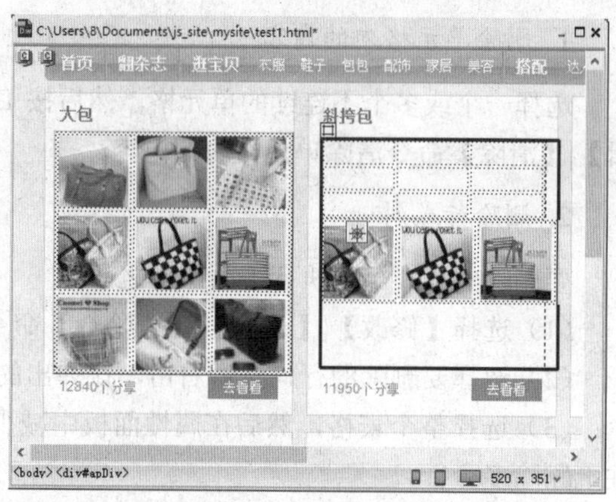

（b）粘贴表

图 5.29　粘贴整行

如果粘贴某个（些）单元格，只要剪贴板中的内容与选定单元格兼容，选定单元格的内容将被替换，如图 5.30 所示。

如果在表格外粘贴，所粘贴的行、列或单元格被用来定义新的表格，如图 5.31 所示。

如果在粘贴过程中，剪贴板中的单元格与选定单元格内容不兼容，Dreamweaver CC 会弹出提示对话框提示用户。

Note

图 5.30　粘贴单元格

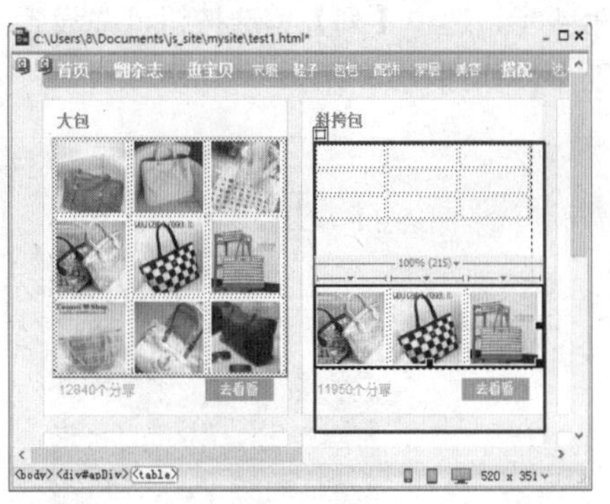

图 5.31　粘贴为新表格

第 5 步，选择【编辑】|【选择性粘贴】命令，会打开【选择性粘贴】对话框，如图 5.32 所示，在该对话框中可以设置粘贴内容、格式或者全部标记。

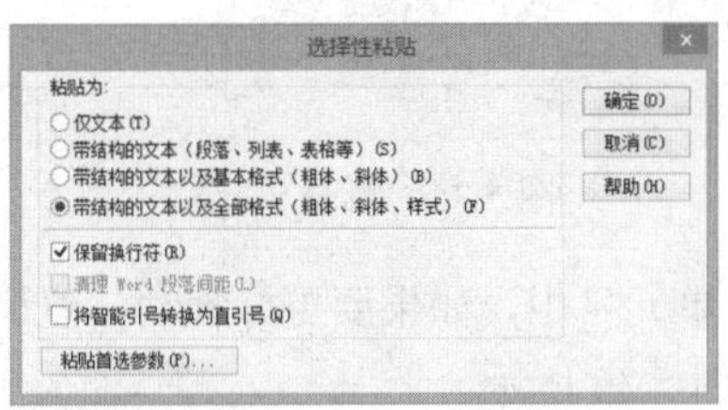

图 5.32　【选择性粘贴】对话框

5.3.7　实战演练：合并和拆分单元格

下面通过一个实例来学习使用命令实现单元格的合并和拆分。在如图 5.33 所示的网站导航栏中，所有导航栏目同在一个单元格中，现在要把这个单元格拆分为 5 个，并把各栏目分别放入不同的单元格中。

【操作步骤】

第 1 步，启动 Dreamweaver CC，打开本小节备用练习文档 test.html，另存为 test1.html。

第 2 步，选中该单元格，如图 5.33 所示。

第 3 步，选择【修改】|【表格】|【拆分单元格】命令（或者右击，在弹出的快捷菜单中选择【表格】|【拆分单元格】命令），打开【拆分单元格】对话框，如图 5.34 所示。

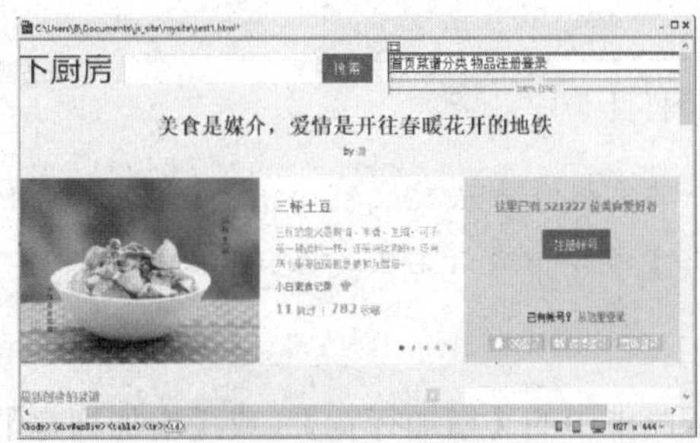

图 5.33　网站导航栏

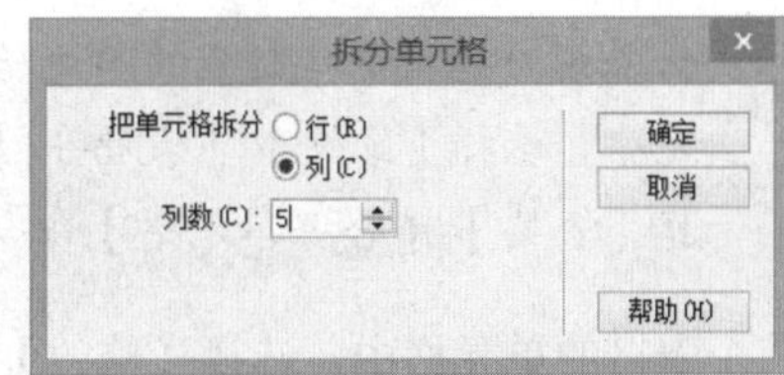

图 5.34　【拆分单元格】对话框

Note

第 4 步，选中【列】单选按钮，并设置【列数】为 5，单击【确定】按钮，即可把当前单元格拆分为 5 个，如图 5.35 所示。

图 5.35 拆分单元格

第 5 步，移动各栏目到各个单元格中，如果要更好移动，建议到【代码】视图中移动代码会更准确，移动之后的导航条效果如图 5.36 所示。

图 5.36 移动各个栏目

> **提示**：如果用户想把这些拆分的单元格合并成一个单元格，方法就比较简单，选中多个相邻单元格，选择【修改】|【表格】|【合并单元格】命令（或者右击，在弹出的快捷菜单中选择【表格】|【合并单元格】命令）即可。

在某个表格的单元格中，选择【修改】|【表格】子菜单中的【增加行宽】（或【增加列宽】）命令，可以合并下面行或者列单元格。同样利用【减少行宽】或者【减少列宽】命令，可以拆分合并

的单元格。

5.4 定义表格样式

CSS 为表格定义了 5 个专用属性，详细说明如表 5.1 所示。

表5.1 CSS表格属性列表

属　　性	取　　值	说　　明
border-collapse	separate（边分开）| collapse（边合并）	定义表格的行和单元格的边是合并在一起还是按照标准的 HTML 样式分开
border-spacing	length	定义当表格边框独立（如当 border-collapse 属性等于 separate）时，行和单元格的边在横向和纵向上的间距，该值不可以取负值
caption-side	top | right | bottom | left	定义表格的 caption 对象位于表格的哪一边。应与 caption 对象一起使用
empty-cells	show | hide	定义当单元格无内容时，是否显示该单元格的边框
table-layout	auto | fixed	定义表格的布局算法，可以通过该属性改善表格的呈递性能，如果设置 fixed 属性值，会使 IE 以一次一行的方式呈递表格内容从而提供给信息用户更快的速度；如果设置 auto 属性值，则表格在每一单元格内所有内容读取计算之后才会显示出来

除了表 5.1 介绍的 5 个表格专用属性外，CSS 其他属性对于表格一样适用。用 CSS 控制表格的最大便利就是能够灵活控制表格的边框，这一点在传统表格属性设置中是望尘莫及的。

5.4.1 案例实战：定义细线表格

由于表格边框默认宽度为 2 像素，比较粗，为了设计 1 像素细线表格，传统布局设计师们使用各式各样的间接方法，不过现在使用 CSS 控制就灵活多了。

【操作步骤】

第 1 步，启动 Dreamweaver CC，打开本小节备用练习文档 test.html，另存为 test1.html。

第 2 步，在<head>标记内输入<style>标记，定义一个内部样式表，然后输入下面的样式代码：

```
<style type="text/css">
table {
    border-collapse:collapse; /* 合并相邻边框 */
}
table td {
    border: #cc0000 1px solid; /* 定义单元格边框 */
}
```

```
</style>
```

Note

第 3 步，在浏览器中预览，效果如图 5.37 所示。

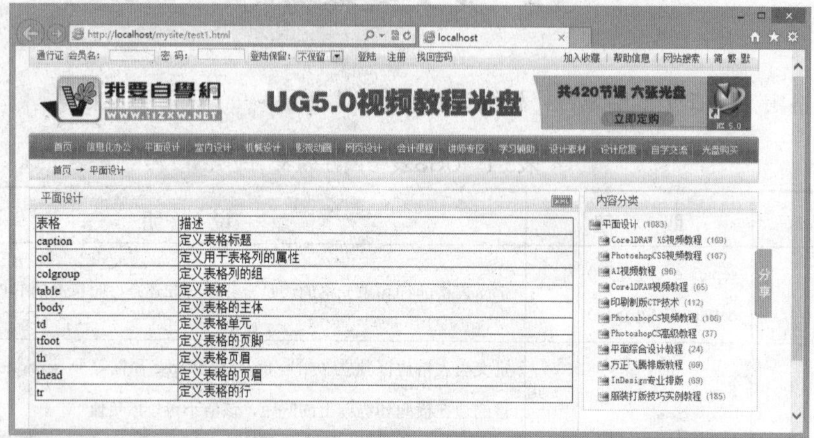

图 5.37　定义细线表格

提示：<table>标记定义的边框是表格的外框，而单元格边框才可以分割数据单元格；相邻边框会发生重叠，形成粗线框，因此应使用 border-collapse 属性合并相邻边框。

5.4.2　案例实战：定义粗边表格

通过为<table>和<td>标记分别定义边框，会设计出更漂亮的表格效果，本示例将设计一个外粗内细的表格效果。

【操作步骤】

第 1 步，启动 Dreamweaver CC，打开本小节备用练习文档 test.html，另存为 test2.html。

第 2 步，在<head>标记内输入<style>标记，定义一个内部样式表，然后输入下面的样式代码：

```
<style type="text/css">
table {
    border-collapse:collapse; /*  合并相邻边框  */
    border: #cc0000 3px solid; /*  定义表格外边框  */
}
table td {
    border: #cc0000 1px solid; /*  定义单元格边框  */
}
</style>
```

第 3 步，在浏览器中预览，效果如图 5.38 所示。

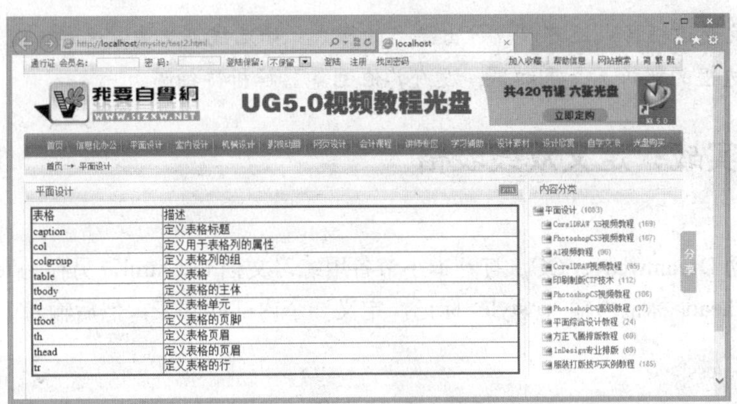

图 5.38　定义粗边表格

这种效果的表格边框在网页设计中经常使用，它能够使表格内外结构显得富有层次。

5.4.3　案例实战：定义虚线表格

【操作步骤】

第 1 步，启动 Dreamweaver CC，打开本小节备用练习文档 test.html，另存为 test3.html。

第 2 步，在<head>标记内输入<style>标记，定义一个内部样式表，然后输入下面的样式代码：

```
<style type="text/css">
table {
    border-collapse:collapse; /*  合并相邻边框  */
}
table td {
    border: #cc0000 1px dashed; /*  定义单元格边框  */
}
</style>
```

第 3 步，在浏览器中预览，效果如图 5.39 所示。

图 5.39　定义虚线表格

提示：通过改变边框样式还可以设计出更多的样式，如点线、立体效果等。IE 浏览器对于虚线、点线边框的解析不是很细腻，没有其他浏览器解析得细腻。

Note

5.4.4　案例实战：定义双线表格

【操作步骤】

第 1 步，启动 Dreamweaver CC，打开本小节备用练习文档 test.html，另存为 test4.html。

第 2 步，在<head>标记内输入<style>标记，定义一个内部样式表，然后输入下面的样式代码：

```
<style type="text/css">
table {
    border-collapse:collapse; /*  合并相邻边框  */
    border: #cc0000 5px double; /*  定义表格双线框显示  */
}
table td {
    border: #cc0000 1px dotted; /*  定义单元格边框  */
}
</style>
```

第 3 步，在浏览器中预览，效果如图 5.40 所示。

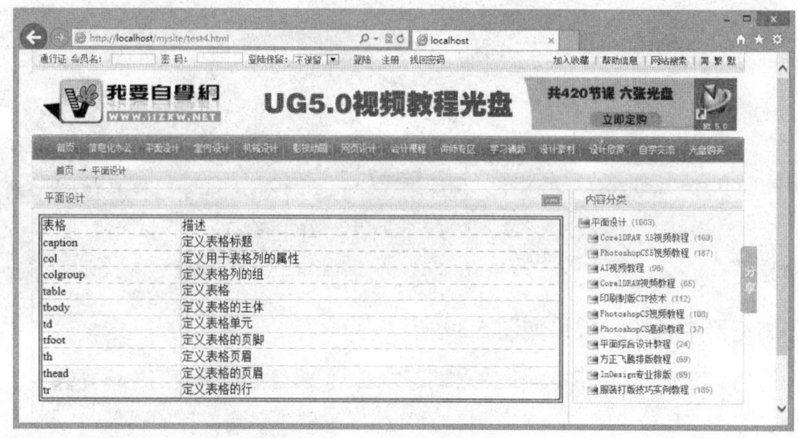

图 5.40　定义双线表格

5.4.5　案例实战：定义宫形表格

【操作步骤】

第 1 步，启动 Dreamweaver CC，打开本小节备用练习文档 test.html，另存为 test5.html。

第 2 步，在<head>标记内输入<style>标记，定义一个内部样式表，然后输入下面的样式代码：

```
<style type="text/css">
table {
```

```
    border-spacing:10px; /*  定义表格内单元格之间的间距，现代标准浏览器支持  */
}
table td {
    border: #cc0000 1px solid; /*  定义单元格边框  */
}
</style>
```

第 3 步，在浏览器中预览，效果如图 5.41 所示。

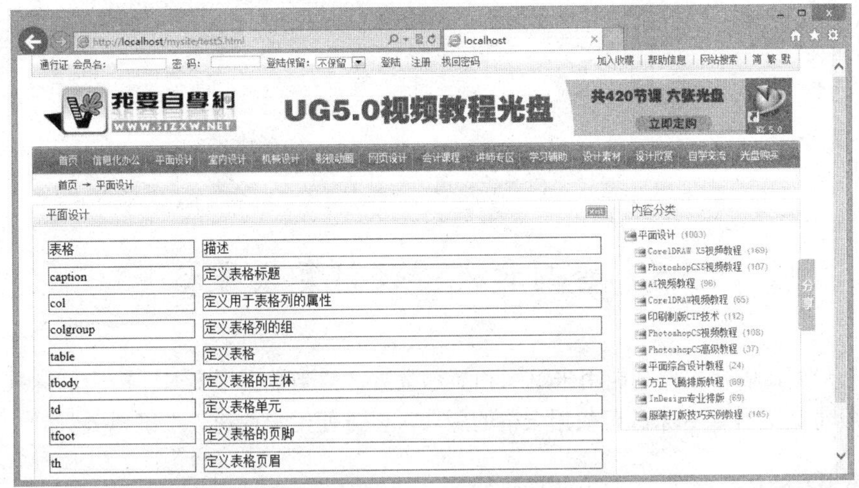

图 5.41　定义宫形表格

5.4.6　案例实战：定义单线表格

【操作步骤】

第 1 步，启动 Dreamweaver CC，打开本小节备用练习文档 test.html，另存为 test6.html。

第 2 步，在<head>标记内输入<style>标记，定义一个内部样式表，然后输入下面的样式代码：

```
<style type="text/css">
table {
    border-collapse:collapse; /*  合并相邻边框*/
    border-bottom: #cc0000 1px solid; /*  定义表格顶部外边框  */
}
table td {
    border-bottom: #cc0000 1px solid; /*  定义单元格底边框  */
}
</style>
```

第 3 步，在浏览器中预览，效果如图 5.42 所示。

Note

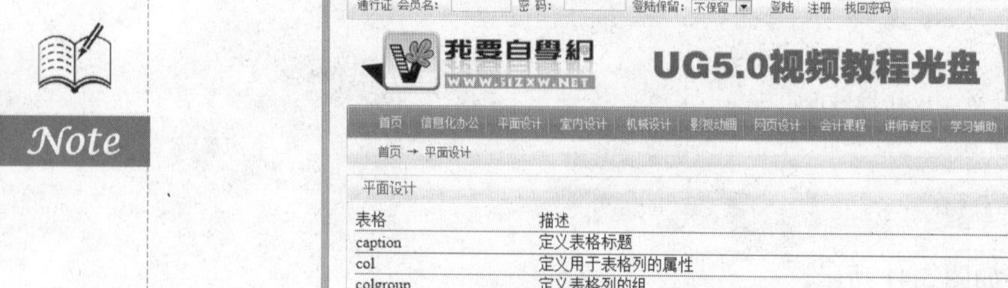

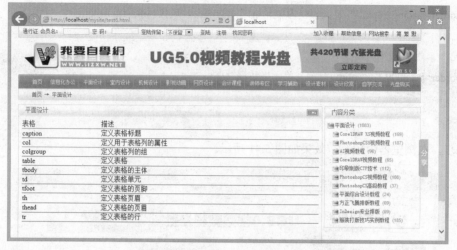

图 5.42　定义单线表格

视频讲解

5.5　案例实战：设计复杂表格

在标准布局下，表格主要功能用来组织和显示数据，但当数据很多时，密密麻麻排在一起会影响浏览，一般建议使用 CSS 来改善数据表格的版式，以方便用户快速、准确地浏览。

5.5.1　重构表格

启动 Dreamweaver CC，打开本小节备用练习文档 test.html，另存为 test1.html。本页面使用下面的代码设计了一个 11 行 2 列的表格：

```
<table width="100%">
    <tr><td>表格</td> <td>描述</td></tr>
    <tr> <td>caption</td> <td>定义表格标题</td></tr>
    <tr><td>col</td> <td>定义用于表格列的属性</td></tr>
    <tr><td>colgroup</td><td>定义表格列的组</td></tr>
    <tr> <td>table</td><td>定义表格</td> </tr>
    <tr> <td>tbody</td> <td>定义表格的主体</td> </tr>
    <tr><td>td</td> <td>定义表格单元</td></tr>
    <tr> <td>tfoot</td><td>定义表格的页脚</td></tr>
    <tr><td>th</td> <td>定义表格页眉</td></tr>
    <tr><td>thead</td><td>定义表格的页眉</td> </tr>
    <tr> <td>tr</td><td>定义表格的行</td> </tr>
</table>
```

上面这个表格结构是传统布局中所惯用的结构，不符合标准网页所提倡的代码简练性和准确性

原则，数据表格的标题、表头信息与主体数据信息混在一起，不利于浏览器解析与检索，如图 5.43 所示。

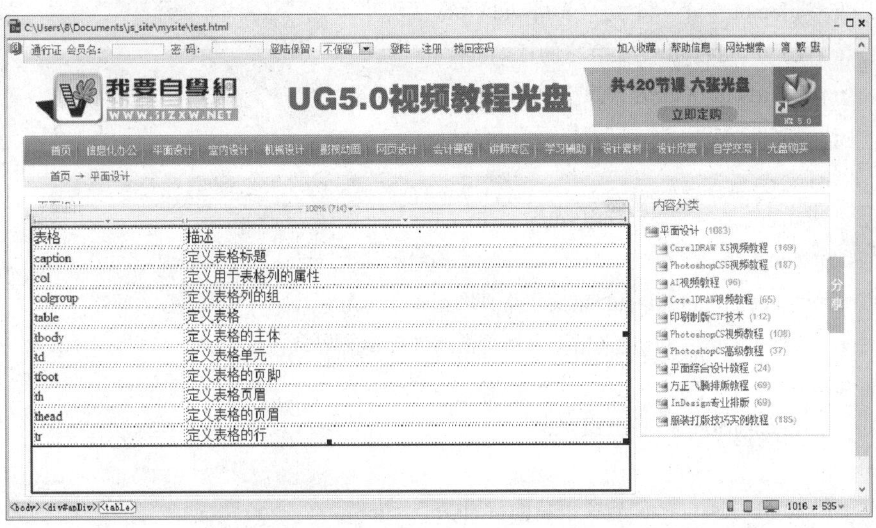

图 5.43　不方便浏览的表格样式

下面根据标准布局来改善数据表格的显示样式，使代码结构更趋标准和语义化，使数据表格布局更清晰、美观。这里主要从两个方面来完善这个数据表格的视觉效果：

☑　优化数据表格的结构，使用语义元素来表示不同数据信息，如列标题使用<th>标记，分组信息用<tbody>标记等来实现。

☑　用 CSS 控制数据表格的外观，使数据表格的显示样式更适宜阅读。

对本示例中数据表格结构进行重构，设计原则：选用标签要体现语义化，结构更合理，适合 CSS 控制，适合 JavaScript 脚本编程。

重构代码如下所示：

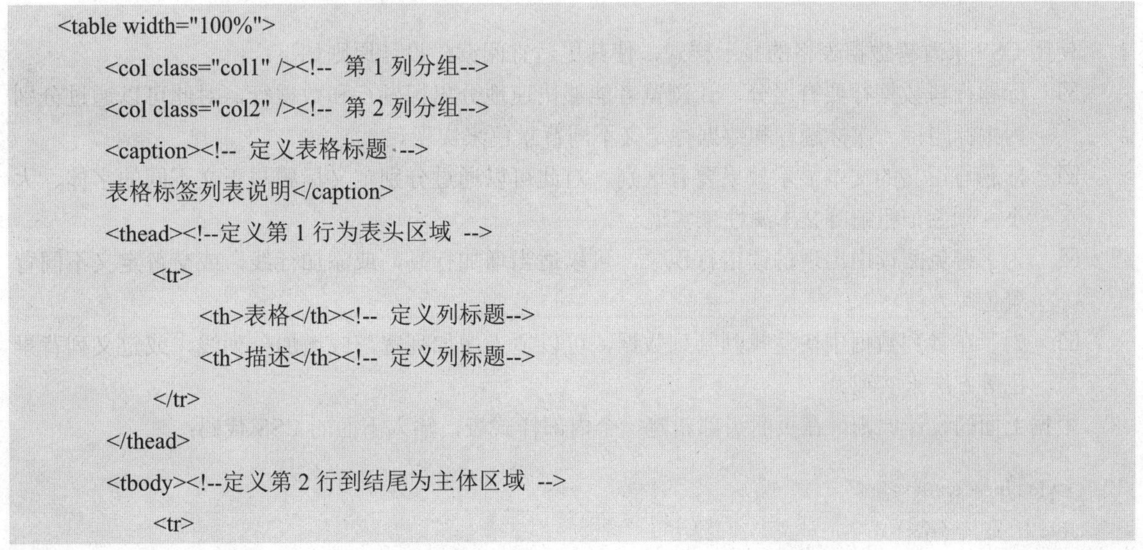

```
<table width="100%">
    <col class="col1" /><!-- 第 1 列分组-->
    <col class="col2" /><!-- 第 2 列分组-->
    <caption><!-- 定义表格标题 -->
    表格标签列表说明</caption>
    <thead><!--定义第 1 行为表头区域 -->
        <tr>
            <th>表格</th><!-- 定义列标题-->
            <th>描述</th><!-- 定义列标题-->
        </tr>
    </thead>
    <tbody><!--定义第 2 行到结尾为主体区域 -->
        <tr>
```

```
            <th colspan="2">基本结构</th>
        </tr>
        <tr> <td>table</td> <td>定义表格</td> </tr>
        <tr> <td>tr</td> <td>定义表格的行</td> </tr>
        <tr> <td>td</td> <td>定义表格单元</td> </tr>
        <tr> <td>th</td> <td>定义表格页眉</td></tr>
        <tr>
            <th colspan="2">列分组</th>
        </tr>
        <tr> <td>colgroup</td><td>定义表格列的组</td> </tr>
        <tr> <td>col</td> <td>定义用于表格列的属性</td> </tr>
        <tr>
            <th colspan="2">行分组</th>
        </tr>
        <tr> <td>thead</td><td>定义表格的页眉</td> </tr>
        <tr> <td>tbody</td> <td>定义表格的主体</td> </tr>
        <tr> <td>tfoot</td> <td>定义表格的页脚</td> </tr>
        <tr>
            <th colspan="2">其他</th>
        </tr>
        <tr><td>caption</td> <td>定义表格标题</td></tr>
    </tbody>
</table>
```

5.5.2 美化样式

使用 CSS 来改善数据表格的显示样式，使其更适宜阅读。设计原则如下：

☑ 标题行与数据行要有区分，让浏览者能够快速地分出标题行和数据行，对此可以通过分别为主标题行、次标题行和数据行定义不同背景色来实现。

☑ 标题与正文的文本显示效果要有区别，对此可以通过分别定义标题与正文不同的字体、大小、颜色、粗细等文本属性来实现。

☑ 为了避免阅读中出现的读错行现象，可以适当增加行高，或添加行线，或交替定义不同背景色等方法。

☑ 为了在多列数据中快速找到某列数据，可以适当增加列宽，或增加分列线，或定义列背景色等方法来实现。

根据上面的设计原则，在页面头部新建一个内部样式表，输入下面的 CSS 代码：

```
<style type="text/css">
table {/*定义表格样式*/
```

```
        border-collapse:collapse; /* 合并相邻边框 */
        width:100%; /* 定义表格宽度 */
        font-size:14px; /* 定义表格字体大小 */
        color:#666; /* 定义表格字体颜色 */
        border:solid 1px #0047E1; /* 定义表格边框 */
}
table caption {/*定义表格标题样式*/
        font-size:24px;
        line-height:60px; /* 定义标题行高，由于 caption 元素是内联元素，用行高可以调整它的上下距离 */
        color:#000;
        font-weight:bold;
}
table thead {/*定义列标题样式*/
        background:#0047E1; /* 定义列标题背景色 */
        color:#fff; /* 定义列标题字体颜色 */
        font-size:16px; /* 定义表格标题字体大小 */
}
table   tbody tr:nth-child (odd) {/*定义隔行背景色，改善视觉效果*/
        background:#eee;
}
table   tbody tr:hover {/*定义鼠标经过行的背景色和字体颜色，设计动态交互效果*/
        background:#ddd;
        color:#000;
}
table tbody {/*定义表格主体区域内文本首行缩进*/
        text-indent:1em;
}
table tbody th {/*定义表格主体区域内列标题样式*/
        text-align:left;
        background:#7E9DE5;
        text-indent:0;
        color:#D8E4F8;
}
</style>
```

在浏览器中预览，效果如图 5.44 所示。

Note

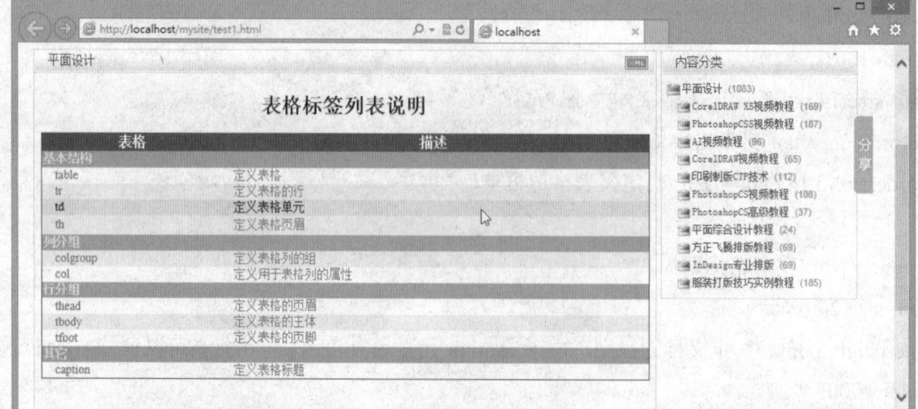

图 5.44　重设的表格样式

【拓展】

在 CSS3 中新定义了一个选择符:nth-child()，该括号里可以放数字和默认的字母，例如：

```
.table1    tbody tr:nth-child (2) {
    background:#FEF0F5;
}
```

上面的规则表示以第一个出现的 tr 为基础，只要是 2 的倍数行的全部 tr 都会显示指定背景色。

```
.table1    tbody tr:nth-child (odd) {
    background:#FEF0F5;
}
```

上面的规则表示以第一个出现的 tr 为基础，然后奇数行的全部 tr 都会显示指定背景色。

```
.table1    tbody tr:nth-child (even) {
    background:#FEF0F5;
}
```

上面的规则表示以第一个出现的 tr 为基础，然后偶数行的全部 tr 都会显示指定背景色。利用这种新的选择符可以快速实现行交错显示背景色，这样就不需要逐个为隔行 tr 定义一个类，除了 IE 早期版本外，现代主流浏览器都支持该特性。

视频讲解

5.6　案例实战：设计表格页面

用表格实现网页布局一般有两种方法：

☑ 用图像编辑器（如 Photoshop、Fireworks 等）绘制网页布局图，然后在图像编辑器中用切图工具切图并另存为 HTML 文件，这时图像编辑器会自动把图像转化为表格布局的网页文件。

Note

☑ 在网页编辑器中用表格直接制作网页布局效果。

第一种方法比较简单，这里就不再详细说明。下面用第二种方法来介绍一个简单的页面布局过程，最后设计效果如图 5.45 所示。

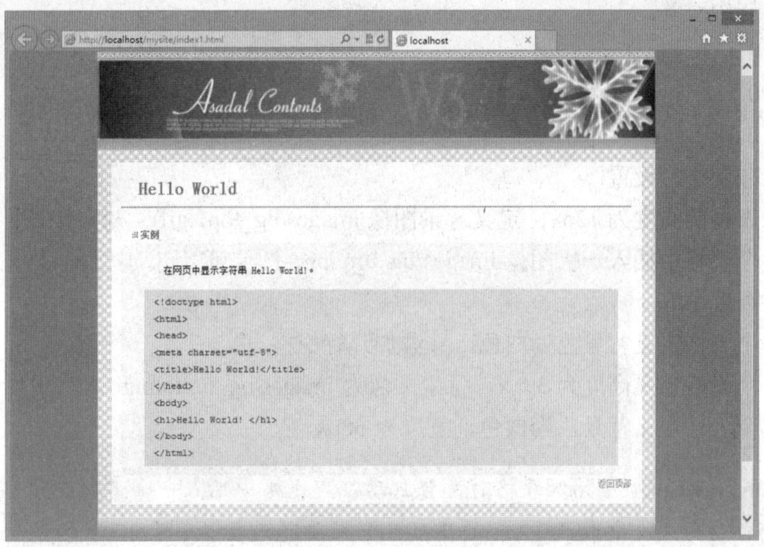

图 5.45　使用表格设计的网页效果

【操作步骤】

第 1 步，启动 Dreamweavercc，新建一个空白文件，保存为 index.html。

第 2 步，选择【修改】|【页面属性】命令，在【页面属性】对话框中设置网页背景色、字体大小、页边距、超链接属性等，如图 5.46 所示。

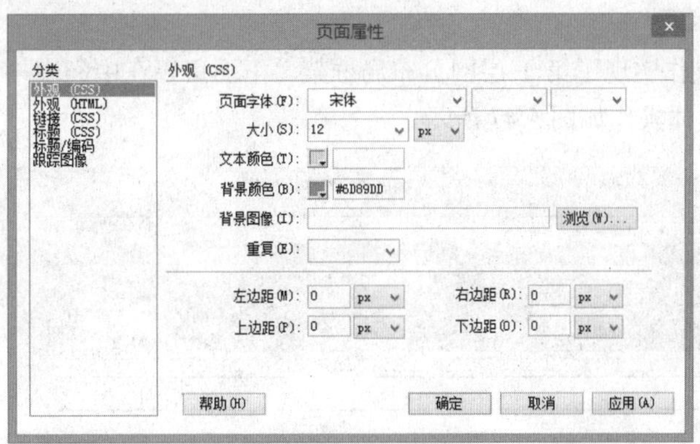

图 5.46　设置页面属性

第 3 步，在对话框左侧的【分类】列表框中选择【外观】选项，在右侧属性选项中设置“页面字体”“大小”“背景颜色”“左边距”“右边距”“上边距”和“下边距”属性。然后在对话框左侧的【分类】列表框中选择【链接】选项，定义超链接的详细属性，具体属性值读者可以自定。

第 4 步，在页面中插入表格，本案例页面共分为 5 行 1 列。因此可以分别插入 5 个表格，5 个表格的共同属性如下：

Note

☑ 行：1。
☑ 列：1。
☑ 宽：776px。
☑ 对齐：居中对齐。
☑ 边框：0。
☑ 填充：0。
☑ 间距：0。

对 5 个表格分别进行设置：

☑ 第 1 个表格的高度为 12px，定义背景图像 images/bg_top1.gif，实现水平平铺。
☑ 在第 2 个表格中插入一幅图像 images/bg_top.jpg，图像可以自动撑开表格，因此就不需要定义表格高度了。
☑ 为第 3 个表格定义背景色为白色，并添加几行空格。
☑ 为第 4 个表格定义高度为 39px，背景图像为 images/bg_bottom.gif，实现水平平铺。
☑ 为第 5 个表格定义背景色为白色，宽度为 60px。

提示：在 Dreamweaver 中插入表格时，会自动在单元格中插入一个“ ”空白符号，单元格会自动形成一个最低 12px 的高度，如果要定义表格小于 12px 的高度，应该先在代码中清除“ ”空白符号，如下面的代码。

```
<table width="776" border="0" align="center" cellpadding="0" cellspacing="0" bgcolor="#FFFFFF">
    <tr>
        <td> </td>
    </tr>
</table>
```

第 5 步，上面的操作实现了第 1 层网页布局框架。下面可以在中间表格中再嵌入表格，以便实现第二层页面布局，具体操作如图 5.47 所示。

图 5.47　嵌套表格

第 6 步，设计麻点边框效果。在第 3 个表格中插入一个 1 行 1 列的表格，表格属性可以参考上面所列的共同属性。定义表格背景图像为 images/bg_dot1.gif，实现水平和垂直方向上的平铺，使表格背景显示麻点效果。

第 7 步，在第 2 层表格中再嵌入一个 1 行 1 列的表格，宽度为 736px，背景色为白色，其他属性可以参考上面所列的共同属性。

第 8 步，在第 3 层嵌套表格内插入一个 5 行 1 列的表格，如图 5.48 所示，表格宽度为 712px，其他属性与公共属性定义属性相同。然后在第 1 行单元格中输入标题；在第 2 行单元格中插入水平线，水平线高度为 2px，在属性面板中取消选中【阴影】复选框，定义无阴影效果；在第 3 行单元格中输入小标题；第 4 个单元格暂时空着，为下一步更详细布局做准备；在第 5 个单元格中输入“返回顶部”锚链接文字。

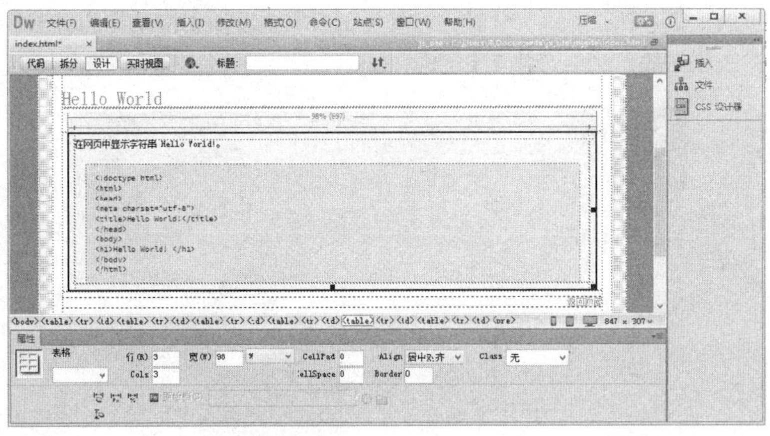

图 5.48　使用表格设计边线效果

第 9 步，设计圆角。在传统表格布局中，要实现圆角一般通过插入一个 3 行 3 列的表格，然后在 4 个顶角单元格中插入制作好的圆角图像，并定义表格背景色与圆角图像的颜色一致即可，如图 5.49 所示。

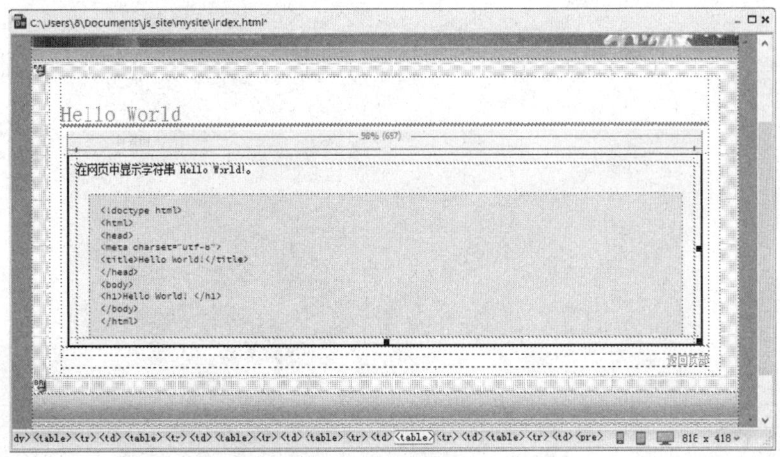

图 5.49　使用表格设计圆角效果

Note

第 10 步，在为 4 个顶角的单元格插入圆角图像时，注意单元格的大小与圆角图像的大小一致，本例为 10×10px 大小。中间的代码区域为一个表格，并定义背景色为浅灰色，用<pre>和</pre>标签包含代码，以保留代码的预定义格式显示。

第 11 步，在【代码】视图下，可以看到最后生成的 HTML 代码，读者可以参阅本节案例。

> 注意：表格布局存在很多问题，其中最大的问题是网页表现层与结构层混在一起，这会给页面的维护、更新、动态控制带来麻烦。读者在使用过程中应该慎重选择使用。

5.7 在线练习

下面通过大量的上机示例，帮助初学者练习使用 HTML5 设计表格结构和样式。感兴趣的读者可以扫码练习：（1）表格结构；（2）表格美化。

在线练习1

在线练习2

第6章 设计表单

当浏览网页时，可以通过超链接访问不同的页面，这是一种单向信息交流方式，其主要目的是为了获取信息。如果想实现双向交流，与网站进行沟通，或者实现多人互动，就应该使用表单来实现。

【学习重点】

- 在网页中插入表单。
- 设置表单对象的属性。
- 使用 HTML5 表单。
- 设计表单页面。

Note

视频讲解

6.1 插入表单

表单结构由一个或多个表单对象构成，在 Dreamweaver 的【插入】|【表单】菜单项下可以选择、插入所有表单对象。下面介绍如何使用 Dreamweaver CC 快速插入和设置常用表单对象。

注意，零基础的读者可以先扫码了解表单结构。

线上阅读

6.1.1 实战演练：定义表单框

制作表单页面的第一步是要插入表单域，即插入<form>标记。

【操作步骤】

第 1 步，启动 Dreamweaver CC，新建文档，保存为 test.html。

第 2 步，在编辑窗口中单击，将光标放置于要插入表单的位置。

第 3 步，选择【插入】|【表单】|【表单】命令。

第 4 步，这时在编辑窗口中将显示表单框，如图 6.1 所示。其中，红色虚线界定的区域就是表单，它的大小随包含的内容多少而自动调整，虚线不会在浏览器中显示。

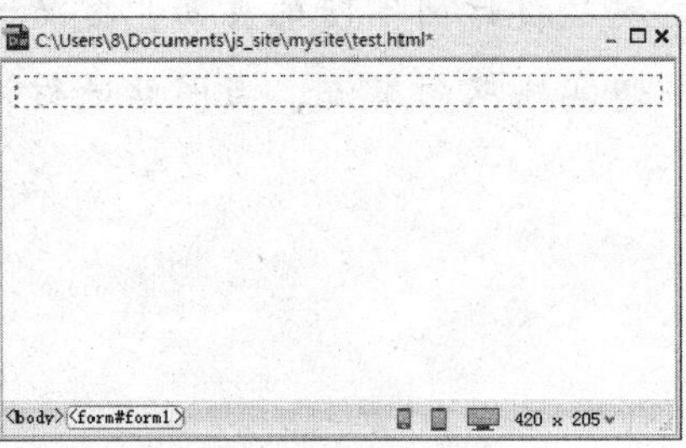

图 6.1　插入的表单域

提示：如果没有看见红色的虚线，可以选择【编辑】|【首选项】命令，在打开的【首选项】对话框的【不可见元素】分类中选中【表单范围】复选框即可。

第 5 步，设置表单域的属性。单击虚线的边框，使虚线框内出现黑色，表示该表单域已被选中，此时属性面板如图 6.2 所示。

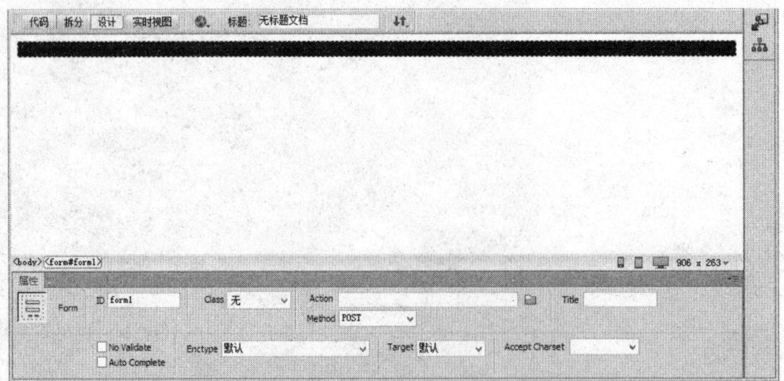

图 6.2　表单属性面板

（1）【ID】文本框：设置表单的唯一标识名称，用于在程序中传送表单值。默认为 forml，以此类推。

（2）【Action】文本框：用于指定处理该表单的动态页或脚本的路径。

（3）【Target】下拉列表：设置表单被处理后，响应网页打开的方式，包括默认、new、_blank、_parent、_self 和 _top 选项，响应网页默认的打开方式是在原窗口里打开。

☑ 默认：根据浏览器默认的方式进行打开。

☑ new：在新窗口中打开。

☑ _blank：表示响应网页在新开窗口里打开。

☑ _parent：表示响应网页在父窗口里打开。

☑ _self：表示响应网页在原窗口里打开。

☑ _top：表示响应网页在顶层窗口里打开。

（4）【Method】下拉列表：设置将表单数据发送到服务器的方法，包括默认、POST、GET 这 3 个选项。

☑ 默认：使用浏览器的默认设置将表单数据发送到服务器。一般默认方法为 GET。

☑ GET：设置将以 GET 方法发送表单数据，把表单数据附加到请求 URL 中发送。

☑ POST：设置将以 POST 方法发送表单数据，把表单数据嵌入到 HTTP 请求中发送。

提示：没有特别要求，建议选择【POST】选项，因为 GET 方法有很多限制，如果使用 GET 方法，URL 的长度受到限制，而且用 GET 方法发送信息很不安全。浏览者能在浏览器中看见传送的信息。

（5）【Enctype】下拉列表：设置发送数据的 MIME 编码类型，包括 application/x-www-form-urlencode 和 multipart/form-data 两个选项，默认的 MIME 编码类型是 application/x-www-form-urlencode。application/x-www-form-urlencode 通常与 POST 方法协同使用，一般情况下应选择该选项。如果表单中包含文件上传域，应该选择“multipart/form-data”。

（6）【No Validate】复选框：HTML5 新增属性，选中该复选框可以禁止 HTML5 表单验证。

（7）【Auto Complete】复选框：HTML5 新增属性，选中该复选框可以允许 HTML5 表单自动完成输入。

（8）【Accept Charset】下拉列表：HTML5 新增属性，设置 HTML5 表单可以接收的字符编码。

（9）【Title】文本框：HTML5 增强属性，设置 HTML5 表单提示信息，当鼠标经过表单时会提示该信息。

第 6 步，切换到【代码】视图，可以看到生成如下的表单框代码。

```
<form action="#" method="post" enctype="multipart/form-data" name="form1" target="_self" id="form1" autocomplete="on" title="提示文本">
</form>
```

6.1.2　实战演练：定义文本框

视频讲解

文本框可以接收用户输入的用户名、地址、电话、通信地址等短文本信息，以单行显示。

Note

【操作步骤】

第 1 步，启动 Dreamweaver CC，打开本小节备用练习文档 test.html，另存为 test1.html。

第 2 步，在编辑窗口中单击，将光标放置于要插入文本框的位置。

第 3 步，选择【插入】|【表单】|【文本】命令，即可插入一个文本框，如图 6.3 所示。根据页面需要，可以修改文本框前面的标签文本，或者删除标签内容。

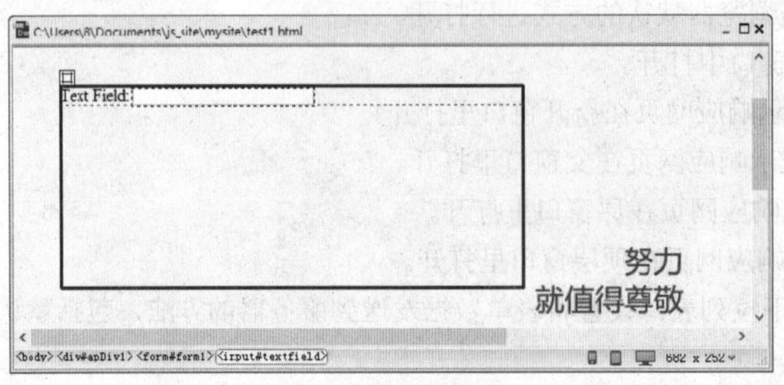

图 6.3　插入文本框

第 4 步，插入文本框后，选中文本框，在属性面板中可以设置文本框的属性，如图 6.4 所示。

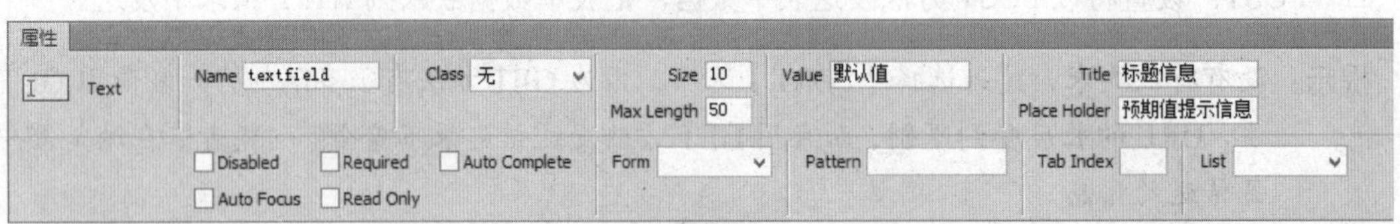

图 6.4　文本框属性面板

☑ 【Name】文本框：设置所选文本框的名称。每个文本框都必须有一个唯一的名称。

☑ 【Size】文本框：设置文本框中最多可显示的字符数。如果输入的字符数超过了字符宽度，在文本框中将无法看到这些字符，但文本框仍然可以将它们全部发送到服务器端进行处理。

☑ 【Max Length】文本框：设置文本框中最多可输入的字符数。如果设置为空，则可以输入任意数量的文本。

> 提示：建议用户对文本框输入字符进行限制，防止浏览者无限输入大量数据，影响系统的稳定性。例如，设置用户名最多为 20 个字符，密码最多为 20 个字符，邮政编码最多为 6 个字符，身份证号最多为 18 个字符。

☑ 【Value】文本框：设置文本框默认输入的值，一般可以输入一些提示性的文本提示用户输入什么信息，帮助浏览者填写该文本框信息。

☑ 【Class】下拉列表：设置文本框的 CSS 类样式。

☑ 【Title】文本框：设置文本框的标题。

☑ 【Place Holder】文本框：设置文本框的预期值提示信息，该提示会在输入字段为空时显示，并会在字段获得焦点时消失。

☑ 【Tab Index】文本框：设置 Tab 键访问顺序，数字越小越先被访问。

Note

第 5 步，还可以在属性面板中定义 HTML 表单通用属性，这些属性大部分是 HTML5 新增属性，简单说明如下。

☑ 【Disabled】：设置文本框不可用。
☑ 【Required】：要求必须填写。
☑ 【Auto Complete】：设置文本框是否应该启用自动完成功能。
☑ 【Auto Focus】：设置自动获取焦点。
☑ 【Read Only】：设置为只读。
☑ 【Form】：绑定文本框所属表单域。
☑ 【Pattern】：设置文本框匹配模式，用来验证输入值是否匹配指定的模式。
☑ 【List】：绑定下拉列表提示信息框。

第 6 步，保存文档，按 F12 键在浏览器中预览，显示效果如图 6.5 所示。

图 6.5　文本框显示效果

第 7 步，切换到【代码】视图，可以看到生成如下的文本框代码。

```
<label for="textfield">用户名:</label>
    <input name="textfield" type="text" id="textfield" placeholder="预期值提示信息" title="标题信息" value="默认值" size="10" maxlength="50">
```

6.1.3　实战演练：定义文本区域

视频讲解

文本区域可以提供一个较大的输入空间，方便浏览者输入文章或长字符信息。

【操作步骤】

第 1 步，启动 Dreamweaver CC，打开本小节备用练习文档 test.html，另存为 test1.html。

第 2 步，在编辑窗口中单击，将光标置于要插入文本区域的位置。

第 3 步，选择【插入】|【表单】|【文本区域】命令，然后修改标签文字。

第 4 步，选中文本区域，在属性面板设置属性，如图 6.6 所示。

Note

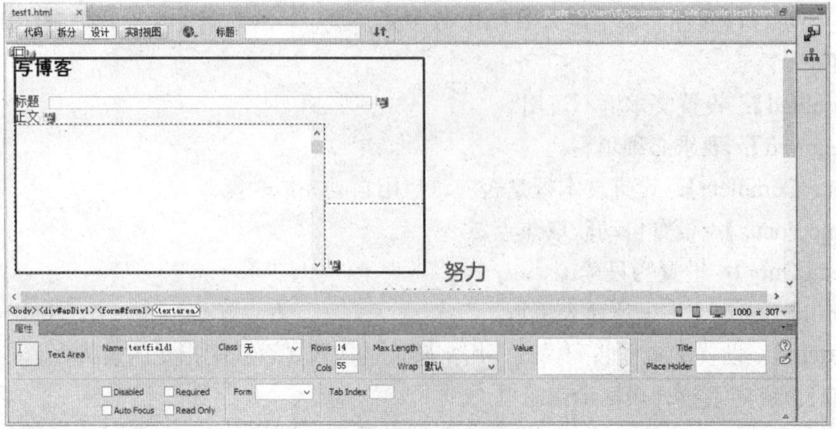

图 6.6　插入文本区域

文本区域与文本框的设置属性基本相同，具体说明可以参阅文本框属性说明。但是文本区域另外增加了下面两个属性。

☑ 【Cols】文本框：设置文本区域一行中最多可显示的字符数。

☑ 【Rows】文本框：设置所选文本框显示的行数，可输入数值。可用于输入较多内容的栏目，如反馈表、留言簿等。

第 5 步，保存文档，按 F12 键在浏览器中浏览，效果如图 6.7 所示。自动生成的代码如下所示。

```
<form id="form1" name="form1" method="post" action="">
    <h2>写博客</h2>
    <label for="label">标题</label> 
    <input name="textfield1" type="text" id="label" size="60"><br>
    <label for="label">正文</label><br>
    <textarea name="textfield1" cols="55" rows="14"></textarea><br>
</form>
```

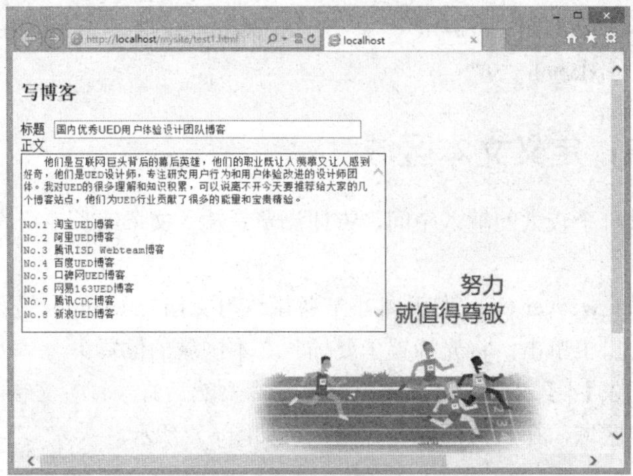

图 6.7　文本框域显示效果

视频讲解

6.1.4　实战演练：定义按钮

按钮的主要功能是实现对用户操作进行响应。按钮形式多样，有“提交”按钮、“重置”按钮、图像按钮等，如图 6.8 所示。

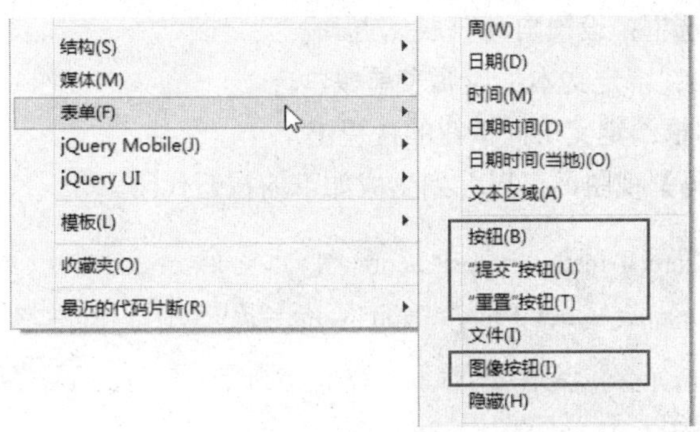

图 6.8　【表单】菜单下的按钮类型

> **提示：**在图 6.8 所示的 4 种按钮中，【按钮】表示不包含特定操作行为的普通按钮，【“提交”按钮】专门负责提交表单，【“重置”按钮】专门负责恢复表单默认输入状态，【图像按钮】与普通按钮功能相同，不包含特定操作行为，但是它可以使用图像定制按钮的外观。

下面的示例演示了如何插入一个“提交”按钮。

【操作步骤】

第 1 步，启动 Dreamweaver CC，打开本小节备用练习文档 test.html，另存为 test1.html。

第 2 步，在编辑窗口中单击，将光标放置于表单内的后面。

第 3 步，选择【插入】|【表单】|【“提交”按钮】命令，在光标位置插入一个“提交”按钮。

第 4 步，选中按钮，就可以在属性面板中设置按钮的属性，如图 6.9 所示。

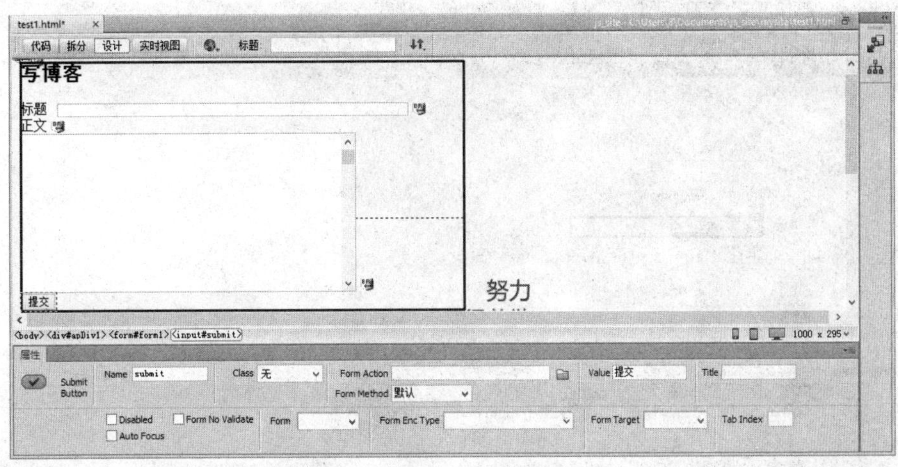

图 6.9　插入提交按钮

☑　【Name】文本框：设置按钮名称，默认为 submit。

- ☑ 【Value】文本框：设置按钮在窗口中显示的文本字符串。
- ☑ 【Class】下拉列表：设置按钮的类样式，用户应先在【CSS 设计器】中设计好类样式，然后在该选项中进行选择。

Note

- ☑ 【Title】文本框：设置按钮的提示性文本，该文本在鼠标经过按钮时显示提示。
- ☑ 【Disabled】复选框：设置文本框不可用。
- ☑ 【Auto Focus】复选框：设置自动获取焦点。
- ☑ 【Form】下拉列表：绑定文本框所属表单域。
- ☑ 【Tab Index】文本框：定义访问按钮的快捷键。

第 5 步，切换到【代码】视图，可以看到生成如下的按钮代码。

```
<form id="form1" name="form1" method="post" action="">
    <input type="submit" name="submit" id="submit" value="提交">
</form>
```

视频讲解

6.1.5 实战演练：定义单选按钮

如果仅允许从一组选项中选择一个选项，可以使用单选按钮。

【操作步骤】

第 1 步，启动 Dreamweaver CC，打开本小节备用练习文档 test.html，另存为 test1.html。

第 2 步，在编辑窗口中单击，将光标放置于表单内。

第 3 步，选择【插入】|【表单】|【单选按钮】命令，即在网页当前位置插入一个单选按钮，再插入一个单选按钮，然后修改标签文本。

第 4 步，单击圆形的小按钮将选中单选按钮，在属性面板中可以设置单选按钮属性，如图 6.10 所示。

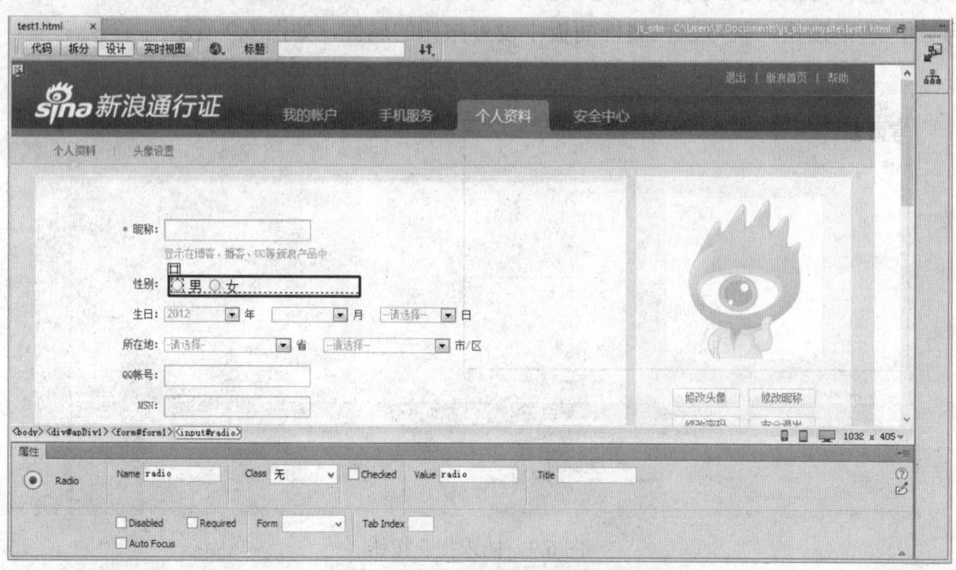

图 6.10　单选按钮属性面板

Note

☑ 【Name】文本框：设置单选按钮名称。

☑ 【Class】下拉列表：设置单选按钮的类样式，用户应先在【CSS 设计器】中设计好类样式，然后在该选项中进行选择。

☑ 【Checked】复选框：设置单选按钮在默认状态是否被选中显示。

☑ 【Value】文本框：设置在该单选按钮被选中时发送给服务器的值。为了便于理解，一般将该值设置为与栏目内容意思相近。

☑ 【Title】文本框：设置按钮的提示性文本，该文本在鼠标经过按钮时显示提示。

☑ 【Disabled】复选框：设置单选按钮不可用。

☑ 【Auto Focus】复选框：设置自动获取焦点。

☑ 【Required】复选框：要求必须选中单选按钮。

☑ 【Form】下拉列表：绑定单选按钮所属表单域。

☑ 【Tab Index】文本框：定义访问单选按钮的快捷键。

【拓展】

当多个单选按钮拥有相同的名称，则会形成一组，被称为“单选按钮组”，在单选按钮组中只能允许单选，不可多选。单选按钮和单选按钮组两者之间没有任何区别，只是插入方法不同。插入单选按钮组的具体操作步骤如下。

【操作步骤】

第 1 步，启动 Dreamweaver CC，打开本小节备用练习文档 test.html，另存为 test2.html。

第 2 步，在编辑窗口中单击，将光标放置于表单内。

第 3 步，选择【插入】|【表单】|【单选按钮组】命令，打开【单选按钮组】对话框，如图 6.11 所示。

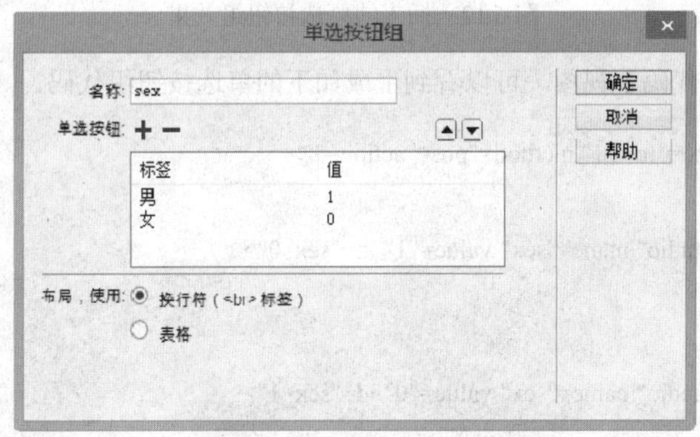

图 6.11 【单选按钮组】对话框

（1）【名称】文本框：设置该单选按钮组的名称，默认为 RadioGroup1。

（2）【单选按钮】列表框：可以单击【添加】+、【移除】−、【上移】▲和【下移】▼来操作列表中的单选按钮。

☑ 单击【添加】+按钮向单选按钮组添加一个单选按钮，然后为新增加的单选按钮输入标签和值。标签就是单选按钮后的说明文字，值相当于属性面板中的【选定值】。单击【移除】−按钮可以从组中删除一个单选按钮。

Note

☑ 单击【上移】和【下移】按钮可以对这些单选按钮进行上移或下移操作，进行排序。

（3）【布局，使用】选项组：设置单选按钮组中的布局。

☑ 如果选中【表格】单选按钮，则 Dreamweaver CC 会创建一个单列的表格，并将单选按钮放在左侧，将标签放在右侧。

☑ 如果选中【换行符】单选按钮，则 Dreamweaver CC 会将单选按钮在网页中直接换行。

第 4 步，设置完毕，可以单击【确定】按钮完成插入单选按钮组的操作。然后保存并在浏览器中预览，效果如图 6.12 所示。当插入单选按钮组之后，在浏览器中只能够选中一个选项，不能够多选。

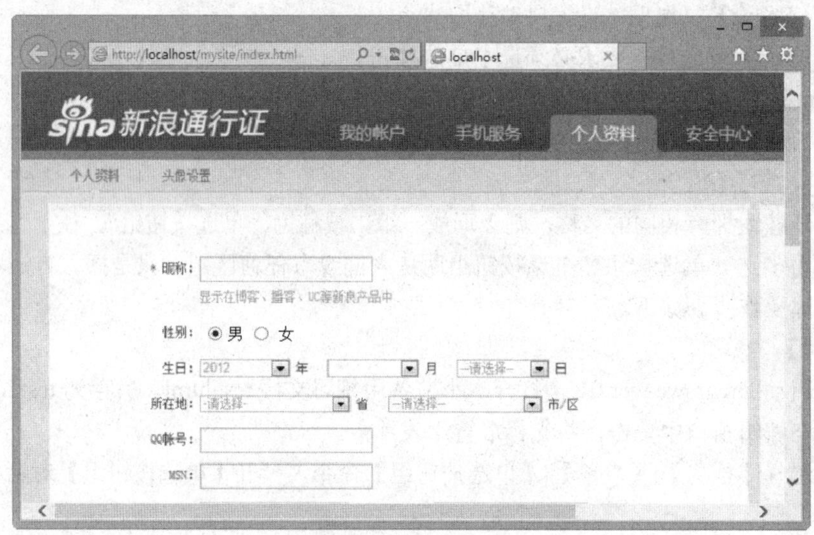

图 6.12　插入的单选按钮组效果

第 5 步，切换到【代码】视图，可以看到生成如下的单选按钮组代码。

```
<form id="form1" name="form1" method="post" action="">
  <label>
      <input type="radio" name="sex" value="1" id="sex_0">
      男</label>
  <label>
      <input type="radio" name="sex" value="0" id="sex_1">
      女</label>
</form>
```

6.1.6　实战演练：定义复选框

视 频 讲 解

使用复选框组可以设计多项选择。

【操作步骤】

第 1 步，启动 Dreamweaver CC，打开本小节备用练习文档 test.html，另存为 test1.html。

第 2 步，在编辑窗口中单击，将光标放置于表单内。

第 3 步，选择【插入】|【表单】|【复选框】命令，在光标所在位置插入复选框。

第 4 步，选中复选框，在属性面板中可以设置复选框的属性，单击【Checked】复选框，可以设置复选框在默认状态是否被选中显示，其他属性可以参阅上面的介绍，如图 6.13 所示。

图 6.13　复选框属性面板

【拓展】

当多个复选框拥有相同的名称，则会形成一组，被称为“复选框组”，在复选框组中可以允许多选，或者不选。复选框和复选框组两者之间没有任何区别，只是插入方法不同。

【操作步骤】

第 1 步，启动 Dreamweaver CC，打开本小节备用练习文档 test.html，另存为 test2.html。

第 2 步，在编辑窗口中单击，将光标放置于表单内。

第 3 步，选择【插入】|【表单】|【复选框组】命令，打开【复选框组】对话框，如图 6.14 所示。

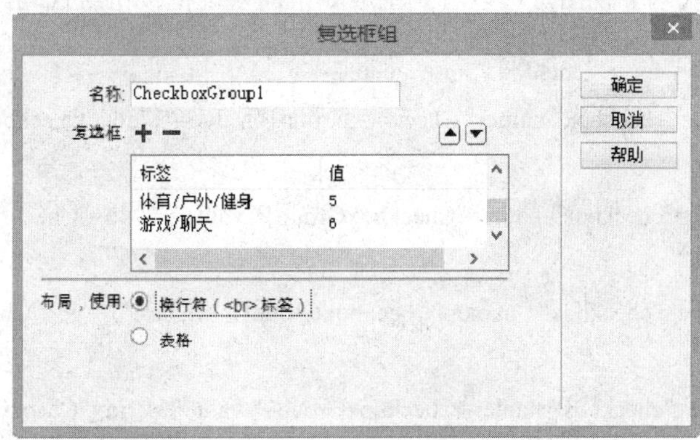

图 6.14　【复选框组】对话框

（1）【名称】文本框：设置复选框组的名称，默认为 CheckboxGroup1。

（2）【复选框】列表框：可以单击【添加】+、【移除】−、【上移】▲和【下移】▼来操作列表中的复选框。

☑　单击【添加】+按钮向复选框组添加一个复选框，然后为新增加的复选框输入标签和值。

标签就是复选框后的说明文字，值相当于属性面板中的【选定值】。单击【移除】➖按钮可以从组中删除一个复选框。

☑ 单击【上移】▲和【下移】▼按钮可以对这些按钮进行上移或下移操作，进行排序。

（3）【布局，使用】选项组：设置复选框组中的布局。

Note

☑ 如果选中【表格】单选按钮，则 Dreamweaver CC 会创建一个单列的表格，并将复选框放在左侧，将标签放在右侧。

☑ 如果选中【换行符】单选按钮，则 Dreamweaver CC 会将复选框在网页中直接换行。

第 4 步，设置完毕，可以单击【确定】按钮完成插入复选框组的操作。然后保存并在浏览器中预览，效果如图 6.15 所示。当插入复选框组之后，在浏览器中进行多选操作。

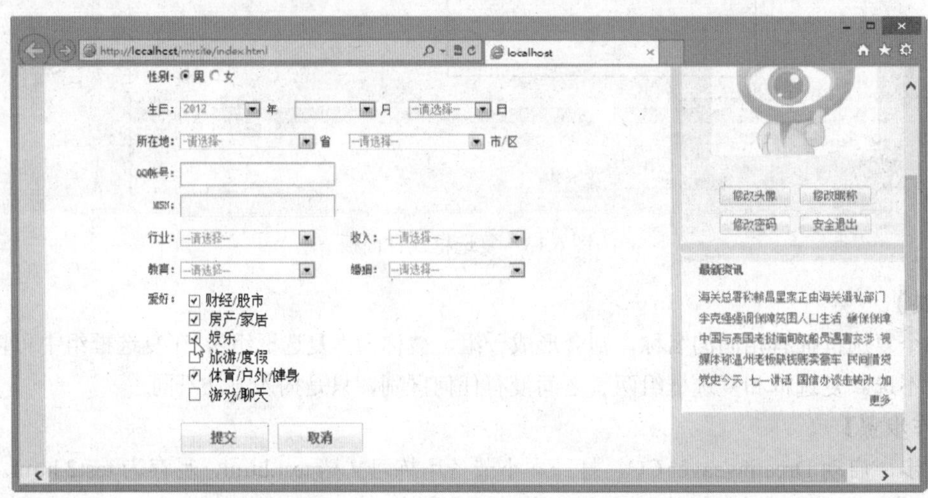

图 6.15 插入的复选框组效果

第 5 步，切换到【代码】视图，可以看到生成如下的复选框按钮组代码。

```
<form id="form1" name="form1" method="post" action="">
    <label><input type="checkbox" name="CheckboxGroup1" value="1" id="Checkbox Group1_0"> 财经/股市</label>
    <label><input type="checkbox" name="CheckboxGroup1" value="2" id="CheckboxGroup1_1"> 房产/家居</label>
    <label><input type="checkbox" name="CheckboxGroup1" value="3" id="CheckboxGroup1_2"> 娱乐</label>
    <label><input type="checkbox" name="CheckboxGroup1" value="4" id="CheckboxGroup1_3"> 旅游/度假</label>
    <label><input type="checkbox" name="CheckboxGroup1" value="5" id="CheckboxGroup1_4"> 体育/户外/健身</label>
    <label><input type="checkbox" name="CheckboxGroup1" value="6" id="CheckboxGroup1_5"> 游戏/聊天</label>
</form>
```

6.1.7　实战演练：定义选择框

Note

视频讲解

选择框可以在有限的空间内提供更多选项，节省页面空间。它包括两种形式。

☑　列表框：提供一个滚动条，通过拖动滚动条可以浏览很多项，并允许多重选择。

☑　下拉式菜单：默认仅显示一项，该项为活动项，单击打开菜单可以选择其中一项。

下面的示例设计了一个下拉菜单对象。

【操作步骤】

第 1 步，启动 Dreamweaver CC，打开本小节备用练习文档 test.html，另存为 test1.html。

第 2 步，在编辑窗口中单击，将光标放置于表单内。

第 3 步，选择【插入】|【表单】|【选择】命令，在光标所在位置插入选择框。

第 4 步，选中选择框，在属性面板中可以设置选择框的属性，如图 6.16 所示。

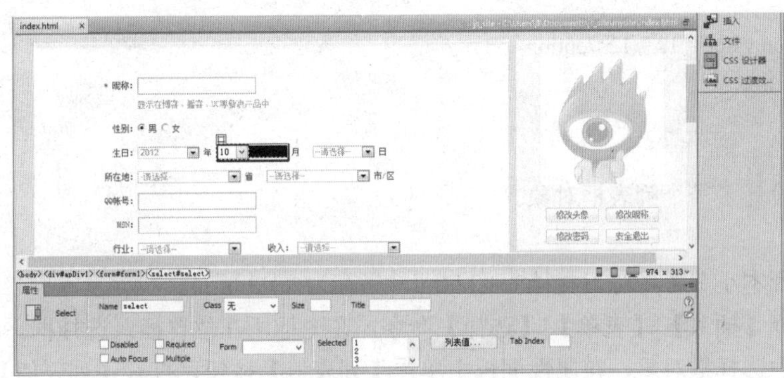

图 6.16　选择框属性面板

（1）【Size】文本框：设置选择框的高度，如输入 4，则选择框在浏览器中显示为 4 个选项的高度。如果实际的项目数目多于【Size】中的项目数，那么列表菜单中的右侧将显示滚动条，通过滚动显示。

（2）【Multiple】复选框：允许选择框可以多选。当选择框允许被多选，选择时可以结合 Shift 和 Ctrl 键进行操作。如果取消该复选框的选择，则该选择框只能单选。

（3）【Selected】列表框：可以选择列表框在浏览器中初始被选中的值。

（4）【列表值】按钮：单击该按钮可以打开【列表值】对话框，如图 6.17 所示。在【列表值】对话框中，中间列表框中列有这个选择框中所包含的所有选项，每一行代表一个选项。使用方法与【单选按钮组】对话框相同。

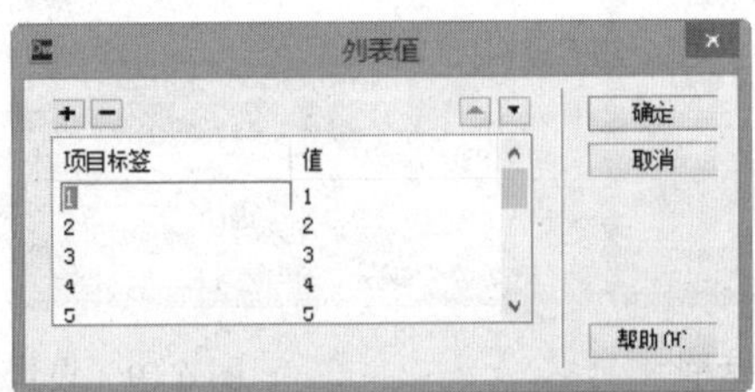

图 6.17　【列表值】对话框

Note

☑ 【项目标签】列：设置每个选项所显示的文本。
☑ 【值】列：设置选项的值。
☑ 单击【加号】按钮 +，可以为列表添加一个新的选项。
☑ 单击【减号】按钮 −，可以删除在列表框中选中的选项。
☑ 单击【向上】按钮 ▲ 或【向下】按钮 ▼，可以为列表的选项进行排序。

第 5 步，切换到【代码】视图，可以看到生成如下的下拉菜单代码。

```
<form id="form1" name="form1" method="post" action="">
    <label for="select"></label>
    <select name="select" id="select">
        <option value="1">1</option>
        <option value="2">2</option>
        ……
        <option value="12">12</option>
    </select>
</form>
```

下面的示例设计了一个列表框对象。

【操作步骤】

第 1 步，打开本小节备用练习文档 test2.html，另存为 test3.html。

第 2 步，选择【插入】|【表单】|【选择】命令，在光标所在位置插入选择框。

第 3 步，选中选择框对象，在属性面板中单击【列表值】按钮，打开【列表值】对话框。

第 4 步，在【列表值】对话框中输入 10 个项目，如图 6.18 所示。

第 5 步，在选择框属性面板中设置【Size】为 10，选中【Multiple】复选框，在【Selected】列表框中选择【财经/股市】选项，属性面板设置如图 6.19 所示。

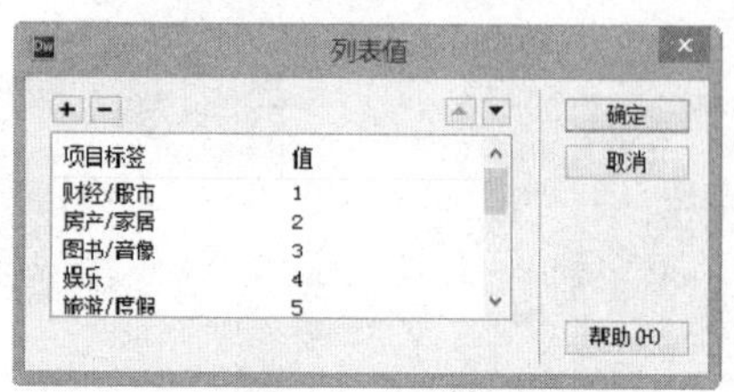

图 6.18 设置【列表值】对话框

图 6.19 设置选择框属性面板

Note

第 6 步，保存文档之后，按 F12 键在浏览器中预览，显示效果如图 6.20 所示。

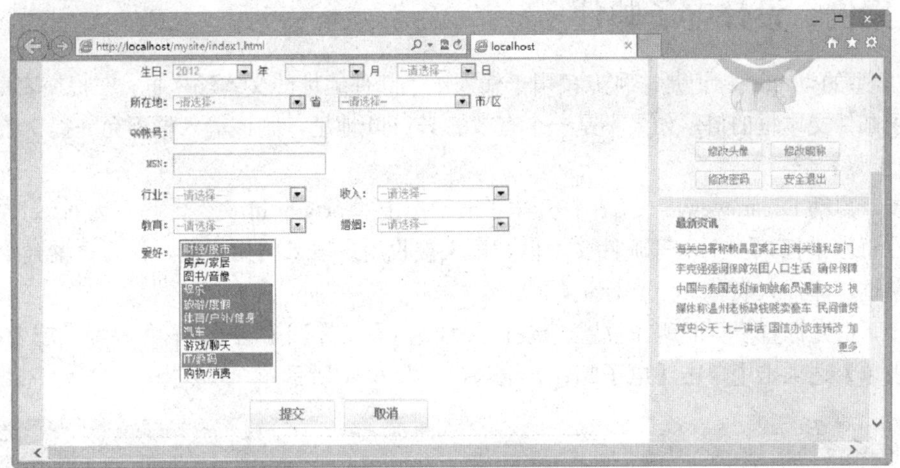

图 6.20　插入列表框的显示效果

第 7 步，切换到【代码】视图，可以看到生成如下的列表框代码。

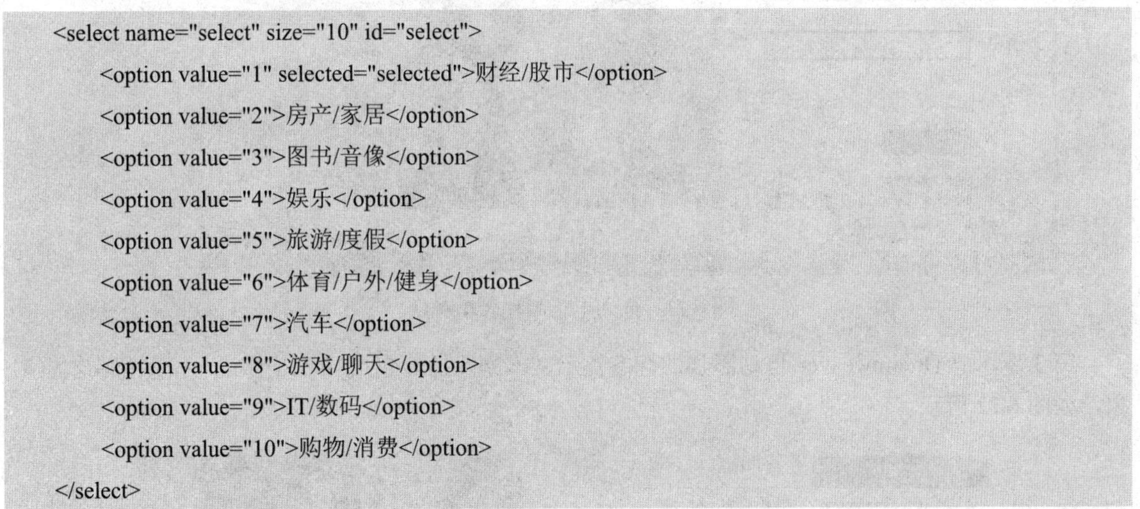

```
<select name="select" size="10" id="select">
    <option value="1" selected="selected">财经/股市</option>
    <option value="2">房产/家居</option>
    <option value="3">图书/音像</option>
    <option value="4">娱乐</option>
    <option value="5">旅游/度假</option>
    <option value="6">体育/户外/健身</option>
    <option value="7">汽车</option>
    <option value="8">游戏/聊天</option>
    <option value="9">IT/数码</option>
    <option value="10">购物/消费</option>
</select>
```

6.1.8　实战演练：定义其他表单对象

线 上 阅 读

下面再介绍其他表单对象的使用，如密码域、图像域、文件域、隐藏域和字段集等，详细介绍请扫码阅读。

6.2　插入 HTML5 表单

HTML5 新增了大量输入型表单对象，可参考【插入】|【表单】菜单项列表。通过使用 HTML5 表单对象，可以实现更好的输入控制。下面介绍两个比较常用的 HTML5 表单对象。

Note

视频讲解

6.2.1 案例：设计电子邮件

email 类型的<input>标记是一种专门用于输入电子邮件地址的文本输入框，在提交表单时，会自动验证电子邮件文本框的值。如果不是一个有效的 E-mail 地址，则该输入框不允许提交该表单。

【操作步骤】

第 1 步，启动 Dreamweaver CC，打开本小节示例中的 orig.html 文件，另存为 effect.html。在本示例中将在页面中插入一个电子邮件文本框，用来接收用户输入的用户名，操作之前建议读者先完成构建表单框，即插入表单<form>标记。

第 2 步，把光标置于页面所在位置。选择【插入】|【表单】|【电子邮件】命令，或者在【插入】面板的【表单】选项卡中单击【电子邮件】选项，如图 6.21 所示。

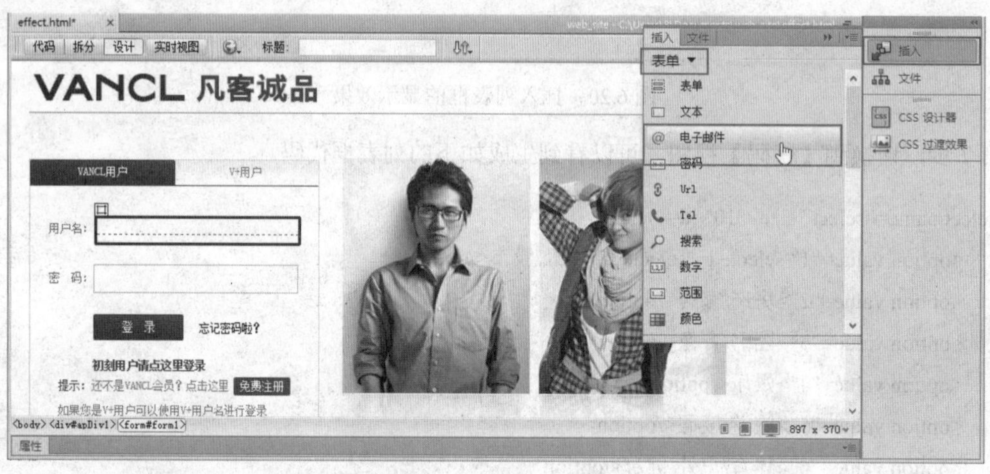

图 6.21 插入电子邮件表单对象

第 3 步，把 Dreamweaver 自动添加的标签提示文本删除掉，包括<label>标记，仅保留文本框对象，如图 6.22 所示。

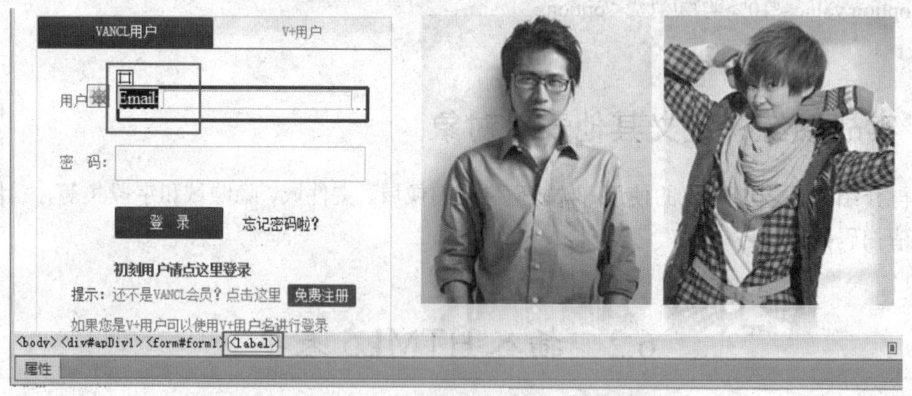

图 6.22 删除<label>标记及其包含的文本信息

第 4 步，为文本框定义类样式 email，设置布局样式：width:220px、height:28px，设计文本框固

定大小显示；设置文本样式：text-indent:5px、color:#999999、font-size:14px，设计文本框字体颜色为浅灰色，字体大小为 14 像素，首字缩进 5 个像素；设置其他样式：border:solid 1px #a5afc3，设计文本框边框为 1 像素的灰色实边框。然后在属性面板中，为 Class 绑定 email 类样式，详细设置如图 6.23 所示。

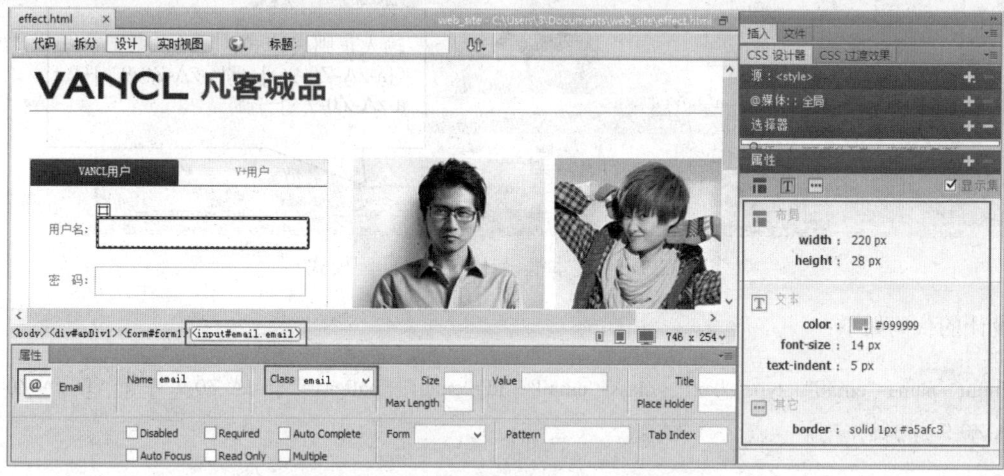

图 6.23 为文本框设计类样式

第 5 步，切换到【代码】视图，可以看到新添加的电子邮件对象，实际上它是一个简单的 input 输入型表单对象，修改了 type 属性值为"email"。

```
<input type="email" name="email" id="email" class="email">
```

第 6 步，在 Chrome 浏览器中的运行结果如图 6.24（a）所示。如果输入了错误的 E-mail 地址格式，单击【提交】按钮，或者按 Enter 键提交表单时，会出现如图 6.24（b）所示的“请输入电子邮件地址”的提示。

（a）有效的 E-mail 输入效果

（b）非法的 E-mail 验证效果

图 6.24 实例效果

【拓展】

如果使用普通的文本框设计电子邮件输入对象，可以通过正则表达式设计 Pattern 验证模式，如

Note

图 6.25 所示。

图 6.25　为文本框设计 Pattern 匹配模式

设计的代码如下：

```
<input name="email" type="text" class="email" id="email" pattern="^[a-zA-Z0-9_-]+@ [a-zA-Z0-9_-]+(\.[a-zA-Z0-9_-]+)+$">
```

在浏览器中可以实现相同的验证效果，唯一区别是错误提示的信息不同，如图 6.26 所示。

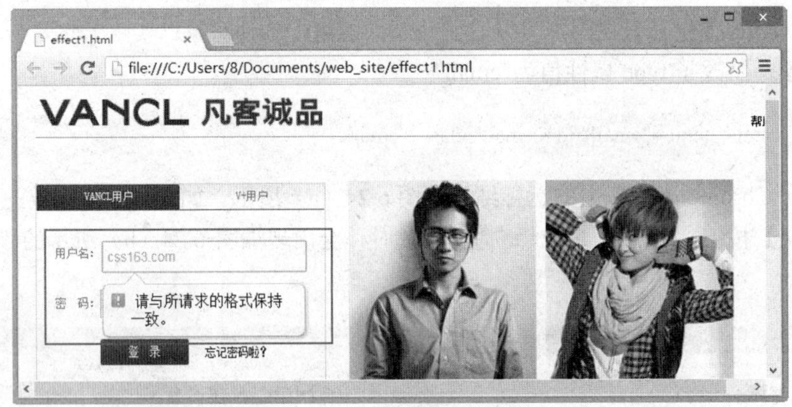

图 6.26　自定义 Pattern 验证效果

视频讲解

6.2.2　案例：设计数字框

number 类型的<input>标记提供用于输入数值的文本框。它还可以设定对所接收的数字的限制，包括规定允许的最大值和最小值、合法的数字间隔或默认值等。如果所输入的数字不在限定范围之内，则会出现错误提示。

【操作步骤】

第 1 步，启动 Dreamweaver CC，打开本小节示例中的 orig.html 文件，另存为 effect.html。在本示例中将在页面中插入一个数字输入文本框，用来接收用户输入的数字，用来接收用户准备购买的 Q 币数。操作之前建议读者先完成构建表单框，即插入表单<form>标记。

第 2 步，把光标置于页面所在位置。选择【插入】|【表单】|【数字】命令，或者在【插入】面板的【表单】选项卡中单击【数字】选项，如图 6.27 所示。

图 6.27　插入数字表单对象

第 3 步，选中<label>标记及其包含的提示文本，按 Delete 键删除，然后选中文本框，在属性面板中设置数字文本框的基本属性：选中【Required】复选框，要求该文本框为必填对象；设置【Max】为 1000，【Min】为 1，即限制该文本框最大接收的数字和最小接收的数字；设置【Step】为 1，即每次购买 Q 币的递增量；设置【Value】为 5，即设计文本框默认的数值为 5，设置如图 6.28 所示。

图 6.28　设置文本框属性

提示：number 类型文本框使用下面的属性来规定对数字类型的限定，如表 6.1 所示。

表 6.1　number类型文本框的属性

属　性	值	描　述
max	number	规定允许的最大值
min	number	规定允许的最小值
step	number	规定合法的数字间隔（如果 step="4"，则合法的数是-4，0，4，8 等）
value	number	规定默认值

第 4 步，切换到【代码】视图，可以看到新添加的数字文本框对象，实际上它是一个简单的 input 输入型表单对象，修改了 type 属性值为"number"。

```
<input name="number" type="number" required id="number" form="form1" max="1000" min="1" step="1" value="5">
```

Note

第 5 步，为文本框定义类样式 number，设置布局样式：width:40px、height:18px、padding-right: 8px、padding-left: 8px，设计文本框固定大小显示，添加左右补白为 8 像素；设置其他样式：border:inset 2px #fff，设计文本框边框为 2 像素的白色凹陷边框。然后在属性面板中，为 Class 绑定 number 类样式，详细设置如图 6.29 所示。

图 6.29　为文本框设计类样式

第 6 步，在 Chrome 浏览器中运行，在文本框的右侧出现一个上下箭头，通过单击该按钮，可以自动填充数字，如图 6.30（a）所示。该文本框要求如果输入了不在限定范围之内的数字，或输入了大于规定的最大值时会弹出错误提示信息。同样，如果违反了其他限定，也会出现相关提示，如图 6.30（b）所示。

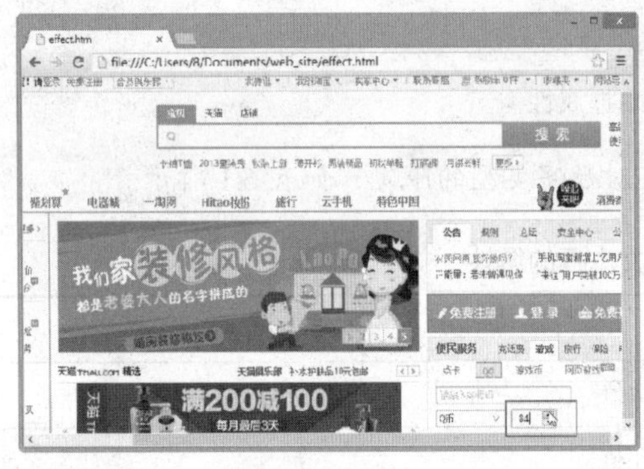

（a）数字文本框

（b）非法的数字验证效果

图 6.30　实例效果

提示：对于不同的浏览器，number 类型的输入框其外观也可能会有所不同。而如果使用 iPhone 或 iPod 中的 Safari 浏览器浏览包含 number 输入框的网页，则 Safari 浏览器同样会通过改变触摸屏键盘来配合该输入框，触摸屏键盘会优化显示数字以方便用户输入。

视频讲解

6.3　设置 HTML5 表单属性

HTML5 新增了多个 input 控制属性，用于监控输入行为，主要包括 autocomplete、autofocus、form、form overrides、placeholder、height 和 width、min 和 max、step、list、pattern、required。下面重点介绍两个常用属性。

6.3.1　案例：绑定表单域

HTML5 新增 form 属性，使用该属性可以把表单元素写在页面中的任一位置，然后只需要为这个元素指定 form 属性并为其指定属性值为指定表单的 ID 即可。

【操作步骤】

第 1 步，启动 Dreamweaver CC，打开本小节示例中的 orig.html 文件，另存为 effect.html。在本示例中将在页面中插入一个用户名文本框、一个单选按钮组、一个密码文本框，然后把它们都绑定到一个表单域上面。

第 2 步，把光标置于页面用户名所在位置，插入一个文本框。然后，把光标置于性别行后面，选择【插入】|【表单】|【单选按钮组】命令，或者在【插入】面板的【表单】选项卡中单击【单选按钮组】选项，插入单选按钮组，如图 6.31 所示。

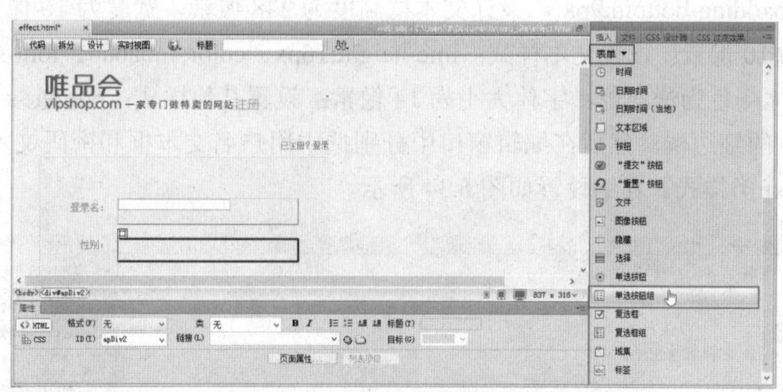

图 6.31　插入单选按钮组

第 3 步，在打开的【单选按钮组】对话框中，添加两个标签，名称分别为“男士”和“女士”，对应的值为 0 和 1，保持单选按钮组的名称不变，即默认值为 RadioGroup1，设置如图 6.32 所示，然后单击【确定】按钮完成单选按钮组的插入操作。

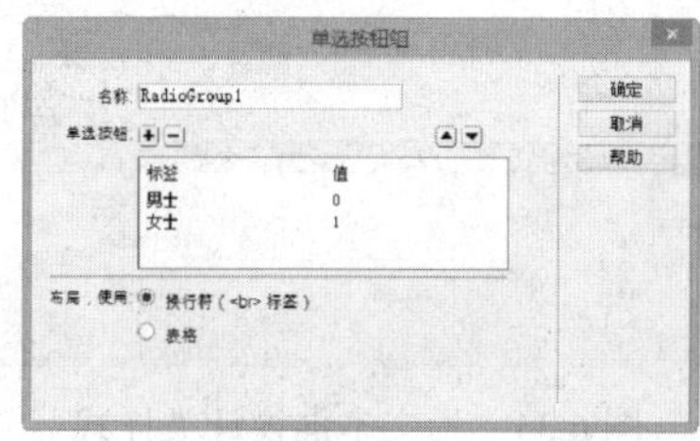

图 6.32　设置【单选按钮组】对话框

第 4 步，切换到【代码】视图，在编辑窗口中删除换行标记
，让两个选项并列显示。借助【插入】面板，继续在编辑窗口中插入两个密码文本框，然后删除自动添加的<label>标记及其包含的提示文本，如图 6.33 所示。

Note

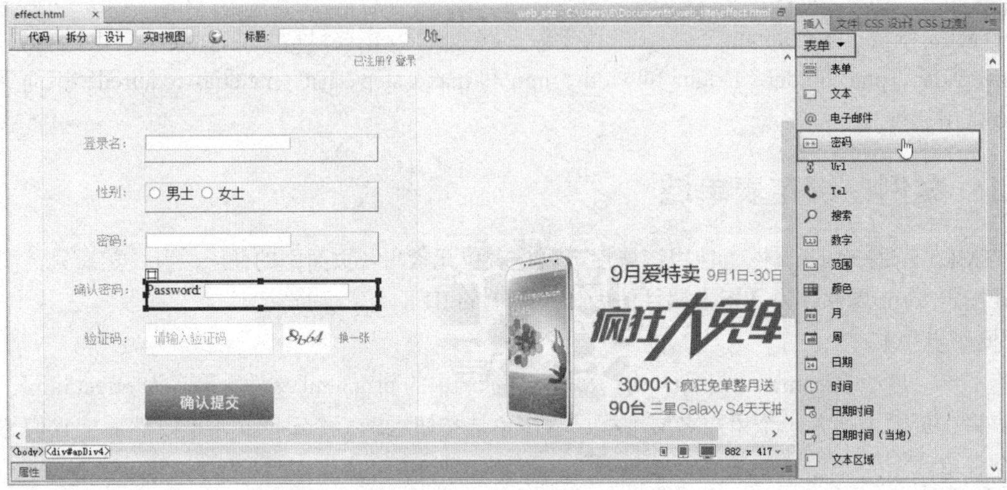

图 6.33　插入密码文本框

第 5 步，为文本框定义类样式 text，设置布局样式：width:248px、height: 16px、padding-left:10px、padding-top:9px、padding-bottom:9px;，设计文本框高度为 248 像素，宽度为 16 像素，上下补白为 9 像素，左侧补白为 10 像素；设置文本样式：line-height:16px、color:#a6a6a6、font-size:14px，设计行高为 16 像素，字体颜色为浅灰色，字体大小为 14 像素；设置其他样式：border: solid 1px #dad8da，设计边框为浅灰色的细边框。然后在编辑窗口中分别选中用户名文本框和密码文本框，在属性面板中为 Class 绑定 text 类样式，详细设置如图 6.34 所示。

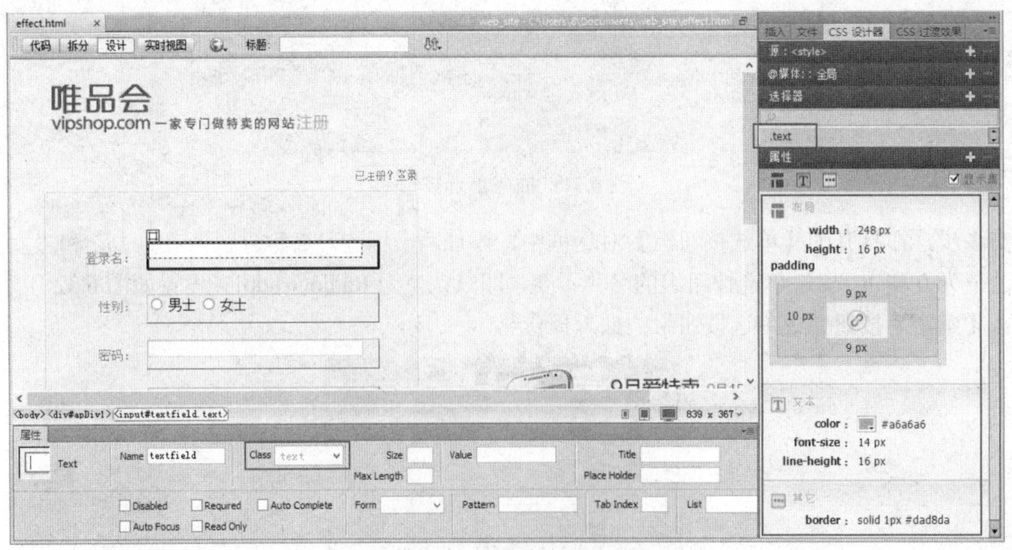

图 6.34　为文本框设计类样式

第 6 步，为单选按钮组定义类样式 radio，设置布局样式：position:relative、top:2px，设计单选按钮相对定位，然后通过设置 top 属性值为 2px，使单选按钮向下偏移 2 个像素，以便与标签文本对齐。然后在编辑窗口中分别选中两个单选按钮，在属性面板中为 Class 绑定 radio 类样式，详细设置如图 6.35 所示。

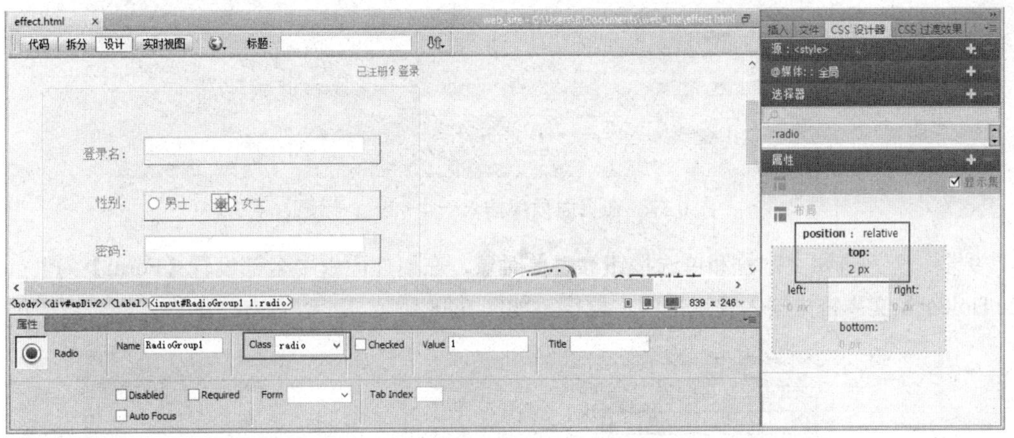

图 6.35　为单选按钮设计类样式

第 7 步，选中<label>标记，在【CSS 设计器】面板中添加 label 类型选择器，设置布局样式：margin-right:30px;，设计标签右侧产生 30 像素的距离，以便把两个单选按钮拉开距离；设置文本样式：color:#787878、font-size:14px，设计标签文本字体大小为 14 像素，字体颜色为灰色，详细设置如图 6.36 所示。

图 6.36　设计标签<label>类型样式

第 8 步，在页面顶部插入一个<form>标记，定义一个表单域，在属性面板中设置表单域的【ID】值为 login，设置【Method】为 GET，【Action】为#，这样当填写并提交表单之后，可以在 URL 中看到提交的表单对象包含的文本信息，如图 6.37 所示。

Note

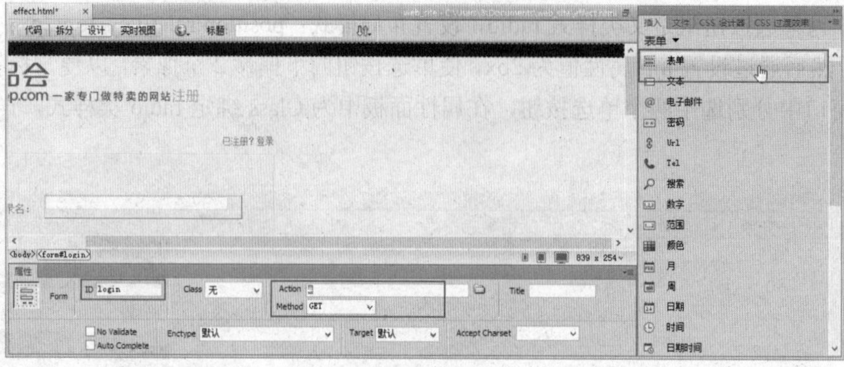

图 6.37　在页面顶部插入一个<form>标记

第 9 步，分别选中文本框和单选按钮等表单对象，在属性面板中全部设置【Form】为 login，在【Place Holder】文本框中输入提示性的占位符，如图 6.38 所示。

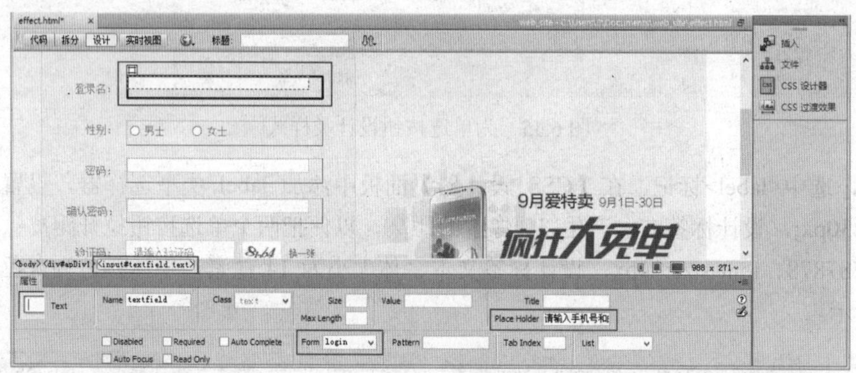

图 6.38　为所有文本框和单选按钮绑定表单域

第 10 步，在 Chrome 浏览器中运行，分别在各个文本框中输入值，然后按 Enter 键提交表单，这时可以在请求的 URL 地址中看到被提交的所有信息，虽然这些文本框和单选按钮并没有被 ID 为 login 的表单域包含，演示效果如图 6.39 所示。

（a）填写表单信息

（b）提交表单后在地址栏中可以看到提交信息

图 6.39　实例效果

提示：form 属性允许一个表单元素从属于多个表单，这样当提交不同表单时，这个表单元素的值都会被提交给服务器端。form 属性适用于所有的 input 输入类型表单对象，在使用时，必须引用所属表单的 ID 值。

Note

视频讲解

6.3.2　案例：匹配数据列表

HTML5 新增了一个<datalist>标记，使用这个标记可以实现数据列表的下拉效果，其外观类似 autocomplete，用户可从列表中选择，也可自行输入。当然，还必须与 list 属性配合使用，使用 list 属性可以指定输入框绑定哪一个<datalist>标记，其值是某个<datalist>标记的 ID 值。

【操作步骤】

第 1 步，启动 Dreamweaver CC，打开本小节示例中的 orig.html 文件，另存为 effect.html。在本示例中将在页面中插入一个用户名文本框，同时为该文本框绑定一个数据列表，该数据列表可以通过 Ajax 技术从服务器端动态获取，这样当用户输入登录信息时，能够自动、智能显示相匹配的选项。在本例中，仅给出几个静态的数据选项，以演示如何应用<datalist>标记，以及使用 list 属性绑定<datalist>标记。

第 2 步，把光标置于页面用户名所在位置，插入一个文本框。然后删除<label>标记及其包含的提示文本，如图 6.40 所示。

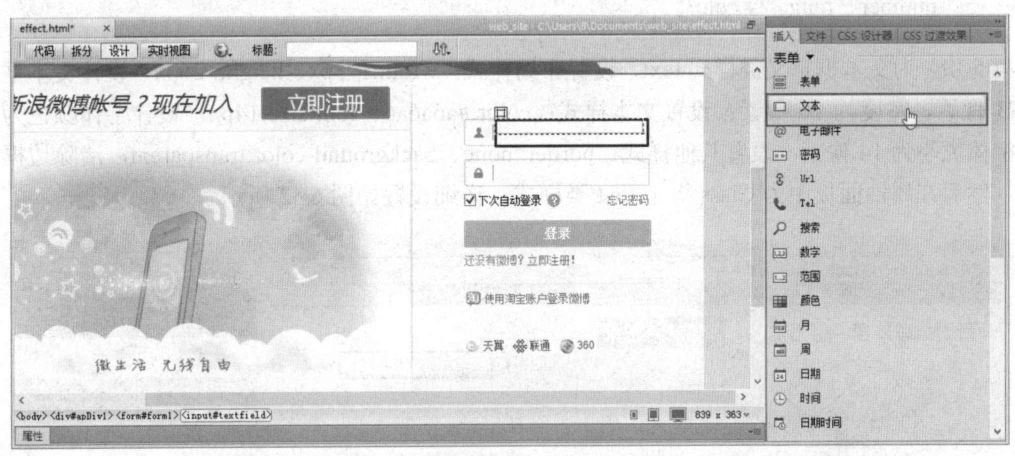

图 6.40　插入文本框

第 3 步，切换到【代码】视图，在<form>标记中手动输入下面的代码，其中<datalist>标记表示一个数据列表框，并为其定义 ID 值，以便页面中表单对象进行引用，然后在其中使用<option>标记定义多个选项，其中使用 label 属性定义显示的标签，使用 value 属性定义选项的值。

```
<datalist id="email_list">
    <option label="zhangsan@166.com" value="zhangsan@168.com" />
    <option label="zhang@168.com" value="zhang@168.com" />
    <option label="lisi@168.com" value="lisi@168.com" />
</datalist>
```

Note

第 4 步，切换到【设计】视图，选中文本框，在属性面板的 List 文本框中设置值为 email_list，即为当前文本框绑定数据列表框，当文本框获取焦点时，会自动显示该数据列表信息，以便用户选择，如图 6.41 所示。

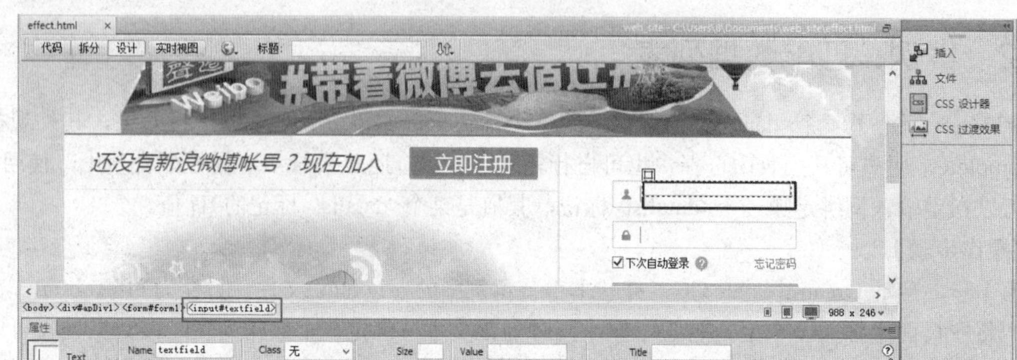

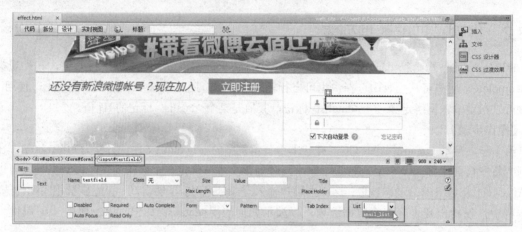

图 6.41　绑定数据列表

提示： list 属性适用于以下 input 输入类型：text、search、url、telephone、email、date pickers、number、range 和 color。

第 5 步，为文本框定义类样式 text，设置布局样式：width:173px、height: 26px，设计文本框高度为 173 像素，宽度为 26 像素；设置文本样式：color:#a6a6a6、font-size:14px，设计字体颜色为浅灰色，字体大小为 14 像素；设置其他样式：border: none、background-color:transparent，清除边框和背景色。然后在属性面板中为 Class 绑定 text 类样式，详细设置如图 6.42 所示。

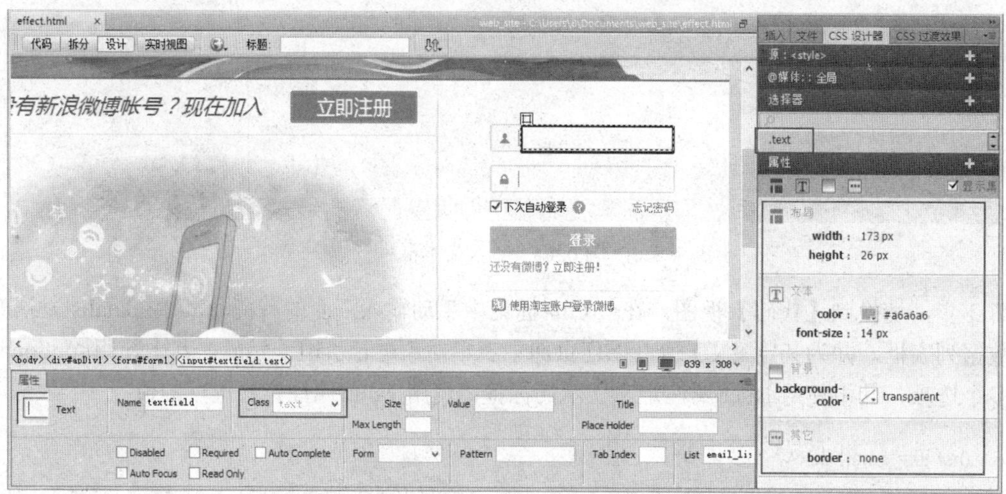

图 6.42　为文本框定义类样式

第 6 步，在 Chrome 浏览器中运行，当文本框获取焦点后，会自动显示备用数据列表，演示效果如图 6.43 所示。当用户输入新的词条，这些新词条也会被加入到下拉列表中，当下次输入相似的词

条时，会自动显示并匹配。

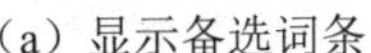

（a）显示备选词条

（b）自动提示新词条

图 6.43　实例效果

提示： <datalist>标记用于为输入框提供一个可选的列表，用户可以直接选择列表中某一预设的项，从而免去输入的麻烦。该列表由<datalist>标记中的<option>子标记定义。如果用户不希望从列表中选择某项，也可以自行输入其他内容。

6.4　案例实战：设计用户登录表单页

本示例设计一个用户登录表单页，页面以灰色为主色调，灰色是万能色，能够与任何色调风格的网站相融合，整个登录框醒目，结构简单，方便用户使用，表单框设计风格趋于自然，演示效果如图 6.44 所示。

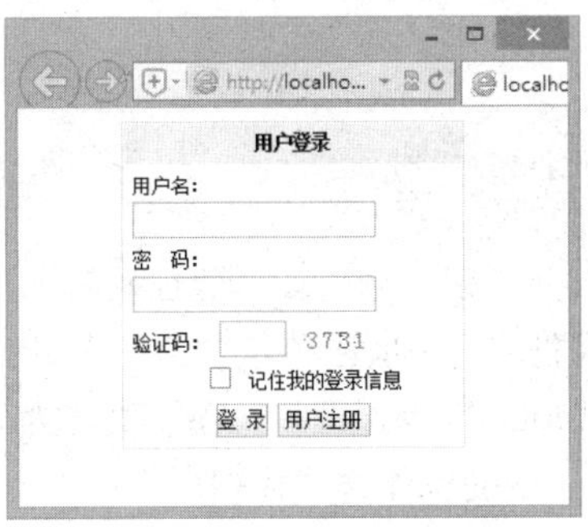

图 6.44　设计用户登录表单样式

【操作步骤】

第 1 步，在 Photoshop 中设计渐变的背景图像，高度为 21 像素，宽度为 2 像素，渐变色调以淡灰色为主，如图 6.45 所示。

图 6.45　设计背景图像

第 2 步，启动 Dreamweaver，新建一个网页，保存为 index.html。

第 3 步，在<body>标记内输入如下结构代码，构建表单结构，设计一个简单的用户登录表单。

Note

```
<div class="user_login">
    <h3>用户登录</h3>
    <div class="content">
        <form method="post" action="">
            <div class="frm_cont userName">
                <label for="userName">用户名：</label>
                <input type="text" id="userName" />
            </div>
            <div class="frm_cont userPsw">
                <label for="userPsw">密　码：</label>
                <input type="password" id="userPsw" />
            </div>
            <div class="frm_cont validate">
                <label for="validate">验证码：</label>
                <input type="text" id="validate" />
                <img src="images/getcode.jpg" alt="验证码：3731" /></div>
            <div class="frm_cont keepLogin">
                <input type="checkbox" id="keepLogin" />
                <label for="keepLogin">记住我的登录信息</label>
            </div>
            <div class="btns">
                <button type="submit" class="btn_login">登　录</button>
                <a href="#" class="reg">用户注册</a></div>
        </form>
    </div>
</div>
```

用户登录框主要由用户名输入框、密码输入框、验证码输入框和登录按钮等相关内容组成，每个网站根据网站的实际需求而决定登录框中所应该包含的元素。

表单框包含在<div class="user_login">包含框中，添加类名为 user_login 的<div>标记将所有登录框元素包含在一个容器之内，便于后期的整体样式控制。其中包含一个标题<h3>和一个子包含框<div class="content">，即内容框。

表单元素在正常情况下都应该存在于<form>标记中，通过<form>标记中的 action 属性和 method 属性检测最后表单内的数据需要发送到服务器端哪个页面，以及以什么方式发送的。

利用<div>标记将输入框以及文字包含在一起，形成一个整体。在整个表单中多次出现相同类似的元素，可以考虑使用一个类名调整多次出现的样式。例如，这里使用 frm_cont 这个类作为整体调整。再添加一个 userName 类有针对性地调整细节部分。

使用<label>标记中的 for 属性激活与 for 属性的属性值相对应的表单元素标签。例如，<label for="userName">标记被单击时，将激活 id="userName"的 input 元素，使光标出现在对应的输入框中。

第 4 步，在<head>标记内添加<style type="text/css">标记，定义一个内部样式表。

第 5 步，设计登录框最外层包含框（<div class="user_login">）的宽度为 210px，再增加内补丁 1px 使其内部元素与边框之间产生一点间距，显示背景颜色或者背景图片，增强视觉效果。

将登录框内的所有元素内补丁、边界以及文字的样式统一。在网站整体制作的初期这一步是必不可少的，通过设置整体的样式，可以减少后期再逐个设置样式的麻烦。如果需要调整也可以很快地将所有样式修改，当然针对特定标签可以通过类样式进行有针对性的设置。

```
.user_login { /* 设置登录框样式，增加 1px 的内补丁，提升整体表现效果 */
    width:210px;
    padding:1px;
    border:1px solid #DBDBD0;
    background-color:#FFFFFF;
}
.user_login * { /* 设置登录框中的全局样式，调整内补丁、边界、文字等基本样式 */
    margin:0;
    padding:0;
    font:normal 12px/1.5em "宋体", Verdana, Lucida, Arial, Helvetica, sans-serif;
}
```

第 6 步，设置标题的高度以及行高，并且居中显示。在此不设置标题的宽度，使其宽度的属性值为默认的 auto，主要是考虑让其随着外面容器的宽度而改变。重要的一点是可以省去计算宽度的时间，还可以让标题与容器的边框之间 1px 之差能完美体现。

```
.user_login h3 { /* 设置登录框中标题的样式 */
    height:24px;
    line-height:24px;
    font-weight:bold;
    text-align:center;
    background-color:#EEEEE8;
}
```

第 7 步，为了增强容器与内容之间的空间感，针对表单区域内容增加内补丁，使内容不会与边框显得拥挤。

```
.user_login .content {/* 设置登录框内容部分的内补丁，使其与边框产生一定的间距 */
    padding:5px;
}
```

第 8 步，增加每个表单之间的间距，使表单上下之间有错落感。

Note

```
.user_login .frm_cont {/* 将表单元素的容器向底下产生 5px 的间距 */
    margin-bottom:5px;
}
```

第 9 步，当用户单击<label>标记包含的文字时，能够激活对应的文本框，为了加强用户体验效果，当用户将鼠标经过文字时，将鼠标转变为手型，提示用户该区域单击后会有效果。

```
.user_login .frm_cont label {/* 设置鼠标经过所有的 label 标签，鼠标为手型 */
    cursor:pointer;
}
```

第 10 步，在表单结构中包含 4 个表单域对象，其中 3 个是输入域类型，另外一个是多选框类型。对于输入域类型的<input>标记是可以修改边框以及背景等样式的，而多选框类型的<input>标记在个别浏览器中是不能修改的。因此，本案例有针对性修改“用户名”“密码”和“验证码”输入框的样式，添加边框线。

输入域类型的<input>标记虽然可以通过 CSS 样式修改其边框以及背景样式，但 Firefox 浏览器还存在一些问题，无法利用 CSS 的 line-height 行高属性设置单行文字垂直居中。因此考虑利用内补丁（padding）的方式将输入域的内容由顶部“挤压”，形成垂直居中的效果。

```
.user_login .userName input, .user_login .userPsw input, .user_login .validate input {/* 将所有输入框设置宽度以及边框样式 */
    width:146px; height:17px;
    padding:3px 2px 0; border:1px solid #A9A98D;
}
```

第 11 步，验证码输入框的宽度相对其他几个输入框相对比较小，为了使其与验证码图片之间有一定的间隔，需要再单独使用 CSS 样式进行调整。

```
.user_login .validate input { /* 设置验证码输入框的宽度以及与验证图之间的间距 */
    width:36px;
    text-align:center;
    margin-right:5px;
}
```

第 12 步，缩进“记住我的登录信息”的内容，使多选框与其他输入框对齐，利用该容器的宽度属性值为默认值 auto 的前提下，增加左右内补丁不会导致最终的宽度变大特性，使用 padding-left 将其缩进。

浏览器默认解析多选框与文字并列出现时，不会将文字与多选框的底部对齐。为了调整这个显示效果的不足，可以使用 CSS 样式中 vertical-align 垂直对齐属性将多选框向下移动来达到最终效果。Firefox 浏览器的调整导致了 IE 浏览器的不足，因此需要利用针对 IE 浏览器的兼容方法，将 CSS 的 vertical-align 垂直对齐属性设置为 0，最终在 IE 浏览器与 Firefox 浏览器之间能达到一个相对的平衡

关系。

```
.user_login .keepLogin { /* 将记住密码区域左缩进 48px，与输入框对齐 */
    padding-left:48px;
}
.user_login .keepLogin input { /* 调整多选框与文字之间的间距，以及底边与文字对齐 */
    margin-right:5px;
    vertical-align:-1px;
    *vertical-align:0; /* 针对 IE 浏览器的 HACK */
}
```

第 13 步，将按钮文字设置为相对于类名为 btns 的父级容器居中显示，需要注意的两点内容：

☑ 锚点<a>标记是内联元素，不具备宽高属性。但也不能转化为块元素，如果转化为块元素后，父级的 text-align:center 居中将会失效，而且需要将按钮和文字设置浮动后才能与按钮并列显示。

☑ 在 IE 浏览器中，按钮与文字之间的垂直对齐关系如同多选框与文字之间的对齐，需要利用 vertical-align 将其调整。

根据这两点需要考虑的问题，可以针对锚点<a>标记设置 padding 属性增加背景图片显示的空间，可以利用兼容方式调整 IE 浏览器中对于按钮与文字之间的对齐关系。

```
.user_login .btns { /* 按钮区域的容器居中显示 */
    text-align:center;
}
.user_login .btns a {/* 设置文字基本样式以及增加相应的内补丁显示背景图片 */
    padding:3px 4px 2px;
    text-decoration:none;
    color:#000000;
}
.user_login .btns button {/* 设置按钮高度以及针对 IE 浏览器调整按钮与文字的对齐方式 */
    height:21px;
    *vertical-align:-3px; /* 针对 IE 浏览器的兼容方式/
    cursor:pointer;
}
.user_login .btns button, .user_login .btns a {/*为按钮区域文字和按钮设置边框线和背景图片 */
    border:1px solid #A9A98D;
    background:url (images/bg_btn.gif) repeat-x 0 0;
}
```

Note

6.5 在线练习

下面通过大量的上机示例，帮助初学者练习使用 HTML5 设计表单结构和样式。感兴趣的读者可以扫码练习：（1）表单行为；（2）表单美化。

在线练习1

在线练习2

设计图像和背景样式

图片是网页构成的基本对象，通过<img>可以把外面的图像嵌入到网页中，图片的显示效果可以借助<img>标记的属性来设置，也可以使用CSS定义图片样式，用CSS控制会事半功倍。另外，使用CSS还可以把图片作为背景来装饰网页对象，即所谓的背景图像，CSS提供了很多背景图像控制属性，利用它们可以设计很多精美的网页效果。

【学习重点】

- 了解<img>标记相关属性设置。
- 了解控制图片的一般方法。
- 理解CSS有关背景图像的属性，并能够正确使用。
- 设计图文混排效果。
- 使用CSS背景图设计精美的栏目效果。

7.1 设计图片样式

Note

一般网页都少不了使用漂亮的图片来装饰一下。如何合理地使用图片、美化图片将直接影响网页的视觉传达效果。

视频讲解

7.1.1 定义图片边框

在默认状态下网页中的图片是不显示边框的，但当为图像定义超链接时会自动显示 2～3 像素宽的蓝色粗边框。

【示例 1】新建页面，尝试输入下面一行代码，然后在浏览器中预览一下效果。

```
<a href="#"><img src="images/login.gif" alt="登录" /></a>
```

HTML 为<img>标记定义 border 属性，使用该属性可以设置图片边框粗细，当设置为 0 时，则能够清除边框。

CSS 的 border 属性不仅为图像定义边框，也可以为任意 HTML 元素定义边框，且提供丰富的边框样式，同时能够定义边框的粗细、颜色和样式，用户应养成使用 CSS 的 border 属性定义元素边框的习惯。

1. 边框样式

CSS 使用 border-style 属性来定义对象的边框样式，这种边框样式包括两种：虚线框和实线框。该属性的用法如下：

```
border-style : none | hidden | dotted | dashed | solid | double | groove | ridge | inset | outset
```

常用边框样式包括 solid（实线）、dotted（点）和 dashed（虚线）。dotted（点）和 dashed（虚线）这两种样式效果略有不同，同时在不同浏览器中的解析效果也略有差异。

【示例 2】下面的示例使用 CSS 为图像定义不同的虚线边框样式。

第 1 步，新建一个网页，保存为 test.html。

第 2 步，在<body>内使用<img>标记插入两幅相同的图片。

```
<div><img class="dotted" src="images/2.jpg" alt="点线边框" />
    <h2>点线边框</h2>
</div>
<div><img class="dashed" src="images/2.jpg" alt="虚线边框" />
    <h2>虚线边框</h2>
</div>
```

第 3 步，在<head>标记内添加<style type="text/css">标记，定义一个内部样式表，然后输入下面的样式，定义两个类样式，用来设计图片边框效果。

```
div {
    float:left;
    text-align:center;
    margin:12px;}
img {
    width:250px;                /* 固定图像显示大小 */
    border-width:10px;          /* 定义图片边框宽度 */
}
.dotted { /* 点线框样式类 */
    border-style:dotted;}
.dashed { /* 虚线框样式类 */
    border-style:dashed;}
```

第 4 步，在浏览器中预览，点线和虚线的比较效果如图 7.1 所示。

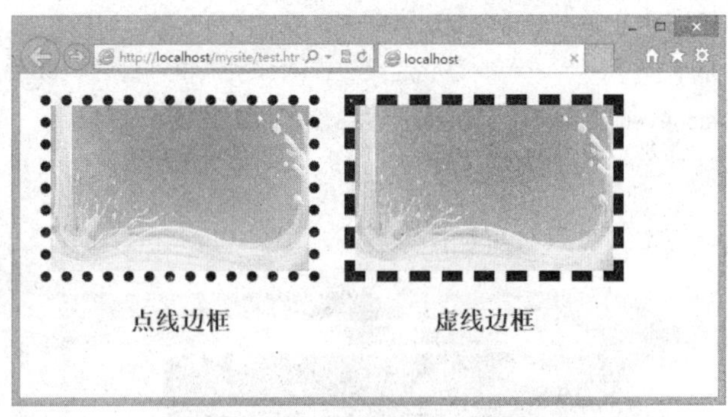

图 7.1　比较边框样式效果

当单独定义对象某边边框样式时，可以使用单边边框属性：border-top-style（顶部边框样式）、border-right-style（右侧边框样式）、border-bottom-style（底部边框样式）和 border-left-style（左侧边框样式）。

提示： 双线边框的宽度由两条单线与其间隔空隙构成，它们的和等于边框的宽度，即 border-width 属性值。但是双线框的值分配也会存在一些矛盾，无法做到平均分配。例如，如果边框宽度为 3px，则两条单线与其间空隙分别为 1px；如果边框宽度为 4px，则外侧单线为 2px，内侧和中间空隙分别为 1px；如果边框宽度为 5px，则两条单线宽度为 2px，中间空隙为 1px，其他取值依此类推。

2. 边框颜色和宽度

CSS 提供了 border-color 属性定义边框的颜色，颜色取值可以是任何有效的颜色表示法。同时 CSS 使用 border-width 属性定义边框的粗细，取值可以是任何长度单位，但是不能取负值。

如果定义单边边框的颜色，可以使用这些属性：border-top-color（顶部边框颜色）、border-right-color（右侧边框颜色）、border-bottom-color（底部边框颜色）和 border-left-color（左侧边框颜色）。

Note

如果定义单边边框的宽度，可以使用这些属性：border-top-width（顶部边框宽度）、border-right-width（右侧边框宽度）、border-bottom-width（底部边框宽度）和 border-left-width（左侧边框宽度）。

当元素的边框样式为 none 时，所定义的边框颜色和边框宽度都会无效。在默认状态下，元素的边框样式为 none，而元素的边框宽度默认为 2～3 像素。

【示例 3】下面的示例使用 CSS 为图像定义不同边色样式。

第 1 步，新建一个网页，保存为 test2.html。

第 2 步，在<body>内使用<img>标记插入一幅图片。

```
<img src="images/1.jpg" />
```

第 3 步，在<head>标记内添加<style type="text/css">标记，定义一个内部样式表，然后输入下面样式，分别定义每边边框的颜色。

```
img {
    width:400px;                            /* 宽度 */
    border:solid red 60px;                  /* 定义边样式：实线框、红色、60 像素宽度 */
    border-color:red blue green yellow;     /* 顶边红色、右边蓝色、底边绿色、左边黄色 */
}
```

第 4 步，在浏览器中预览，显示效果如图 7.2 所示。

图 7.2　定义各边边框颜色效果

视频讲解

7.1.2　定义图片透明度

CSS3 增加了定义透明度的 opacity 属性，用法如下：

```
opacity: 0～1;
```

该属性取值范围在 0～1，值越低就越透明，0 为完全透明，而 1 表示完全不透明。

【示例】下面的示例使用 CSS 为图像定义半透明效果。

Note

第 1 步，新建一个网页，保存为 test.html。

第 2 步，在<body>内使用<img>标记插入两幅图片，以便进行比较。

```
<div><img src="images/1.jpg" alt="图像透明度" />
    <h2>原图</h2>
</div>
<div><img class="opacity" src="images/1.jpg" alt="图像透明度" />
    <h2>半透明效果</h2>
</div>
```

第 3 步，在<head>标记内添加<style type="text/css">标记，定义一个内部样式表，然后输入下面样式，设计网页中其中一幅图片为半透明显示。

```
div {
    float:left;
    text-align:center;
    margin:12px;}
img { width:400px;}
.opacity {/* 透明度样式类 */
    opacity: 0.5;                      /* 兼容标准浏览器 */
    filter:alpha (opacity=50);         /* 兼容 IE 浏览器 */
    -moz-opacity:0.5;                  /* 兼容 FF 浏览器 */
}
```

第 4 步，按 Ctrl+S 快捷键保存文档，按 F12 键在浏览器中预览，显示效果如图 7.3 所示。

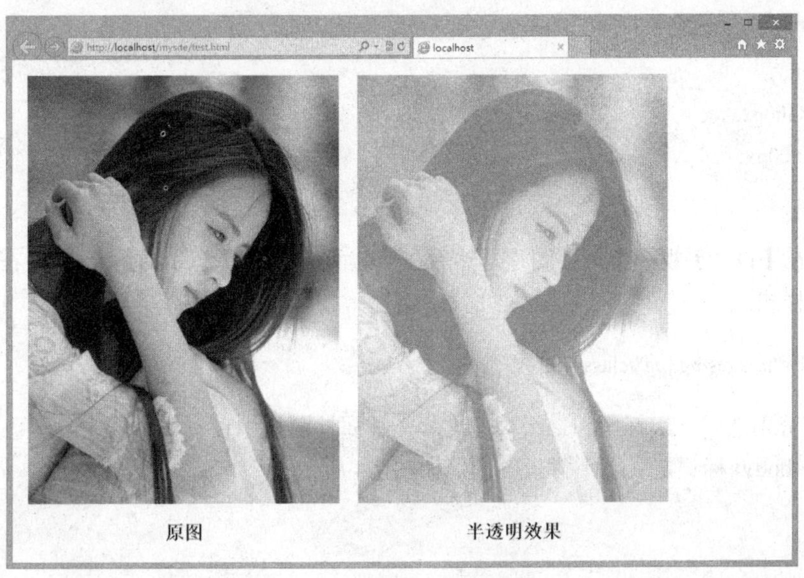

图 7.3　定义图片半透明效果

视频讲解

7.1.3 定义图片对齐方式

图像能够设计水平对齐和垂直对齐样式，实现方法可以使用 HTML 属性，也可以使用 CSS 属性，如 text-align（水平对齐）和 vertical-align（垂直对齐）。用法与文本对齐方式相同。

【示例】下面的示例使用 float 设计图文环绕效果。

第 1 步，启动 Dreamweaver，新建一个网页，保存为 test.html。

第 2 步，在<body>内使用<img>标记插入一幅图片，并把这幅图片混排在段落中。

```
<h1>《雨天的书》节选</h1>
<h2>张晓风</h2>
<p><img src="images/bg.jpg" ></p>
<p>我不知道，天为什么无端落起雨来了。薄薄的水雾把山和树隔到更远的地方去，我的窗外遂只剩下一片辽阔的空茫了。</p>
<p>想你那里必是很冷了吧？另芳。青色的屋顶上滚动着水珠子，滴沥的声音单调而沉闷，你会不会觉得很寂寥呢？ </p>
<p>你的信仍放在我的梳妆台上，折得方方正正的，依然是当日的手痕。我以前没见你；以后也找不着你，我所能有的，也不过就是这一片模模糊糊的痕迹罢了。另芳，而你呢？你没有我的只字片语，等到我提起笔，却又没有人能为我传递了。</p>
<p>冬天里，南馨拿着你的信来。细细斜斜的笔迹，优雅温婉的话语。我很高兴看你的信，我把它和另外一些信件并放着。它们总是给我鼓励和自信，让我知道，当我在灯下执笔的时候，实际上并不孤独。</p>
```

第 3 步，在<head>标记内添加<style type="text/css">标记，定义一个内部样式表，然后设计一个向左浮动的类样式。

```
.left { /* 定义向左浮动的类样式，同时定义图片高度为 300 像素，外距为 20 像素 */
    float:left;
    height: 300px;
    margin: 20px;
}
```

第 4 步，在【设计】视图中选中图片，然后在属性面板中设置【Class】为 left，在嵌入的图片标记中应用该类样式。

```
<p><img src="images/bg.jpg" class="left"></p>
```

第 5 步，分别选中一级标题和二级标题文本，在属性面板中设置文本居中显示。在【CSS 设计器】面板中为<body>标记定义一个背景图像，如图 7.4 所示。

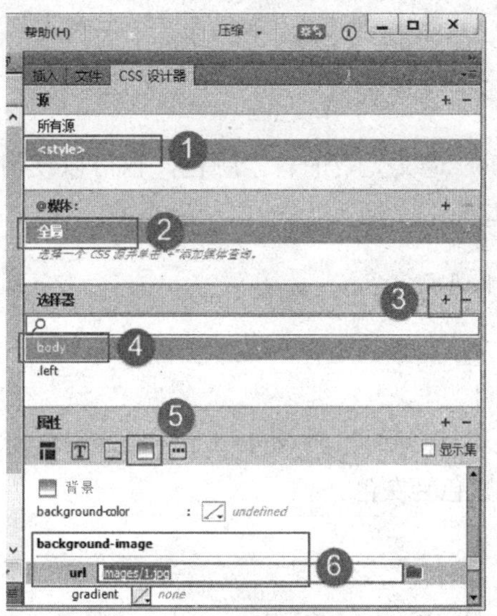

图 7.4　定义网页背景图像

第 6 步，保存文档，在浏览器中预览，显示效果如图 7.5 所示。

图 7.5　定义图片浮动显示

7.1.4　定义图片大小

<img>标签包含 width 和 height 属性，使用它们可以控制图像的大小。与之相对应，在 CSS 中可以使用 width 和 height 属性定义图片的宽度和高度。具体示例可以扫码阅读。

线 上 阅 读

7.2　设计背景样式

背景样式主要包括背景颜色和背景图像。在标准设计中，CSS 使用 background 属性为所有的元素定义背景颜色和背景图像。

7.2.1 定义背景颜色

Note

CSS 使用 background-color 定义元素的背景颜色，也可以使用 background 复合属性定义。background-color 属性的用法如下：

视频讲解

```
background-color : transparent | color
```

其中，transparent 属性值表示背景色透明，该属性值为默认值。color 可以指定颜色，为任意合法的颜色取值。

【示例】新建网页，在<head>标记内添加<style type="text/css">标记，定义一个内部样式表，然后输入下面样式，设计网页背景色为灰色。

```
body{
    background-color:gray;
}
```

使用 CSS 的 background 属性定义方法相同，修改上面样式如下：

```
body{
    background:gray;
}
```

7.2.2 定义背景图像

视频讲解

在 CSS 中可以使用 background-image 属性来定义背景图像。具体用法如下：

```
background-image : none | url ( url )
```

其中，none 表示没有背景图像，该值为默认值，url (url)可以使用绝对或相对地址，url 地址指定背景图像所在的路径。

URL 所导入的图像可以是任意类型，但是符合网页显示的格式一般为 GIF、JPG 和 PNG，这些类型的图像各有自己的优点和缺陷，可以酌情选用。

例如，GIF 格式图像具备设计动画、透明背景和图像小巧等优点；而 JPG 格式图像具有更丰富的颜色数，图像品质相对要好；PNG 类型综合了 GIF 和 JPG 两种图像的优点，缺点就是占用空间相对要大。

【示例】下面的示例使用 CSS 定义背景图像样式。

第 1 步，新建一个网页，保存为 test.html。

第 2 步，在<body>内使用<p>标记插入一段文字，以便进行比较观察。

```
<p>段落行背景图像</p>
```

第 3 步，在<head>标记内添加<style type="text/css">标记，定义一个内部样式表，然后输入下面样式，分别为网页和段落文本定义背景图像。

```
body {background-image:url (images/bg.jpg);}/* 网页背景图像 */
```

```
p {/* 段落样式 */
    background-image:url (images/png1.png);/* 透明的 PNG 背景图像 */
    height:120px;                           /* 高度 */
    width:384px;                            /* 宽度 */
}
```

第 4 步，保存文档，按 F12 键在浏览器中预览，显示效果如图 7.6 所示。

图 7.6　定义背景图像

提示： 如果背景图像为透明的 GIF 或 PNG 格式图像，则被设置为元素的背景图像时，这些透明区域依然被保留。但是对于 IE 6 及其以下版本浏览器来说，由于不支持 PNG 格式的透明效果，需要使用 IE 滤镜进行兼容性处理。

7.2.3　定义显示方式

视频讲解

CSS 使用 background-repeat 属性专门控制背景图像的显示方式。具体用法如下：

```
background-repeat : repeat | no-repeat | repeat-x | repeat-y
```

其中，repeat 表示背景图像在纵向和横向上平铺，该值为默认值，no-repeat 表示背景图像不平铺，repeat-x 表示背景图像仅在横向上平铺，repeat-y 表示背景图像仅在纵向上平铺。

【示例】下面的示例演示了背景图像平铺的不同方式和效果。

第 1 步，新建一个网页，保存为 test.html。

第 2 步，在<body>内使用<div>标记定义 4 个盒子，以便进行比较观察。

```
<div id="box1">完全平铺</div>
<div id="box2">x 轴平铺</div>
<div id="box3">y 轴平铺</div>
<div id="box4">不平铺</div>
```

第 3 步，在<head>标记内添加<style type="text/css">标记，定义一个内部样式表，然后输入下面样式，分别为 4 个盒子定义不同的背景图像平铺显示。

```
div {/* 定义盒子的公共样式 */
```

Note

```
    background-image:url (images/ 1.jpg);              /* 背景图像 */
    width:480px;                                       /* 宽度 */
    height:300px;                                      /* 高度 */
    border:solid 1px red;                              /* 定义边框 */
    margin:2px;                                        /* 定义边界 */
    float:left;                                   /* 向左浮动显示 */
}
#box1 {background-repeat:repeat;}                 /* 完全平铺 */
#box2 {background-repeat:repeat-x;}               /* x 轴平铺 */
#box3 {background-repeat:repeat-y;}               /* y 轴平铺 */
#box4 {background-repeat:no-repeat;}              /*不平铺 */
```

第 4 步，保存文档，按 F12 键在浏览器中预览，显示效果如图 7.7 所示。

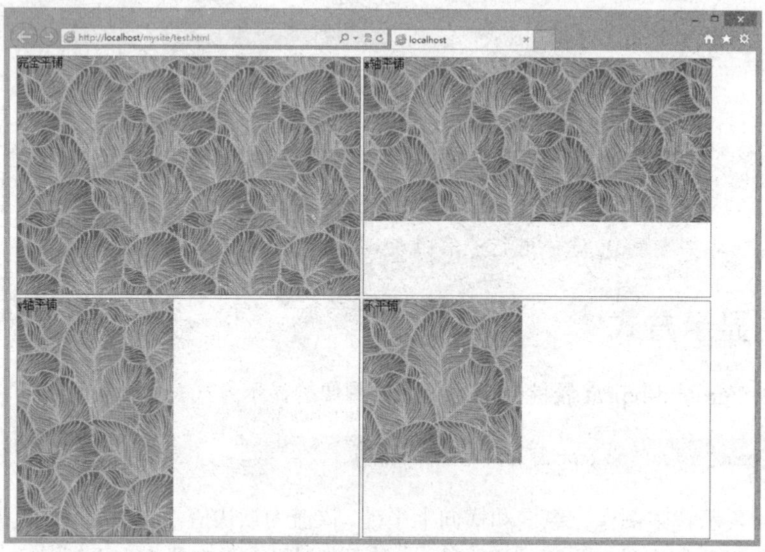

图 7.7 控制背景图像显示方式的效果比较

提示：背景图像显示方式对于设计网页栏目的装饰性效果具有非常重要的价值。很多栏目就是借助背景图像的单向平铺来设计栏目的艺术边框效果。

视频讲解

7.2.4 定义显示位置

在默认情况下，背景图像显示在元素的左上角，并根据不同方式执行不同的显示效果。为了更好地控制背景图像的显示位置，CSS 定义了 background-position 属性来精确定位背景图像。

```
background-position : length || length
background-position : position || position
```

其中，length 表示百分数，或者由浮点数字和单位标识符组成的长度值。top、center、bottom 和

left、center、right 表示背景图像的特殊对齐方式，分别表示在 y 轴方向上顶部对齐、中间对齐和底部对齐，以及在 x 轴方向上左侧对齐、居中对齐和右侧对齐。

【示例】下面的示例定义了背景图像居中显示。

第 1 步，新建一个网页，保存为 test.html。

第 2 步，在<body>内使用<div>标记定义一个盒子。

```
<div id="box"></div>
```

第 3 步，在<head>标记内添加<style type="text/css">标记，定义一个内部样式表，然后输入下面的样式，在盒子的中央显示一幅背景图像。

```
#box {/* 盒子的样式 */
    background-image:url (images/png1.png);          /* 定义背景图像 */
    background-repeat:no-repeat;                     /* 禁止平铺 */
    background-position:50% 50%;                     /* 定位背景图像 */
    width:510px;                                     /* 宽度 */
    height:260px;                                    /* 高度 */
    border:solid 1px red;                            /* 边框 */
}
```

第 4 步，保存文档，按 F12 键在浏览器中预览，显示效果如图 7.8 所示。

图 7.8　定义背景图像居中显示

提示：在使用 background-position 属性之前，应该使用 background-image 属性定义背景图像，否则 background-position 的属性值是无效的。在默认状态下，背景图像的定位值为（0% 0%），所以用户总会看见背景图像位于定位元素的左上角。精确定位与百分比定位的定位点是不同的。对于精确定位来说，它的定位点始终是背景图像的左上顶点。

7.2.5　定义固定显示

视频讲解

在默认状态下背景图像会随网页内容整体上下滚动。如果定义水印或者窗口背景等特殊背景图像，自然不希望这些背景图像在滚动网页时轻易消失。为此 CSS 定义了 background-attachment 属性，该属性能够固定背景图像始终显示在浏览器窗口中的某个位置。该属性的具体用法如下：

```
background-attachment : scroll | fixed
```

其中，scroll 表示背景图像是随对象内容滚动，该值为默认值，fixed 表示背景图像固定。

【示例】下面的示例演示了背景图像固定显示的基本用法。

第 1 步，新建一个网页，保存为 test.html。

第 2 步，在<body>内使用<div>标记定义一个盒子。

```
<div id="box"></div>
```

第 3 步，在<head>标记内添加<style type="text/css">标记，定义一个内部样式表，然后输入下面的样式。定义网页背景，并把它固定在浏览器的中央，然后把<body>标记的高度定义为大于屏幕的高度，强迫显示滚动条，代码如下。

```
body {/* 固定网页背景 */
    background-image:url (images/bg1.jpg);          /* 定义背景图像 */
    background-repeat:no-repeat;                    /* 禁止平铺显示 */
    background-attachment:fixed;                    /* 固定显示 */
    background-position:left center;                /* 定位背景图像的位置 */
    height:1000px;                                  /* 定义网页内容高度 */
}
div {/* 盒子的样式 */
    background-image:url (images/grid.gif);         /* 背景图像 */
    background-repeat:no-repeat;                    /* 禁止背景图像平铺 */
    background-position:center left;
    width:400px;                                    /* 盒子宽度 */
    height:400px;                                   /* 盒子高度 */
    border:solid 1px red;                           /* 盒子边框 */
}
```

第 4 步，保存文档，按 F12 键在浏览器中预览，这时如果拖动滚动条，则可以看到网页背景图像始终显示在窗口的中央位置，效果如图 7.9 所示。

图 7.9　定义背景图像显示

Note

【拓展】

为了定义背景图像，有时候需要多个属性，不过使用 CSS 定义的 background 复合属性，可以在一个属性中定义所有相关的值。

例如，如果把上面示例中的 4 个与背景图像相关的声明合并为一个声明，则代码如下：

```
body {/*  固定网页背景  */
    background:url (images/bg2.jpg) no-repeat fixed left center;
    height:1000px;}
```

上面各个属性值不分先后顺序，且可以自由定义，不需要指定每一个属性值。另外，该复合属性还可以同时指定颜色值，这样当背景图像没有完全覆盖所有区域，或者背景图像失效时（找不到路径），则会自动显示指定颜色。

例如，定义如下背景图像和背景颜色，显示效果如图 7.10 所示。

```
body {/*  同时定义背景图像和背景颜色  */
    background: #CCCC99 url (images/png-1.png);}
```

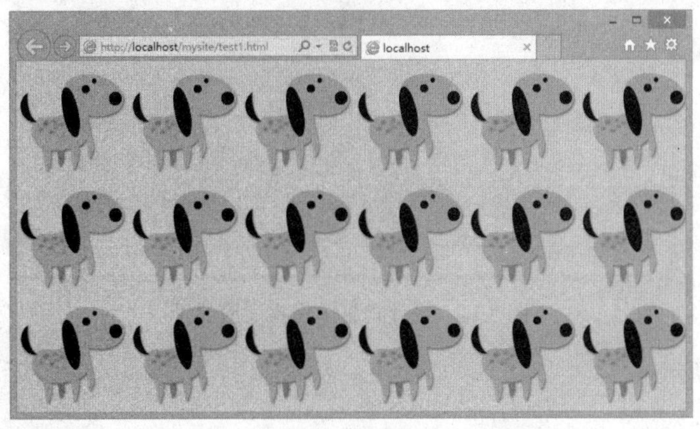

图 7.10　同时定义背景图像和背景颜色

但是如果把背景图像和背景颜色分开声明，则无法同时在网页中显示。例如，在下面的示例中，后面的声明值将覆盖前面的声明值，所以就无法同时显示背景图像和背景颜色。

```
body {/*  定义网页背景色和背景图像  */
    background:#CCCC99;
    background:url (images/png-1.png) no-repeat;}
```

7.2.6　定义背景图像大小

视频讲解

background-size 可以控制背景图像的显示大小。该属性的基本语法如下：

```
background-size: [ <length> | <percentage> | auto ]{1, 2} | cover | contain;
```

取值简单说明如下。

Note

☑ <length>：由浮点数字和单位标识符组成的长度值。不可为负值。

☑ <percentage>：取值为0%～100%的值。不可为负值。

☑ cover：保持背景图像本身的宽高比例，将图片缩放到正好完全覆盖所定义背景的区域。

☑ contain：保持图像本身的宽高比例，将图片缩放到宽度或高度正好适应所定义背景的区域。

初始值为auto。background-size属性可以设置1个或2个值，1个为必填，1个为可选。其中第1个值用于指定背景图像的width，第2个值用于指定背景图像的height，如果只设置1个值，则第2个值默认为auto。

【示例】下面的示例使用background-size属性自由定制背景图像的大小，让背景图像自适应盒子的大小，从而可以设计与模块大小完全适应的背景图像，本示例效果如图7.11所示，只要背景图像长宽比与元素长宽比相同，就不用担心背景图像变形显示。

图7.11　设计背景图像自适应显示

示例代码如下所示：

```
<style type="text/css">
div {
    margin:2px;
    float:left;
    border:solid 1px red;
    background:url (images/img2.jpg) no-repeat center;
    /*设计背景图像完全覆盖元素区域*/
    background-size:cover;
}
/*设计元素大小*/
.h1 { height:80px; width:110px; }
.h2 { height:400px; width:550px; }
</style>
```

```
<div class="h1"></div>
<div class="h2"></div>
```

Note

视频讲解

7.2.7　定义多重背景图像

CSS3 支持在同一个元素内定义多个背景图像，还可以将多个背景图像进行叠加显示，从而使得设计多图背景栏目变得更加容易。

【示例 1】本例使用 CSS3 多背景设计花边框，使用 background-origin 定义仅在内容区域显示背景，使用 background-clip 属性定义背景从边框区域向外裁剪，如图 7.12 所示。

图 7.12　设计花边框效果

示例代码如下所示：

```
<style type="text/css">
.demo {
    /*设计元素大小、补白、边框样式，其中边框为 20 像素的粗边框，
      颜色与背景图像色相同*/
    width: 400px; padding: 30px 30px; border: 20px solid rgba (104, 104, 142, 0.5);
    /*定义圆角显示*/
    border-radius: 10px;
    /*定义字体显示样式*/
    color: #f36; font-size: 80px; font-family:"隶书";line-height: 1.5; text-align: center;
}
.multipleBg {
    /*定义 5 个背景图像，并分别定位到 4 个顶角，
      其中前 4 个禁止平铺，最后一个可以平铺*/
    background: url ("images/bg-tl.png") no-repeat left top,
                url ("images/bg-tr.png") no-repeat right top,
                url ("images/bg-bl.png") no-repeat left bottom,
                url ("images/bg-br.png") no-repeat right bottom,
```

Note

```
                url ("images/bg-repeat.png") repeat left top;
    /*改变背景图像的 position 原点，四朵花都是 border 原点，
      而平铺背景是 padding 原点*/
    background-origin: border-box, border-box, border-box, border-box, padding-box;
    /*控制背景图像的显示区域，设置超过边框 border 的外边缘都将被剪切掉*/
    background-clip: border-box;
}
</style>

<div class="demo multipleBg">恭喜发财</div>
```

【示例 2】在下面的示例中利用 CSS3 多背景图功能设计圆角栏目，效果如图 7.13 所示。

```
<style type="text/css">
.roundbox {
    padding: 2em;
    /*为容器定义 8 个背景图像*/
    background-image: url (images/roundbox1/tl.gif),
                      url (images/roundbox1/tr.gif),
                      url (images/roundbox1/bl.gif),
                      url (images/roundbox1/br.gif),
                      url (images/roundbox1/right.gif),
                      url (images/roundbox1/left.gif),
                      url (images/roundbox1/top.gif),
                      url (images/roundbox1/bottom.gif);
    /*定义 4 个顶角图像禁止平铺，4 个边框图像分别沿 x 轴或 y 轴平铺*/
    background-repeat: no-repeat,
                       no-repeat,
                       no-repeat,
                       no-repeat,
                       repeat-y,
                       repeat-y,
                       repeat-x,
                       repeat-x;
    /*定义 4 个顶角图像分别固定在 4 个顶角位置，
      4 个边框图像分别固定在四边位置*/
    background-position: left 0px,
                         right 0px,
                         left bottom,
```

```
                    right bottom,
                    right 0px,
                    0px 0px,
                    left 0px,
                    left bottom;
        background-color: #66CC33;
    }
    </style>

    <div class="roundbox">
        <h1>念奴娇&#8226; 赤壁怀古</h1>
        <h2>苏轼</h2>
        <p>大江东去，浪淘尽，千古风流人物。故垒西边，人道是，三国周郎赤壁。乱石穿空，惊涛拍岸，卷起千堆雪。江山如画，一时多少豪杰。</p>
        <p>遥想公瑾当年，小乔初嫁了，雄姿英发。羽扇纶巾，谈笑间，樯橹灰飞烟灭。故国神游，多情应笑我，早生华发。人生如梦，一尊还酹江月。</p>
    </div>
```

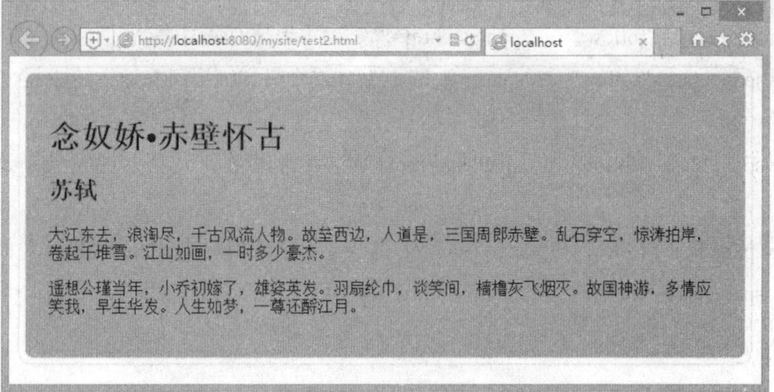

图 7.13　定义多背景图像

注意，每幅背景图像的源、定位坐标以及平铺方式的先后顺序要一一对应。

提示：上面的示例用到了多个背景属性：background-image、background-repeat 和 background-position。这些属性都是 CSS1 中就有的属性，但是在 CSS3 中，允许同时指定多个属性值，多个属性值以逗号作为分隔符，用来指定多个背景图像的显示性质。

7.3　案例实战

本节灵活使用 CSS、HTML 属性设计图文混排版式，综合使用 CSS 的背景图像属性设计网页

效果。

7.3.1 设计新闻列表栏目

视频讲解

在下面的示例中，将新闻列表排行榜前三名应用鲜明的背景图片，后七名应用颜色较暗的背景图片，列表排行榜背景图片不平铺。

【操作步骤】

第 1 步，新建一个网页，保存为 index.html。

第 2 步，在<body>内使用<div>标记定义一个栏目包含框，然后设计使用无序列表定义新闻列表。

```
<div class="content ap">
    <ul class="rankList">
        <li><span class="front">1</span><a href="#">科学家：木卫二外星人的概率比火星更大</a></li>
        <li><span class="front">2</span><a href="#">火星地球亿年前离奇核爆炸 是否巧合？</a></li>
        <li><span class="front">3</span><a href="#">2017 年嫦娥五号将携带月球岩石样品回到地球</a></li>
        <li><span class="follow">4</span><a href="#">难以置信！外星人可能是智能机器生物 </a></li>
        <li><span class="follow">5</span><a href="#">最新研究将地球上水的历史再次前推 1.35 亿年</a></li>
        <li><span class="follow">6</span><a href="#">远古地球有两月亮 背面或为飞碟基地</a></li>
        <li><span class="follow">7</span><a href="#">迄今最详细银河系地图绘成 含 2.19 亿颗已知恒星</a></li>
        <li><span class="follow">8</span><a href="#">美首次观测火星上层大气：遭受太阳粒子风暴</a></li>
        <li><span class="follow">9</span><a href="#">苹果已低调解决 iPhone6 Plus 弯曲门？</a></li>
        <li><span class="follow">10</span><a href="#">云安全：我们能用“云”吗？</a></li>
    </ul>
</div>
```

第 3 步，在<head>标记内添加<style type="text/css">标记，定义一个内部样式表，然后输入下面的样式，设计新闻列表样式。

```
body, ul, li{
    text-align: center; font-size:13px;        /* 字体大小、浏览器居中 */
    margin:0; padding:0;                       /* 清除外边距、内间距 */
}
li{
    list-style-type:none;                      /* 隐藏默认列表符号，用背景图片代替 */
}
a{
```

Note

```
        color: #1f3a87!important;               /* 超链接字体颜色 */
        text-decoration:none;                   /* 隐藏默认下画线 */
}
a:hover {
        color: #83006f;                         /* 鼠标滑过时，超链接字体颜色 */
        text-decoration:underline;              /* 鼠标滑过时，添加下画线*/
}
.content {
        margin:0 auto; width:300px;             /* 定义宽度、火狐浏览器居中 */
}
.rankList li {
        height:28px;line-height:28px;           /* 单行文字垂直居中 */
        text-align:left;overflow:hidden;        /* 文本左对齐，超出一行隐藏*/
}
.rankList li span{
        color:#FFFFFF; font-family:Arial;       /* 项目符号字体颜色、类型 */
        font-size:11px;font-weight:bold;        /* 项目符号字体大小、加粗 */
        height:13px;line-height:13px;           /* 单行文本垂直居中 */
        float:left;margin:7px 6px 0pt 0pt;      /* 浮动、设置外边距，调整项目符号位置 */
        text-align:center;width:13px;           /* 文本居中对齐、设置宽度 */
}
.rankList span.front {
        background-image:url (img/p1.gif);      /* 前三名使用的背景图片 */
        background-repeat:no-repeat;            /* 背景图片不平铺 */
}
.rankList span.follow {
        background-image:url (img/p2.gif);      /* 后七名使用的背景图片 */
        background-repeat:no-repeat;            /* 背景图片不平铺 */
}
```

在上面的样式表中，首先进行初始化，隐藏项目图标，然后使用背景图片代替项目符号，清除<body>、<ul>标记外边距、内间距；字体初始化、超链接颜色设置等。

第 4 步，定义排行榜宽度为 300 像素并设置居中。

```
.content { margin:0 auto; width:300px;}
```

第 5 步，针对列表项设置行高，高度为 28 像素，超出一行隐藏，文本对齐为左对齐。

```
.rankList li {height:28px;line-height:28px;overflow:hidden; text-align:left;}
```

第 6 步，为列表项设置背景图片。前三名与后七名设置不同的背景图片，突出前三名。定义<span>标记内字体颜色为白色，字体类型为 Arial，字体大小为 11 像素，文本加粗；宽度、高度、行高为 13 像素，单行文本居中。

```
.rankList li span{
    color:#FFFFFF;float:left;font-family:Arial;font-size:11px;font-weight:bold;
    height:13px;line-height:13px;margin:3px 6px 0pt 0pt;text-align:center;width:13px;
}
```

第 7 步，前三名设置 p1.gif，且背景图片不平铺；后七名设置 p2.gif，且背景图片不平铺。设置外边距，调整项目图标与后面的文本内容拉开距离且在同一条线上。

```
.rankList li span{margin:3px 6px 0pt 0pt;}
.rankList span.front {background-image:url (img/p1.gif); background-repeat:no-repeat;}
.rankList span.follow {background-image:url (img/p2.gif); background-repeat:no-repeat;}
```

第 8 步，调整图标位置很关键，如果缺少 margin 的设置，则项目图标与项目内容不在同一行，无法体现二者是一体。如果每项行高设置较大值，如.rankList li{line-height:28px;}时，项目图标需要调整。

```
.rankList span{margin:0;}
```

或

```
.rankList li{line-height:28px;}
```

第 9 步，保存文档，按 F12 键在浏览器中预览，显示效果如图 7.14 所示。

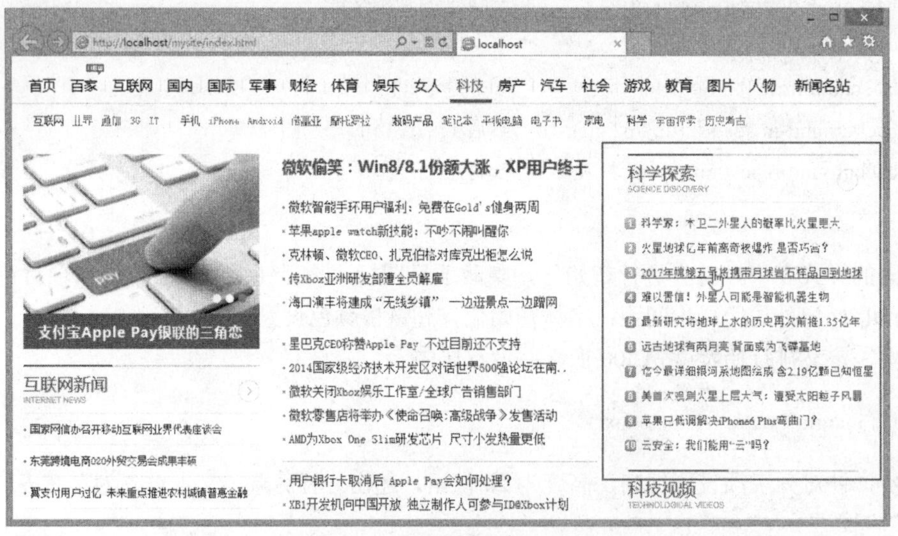

图 7.14　设计新闻列表效果

7.3.2 设计半透明效果栏目

Note

视频讲解

在设计半透明效果的页面版块时，有一个技术难点：如果直接为栏目包含框定义 opacity 属性，则栏目内的文字也会受到影响，导致正文信息无法清楚显示，干扰用户的正常阅读。

本示例利用绝对定位技巧解决这个技术难题，通过一个辅助层，把它覆盖在栏目的下面，然后为这个辅助层设计半透明效果，就不会影响栏目正文内容，同时通过设计栏目为无背景显示，这样就能够通过覆盖在底部的辅助层半透明效果来间接设计栏目的半透明效果。

【操作步骤】

第 1 步，启动 Dreamweaver，新建一个网页，保存为 index.html。

第 2 步，在<body>标记内输入如下结构代码，设计两个排行榜版块，以方便比较效果，并在栏目包含框<div class="name_list list_box">尾部添加一个辅助层<div class="bg">，该元素将被设计为半透明效果。

```
<div class="name_list list_box">
    <h3>歌曲 TOP500</h3>
    <div class="content">
        <ol>
            <li>伤不起  王麟</li>
            <li>小三  冷漠</li>
            <li>我最亲爱的  张惠妹</li>
            <li>传奇  王菲</li>
            <li>等不到的爱  樊凡</li>
            <li>走天涯  降央卓...</li>
            <li>伤不起  郁可唯</li>
            <li>老男孩  筷子兄...</li>
            <li>爱的供养  杨幂</li>
            <li>配角  sara</li>
            <li>我们的歌谣  凤凰传...</li>
            <li>my love  田馥甄</li>
        </ol>
    </div>
    <div class="bg"></div>
</div>
<div class="year_list list_box">
    <h3>歌手 TOP200</h3>
    <div class="content">
        <ul>
            <li>凤凰传奇</li>
```

```
                <li>周杰伦</li>
                <li>刘德华</li>
                <li>许嵩</li>
                <li>王菲</li>
                <li>张惠妹</li>
                <li>郑源</li>
                <li>张学友</li>
                <li>邓丽君</li>
                <li>陈奕迅</li>
                <li>王力宏</li>
            </ul>
        </div>
        <div class="bg"></div>
    </div>
```

第 3 步，在<head>标记内添加<style type="text/css">标记，定义一个内部样式表，然后输入下面的样式，定义栏目显示效果。

```
    body {
        font: normal 12px/1.5em simsun, Verdana, Lucida, Arial, Helvetica, sans-serif;
        /* 定义页面中的所有元素的文字样式 */
        background: #344650 url (images/bg_body.jpg) no-repeat;/* 定义页面的背景颜色以及背景图片，也定义了背景图片的显示方式 */
    }
    .list_box {
        position: relative; /* 添加相对定位，使其子级有定位的参考对象 */
        float: left;
        width: 200px;
        margin-right: 15px;
        border: 1px solid #E8E8E8;
    } /* 将页面中的两个容器浮动，并列显示，并给予宽度属性、边框属性 */
    .list_box * {
        margin: 0;
        padding: 0;
        list-style: none;
    } /* 将页面中所有元素的内补丁和外补丁设置为 0，并且去除列表的修饰符 */
    .list_box h3 {
        height: 24px;
        margin-bottom: 8px;
```

```
    line-height: 24px;
    text-indent: 10px;
    color: #FFFFFF;
    background-color: #666666;
} /* 定义标题高度以及标题文字显示方式，为了美观定义了标题的文字颜色和背景颜色 */
.list_box li {
    position: relative;
    z-index: 2; /* 添加相对定位，并添加层叠级别数，使其叠加在背景之上 */
    float: left;
    width: 100%; /*设置浮动并且设置宽度为 100%，避免 IE 中列表高度递增的 BUG */
    height: 22px;
    line-height: 22px;
    text-indent: 10px;
    border-bottom: 1px dashed #E8E8E8;
} /* 定义列表的宽度以及高度，并设置列表底边框为浅灰色的虚线 */
.name_list .bg {
    position: absolute;
    top: 24px;
    left: 0;
    width: 200px;
    height: 284px;
    background-color: #DCDCDC;
    filter: alpha (opacity=60);        /* 针对 IE 浏览器的透明度 */
    opacity: 0.6;                      /* 针对 FF 浏览器的透明度 */
} /* 将成员列表模块设置为透明，透明度为 60% */
.year_list { background-color: #DCDCDC; } /* 设置列表的背景颜色 */
```

第 4 步，保存文档，按 F12 键在浏览器中预览，本案例的设计效果如图 7.15 所示。

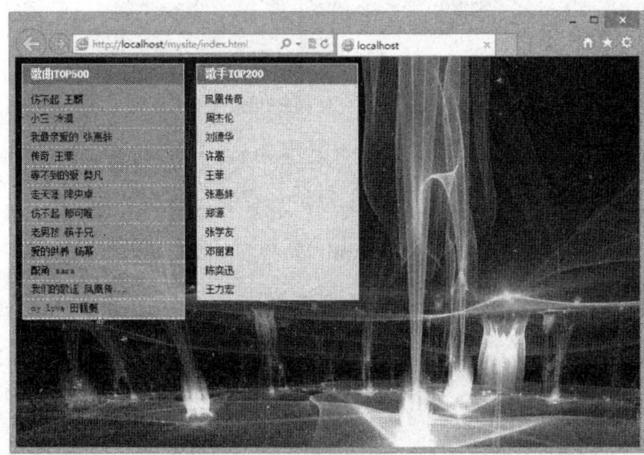

图 7.15　设计半透明栏目效果

7.3.3 设计新歌榜

Note

视频讲解

CSS Sprites 表示 CSS 图像拼合，它是将许多过小的图片组合在一起，使用 CSS 背景图像属性来控制图片的显示位置和方式。当页面加载时，不是加载每个单一图片，而是一次加载整个组合图片。这大大减少了 HTTP 请求的次数，减轻服务器压力，同时缩短了悬停加载图片所需要的时间延迟，使效果更流畅，不会停顿。

CSS Sprites 常用来合并频繁使用的图形元素，如导航、Logo、分割线、RSS 图标、按钮等。通常涉及内容的图片并不是每个页面都一样，但从网络中读取了该背景图片之后，后期调用该图片将从浏览器的缓存中直接读取，避免了再次对服务器的请求下载该背景图片。

【操作步骤】

第 1 步，在 Photoshop 中设计图标，然后把它们合并到一幅图片中，在合并图标时，图标排列不要太密，适当分散，腾出部分空间添加文字，如图 7.16 所示。

1 2 3 4 5 6 7 8 9 10

图 7.16 设计背景图像

> **提示：** 当需要使用 CSS Sprite 时，所用的背景图片肯定是由多张图片合并而成的，可以想象一下，当一张图片是由多张小图片合并而成，其排列的规律以及每个小图片所在的位置都是应该具备一定规律性的，而且是有一个坐标值的。

第 2 步，启动 Dreamweaver，新建一个网页，保存为 index.html，在<body>标记内输入如下结构代码，构建网页结构。

```
<div class="music_sort ap">
    <h1>音乐排行榜</h1>
    <div class="content">
        <ol>
            <li><strong>浪人情歌</strong> <span>伍佰</span></li>
            <li><strong>K 歌之王</strong> <span>陈奕迅</span></li>
            <li><strong>心如刀割</strong> <span>张学友</span></li>
            <li><strong>零（战神 主题曲）</strong> <span>柯有伦</span></li>
            <li><strong>双子星</strong> <span>光良</span></li>
            <li><strong>离歌</strong> <span>信乐团</span></li>
            <li><strong>海阔天空</strong> <span>信乐团</span></li>
            <li><strong>天高地厚</strong> <span>信乐团</span></li>
            <li><strong>边走边爱</strong> <span>谢霆锋</span></li>
            <li><strong>想到和做到的</strong> <span>马天宇</span></li>
        </ol>
    </div>
```

```
</div>
```

第 3 步，在<head>标记内添加<style type="text/css">标记，定义一个内部样式表，然后输入下面的样式。

```
.music_sort {
    width: 265px;
    border: 1px solid #E8E8E8;}
.music_sort * {
    margin: 0;
    padding: 0;
    font: normal 12px/22px "宋体", Verdana, Lucida, Arial, Helvetica, sans-serif;
} /* 清除 music_sort 容器中所有元素的默认补白和边界，并设置文字相关属性 */
.music_sort h1 {
    height: 24px;
    text-indent: 10px;                  /* 标题文字缩进，增加空间感 */
    font-weight: bold;
    color: #FFFFFF;
    background-color: #999999;
}
.music_sort ol {
    height: 220px;                      /* 固定榜单列表的整体高度 */
    padding-left: 26px;                 /* 利用补白增加 ol 容器空间显示背景图片 */
    list-style: none;                   /* 去除默认的列表修饰符 */
    background: url (images/number.gif) no-repeat 0 0;
}
.music_sort li {
    width: 100%;
    height: 22px;
    list-style: none;                   /* 去除默认的列表修饰符 */
}
.music_sort li span { color: #CCCCCC;   /* 将列表中的歌手名字设置为灰色 */
}
```

第 4 步，保存文档，按 F12 键通过浏览器预览，页面效果如图 7.17 所示。基本上满足了所有列表<li>标记中显示有背景图片的效果，但背景图片显示的都是不同的图标。

Note

图 7.17　显示背景图片的列表<li>标记的页面效果

视频讲解

7.3.4　定义阴影效果

本例介绍为图像加阴影的方法，演示效果如图 7.18 所示。

图 7.18　图像阴影

【操作步骤】

第 1 步，启动 Dreamweaver，新建文档，保存为 index.html.。

第 2 步，构建网页基本结构。页面的结构很简单，只有两个<div>标记，在每个<div>标记中都包含了一个<div>标记和一个<img>标记，分别定义了一左一右两幅图像。

```
<div class="pic"><div class="left"><img src="images/2.jpg" border=0 alt="pic" /></div></div>
<div class="pic"><div class="right"><img src="images/1.jpg" border=0 alt="pic" /></div></div>
```

此时的页面极其简单，只有两张图像，没有任何样式的设置，如图 7.19 所示。

图 7.19　构建网页基本结构

第 3 步，定义图像的阴影。其实给图像加阴影的原理很简单，就是运用两个<div>块的相对位置偏移来实现，阴影的宽度和颜色深浅这个值由我们自己决定，也就是 CSS 中的相对定位属性 position:relative;。

```
.pic {
    position: relative; float: left;
    background: #CCC; margin: 10px; margin-right: 50px;
}
.pic div {
    position: relative; padding: 3px;
    border: 1px solid #333; background: #FFF;
}
.right {/*阴影在右边时*/
    top: -6px; left: -6px;
}
.left { /*阴影在左边时*/
    top: -6px; right: -6px;
}
```

给外层的<div>定义一个类样式为 pic，设置其 position 属性为 relative，也就是相对定位。设置它的背景色为#CCC，设置四周补白 10px，并使两图之间距离为 50px。最后，定义其为左浮动。

对内层<div>进行设置：首先仍然是设置其 position 属性为 relative，这也是本示例最关键的一步。之后设置内层 div 的背景色为#FFF，并设置边框样式和内边距 padding。left 和 right 类样式分别定义了左侧图像的内侧<div>的偏移量和右侧图像的内侧<div>的偏移量（这句话有些饶舌，请读者仔细理解），也就是说我们必须让内侧的<div>进行位移，而左侧图像的位移方向与右侧图像是不同的，所

以分别用 left 和 right 来进行设置。

【拓展】

使用 CSS3 的 box-shadow 属性可以定义阴影，该属性包含 6 个参数值：阴影类型、X 轴位移、Y 轴位移、阴影大小、阴影扩展、阴影颜色，这 6 个参数值都为可选。

如果不设置阴影类型时，默认为投影效果，当设置为 inset 时，则阴影效果为内阴影。X 轴位移和 Y 轴位移定义阴影的偏移距离。阴影大小、阴影扩展和阴影颜色是可选值，默认为黑色实影，box-shadow 属性值必须设置阴影的位移值，否则没有效果。如果定义了阴影大小，此时定义阴影位移为 0，才可以看到阴影效果。

定义本节示例的阴影效果，具体代码如下：

```
.right { box-shadow: 6px 6px #ccc;}
.left { box-shadow: -6px 6px #ccc;}
```

其中，前面两个值为阴影坐标偏移值，第 3 个值为阴影颜色。

视频讲解

7.3.5 定义圆角效果

使用 CSS3 的 border-radius 可以设计圆角化图像，本例演示效果如图 7.20 所示。

图 7.20　设置圆角效果

【操作步骤】

第 1 步，启动 Dreamweaver，新建文档，保存为 index.html.。

第 2 步，首先构建网页结构，网页结构非常简单，就是在网页添加了 4 张图像。

```
<img class="a" src="images/1.jpg"/>
<img class="a" src="images/2.jpg"/>
<img class="a" src="images/3.jpg"/>
<img class="a" src="images/4.jpg"/>
```

第 3 步，定义网页的基本属性。

```
body { margin: 20px; padding: 20px;}
```

在以上的代码中设置了网页四周的补白为 20px，即定义 padding 为 20px。设置为居中。显示效果如图 7.21 所示。

图 7.21　设置网页属性

第 4 步，运用 border-radius 属性设置圆角图像。

```
.a {
    width: 150px; height: 150px;
    border: 1px solid gray;
    -moz-border-radius: 10px;       /*仅 Firefox 支持，实现圆角效果*/
    -webkit-border-radius: 10px;    /*仅 Safari、Chrome 支持，实现圆角效果*/
    -khtml-border-radius: 10px;    /*仅 Safari、Chrome 支持，实现圆角效果*/
    border-radius: 10px;           /*Firefox、Opera、Safari、Chrome 支持，实现圆角效果*/
}
```

在以上代码中，首先定义了图像的宽度和高度，接着设置了图像的边框样式，然后用 border-radius 定义了图像的圆角。

提示：border-radius 属性用法如下：

☑ 如果设置 1 个值，如 border-radius:10px，表示 4 个角都为圆角，且每个圆角的半径都为 10px。

☑ 如果设置 2 个值，如 border-radius:10px 5px，第 1 个值代表左上圆角和右下圆角，第 2 个值代表右上圆角和左下圆角。

☑ 如果设置 3 个值，如 border-radius:10px 5px 1px，第 1 个值代表左上圆角，第 2 个值代表右上圆角和左下圆角，第 3 个值代表右下圆角。

☑ 如果设置了 4 个值，如 border-radius:10px 9px 8px 7px，4 个值分别代表左上圆角、右上圆角、右下圆角和左下圆角。

也可以单独为某个角定义圆角，左上圆角：border-top-left-radius，右上圆角：border-top-right-radius，右下圆角：border-bottom-right-radius，左下圆角：border-bottom-left-radius。

视频讲解

7.3.6　设计图文混排

图文混排版式就是正文环绕图像进行显示，可显示在一侧，或者一边，或者四周，多见于新闻

Note

内页或网络资讯页中。本例设计效果如图 7.22 所示。

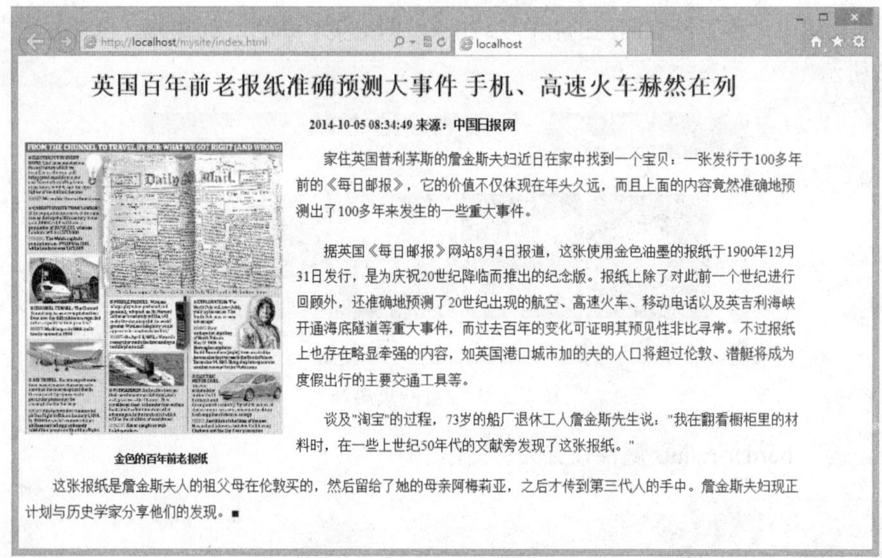

图 7.22 设计图文混排版式

【操作步骤】

第 1 步，启动 Dreamweaver CC，新建网页，保存为 index.html，切换到【代码】视图，在<body>标记内输入如下结构代码。为了方便快速练习，用户也可以直接打开模板页面 temp.html，另存为 index.html。

```
<div class="pic_news">
    <h1>英国百年前老报纸准确预测大事件 手机、高速火车赫然在列</h1>
    <h2>2014-10-05 08:34:49        来源：中国日报网</h2>
    <div class="pic"><img src="images/00000002.jpg" alt="" />
        <h3>金色的百年前老报纸</h3>
    </div>
    <p>家住英国普利茅斯的詹金斯夫妇近日在家中找到一个宝贝：一张发行于 100 多年前的《每日邮报》，它的价值不仅体现在年头久远，而且上面的内容竟然准确地预测出了 100 多年来发生的一些重大事件。 </p>
    <p>据英国《每日邮报》网站 8 月 4 日报道，这张使用金色油墨的报纸于 1900 年 12 月 31 日发行，是为庆祝 20 世纪降临而推出的纪念版。报纸上除了对此前一个世纪进行回顾外，还准确地预测了 20 世纪出现的航空、高速火车、移动电话以及英吉利海峡开通海底隧道等重大事件，而过去百年的变化可证明其预见性非比寻常。不过报纸上也存在略显牵强的内容，如英国港口城市加的夫的人口将超过伦敦、潜艇将成为度假出行的主要交通工具等。 </p>
    <p>谈及"淘宝"的过程，73 岁的船厂退休工人詹金斯先生说："我在翻看橱柜里的材料时，在一些 20 世纪 50 年代的文献旁发现了这张报纸。"</p>
    <p>这张报纸是詹金斯夫人的祖父母在伦敦买的，然后留给了她的母亲阿梅莉亚，之后才传到第三代人的手中。詹金斯夫妇现正计划与历史学家分享他们的发现。■</p>
```

```
</div>
```

整个结构包含在<div class="pic_news">新闻框中，新闻框中包含 3 部分，第一部分是新闻标题，由标题标记负责；第二部分是新闻图像，由<div class="pic">图像框负责控制；第三部分是新闻正文部分，由<p>标记负责管理。

第 2 步，在<head>标记内添加<style type="text/css">标记，定义一个内部样式表，然后输入下面的样式，定义新闻框显示效果。

```
.pic_news {width:900px; /* 控制内容宽度，根据实际情况可酌情定义 */}
```

第 3 步，设计新闻标题样式，其中包括三级标题，统一标题为居中显示对齐，一级标题字体大小为 28 像素，二级标题字体大小为 14 像素，三级标题大小为 12 像素，同时三级标题取消默认的上下边界样式。

```
.pic_news h1 {
    text-align:center;              /* 设计标题居中显示 */
    font-size:28px;                 /* 设计标题字体大小为 28 像素 */
}
.pic_news h2 {
    text-align:center;              /* 设计副标题居中显示 */
    font-size:14px;                 /* 设计副标题字体大小为 14 像素 */
}
.pic_news h3 {
    text-align:center;              /* 设计三级标题居中显示 */
    font-size:12px;                 /* 设计三级标题字体大小为 12 像素 */
    margin:0;                       /* 清除三级标题默认的边界 */
    padding:0;                      /* 清除三级标题默认的补白 */
}
```

第 4 步，设计新闻图像框和图像样式，设计新闻图像框向左浮动，然后定义新闻图像大小固定，并适当拉开与环绕的文字之间的距离。

```
.pic_news div {
    float:left;                     /* 设计图像框向左浮动 */
    text-align:center;              /* 设计图像在图片框中居中显示 */
}
.pic_news img {
    margin-right:1em;               /* 调整图像右侧的空隙为一个字距大小 */
    margin-bottom:1em;              /* 调整图像底部的空隙为一个字距大小 */
    width:300px;                    /* 固定图像宽度为 300 像素 */
}
```

第 5 步，设计段落文本样式，主要包括段落文本的首行缩进和行高效果。

```
.pic_news p {
    line-height:1.8em;        /* 定义段落文本行高为 1.8 倍字体大小，设计稀疏版式效果 */
    text-indent:2em;          /* 设计段落文本首行缩进 2 个字距 */
}
```

视 频 讲 解

7.3.7 设计渐变栏目效果

CSS 背景图像平铺显示在网页设计中是一个比较常用的技巧，能够设计出很多富有立体感的版面效果。本例效果如图 7.23 所示。

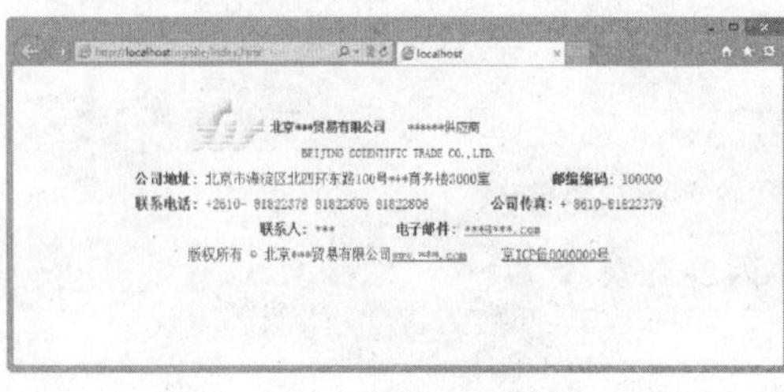

（a）无背景版面效果

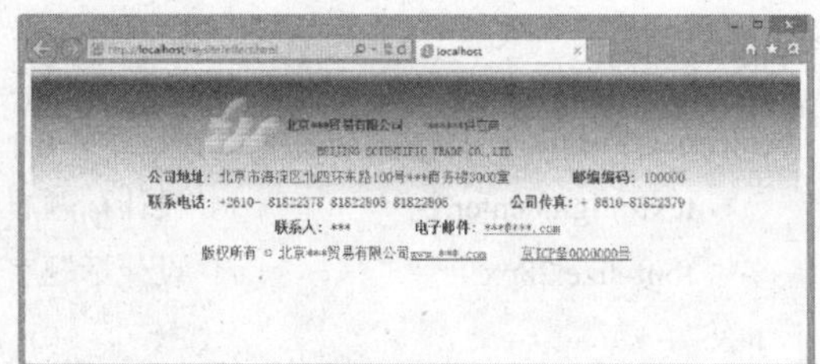

（b）添加渐变背景的版面效果

图 7.23　范例效果

【操作步骤】

第 1 步，启动 Photoshop，新建一个文档，命名为 footer_bg，宽度为 79 像素，高度为 150 像素，分辨率为 96 像素/英寸，设置如图 7.24 所示。

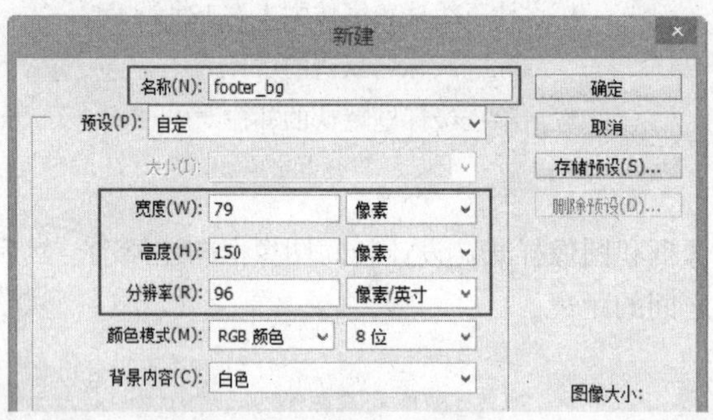

图 7.24　新建文档

第 2 步，在工具箱中选择渐变工具，然后双击选项栏中的渐变图标，打开【渐变编辑器】对话框，设计一个渐变样式，左侧为白色，在 10%的位置单击添加一个色标，设置色标颜色为#026ec2，设置右侧色标为白色。确定之后关闭【渐变编辑器】对话框，在窗口中从上往下拉出一条渐变色，如图 7.25 所示。

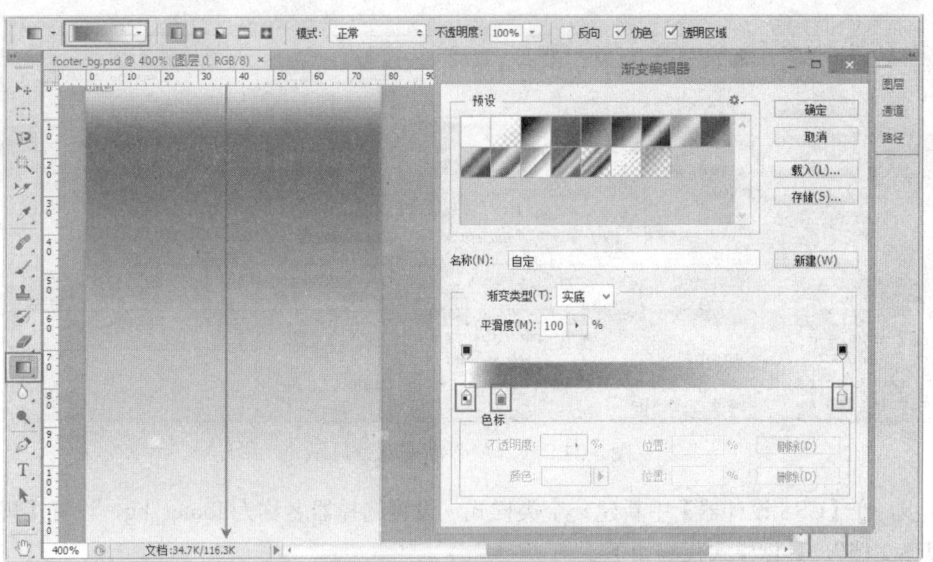

图 7.25　设计渐变样式

第 3 步，设置前景色为#134e90，使用直线工具在编辑窗口顶部拉出一条 1 像素宽度的水平线，设计如图 7.26 所示。

图 7.26　为渐变添加修饰线

第 4 步，把图像裁切为宽度为 1 像素，高度保持不变，另存为 GIF 格式图像即可。

第 5 步，在 Dreamweaver 中打开准备的 inde.html 文件，另存为 effect.html 文件，如图 7.27 所示。这是一个企业网站的版权信息版面初步效果，下面将为该版面设计一个 CSS 渐变背景。

Note

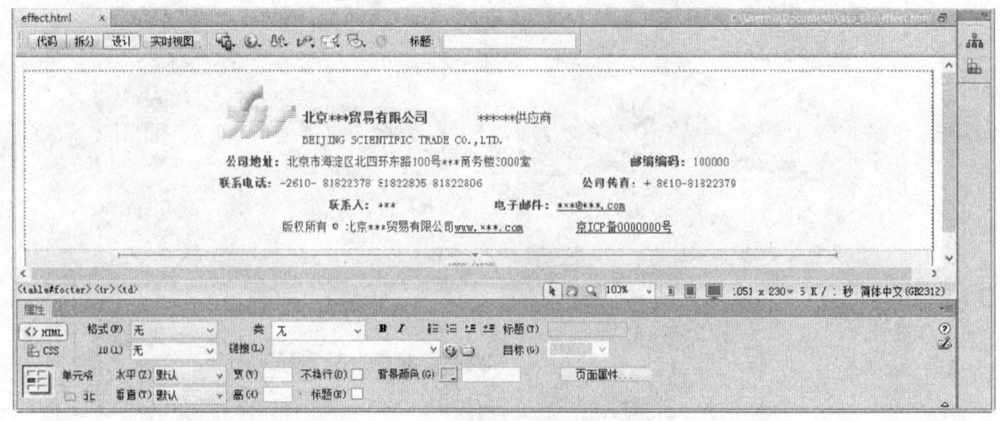

图 7.27　设计栏目渐变背景显示

第 6 步，在【CSS 设计器】中新建一个类样式，设置选择器名称为 footer_bg，设置【规则定义】为“仅限该文档”，具体样式代码如下。

```
.footer_bg {
    background-image: url (images/footer_bg.gif);
    background-repeat: repeat-x;
    background-position: left top;
}
```

第 7 步，保存文档，按 F12 键在浏览器中预览，即可看到最终设计效果。

视频讲解

7.3.8　设计圆角版面

使用背景图设计圆角版面的思路：先用 Photoshop 设计好圆角图像，再用 CSS 把圆角图像定义为背景图像，定位到版面的四角。用背景图像打造圆角布局方法简单，能够节省很多 CSS 代码，而且还可以发挥想象力创意出更多富有个性的圆角效果。本例效果如图 7.28 所示。

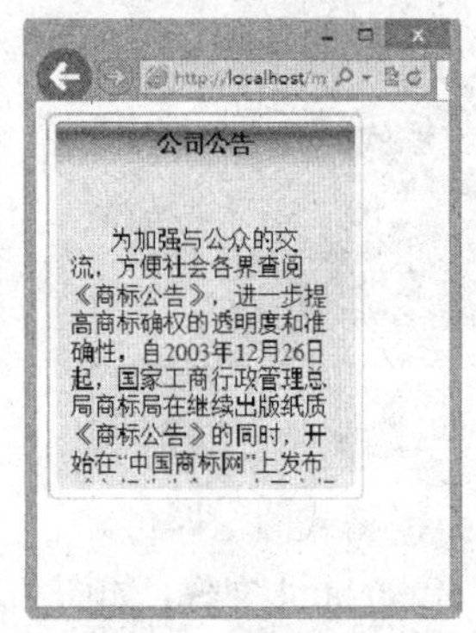

（a）带动态滚屏的圆角公告栏

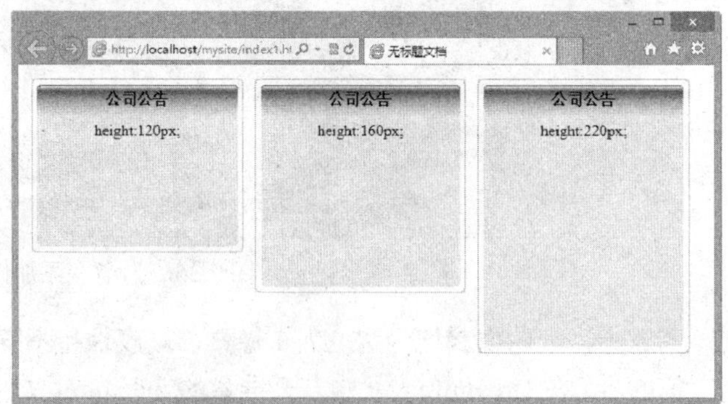

（b）能够自动伸缩的公告栏

图 7.28　范例效果

【操作步骤】

第 1 步，启动 Dreamweaver，新建一个文档，命名为 index.html。选择【插入】|【表格】命令，打开【表格】对话框，插入一个 3 行 1 列的无边框表格，设置【表格宽度】为 218 像素，【边框粗细】为 0，【单元格边距】为 0，【单元格间距】为 0，设置如图 7.29 所示。

图 7.29　插入表格

第 2 步，在【CSS 设计器】中新建类样式，设置选择器名称为 header_bg，设置【规则定义】为“仅限该文档”，具体样式代码如下。

```
.header_bg {
    background-image: url (images/call_top.gif);
    background-repeat: repeat-x;
}
```

第 3 步，继续新建两个类样式：body_bg 和 footer_bg。分别设置背景样式，其中 body_bg 类样式设计背景图 images/call_mid.gif 垂直平铺，footer_bg 类样式设计背景图 images/call_btm.gif 禁止平铺，代码如下所示。

```
.body_bg {
    background-image: url (images/call_mid.gif);
    background-repeat: repeat-y;
}
.footer_bg {
    background-image: url (images/call_btm.gif);
    background-repeat: no-repeat;
}
```

第 4 步，选中第 2 行单元格，在属性面板中设置类为 body_bg。选中第 3 行单元格，在属性面板中设置类为 footer_bg，设置单元格高度为 11 像素，设置如图 7.30 所示。

Note

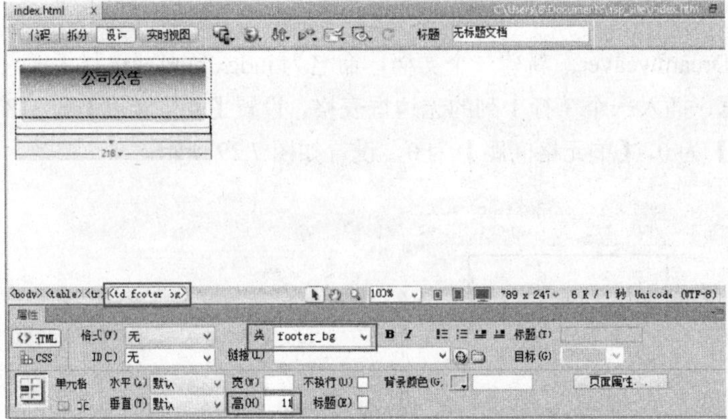

图 7.30　为单元格应用类样式

第 5 步，把光标置于第 2 行单元格中，切换到【代码】视图，输入<marquee>标记，确定在单元格中插入一个滚动文本标记。然后在该标记中输入需要滚动播放的公告。

第 6 步，设置滚动标记<marquee>动态属性：direction="up"、hspace="16"、height="200"、scrolldelay="400"，定义滚动方向为从下到上，滚动边框补白为 16 像素，滚动框高度为 200 像素，滚动速度为 400 毫秒。

第 7 步，保存文档，按 F12 键在浏览器中预览，即可看到如图 7.28 所示的页面效果。

7.4　在线练习

使用 CSS3 设计各种网页图像效果，以及各种网页背景图像特效。感兴趣的读者可以扫码练习。

在线练习

设计 DIV+CSS 页面

在标准化网页设计中，一般使用<div>标记定义网页结构，使用 CSS 对页面进行排版。页面版式有单列、两列或多列等不同形式，也有固定宽度、弹性宽度、自适应宽度等不同的布局方法，还有混合布局的复杂页面。

【学习重点】

- 定义两列页面。
- 定义多列页面。
- 设计自适应页面。
- 设计混合布局页面。

Note

视频讲解

8.1 网页布局基础

搭建良好的网页结构是 CSS 布局的基础，如果 HTML 文档结构混乱，那么很多事情做起来都是很麻烦的。结构简洁、富有语义会让后期排版更加轻松。

8.1.1 使用<div>和<span>

文档结构基本构成元素是<div>，div 表示区块（division）的意思，它提供了将文档分割为有意义的区域的方法。通过将主要内容区域包围在<div>中并分配 id 或 class，就可以在文档中添加有意义的结构。

【示例 1】 为了减少使用不必要的元素，应该减少不必要的嵌套。例如，如果设计导航列表，就没有必要将<ul>再包裹一层<div>标记。

```
<div id="nav">
    <ul>
        <li><a href="#">首页</a></li>
        <li><a href="#">关于</a></li>
        <li><a hzef="#">联系</a></li>
    </u1>
</div>
```

可以完全删除<div>，直接在 ul 上设置 id。

```
<ul id="nav">
    <li><a href="#">首页</a></li>
    <li><a href="#">关于</a></li>
    <li><a hzef="#">联系</a></li>
</u1>
```

过度使用<div>是结构不合理的一种表现，也容易造成结构复杂化。

与<div>不同，<span>元素可以用来对行内元素进行分组。

【示例 2】 在下面的代码中为段落文本中的部分信息进行分隔显示，以便应用不同的类样式。

```
<h1>新闻标题</h1>
<p>新闻内容</p>
<p>......</p>
<p>发布于<span class="date">2016 年 12 月</span>，由<span class="author">张三</span>编辑</p>
```

对行内元素进行分组的情况比较少，所以使用<span>的频率没有<div>多。一般应用类样式时才会用到。

8.1.2 使用 id 和 class

视频讲解

HTML 是简单的文档标识语言，而不是界面语言。文档结构大部分使用<div>标记来完成，为了能够识别不同的结构，一般通过定义 id 或 class 给它们赋予额外的语义，给 CSS 样式提供有效的“钩子”。

【示例 1】构建一个简单的列表结构，并给它分配一个 id，自定义导航模块。

```
<ul id="nav">
    <li><a href="#">首页</a></li>
    <li><a href="#">关于</a></li>
    <li><a hzef="#">联系</a></li>
</ul>
```

使用 id 标识页面上的元素时，id 名必须是唯一的。id 可以用来标识持久的结构性元素，如主导航或内容区域；id 还可以用来标识一次性元素，如某个链接或表单元素。

在整个网站上，id 名应该应用于语义相似的元素以避免混淆。例如，如果联系人表单和联系人详细信息在不同的页面上，那么可以给它们分配同样的 id 名 contact，但是如果在外部样式表中给它们定义样式，就会遇到问题，因此使用不同的 id 名(如 contact_form 和 contact_details)就会简单得多。

与 id 不同，同一个 class 可以应用于页面上任意数量的元素，因此 class 非常适合标识样式相同的对象。例如，设计一个新闻页面，其中包含每条新闻的日期。此时不必给每个日期分配不同的 id，而是可以给所有日期分配类名 date。

提示：id 和 class 的名称一定要保持语义性，并与表现方式无关。例如，可以给导航元素分配 id 名为 right_nav，因为希望它出现在右边。但是，如果以后将它的位置改到左边，那么 CSS 和 HTML 就会发生歧义。所以，将这个元素命名为 sub_nav 或 nav_main 更合适。这种名称解释就不再涉及如何表现它。

对于 class 名称，也是如此。例如，如果定义所有错误消息以红色显示，不要使用类名 red，而应该选择更有意义的名称，如 error 或 feedback。

注意：class 和 id 名称需要区分大小写，虽然 CSS 不区分大小写，但是在标记中是否区分大小写取决于 HTML 文档类型。如果使用 XHTML 严谨型文档，那么 class 和 id 名是区分大小写的。最好的方式是保持一致的命名约定，如果在 HTML 中使用驼峰命名法，那么在 CSS 中也采用这种形式。

【示例 2】在实际设计中，class 被广泛使用，这就容易产生滥用现象。例如，很多初学者给所有的元素都添加上类，以便更方便地控制它们。这种现象被称为“多类症”，在某种程度上，这和使用基于表格的布局一样糟糕，因为它在文档中添加了无意义的代码。

```
<h1 class="newsHead">标题新闻</h1>
<p class="newsText">新闻内容</p>
<p>......</p>
```

```
<p class="newsText"><a href="news.php" class="newsLink">更多</a></p>
```

Note

【示例 3】在示例 2 中，每个元素都使用一个与新闻相关的类名进行标识。这使新闻标题和正文可以采用与页面其他部分不同的样式。但是，不需要用这么多类来区分每个元素。可以将新闻条目放在一个包含框中，并加上类名 news，从而标识整个新闻条目。然后，可以使用包含框选择器识别新闻标题或文本。

```
<div class="news">
    <h1>标题新闻</h1>
    <p>新闻内容</p>
    <p>......</p>
    <p><a href="news.php">更多</a></p>
</div>
```

以这种方式删除不必要的类有助于简化代码，使页面更简洁。过度依赖类名是不必要的，我们只需要在不适合使用 id 的情况下对元素应用类，而且尽可能少使用类。实际上，创建大多数文档常常只需要添加几个类。如果初学者发现自己添加了许多类，那么这很可能意味着自己创建的 HTML 文档结构有问题。

视频讲解

8.1.3 设置文档类型

在网页文档的第一行代码中，一般都要使用<doctype>标记定义文档的类型。例如：

☑ 定义 HTML5 类型文档

```
<!doctype html>
```

☑ 定义 XHTML 1.0 过渡型文档

```
<!DOCTYPE html PUBLIC "-//W3C//DTD XHTML 1.0 Transitional//EN" "http://www.w3.org/ TR/ xhtml1/DTD/xhtml1-transitional.dtd">
```

☑ 定义 HTML 4.01 严谨型文档

```
<!DOCTYPE HTML PUBLIC "-//W3C//DTD HTML 4.01//EN" "http://www.w3.org/TR/html4/ strict.dtd">
```

网页文档类型众多，主要根据 HTML 版本号细分。常用类型包括 HTML 4.01、XHTML 1.0、HTML5 和 XHTML Mobile 1.0，其中 HTML 4.01 和 XHTML 1.0 又分为过渡型和严谨型两种。

浏览器根据<doctype>标记是否存在，以及设置的 DTD 来选择要使用的表现方法。如果 XHTML 文档包含形式完整的 DOCTYPE，那么它一般以标准模式表现。

提示： DTD（文档类型定义）是一组机器可读的规则，它们定义 XML 或 HTML 的特定版本中允许有什么，不允许有什么。在解析网页时，浏览器将使用这些规则检查页面的有效性，并且采取相应的措施。浏览器通过分析页面的 DOCTYPE 声明来了解要使用哪个 DTD，

因此知道要使用 HTML 的哪个版本。

8.1.4 认识显示模式

视频讲解

浏览器为了实现对标准网页和传统网页的兼容，分别制订了几套网页显示方案，这些方案就是浏览器的显示模式。浏览器能够根据网页文档类型来决定选择哪套显示模式对网页进行解析。

☑ IE 浏览器支持两种显示模式：标准模式和怪异模式。在标准模式中，浏览器会根据 W3C 制定的标准来显示页面；而在怪异模式中，页面将以 IE5 显示页面的方式来呈现网页，以保证与过去非标准网页的兼容。

☑ Firefox 支持 3 种显示模式：标准模式、几乎标准的模式和怪异模式。其中几乎标准的模式对应于 IE 和 Opera 的标准模式，该模式除了在处理表格的方式方面有一些细微差异外，与标准模式基本相同。

☑ Opera 支持与 IE 相同的显示模式。但是在 Opera9 版本中，怪异模式不再兼容 IE5 盒模型解析方式。

【示例】下面的示例比较了浏览器的标准模式和怪异模式的工作方式。

第 1 步，新建文档，输入下面完整的网页代码：

```
<!DOCTYPE HTML PUBLIC "-//W3C//DTD HTML 4.01 Transitional//EN" "http://www.w3c.org/ TR/ 1999/
REC-html401-19991224/loose.dtd">
<html xmlns="http://www.w3.org/1999/xhtml">
<head>
<title>标准模式</title>
<style type=text/css>
div {
    border:solid 50px red;
    padding:50px;
    background:#ffccff;
    width:200px;
    height:100px;
}
</style>
</head>
<body>
<div>标准显示盒模型</div>
</body>
</html>
```

第 2 步，再新建文档，输入下面完整的网页代码：

```
<!DOCTYPE HTML PUBLIC "-//W3C//DTD HTML 4.0 Transitional//EN">
```

Note

```
<html>
<head>
<title>怪异模式</title>
<style type=text/css>
div {
    border:solid 50px red;
    padding:50px;
    background:#ffccff;
    width:200px;
    height:100px;
}
</style>
</head>
<body>
<div>怪异显示盒模型</div>
</body>
</html>
```

第 3 步，保存文档，在 IE 浏览器中预览上面两个文档，显示效果如图 8.1 和图 8.2 所示。

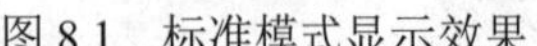

图 8.1　标准模式显示效果

图 8.2　怪异模式显示效果

可以看到：当网页的文档类型被声明为 HTML 4.01 过渡型时，网页将按标准模式显示，页面显示的盒模型将遵循 W3C 制定的标准进行解析。

注意： 对于 HTML 1.01 文档，包含严格 DTD 的 DOCTYPE 常常导致页面以标准模式解析，包含过渡 DTD 和 URI 的 DOCTYPE 也导致页面以标准模式解析。但是有过渡 DTD，而没有 URI 会导致页面以怪异模式表现。DOCTYPE 不存在或形式不正确会导致 HTML 和 XHTML 文档以怪异模式表现。

例如，定义下面几种文档类型，IE 浏览器会以怪异模式显示网页。

☑　没有提供文档类型的版本

```
<!DOCTYPE HTML PUBLIC "-//W3C//DTD HTML//EN" "http://www.w3.org/TR/html/loose. dtd">
```

☑　HTML 2.0 版本

```
<!DOCTYPE HTML PUBLIC "-//IETF//DTD HTML 2.0//EN">
```

☑　HTML 3.0 版本

```
<!DOCTYPE HTML PUBLIC "-//IETF//DTD HTML 3.0//EN//">
```

☑　HTML 3.2 版本

```
<!DOCTYPE HTML PUBLIC "-//W3C//DTD HTML 3.2 Final//EN">
```

8.1.5　CSS 盒模型

线上阅读

盒模型是浏览器对元素的一种理解方式，同时它也是 CSS 网页布局的核心，是页面组成的基本部分。每个 HTML 都可以看作是一个盒子，不同的是，不同元素的默认盒子的设置不同。感兴趣的读者可以扫码阅读。

8.1.6　CSS 布局基础

线上阅读

CSS 基本布局方法包括两种：浮动式布局和定位式布局。感兴趣的读者可以扫码阅读。

8.2　两列结构布局

两列结构的网页布局比较常见，例如，正文页、新闻页、个人博客、新型应用网站等都喜欢采用这种布局样式。该布局结构在内容上可分为主要内容区域和侧边栏，宽度一般多为固定宽度，以方便控制，主要内容区域以及侧边栏的位置可以互换，示意如图 8.3 所示。

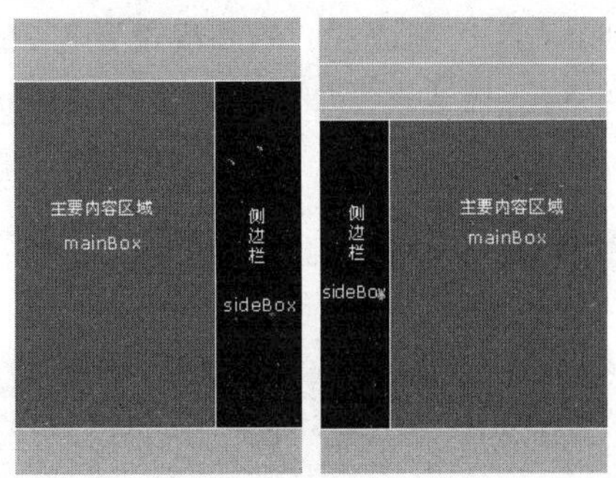

图 8.3　两列页面布局结构的示意图

根据常规设计，普通页面可分为上中下 3 个部分：头部信息、内容包含区域以及底部信息，内容包含区域又分为主要内容区域和侧边栏。使用<div>构建标准的三行两列结构如下。

Note

```
<div id="header">头部信息</div>
<div id="container">
    <div class="mainBox">主要内容区域</div>
    <div class="sideBox">侧边栏</div>
</div>
<div id="footer">底部信息</div>
```

在内容包含区域中，<div class="mainBox">包含的主要内容区域排在上面，这种设计主要考虑的因素是浏览器在解析 HTML 代码时是由上而下的方式分析，因此将主要信息放在前面，这样有利于主要信息先被检索或者显示出来。

视频讲解

8.2.1 重点演练：设计固定宽度

固定宽度一般设计各列的宽度固定显示，并通过浮动布局或者定位布局的方法把<div class="mainBox">、<div class="sideBox">两列控制在页面内容区域左右两侧显示。

【操作步骤】

第 1 步，启动 Dreamweaver CC，新建一个网页，保存为 test.html。

第 2 步，在<body>内使用<div>标记构建三行两列结构。

```
<div id="header">头部信息</div>
<div id="container">
    <div class="mainBox">主要内容区域</div>
    <div class="sideBox">侧边栏</div>
</div>
<div id="footer">底部信息</div>
```

第 3 步，在<head>标记内添加<style type="text/css">标记，定义一个内部样式表。

第 4 步，输入下面样式：将<div class="mainBox">（主要内容区域）的高度设置为 250px，宽度设置为 680px；<div class="sideBox">（侧边栏）的高度设置为 250px，宽度设置为 270px；并将父包含框<div id="container">的容器样式设置如下：高度为 250px、宽度为 960px、上下边界为 10px。

```
/* 设置页面中所有元素的内边界为 0，便于更便捷的页面布局 */
* { margin:0; padding:0; }
/* 设置头部信息以及底部信息的宽度为 960px，高度为 30px，并添加浅灰色背景色 */
#header, #footer { width:960px; height:30px; background-color:#E8E8E8; }
/* 设置页面内容区域的宽度为 960px，高度为 250px，并设置上下边界为 10px */
#container { width:960px; height:250px; margin:10px 0; }
```

```
/* 设置主要内容区域的宽度为 680px，高度为 250px，设置背景色以及文本颜色，并居左显示 */
.mainBox { float:left; /* 将主要内容区域向左浮动 */
width:680px; height:250px; color:#FFFFFF; background-color:#333333; }
.sideBox { float:right; /* 将侧边栏向右浮动 */
/* 设置侧边栏的宽度为 270px，高度为 250px，背景色以及文本颜色，并居右显示 */
width:270px; height:250px; color:#FFFFFF; background-color:#999999; }
```

第 5 步，在 IE 浏览器中预览，演示效果如图 8.4 所示。

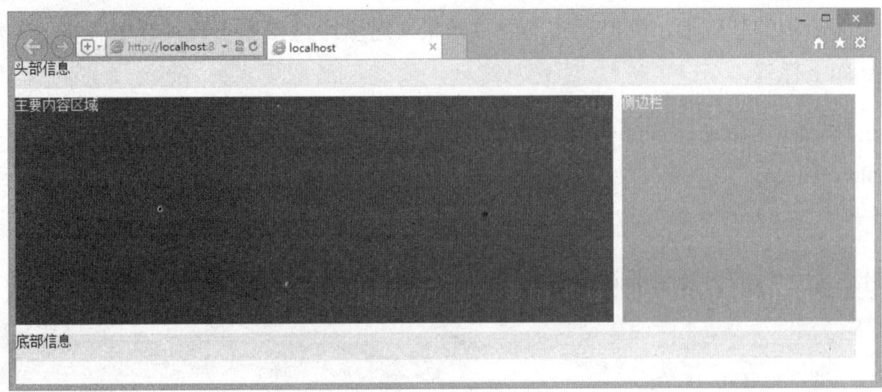

图 8.4　设计固定宽度布局显示效果

【拓展 1】

两列网页布局结构比较简单，只需要将两列的容器向左右浮动即可实现。读者可以尝试将 mainBox 中的 float:left 与 sideBox 中的 float:right 互换，将会发现主要内容区域（mainBox）与侧边栏（sideBox）的位置互换了。

在上面示例的基础上，在内部样式表底部添加如下两行样式，则在浏览器中的显示效果如图 8.5 所示。

```
.mainBox { float:right;}
.sideBox { float:left;}
```

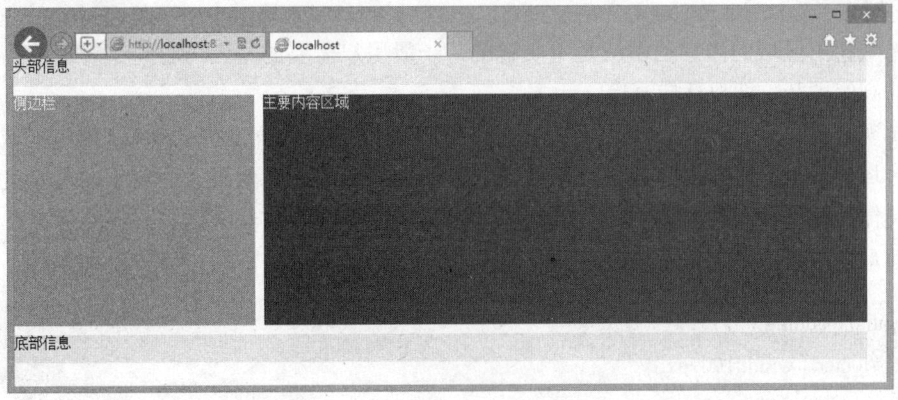

图 8.5　设计固定宽度布局显示效果

Note

【拓展 2】

当网页固定宽度和高度之后，就会存在一个问题：包含内容大于包含框，则会撑开容器。当网页内容超过容器范围后，可以使用 CSS 的 overflow 属性将其多出的部分隐藏或者设置滚动显示。overflow 属性用法如下：

```
overflow : visible | auto | hidden | scroll
```

其中，visible 为默认值，表示不剪切内容，也不添加滚动条；auto 表示在必要时对象内容才会被裁切或显示滚动条；hidden 表示不显示超过对象尺寸的内容；scroll 表示总是显示滚动条。

如果在上面示例的基础上，模拟真实的网页效果（这里通过截图形式填充容器内容），然后在样式表底部添加如下样式。

```
#container, #header, #footer,.mainBox,.sideBox {
    overflow:hidden;
}
```

则将超出显示区域的内容全部隐藏，如图 8.6 所示。

图 8.6　隐藏显示超出的区域内容

【拓展 3】

通过隐藏超出区域的内容的做法是不明智的，一般用户需要的是当内容超过容器的高度值时，要将容器的高度撑开，即自适应高度。

为了实现网页高度自适应的效果，首先需要做的工作就是删除样式中的高度（内容区域的高度），并在内容区域的下个元素（即“底部信息”元素）添加清除浮动的效果。而对于网页宽度的修改，可以根据具体需要进行调整。

在上面示例的基础上，重新设计网页内部样式表。

```
* { margin:0; padding:0; }
#header, #footer { width:1009px; }
#container { width:1009px;}
```

```
.mainBox { float:left; width:752px; }
.sideBox { float:right; width:247px;}
#footer { clear:both; }                    /* 清除页脚区域浮动显示 */
```

Note

在浏览器中预览，显示效果如图 8.7 所示。

图 8.7　设计自适应高度的固定宽度网页效果

在设计固定宽度的网页布局时，两列定宽相加不能大于包含框的宽度，否则将会导致页面的错位现象。读者可以尝试将 mainBox 容器或者 sideBox 容器的宽度值减小，再通过浏览器浏览页面，体会一下宽度值减小后的页面效果。

8.2.2　重点演练：设计宽度自适应

视频讲解

宽度自适应的页面布局方式其实是将页面宽度或者栏目宽度定义为百分比显示，就是设置页面包含框或者栏目包含框的 width 属性以百分比的形式计算。

【操作步骤】

第 1 步，启动 Dreamweaver CC，新建一个网页，保存为 test.html。

第 2 步，在<body>内使用<div>标记构建三行两列结构。

```
<div id="header">头部信息</div>
<div id="container">
    <div class="mainBox">主要内容区域</div>
    <div class="sideBox">侧边栏</div>
</div>
```

```
<div id="footer">底部信息</div>
```

第 3 步，在<head>标记内添加<style type="text/css">标记，定义一个内部样式表。

第 4 步，输入下面样式：将<div class="mainBox">（主要内容区域）的高度设置为 200px，宽度设置为 70%；<div class="sideBox">（侧边栏）的高度设置为 200px，宽度设置为 70%；并将父包含框<div id="container">的容器样式设置为上下边界为 10px。

```
* { margin:0; padding:0; } /* 设置页面中所有元素的内外间距为 0，便于更便捷的页面布局 */
#header, #footer { height:30px; background-color:#E8E8E8; } /* 设置头部信息以及底部信息的高度为 30px，并添加浅灰色背景色 */
#container { margin:10px 0; } /* 为页面内容区域设置上下边界为 10px */
.mainBox { float:left; /* 将主要内容区域向左浮动 */ width:70%; /* 将 mainBox 的宽度修改为 70% */ color:#FF0000; background-color:#333333; } /* 设置主要内容区域的宽度为 70%，设置背景色以及文本颜色，并居左显示 */
.sideBox { float:right; /* 将侧边栏向右浮动 */ width:30%; /* 将 sideBox 的宽度修改为 30% */ color:#FFFFFF; background-color:#999999; } /* 设置侧边栏的宽度为 30%，设置背景色以及文本颜色，并居右显示 */
#container:after { display:block; visibility:hidden; font-size:0; line-height:0; clear:both; content:""; } /* 清除内容区域的左右浮动 */
```

第 5 步，在 IE 浏览器中预览，演示效果如图 8.8 所示。

图 8.8　设计宽度自适应显示效果

以上 CSS 样式代码是在 8.2.1 节示例的基础上，去除了 header、footer 以及 container 的 width 属性后，并修改了 mainBox 和 sideBox 的 width 属性值后的样式。

在 IE 浏览器中，底部信息跑到上面显示，主要是因为 IE 浏览器对 CSS 样式解析的问题：

☑ 未设置 footer 底部信息的宽度，默认为 auto 值，即根据页面中所留的空白显示容器的宽度。

☑ 在未设置 footer 底部信息的宽度基础上，又因为 mainBox 的浮动，将其“拉”到上面来。

了解会出现这个问题的原因后，只需要针对性地设置相关属性即可解决问题。

☑ 设置 footer 的宽度属性值为 100%：

```
#footer {width:100%;} /* 添加底部信息的宽度为 100% */
```

对底部信息 footer 容器添加 100%的宽度属性值，让其不再根据页面中所留的空白而被 mainBox 容器的浮动所牵连。但这样的处理方式却不是很完美，让原有的页面内容区域与底部信息之间的空白间距消失了。

☑ 在 footer 中添加对上级标签元素浮动的清除：

```
#footer {clear:both;} /* 添加底部信息的对上级标签元素的浮动的清除 */
```

不需要对 footer 设置宽度属性，只需要添加清除浮动的属性，清除上级标签元素的浮动。那么就可以完美地得到我们所需要的效果。

视频讲解

8.2.3 重点演练：设计自定义宽度

无论是两列定宽的布局结构，还是两列自适应的布局结构，两列的总宽度相加不能大于网页包含框的宽度或者是大于 100%，否则就会错位。那么试想一下，定宽的布局结构采用的宽度单位是 px，而自适应的布局结构所采用的单位是%或者是默认的 auto，如何将这两种不同的单位结合在一起，最终完美实现单列自适应、单列定宽的页面布局结构。

【操作步骤】

第 1 步，启动 Dreamweaver CC，新建一个网页，保存为 test.html。

第 2 步，在<body>内使用<div>标记构建三行两列结构。

```
<div id="header">头部信息</div>
<div id="container">
    <div class="mainBox">主要内容区域</div>
    <div class="sideBox">侧边栏</div>
</div>
<div id="footer">底部信息</div>
```

第 3 步，在<head>标记内添加<style type="text/css">标记，定义一个内部样式表。

第 4 步，将 8.2.2 节示例中自适应布局结构的 CSS 样式复制过来，然后稍做修改，保持 mainBox 的宽度属性值为 70%，修改 sideBox 的宽度属性值为 200px。

```
* { margin:0; padding:0; } /* 设置页面中所有元素的内外间距为 0，便于更便捷地进行页面布局 */
#header, #footer { height:30px; background-color:#E8E8E8; } /* 设置头部信息以及底部信息的高度为 30px，并添加浅灰色背景*/
#container { margin:10px 0; } /* 为页面内容区域设置上下边界为 10px */
.mainBox { float:left; /* 将主要内容区域向左浮动 */ width:70%; /* 将 mainBox 的宽度修改为 70% */ color:#FF0000; background-color:#333333; } /* 设置主要内容区域的宽度为 70%，背景色以及文本颜色，并居左显示 */
.sideBox { float:right; /* 将侧边栏向右浮动 */ width:200px; /* 将 sideBox 的宽度修改为 200px */ color:#FFFFFF; background-color:#999999; } /* 设置侧边栏的宽度为 200px，背景色以及文本颜色，并居右显示 */
#container:after { display:block; visibility:hidden; font-size:0; line-height:0; clear:both; content:""; } /* 清除内容
```

Note

```
区域的左右浮动 */
    #footer { clear:both; } /* 添加底部信息的对上级标签元素的浮动的清除 */
    .mainBox, .sideBox { height:200px; }
```

第 5 步，在 IE 浏览器中预览，演示效果如图 8.9 所示。

图 8.9　单列定宽和单列自适应宽度显示效果

【拓展 1】

在上面的示例中，读者会发现 mainBox 主要内容区域在页面中占用的比例是当前窗口大小的 70%，而 sideBox 侧边栏是以 200px 的宽度显示在页面中。但这仅仅只是在某个情况下正常显示，如果将浏览器的窗口缩小后，sideBox 侧边栏错位，不再与 mainBox 主要内容区域并排显示。

解决这个问题比较好的办法就是利用负边界来处理：

```
.sideBox { /* 设置侧边栏的宽度为 200px，设置背景色以及文本颜色，并居右显示 */
    float:right; /* 将侧边栏向右浮动 */
    width:200px; /* 将 sideBox 的宽度修改为 200px */
    margin-left:-200px; /* 添加负边界，使 sideBox 向左浮动缩进 */
    color:#FFFFFF;
    background-color:#999999;
}
```

对 sideBox 侧边栏添加负边界“margin-left:-200px;”，使其在与 mainBox 主要内容区域浮动配合时不会因窗口缩小空间不够而导致错位。但是由于 sideBox 侧边栏使用负边界布局，将与 mainBox 主要内容区域产生重叠。

☑　重叠跟错位都是由两列的宽度值问题导致的。

☑　mainBox 主要内容区域目前是采用 70%的宽度值，既然是自适应的宽度值，是否可以考虑用 auto 默认宽度值。

因此，修改 mainBox 主要内容区域的宽度值为 auto 默认值。

```
.mainBox {/* 设置主要内容区域的宽度为 auto 默认值，设置背景色以及文本颜色，并居左显示 */
    float:left; /* 将主要内容区域向左浮动 */
    width:auto; /* 将 mainBox 的宽度修改为 auto 默认值 */
    color:#FF0000;
```

Note

```
    background-color:#333333;
}
```

在 IE 浏览器中预览，演示效果如图 8.10 所示。

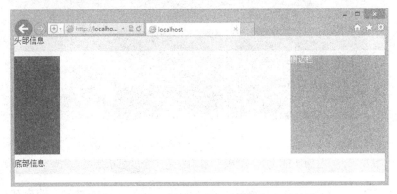

图 8.10　单列定宽和单列自适应宽度显示效果

【拓展 2】

在拓展 1 中，当在 mainBox 主要内容区域随着文字的增多，宽度也会逐渐增多，最终还是将 sideBox 侧边栏挤到下面一行，而且与 sideBox 侧边栏重叠。分析原因：

☑ 当宽度值为默认值 auto 时，容器中具有 float 浮动属性，那么该容器的宽度将随着容器中的内容而变化。

☑ 如果去除 float 浮动属性，那么也就说明 sideBox 侧边栏不再跟 mainBox 主要内容区域并列在一行中显示。

☑ 在使用 CSS 样式布局页面结构时，不使用浮动就只能采用定位的方式进行页面布局。

使用定位方式设置两列布局结构，需要设置容器对象 container 为相对定位，为子元素定位提供相对参照物。设置 mainBox 容器的边界，留出空白空间，为 sideBox 容器绝对定位后显示。

复制拓展 1 示例，然后重新设计内部样式表。

```
* { margin:0; padding:0; } /* 设置页面中所有元素的内外间距为 0，便于更便捷的页面布局 */
#header, #footer { height:30px; background-color:#E8E8E8; } /* 设置头部信息以及底部信息的高度为 30px，并添加浅灰色背景*/
#container { position:relative; /* 定义相对定位，为其包含定位元素设置参照对象 */ margin:10px 0; } /* 为页面内容区域设置上下边界为 10px */
.mainBox { width:auto; /* 将 mainBox 的宽度修改为 auto 默认值 */ margin-right:200px; /* 利用边界属性为 sideBox 留 200px 的空白 */ color:#FF0000; background-color:#333333; } /* 设置主要内容区域的宽度为 auto 默认值，设置背景色以及文本颜色，并居左显示 */
.sideBox { position:absolute; /* 设置 sideBox 为绝对定位，相对于其父元素 container 定位 */ top:0px; /* 相对其父元素的顶部 0px 绝对定位 */ right:0px; /* 相对其父元素的右边 0px 绝对定位 */ width:200px; /* 将 sideBox 的宽度修改为 200px */ margin-left:-200px; /* 添加负边界使 sideBox 向左浮动缩进 */ color:#FFFFFF; background-color:#999999; } /* 设置侧边栏的宽度为 200px，设置背景色以及文本颜色，并居右显示 */
```

```
.mainBox, .sideBox { height:200px; }
```

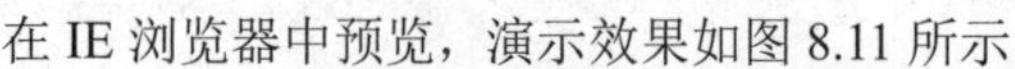

在 IE 浏览器中预览，演示效果如图 8.11 所示。

Note

图 8.11　单列定宽和单列自适应宽度显示效果

使用绝对定位布局之后，浮动与清除浮动都将无效，同时使用绝对定位的方法导致列包含框无法撑开父级包含框的高度，而且会覆盖其他元素的内容，对于此类问题可以使用 JavaScript 脚本进行处理。

8.3　多列结构布局

常见多列布局是三列结构，一般门户网站喜欢使用这种布局样式。三列结构的页面布局可以视为两列结构的嵌套，在布局时只需要以两列布局结构的方式对待即可。

使用<div>构建标准的三行三列结构如下。

```
<div class="header">头部信息</div>
<div class="container">
    <div class="wrap">
        <div class="mainBox">主要内容区域</div>
        <div class="subMainBox">次要内容区域</div>
    </div>
    <div class="sideBox">侧边栏</div>
</div>
<div class="footer">底部信息</div>
```

当然，不是所有的三列都是两列布局结构组合而成，还可以是 3 个独立的列组合而成，使用<div>构建的结构代码如下，布局示意如图 8.12 所示。

```
<div class="header">头部信息</div>
<div class="container">
    <div class="mainBox">主要内容区域</div>
```

```
        <div class="subMainBox">次要内容区域</div>
        <div class="sideBox">侧边栏</div>
</div>
<div class="footer">底部信息</div>
```

Note

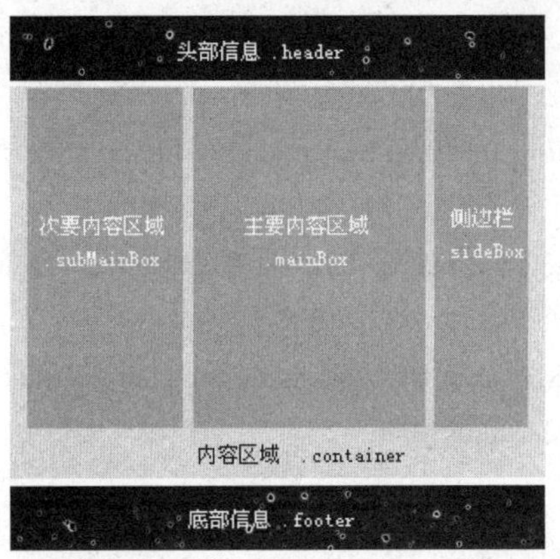

图 8.12　3 个单独列组成的三列布局结构示意图

8.3.1　重点演练：设计两列定宽中间自适应

视频讲解

两列定宽中间自适应页面就是指网页两侧栏目宽度固定，中间正文栏目宽度使用自适应布局。实现的方法是：把左右两列栏目宽度固定，并分别向左右浮动，中间列则采用默认流动布局形式，并通过左右边界调整中间列与左右列内容的相互影响。

【操作步骤】

第 1 步，启动 Dreamweaver CC，新建一个网页，保存为 test.html。

第 2 步，在<body>内使用<div>标记构建三行三列的结构。主要内容区域是由两个<div>标记所包含的。

```
<div class="header">头部信息</div>
<div class="container">
    <div class="mainBox">
        <div class="content">主要内容区域</div>
    </div>
    <div class="subMainBox">次要内容区域</div>
    <div class="sideBox">侧边栏</div>
</div>
<div class="footer">底部信息</div>
```

第 3 步，在<head>标记内添加<style type="text/css">标记，定义一个内部样式表。

第 4 步，输入下面的样式。设计思路是以 mainBox 的浮动并将其宽度设置为 100%，配合 content 的默认宽度值与边界所留的空白，利用负边界原理将次要内容区域和侧边栏“引”到次要内容区域

的旁边。

```
* { margin:0; padding:0; }
.header, .footer { height:30px; line-height:30px; text-align:center; color:#FFFFFF; background- color:#AAAAAA; }
.container { text-align:center; color:#FFFFFF; }
.mainBox { float:left; width:100%; background-color:#FFFFFF; } /* 设置主要内容区域的外层 div 标签浮动，并将宽度设置为 100% */
.mainBox .content { margin:0 210px 0 310px; background-color:#000000; } /* 设置主要内容区域的内层 div 标签边界保持宽度的默认值为 auto，留出空白的位置给左右两列 */
.subMainBox { float:left; width:300px; margin-left:-100%; background-color:#666666; } /* 将次要内容区域设置左浮动，并设置宽度为 300px，负边界为左边的-100% */
.sideBox { float:left; width:200px; margin-left:-200px; background-color:#666666; } /* 将侧边栏设置左浮动，并设置宽度为 200px，负边界为左边的-200px */
.footer { clear:both; }
.subMainBox, .content, .sideBox { height:200px; }
```

第 5 步，在 IE 浏览器中预览，演示效果如图 8.13 所示。

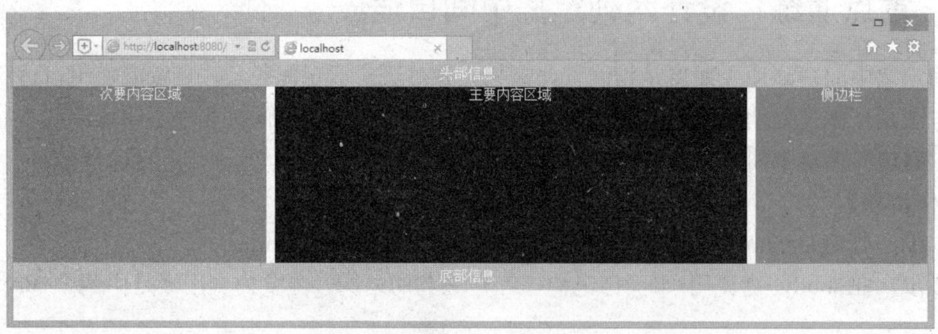

图 8.13　设计两列定宽中间自适应网页布局效果

视频讲解

8.3.2　重点演练：设计右侧定宽左侧及中间自适应

实现右侧定宽左侧及中间自适应布局效果，读者需要配合浮动布局和负边界布局来进行设计，通过浮动让三列并列显示，通过负边界调整三列之间的显示位置，避免错行显示。

【操作步骤】

第 1 步，启动 Dreamweaver CC，新建一个网页，保存为 test.html。

第 2 步，在<body>内使用<div>标记构建三行三列的结构。主要内容区域是由两个<div>标记所包含的。

```
<div class="header">头部信息</div>
<div class="container">
    <div class="mainBox">
        <div class="content">主要内容区域</div>
```

```
        </div>
        <div class="subMainBox">次要内容区域</div>
        <div class="sideBox">侧边栏</div>
    </div>
    <div class="footer">底部信息</div>
```

第 3 步，在<head>标记内添加<style type="text/css">标记，定义内部样式表，输入下面的样式。

```
* { margin:0; padding:0; }
.header, .footer { height:30px; line-height:30px; text-align:center; color:#FFFFFF; background- color:#AAAAAA; }
.container { text-align:center; color:#FFFFFF; }
.mainBox { float:left; width:100%; background-color:#FFFFFF; } /* 设置主要内容区域的外层 div 标签浮动，并将宽度设置为 100% */
.mainBox .content { margin:0 210px 0 41%; background-color:#000000; } /* 设置主要内容区域的内层 div 标签外补丁保持宽度的默认值为 auto，留出空白的位置给左右两列 */
.subMainBox { float:left; width:40%; margin-left:-100%; background-color:#666666; } /* 将次要内容区域设置左浮动，并设置宽度为 40%，负边距为左边的-100% */
.sideBox { float:left; width:200px; margin-left:-200px; background-color:#666666; } /* 将侧边栏设置左浮动，并设置宽度为 200px，负边距为左边的-200px */
.footer { clear:both; }
.subMainBox, .content, .sideBox { height:200px; }
```

第 4 步，在 IE 浏览器中预览，演示效果如图 8.14 所示。

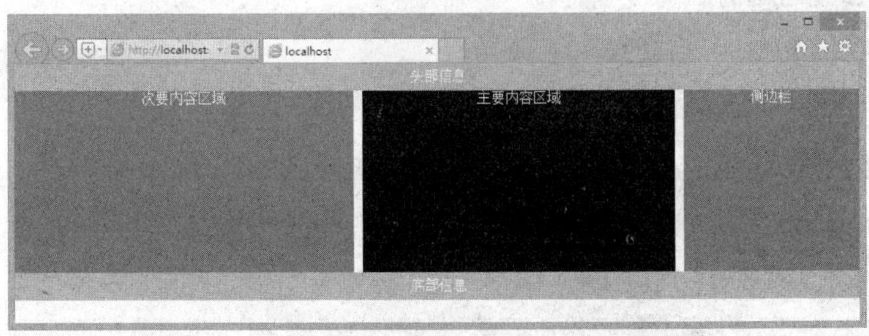

图 8.14　设计右侧定宽左侧及中间自适应布局效果

8.3.3　重点演练：设计三列宽度自适应

视频讲解

三列宽度都是自适应的布局效果比较少见，这种效果实现的方法也很简单，即设置三列的宽度值都为 auto 即可。

【操作步骤】

第 1 步，启动 Dreamweaver CC，新建一个网页，保存为 test.html。

第 2 步，在<body>内使用<div>标记构建三行三列的结构。

```
<div class="header">头部信息</div>
<div class="container">
    <div class="mainBox">
        <div class="content">主要内容区域</div>
    </div>
    <div class="subMainBox">次要内容区域</div>
    <div class="sideBox">侧边栏</div>
</div>
<div class="footer">底部信息</div>
```

第 3 步，在<head>标记内添加<style type="text/css">标记，定义一个内部样式表，输入下面的样式。

```
* { margin:0; padding:0; }
.header, .footer { height:30px; line-height:30px; text-align:center; color:#FFFFFF; background- color:#AAAAAA; }
.container { text-align:center; color:#FFFFFF; }
.mainBox { float:left; width:100%; background-color:#FFFFFF; } /* 设置主要内容区域的外层 div 标签浮动，并将宽度设置为 100% */
.mainBox .content { margin:0 21% 0 41%; background-color:#000000; } /* 设置主要内容区域的内层 div 标签外补丁保持宽度的默认值为 auto，留出空白的位置给左右两列 */
.subMainBox { float:left; width:40%; margin-left:-100%; background-color:#666666; } /* 将次要内容区域设置左浮动，并设置宽度为 40%，负边距为左边的-100% */
.sideBox { float:left; width:20%; margin-left:-20%; background-color:#666666; } /* 将侧边栏设置左浮动，并设置宽度为 20%，负边距为左边的-20% */
.footer { clear:both; }
.subMainBox, .content, .sideBox { height:200px; }
```

第 4 步，在 IE 浏览器中预览，演示效果如图 8.15 所示。

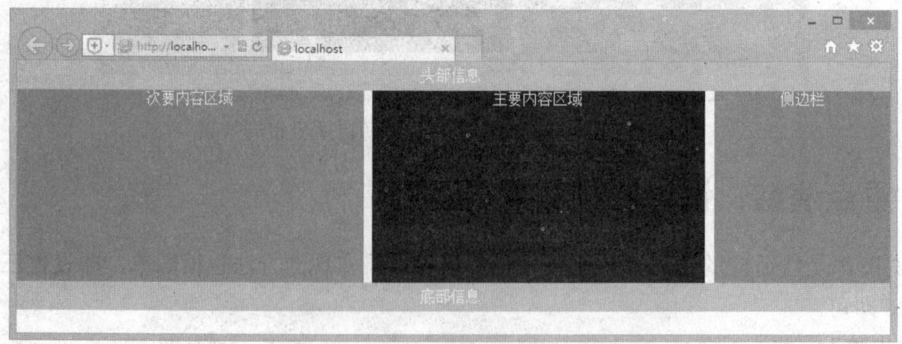

图 8.15　设计三列适应布局效果

8.4　案例实战

Note

视频讲解

本节将通过多个案例介绍如何设计更贴近实战的网页版式效果。

8.4.1　设计资讯正文页

本例以新闻题材为主题，以正文页面为设计类型，页面效果采用弹性布局，如图 8.16 所示。

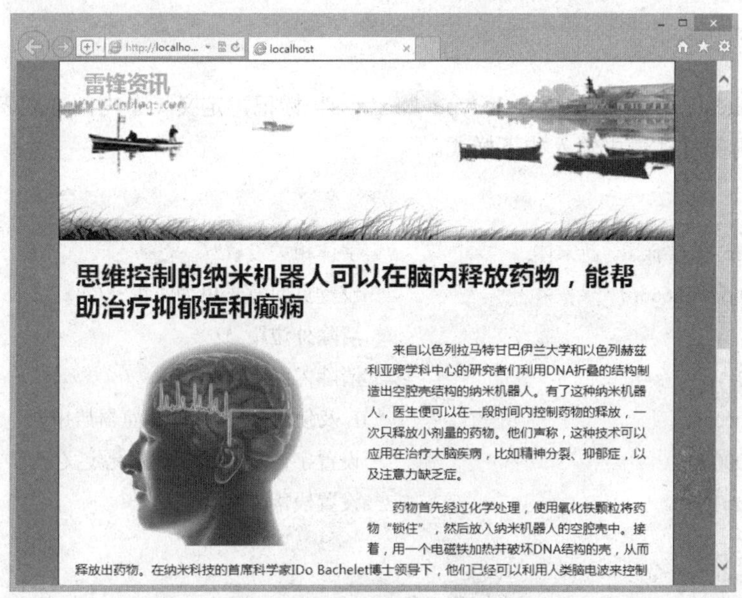

图 8.16　设计资讯正文页面效果

弹性布局的最大特点在于使用 em 作为定义网页宽度的单位。em 是相对长度单位，它相对于当前对象内文本的字体尺寸。当改变网页字体的大小时，最终会影响页面布局。

这种布局的优点是网页可以根据浏览器字体的大小，而整体调整页面的布局效果，自适应界面。这让浏览者掌握了页面显示效果的主动权，用户体验好。

这种布局的缺点是 CSS 布局代码编写复杂，需要不停地测试用户在不同情况的页面效果，这无形中增加了编写代码的工作量。

弹性布局适合设计页面结构简单、内容单一的页面。对于多列、多栏页面，不建议采用。

【操作步骤】

第 1 步，启动 Dreamweaver，新建一个网页，保存为 index.html。

第 2 步，在<body>标记内输入如下结构代码。

```
<div id="container">
    <div id="header">
        <h1><a href="http://www.leiphone.com/news/201608/AcqLpJrXfe6i6H88.html">雷锋资讯</a></h1>
```

Note

```
        </div>
        <div id="mainContent">
            <h1>思维控制的纳米机器人可以在脑内释放药物，能帮助治疗抑郁症和癫痫</h1>
            <p>……</p>
        </div>
        <div id="footer">
            <p>Copyright ©2017   abc Powered By: <a href="http://www.leiphone.com/">雷锋网</a> Web 交流
群 123456789</p>
        </div>
    </div>
```

第 3 步，在<head>标记内添加<style type="text/css">标记，定义一个内部样式表。

第 4 步，在内部样式表中输入如下样式。

```
body {
    font: 1.1em 微软雅黑, 新宋体;                /* 字体相关设置*/
    background: #666666;                      /* 设置页面背景色为灰色 */
    margin:0;                                 /* 清除外边距 */
    padding:0;                                /* 清除内间距 */
    text-align:center;                        /* IE 及使用 IE 内核的浏览器居中 */
    color: #000000;                           /* 设置字体颜色，可删除此定义 */
    line-height:150%;                         /* 设置段落文字行高 */
}
#container {
    width: 46em;                              /* 宽度使用弹性布局单位 */
    background: #FFFFFF;                      /* 设置背景色为白色，与整体页面背景色对比 */
    margin: 0 auto;                           /* 浏览器居中 */
    border: 1px solid #000000;                /* 设置边框线 */
    font-size:1em;                            /* 字体大小改变时，整个页面发生变化 */
    text-align:left;                          /* 文本内容左对齐 */
}
#header {
    background:url (images/bg_header.gif) no-repeat center -2em;      /* 背景图像设置 */
    height:13em;                              /* 高度使用 em 作为单位 */
}
#header h1 {
    margin: 0;                                /* 清除默认元素外边距 */
    padding: 10px 0 10px 30px;                /* 设置 4 个方向的内间距 */
}
```

```
#header h1 a{
        color:#999;                              /* 超链接字体颜色 */
        font-size:0.8em;                         /* 字体大小使用相对单位 */
        text-decoration:none;                    /* 去除默认超链接的下画线 */
}
#mainContent {
        padding: 0 20px;                         /* 设置左右间距，内容不紧贴在左右两侧 */
        background: #FFFFFF;                     /* 设置背景色，可删除，id 为 container 层，已定义 */
        font-size:0.95em;                        /* 字体大小使用相对单位 */
}
#footer {
        padding: 0 20px;                         /* 底部信息左右间距 */
        background:#DDDDDD;                      /* 底部信息背景色 */
}
#footer p {
        margin: 0;                               /* 底部段落，去掉默认外边距 */
        padding: 10px 0;                         /* 设置上下间距为 10 像素 */
        font-size:1em;                           /* 字体大小使用相对单位 */
}
#footer a{
        color:gray;                              /* 底部信息超链接颜色*/
        text-decoration:none;                    /* 去除默认超链接的下画线 */
}
```

【代码详解】

整体页面基调为灰色，字体大小为 1.1em；字体采用微软雅黑，微软雅黑是迄今为止个人电脑上可以显示的最清晰的中文字体。

页面使用单列、弹性宽度布局，宽度为 46em，高度自适应。针对 id 为 container 层定义在 Firefox 浏览器下居中显示，因其继承<body>标记的居中方式（IE 浏览器），重新定义内部元素文字对齐方式为左对齐，字体大小重新定义为 1em。

标题部分：id 为 container 层定义背景图像，其偏移位置为中间、顶部-2em，定义行高为 13em。<h1>标记定义内间距，调整博客标题文字，改变超链接默认设置，字体大小也使用 em 作为单位。

主体部分：主要包含“文章内容”，以及网站底部信息。可将 class 为 footer 层单独取出，作为<body>标记的直系子元素，而不是孙辈元素，最终实现两行弹性布局。“文章内容”是以段落的方式出现，定义段落文字与左右边界的内间距，改变字体大小设置即可。

在本例中，定义了众多以 em 为单位的标签，id 为 mainContent 层定义字体大小为 0.95em，id 为 container 层定义字体大小为 1em，最终结果是 0.95em。

id 为 container 的层为最高层标签，当改变它的字体大小时，页面大小及内容发生变化，字体也

会发生变化，即使为每个标签都定义字体大小。

Note

视频讲解

8.4.2 设计企业内宣页

本例以企业题材为主题，以企业介绍页面为设计类型，页面效果采用浮动布局，如图 8.17 所示。

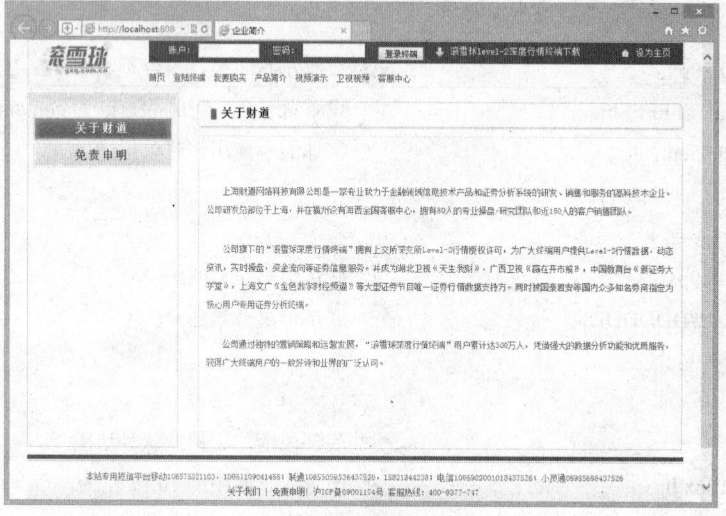

图 8.17 设计企业宣传页面效果

浮动布局使用 float 属性进行定义，设计多个版块在同一行内显示。这是应用最广的布局方式之一，其优点如下：

☑ 让栏目并列显示，节省版面空间。

☑ 设计版面环绕效果，使页面不单调，更适合浏览。

浮动布局的缺点如下：

☑ 多列并列显示，如果网页宽度发生变化，易产生错位现象，影响整个页面效果。

☑ 浮动元素与流动元素混用，会带来很多兼容问题，给设计带来很多麻烦。

【操作步骤】

第 1 步，启动 Dreamweaver，新建一个网页，保存为 index.html。

第 2 步，在<body>标记内输入如下结构代码。其中正文内容省略，主要显示网页三层 HTML 嵌套结构，详细内容请参阅本小节示例源代码。

```
<div class="nav">
    <div class="login"> </div>
    <div class="links-A"><a href="#"></div>
</div>
<div class="Cli">
    <div class="left-cli">
        <ul></ul>
    </div>
```

```
        <div class="right-cli">
            <h1>关于财道</h1>
            <div class="cont">
                <div class="dingwei1"></div>
            </div>
        </div>
    </div>
    <div class="footer"></div>
```

第 3 步，在<head>标记内添加<style type="text/css">标记，定义一个内部样式表。

第 4 步，在内部样式表中输入如下样式。在本案例中把固定布局与浮动布局相结合。class 为 Cli 层定义宽度并居中显示，left-cli 层和 right-cli 层在 Cli 层内进行左、右浮动实现。

```
body {
    font-family:"宋体", arial;                       /* 设置字体类型 */
    font-size:14px;                                  /* 初始化字体大小 */
    margin: 0;                                       /* 清除外边距 */
    padding: 0;                                      /* 清除内间距 */
    text-align: center;                              /* IE 及使用 IE 内核的浏览器居中 */
}
.Cli{width:960px; }                               /* 浮动元素的父元素宽度，便于浮动元素居中 */
.left-cli{
    width:220px;                                     /* 左边浮动元素的宽度 */
    height:499px;                                    /* 左边浮动元素的高度 */
    background:url (images/lt.jpg) no-repeat left top;      /* 定义背景图像，衬托内部纵向导航 */
    float:left;                                      /* 子元素左浮动 */
    border:1px solid #CACACA;                        /* 边框线与背景图像颜色接近 */
    font-weight:bold;                                /* 文字加粗 */
    font-size:16px;                                  /* 设置字体大小 */
    letter-spacing:4px;                              /* 内部导航文字之间的间距 */
}
.right-cli{
    width:709px;                                     /* 右边浮动元素的宽度 */
    float:right;                                     /* 子元素右浮动 */
    text-align:left                                  /* 文本左对齐 */
}
.right-cli h1{
    width:709px;                                     /* 右侧标题宽度，与父元素一致 */
    height:40px;                                     /* 设置高度，用于显示背景的空间 */
```

```
        background:url (images/loa3.jpg) no-repeat left top;    /* 定义背景图像 */
        line-height:36px;                                       /* 设置行高，与高度大小不一致 */
        font-size:16px;                                         /* 设置字体大小 */
        letter-spacing:2px;                                     /* 字体间距 */
        font-weight:bold;                                       /* 字体加粗，便于突出与下面文字内容的不同 */
        text-indent:36px;                                       /* 用它替代左间距，宽度不计算在内 */
        margin-bottom:9px;                                      /* 设置下边距 */
}
```

【代码详解】

页面头部和底部不属于浮动布局，可通过示例源代码查看具体设置。公司主体部分说明如下：

☑ class 为 Cli 层定义固定宽度，实现内部浮动元素的居中。

☑ class 为 left-cli 层存放导航，定义整体宽度为 220 像素，高度为 499 像素，设置导航顶部的背景图像，字体大小为 16 像素、加粗，字体间距为 4 像素，设置边框线，查看此层占据的位置，最后左浮动，没有设置左边距，故不需要 display 属性，左侧为导航部分。

☑ class 为 right-cli 层存放公司导航对应的内容，设置宽度为 709 像素，右浮动，段落文本对齐方式为左对齐。左侧的高度已经定义了，右侧高度随着段落内容的增加而逐渐增加。

视频讲解

8.4.3 设计儿童题材的博客页

本例以儿童题材为主题，以个人博客为设计类型，页面效果采用固定宽度布局，本案例演示效果如图 8.18 所示。

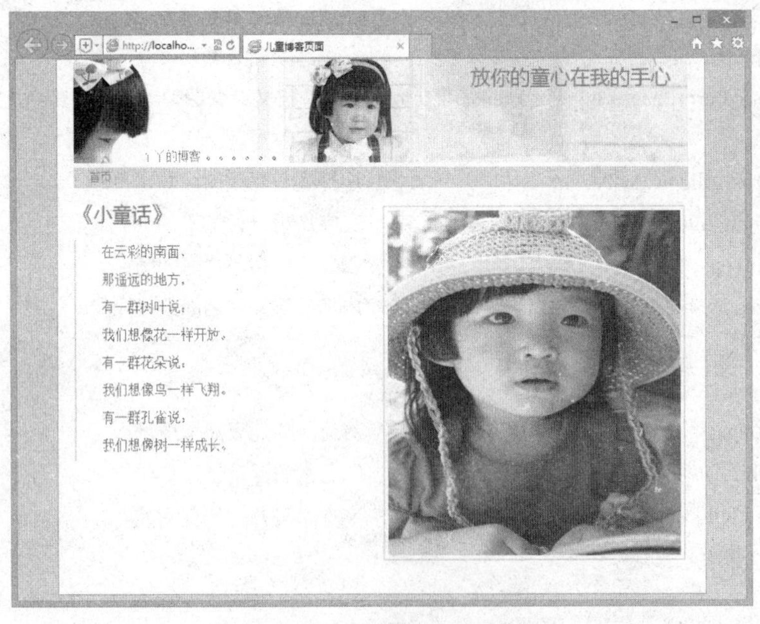

图 8.18 设计儿童博客首页效果

网页宽度固定一般是以像素作为单位。网页中无论一行或者多行，只要通过像素为单位定义宽

度，即可认为此布局方式为固定布局。页面中主体模块决定了网页的布局，小模块可采用其他方式或者也以固定布局为主。固定宽度布局的优点如下：

☑ 设计简便，调整方便。

☑ 页面宽度一致，图片等对象宽度固定的内容，潜在的冲突少。

这种布局的缺点如下：

☑ 页面适应能力差。

☑ 需要为不同设备独立设计，兼容设备的成本比较高。

【操作步骤】

第 1 步，启动 Dreamweaver，新建一个网页，保存为 index.html。

第 2 步，在<body>标记内输入如下结构代码。

```
<div id="container">
    <div id="mainContent">
        <h1><span>放你的童心在我的手心</span></h1>
        <div class="blognavInfo"> <span><a href="E">丫丫的博客</a></span>。。。。。。</span> </div>
        <div class="artic">首页</div>
        <h2> 《小童话》</h2>
        <p>……</p>
    </div>
</div>
```

第 3 步，在<head>标记内添加<style type="text/css">标记，定义一个内部样式表。

第 4 步，在内部样式表中输入如下样式。

```
body {
    font: 100% 宋体, 新宋体;              /* 设置字体 */
    background: #fdacbf;                  /* 设置页面背景色 */
    margin: 0;                            /* 清除外边距 */
    padding: 0;                           /* 清除内间距 */
    text-align: center;                   /* 兼容早期 IE 实现网页居中 */
    color: #494949;                       /* 设置字体颜色 */
    line-height:150%;                     /* 设置行高 */
}
#container {
    width: 780px;                         /* 固定网页宽度 */
    background: #FFFFFF;                  /* 定义网页背景色 */
    margin: 0 auto;                       /* 自动边距（与宽度一起）会将页面居中 */
    border: 1px solid #000000;            /* 兼容早期 IE 实现网页居中 */
    text-align: left;                     /* 覆盖<body>标记定义的"text-align: center" */
```

Note

```
}
a{color:#AC656D!important; }                     /* 定义超链接默认颜色 */
#mainContent {
    padding: 0 20px;                             /* 定义左右间距，与父元素拉开左右距离 */
    padding-bottom:20px;                         /* 定义下间距 */
}
#mainContent h1{
    margin:0;                                    /* 清除<h1>标记默认边距 */
    background:url (img/1.jpg) center top;       /* 设置背景图像，作为博客头部图片 */
    overflow:hidden;                             /* 超出部分隐藏 */
    height:120px;                                /* 定义高度 120 像素 */
    width:740px;                                 /* 定义宽度 740 像素*/
    color:#A1545B;                               /* 设置博客标题字体颜色 */
}
#mainContent h1 span{
    float:right;                                 /* 设置博客标题右浮动 */
    font-size:24px;                              /* 设置博客标题字体大小 */
    font-family:"微软雅黑", "黑体";              /* 设置博客标题字体类型 */
    line-height:40px;                            /* 设置行高 */
    padding-right:20px;                          /* 博客标题与右侧背景有 20 像素间距 */
    font-weight:300;                             /* 设置字体加粗为 300 */
}
#mainContent .blognavInfo{
    margin-top:-20px;                            /* 设置导航上边距 20 像素 */
    text-indent:80px;                            /* 首行缩进 80 像素，导航就一行 */
    width:740px;                                 /* 导航的宽度 */
}
.artic{
    height:24px;line-height:24px;                /* 设置垂直居中 */
    background-color:#f3bac0;                    /* 设置背景色 */
    text-indent:1em; font-size:14px;             /* 兼容早期 IE 实现网页居中 */
    clear:both;                                  /* 清除浮动 */
    width:740px;                                 /* 博客栏目宽度为 740 像素*/
}
#mainContent a{
    padding:0 5px; text-decoration:none;         /* 超链接设置 */
    font-size:14px; color:Verdana, "宋体", sans-serif;   /*字体设置 */
}
```

```
#mainContent a:hover{
        font-weight:bold; text-decoration:underline;   /* 超链接鼠标滑过时效果 */
}
#mainContent h2{
        color:#BF3E46;font-weight:300;            /* 文章标题名称颜色、加粗设置 */
        font-family:"微软雅黑", "黑体";            /* 文章标题字体类型 */
        margin:0; line-height:40px;               /* 文章标题行高及清除默认外边距 */
}
#mainContent p{
        margin:0;                                 /* 清除段落默认设置 */
}
#mainContent p span{
        float:right;                              /* 博客内容设置，向右浮动 */
        padding-right:200px;                      /* 博客内容设置右间距，效果：与图片位置贴近 */
        line-height:200%                          /* 博客内容行高，不设置高度，高度自适应 */
}
```

【代码详解】

设置网页宽度为 780 像素，该值符合小屏幕分辨率。<body>标记定义 IE 浏览器下居中，定义整体页面基调为粉红色，给人以温馨的感觉，文本行高为相对单位，使用百分比，为后面的段落文字的纵向间距埋下伏笔。

页面使用单列、固定宽度布局，高度自适应。id 为 container 层定义在 Firefox 浏览器下居中，且因其继承<body>标记的居中方式，重新定义内部元素文字对齐方式为左对齐。设置背景色为白色、1 像素的边框线，将博客页面区域彰显出来。

博客主体部分通过 id 为 mainContent 层包含，因其外层已经定义居中、宽度，因而此处只需定义间距即可，其宽度自适应父元素宽度。

博客标题部分使用<h1>标记定义大背景图像，定义其宽度为 740 像素，高度为 120 像素。id 为 mainContent 层定义左右间距 20 像素，整个博客宽度为 780 像素，故 780−20（id 为 mainContent 层左间距）−20（id 为 mainContent 层右间距）=740 像素。背景图像的宽度、高度大于定义的高度值，此处定义背景图像从浏览器中间、顶部开始显示。当改变其宽度时，在 IE8 浏览器下显示发现图片超出显示内容。内部字体采用微软雅黑，清除默认<h1>标记默认加粗效果，重新定义文字粗细为 300 像素。

导航默认的链接颜色设置为粉色基调，其余设置不再讲解。

设置段落中<span>标记右浮动，脱离文档流，漂移到右侧，图片占据原段落占用的位置，默认图片的宽度、高度大于整个博客的大小。通过 HTML 代码限制其大小为 350 像素×400 像素。此属性设置可通过 CSS 属性定义大小，因 CSS 属性控制图片，定义范围过大（当为 img 定义 CSS 属性时，所有的图片都将应用此属性设置，以后修改也是麻烦）。博客中的图片只有通过 HTML 代码定义，而不是用 CSS 限制大小，否则可能引起图片变形。

在浏览器中观察图片与段落文件间距比较大，设置右间距为 200 像素，拉近段落文字与图片的距离，以期达到浏览器下图片文字与段落文字相互衬托的效果。图片大小也可认为是固定布局的一部分，其宽度、高度是以像素为单位的元素或标签，将其单独拿出来放到新页面下的新标签，标签定义大小，可认为是固定布局。

8.4.4 设计流动博客首页

线上阅读

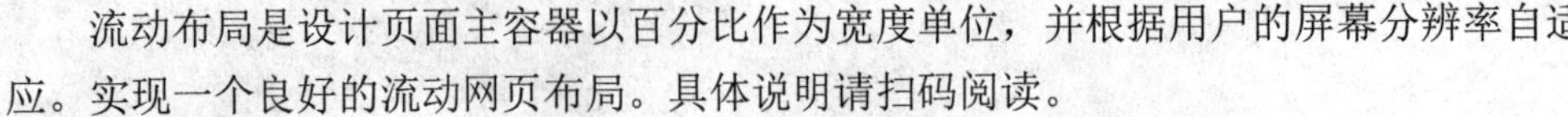

流动布局是设计页面主容器以百分比作为宽度单位，并根据用户的屏幕分辨率自适应。实现一个良好的流动网页布局。具体说明请扫码阅读。

8.4.5 设计定位宣传页

线上阅读

定位布局就是通过设置网页包含框为相对定位，栏目都以绝对定位进行排版，父元素是子元素定位偏移位置的参考。具体说明请扫码阅读。

8.4.6 设计伪列公司首页

线上阅读

伪列布局就是通过背景图片实现布局方式，用于解决浮动元素内容不定，高度不一致的现象。具体说明请扫码阅读。

8.5 在线练习

本节分多个专题练习 CSS3 的布局方法、特性和应用技巧，感兴趣的读者可以扫码练习：（1）布局技巧；（2）排版方法。

在线练习1

在线练习2

第9章 设计 HTML5 文档

HTML5 新增了与文档结构相关联的标记，使文档的语义性变得更加清晰、易读，避免了代码冗余。用户可以根据标题栏、文章块、内容块、导航栏、侧边栏、脚注栏等页面版块选择更符合语义的标记，合理编排页面结构。本章将介绍如何使用 Dreamweaver CC 设计 HTML5 文档结构。

【学习重点】

- 定义标题栏和脚注栏。
- 定义文章块和内容块。
- 定义导航栏和侧边栏。

9.1 HTML5 文档基础

Note

HTML5 以 HTML4 为基础，对 HTML4 进行了全面升级改造。与 HTML4 相比，HTML5 在语法上有很大的变化，具体比较如下。

9.1.1 文档和标记

视频讲解

1. 内容类型

HTML5 的文件扩展名和内容类型保持不变。例如，扩展名仍然为.html 或.htm，内容类型（ContentType）仍然为 text/html。

2. 文档类型

在 HTML4 中，文档类型的声明方法如下：

```
<!DOCTYPE html PUBLIC "-//W3C//DTD XHTML 1.0 Transitional//EN" "http://www.w3.org/ TR/xhtml1/DTD/xhtml1-transitional.dtd">
```

在 HTML5 中，文档类型的声明方法如下：

```
<!DOCTYPE html>
```

当使用工具时，也可以在 DOCTYPE 声明中加入 SYSTEM 识别符，声明方法如下：

```
<!DOCTYPE HTML SYSTEM "about:legacy-compat">
```

在 HTML5 中，DOCTYPE 声明方式是不区分大小写的，引号也不区分是单引号还是双引号。

注意：使用 HTML5 的 DOCTYPE 会触发浏览器以标准模式显示页面。众所周知，网页都有多种显示模式，如怪异模式（Quirks）、标准模式（Standards）。浏览器根据 DOCTYPE 来识别该使用哪种解析模式。

3. 字符编码

在 HTML4 中，使用 meta 元素定义文档的字符编码，如下所示：

```
<meta http-equiv="Content-Type" content="text/html;charset=UTF-8">
```

在 HTML5 中，继续沿用 meta 元素定义文档的字符编码，但是简化了 charset 属性的写法，如下所示：

```
<meta charset="UTF-8">
```

对于 HTML 5 来说，上述两种方法都有效，用户可以继续使用前面一种方式，即通过 content 元素的属性来指定。但是不能同时混用两种方式。

视频讲解

注意： 在传统网站中，可能会存在下面的标记方式。在 HTML5 中，这种字符编码方式将被认为是错误的。

```
<meta charset="UTF-8" http-equiv="Content-Type" content="text/html;charset=UTF-8">
```

从 HTML5 开始，对于文件的字符编码推荐使用 UTF-8。

9.1.2 宽松的约定

HTML5 语法是为了保证与之前的 HTML4 语法达到最大程度的兼容而设计的。简单说明如下。

1. 标记省略

在 HTML5 中，元素的标记可以分为 3 种类型：不允许写结束标记、可以省略结束标记、开始标记和结束标记全部可以省略。下面简单介绍这 3 种类型各包括哪些 HTML5 新元素。

第一，不允许写结束标记的元素有：area、base、br、col、command、embed、hr、img、input、keygen、link、meta、param、source、track、wbr。

第二，可以省略结束标记的元素有：li、dt、dd、p、rt、rp、optgroup、option、colgroup、thead、tbody、tfoot、tr、td、th。

第三，可以省略全部标记的元素有：html、head、body、colgroup、tbody。

提示： 不允许写结束标记的元素是指不允许使用开始标记与结束标记将元素括起来的形式，只允许使用<元素/>的形式进行书写。例如：

☑ 错误的书写方式

```
<br></br>
```

☑ 正确的书写方式

```
<br/>
```

HTML5 之前的版本中
这种写法可以继续沿用。

可以省略全部标记的元素是指元素可以完全被省略。注意，该元素还是以隐式的方式存在的。例如，将 body 元素省略不写时，但它在文档结构中还是存在的，可以使用 document.body 进行访问。

2. 布尔值

对于布尔型属性，如 disabled 与 readonly 等，当只写属性而不指定属性值时，表示属性值为 true；如果属性值为 false，可以不使用该属性。另外，要想将属性值设定为 true 时，也可以将属性名设定为属性值，或将空字符串设定为属性值。

【示例 1】 下面是几种正确的书写方法。

```
<!--只写属性，不写属性值，代表属性为 true-->
<input type="checkbox" checked>
```

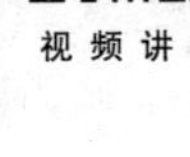

```
<!--不写属性，代表属性为 false-->
<input type="checkbox">
<!--属性值=属性名，代表属性为 true-->
<input type="checkbox" checked="checked">
<!--属性值=空字符串，代表属性为 true-->
<input type="checkbox" checked="">
```

3. 属性值

属性值可以加双引号，也可以加单引号。HTML5 在此基础上做了一些改进，当属性值不包括空字符串、<、>、=、单引号、双引号等字符时，属性值两边的引号可以省略。

【示例 2】下面的写法都是合法的。

```
<input type="text">
<input type='text'>
<input type=text>
```

9.1.3 编写 HTML5 文档

视频讲解

本节示例将遵循 HTML5 语法规范编写一个文档。本例文档省略了<html>、<head>、<body>等标记，使用 HTML5 的 DOCTYPE 声明文档类型，简化 meta 元素的 charset 属性设置，省略 p 元素的结束标记，使用<元素/>的方式来结束 br 元素。

```
<!DOCTYPE html>
<meta charset="UTF-8">
<title>HTML5 基本语法</title>
<h1>HTML5 的目标</h1>
<p>HTML5 的目标是为了能够创建更简单的 Web 程序，书写出更简洁的 HTML 代码。
<br/>例如，为了使 Web 应用程序的开发变得更容易，提供了很多 API；为了使 HTML 变得更简洁，开发出了新的属性、新的元素等。总体来说，为下一代 Web 平台提供了许许多多新的功能。
```

这段代码在 IE 浏览器中的运行结果如图 9.1 所示。

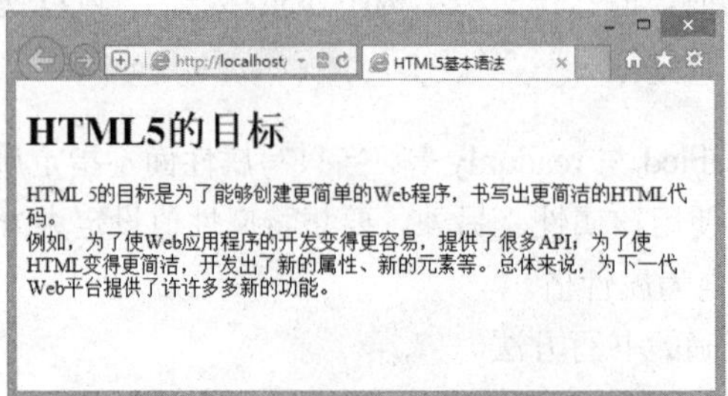

图 9.1 编写 HTML5 文档

通过短短几行代码就完成了一个页面的设计，这充分说明了 HTML5 语法的简洁。同时，HTML5

不是一种 XML 语言，其语法也很随意，下面从这两方面进行逐句分析。

第一行代码如下：

```
<!DOCTYPE html>
```

Note

不需要包括版本号，仅告诉浏览器需要一个 DOCTYPE 来触发标准模式，可谓简明扼要。

接下来说明文档的字符编码，否则浏览器将不能正确解析。

```
<meta charset="utf-8">
```

同样也很简单，HTML5 不区分大小写，不需要标记结束符，不介意属性值是否加引号，即下列代码是等效的。

```
<meta charset="utf-8">
<META charset="utf-8" />
<META charset=utf-8>
```

在主体中，可以省略主体标记，直接编写需要显示的内容。虽然在编写代码时省略了<html>、<head>和<body>标记，但在浏览器进行解析时，将会自动进行添加。但是，考虑到代码的可维护性，在编写代码时，应该尽量增加这些基本结构标记。

9.2　案例实战

HTML5 新增多个结构化元素，以方便用户创建更友好的页面主体框架，下面以案例形式来详细学习。

9.2.1　定义标题栏

视频讲解

<header>标记是一个具有引导和导航作用的结构标记，常用来设计页面或内容块的标题。标题块内可以包含其他内容，如数据表格、搜索表单或相关的 Logo 图片。页面的标题块应该放在页面的开头部分。

下面的示例使用了<header>标记重构网页标题栏，重构前后结构对比如图 9.2 所示。

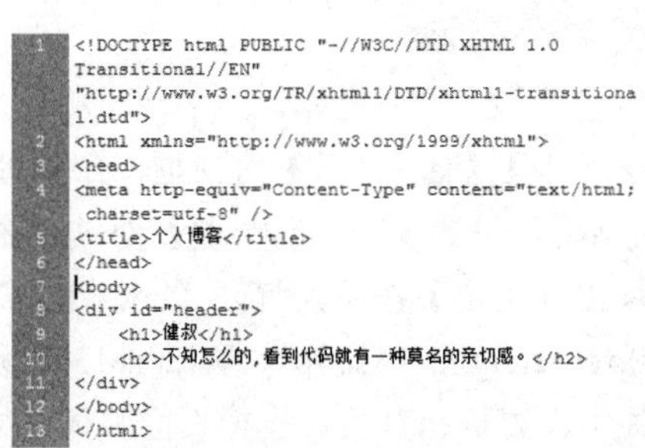

```
<!DOCTYPE html PUBLIC "-//W3C//DTD XHTML 1.0 Transitional//EN" "http://www.w3.org/TR/xhtml1/DTD/xhtml1-transitional.dtd">
<html xmlns="http://www.w3.org/1999/xhtml">
<head>
<meta http-equiv="Content-Type" content="text/html; charset=utf-8" />
<title>个人博客</title>
</head>
<body>
<div id="header">
    <h1>健叔</h1>
    <h2>不知怎么的,看到代码就有一种莫名的亲切感。</h2>
</div>
</body>
</html>
```

（a）传统设计结构

（b）HTML5 结构和设计效果

图 9.2　实例效果

Note

【操作步骤】

第 1 步，启动 Dreamweaver CC，新建 HTML5 文档。在菜单栏中选择【文件】|【新建】命令，打开【新建文档】对话框。在该对话框中选择【空白页】选项卡，在【页面类型】列表中选择【HTML】选项，在【布局】列表中选择【无】选项，然后在【文档类型】下拉列表中选择【HTML5】选项，最后单击【创建】按钮，完成 HTML5 文档的创建过程，如图 9.3 所示。

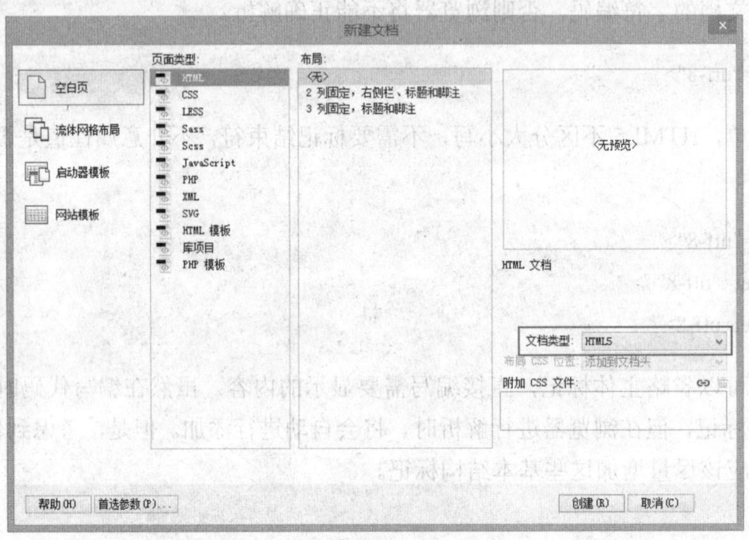

图 9.3　创建新的 HTML5 文档

第 2 步，保存为 index.html。在编辑窗口顶部的文档工具条中，设置网页标题为“个人博客”。切换到【代码】视图，可以看到 HTML5 文档结构与 HTML4 文档结构有很大区别：代码简洁，不再严格遵循 HTML 语法规范，如图 9.4 所示。

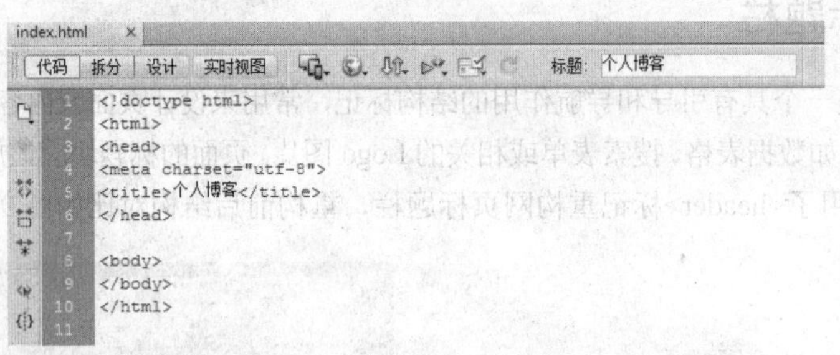

图 9.4　HTML5 文档结构

第 3 步，在菜单栏中选择【插入】|【结构】|【Div】命令，打开【插入 Div】对话框，在该对话框中单击【新建 CSS 规则】按钮，打开【新建 CSS 规则】对话框，设置【选择器类型】为“标签”，【选择器名称】为 body，【规则定义】为【(仅限该文档)】，单击【确定】按钮，打开【body 的 CSS 规则定义】对话框，设置方框样式，Margin: 0px、Padding: 0px、Height: 14213px、Width: 1345px，清除页边距，定义页面尺寸，如图 9.5 所示。然后在背景样式中设置页面背景，模拟页面整体效果，Background-image: url (images/ng.png)、Background-repeat: no-repeat。

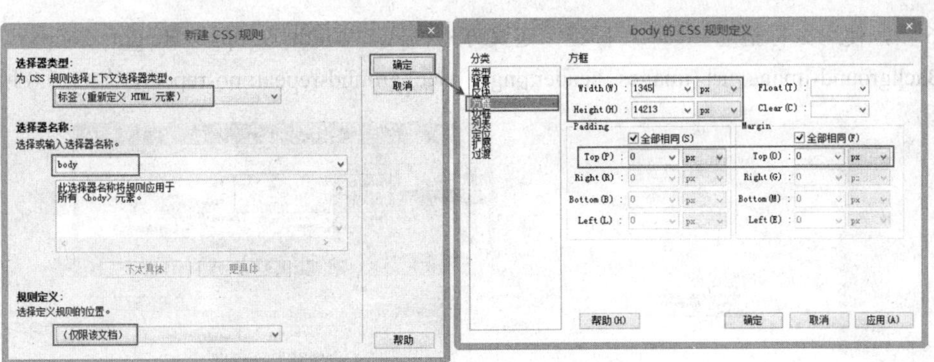

图 9.5 设置页面基本样式

第 4 步，在菜单栏中选择【插入】|【结构】|【Div】命令，在当前窗口中输入一个 div 对象，然后新建 CSS 规则，定义 div 对象绝对定位。使用鼠标拖曳绝对定位的 div 对象到合适的位置，并把光标置于右下角，拖曳调整大小，如图 9.6 所示。

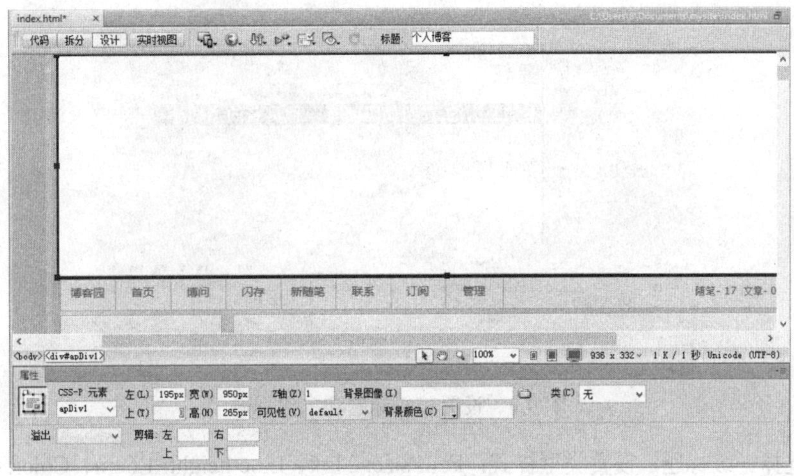

图 9.6 插入定位框

第 5 步，切换到【代码】视图，把光标置于定位包含框内，借助 Dreamweaver 代码智能提示功能，输入<header>标记，如图 9.7 所示，然后输入</header>封闭标记。或者直接选择【插入】|【结构】|【页眉】命令，快速插入<header>标记。

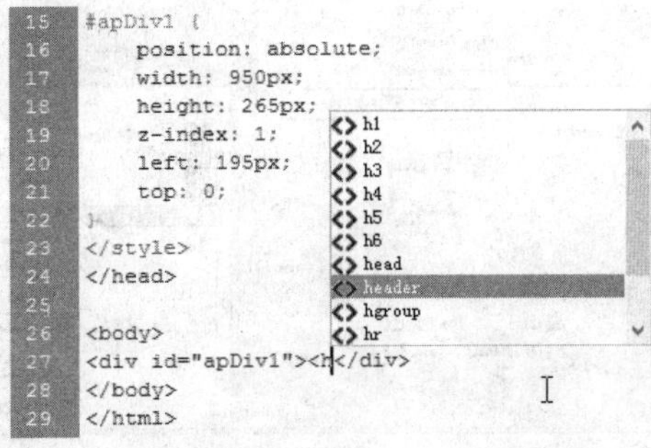

图 9.7 输入<header>标记

第 6 步，使用鼠标拖选<header>标记，定义方框样式，Width: 950px、Height: 265px；设置背景样式，Background-image: url (images/ header.png)、Background-repeat: no-repeat，如图 9.8 所示。

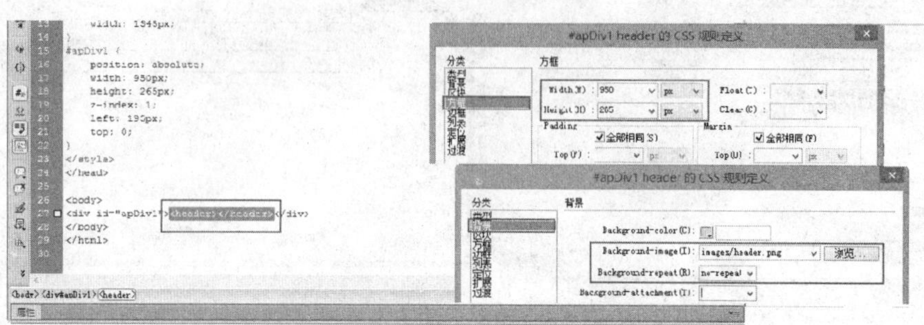

图 9.8　设置<header>标记样式

第 7 步，输入博客标题文本“健叔”，在属性面板中设置文本格式为“一级标题”，按 Enter 键换行输入文本“不知怎么的，看到代码就有一种莫名的亲切感。”，设置该行文本格式为“二级标题”，如图 9.9 所示。

图 9.9　设置一级标题和二级标题

第 8 步，选择一级标题，设置类型样式：Font-size: 24px、Line-height: 1.5em、Color: #A83838，设置一级标题大小为 24 像素，行高为 1.5 倍字体高度，字体颜色为褐红色；设置定位样式：Position: absolute、Bottom: 35px、Left: 220px，通过绝对定位方式把网页标题定位到左下角部分，如图 9.10 所示。

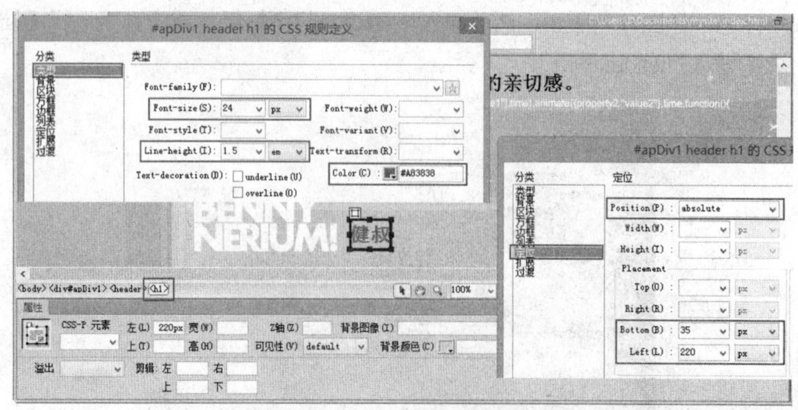

图 9.10　设置一级标题样式

Note

第 9 步，选择二级标题，设置类型样式：Font-size: 12px、Line-height: 1.5em、Color: #A83838、Font-weight: normal，设置一级标题大小为 12 像素，行高为 1.5 倍字体高度，字体颜色为褐红色，清除默认粗体样式；设置定位样式：Position: absolute、Bottom: 15px、Left: 220px，通过绝对定位方式把二级标题定位到一级标题的下面，如图 9.11 所示。

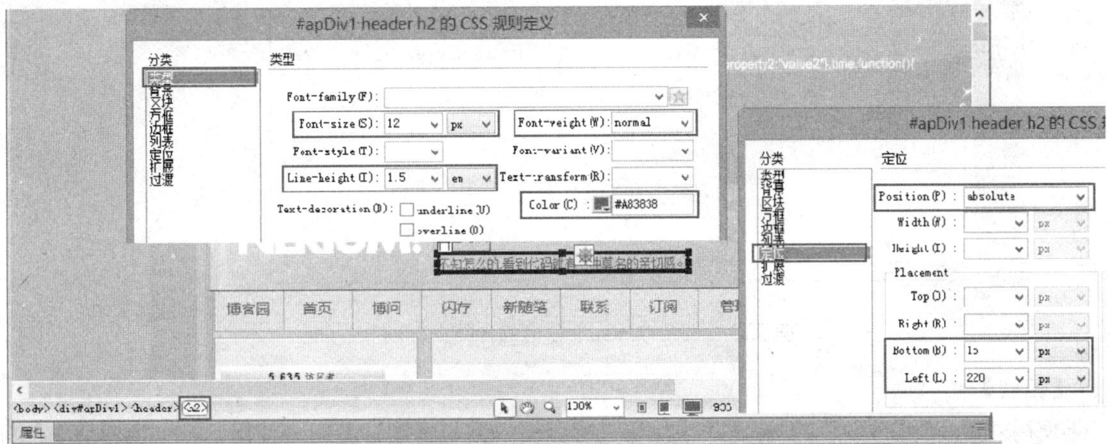

图 9.11　设置二级标题样式

提示：在一个网页内可以多次使用<header>标记。例如，可以为页面不同内容区块添加 Header 区块，用来标识不同级别的标题栏目，如图 9.12 所示。

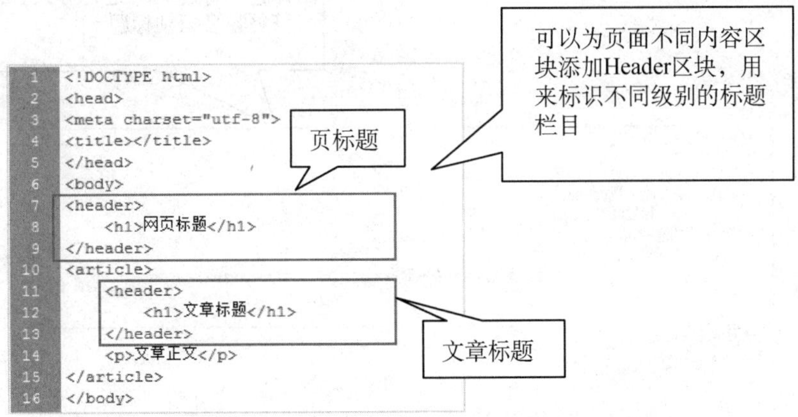

```
<!DOCTYPE html>
<head>
<meta charset="utf-8">
<title></title>
</head>
<body>
<header>
    <h1>网页标题</h1>
</header>
<article>
    <header>
        <h1>文章标题</h1>
    </header>
    <p>文章正文</p>
</article>
</body>
```


图 9.12　使用<header>标记标识网页标题和文章标题块

在 HTML5 中， Header 区可包含 h1～h6 元素，也可包含 hgroup、table、form、nav 等元素，只要显示在头部区域的语义标签，都可以包含在 Header 区中。例如，如图 9.13 所示的页面是个人博客首页的头部区域代码示例，整个头部内容都放在 Header 区中。

Note

```
<!DOCTYPE html>
<head>
<meta charset="utf-8">
<title></title>
</head>
<body>
<header>
    <hgroup>
        <h1>博客标题</h1>
        <p><a href="#">[URL]</a> <a href="#">[订阅]</a></p>
    </hgroup>
    <nav>
        <ul>
            <li><a href="#">首页</a></li>
            <li><a href="#">目录</a></li>
            <li><a href="#">社区</a></li>
            <li><a href="#">微博</a></li>
        </ul>
    </nav>
</header>
</body>
```

Header区中包含一级标题、段落文本、导航信息等内容

图 9.13　使用<header>标记包含网页标题和导航

【拓展】

使用<hgroup>标记可以为标题、子标题进行分组，常与标题标签组合使用，一个内容块中的标题及其子标题可以通过<hgroup>标记进行分组，如果文章只有一个主标题，就不需要使用<hgroup>标记。如图 9.14 所示，使用<hgroup>标记把文章的主标题、副标题和标题说明进行分组，以便让引擎更容易识别标题。

```
<!DOCTYPE html>
<head>
<meta charset="utf-8">
<title></title>
</head>
<body>
<article>
    <header>
        <hgroup>
            <h1>主标题</h1>
            <h2>副标题</h2>
            <h3>标题说明</h3>
        </hgroup>
        <p>
            <time datetime="2013-10-1">发布时间：2013年10月1日</time>
        </p>
    </header>
    <p>新闻正文</p>
</article>
</body>
```

使用<hgroup>标记把文章的主标题、副标题和标题说明进行分组，以便让引擎更容易识别标题

图 9.14　使用<hgroup>标记对文章标题进行分组

视频讲解

9.2.2　定义文章块

<article>标记表示页面中独立的、完整的、可以独自被外部引用的文档内容。<article>标记包含的内容可以是一篇博客或报刊中的文章、一条论坛帖子、一段用户评论等。另外，<article>标记可以包含标题，标题一般放在 Header 块中，还可以包含脚注。当<article>标记嵌套使用时，内部的<article>标记包含内容必须和外部<article>标记包含的内容相关联。<article>标记支持 HTML5 全局属性。

下面的示例使用<article>标记重构 IT 资讯文章，HTML 结构和显示效果如图 9.15 所示。

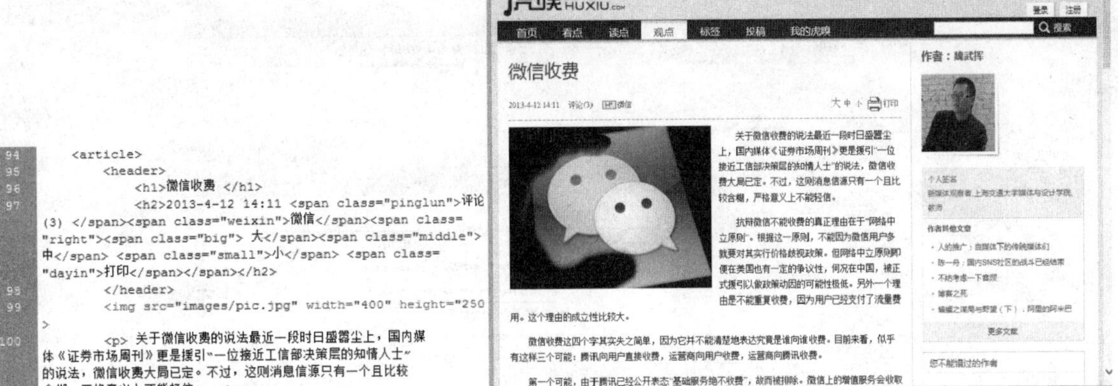

（a）HTML5 设计结构　　　　（b）页面设计效果

图 9.15　实例效果

【操作步骤】

第 1 步，启动 Dreamweaver CC，新建 HTML5 文档。在菜单栏中选择【文件】|【新建】命令，打开【新建文档】对话框。在该对话框中选择【空白页】选项卡，在【页面类型】列表中选择【HTML】选项，在【布局】列表中选择【无】选项，然后在【文档类型】下拉列表中选择【HTML5】选项，最后单击【创建】按钮，完成 HTML5 文档的创建过程，如图 9.16 所示。

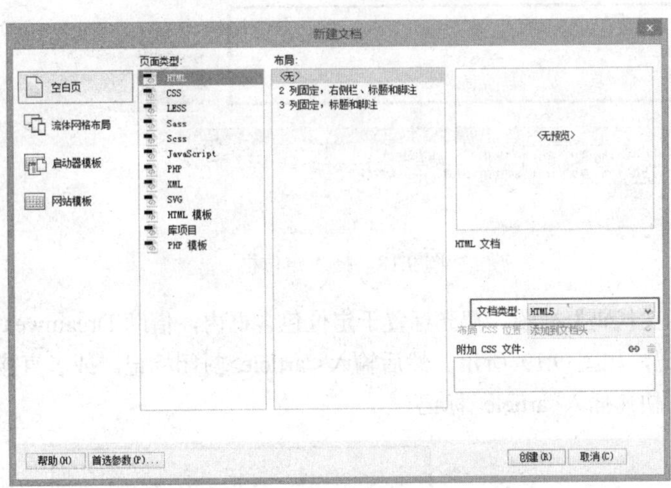

图 9.16　创建新的 HTML5 文档

第 2 步，保存为 index.html。在编辑窗口顶部的文档工具条中设置网页标题为"微信收费-观点-@虎嗅网.htm"。

第 3 步，在属性面板的【目标规则】下拉列表框中选择【body】选项，单击【编辑规则】按钮，打开【body 的 CSS 规则定义】对话框，设置方框样式：Margin: 0px、Padding: 0px、Height: 3029px、

Width: 977px，清除页边距，定义页面尺寸，如图 9.17 所示。然后在背景样式中设置页面背景，模拟页面效果：Background-color: #E1E1E1、Background-image: url (images/bg.png)、Background-repeat: no-repeat。

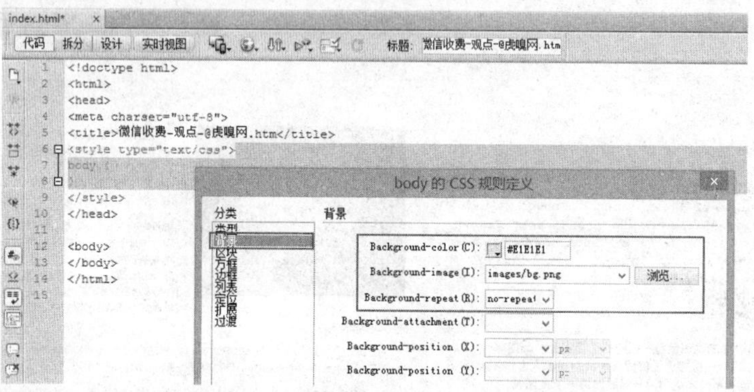

图 9.17　设置页面基本样式

第 4 步，在菜单栏中选择【插入】|【结构】|【Div】命令，在当前窗口中插入一个 div 元素，然后新建 CSS 规则，定义 div 元素为绝对定位。使用鼠标拖曳绝对定位的 div 对象到合适的位置，并把光标置于左上角，拖曳调整大小，如图 9.18 所示。

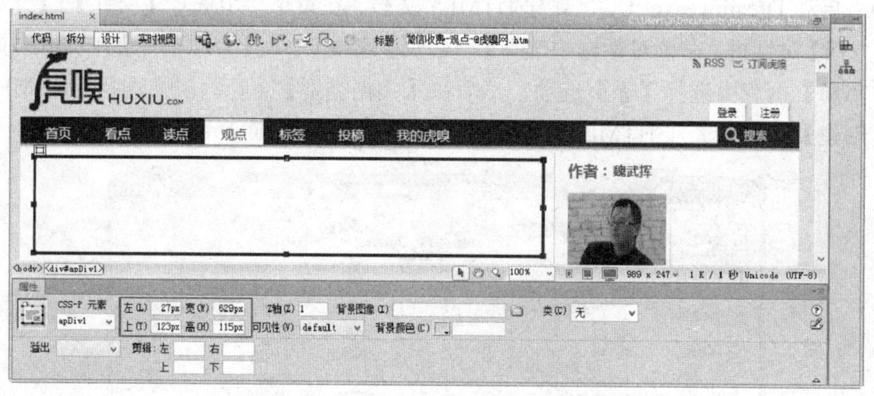

图 9.18　插入定位框

第 5 步，切换到【代码】视图，把光标置于定位包含框内，借助 Dreamweaver 代码智能提示功能，输入<article>标记，如图 9.19 所示。然后输入</article>封闭标记。或者直接选择【插入】|【结构】|【文章】命令，快速插入<article>标记。

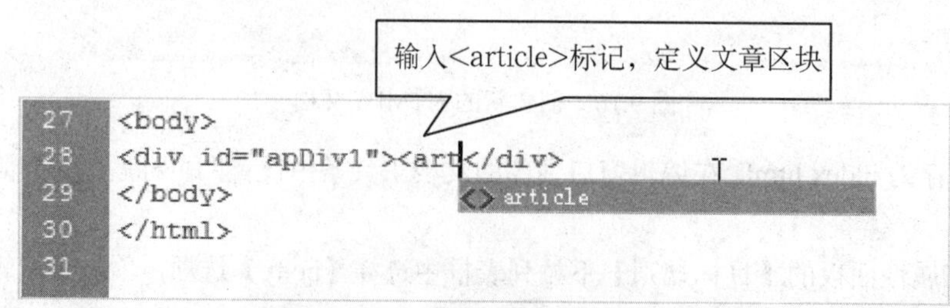

图 9.19　输入<article>标记

第 6 步，输入文本“微信收费”，在属性面板中设置文本格式为“一级标题”，按 Enter 键换行继续输入文本“2013-4-12 14:11 评论（3）微信大中小打印”，在属性面板中设置该行文本格式为“二级标题”，如图 9.20 所示。

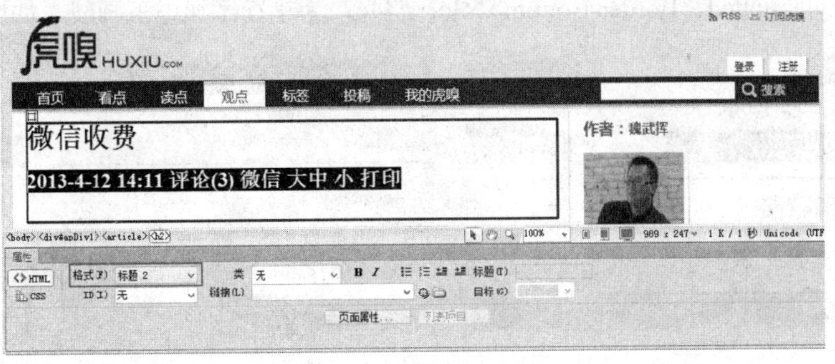

图 9.20 输入文章标题

第 7 步，拖选一级标题和二级标题所有文本，然后在菜单栏中选择【修改】|【快速标签编辑器】命令，在快速标签编辑文本框中输入“<header>”，为标题环绕一层<header>包含框，如图 9.21 所示。

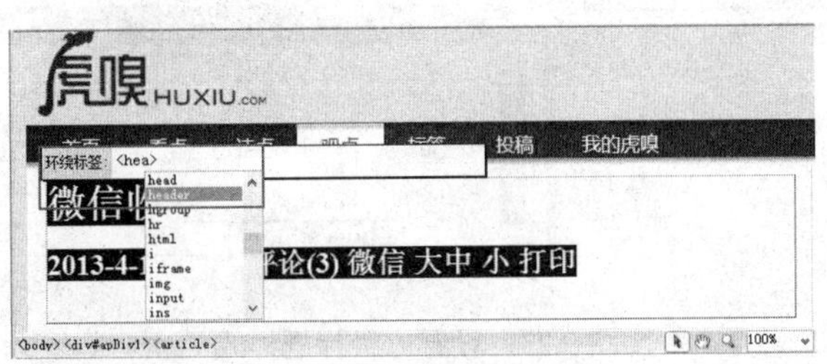

图 9.21 输入<header>包含框

第 8 步，选中<h1>标记，定义一级标记样式，设置类型样式：Font-size: 28px、Color: #003366、Font-family:“Microsoft Yahei”，“冬青黑体简体中文 w3”，“黑体”、Font-weight: 100，定义文章标题字体类型为黑体，同时通过字体列表提供了多种字体供浏览器选择，对于中文字体来说，如果用户系统中没有“冬青黑体简体中文 w3”字体类型，则显示通用黑体类型，定义字体大小为 28 像素，字体颜色为浅蓝色，字体粗细为 100，即显示为普通字体，清除默认的加粗样式，如图 9.22 所示。设置边框样式：Margin-top: 10px，通过 Margin 技术调整标题与顶部边框的距离。

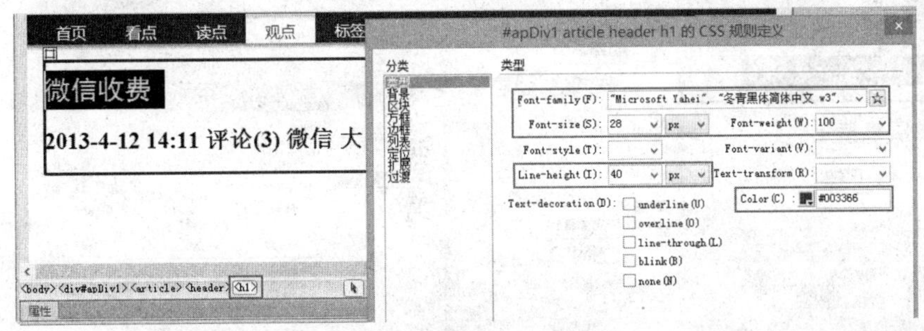

图 9.22 设置一级标题样式

第 9 步，选中<h2>标记，定义二级标记样式，设置类型样式：Font-size: 12px、Color: #444、

Note

Font-weight: normal，定义字体大小为 12 像素，字体颜色为深灰色，字体粗细为正常，即显示为普通字体。设置方框样式：Margin-Top: 6px、Padding-Bottom: 6px，通过 Margin 和 Padding 技术调整文本顶部距离，以及文本与底部边框线的距离。设置边框样式：Border-Bottom-Width: 1px、Border-Bottom-Style: dotted、Border-Bottom-Color: #444，为该行添加虚下画线，如图 9.23 所示。

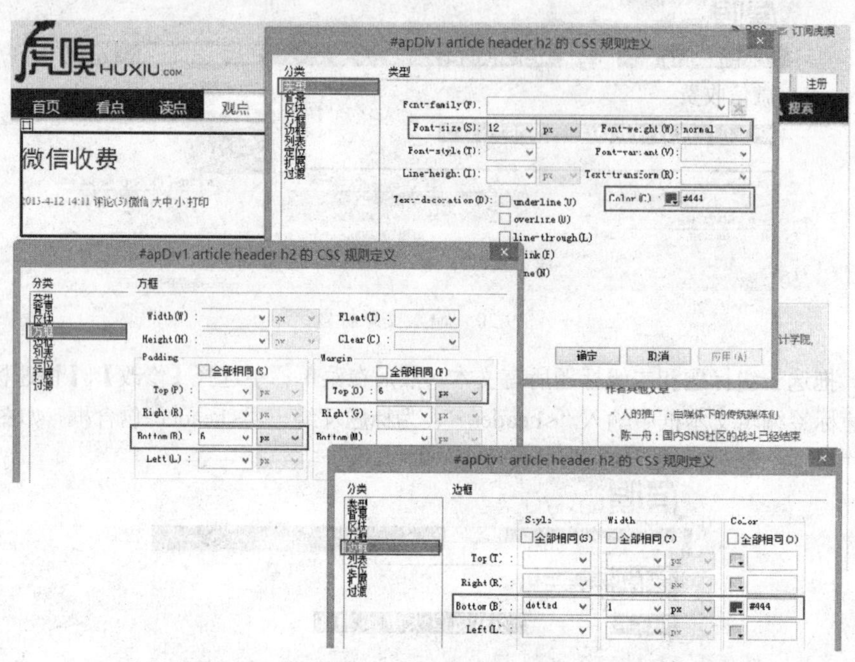

图 9.23　设置二级标题样式

第 10 步，选中文本“评论（3）”，在属性面板的 CSS 选项卡中，单击【编辑规则】按钮，打开【新建 CSS 规则】对话框，设置【选择器类型】为“类”，【选择器名称】为 pinglun，【规则定义】为【(仅限该文档)】，单击【确定】按钮，进入到 CSS 规则定义对话框中，设置方框样式：Padding-Right: 12px、Padding-Left: 12px，通过补白调整文本左右间距，如图 9.24 所示。

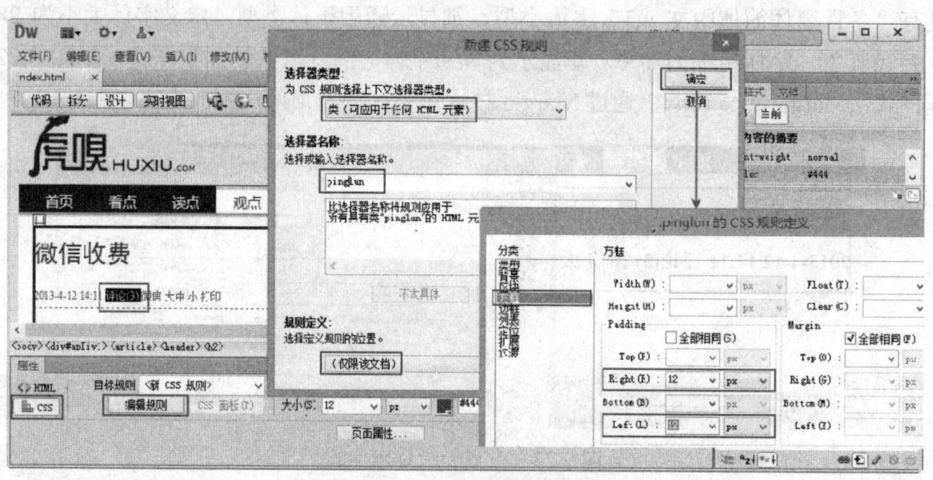

图 9.24　调整文本间距

第 11 步，选中文本“微信”，在属性面板的 CSS 选项卡中，单击【编辑规则】按钮，打开【新建 CSS 规则】对话框，定义 weixin 类样式，在 CSS 规则定义对话框中，设置方框样式：Padding-Right: 12px、Padding-Left: 24px，通过补白调整文本左右间距，同时设置左侧补白为 24 像素，留出较大的空间，以便以背景方式显示图标，设置背景样式：Background-image: url (images/icon1.png)、Background-repeat: no-repeat、Background-position: left center，为该文本定义前缀图标，如图 9.25 所示。

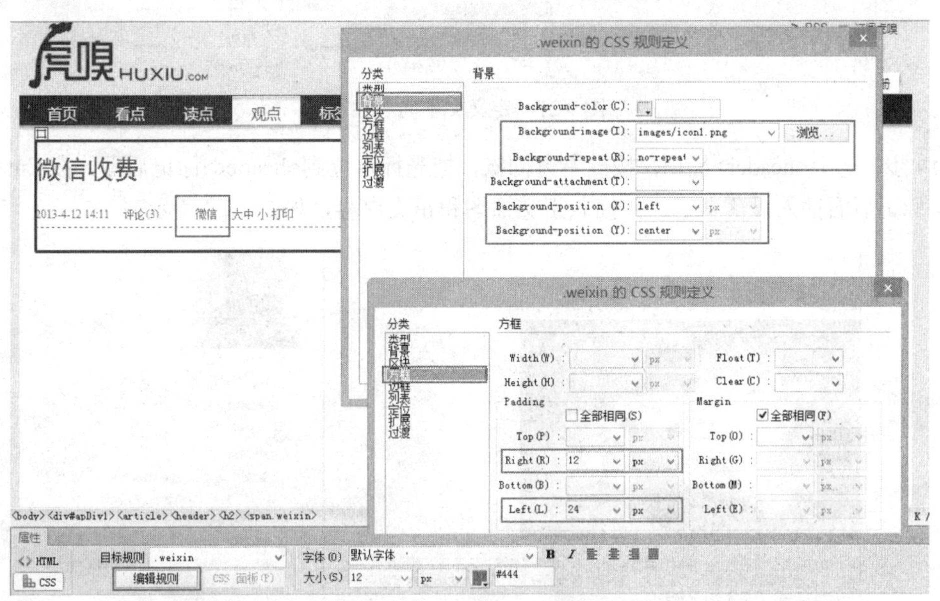

图 9.25　定义文本图标

第 12 步，以同样的方式分别为“大”“中”“小”“打印”文本定义类样式，设置“大”“中”“小”3 个字体大小从大到小排序，并通过 Padding 技术适当调整间距。模仿第 11 步 weixin 类样式的定义方法，为打印定义类样式，演示效果如图 9.26 所示。

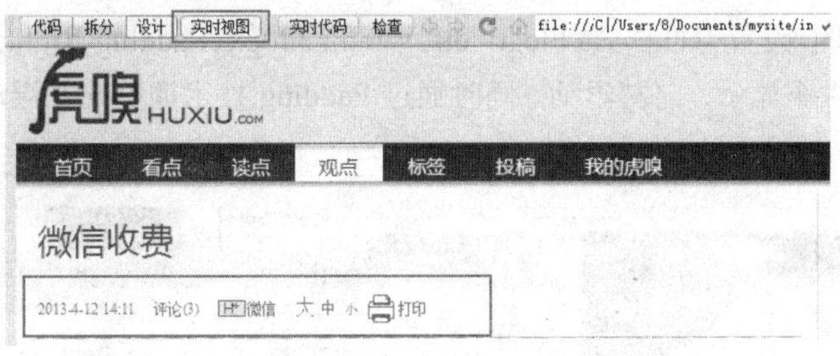

图 9.26　定义文本类样式效果

第 13 步，选中“大”“中”“小”“打印”文本，在菜单栏中选择【修改】|【快速标签编辑器】命令，使用快速标签编辑器为这些文本包裹一层<span>标记，然后为该标记定义方框样式，让其向右浮动显示，如图 9.27 所示。

Note

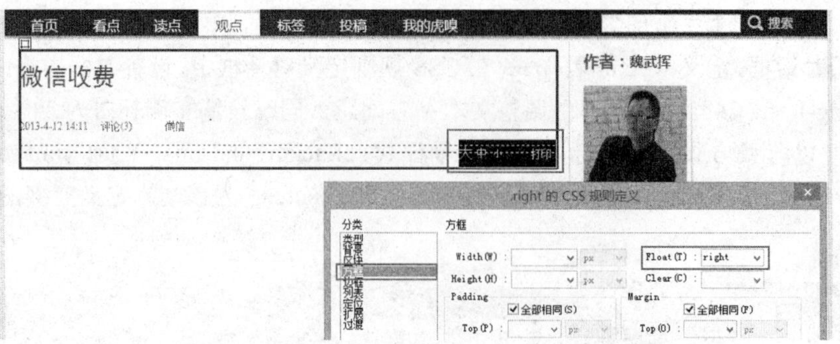

图 9.27　定义文本向右显示

第 14 步，选中<header>标记，按向右方向键，把光标定位到<header>标记后面，按 Enter 键，在<header>标记后面插入段落文本，并插入正文插图和正文内容，如图 9.28 所示。

图 9.28　输入正文文本和插图

第 15 步，选中插图，设置方框样式：Float: left、Width: 320px、Padding-Right: 12px、Padding-Bottom: 12px，定义图像固定大小显示，向左浮动，同时通过 Padding 技术调整向左浮动的图像与正文之间的距离，如图 9.29 所示。

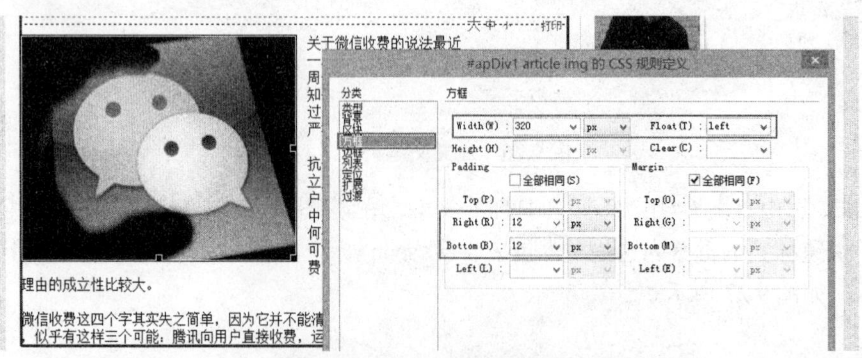

图 9.29　定义插图方框样式

第 16 步，选中插图，设置方框样式：Float: left、Width: 320px、Padding-Right: 12px、Padding-Bottom: 12px，定义图像固定大小显示，向左浮动，同时通过 Padding 技术调整向左浮动的图像与正文之间的距离，如图 9.30 所示。

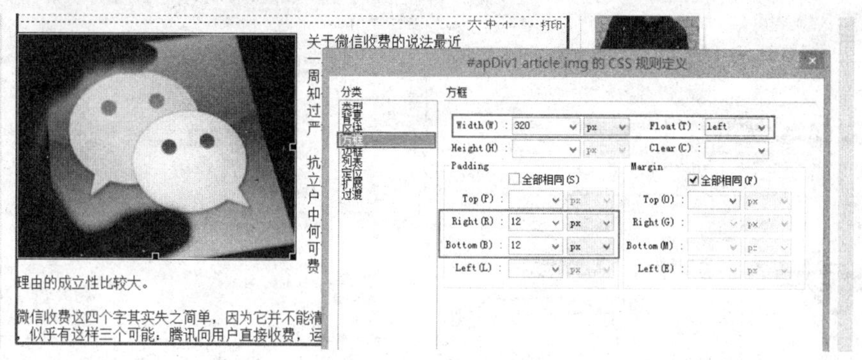

图 9.30 定义插图样式

第 17 步，选中段落文本，设置类型样式：Font-size: 14px、Line-height: 24px，定义字体大小为 14 像素，行距为 24 像素。设置区块样式：Text-indent: 2em，定义首行缩进 2 个字距，如图 9.31 所示。

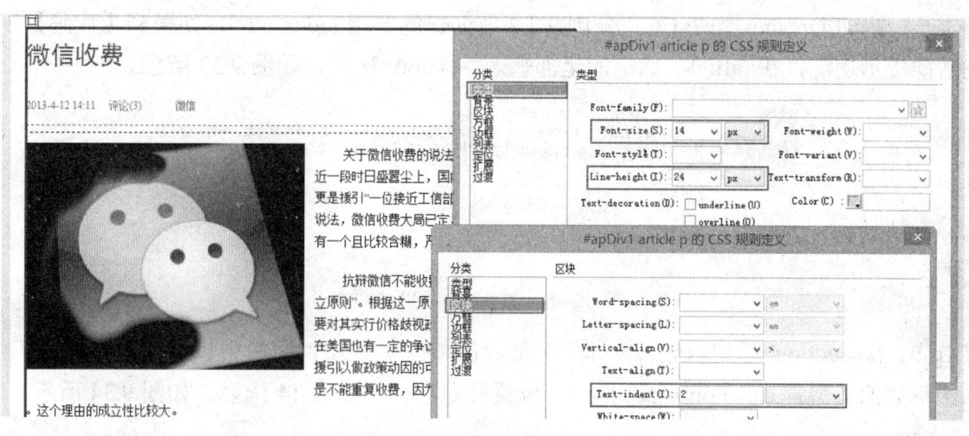

图 9.31 定义段落样式

提示：<article>标记可以嵌套使用，内层的内容在原则上需要与外层的内容相关联。例如，一篇科技新闻中，针对该新闻的相关评论就可以使用嵌套<article>标记的方式，用来呈现评论的<article>标记被包含在表示整体内容的<article>标记里面。

9.2.3 定义内容块

视频讲解

<section>标记负责对页面内容进行分区，一个<section>标记常由内容及其标题构成。在传统设计中，<div>标记常用来对页面进行分区，但<section>标记具有更强的语义性，它不是一个普通的容器元素，当一个容器需要被直接定义样式或通过脚本定义行为时，推荐使用<div>标记，而非<section>标记。<div>标记关注结构的独立性，而<section>标记关注内容的独立性，<section>标记包含的内容可以单独存储到数据库中或输出到 Word 文档中。

Note

<section>标记的作用类似对文章进行分段，与具有完整、独立的内容模块的<article>标记不同。下面来看<article>标记与<section>标记混合使用的示例，如图 9.32 所示。

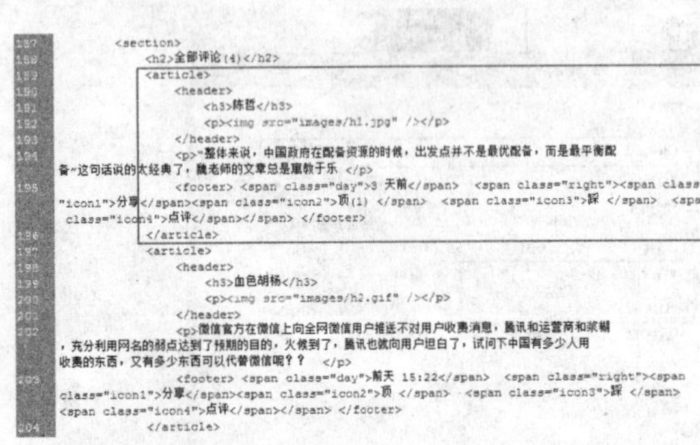

（a）HTML5 设计结构

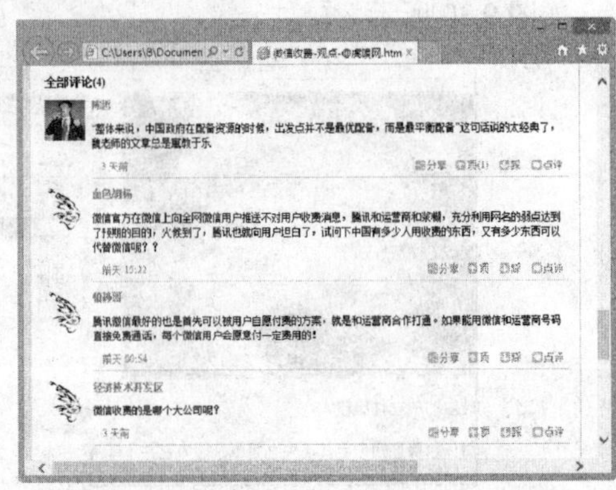

（b）页面设计效果

图 9.32　实例效果

【操作步骤】

第 1 步，启动 Dreamweaver CC，复制 9.2.2 节创建的案例 index.html，切换到【代码】视图，借助代码智能提示功能，在<article>标记的尾部输入<section>标记，如图 9.33 所示。

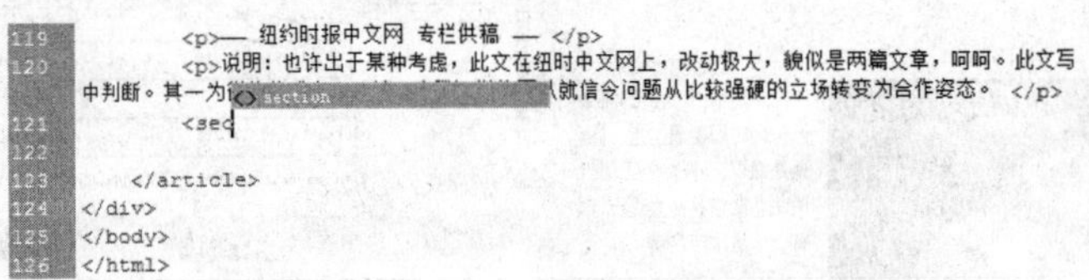

图 9.33　输入<section>标签

第 2 步，在<section>标记内输入文本“全部评论（4）”，在属性面板中设置文本格式为“标题 2”，定义二级标题的类型样式：Font-size: 14px，设置标题字体大小为 14 像素，如图 9.34 所示。

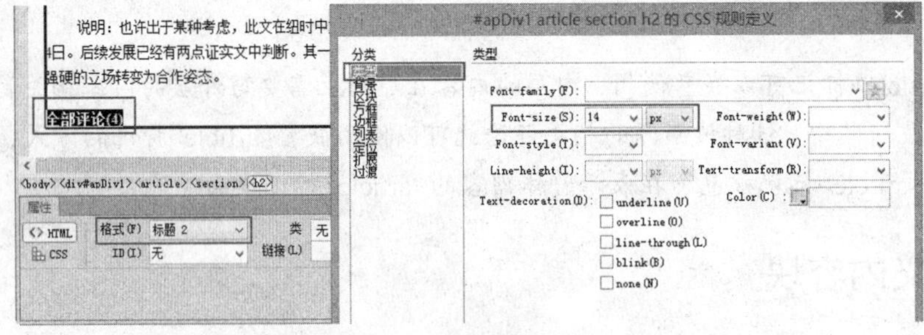

图 9.34　输入二级标题并定义格式

第 3 步，在【代码】视图下输入一个评论结构，使用<article>标记定义一条评论，使用<h3>标记署名网友名称，使用<header>标记包裹网友名称和大图标，使用<p>标记描述评论信息，使用<footer>标记标识评论相关的信息，如图 9.35 所示。

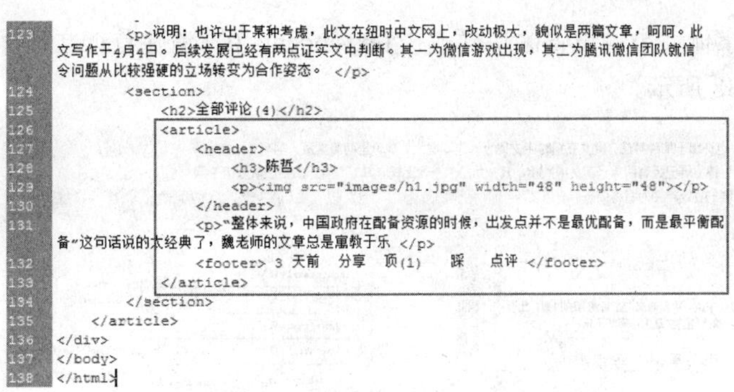

```
<p>说明：也许出于某种考虑，此文在纽时中文网上，改动极大，貌似是两篇文章，呵呵。此
文写作于4月4日。后续发展已经有两点证实文中判断。其一为微信游戏出现，其二为腾讯微信团队就信
令问题从比较强硬的立场转变为合作姿态。 </p>
    <section>
        <h2>全部评论(4)</h2>
        <article>
            <header>
                <h3>陈哲</h3>
                <p><img src="images/h1.jpg" width="48" height="48"></p>
            </header>
            <p>"整体来说，中国政府在配备资源的时候，出发点并不是最优配备，而是最平衡配
备"这句话说的太经典了，魏老师的文章总是寓教于乐 </p>
            <footer> 3 天前  分享  顶(1)   踩   点评 </footer>
        </article>
    </section>
</article>
</div>
</body>
</html>
```

图 9.35　使用<article>标记定义一条评论的结构

第 4 步，选中<article>标记，在属性面板中单击【编辑规则】按钮，设置方框样式：Margin-Left: 56px，使用 Margin 技术增加左侧边距。设置定位样式：Position: relative，定义<article>标记为定位包含框，如图 9.36 所示。

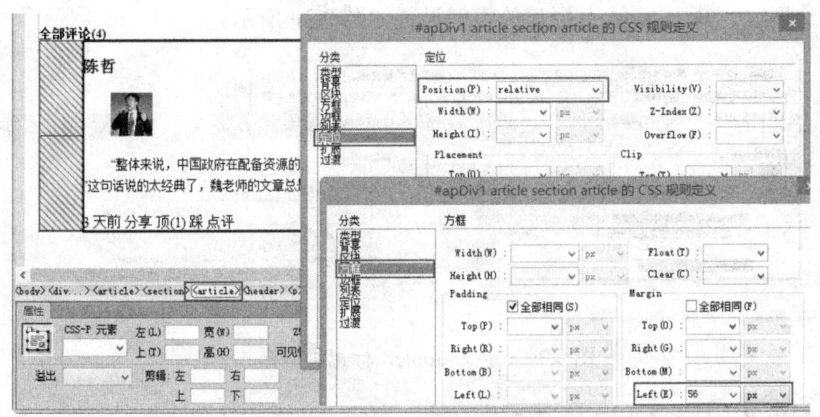

图 9.36　定义<article>标记样式

第 5 步，选中<img>标记，设置定位样式：Position: absolute、Left: -56px、Top: 0px、Width: 48px、Height: 48px，使用 Position 技术绝对定位到<article>标记的左上角，通过 Left 取负值，让其填充<article>标记左侧预留的空间，如图 9.37 所示。

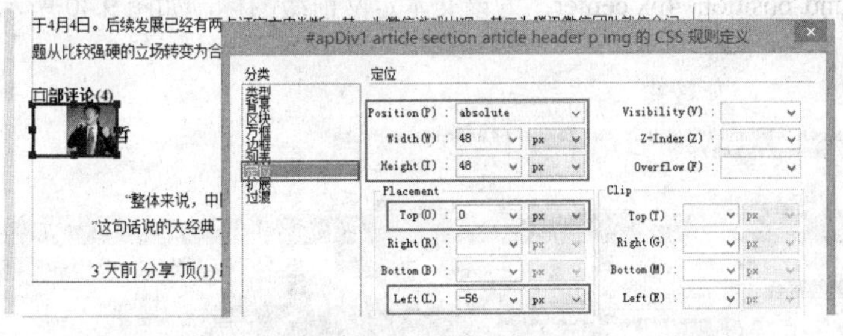

图 9.37　定义<img>标记样式

第 6 步，选中<h3>标记，设置类型样式：Font-size: 12px、Color: #66C，定义字体大小为 12 像素，字体颜色为浅蓝色；设置方框样式：Margin: 0px、Padding: 0px，清除标题的默认上下边距样式。

选中<p>标记，设置类型样式：Font-size: 12px、Line-height: 1.4em，定义评论正文字体大小为 12

Note

像素，行高为 1.4 倍字体大小；设置区块样式：Text-indent: 0，清除首行文本缩进样式。其中<p>标记的类型设置如图 9.38 所示。

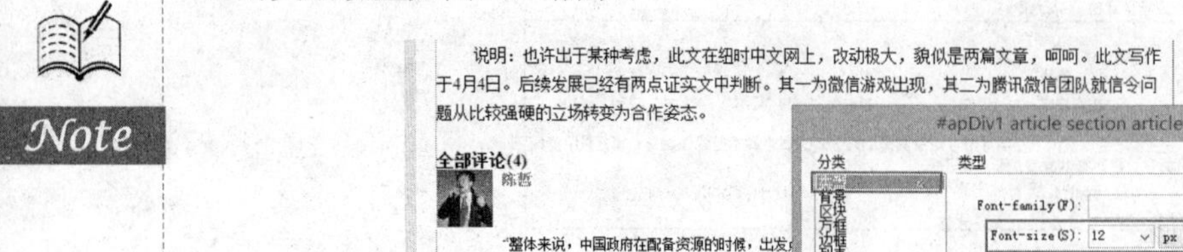

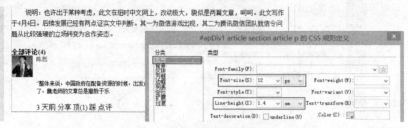

图 9.38　定义<p>标记类型样式

第 7 步，选中<footer>标记，设置类型样式：Font-size: 12px、Color: #666，定义字体大小为 12 像素，字体颜色为灰色；设置方框样式：Padding-bottom: 6px，增加文本与边框线的距离；设置边框样式：Border-Bottom-Width: 1px、Border-Bottom-Style: solid、Border-Bottom- Color: #999，为每个评论设计一条下边框线。其中<footer>标记的类型设置如图 9.39 所示。

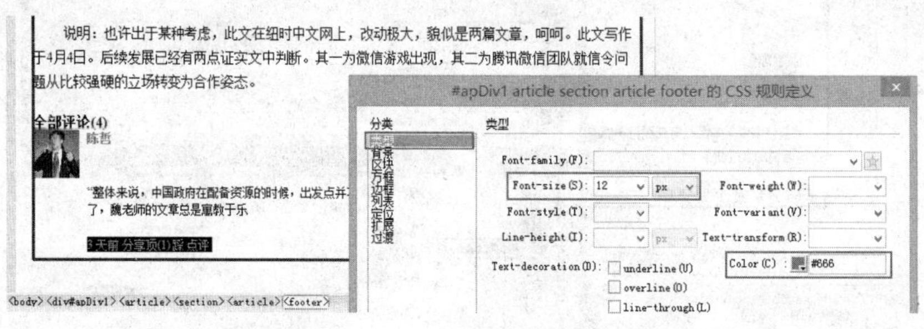

图 9.39　定义<footer>标记类型样式

第 8 步，模仿 9.2.2 节第 10～13 步操作方法，为评论底部的互动信息和链接文本分别定义类样式，例如，选中文本“分享”，在属性面板的 CSS 选项中，单击【编辑规则】按钮，打开【新建 CSS 规则】对话框，定义 icon1 类样式，在 CSS 规则定义对话框中，设置方框样式：Padding-Right: 6px、Padding-Left: 18px，通过补白调整文本左右间距，同时设置左侧补白为 18 像素，留出较大的空间，以便以背景方式显示图标，设置背景样式：Background-image: url (images/icon4.png)、Background-repeat: no-repeat、Background-position: 4px center，为该文本定义前缀图标，如图 9.40 所示。

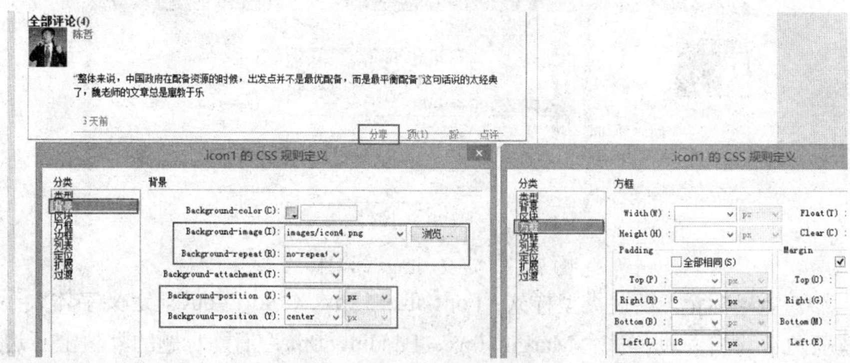

图 9.40　定义互动文本类样式

第 9 步，选中<article>标记及其包含的结构和内容，进行快速复制，最后修改评价信息和网友名称即可，如图 9.41 所示。

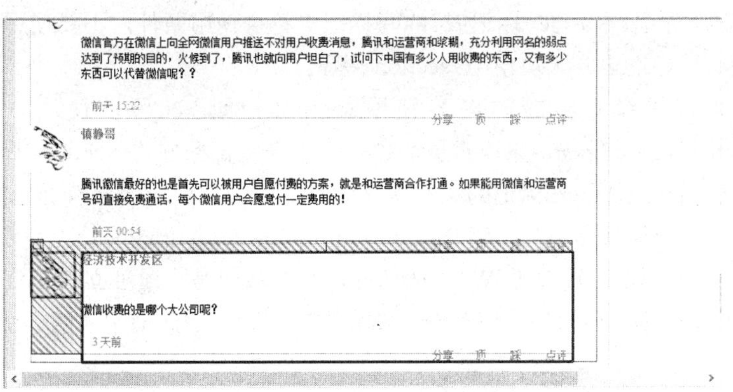

图 9.41　复制评论结构

【拓展】

<article>标记与<section>标记都是 HTML5 新增的，它们的功能与<div>标记类似，都是用来区分不同区域，它们的使用方法也相似，因此很容易错用。

<article>标记表示页面文档，代表独立完整的可以被外部引用的内容。例如，博客中的一篇文章，论坛中的一个帖子或者一段浏览者的评论等。因为<article>标记是一段独立的内容，通常可以包含头部（<header>标记）、底部（<footer>标记）信息。

<section>标记用于对页面内容进行分块。一个<section>标记常由内容以及标题组成，需要包含一个<hn>标题，一般不用包含头部（<header>标记）或者底部（<footer>标记）信息。常用<section>标记为那些有标题的内容进行分段。相邻的<section>标记的内容，应该是相关的，而不是像<article>标记包含内容那样独立。例如，把上面案例的结构进行提炼，可以看到如图 9.42 所示的结构效果。

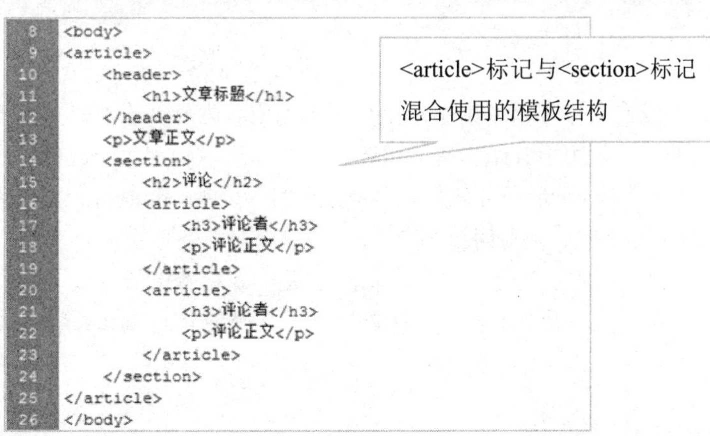

图 9.42　评论结构的源代码

<article>标记可以作为特殊的<section>标记。<article>标记强调独立性、完整性，<section>标记强调相关性。<article>和<section>标记不能够替换<div>标记，<div>标记作为无特定语义的包含框，也可以用来划分页面区域，不过它更强调页面布局特性。

Note

在使用<section>标记时应该注意以下几个问题：

☑ 不要将<section>标记当作设置样式的页面容器，对于此类操作应该使用<div>标记实现。

☑ 如果<article>标记、<aside>标记或<nav>标记更符合使用条件，不要使用<section>标记。

☑ 不要为没有标题的内容区块使用<section>标记。

通常不推荐为那些没有标题的内容使用<section>标记，可以使用 HTML5 轮廓工具（http://gsnedders.html5.org/outliner/）来检查页面中是否有来包含标题的<section>标记，如果使用该工具进行检查后，发现某个<section>标记的说明中有“untitiled section”（没有标题的 section）文字，这个<section>标记就有可能使用不当，但是<nav>标记和<aside>标记没有标题是合理的。

【示例 1】下面的代码是一篇关于 W3C 的简介，整个版块是一段独立、完整的内容，因此使用<article>标记。该文章分为 3 段，每一段都有一个独立的标题，因此使用了两个<section>标记。

```
<article>
    <h1>W3C</h1>
    <p>万维网联盟（World Wide Web Consortium，W3C），又称 W3C 理事会。1994 年 10 月在麻省理工学院计算机科学实验室成立。建立者是万维网的发明者蒂姆&middot;伯纳斯-李。</p>
    <section>
        <h2>CSS</h2>
        <p>全称 Cascading Style Sheet，级联样式表，通常又称为"风格样式表（Style Sheet）"，它是用来进行网页风格设计的。</p>
    </section>
    <section>
        <h2>HTML</h2>
        <p>全称 Hypertext Markup Language，超文本标记语言，用于描述网页文档的一种标记语言。</p>
    </section>
</article>
```

注意，关于文章分段的工作可以使用<section>标记完成。为什么没有对第一段使用<section>标记，其实是可以使用的，但是由于其结构比较清晰，分析器可以识别第一段内容在一个<section>标记里，所以也可以将第一个<section>标记省略，但是如果第一个<section>标记里还要包含子<section>标记或子<article>标记，那么就必须写明第一个<section>标记。

【示例 2】这个示例比上面的示例复杂一些。首先，它是一篇文章中的一段，因此没有使用<article>标记。但是，在这一段中有几块独立的内容，所以嵌入了几个独立的<article>标记。

```
<section>
    <h1>W3C</h1>
    <article>
        <h2>CSS</h2>
        <p>全称 Cascading Style Sheet，级联样式表，通常又称为"风格样式表（Style Sheet）"，它是用来进行网页风格设计的。</p>
```

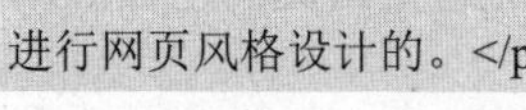

```
    </article>
        <h2>HTML</h2>
        <p>全称 Hypertext Markup Language，超文本标记语言，用于描述网页文档的一种标记语言。</p>
</section>
```

<article>标记可以作为一类特殊的<section>标记，它比<section>标记更强调独立性。<section>标记强调分段或分块，而<article>标记强调独立性。如果一块内容相对来说比较独立、完整时，应该使用<article>标记，但是如果想将一块内容分成几段时，应该使用<section>标记。

另外，HTML5 将<div>标记视为布局容器，当使用 CSS 样式时，可以对这个容器进行一个总体的 CSS 样式控制。例如，将页面各部分（如导航条、菜单、版权说明等）包含在一个<div>标记中，以便统一使用 CSS 样式进行装饰。

视频讲解

9.2.4 定义导航栏

<nav>标记专为设计页面导航服务，它可以用于下面的场景：

☑ 传统菜单栏。一般网站都会设计不同层级的菜单栏，其作用是从当前页面跳转到其他页面或者位置。

☑ 侧栏导航。在博客网站或者商品网站上都有侧边栏导航，其作用是将页面从当前文章或当前商品位置跳转到其他文章或其他商品页面。

☑ 页内导航。页内导航的作用是在本页面几个主要的组成部分之间进行跳转。

☑ 翻页操作。翻页操作是指在多个页面的前后页或博客网站的前后篇文章滚动。

下面的示例演示了如何为页面设计多个<nav>导航栏，作为页面整体或区块导航使用，如图 9.43 所示。

（a）原始效果

（b）设计效果

图 9.43　实例效果

【操作步骤】

第 1 步，启动 Dreamweaver CC，打开原始版面页面（orig.html），另存为效果设计页面（effect.html）。在【代码】视图下设计页面标题和页面导航模块。也可以在【设计】视图下输入多段文本，然后在属性面板中，分别设置文本格式为“标题 1”和列表文本，如图 9.44 所示。

Note

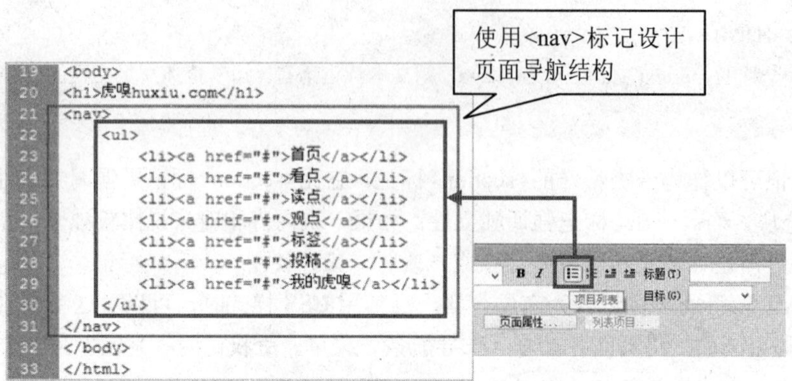

图 9.44　设计页面导航结构

第 2 步，选中一级标题，设置区块样式：Display: none，隐藏一级标题显示，如图 9.45 所示。

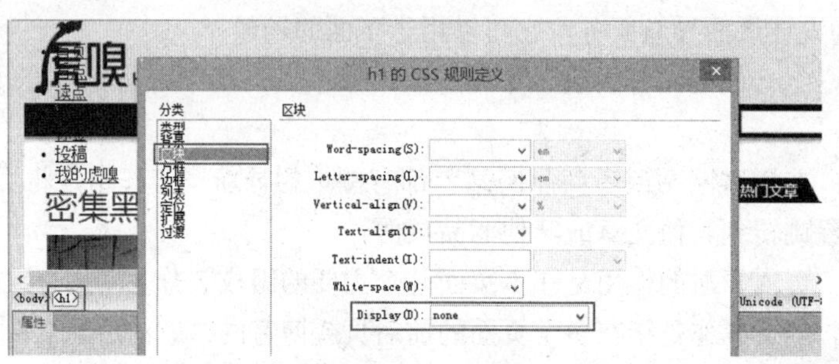

图 9.45　隐藏一级标题显示

第 3 步，选中<nav>标记，在属性面板中定义 ID 值为 menu，然后设置定位样式：Position: absolute、Left: 22px、Top: 70px、Height: 48px、Width: 668px，绝对定位导航块，把它固定到页面菜单栏中，如图 9. 46 所示。

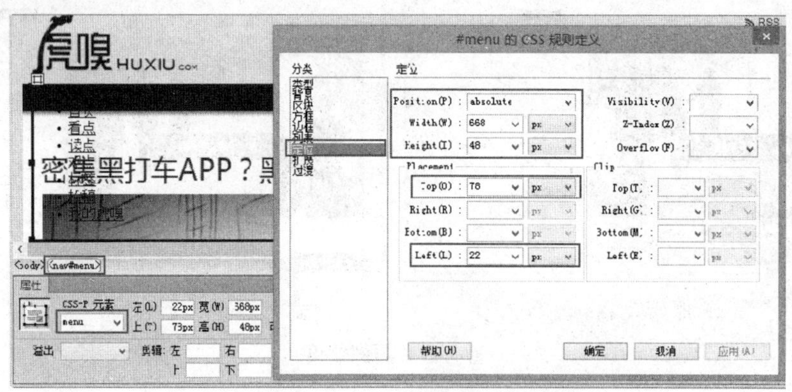

图 9.46　设置<nav>标记定位样式

第 4 步，选中<ul>标记，在属性面板底部单击【编辑规则】按钮，设置列表样式：list-style-type: none，清除列表符号，设置方框样式：Margin-Top: 0px、Padding-Top: 0px，清除列表项缩进样式，

如图 9.47 所示。

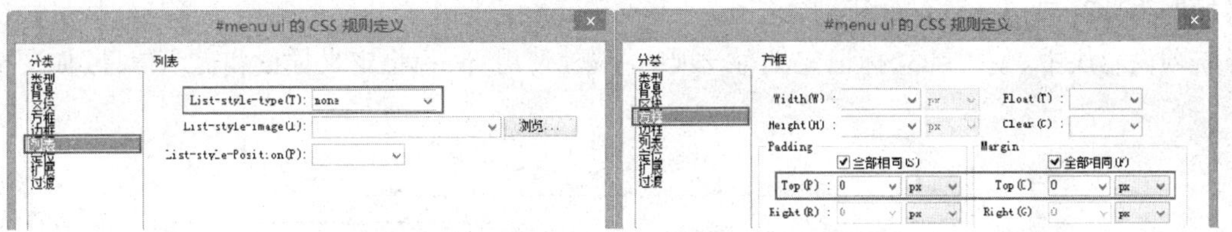

图 9.47　清除<ul>标记默认样式

第 5 步，选中<li>标记，在属性面板底部单击【编辑规则】按钮，设置方框样式：Height: 28px、Width: 70px、Float: left，固定列表项高度和宽度，设计向左浮动，实现并列显示；设置类型样式：Font-size: 16px、Line-height: 28px、Color: #FFF，设置字体大小为 16 像素，字体颜色为白色，同时设计行高为 28 像素，实现文本垂直居中显示；设置区块样式：Text-align: center，设置文本水平居中显示，如图 9.48 所示。

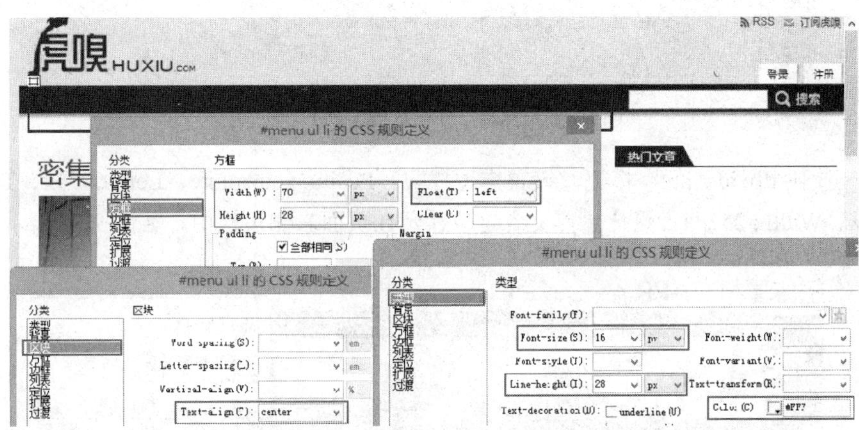

图 9.48　设置<li>标记样式

第 6 步，选中<a>标记，设置类型样式：Text-decoration: none、Color: #FFF，清除超链接下画线样式，设计超链接文本颜色为白色，如图 9.49 所示。

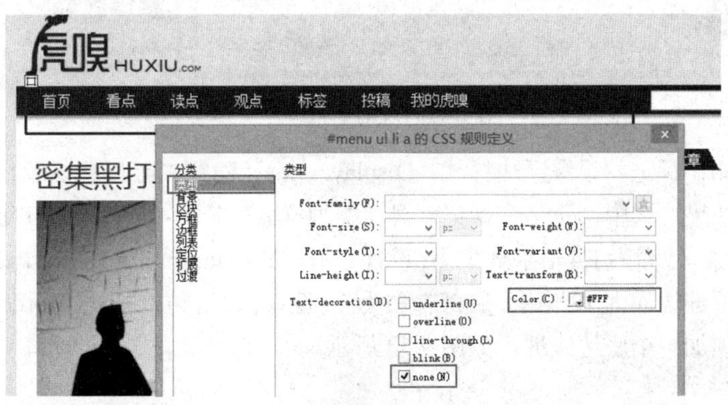

图 9.49　设置<a>标记样式

Note

第 7 步，切换到【代码】视图，输入<div id="hot">标记，定义 ID 值为 hot。在该标记内输入二级标题“<h2>热门文章</h2>”，结合<nav>和<section>标记定义边栏的热门文章导航栏目。在每个导航项内容块中，使用<h3>标记定义每一项的标题，使用<p>标记定义导读和提示信息，如图 9.50 所示。

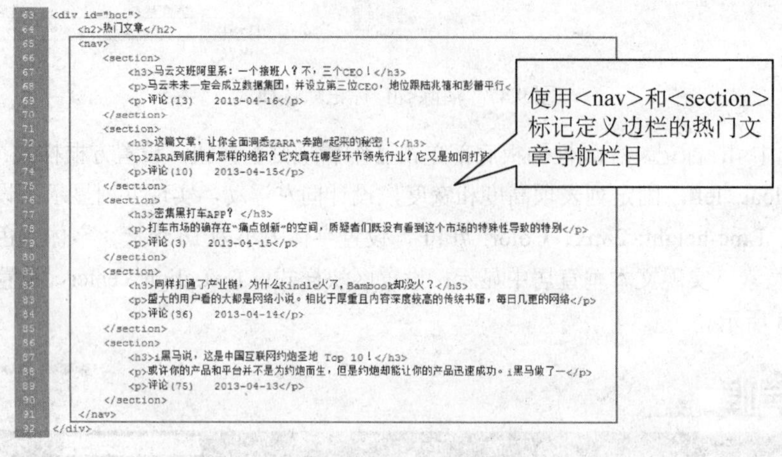

```
<div id="hot">
    <h2>热门文章</h2>
    <nav>
        <section>
            <h3>马云交班阿里系：一个接班人？不，三个CEO！</h3>
            <p>马云未来一定会成立数据集团，并设立第三位CEO，地位跟陆兆禧和彭蕾平行<
            <p>评论(13)    2013-04-16</p>
        </section>
        <section>
            <h3>这篇文章，让你全面洞悉ZARA“奔跑”起来的秘密！</h3>
            <p>ZARA到底拥有怎样的绝招？它究竟在哪些环节领先行业？它又是如何打
            <p>评论(10)    2013-04-15</p>
        </section>
        <section>
            <h3>密集黑打车APP？ </h3>
            <p>打车市场的确存在“痛点创新”的空间，质疑者们既没有看到这个市场的特殊性导致的特别</p>
            <p>评论(3)    2013-04-15</p>
        </section>
        <section>
            <h3>同样打通了产业链，为什么Kindle火了，Bambook却没火？</h3>
            <p>盛大的用户看的大都是网络小说。相比于厚重且内容深度较高的传统书籍，每日几更的网络</p>
            <p>评论(36)    2013-04-14</p>
        </section>
        <section>
            <h3>i黑马说，这是中国互联网约炮圣地 Top 10！</h3>
            <p>或许你的产品和平台并不是为约炮而生，但是约炮却能让你的产品迅速成功。i黑马做了一</p>
            <p>评论(75)    2013-04-13</p>
        </section>
    </nav>
</div>
```


图 9.50　设计热门文章导航边栏结构

第 8 步，选中<div id="hot">标记，设置定位样式：Position: absolute、Left: 697px、Top: 176px、Height: 480px、Width: 257px，设计热点文章定位显示在页面右侧边栏中，如图 9.51 所示。

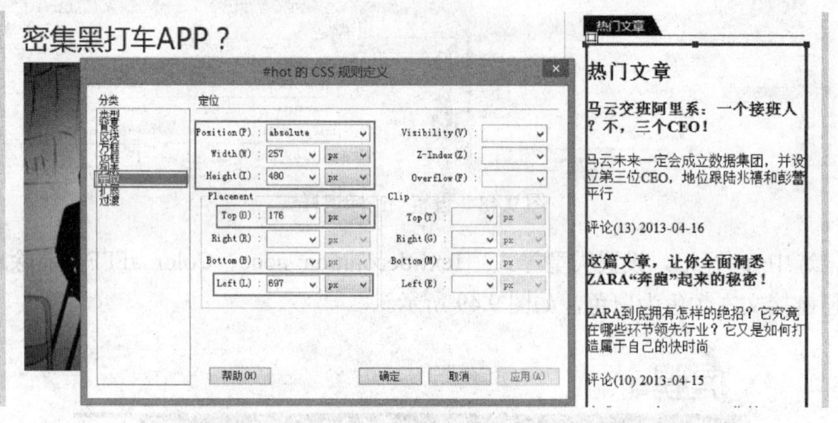

图 9.51　定位热点文章栏目显示位置和大小

第 9 步，选中<h2>标记，设置区块样式：Display: none，隐藏二级标题显示，以背景图像的方式设计二级标题显示效果。选中<section>标记，设置类型样式：Font-size:12px、Line-height:1.4em，设计字体大小为 12 像素，行高为 1.4 倍字体大小；设置方框样式：Margin-Top:12px、Padding-Bottom:12px，设计导航项内容块顶部边界为 12 像素，底部补白为 12 像素；设置边框样式：Border-Bottom:dotted 1px #999，为每个内容项加一个底边线框，如图 9.52 所示。

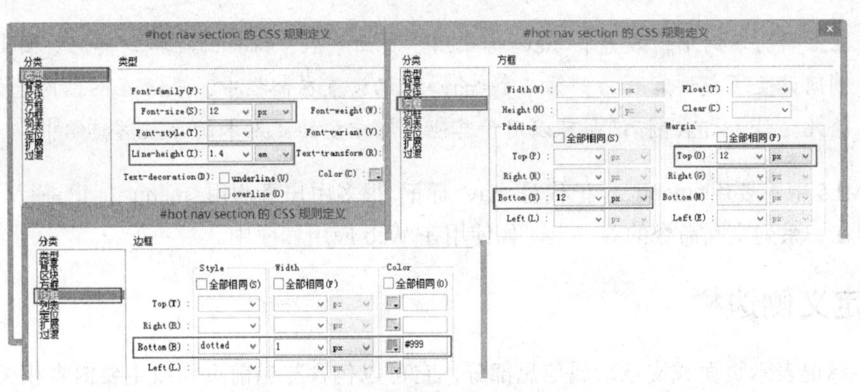

图 9.52　设计导航内容块的基本样式

第 10 步，选中<h3>标记，设置方框样式：Margin:0、Padding:0，清除默认的边距样式，设置类型样式，Color:#003366，定义内容块字体颜色。选中<p>标记，设置方框样式：Margin-Top:6px、Margin-Bottom:6px，重新设计段落文本的上下边距大小；设置类型样式：Color:#999，定义内容块字体颜色，如图 9.53 所示。

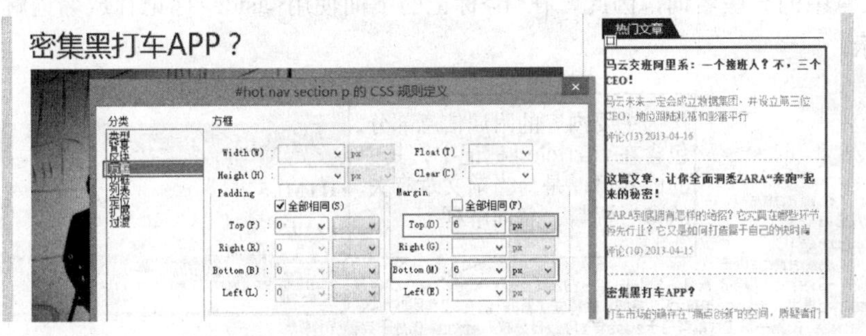

图 9.53　设计段落文本样式

第 11 步，选中<p>标记，在属性面板底部单击【编辑规则】按钮，打开【新建 CSS 规则】对话框，保持默认设置，然后在选择器名称文本框尾部补加:last-child，定义伪类样式，即为每个<section>标记最后一个<p>子标记定义样式。

单击【确定】按钮，打开 CSS 规则定义对话框，设置类型样式：Color:#222，定义每个内容块最后一段字体颜色，如图 9.54 所示。

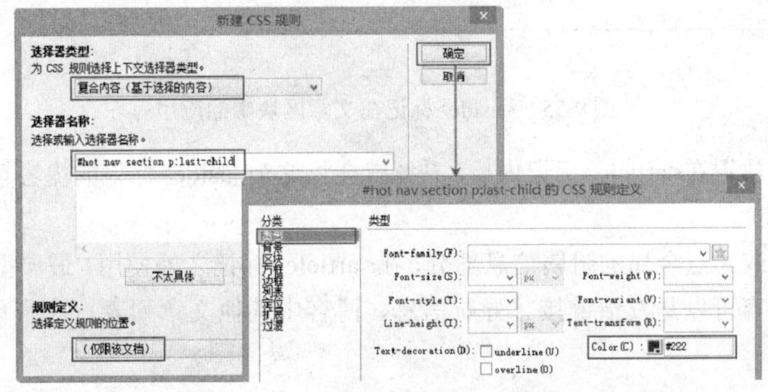

图 9.54　设计每个内容块最后一段文本样式

Note

提示：在上面的示例中，第一个<nav>标记用于页面导航，将页面跳转到其他页面上去，如跳转到网站主页或博客页面；第二个<nav>标记放置在侧栏中，表示在网站内进行文章导航。除此之外，<nav>标记也可以用于其他所有重要的、基本的导航链接组中。

在 HTML5 中不要用<menu>标记代替<nav>标记。很多用户喜欢用<menu>标记进行导航，<menu>标记主要用在一系列交互命令的菜单上，如使用在 Web 应用程序中。

视频讲解

9.2.5　定义侧边栏

<aside>标记表示页面或文章附属信息部分，它可以包含与当前页面或主要内容相关的引用、侧边栏、广告、导航条，以及其他类似的有别于主要内容的部分。<aside>标记主要有以下两种使用方法。

☑　作为主要内容的附属信息部分，包含在<article>标记中，其中的内容可以是与当前文章有关的参考资料、名词解释等。

【示例】在下面的页面中，使用<header>标记设计网页标题，在<header>标记后面使用<article>标记设计网页正文，将文章段落包含在<p>标记中。由于与该文章相关的名词解释属于次要信息部分，用来解释该文章中的一些名词，因此，在<p>标记的下面使用<aside>标记存放名词解释部分的内容，如图 9.55 所示。

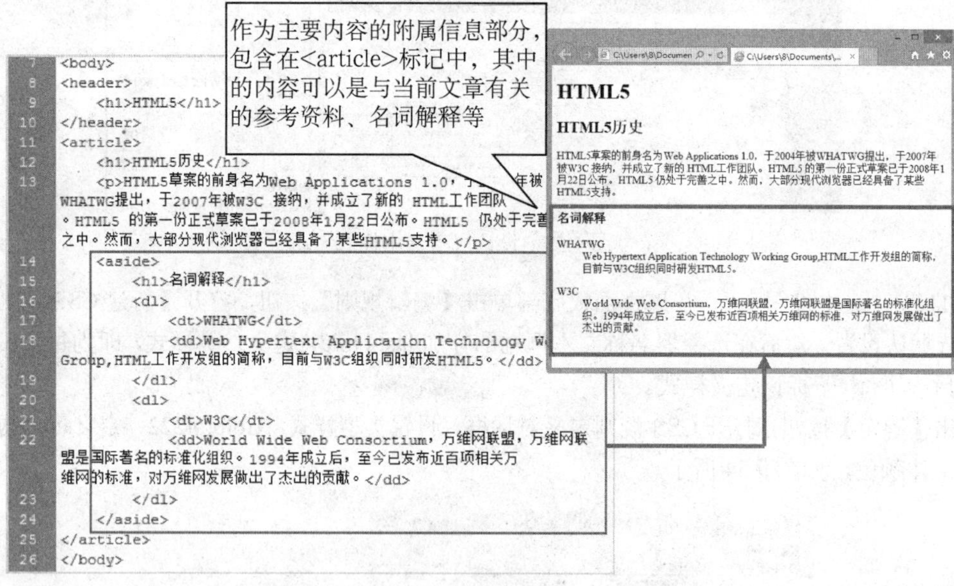

图 9.55　<aside>标记在文章区块中的应用

<aside>标记被放置在<article>标记内后，系统就会将这个<aside>标记的内容理解成是与<article>标记包含内容相关联。

☑　作为页面或站点全局的附属信息部分，在<article>标记之外使用。最典型的形式是侧边栏，其中的内容可以是友情链接、导航信息，博客中其他文章列表、广告单元等，如图 9.56 所示。

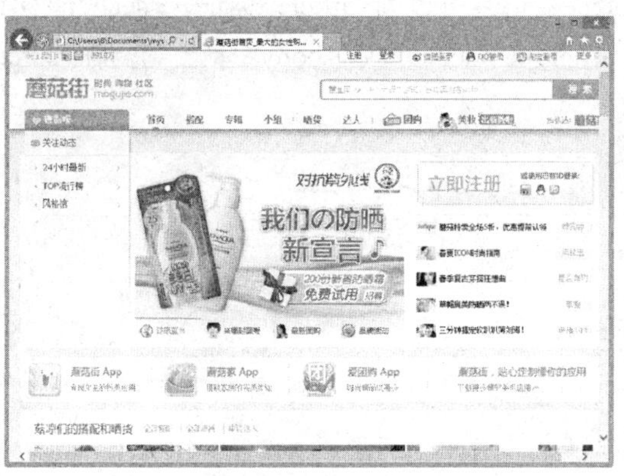

（a）原始效果

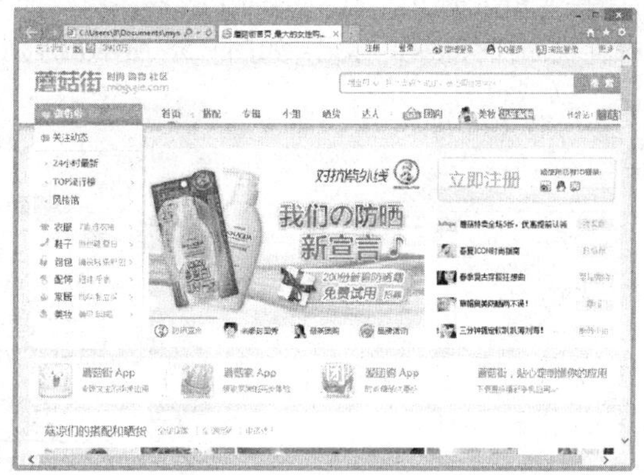

（b）设计效果

图 9.56 侧边栏设计

> 提示：侧边栏在页面设计中比较典型，一般放在页面左右两侧中，此时建议使用<aside>标记来实现，侧边栏也可以具有导航作用，因此使用<nav>标记嵌套使用，然后通过标题标签和列表结构完成具体内容设计。

9.2.6 定义脚注栏

视频讲解

在 HTML5 之前，描述页脚信息一般使用<div id="footer">标记。自从 HTML5 新增了<footer>标记，这种方式将不再使用，而是使用更加语义化的<footer>标记来替代。<footer>标记可以作为内容块的注脚，或者在网页中添加版权信息等。页脚信息有很多种形式，如关于、帮助、注释、相关阅读链接及版权信息等。如图 9.57 所示为使用<footer>标记为页面添加版权信息栏目。

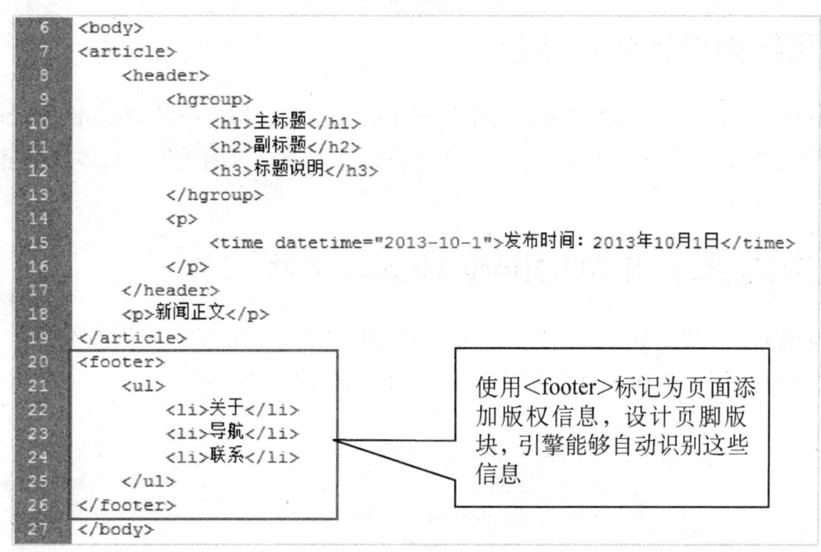

```
<body>
<article>
    <header>
        <hgroup>
            <h1>主标题</h1>
            <h2>副标题</h2>
            <h3>标题说明</h3>
        </hgroup>
        <p>
            <time datetime="2013-10-1">发布时间：2013年10月1日</time>
        </p>
    </header>
    <p>新闻正文</p>
</article>
<footer>
    <ul>
        <li>关于</li>
        <li>导航</li>
        <li>联系</li>
    </ul>
</footer>
</body>
```


图 9.57 使用<footer>标记

与<header>标记一样，页面中可以重复使用<footer>标记。可以为<article>标记、<section>标记等内容块添加<footer>标记。如图 9.58 所示，分别在<article>、<section>和<body>标记中添加<footer>标记。

Note

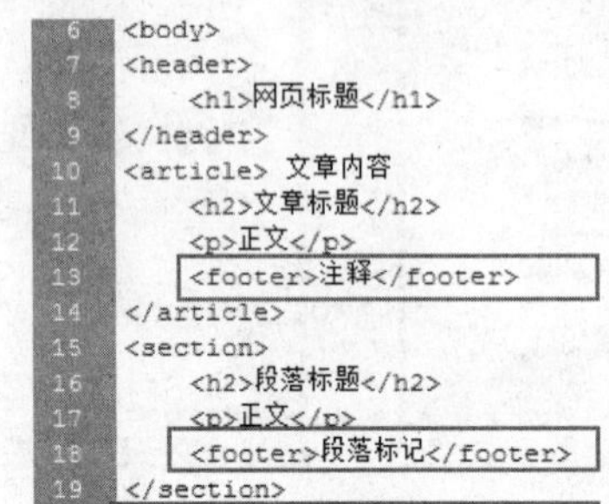

```
<body>
<header>
    <h1>网页标题</h1>
</header>
<article> 文章内容
    <h2>文章标题</h2>
    <p>正文</p>
    <footer>注释</footer>
</article>
<section>
    <h2>段落标题</h2>
    <p>正文</p>
    <footer>段落标记</footer>
</section>
<footer>网页版权信息</footer>
</body>
```

图 9.58　在页面中多处使用<footer>标签

9.3　在线练习

在线练习

使用 HTML 结构标签设计各种网页模块，感兴趣的读者可以扫码练习。

9.4　线上拓展

本节为线上拓展内容，帮助感兴趣的读者练习使用 Dreamweaver CC，增强 JavaScript 和 jQuery 支持。

9.4.1　使用行为设计网页特效

线上阅读

使用行为可以完成很多复杂的 JavaScript 代码才能实现的动作。借助 Dreamweaver 的行为，读者只需要简单的可视化操作，即可快速设计超炫动态页面效果。具体说明请扫码阅读。

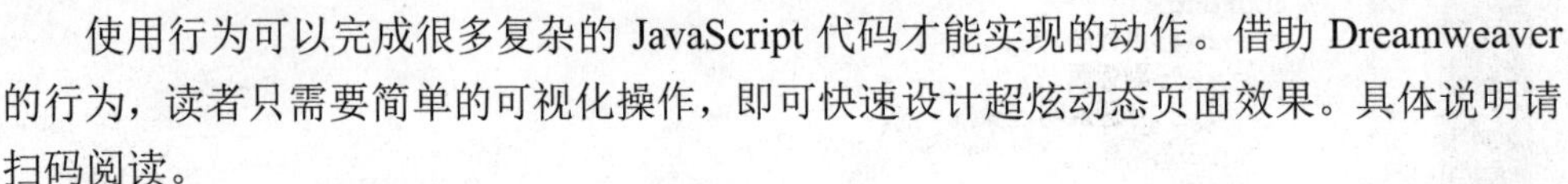

9.4.2　使用 jQuery UI 和 jQuery Mobile 组件

线上阅读

Dreamweaver CC 集成了 jQuery UI 和 jQuery Mobile 组件，并提供可视化操作命令，为构建轻便型 Web 应用和移动页面奠定了基础。具体说明请扫码阅读。

设计 CSS3 样式

CSS3 在 CSS 2.1 基础上新增了很多强大功能，如圆角、阴影、多图背景、渐变背景、弹性布局、变形、动画、设备响应等。本章将简单介绍 CSS3 的新功能使用，结合示例帮助读者掌握常用的 CSS3 样式设计。

【学习重点】

- 设计文本阴影和元素阴影。
- 设计圆角边框和渐变背景。
- 正确定义过渡动画。

10.1　CSS3 特效

Note

CSS3 新功能是非常丰富的，限于篇幅下面就 CSS3 中比较典型、比较常用的功能进行说明。

10.1.1　定义文本阴影

视频讲解

CSS3 使用 text-shadow 属性可以给文本添加阴影效果。基本语法如下所示。

```
text-shadow：none | <length>{2，3} && <color>?
```

取值简单说明如下。

☑　none：无阴影，为默认值。

☑　<length>①：第 1 个长度值用来设置对象的阴影水平偏移值。可以为负值。

☑　<length>②：第 2 个长度值用来设置对象的阴影垂直偏移值。可以为负值。

☑　<length>③：如果提供了第 3 个长度值则用来设置对象的阴影模糊值。不允许负值。

☑　<color>：设置对象的阴影颜色。

【示例】下面为段落文本定义一个简单的阴影效果，演示效果如图 10.1 所示。

```
<style type="text/css">
p {
    text-align: center;
    font: bold 60px helvetica, arial, sans-serif;
    color: #999;
    text-shadow: 0.1em 0.1em #333;
}
</style>

<p>HTML5+CSS3</p>
```

图 10.1　定义文本阴影

text-shadow: 0.1em 0.1em #333; 声明了右下角文本阴影效果，如果把投影设置到左上角，则可以这样声明，效果如图 10.2 所示。

```
p {text-shadow: -0.1em -0.1em #333;}
```

同理，如果设置阴影在文本的左下角，则可以设置如下样式，演示效果如图 10.3 所示。

```
p {text-shadow: -0.1em 0.1em #333;}
```

图 10.2　定义左上角阴影

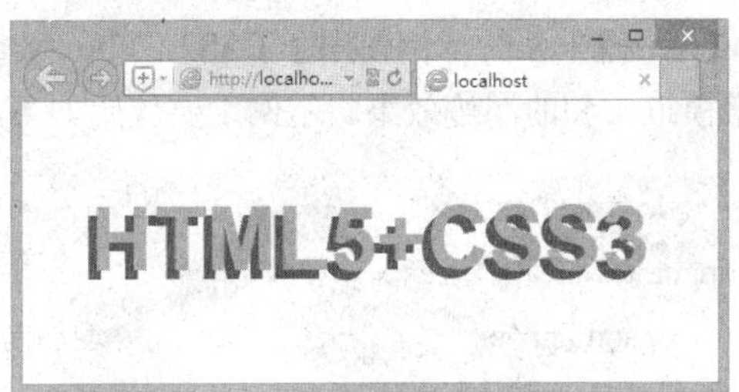

图 10.3　定义左下角阴影

也可以增加模糊效果的阴影，效果如图 10.4 所示。

```
p{ text-shadow: 0.1em 0.1em 0.3em #333; }
```

或者定义如下模糊阴影效果，效果如图 10.5 所示。

```
p{ text-shadow: 0.1em 0.1em 0.2em black; }
```

图 10.4　定义模糊阴影（1）

图 10.5　定义模糊阴影（2）

> **提示：** 在 text-shadow 属性的第一个值和第二个值中，正值偏右或偏下，负值偏左或偏上。在阴影偏移之后，可以指定一个模糊半径。模糊半径是个长度值，指出模糊效果的范围。如何计算模糊效果的具体算法并没有指定。在阴影效果的长度值之前或之后还可以选择指定一个颜色值。颜色值会被用作阴影效果的基础。如果没有指定颜色，那么将使用 color 属性值来替代。

10.1.2　使用 rgba()函数

RGBA 是 RGB 色彩模式的扩展，它在红、绿、蓝三原色通道基础上增加了 Alpha 通道。其语法格式如下所示。

```
rgba (r, g, b, <opacity>)
```

Note

参数说明如下。

☑ r、g、b：分别表示红色、绿色、蓝色 3 种原色所占的比重。取值为正整数或者百分数。正整数值的取值范围为 0～255，百分数值的取值范围为 0.0%～100.0%。超出范围的数值将被截至其最接近的取值极限。注意，并非所有浏览器都支持使用百分数值。

☑ <opacity>：表示不透明度，取值在 0～1 之间。

【示例】下面的示例使用了 CSS3 的 box-shadow 属性和 rgba() 函数为表单控件设置半透明度的阴影来模拟柔和的润边效果。示例主要代码如下，预览效果如图 10.6 所示。

```
<style type="text/css">
input, textarea {/*统一文本框样式*/
    padding: 4px;                       /*增加内补白，增大表单对象尺寸，看起来更大方*/
    border: solid 1px #E5E5E5;          /*增加淡淡的边框线*/
    outline: 0;                         /*清除轮廓线*/
    font: normal 13px/100% Verdana, Tahoma, sans-serif;
    width: 200px;                       /*固定宽度*/
    background: #FFFFFF;                /*白色背景*/
    /*设置边框阴影效果*/
    box-shadow: rgba (0, 0, 0, 0.1) 0px 0px 8px;
}
/*定义表单对象获取焦点、鼠标经过时，高亮显示边框*/
input:hover, textarea:hover, input:focus, textarea:focus { border-color: #C9C9C9; }
label {/*定义标签样式*/
    margin-left: 10px;
    color: #999999;
    display:block; /*以块状显示，实现分行显示*/
}
.submit input {/*定义提交按钮样式*/
    width:auto;                         /*自动调整宽度*/
    padding: 9px 15px;                  /*增大按钮尺寸，看起来更大气*/
    background: #617798;                /*设计扁平化单色背景*/
    border: 0;                          /*清除边框线*/
    font-size: 14px;                    /*固定字体大小*/
    color: #FFFFFF;                     /*白色字体*/
}
</style>

<form>
    <p class="name">
```

```
            <label for="name">姓名</label>
            <input type="text" name="name" id="name" />
        </p>
        <p class="email">
            <label for="email">邮箱</label>
            <input type="text" name="email" id="email" />
        </p>
        <p class="submit">
            <input type="submit" value="提交" />
        </p>
</form>
```

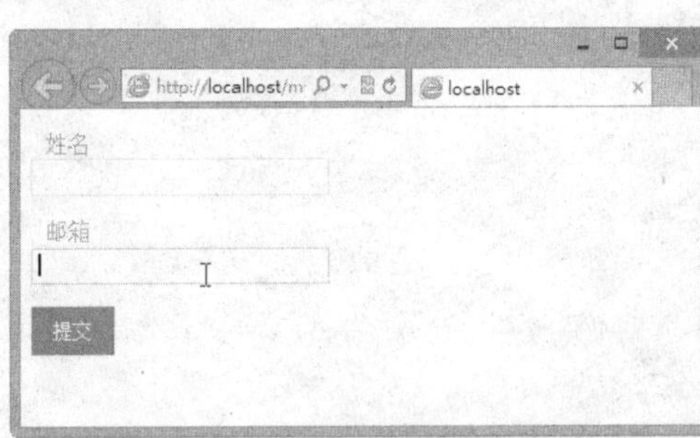

图 10.6　设计带有阴影边框的表单效果

提示：rgba（0，0，0，0.1）表示不透明度为 0.1 的黑色，这里不宜直接设置为浅灰色，因为对于非白色背景来说，灰色发虚，而半透明效果可以避免这种情况。

10.1.3　使用 hsla()函数

HSLA 是 HSL 色彩模式的扩展，在色相、饱和度、亮度三要素基础上增加了不透明度参数。使用 HSLA 色彩模式，可以定义不同的透明效果。其语法格式如下。

```
hsla (<length>,<percentage>, <percentage>, <opacity>)
```

其中，前 3 个参数与 hsl()函数参数含义和用法相同，第 4 个参数<opacity>表示不透明度，取值在 0～1。

【示例】下面的示例设计了一个简单的登录表单，表单对象的边框色使用#fff 值进行设置，定义为白色；表单对象的阴影色使用 rgba（0，0，0，0.1）值进行设置，定义为非常透明的黑色；字体颜色使用 hsla（0，0%，100%，0.9）值进行设置，定义为轻微透明的白色。预览效果如图 10.7 所示。

```
<style    type="text/css">
body{ /*  为页面添加背景图像，显示在中央顶部位置，并列完全覆盖窗口  */
    background: #eedfcc url (images/bg.jpg) no-repeat center top;
    background-size: cover;
```

Note

```
}
.form { /* 定义表单框的样式 */
    width: 300px;                                      /* 固定表单框的宽度 */
    margin: 30px auto;                                 /* 居中显示 */
    border-radius: 5px;                                /* 设计圆角效果 */
    box-shadow: 0 0 5px rgba (0, 0, 0, 0.1),           /* 设计润边效果 */
                0 3px 2px rgba (0, 0, 0, 0.1);         /* 设计淡淡的阴影效果 */
}
.form p { /* 定义表单对象外框圆角、白边显示 */
    width: 100%;
    float: left;
    border-radius: 5px;
    border: 1px solid #fff;
}
/* 定义表单对象样式 */
.form input[type=text],
.form input[type–password] {
    /* 固定宽度和大小 */
    width: 100%;
    height: 50px;
    padding: 0;
    /*增加修饰样式 */
    border: none;                                      /* 移出默认的边框样式*/
    background: rgba (255, 255, 255, 0.2);             /* 增加半透明的白色背景 */
    box-shadow: inset 0 0 10px rgba (255, 255, 255, 0.5);  /* 为表单对象设计高亮效果 */
    /* 定义字体样式*/
    text-indent: 10px;
    font-size: 16px;
    color:hsla (0, 0%, 100%, 0.9);
    text-shadow: 0 -1px 1px rgba (0, 0, 0, 0.4);       /* 为文本添加阴影，设计立体效果 */
}
.form input[type=text] {              /* 设计用户名文本框底部边框样式，并设计顶部圆角 */
    border-bottom: 1px solid rgba (255, 255, 255, 0.7);
    border-radius: 5px 5px 0 0;
}
.form input[type=password] {          /* 设计密码域文本框顶部边框样式，并设计底部圆角 */
    border-top: 1px solid rgba (0, 0, 0, 0.1);
    border-radius: 0 0 5px 5px;
```

```
}
/* 定义表单对象被激活，或者鼠标经过时，增亮背景色，并清除轮廓线 */
.form input[type=text]: hover,
.form input[type=password]: hover,
.form input[type=text]: focus,
.form input[type=password]: focus {
    background: rgba (255, 255, 255, 0.4);
    outline: none;
}
</style>

<form class="form">
    <p>
        <input type="text" id="login" name="login" placeholder="用户名">
        <input type="password" name="password" id="password" placeholder="密码">
    </p>
</form>
```

图 10.7　设计登录表单

10.1.4　设计线性渐变样式

视频讲解

创建一个线性渐变，至少需要两个颜色，也可以选择设置一个起点或一个方向。简明语法格式如下。

```
linear-gradient ( angle, color-stop1, color-stop2, ……)
```

参数简单说明如下。

☑　angle：用来指定渐变的方向，可以使用角度或者关键字来设置。关键字包括 4 个，说明如下。

- to left：设置渐变为从右到左，相当于 270deg。
- to right：设置渐变从左到右，相当于 90deg。
- to top：设置渐变从下到上，相当于 0deg。

- to bottom：设置渐变从上到下，相当于 180deg。该值为默认值。

Note

提示：如果创建对角线渐变，可以使用 to top left（从右下到左上）类似的组合关键字来实现。

☑ color-stop：用于指定渐变的色点。包括一个颜色值和一个起点位置，颜色值和起点位置以空格分隔。起点位置可以为一个具体的长度值（不可为负值），也可以是一个百分比值，如果是百分比值则参考应用渐变对象的尺寸，最终会被转换为具体的长度值。

本节以案例的形式介绍线性渐变中渐变方向和色点的灵活设置，熟练掌握设计线性渐变的一般方法。

【示例 1】下面的示例演示了从左边开始的线性渐变。起点是红色，慢慢过渡到蓝色，如图 10.8 所示。

```
<style type="text/css">
#demo {
    width:300px; height:200px;
    background: -webkit-linear-gradient (left, red , blue);        /* Safari 5.1 - 6.0 */
    background: -o-linear-gradient (left, red, blue);              /* Opera 11.1 - 12.0 */
    background: -moz-linear-gradient (left, red, blue);            /* Firefox 3.6 - 15 */
    background: linear-gradient (to right, red , blue);            /*  标准语法  */
}
</style>
<div id="demo"></div>
```

需要注意的是，第一个参数值渐变方向的设置不同。

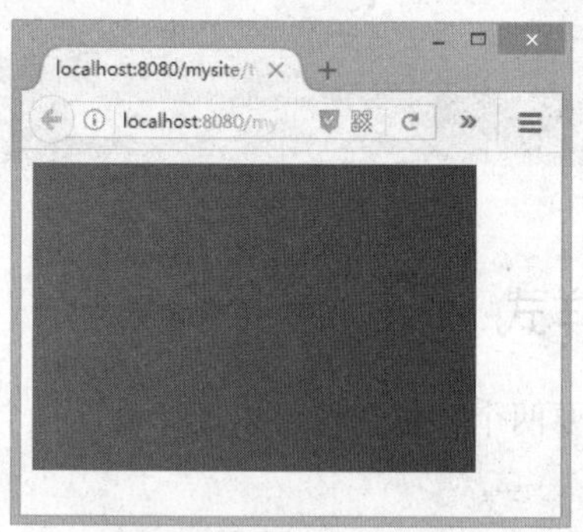

图 10.8　设计从左到右的线性渐变效果

【示例 2】通过指定水平和垂直的起始位置来设计对角渐变。下面的示例演示了从左上角开始，到右下角的线性渐变，起点是红色，慢慢过渡到蓝色，效果如图 10.9 所示。

```
#demo {
    width:300px; height:200px;
    background: -webkit-linear-gradient (left top, red , blue);        /* Safari 5.1 - 6.0 */
```

```
    background: -o-linear-gradient (left top, red, blue);              /* Opera 11.1 - 12.0 */
    background: -moz-linear-gradient (left top, red, blue);            /* Firefox 3.6 - 15 */
    background: linear-gradient (to bottom right, red , blue);         /*  标准语法  */
}
```

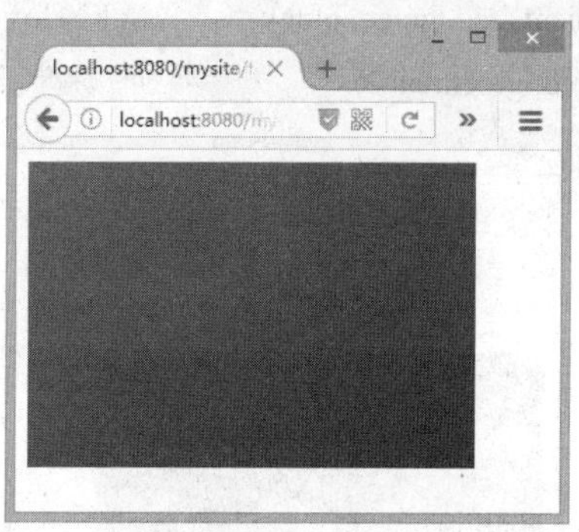

图 10.9　设计对角线性渐变效果

【示例 3】 通过指定具体的角度值，可以设计更多渐变方向。下面的示例演示了从上到下的线性渐变，起点是红色，慢慢过渡到蓝色。

```
#demo {
    width:300px; height:200px;
    background: -webkit-linear-gradient (-90deg, red, blue);           /* Safari 5.1 - 6.0 */
    background: -o-linear-gradient (-90deg, red, blue);                /* Opera 11.1 - 12.0 */
    background: -moz-linear-gradient (-90deg, red, blue);              /* Firefox 3.6 - 15 */
    background: linear-gradient (180deg, red, blue);                   /*  标准语法  */
}
```

【补充】

渐变角度是指垂直线和渐变线之间的角度，逆时针方向计算。例如，0deg 将创建一个从下到上的渐变，90deg 将创建一个从左到右的渐变。注意，渐变起点以负 y 轴为参考。

但是，很多浏览器（如 Chrome、Safari、Firefox 等）使用旧的标准：渐变角度是指水平线和渐变线之间的角度，逆时针方向计算。例如，0deg 将创建一个从左到右的渐变，90deg 将创建一个从下到上的渐变。注意，渐变起点以负 x 轴为参考。

兼容公式如下：

```
90 - x = y
```

其中，x 为标准角度，y 为非标准角度。

【示例 4】 设置多个色点。下面的示例定义了从上到下的线性渐变，起点是红色，慢慢过渡到绿色，再慢慢过渡到蓝色，效果如图 10.10 所示。

```
#demo {
    width:300px; height:200px;
    background: -webkit-linear-gradient (red, green, blue);     /* Safari 5.1 - 6.0 */
    background: -o-linear-gradient (red, green, blue);          /* Opera 11.1 - 12.0 */
    background: -moz-linear-gradient (red, green, blue);        /* Firefox 3.6 - 15 */
    background: linear-gradient (red, green, blue);             /*  标准语法  */
}
```

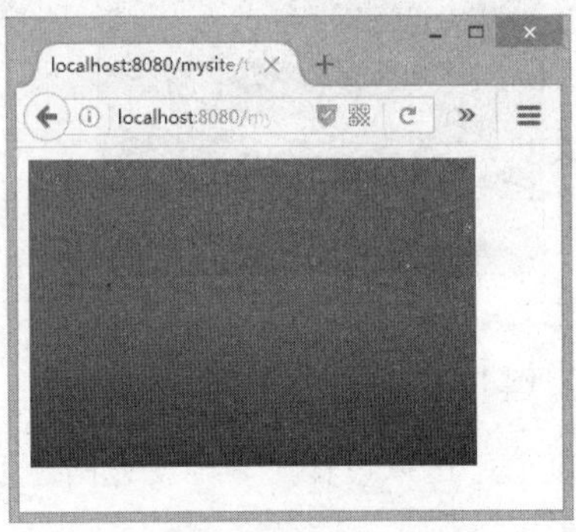

图 10.10　设计多色线性渐变效果

【示例 5】设置色点位置。下面的示例定义了从上到下的线性渐变，起点是黄色，快速过渡到蓝色，再慢慢过渡到绿色，效果如图 10.11 所示。

```
#demo {
    width:300px; height:200px;
    background: -webkit-linear-gradient (yellow, blue 20%, #0f0);     /* Safari 5.1 - 6.0 */
    background: -o-linear-gradient (yellow, blue 20%, #0f0);          /* Opera 11.1 - 12.0 */
    background: -moz-linear-gradient (yellow, blue 20%, #0f0);        /* Firefox 3.6 - 15 */
    background: linear-gradient (yellow, blue 20%, #0f0);             /*  标准语法  */
}
```

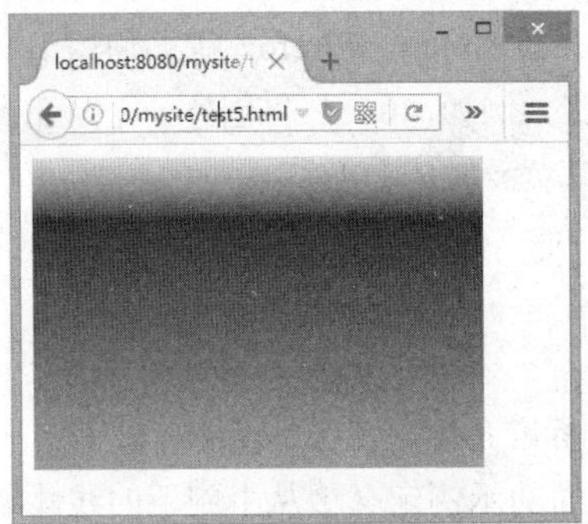

图 10.11　设计多色线性渐变效果

【示例 6】CSS3 渐变支持透明度设置，可用于创建减弱变淡的效果。下面的示例演示了从左边开

始的线性渐变。起点是完全透明，起点位置为 30%，慢慢过渡到完全不透明的红色，为了更清晰地看到半透明效果，示例增加了一层背景图像进行衬托，演示效果如图 10.12 所示。

```
#demo {
    width:300px; height:200px;
    /* Safari 5.1 - 6 */
    background: -webkit-linear-gradient (left, rgba (255, 0, 0, 0) 30%, rgba (255, 0, 0, 1)), url(images/bg.jpg);
    /* Opera 11.1 - 12*/
    background: -o-linear-gradient (left, rgba (255, 0, 0, 0) 30%, rgba (255, 0, 0, 1)), url(images/bg.jpg);
    /* Firefox 3.6 - 15*/
    background: -moz-linear-gradient (left, rgba (255, 0, 0, 0) 30%, rgba (255, 0, 0, 1)), url(images/bg.jpg);
    /* 标准语法 */
    background: linear-gradient (to right, rgba (255, 0, 0, 0) 30%, rgba (255, 0, 0, 1)), url (images/bg.jpg);
    background-size:cover;                /* 背景图像完全覆盖 */
}
```

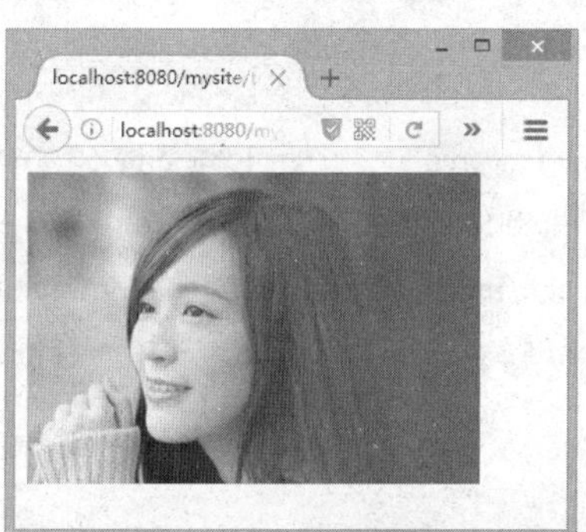

图 10.12　设计半透明线性渐变效果

> 提示：为了添加透明度，可以使用 rgba() 或 hsla() 函数来定义色点。rgba() 或 hsla() 函数中最后一个参数可以是从 0～1 的值，它定义了颜色的透明度：0 表示完全透明，1 表示完全不透明。

10.1.5　设计径向渐变样式

视频讲解

创建一个径向渐变，也至少需要定义两个颜色，同时可以指定渐变的中心点位置、形状类型（圆形或椭圆形）和半径大小。简明语法格式如下。

```
radial-gradient (shape size at position, color-stop1, color-stop2, ……);
```

参数简单说明如下。

- ☑ shape：用来指定渐变的类型，包括 circle（圆形）和 ellipse（椭圆）两种。
- ☑ size：如果类型为 circle，指定一个值设置圆的半径；如果类型为 ellipse，指定两个值分别设置椭圆的 x 轴和 y 轴半径。取值包括长度值、百分比、关键字。关键字说明如下。

Note

- closest-side：指定径向渐变的半径长度为从中心点到最近的边。
- closest-corner：指定径向渐变的半径长度为从中心点到最近的角。
- farthest-side：指定径向渐变的半径长度为从中心点到最远的边。
- farthest-corner：指定径向渐变的半径长度为从中心点到最远的角。

☑ position：用来指定中心点的位置。如果提供两个参数，第一个表示 x 轴坐标，第二个表示 y 轴坐标；如果只提供一个值，第二个值默认为 50%，即 center。取值可以是长度值、百分比或者关键字，关键字包括 left（左侧）、center（中心）、right（右侧）、top（顶部）、center（中心）、bottom（底部）。

需要注意的是，position 值位于 shape 和 size 值后面。

☑ color-stop：用于指定渐变的色点。包括一个颜色值和一个起点位置，颜色值和起点位置以空格分隔。起点位置可以为一个具体的长度值（不可为负值），也可以是一个百分比值，如果是百分比值则参考应用渐变对象的尺寸，最终会被转换为具体的长度值。

【示例 1】下面的示例演示了色点不均匀分布的径向渐变，效果如图 10.13 所示。

```
<style type="text/css">
#demo {
    height:200px;
    background: -webkit-radial-gradient (red 5%, green 15%, blue 60%); /* Safari 5.1 - 6.0 */
    background: -o-radial-gradient (red 5%, green 15%, blue 60%); /* Opera 11.6 - 12.0 */
    background: -moz-radial-gradient (red 5%, green 15%, blue 60%); /* Firefox 3.6 - 15 */
    background: radial-gradient (red 5%, green 15%, blue 60%); /*  标准语法  */
}
</style>
<div id="demo"></div>
```

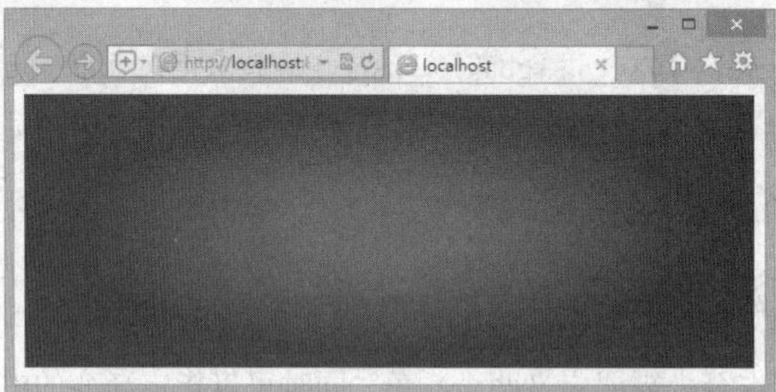

图 10.13　设计色点不均匀分布的径向渐变效果

【示例 2】shape 参数定义了形状，取值包括 circle 和 ellipse，其中 circle 表示圆形，ellipse 表示椭圆形，默认值是 ellipse。下面的示例设计了圆形径向渐变，效果如图 10.14 所示。

```
#demo {
    height:200px;
    background: -webkit-radial-gradient (circle, red, yellow, green); /* Safari 5.1 - 6.0 */
```

```
    background: -o-radial-gradient (circle, red, yellow, green); /* Opera 11.6 - 12.0 */
    background: -moz-radial-gradient (circle, red, yellow, green); /* Firefox 3.6 - 15 */
    background: radial-gradient (circle, red, yellow, green); /*  标准语法  */
}
```

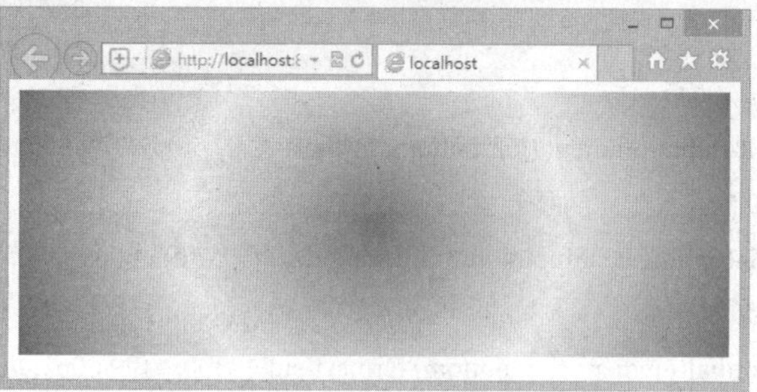

图 10.14　设计圆形径向渐变效果

【示例 3】下面的示例设计了径向渐变的半径长度为从圆心到离圆心最近的边，效果如图 10.15 所示。

```
#demo {
    height:200px;
    /* Safari 5.1 - 6.0 */
    background: -webkit-radial-gradient (60% 55%, closest-side, blue, green, yellow, black);
    /* Opera 11.6 - 12.0 */
    background: -o-radial-gradient (60% 55%, closest-side, blue, green, yellow, black);
    /* Firefox 3.6 - 15 */
    background: -moz-radial-gradient (60% 55%, closest-side, blue, green, yellow, black);
    /*  标准语法  */
    background: radial-gradient (closest-side at 60% 55%, blue, green, yellow, black);
}
```

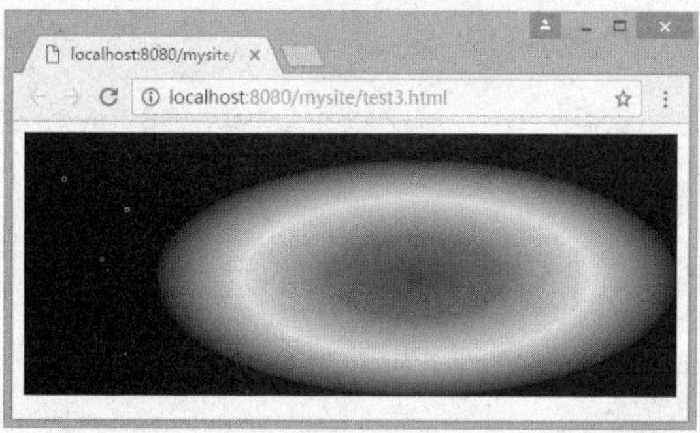

图 10.15　设计最小限度的径向渐变效果

需要注意的是，radial-gradient()标准函数与各私有函数在设置参数时顺序上的区别。

Note

【示例 4】下面的示例模拟了太阳初升的效果，如图 10.16 所示。设计径向渐变中心点位于左下角，半径为最大化显示，定义 3 个色点，第一个色点设计太阳效果，第二个色点设计太阳余晖，第三个色点设计太空，第一个色点和第二个色点距离为 60 像素。

```
#demo {
    height:200px;
    /* Safari 5.1 - 6.0 */
    background: -webkit-radial-gradient (left bottom, farthest-side, #f00, #f99 60px, #005);
    /* Opera 11.6 - 12.0 */
    background: -o-radial-gradient (left bottom, farthest-side, #f00, #f99 60px, #005);
    /* Firefox 3.6 - 15 */
    background: -moz-radial-gradient (left bottom, farthest-side, #f00, #f99 60px, #005);
    /*  标准语法  */
    background: radial-gradient (farthest-side at left bottom, #f00, #f99 60px, #005);
}
```

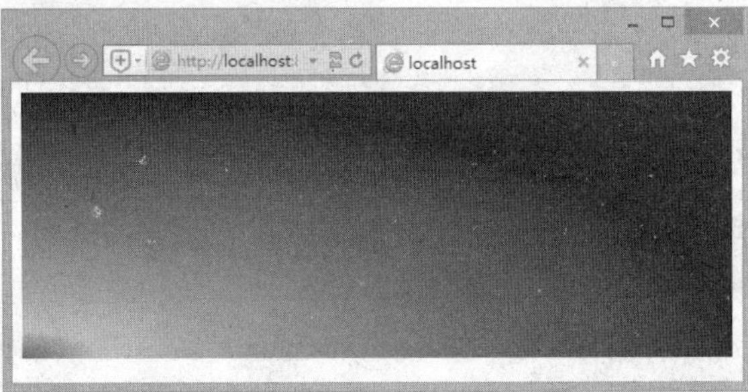

图 10.16　模拟太阳初升效果

【示例 5】下面的示例模拟了日出效果，如图 10.17 所示。设计径向渐变中心点位于对象中央，定义两个色点，第一个色点设计太阳效果，第二个色点设计背景，两个色点位置相同。

```
<style type="text/css">
body { background:hsla (207, 59%,78%, 1.00) }
#demo {
    height:200px;
    width:300px;
    margin:auto;
    /* Safari 5.1 - 6.0 */
    background: -webkit-radial-gradient (center, circle, #f00 50px, #fff 50px);
    /* Opera 11.6 - 12.0 */
    background: -o-radial-gradient (center, circle, #f00 50px, #fff 50px);
    /* Firefox 3.6 - 15 */
    background: -moz-radial-gradient (center, circle, #f00 50px, #fff 50px);
```

```
    /* 标准语法 */
    background: radial-gradient (circle   at center, #f00 50px, #fff 50px);
}
</style>
<div id="demo"></div>
```

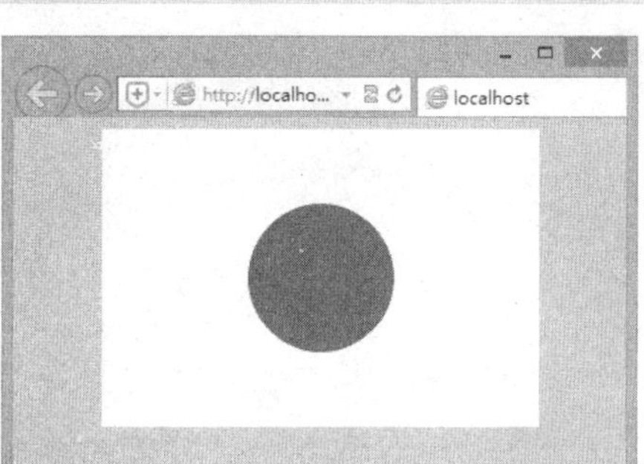

图 10.17　设计日出效果

10.1.6　定义圆角边框

视频讲解

CSS3 新增 border-radius 属性，使用它可以设计元素的边框以圆角样式显示。border-radius 属性的基本语法如下所示。

```
border-radius：[ <length> | <percentage> ]{1, 4} [ / [ <length> | <percentage> ]{1, 4} ]?
```

取值简单说明如下。

☑　<length>：用长度值设置对象的圆角半径长度。不允许负值。

☑　<percentage>：用百分比设置对象的圆角半径长度。不允许负值。

为了方便定义 4 个顶角的圆角，border-radius 属性派生了 4 个子属性。

☑　border-top-right-radius：定义右上角的圆角。

☑　border-bottom-right-radius：定义右下角的圆角。

☑　border-bottom-left-radius：定义左下角的圆角。

☑　border-top-left-radius：定义左上角的圆角。

提示：border-radius 属性可包含两个参数值：第一个值表示圆角的水平半径，第二个值表示圆角的垂直半径，两个参数值通过斜线分隔。如果仅包含一个参数值，则第二个值与第一个值相同，它表示这个角就是一个四分之一圆角。如果参数值中包含 0，则这个角就是矩形，不会显示为圆角。

针对 border-radius 属性参数值，各种浏览器的处理方式并不一致。在 Chrome 和 Safari 浏览器中，会绘制出一个椭圆形边框，第一个半径为椭圆的水平方向半径，第二个半径为椭圆的垂直方向半径。在 Firefox 和 Opera 浏览器中，将第一个半径作为边框左上角与右下角的圆半径来绘制，将第二个半径作为边框右上角与左下角的圆半径来绘制。

Note

【示例 1】下面的示例给 border-radius 属性设置一个值 border-radius:10px;，演示效果如图 10.18 所示。

```
<style type="text/css">
img {
    height:300px;
    border:1px solid red;
    border-radius:10px;
}
</style>

<img src="images/1.jpg" />
```

图 10.18　定义圆角样式

如果为 border-radius 属性设置两个参数，效果如图 10.19 所示。

```
img {
    height:300px;
    border:1px solid red;
    border-radius:20px/40px;
}
```

也可以为元素的 4 个顶角定义不同的值，实现的方法有两种。

一种方法是利用 border-radius 属性，为其赋一组值。当为 border-radius 属性赋一组值，将遵循 CSS 赋值规则，可以包含 2 个、3 个或者 4 个值集合。但是此时无法使用斜杠方式定义圆角水平和垂直半径。

如果是 4 个值，则这 4 个值将按照 top-left、top-right、bottom-right、bottom-left 的顺序来设置。

如果 bottom-left 值省略，那么它等于 top-right。

如果 bottom-right 值省略，那么它等于 top-left。

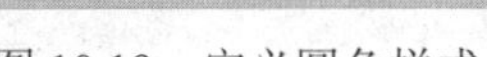

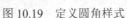

图 10.19　定义圆角样式

如果 top-right 值省略，那么它等于 top-left。

如果为 border-radius 属性设置 4 个值的集合参数，则每个值表示每个角的圆角半径。

【示例 2】下面的示例为图像的 4 个顶角定义不同的圆角半径，演示效果如图 10.20 所示。

```
img {
    height:300px;
    border:1px solid red;
    border-radius:10px 30px 50px 70px;
}
```

图 10.20　分别定义不同顶角的圆角样式

如果为 border-radius 属性设置 3 个值的集合参数，则第一个值表示左上角的圆角半径，第二个值表示右上和左下两个角的圆角半径，第三个值表示右下角的圆角半径。

如果为 border-radius 属性设置两个值的集合参数，则第一个值表示左上角和右下角的圆角半径，第二个值表示右上和左下两个角的圆角半径。

另一种方法是利用派生子属性进行定义，如 border-top-right-radius、border-bottom-right -radius、border-bottom-left-radius、border-top-left-radius。

需要注意的是，Gecko 和 Presto 引擎在写法上存在很大差异。

【示例 3】下面的代码定义了 div 元素右上角为 50 像素的圆角，演示效果如图 10.21 所示。

Note

```
img {
    height:300px;
    border:1px solid red;
    -moz-border-radius-topright:50px;
    -webkit-border-top-right-radius:50px;
    border-top-right-radius:50px;
}
```

图 10.21　定义某个顶角的圆角样式

视频讲解

10.1.7　定义盒子阴影

box-shadow 属性可以定义元素的阴影，基本语法如下所示。

```
box-shadow : none | inset? && <length>{2, 4} && <color>?
```

取值简单说明如下。

☑　none：无阴影。

☑　<length>①：第 1 个长度值用来设置对象的阴影水平偏移值。可以为负值。

☑　<length>②：第 2 个长度值用来设置对象的阴影垂直偏移值。可以为负值。

☑　<length>③：如果提供了第 3 个长度值则用来设置对象的阴影模糊值。不允许负值。

☑　<length>④：如果提供了第 4 个长度值则用来设置对象的阴影外延值。可以为负值。

☑　<color>：设置对象的阴影颜色。

☑　inset：设置对象的阴影类型为内阴影。该值为空时，对象的阴影类型为外阴影。

下面结合案例进行演示说明。

【示例 1】下面的示例定义了一个简单的实影投影效果，演示效果如图 10.22 所示。

```
<style type="text/css">
img{
    height:300px;
```

```
    box-shadow:5px 5px;
}
</style>
<img src="images/1.jpg" />
```

Note

图 10.22　定义简单的阴影效果

【示例 2】定义位移、阴影大小和阴影颜色，则演示效果如图 10.23 所示。

```
img{
    height:300px;
    box-shadow:2px 2px 10px #06C;
}
```

图 10.23　定义复杂的阴影效果

【示例 3】定义内阴影，阴影大小为 10px，颜色为#06C，演示效果如图 10.24 所示。

```
<style type="text/css">
pre {
    padding: 26px;
```

Note

```
        font-size:24px;
        box-shadow: inset 2px 2px 10px #06C;
}
</style>

<pre>
-moz-box-shadow: inset 2px 2px 10px #06C;
-webkit-box-shadow: inset 2px 2px 10px #06C;
box-shadow: inset 2px 2px 10px #06C;
</pre>
```

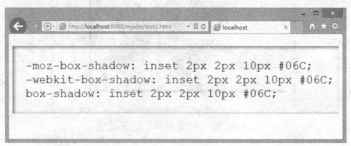

图 10.24　定义内阴影效果

【示例 4】通过设置多组参数值定义多色阴影，则演示效果如图 10.25 所示。

```
img {
        height: 300px;
        box-shadow: -10px 0 12px red,
                        10px 0 12px blue,
                        0 -10px 12px yellow,
                        0 10px 12px green;
}
```

图 10.25　定义多色阴影效果

Note

【示例 5】通过多组参数值还可以定义渐变阴影，则演示效果如图 10.26 所示。

```
<!doctype html>
img{
    height:300px;
    box-shadow:0 0 10px red,
            2px 2px 10px 10px yellow,
            4px 4px 12px 12px green;
}
```

图 10.26　定义渐变阴影效果

需要注意的是，当给同一个元素设计多个阴影时，最先写的阴影将显示在最顶层。

10.2　CSS3 动画

下面介绍在网页中经常用到的 CSS3 过渡动画。

10.2.1　认识 CSS3 transition

视频讲解

transition 属性允许 CSS 属性值在一定的时间区间内平滑地过渡。这种效果可以在鼠标单击、获得焦点、被单击或对元素任何改变中触发，并圆滑地以动画效果改变 CSS 的属性值。

transition 属性的基本语法形式如下所示。

```
transition:  [<'transition-property'> || <'transition-duration'> || <'transition-timing-function'> || <'transition-delay'>
[, [<'transition-property'> || <'transition-duration'> || <'transition-timing-function'> || <'transition-delay'>]]*
```

transition 主要包含 4 个属性值，简单说明如下。

☑　transition-property：用来指定当元素其中一个属性改变时执行 transition 效果。

☑　transition-duration：用来指定元素转换过程的持续时间，单位为 s（秒），默认值是 0，也就

Note

是变换时是即时的。

☑ transition-timing-function：允许根据时间的推进去改变属性值的变换速率，如 ease（逐渐变慢）默认值、linear（匀速）、ease-in（加速）、ease-out（减速）、ease-in-out（加速然后减速）、cubic-bezier（自定义一个时间曲线）。

☑ transition-delay：用来指定一个动画开始执行的时间。

【示例 1】下面的示例使用 transition 功能实现元素的移动动画，该示例中有一个汽车，当鼠标指针停留在图像上，图像的属性值不断发生变化，从而产生汽车跑动的动画效果，预览如图 10.27 所示。

```
<style type="text/css">
img {
    position: absolute; top: 50px; left: 0; height: 200px;
    transition: left 1s linear, transform 1s linear;
}
img:hover { left: 700px; }
</style>

<img src="images/car.jpg" alt=""/>
```

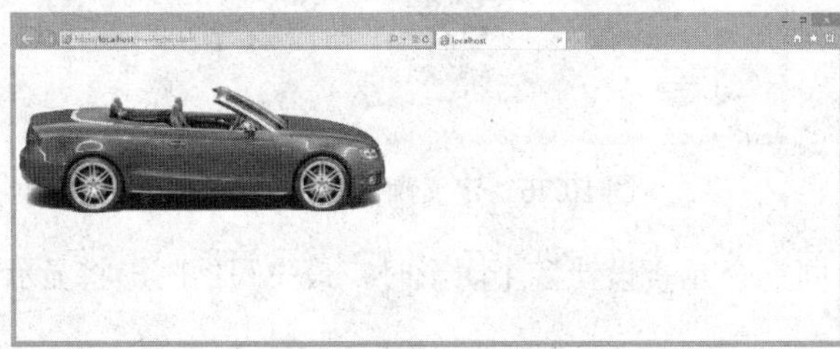

（a）默认效果

（b）鼠标经过时动画效果

图 10.27　自定义移动变形效果

上面示例的运行结果分为 3 种情况：当鼠标指针没有停留在图像上时，页面显示如图 10.27（a）所示的效果；当鼠标指针停留在图像上，图像正在向右移动，显示如图 10.27（b）所示的效果；当鼠标指针移开图像时，图像会自动恢复默认的显示效果。

1. 设置缓动属性

transition-property 属性可以定义转换动画的 CSS 属性名称，如 background-color 属性。该属性的基本语法如下所示，对应 Dreamweaver CC 的 CSS 过渡效果面板中的【属性】列表项，如图 10.28 所示。

```
transition-property:none | all | [ <IDENT> ] [ ',' <IDENT> ]*;
```

transition-property 属性初始值为 all，适用于所有元素，以及:before 和:after 伪元素。取值简单说明如下。

☑　none：表示没有元素。

☑　all：表示针对所有元素。

☑　IDENT：指定 CSS 属性列表。

图 10.28　设置 transition-property 属性

【示例 2】下面的示例定义了变形属性为背景颜色。这样当鼠标经过 div 对象时，会自动从红色背景过渡到蓝色背景。

```
<style type="text/css">
div { background-color:red; width:400px; height:200px;}
div:hover {
    background-color:blue;
    /*指定动画过渡的 CSS 属性*/
    transition-property:background-color;
}
</style>
<div></div>
```

2. 定义缓动时间

transition-duration 属性用来定义转换动画的时间长度，即设置从原属性值换到新属性值花费的时间，单位为秒。该属性的基本语法如下所示。

```
transition-duration:<time> [, <time>]*;
```

transition-duration 属性初始值为 0，适用于所有元素，以及:before 和:after 伪元素。在默认情况下，动画过渡时间为 0 秒，所以当指定元素动画时，看不到过渡的过程，直接看到结果。

【示例 3】在下面的示例中，设置动画过渡时间为 2 秒，则当鼠标移过 div 对象时，会看到背景色从红色逐渐过渡到蓝色。

```
<style type="text/css">
div { background-color:red; width:400px; height:200px;}
div:hover {
      background-color:blue;
      /*指定动画过渡的 CSS 属性*/
      transition-property:background-color;
      /*指定动画过渡的时间*/
      transition-duration:2s;
}
</style>
<div></div>
```

3. 定义延迟时间

transition-delay 属性用来定义过渡动画的延迟时间。该属性的基本语法如下所示。

```
transition-delay:<time> [, <time>]*;
```

transition-delay 属性初始值为 0，适用于所有元素，以及:before 和:after 伪元素。设置时间可以为正整数、负整数和零，非零时必须设置单位是 s（秒）或者 ms（毫秒），为负数时，过渡的动作会从该时间点开始显示，之前的动作被截断；为正数时，过渡的动作会延迟触发。

【示例 4】在下面的示例中，设置过渡动画推迟 2 秒钟执行，则当鼠标移过 div 对象时，看不到任何变化，过了 2 秒钟之后，才发现背景色从红色逐渐过渡到蓝色。

```
<style type="text/css">
div { background-color:red; width:400px; height:200px;}
div:hover {
      background-color:blue;
      /*指定动画过渡的 CSS 属性*/
      transition-property:background-color;
      /*指定动画过渡的时间*/
      transition-duration:2s;
      /*指定动画延迟触发 */
      transition-delay:2s;
}
</style>
<div></div>
```

4. 定义缓动效果

transition-timing-function 属性用来定义过渡动画的效果。该属性的基本语法如下所示。

```
transition-timing-function:ease | linear | ease-in | ease-out | ease-in-out | cubicbezier (<number>, <number>, <number>, <number>) [, ease | linear | ease-in | ease-out | ease-in-out | cubic-bezier (<number>, <number>, <number>, <number>)]*
```

transition-timing-function 属性初始值为 ease，它适用于所有元素，以及:before 和:after 伪元素。取值简单说明如下。

☑ ease：缓解效果，等同于 cubic-bezier（0.25，0.1，0.25，1.0）函数，即立方贝塞尔。
☑ linear：线性效果，等同于 cubic-bezier（0.0，0.0，1.0，1.0）函数。
☑ ease-in：渐显效果，等同于 cubic-bezier（0.42，0，1.0，1.0）函数。
☑ ease-out：渐隐效果，等同于 cubic-bezier（0，0，0.58，1.0）函数。
☑ ease-in-out：渐显渐隐效果，等同于 cubic-bezier（0.42，0，0.58，1.0）函数。
☑ cubic-bezier：特殊的立方贝塞尔曲线效果。

【示例 5】在下面的示例中，设置动画渐变过程更加富有立体感，可以设置过渡效果为线性效果。

```
<style type="text/css">
div { background-color:red; width:400px; height:200px;}
div:hover {
    background-color:blue;
    /*指定动画过渡的 CSS 属性*/
    transition-property:background-color;
    /*指定动画过渡的时间*/
    transition-duration:2s;
    /*指定动画过渡为线性效果 */
    transition-timing-function: linear;
}
</style>
<div></div>
```

10.2.2　案例：设计变形的盒子

视频讲解

下面将借助 Dreamweaver CC 的 CSS 过渡效果面板设计一个简单的过渡动画：定义一个盒子在 2 秒钟内从 200px×200px 过渡为 400px×400px。

【操作步骤】

第 1 步，启动 Dreamweaver CC，新建文档，保存为 test.html。

第 2 步，选择【插入】|【结构】|【Div】命令，打开【插入 Div】对话框，在【Class】文本框中输入 box，如图 10.29 所示。

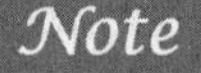

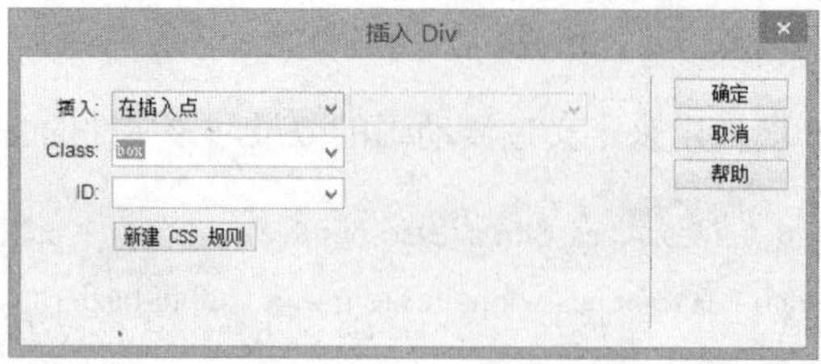

图 10.29　插入 Class 为 box 的 div 元素

第 3 步，单击【新建 CSS 规则】按钮，打开【新建 CSS 规则】对话框，则 Dreamweaver CC 自动设置【选择器类型】为“类”，【选择器名称】为.box，【规则定义】为【(仅限该文档)】，如图 10.30 所示。

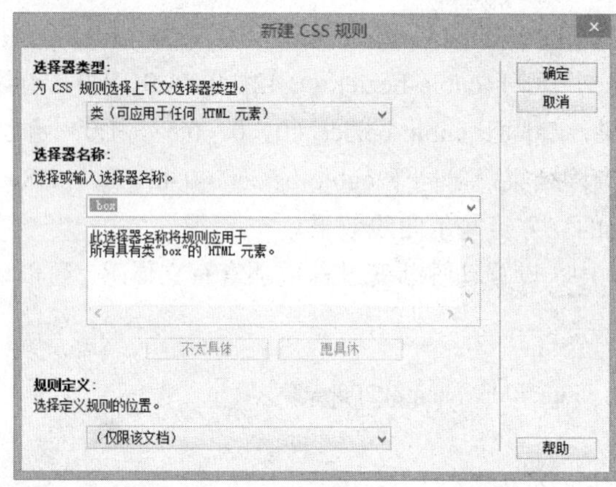

图 10.30　新建 CSS 规则

第 4 步，单击【确定】按钮，打开【.box 的 CSS 规则定义】对话框，设置方框样式：Width: 200px、Height: 200px，定义新插入的盒子宽度为 200 像素，高度为 200 像素；设置背景样式：Background-color: #92B901，定义盒子背景颜色，如图 10.31 所示。

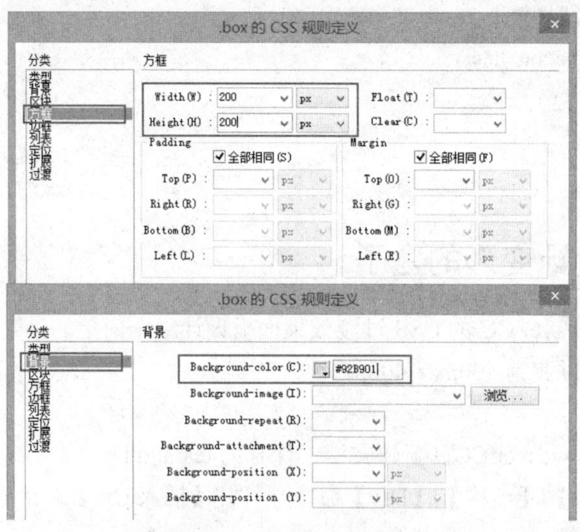

图 10.31　定义规则样式

第 5 步，单击【确定】按钮关闭对话框，插入一个盒子（<div class="box">）。在设计视图中单击选中该对象，然后选择【窗口】|【CSS 设计器】命令，打开【CSS 设计器】面板，此时在【选择器】窗格中自动显示并选中该选择器。在【属性】窗格中，单击【布局】按钮，然后设置样式：opacity: 0.7，定义盒子不透明度为 0.7，如图 10.32 所示。

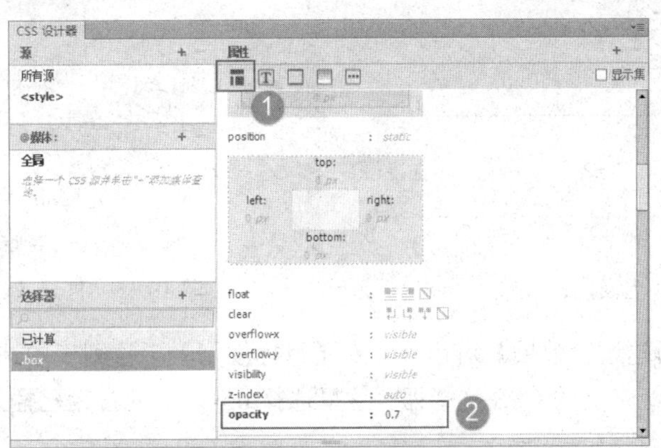

图 10.32　定义不透明度效果

第 6 步，在【属性】窗格中，单击【边框】按钮，然后设置样式：border-radius: 20px，定义盒子显示为圆角，圆角弧度为 20 像素，如图 10.33 所示。设置方法：在 border-radius 视图左上角 0px 位置单击，然后输入 20px，则其他 4 个角自动设置为 20px。如果为各个角定义不同的弧度，则应该先单击中间的锁形图标（禁止同时为 4 个角设置值），然后分别单击 4 个角的值，分别输入值即可。

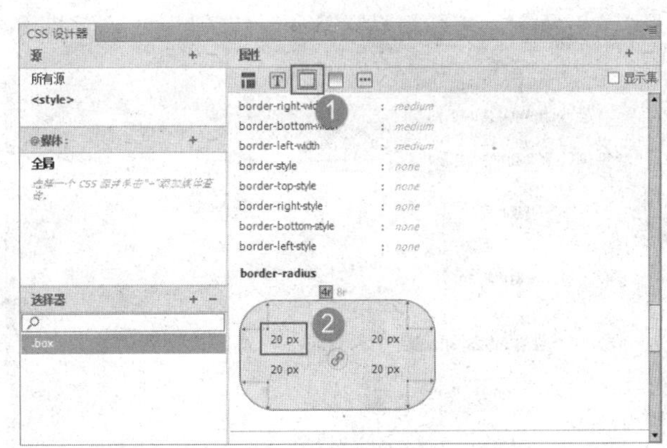

图 10.33　定义圆角样式

第 7 步，在【属性】窗格中，单击【背景】按钮，然后设置样式：box-shadow: 3px 3px 3px rgba（211，233，126，1.00），定义盒子显示阴影效果，阴影位置为右下角 3px 位置，阴影模糊半径为 3 像素，阴影颜色为 rgba（211，233，126，1.00），如图 10.34 所示。

第 8 步，选择【窗口】|【CSS 过渡效果】命令，打开【CSS 过渡效果】面板，在该面板中单击加号按钮 +，如图 10.35 所示。

Note

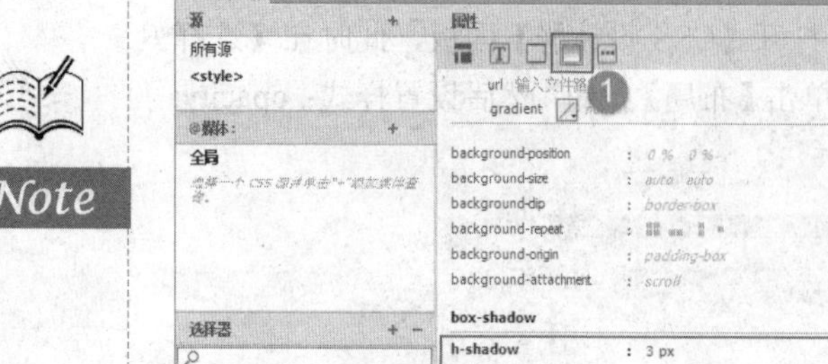
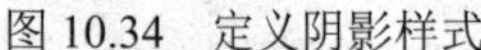

图 10.34　定义阴影样式

图 10.35　打开【CSS 过渡效果】面板

第 9 步，打开【新建过渡效果】对话框，在【目标规则】下拉列表中选择一个选择器名称，这些选项都是当前文档已经定义的 CSS 选择器。这里选择.box，即准备为已插入的<div class="box">盒子定义动画效果。

第 10 步，定义【过渡效果开启】为 hover，设计当鼠标经过盒子时，触发动画过渡效果；保持“对所有属性使用相同的过渡效果”选项，然后在【持续时间】文本框中输入 2s，延迟动画选项保持为空，计时功能用来定义过渡效果的缓动形式，这里保留为空。

第 11 步，在【属性】列表框底部单击加号按钮 +，从弹出的 CSS 属性列表中选择 height，然后在右侧设置【结束值】为 400px；继续单击加号按钮 +，添加 width 属性，设置【结束值】为 400px。设置完毕，单击【创建过渡效果】按钮，设置如图 10.36 所示。

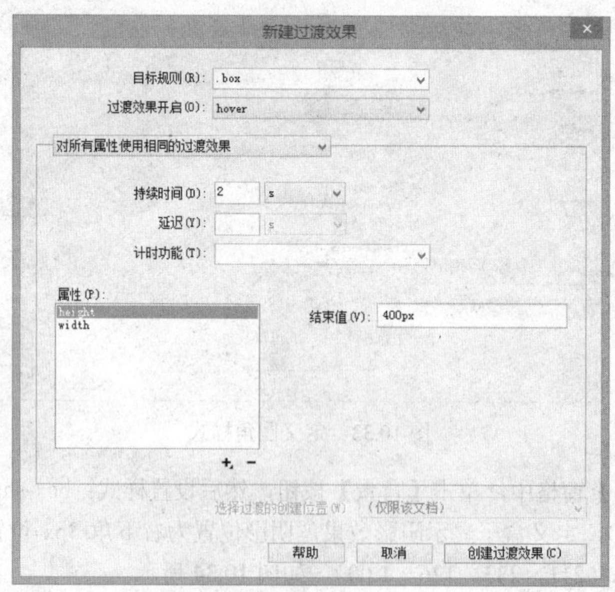

图 10.36　设置动画

第 12 步，切换到【代码】视图，可以看到 Dreamweaver CC 自动生成如下的样式代码：

Note

```
<style type="text/css">
.box {/*  定义盒子默认样式和状态*/
    width: 200px;
    height: 200px;
    background-color: #92B901;
    -webkit-border-radius: 20px;                              /*  定义圆角*/
    border-radius: 20px;
    opacity: 0.7;                                             /*  定义半透明显示效果*/
    -webkit-box-shadow: 3px 3px 3px rgba (211, 233, 126, 1.00);    /*  定义阴影*/
    box-shadow: 3px 3px 3px rgba (211, 233, 126, 1.00);
    -webkit-transition: all 2s ease 0s;    /*  定义过渡动画*/
    -o-transition: all 2s ease 0s;
    transition: all 2s ease 0s;
}
.box:hover {/*  定义鼠标经过盒子时，宽度和高度都为 400 像素*/
    height: 400px;
    width: 400px;
}
</style>
<div class="box"></div>
```

第 13 步，保存文档，按 F12 键在浏览器中预览，显示效果如图 10.37 所示。

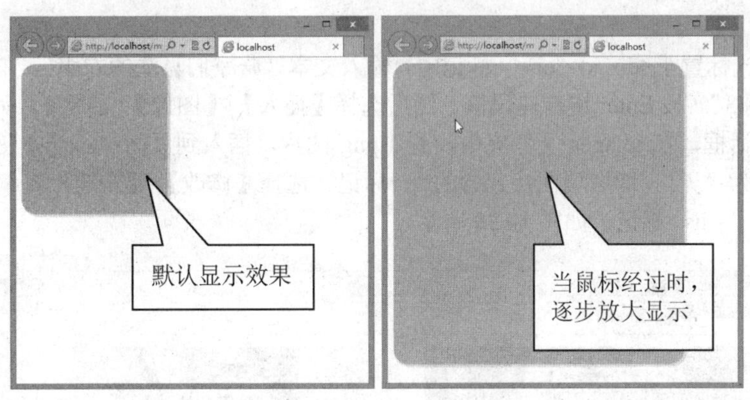

图 10.37　盒子过渡动画演示效果

10.2.3　案例：设计折叠框

视频讲解

在网页设计上会看到设计精巧的折叠面板，本例使用 CSS3 的目标伪类（:target）设计这种效果，没有使用 JavaScript 脚本，使用 CSS3 动画设计滑动效果，如图 10.38 所示。

（a）折叠面板

（b）切换折叠面板

图 10.38　案例效果

【操作步骤】

第 1 步，启动 Dreamweaver CC，打开本节示例中的 orig.html 文件，另存为 effect.html。在本示例中将在页面中插入折叠面板栏目，把 3 个栏目整合到一个面板中，通过折叠样式设计栏目的切换。

第 2 步，把光标置于页面所在位置，切换到【代码】视图，在<div id="apDiv1"> 标记中输入下面的代码，设计一个<div>标记包含 3 个子<div>标记，分别为每个子<div>标记定义一个 ID 值，名称分别为 one、two、three。

```
<div>
    <div id="one"></div>
    <div id="two"></div>
    <div id="three"></div>
</div>
```

第 3 步，把光标置于<div id="one">标记中，输入文本“菇凉们喜欢的衣服”，在属性面板中设置【格式】为“标题 3”。按 Enter 键新建段落，然后选择【插入】|【图像】|【图像】命令，打开【选择图像源文件】对话框，在 images 文件夹中找到 1.png 图片，插入到页面中。选中图片，在属性面板中设置【格式】为“无”，即取消图片包含的<p>标记。选择【修改】|【快速标签编辑器】命令，在图像外面包裹一层<div>标记，如图 10.39 所示。

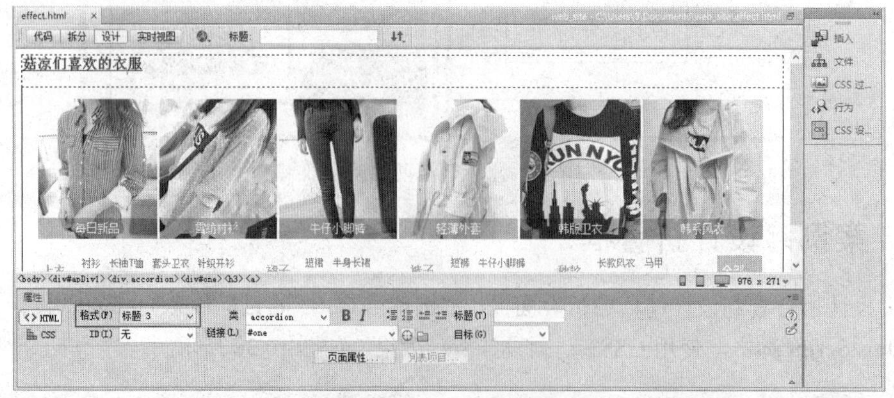

图 10.39　设计折叠面板项内容

第 4 步，以同样的方式设计第二选项和第三选项标题和内容框，切换到【代码】视图，可以看到完整的代码，如图 10.40 所示。

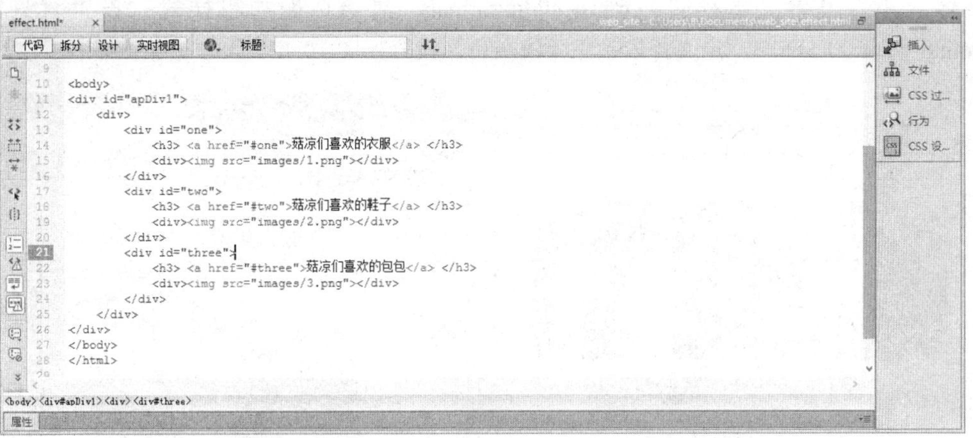

图 10.40　完成折叠面板的标题和内容框设计

第 5 步，选中包含框<div>标记，打开【CSS 设计器】面板。在【源】列表框中选择<style>选项，找到当前文档的内部样式表，然后在选择器列表中新建.accordion 类选择器，在属性列表框中添加定义背景样式：background-color: #fff、box-shadow: 1px 1px 1px #ddd，设计包含框背景色为白色，设置栏目显示轻微的阴影效果，定义向左下角位置偏移 1 个像素，模糊半径为 1 像素，阴影颜色为浅灰色；设置边框样式：border-style:solid、border-width:1px、border-color:#DFDFDF、border-radius: 2px，定义包含框的边框线为 1 个像素浅灰色的实线，定义圆角边框，圆角曲度为 2 个像素。

第 6 步，在属性面板的【类】下拉列表中选择【accordion】选项，为当前标签应用 accordion 类样式，如图 10.41 所示。

图 10.41　设置并应用包含框类样式

Note

第 7 步，选中三级标题文本，在【CSS 设计器】面板中新建.accordion h3 复合选择器，在属性列表框中设置布局样式：margin: 0、padding: 8px 1em，设计边界为 0，上下补白为 8 像素，左右补白为 1 个字体大小；设置文本样式：font-weight:normal，清除标题加粗样式；设置背景样式：background-color: #F5F5F5，定义背景颜色为浅灰色。设置如图 10.42 所示。

图 10.42 设置面板标题样式

第 8 步，选中标题文本包裹的超链接标签，在【CSS 设计器】面板中新建.accordion h3 a 复合选择器，在属性列表框中设置文本样式：text-decoration: none、color: #111、font-size: 18px、font-family: Microsoft Yahei，清除超链接默认的下划线样式，定义字体颜色为深黑色，字体大小为 18 像素，字体类型为微软雅黑。设置如图 10.43 所示。

图 10.43 设置面板标题栏超链接样式

第 9 步，在【CSS 设计器】面板中新建.accordion h3 + div 复合选择器，该选择器能够匹配<h3>

Note

标记相邻的下一个<div>标记，在属性列表框中设置布局样式：height: 0、 padding: 0，定义高度为 0，补白为 0；设置其他样式：overflow: hidden，设计隐藏超出的区域，该声明将隐藏当前<div>标记及其包含的内容。设置如图 10.44 所示。

图 10.44 设置内容包含框样式

第 10 步，选择【窗口】|【CSS 过渡效果】命令，打开【CSS 过渡效果】面板，在该面板顶部单击【新建过渡效果】按钮，如图 10.45 所示。

图 10.45 打开【CSS 过渡效果】面板

第 11 步，打开【新建过渡效果】对话框，在【目标规则】下拉列表中选择第 9 步定义的选择器名称.accordion h3 + div；设置【过渡效果开启】为 target，该选项设置过渡效果的开启事件为单击锚链接时触发；设置【持续时间】为 0.6s，设置【计时功能】为 ease-in，最后在【属性】列表框底部单击【添加】按钮，从弹出的属性列表中选择 height，然后在【结束值】文本框中设置为 265 像素。详细设置如图 10.46 所示。

第 12 步，单击【创建过渡效果】按钮，完成动画设计，此时切换到【代码】视图，可以看到 Dreamweaver 自动添加的样式。

Note

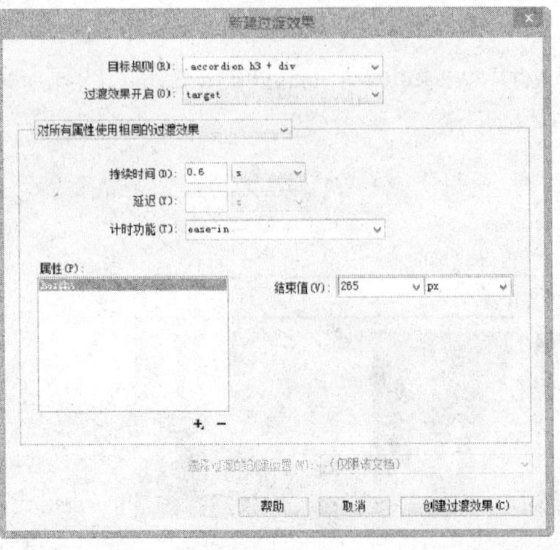

图 10.46　设置【新建过渡效果】对话框

```
.accordion h3 + div {
    -webkit-transition: all 0.6s ease-in;
    -o-transition: all 0.6s ease-in;
    transition: all 0.6s ease-in;
}
.accordion h3 + div:target { height: 265px; }
```

修改最后一个样式的选择器名称，把.accordion h3 + div:target 改为.accordion :target h3 + div，代码如下：

```
.accordion :target h3 + div { height: 265px; }
```

第 13 步，在【CSS 设计器】面板中新建.red 类选择器，在属性列表框中设置文本样式：font-size: 22px、color: #FE6DA6，定义字体大小为 22 像素，颜色为红色。然后，分别选中标题文本最后一个名词“衣服”“鞋子”和“包包”，在属性面板的【类】下拉列表框中选择 red 类样式，如图 10.47 所示。

图 10.47　设置并应用 red 类样式

10.3　在线练习

1. 使用 CSS 设计各种文本效果，以及各种网页版式和文本特效。感兴趣的读者可以扫码练习：（1）文本样式；（2）文本流方向。

在线练习1

在线练习2

2. 练习 CSS3 动画一般设计方法，培养灵活应用交互式动态样式的基本能力。感兴趣的读者可以扫码练习：（3）CSS3 布局新特性；（4）CSS3 动画。

在线练习3

在线练习4

10.4　线上拓展

本节为线上拓展内容，帮助零基础的读者学习 CSS 语言基础。感兴趣的读者可以扫码阅读。

线上阅读

使用 Photoshop 新建网页图像

Photoshop 是图像处理专业工具，被广泛应用于平面设计、媒体广告和网页设计等诸多领域。在网页图像设计中，经常需要用 Photoshop 设计网页效果图，处理各种类型的网页图像，如 Logo（网站标识）、Banner（广告图）、网页图标、装饰图、背景图等，灵活使用 Photoshop 可以轻松设计这些网页元素。通过本章的学习，将帮助读者快速掌握 Photoshop 的基本使用方法以及编辑图像等基本操作。

【学习重点】

- 了解 Photoshop 界面构成。
- 能够对图像进行简单处理。
- 能够借助 Photoshop 完成各种复杂图像操作。

Note

视频讲解

11.1　了解 Photoshop 主界面

在启动 Photoshop 之前，读者应该确定在系统中安装了 Photoshop，如果没有安装，则首先需要进行安装。由于 Photoshop 的安装操作比较简单，这里就不再介绍。

启动 Photoshop 之后，将显示主界面，如图 11.1 所示。

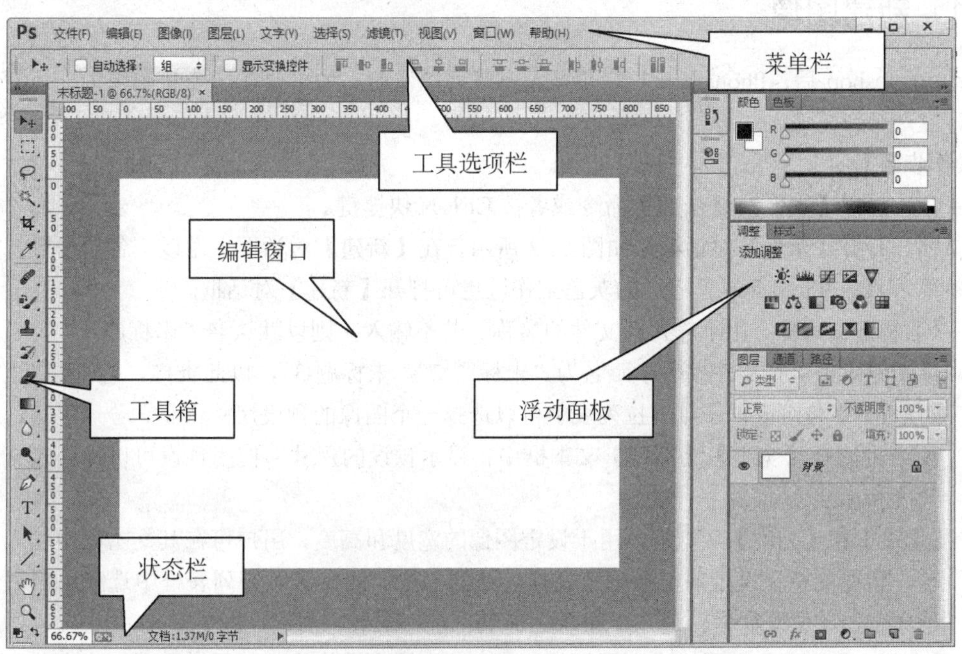

图 11.1　Photoshop 主界面

Photoshop 主界面由菜单栏、工具选项栏、工具箱、浮动面板、状态栏和编辑窗口等组成。其中编辑窗口在打开一个图像文件后即会出现。各部分的功能介绍如下。

- ☑　菜单栏：显示 Photoshop 的菜单命令，包括【文件】、【编辑】、【图像】、【图层】、【文字】、【选择】、【滤镜】、【视图】、【窗口】和【帮助】共 10 个菜单项。菜单栏中还包含标题栏，显示 Photoshop 图标。右边显示 3 个按钮，从左到右分别为最小化、最大化和关闭按钮。当窗口很大时，才会独立显示标题栏。
- ☑　工具选项栏：用于设置工具箱中各个工具的参数。此工具栏具有很大的可变性，随着用户所选择的工具的不同而变化。
- ☑　工具箱：列出常用工具。单击每个工具的图标即可使用该工具。在图标上右击或者按下鼠标左键不放，可以显示该组工具。
- ☑　浮动面板：列出许多操作的功能设置和参数设置。利用这些设置可以进行各种操作。
- ☑　状态栏：显示当前打开图像的信息和当前操作的提示信息。

线上阅读

提示，Photoshop 主界面的详细介绍请扫码阅读。

11.2 新建网页图像

Note

初次学习 Photoshop，建议先上机练习如何新建、保存、打开和置入图像，这些功能是用户在处理图像时使用最为频繁的操作。

视频讲解

11.2.1 新建图像

启动 Photoshop 后，Photoshop 窗口中是没有任何图像的。如果要在一个新图像中进行创作，则需要先建立一个新图像。

【操作步骤】

第 1 步，选择【文件】|【新建】命令或者按 Ctrl+N 快捷键。

第 2 步，打开【新建】对话框，如图 11.2 所示。在【新建】对话框中做以下各项设置。如果按住 Ctrl 键后，双击 Photoshop 窗口中的灰色工作区也可打开【新建】对话框。

☑ 【名称】文本框：用于输入新文件的名称。若不输入，则以默认名“未标题-1”为名。如连续新建多个，则文件按顺序命名为“未标题-2”“未标题-3”，以此类推。

☑ 【预设】下拉列表：在该下拉列表中可以选择一个图像的预设尺寸大小、分辨率等，如选择 A4，此时在【宽度】、【高度】文本框中将显示预设的尺寸。使用预设可以提高建立图像的速度和标准。

☑ 【宽度】和【高度】文本框：用于设定图像的宽度和高度，用户可在其文本框中输入具体数值，但要注意在设定前需要确定文件尺寸的单位，即在其右侧列表框中选择用户习惯使用的单位，单位有像素、英寸、厘米、毫米、点、派卡和列。

☑ 【分辨率】文本框：用于设定图像的分辨率。在设定分辨率时，用户也需要设定分辨率的单位，有两种选择，分别是像素/英寸和像素/厘米，通用单位为像素/英寸。

提示：如果没有特殊说明，本书后面章节中有关新建图像的操作，所使用的分辨率单位均为像素/英寸，如分辨率 72，就是指 72 像素/英寸。

☑ 【颜色模式】下拉列表：用于设定图像的色彩模式，并可以在右侧的列表框中选择色彩模式的位数，分别有 1 位、8 位和 16 位 3 种选择，其中 1 位的模式主要用于位图模式的图像，而 8 位和 16 位的模式可以用于除位图模式之外的任何一种色彩模式。

☑ 【背景内容】下拉列表：该下拉列表用于设定新图像的背景层颜色，从中可以选择【白色】、【背景色】和【透明】3 种方式。当选择【背景色】选项时，新文件的颜色与工具箱中背景色颜色框中的颜色相同。

第 3 步，设定新文件的各项参数后，单击【确定】按钮或按 Enter 键，就可以建立一个新文件。此时将出现如图 11.3 所示的图像窗口，其文件名（未标题-1）、显示比例（66.67%）、颜色模式（RGB）显示在图像窗口中。建立新文件后，用户可以在新图像中绘制图形、输入文字，去实现所想得到的效果。

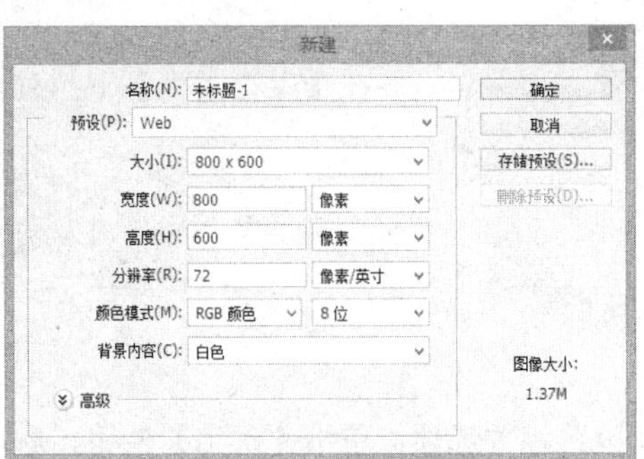

图 11.2 【新建】对话框

图 11.3 新建的空白图像窗口

提示： 如果已打开一个图像（如打开了一个网页设计效果图），用户想新建一个与该图像相同尺寸和分辨率的图像，那么，可以按前面介绍的方法先打开【新建】对话框，然后单击【窗口】菜单，在其下方选择已打开文件的列表，此时对话框中的参数将显示为与所选的图像相同的尺寸和分辨率，接着单击【确定】按钮关闭对话框即可。事实上此操作与在【预设】下拉列表中选择已打开的图像文件名的作用相同。

11.2.2 保存图像

当完成对图像的一系列编辑操作后，就需要进行保存，保存图像文件有许多方法，一般来说最常见的有以下两种。

1. 保存一幅新图像

【操作步骤】

第 1 步，选择【文件】|【存储】命令或者按 Ctrl+S 快捷键。

第 2 步，打开如图 11.4 所示的【另存为】对话框。注意如果当前图像已经保存过，那么按 Ctrl+S 快捷键或选择【文件】|【存储】命令，不会打开【另存为】对话框，而直接保存文件。

第 3 步，打开【保存在】下拉列表框，选择存放文件的位置。

第 4 步，在【文件名】下拉列表中输入新文件的名称。

第 5 步，单击【保存类型】下拉列表的下三角按钮打开下拉列表，从中选择图像文件格式。Photoshop 的默认格式的扩展名为.psd。

第 6 步，完成上述设置后，单击【保存】按钮就可完成新图像的保存。

提示： 如果图像中含有图层，且要保存这些层的内容，以便日后修改编辑，则只能使用 Photoshop 自身的格式（即 PSD 格式）或 TIFF 格式（此格式也可以保留图层）保存。

2. 将文件保存为其他图像格式

Photoshop 所支持的图像格式有 20 多种，所以可以用 Photoshop 转换图像文件。

Note

【操作步骤】

第 1 步，打开要转换格式的图像，选择【文件】|【存储为】命令或按 Ctrl+S 快捷键，打开【另存为】对话框。

第 2 步，在【另存为】对话框中设置文件的保存位置、文件名，并在【保存类型】下拉列表中选择一种图像格式，如选择 JPEG。

注意：当用户选择了一种图像格式后，对话框下方的【存储选项】选项组中的选项内容均会发生相应的变化，要求用户选择要保存的内容。

第 3 步，设置完毕，单击【保存】按钮。

第 4 步，此时显示如图 11.5 所示的对话框，在其中设置相关选项，单击【确定】按钮，就可以将图像保存为其他格式的图像。

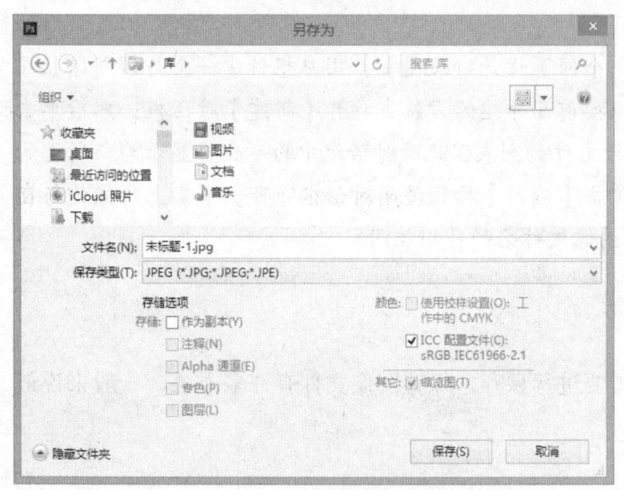

图 11.4　【另存为】对话框

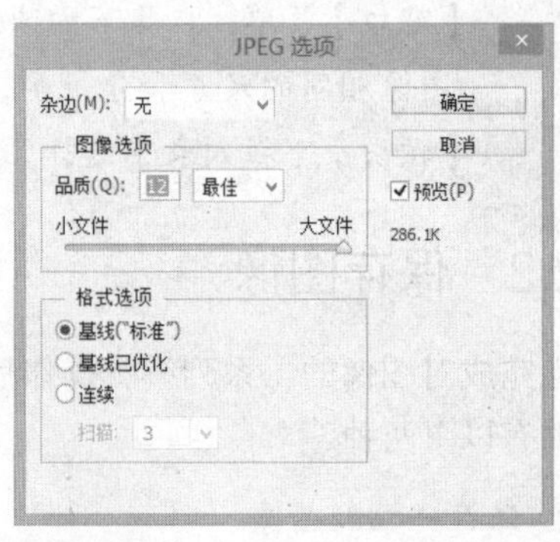

图 11.5　【JPEG 选项】对话框

提示：在保存为不同格式的图像文件时，会因所保存文件格式的不同而打开类似如图 11.5 所示的对话框，要求用户设置相应的保存内容。例如，选择 TIFF、JPEG 等格式，打开的对话框不相同。Photoshop 支持多种文件格式，不同的格式，有其不同的特点。

11.2.3　打开图像

要对已存在的图像进行编辑，必须先打开它。打开图像有以下几种方法。

1. 常规打开方法

【操作步骤】

第 1 步，选择【文件】|【打开】命令或按 Ctrl+O 快捷键，打开【打开】对话框，如图 11.6 所示。双击 Photoshop 灰色工作区也可以打开【打开】对话框。

图 11.6 【打开】对话框

第 2 步，打开【查找范围】下拉列表，查找图像文件所存放的位置，即所在驱动器或文件夹。在【文件名】后面的下拉列表框中选定要打开的图像文件格式，若选择【所有格式】选项，则全部文件都会显示在对话框中。

第 3 步，选中要打开的图像文件，单击【打开】按钮就可以打开图像。

提示：如果用户要一次打开多个图像，可以在【打开】对话框中选中多个文件，方法是：先单击第 1 个文件，然后按 Shift 键，再单击最后一个文件，可以选中多个连续的文件；若按住 Ctrl 键不放，然后单击要选取的文件，可选中多个不连续的文件。

注意：如果用户计算机的内存和磁盘空间太小，将无法打开多个文件，如果文件过大，也有可能无法打开图像。这是因为打开的文件数量取决于用户使用的计算机所拥有的内存和磁盘空间的大小，内存和磁盘空间越大，能打开的文件数目也就越多。

2. 打开指定格式的图像

【操作步骤】

第 1 步，选择【文件】|【打开为】命令，打开【打开为】对话框，该对话框与图 11. 6 基本相同。

提示：如果按 Alt 键再双击 Photoshop 灰色工作区也可以打开【打开为】对话框。

第 2 步，在【打开为】对话框的【文件名】后面的下拉列表中选择指定格式的图像，例如，用户要打开 TIFF 格式的图像，就需要在其下拉列表中选择 TIFF 格式。

第 3 步，在【打开为】对话框的文件列表中选择要打开的文件。

第 4 步，单击【打开】按钮即可打开文件。

3. 打开最近使用过的图像

当用户在 Photoshop 中保存文件并打开文件后，在【文件】|【最近打开文件】子菜单中就会显示出以前编辑过的图像文件，所以，利用【文件】|【最近打开文件】子菜单中的文件列表就可以快速打开最近使用过的文件。

11.2.4 置入图像

Note

在 Photoshop 中允许插入一些图像。要将图像文件插入当前图像中，则操作如下。

【操作步骤】

第 1 步，新建或打开一个要往其中插入图形的图像。

第 2 步，选择【文件】|【置入】命令，打开【置入】对话框，如图 11.7 所示。

第 3 步，在【查找范围】下拉列表中找到文件存放的位置，并选定要插入的文件，然后单击【置入】按钮。

第 4 步，出现一个浮动的对象控制框，如图 11.8 所示，用户可以改变它的位置、大小和方向。完成调整后，在线框内双击或按 Enter 键确认插入。

图 11.7 【置入】对话框

图 11.8 对象控制框

提示：如果按 Esc 键，则取消图像的插入。

视频讲解

11.3 修改网页图像

不管是打开的图像，还是新建的图像，往往都会进行修改，以适应网页设计要求，如图像尺寸大小、图像分辨率、图像裁切等。

11.3.1 修改图像尺寸和分辨率

分辨率是指在单位长度内所含有的点（即像素）的多少。图像品质的好坏与图像分辨率有直接关系，分辨率越高说明图像越精细，图像也就越清晰。

在处理网页图像时，有时需要在不改变分辨率的情况下改变图像尺寸，有时需要在不改变图像尺寸的情况下改变图像分辨率。这些更改都需要改变图像的像素尺寸，文件大小也就相应改变了。在减少像素时，信息会从图像中删除，在增加像素时，会在现有的像素颜色值的基础上添加新的像素信息。

要更改图像尺寸可选择【图像】|【图像大小】命令，此时会打开如图 11.9 所示的【图像大小】

对话框，在其中可以调整图像大小，或者重设图像分辨率。完成设置后，单击【确定】按钮即可按用户要求改变分辨率或尺寸。

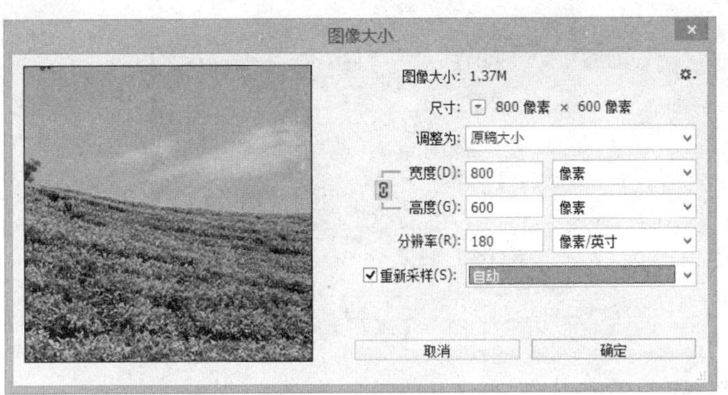

图 11.9　【图像大小】对话框

提示：在实际操作中，经常只改变图像尺寸和分辨率中的一种，而保留另一个数值不变：如果要固定图像尺寸而更改分辨率，则只要更改【分辨率】的数值，尺寸数值保留不变即可；如果要固定分辨率而更改图像尺寸，则只要更改尺寸数值，【分辨率】的数值保留不变即可。

11.3.2　修改画布大小

画布是指绘制和编辑图像的工作区域，也就是图像显示区域。调整画布大小可以添加或删除现有图像周围的工作空间。用户可以通过减小画布区域来裁切图像；添加画布会在图像之外增加空白区域，并以与背景相同的颜色或透明度填充。

【操作步骤】

第 1 步，先选择【图像】|【画布大小】命令，打开【画布大小】对话框，如图 11.10 所示。

第 2 步，在该对话框中设置如下选项。

☑ 【当前大小】选项组：显示当前图像的实际大小。

☑ 【新建大小】选项组：在该选项组中，可以设置调整图像之后的【宽度】和【高度】值。当该值大于图像的原尺寸时，Photoshop 会在原图像的基础上增加工作区域，反之当该值小于原图像尺寸时，则会把被缩小的部分裁切掉。

☑ 【相对】复选框：选中该复选框后，【宽度】和【高度】的值将初始化为 0，这时所设的值将是相对于【定位】选项中某一位置的尺寸。

☑ 【定位】选项：在此设置画布以某一位置为中心进行缩放，默认情况下，是以图像中心的方格为中心。例如，选择左上角的方格，则完成画布调整后，如果调整后的图像大于原图像，那么在左下角将出现空白区域；而如果调整后的图像小于原图像，则裁切掉左下角超出的内容。

第 3 步，完成上述设置后，单击【确定】按钮完成操作即可。

Note

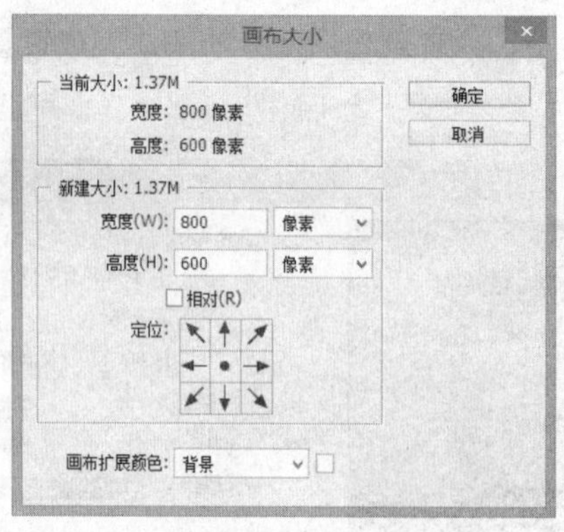

图 11.10 【画布大小】对话框

11.3.3 裁切图像

如果用户需要将图像四周的多余部分删除，可以使用 Photoshop 提供的裁切功能。有两种方法可以进行裁切操作。

1. 使用【裁剪工具】

使用【裁剪工具】 进行裁切，是最方便快捷的方法，它不仅可以随意地控制裁剪的大小，还可以旋转图像和更改图像的分辨率。

【操作步骤】

第 1 步，在工具箱中选择【裁剪工具】 。若在选定裁切区域的同时按 Shift 键，则可选择一个正方形裁切区域；若同时按 Alt 键，则选取以开始点为中心的裁切区域。若同时按 Shift+Alt 快捷键，则选取以开始点为中心的正方形裁切区域。

第 2 步，用鼠标拖曳出图像裁剪的范围，如图 11.11 所示。

第 3 步，在图像中分别调节裁剪区域的控制点，将裁切区域调节到用户满意的范围，被裁切区域将以深灰色显示。

第 4 步，调节好裁剪范围后，按 Enter 键或在裁切区域内双击鼠标（也可单击选项栏右侧的 按钮或选择【图像】|【裁切】命令），即可完成裁切操作。如果想取消裁切操作，可以按 Esc 键或单击选项栏右侧的 图标取消。

2. 使用【裁切】命令

也可以使用【图像】菜单中的【裁切】命令进行裁切。

【操作步骤】

第 1 步，先用选取工具，如选框工具、套索工具或魔棒工具等，在图像中选取一个选择区域。

第 2 步，选择【图像】|【裁切】命令即可将四周不需要的内容裁切掉。

提示：利用【裁切】命令可以对任何一个形状的选取范围（即使是使用魔棒工具选取的范围）进行裁切，此时，Photoshop 就以选取范围四周最边缘位置的像素为基准进行裁切。

11.3.4 清除图像空边

Photoshop还提供了一种较为特殊的裁切方法，即裁切图像空白边缘。也就是当图像四周出现空白内容而要将它裁切掉时，可以直接将其去除，而不必像使用裁切工具那样需要经过选取裁切范围才能裁切。

【操作步骤】

第1步，打开要裁切的图像，如果发现图中四周有很多空白区域。

第2步，可以选择【图像】|【裁切】命令，打开【裁切】对话框，如图11.12所示。

图11.11 裁切图像

图11.12 【裁切】对话框

第3步，在该对话框中设置各选项，这些选项的含义如下。

☑ 【基于】选项组：在该选项组中选择一种裁切方式，是基于某个位置进行裁切。若选中【透明像素】单选按钮，则以图像中有透明像素的位置为基准进行裁切（该单选按钮只有在图像中没有背景图层时有效）；若选中【左上角像素颜色】单选按钮，则以图像左上角位置为基准进行裁切；若选中【右下角像素颜色】单选按钮，则以图像右下角位置为基准进行裁切。

☑ 【裁切】选项组：在该选项组中选择裁切的区域，即图像的【顶】、【左】、【底】和【右】。如果选中所有复选框，则裁切四周空白边缘。

第4步，单击【确定】按钮完成裁切。

11.4 编辑网页图像

视频讲解

在平面设计过程中，移动、复制和粘贴图像，删除与恢复图像，以及还原与重做等，都是非常常用的编辑操作，熟练使用这些操作可以大大提高工作效率。

11.4.1 移动图像

在编辑图像时，图像位置不一定合适，尤其是复制粘贴图像时，新粘贴的图像位置不固定。使用【移动工具】可以将选区或图层中的图像拖动到一个新位置。移动图像有两种情况，一种是直

Note

接移动某一图层中的图像，另一种是移动选取范围中的图像。

1. 移动图层中的图像

移动图像中某层图像内容的操作如下。

【操作步骤】

第 1 步，在【图层】面板中将该层设置为当前作用层，如图 11.13 所示。

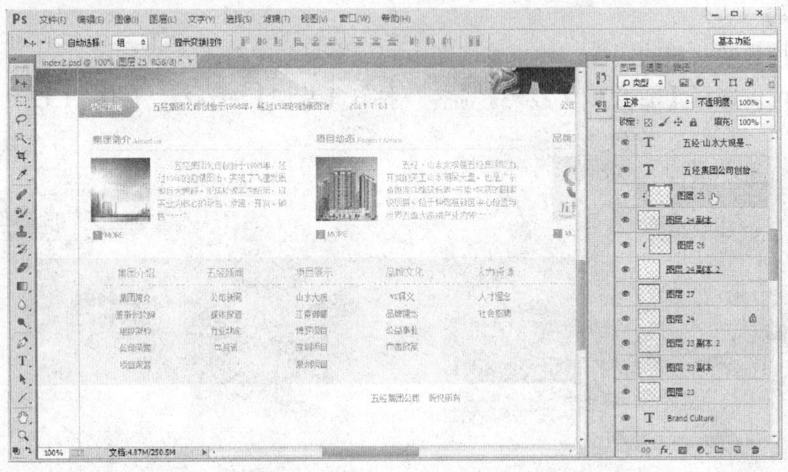

图 11.13　设置为当前作用层

第 2 步，在工具箱中选择【移动工具】，把鼠标移动到被移动图像文件上，按住鼠标左键直接拖动，即可移动该图层中的图像，如图 11.14 所示。

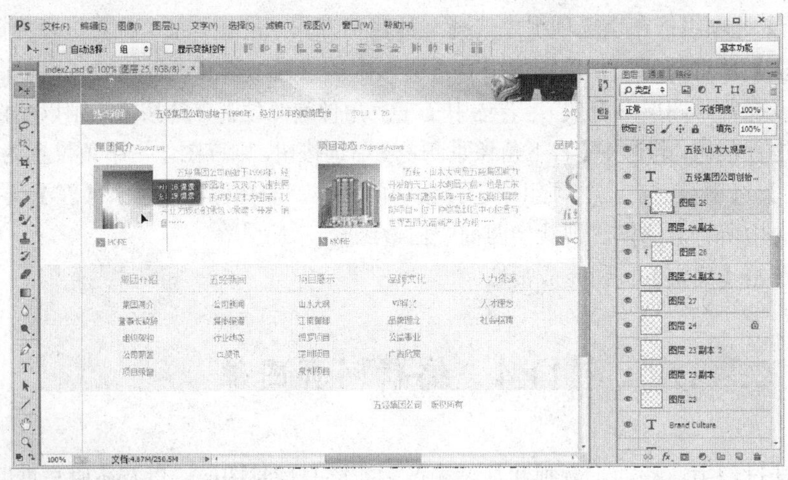

图 11.14　移动图层中的图像

提示：在移动图像时，如果当前所选取的工具是移动工具之外的工具，如选框工具，那么可以按 Ctrl 键移动图像。若按 Shift 键的同时用移动工具移动图像，则可按水平、垂直或与水平、垂直成 45°角的方向移动图像。若在按 Alt 键的同时用【移动工具】移动，则可以在移动过程中复制原图像，功能相当于先复制再粘贴。若按 Ctrl+Alt+↑（或↓、←、

→）快捷键，则可按 4 个方向以 1 个像素为单位移动并复制图像。

2. 移动选取范围中的图像

如果要移动选取范围中的图像，可按照以下步骤操作。

【操作步骤】

第 1 步，在图像中选取想要移动的图像区域，如图 11.15 所示。

第 2 步，选择【移动工具】，把鼠标指针置于该选区内，此时指针下方有一把剪刀，接着按下鼠标拖动至合适位置释放鼠标。

第 3 步，移动选取范围内的图像后，被移动后的区域将填入背景色，如图 11.16 所示。

图 11.15　把鼠标光标置于选区内

图 11.16　拖曳鼠标移动图像

11.4.2　复制和粘贴图像

复制和粘贴图像有以下几种方法，下面分别介绍。

1. 一般复制和粘贴

一般情况下，要把一个图像中的内容复制到另一个图像中，需使用【编辑】菜单中的【拷贝】和【粘贴】命令。

【操作步骤】

第 1 步，选择要复制的图像区域和图层（把它设为当前作用层），如图 11.17 所示。

第 2 步，选择【编辑】|【拷贝】命令或按 Ctrl+C 快捷键复制图像。

注意：如果用户在选取范围后选择【编辑】|【剪切】命令或按 Ctrl+X 快捷键，则将执行剪切操作。剪切是将选取范围内的图像剪切掉，并放入剪贴板中。所以，剪切区域内的图像会消失，并填入背景色。

第 3 步，打开要粘贴的图像，并选择【编辑】|【粘贴】命令或按 Ctrl+V 快捷键粘贴图像，得到如图 11.18 所示的效果。

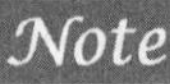

图 11.17 复制图像

图 11.18 粘贴图像

2. 合并拷贝和粘贴入

在【编辑】菜单中提供了【合并拷贝】和【粘贴入】命令。这两个命令也是用于复制和粘贴的操作，但是它们不同于【拷贝】和【粘贴】命令，其功能如下。

- ☑ 【合并拷贝】命令：该命令用于复制图像中的所有图层，即在不影响原图像的情况下，将选取范围内的所有图层都复制并放入剪贴板中。【合并拷贝】命令的对应快捷键为 Shift+Ctrl+ C。
- ☑ 【粘贴入】命令：使用该命令之前，必须先选取一个范围。当执行该命令后，粘贴的图像只显示在选取范围之内。使用该命令经常能够得到一些意想不到的效果。【粘贴入】命令的对应快捷键为 Shift+Ctrl+ V。

11.4.3 删除与恢复图像

1. 删除图像

要删除图像，必须先选取范围，指定删除的图像内容，然后选择【编辑】|【清除】命令或按 Delete 键即可，删除后的图像会填入背景色。

不管是复制操作，还是删除操作，都可以配合使用羽化功能，先对选取范围进行羽化操作，然后进行剪切、复制或清除，这样可以使两个图层之间的图像更快地融合在一起。产生朦胧渐入的效果，如果羽化值为 0，粘贴图像边界会非常整齐。

2. 恢复图像

在编辑图像的过程中，只要没有保存图像，选择【文件】|【恢复】命令或按 F12 键，都可以将图像恢复至打开时的状态。若在编辑过程中进行了图像保存，则选择【恢复】命令后，恢复图像至上一次保存的画面，并将未经保存的编辑数据丢弃。

11.4.4 还原与重做

当用户在操作过程中出现错误，或者是对执行的操作不满意时，可以使用【编辑】菜单中的【还

原】命令还原上一次所做的操作，此时，【还原】命令将变为【重做】命令，执行【重做】命令则可以重做已还原的操作。

在没有进行任何还原操作之前，【编辑】菜单中显示为【还原】命令。当执行还原命令后，该命令就变成【重做】命令。此外，还可以执行【编辑】菜单中的【向前】和【返回】命令，来还原和重做。

提示： 【向前】、【返回】命令和【还原】、【重做】命令有不同之处，【还原】和【重做】命令只能还原和重做一次操作，而【向前】和【返回】命令可以还原和重做多次操作。不管是什么图像，编辑操作都可以用【还原】和【重做】命令，如果要更快地进行还原和重做，则可以按 Ctrl+Z 快捷键。

11.4.5　使用【历史记录】面板

【历史记录】面板主要用于还原和重做的操作。使用它比使用【还原】和【重做】命令来进行还原和重做操作更为方便，更加随心所欲。

选择【窗口】|【历史记录】命令，打开【历史记录】面板，如图 11.19 所示。从图中可以看出该面板由两部分组成，上半部分显示的是快照的内容；下半部分显示的是编辑图像时的每一步操作（即历史记录状态），每一个状态都按操作的先后顺序从上至下排列。

如果想恢复图像到编辑的某一步操作，则只需在历史记录状态中单击想要恢复的某一状态即可，单击后以蓝色显示出当前的作用状态（其左侧有一个历史记录状态滑块）。同时，图像窗口中的图像也将恢复为与当前所选的作用状态相一致的显示效果。【历史记录】面板的最大优点就是用户可以有选择地恢复至某一步操作。

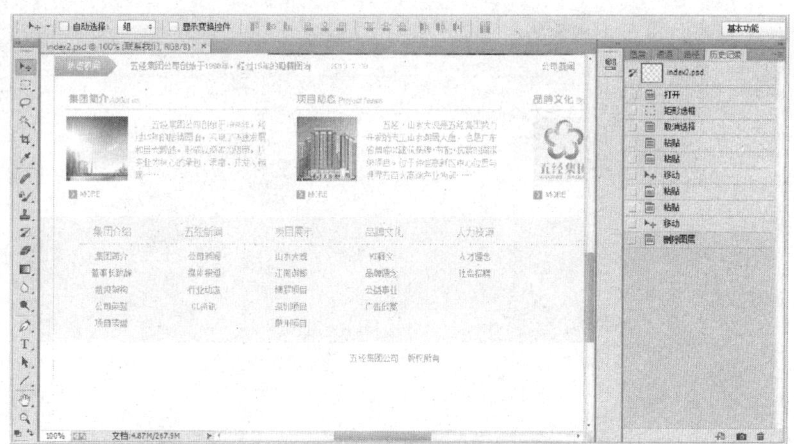

图 11.19　使用【历史记录】面板恢复某一步操作

11.5　修饰网页图像

当导入外部素材图像时，常常会出现一些瑕疵，所以经常需要对素材图像进行修饰，以达到最

佳效果。感兴趣的读者可以扫码阅读。

线上阅读

Note

11.6 选取范围

Photoshop 主要是使用选框工具、套索工具、魔棒工具等来创建选区，也可以使用色彩范围命令、通道、路径等方式创建不规则选区，以实现对图像的灵活处理。感兴趣的读者可以扫码阅读。

线上阅读

11.7 操作选区

线上阅读

当选取了一个图像区域后，可能因它的位置大小不合适需要移动和改变，也可能需要增加或删减选取范围，以及对选取范围进行旋转、自由变换等操作。感兴趣的读者可以扫码阅读。

第12章

处理网页图像

图层是 Photoshop 图像处理的基础，使用图层可以简化复杂的图像处理操作。一般而言，网页图像都需要经过多个操作步骤才能完成，特别是网页效果图，都由多个图层组成，并且需要对这些图层进行多次编辑后，才能得到理想的设计效果。

【学习重点】

- 掌握创建各种图层和图层组的方法。
- 掌握图层的各种编辑和应用技巧。
- 掌握图层的高级编辑操作，如链接、对齐、分布、合并以及混合等。

12.1 创 建 图 层

Note

视频讲解

在 Photoshop 中，图层可以分为多种类型，如普通图层、背景图层、调整图层等。不同的图层，其应用场合和实现的功能也有所差别，操作和使用方法也各不相同。下面介绍各种类型的图层的创建及应用方法。

提示，如果读者不太理解什么是图层，可以先扫码了解。

线上阅读

12.1.1 新建普通图层

在普通图层中，用户可以进行任何操作，不受限制，可以设置不透明度和混合模式等选项。建立普通图层的方法很简单：只要在【图层】面板上单击【创建新的图层】按钮，就可以新建一个空白图层，如图 12.1 所示。

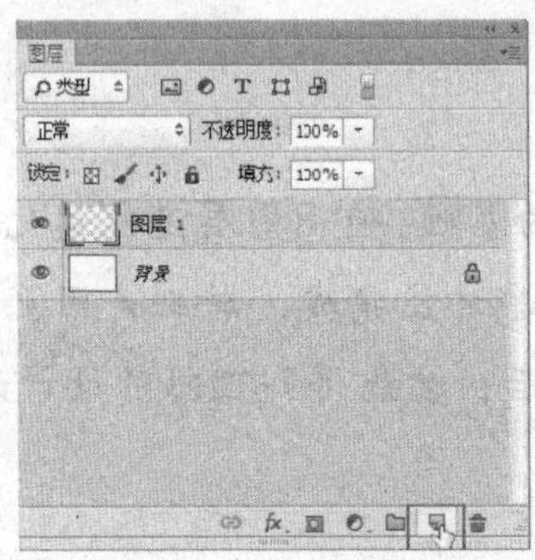

图 12.1 建立新图层

选择【图层】|【新建】|【图层】命令或者按 Shift+Ctrl+N 快捷键，也可以建立新图层，此时会弹出【新建图层】对话框，如图 12.2 所示，在该对话框中设置图层的名称、颜色和不透明度等参数，然后单击【确定】按钮即可。

> 提示：用户可以更改图层名称，方法是在【图层】面板上双击要重新命名的图层，然后直接输入新名称即可，如图 12.3 所示。

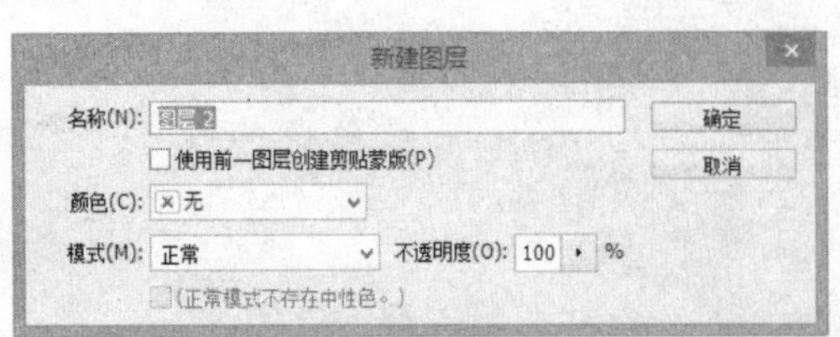

图 12.2 【新建图层】对话框

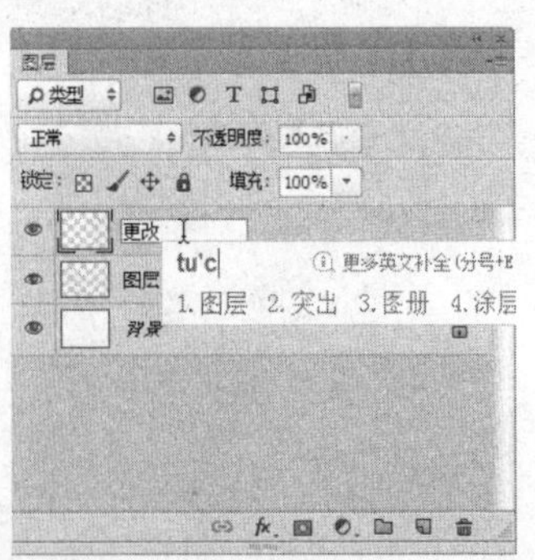

图 12.3 重命名图层

12.1.2 新建背景图层

背景图层与普通图层有很大区别，主要特点如下：

☑ 背景图层以背景色为底色，并且始终被锁定。

☑ 背景图层不能调整图层的不透明度、混合模式和填充颜色。

☑ 背景图层始终以“背景”为名，位置在【图层】面板的最底层。

☑ 用户无法移动背景图层的叠放次序，无法对背景进行锁定操作。

若要创建一个有背景色的图像，请按照如下步骤操作。

【操作步骤】

第 1 步，在工具箱中选择背景颜色，如绿色。

第 2 步，选择【文件】|【新建】命令，打开如图 12.4 所示的【新建】对话框。

第 3 步，在【背景内容】下拉列表框中选择【背景色】选项。

第 4 步，在【颜色模式】下拉列表框中选择【RGB 颜色】选项。

第 5 步，单击【确定】按钮就可以建立一个背景色为绿色的新图像，如图 12.5 所示。

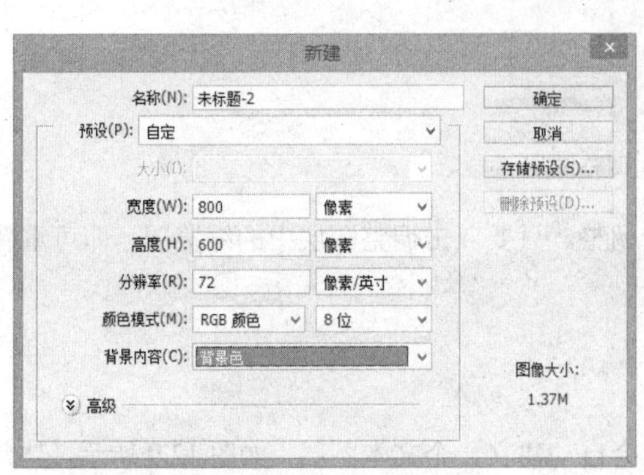

图 12.4 【新建】对话框

图 12.5 新建的背景图像

12.1.3 新建调整图层

调整图层是一种比较特殊的图层，主要用来控制色调和色彩的调整。

【操作步骤】

第 1 步，选择【图层】|【新调整图层】命令，打开一个子菜单，在其中选择一个命令，如选择【曲线】命令。

第 2 步，此时将弹出如图 12.6 所示的【新建图层】对话框，在该对话框中设置图层名称、颜色、模式和不透明度，单击【确定】按钮。

第 3 步，弹出相应的【属性】面板，如图 12.7 所示，在该面板中设置相应的参数。

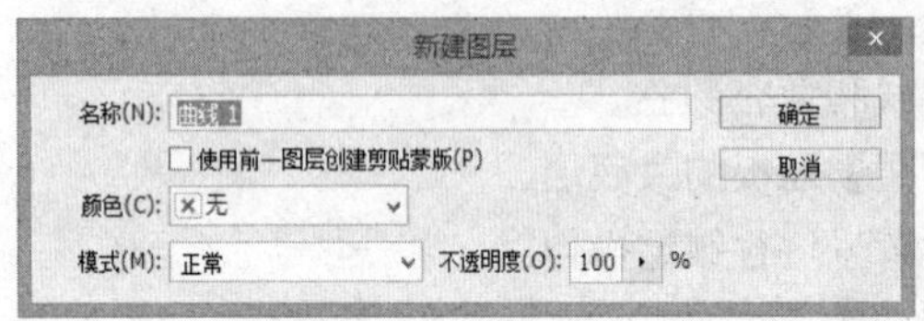

图 12.6　【新建图层】对话框

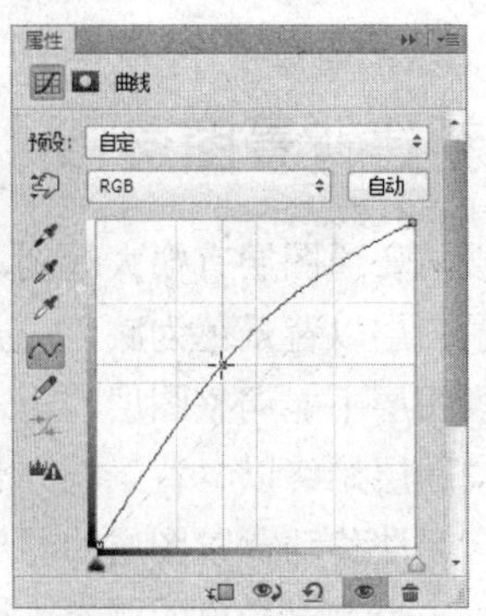

图 12.7　【属性】面板

第 4 步，新建的调整图层如图 12.8 所示，这样用户就可以对调整图层下方的图层进行色彩和色调调整，且不会影响原图像。

图 12.8　建立调整图层

第 5 步，对设置效果不满意时，可以重新进行调整。只要双击调整图层中的缩览图，即可重新打开相应的面板进行设置。

12.1.4　新建文本图层

使用文本工具在图像中输入文字后，Photoshop 会自动建立一个文本图层，如图 12.9 所示。与普通图层不同，在文本图层上不能使用 Photoshop 的许多工具来编辑和绘图，如喷枪、画笔、铅笔、直线、图章、渐变和橡皮擦等。如果要在文本图层上应用上述工具，必须将文字图层转换为普通图层，方法有两种：

图 12.9　建立一个文本图层

☑ 在【图层】面板中选中文本图层，然后选择【图层】|【栅格化】|【文字】命令。

☑ 在【图层】面板的文本图层上单击鼠标右键，在弹出的快捷菜单中选择【栅格化文字】命令。

Note

12.1.5 新建填充图层

填充图层可以在当前图层中填入一种颜色（纯色或渐变色）或图案，并结合图层蒙版的功能，从而产生一种遮盖特效。

【操作步骤】

第 1 步，打开素材图像，使用魔棒工具选择白色的背景区域，如图 12.10 所示。

图 12.10 选择选区

第 2 步，选择【图层】|【新填充图层】命令，或者在【图层】面板底部单击 ◐. 按钮，从弹出的子菜单中选择一种填充类型。

☑ 如果选择【纯色】命令，则可以在填充图层中填入一种纯色。

☑ 如果选择【渐变】命令，则可以在填充图层中填入一种渐变颜色。

☑ 如果选择【图案】命令，则可以在填充图层中填入图案。

第 3 步，选择【渐变】命令，此时会弹出【新图层】对话框，在该对话框中用户可以为填充的图层命名并设置颜色等。

第 4 步，设置完毕后单击【确定】按钮。在打开的【渐变填充】对话框中设置渐变颜色、样式和角度等选项，如图 12.11 所示，单击【确定】按钮。

第 5 步，如上操作可得到如图 12.12 所示的渐变颜色效果。右侧的方框为图层蒙版预览缩图。

> **提示：** 在【图层】面板的填充图层中，图层左侧方框为图层缩览图，中间的是链接符号 🔗，出现此符号时，表示移动填充图层中的图像内容时将同时移动图层蒙版，如果单击取消显示此符号，表示移动填充图层中的图像内容时不会同时移动图层蒙版。

Note

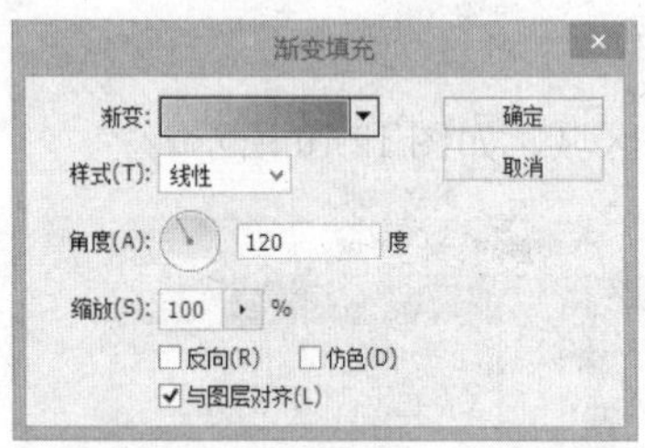

图 12.11 【渐变填充】对话框

图 12.12 填充渐变颜色后的效果

如果选择【图层】|【栅格化】|【填充内容】命令，可将填充图层转换成普通图层，但此后就失去反复修改的弹性。

12.1.6 新建形状图层

当使用【矩形工具】、【圆角矩形工具】、【椭圆工具】、【多边形工具】、【直线工具】或【自定形状工具】等形状工具在图像中绘制形状时，就会在【图层】面板中自动产生一个形状图层，如图 12.13 所示。

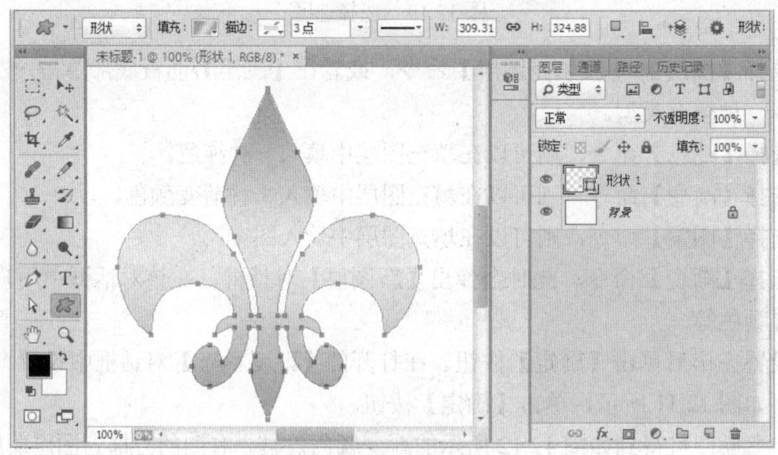

图 12.13 形状图层

形状图层与填充图层很相似，在【图层】面板中都有一个图层预览缩略图和一个链接符号，而在链接符号右侧则有一个剪辑路径预览缩略图。该缩略图中显示的是一个矢量式的剪辑路径，而不是图层蒙版，但也具有类似蒙版的功能，即在路径之内的区域显示图层预览缩略图中的颜色，而

在路径之外的区域则好像是被蒙版遮盖住一样，不显示填充颜色，而显示为透明。

提示：形状图层具有可以反复修改和编辑的弹性。在【图层】面板中单击选中剪辑路径预览缩图，Photoshop 就会在【路径】面板中自动选中当前路径，随后用户即可开始利用各种路径编辑工具进行编辑。与此同时，用户也可以更改形状图层中的填充颜色，只要双击图层预览缩图，就可以打开对话框重新设置填充颜色。

Note

注意：形状图层不能直接应用众多的 Photoshop 功能，如色调和色彩调整以及滤镜功能等，所以必须先转换成普通图层。方法是：选中要转换成普通图层的形状图层，然后选择【图层】|【栅格化】|【形状】命令即可。如果选择【图层】|【栅格化】|【矢量蒙版】命令，则可将形状图层中的剪辑路径变成一个图层蒙版，从而使形状图层变成填充图层。

12.2 使用图层组

视频讲解

为了便于管理图层，Photoshop 提供了图层组功能，使用图层组可以创建文件夹用来放置图层内容。

12.2.1 创建图层组

新建图层组的方法有以下几种：

☑ 单击【图层】面板右上角的三角形，在弹出的菜单中选择【新建组】命令。

☑ 在【图层】面板中单击【创建新组】按钮 ，可新建一个空白图层组。

☑ 选择【图层】|【新建】|【从图层建立组】命令，可新建一个空白图层组。

☑ 如果用户已把多个图层设为链接的图层，则可以将链接的图层编为一组，方法是选择【图层】|【新建】|【从图层建立组】命令。

提示：如果要更改图层组名称，可以在【图层】面板中双击图层组名称激活该图层组，然后输入新名称即可。

12.2.2 将图层添加到图层组中

建立图层组后，用户可以直接在图层组中新建图层，方法是选中图层组，然后单击【图层】面板中的【创建新图层】按钮 。

用户也可以将已有的图层编入图层组，操作方法是：将鼠标指针移到要进行编组的图层上按下鼠标不放，然后拖到图层组图标 上即可，如图 12.14 所示。

12.2.3 复制图层组

复制图层组有以下两种方法：

Note

☑ 在【图层】面板上选定要复制的图层组，拖曳到【创建新图层】按钮上松开即可，如图 12.15 所示，在弹出的【复制组】对话框中设置新复制的图层组的名称，然后单击【确定】按钮即可。

☑ 单击【图层】面板右上角的三角形，在弹出的快捷菜单中选择【复制图层组】命令，也可以复制图层组。

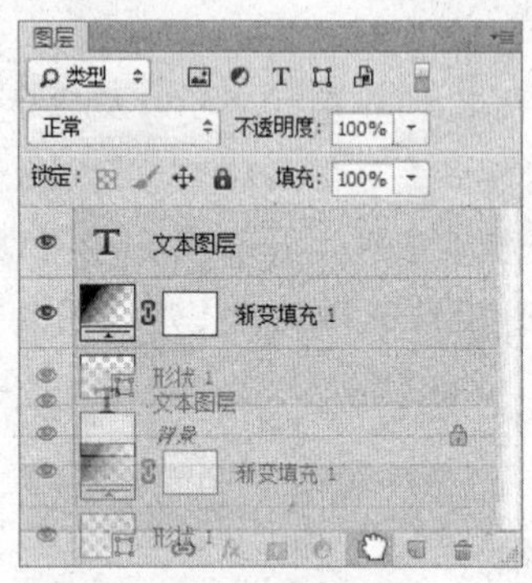

图 12.14　将已有的图层编组

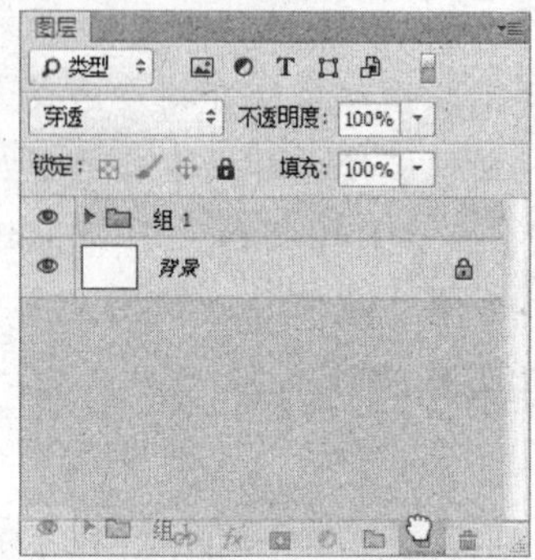

图 12.15　复制图层组

12.2.4　删除图层组

删除图层组的方法与删除图层的方法类似，具体方法如下：

☑ 在【图层】面板上，用鼠标直接把想要删除的图层组拖到【图层】面板下方的按钮上。

☑ 选定想要删除的图层组，单击【图层】面板下方的按钮，在弹出的警告框中单击【组和内容】按钮，确定对图层组的删除。

☑ 选定想要删除的图层组，选择【图层】|【删除】|【图层组】命令。

☑ 选定想要删除的图层组，在【图层】面板菜单中选择【删除图层组】命令。

视频讲解

12.3　操作图层

了解了图层的功能以及创建方法，下面重点介绍图层的基本编辑操作。

12.3.1　移动图层

要移动图层中图像的位置，可按如下步骤进行操作。

【操作步骤】

第 1 步，首先在【图层】面板中将要移动的图像的图层设置为当前作用层，也就是选中该层，如图 12.16 所示。

第 2 步，在工具箱中选择【移动工具】，将鼠标指针指向图像文件，然后直接拖动，即可移动图层中的图像，如图 12.17 所示。

Note

图 12.16　选中要移动图像的图层

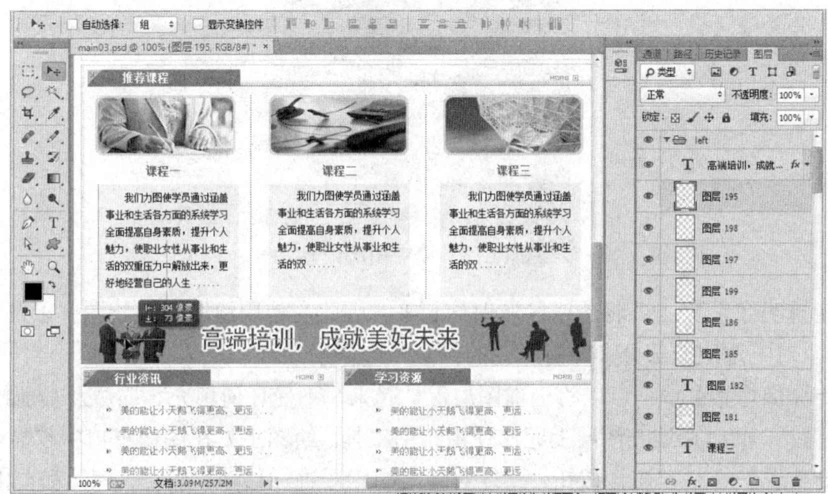

图 12.17　移动图层中的图像

提示： 移动图层中的图像时，如果是要移动整个图层内容，则不需要先选取范围再进行移动，而只要先将要移动的图层设为作用图层，然后用【移动工具】或按住 Ctrl 键拖动就可以移动图像；如果要移动图层中的某一块区域，则必须先选取范围后，再使用移动工具进行移动。

12.3.2　复制图层

复制图层是较为常用的操作，用户可以在同一图像中复制任何图层（包括背景）或任何图层组，还可以将任何图层或图层组复制到另一幅图像中。

当在同一图像中复制图层时，可以用下面介绍的方法完成复制操作。

☑　用鼠标拖放复制：在【图层】面板中选中要复制的图层，然后将图层拖动至【创建新的图层】按钮上。

☑ 使用命令复制：先选中要复制的图层，然后选择【图层】菜单或【图层】面板菜单中的【复制图层】命令，再按提示操作即可。

Note

复制图层后，新复制的图层出现在原图层的上方，并且其文件名以原图层名为基底并加上“副本”两字。

Photoshop 在【图层】|【新建】子菜单中提供了【通过拷贝的图层】和【通过剪切的图层】命令。使用【通过拷贝的图层】命令，可以将选取范围中的图像复制后，粘贴到新建立的图层中；而使用【通过剪切的图层】命令，则可将选取范围中的图像剪切后粘贴到新建立的图层中。

12.3.3 锁定图层

Photoshop 提供了锁定图层的功能，可以锁定某一个图层和图层组，使它在编辑图像时不受影响，从而可以给编辑图像带来方便。锁定功能主要通过【图层】面板【锁定】选项组中的 4 个选项来控制，如图 12.18 所示。它们的功能如下。

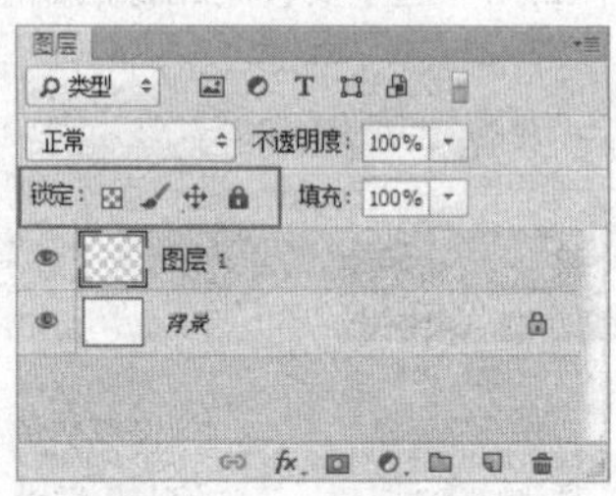

图 12.18 锁定图层内容

☑ 【锁定透明像素】：将透明区域保护起来。因此在使用绘图工具绘图（以及填充和描边）时，只对不透明的部分（即有颜色的像素）起作用。

☑ 【锁定图像像素】：可以将当前图层保护起来，不受任何填充、描边及其他绘图操作的影响。因此，此时在这一图层上无法使用绘图工具，绘图工具在图像窗口中将显示为⊘图标。

☑ 【锁定位置】：单击该按钮，不能对锁定的图层进行移动、旋转、翻转和自由变换等编辑操作。但可以对当前图层进行填充、描边和其他绘图的操作。

☑ 【锁定全部】：将完全锁定这一图层，此时任何绘图操作、编辑操作（包括删除图像、图层混合模式、不透明度、滤镜功能及色彩和色调调整等功能）都不能在这一图层上使用，而只能在【图层】面板中调整这一层的叠放次序。

提示：锁定图层后，在当前图层右侧会出现一个锁定图层的图标。

12.3.4 删除图层

为了缩小图像文件的大小，可以将不用的图层或图层组删除。有以下几种方法：

☑ 选中要删除的图层，单击【图层】面板上的【删除图层】按钮。

☑ 选中要删除的图层，选择【图层】面板菜单中的【删除图层】命令。

☑ 直接用鼠标拖动图层到【删除图层】按钮上。

☑ 如果所选图层是隐藏的，则可以选择【图层】|【删除】|【隐藏图层】命令来删除。

12.3.5　旋转和翻转图层

如果用户要对整个图像进行旋转和翻转，可进行如下操作。

【操作步骤】

第 1 步，打开图像后，选择【图像】|【图像旋转】命令，打开子菜单。

第 2 步，执行该子菜单中的命令就可以进行旋转和翻转。这些命令的功能如下。

☑ 任意角度：执行该命令可打开【旋转画布】对话框，用户可以自由设置图像旋转的角度和方向。角度在【角度】文本框中设置，方向则由【度（顺时针）】和【度（逆时针）】单选按钮决定。

☑ 180 度：执行该命令可将整个图像旋转 180°。

☑ 90 度（顺时针）：执行该命令可将整个图像顺时针旋转 90°。

☑ 90 度（逆时针）：执行该命令可将整个图像逆时针旋转 90°。

☑ 水平翻转画布：执行该命令可将整个图像水平翻转。

☑ 垂直翻转画布：执行该命令可将整个图像垂直翻转。

注意：在对整个图像进行旋转和翻转时，用户不需要事先选取范围，即使在图像中选取了范围，旋转或翻转的操作仍对整个图像起作用。

要对局部的图像进行旋转和翻转，首先应选取一个范围或选中一个图层，然后选择【编辑】|【变换】子菜单中的旋转和翻转命令。

旋转和翻转局部图像时只对当前作用图层有效。若对单个图层（除背景图层以外）进行旋转与翻转，只需将该图层设为作用图层，就可执行【编辑】|【变换】子菜单中的命令。

12.3.6　调整图层层叠顺序

Photoshop 中的图层是按层叠的方式排列的，一般来说，最底层是背景图层，然后从下到上排列图层，排列在上面的图层将遮盖住下方的图层。

用户可以通过更改图层在列表中的次序，来更改它们在图像中的层叠顺序。调整图层次序有两种方法。

1. 使用鼠标拖动

【操作步骤】

第 1 步，打开一个有多个图层的图像，如图 12.19 所示。

第 2 步，在【图层】面板中选中要调整次序的图层和图层组，拖动图层名称在【图层】面板上下移动。

第 3 步，当拖动至所需的位置时，松开鼠标即可，如图 12.19 所示。

第 4 步，当完成图层次序调整后，图像中的显示效果也将发生改变。

Note

图 12.19　更改图层的叠放次序

2. 使用【图层】|【排列】命令

选择【图层】|【排列】命令打开子菜单，在其中有 4 个命令可以更改图层的叠放次序，具体如下。

☑　置为顶层：选择该命令可将选择的图层放置在所有图层的最上面，按 Shift＋Ctrl＋]快捷键可快速执行该命令。

☑　前移一层：选择该命令可将选择的图层在叠放次序中上移一层，按 Ctrl＋]快捷键可快速执行该命令。

☑　后移一层：选择该命令可将选择的图层在叠放次序中下移一层，按 Ctrl＋[快捷键可快速执行该命令。

☑　置为底层：该命令可将选择的图层放置于图像的最底层，但背景除外，按 Shift＋Ctrl＋[快捷键可快速执行该命令。

视频讲解

12.4　操作多图层

在 Photoshop 中，有时需要把多个图层作为一个整体操作，如进行移动操作，这时就可以先将要移动的图层设为链接的图层，这样就可以很方便地进行移动、合并或设置图层样式等操作。

12.4.1　选择多图层

选中多个图层的方法如下。

☑　选择多个连续的图层：按住 Shift 键，同时单击首尾两个图层。

☑　选择多个不连续的图层：按住 Ctrl 键，同时单击这些图层。

☑　选择所有图层：选择【选择】|【所有图层】命令，或者按 Ctrl+Alt+A 快捷键。

☑　选择所有相似图层：例如，有多个文本图层时，先选中一个文本图层，然后选择【选择】|【相似图层】命令，就会选中所有的文本图层。

> 提示：按住 Ctrl 键单击时，不要单击图层的缩略图，而要单击图层的名称，否则就会载入图层中的选区，而不是选中该图层。

12.4.2　链接多图层

1. 建立图层链接

【操作步骤】

第 1 步，在【图层】面板中选中多个图层，作为当前作用图层。

第 2 步，单击【图层】面板底部的【链接图层】按钮 ，就可以将选中的图层链接起来。

第 3 步，这时，每个选中图层右侧就会显示一个链接图标 ，表示选中图层已建立链接关系，如图 12.20 所示。

第 4 步，当图层建立链接后，就可以选择工具箱中的【移动工具】，在图像窗口中同时移动这些图层。

第 5 步，如果要取消链接图层的链接，则只需再次单击【链接图层】按钮 即可。

2. 建立图层组链接

用户也可以对图层组建立链接，如图 12.21 所示，先选中多个图层组，然后单击【图层】面板底部的【链接图层】按钮 ，就可以将选中的图层组链接起来。当图层组建立链接后，当前图层组下方的图层都将被设置为链接的图层。

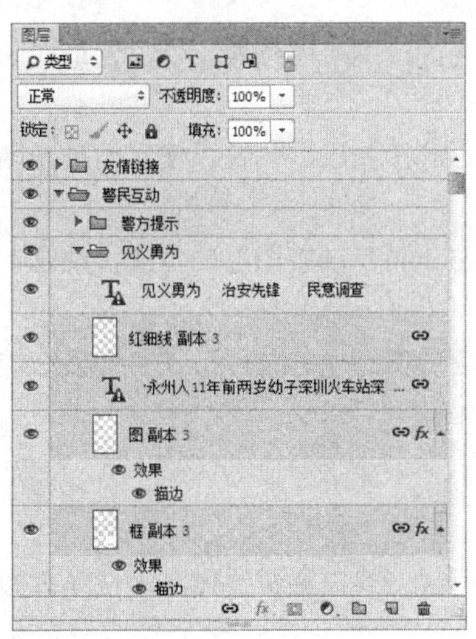

图 12.20　建立图层链接

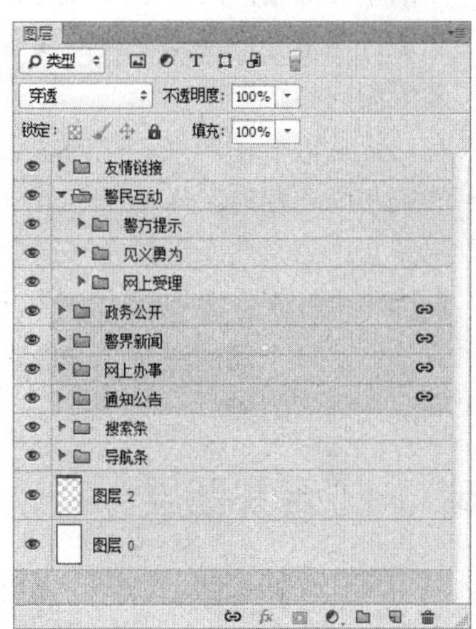

图 12.21　建立图层组链接

12.4.3　对齐图层

当选择多个图层后，选择【图层】|【对齐】命令，在其下拉菜单中选择相关命令。

☑　顶边：将所有链接图层最顶端的像素与作用图层最上边的像素对齐。

☑　垂直居中：将所有链接图层垂直方向的中心像素与作用图层垂直方向的中心像素对齐。

☑ 底边：将所有链接图层的最底端像素与作用图层的最底端像素对齐。

☑ 左边：将所有链接图层最左端的像素与作用图层最左端的像素对齐。

☑ 水平居中：将所有链接图层水平方向的中心像素与作用图层水平方向的中心像素对齐。

☑ 右边：将所有链接图层最右端的像素与作用图层最右端的像素对齐。

提示：在对齐图层时，如果图像中有选取范围，则此时的【图层】|【对齐】命令会变为【将图层与选区对齐】命令，此时的对齐将以选区为对齐中心，例如，选择【顶边】命令，表示与选取范围的顶边对齐。

12.4.4 分布图层

有时为了版面设置的需要，可以在 Photoshop 中分布 3 个或更多的图层。

【操作步骤】

第 1 步，选中 2 个或 2 个以上的图层。

第 2 步，选择【图层】|【分布】命令，打开分布子菜单。

第 3 步，执行子菜单中的各个命令就可以分布多个链接的图层。

☑ 顶边：从每个图层最顶端的像素开始，均匀分布各链接图层的位置，使它们最顶边的像素间隔相同的距离。

☑ 垂直居中：从每个图层垂直居中的像素开始，均匀分布各链接图层的位置，使它们垂直方向的中心像素间隔相同的距离。

☑ 底边：从每个图层最底端的像素开始，均匀分布各链接图层的位置，使它们最底端的像素间隔相同的距离。

☑ 左边：从每个图层最左端的像素开始，均匀分布各链接图层的位置，使它们最左端的像素间隔相同的距离。

☑ 水平居中：从每个图层水平居中的像素开始，均匀分布各链接图层的位置，使它们水平方向的中心像素间隔相同的距离。

☑ 右边：从每个图层最右端的像素开始，均匀分布各链接图层的位置，使它们最右端的像素间隔相同的距离。

12.4.5 向下合并图层

为了减少文件存储空间，加快计算机运行速度，有必要将一些已编辑完成又没必要再独立存在的图层进行合并。

图层合并有很多种方式，如果只是对相邻的两个图层进行合并，可以执行如下操作。

【操作步骤】

第 1 步，在【图层】面板中选中上方的图层。

第 2 步，在【图层】面板菜单中选择【向下合并】命令或按 Ctrl＋E 快捷键。也可以选择【图层】菜单中的【向下合并】命令进行向下合并。

第 3 步，如上操作就可将当前作用图层与下一个图层合并，其他图层则保持不变，合并后图层

名称将以下方的图层名称来命名。

> 注意：用这种方式合并图层时，一定要将当前作用图层的下一个图层设为显示状态，如果是隐藏状态，则不能进行合并。

12.4.6　合并图层和图层组

在进行图层合并操作时，如果遇到要合并不相邻的图层时，可以先将想要合并的图层选中，然后再进行合并。

【操作步骤】

第 1 步，选定这些图层中的任一个图层作为当前作用层（合并以后的图层以这个作用图层来命名）。

第 2 步，在【图层】面板菜单中选择【合并图层】命令。

> 提示：如果用户在【图层】面板中选中了图层组，那么【图层】菜单和【图层】面板菜单中的【向下合并】命令将变为【合并图层组】命令，选择该命令可以将当前所选图层组合并为一个图层，合并后的图层名称以图层组名称来命名。

12.4.7　合并可见图层和图层组

合并可见的图层可将图像中所有正在显示的图层合并，而隐藏的图层则不会被合并。

在【图层】面板菜单中选择【合并可见图层】命令，或在【图层】菜单中选择【合并可见图层】命令，可以将所有当前显示的图层合并，而隐藏的图层则不会被合并，并仍然保留。

12.4.8　拼合图层

如果用户要对整个图像进行合并，可以在【图层】面板菜单中选择【拼合图层】命令，即可将所有的图层合并，使用此方法合并图层时系统会从图像文件中删去所有的隐藏图层，并显示警告消息框，单击【确定】按钮就可完成合并。

> 提示：一般在未完成图像编辑时不要拼合图层，以免造成以后修改和调整的不便，即使要进行拼合，也应事先做一个备份再进行拼合。

12.4.9　图层混合

通过图层混合，可以产生许多奇特的效果。在 Photoshop 中，不但可以在图层混合时设置不透明度和模式，还可以设置图层内部不透明度，【图层】面板中的【填充】列表框就是用来设置图层内部不透明度的。

一般情况下，进行图层混合使用最多的是【图层】面板中的【模式】、【不透明度】和【填充】这几个选项的功能，如图 12.22 所示。

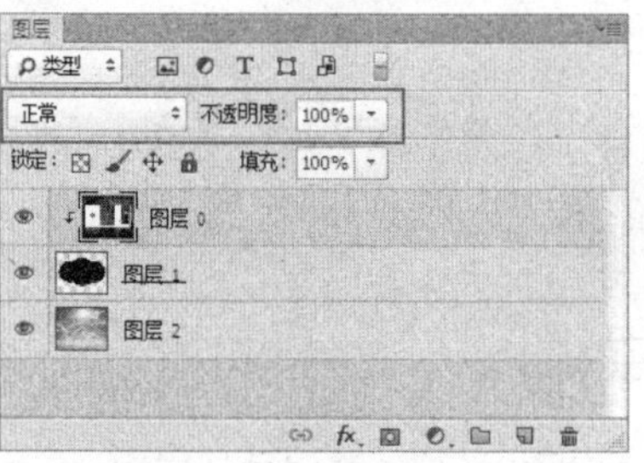

图 12.22　一般图层混合方式

通过这几项功能可以完成图像合成效果，在使用这几个选项的功能时，需要先选中图层，然后，在【图层】面板中设置各项参数就可以达到图像混合的效果。

12.5　案例实战：使用图层蒙版

图层蒙版相当于在当前图层上面覆盖一层玻璃片，这种玻璃片有透明的、半透明的、完全不透明的。然后用各种绘图工具在蒙版上（即玻璃片上）涂色（只能涂黑白灰色），涂黑色的地方蒙版变为透明的，看不见当前图层的图像。涂白色则使涂色部分变为不透明可看到当前图层上的图像，涂灰色使蒙版变为半透明，透明的程度由涂色的灰度深浅决定。

【操作步骤】

第 1 步，打开一个图像文件，如图 12.23 所示，使用魔棒工具选择黑色的背景。

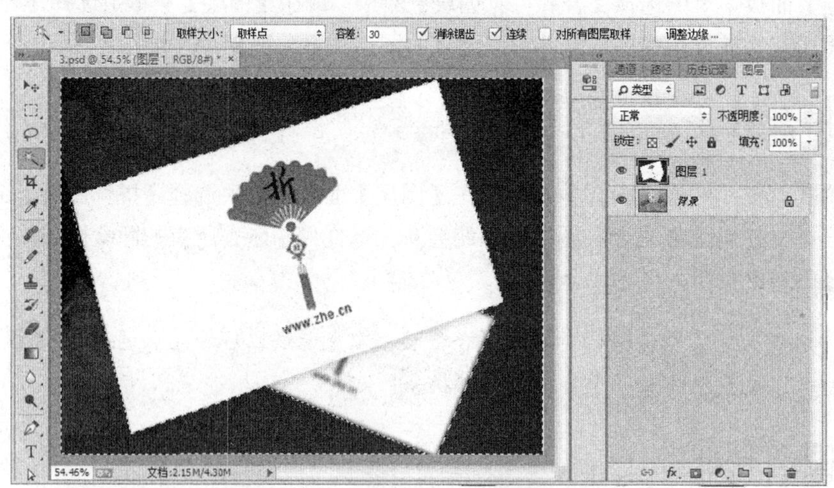

图 12.23　选取图层 1 中的背景区域

第 2 步，选择【选择】|【反向】命令，反向选择选区。

第 3 步，在【图层】面板上单击【添加图层蒙版】按钮 或者选择【图层】|【图层蒙版】|【显示选择】命令。

第 4 步，此时，将出现一个如图 12.24 所示的效果。

Note

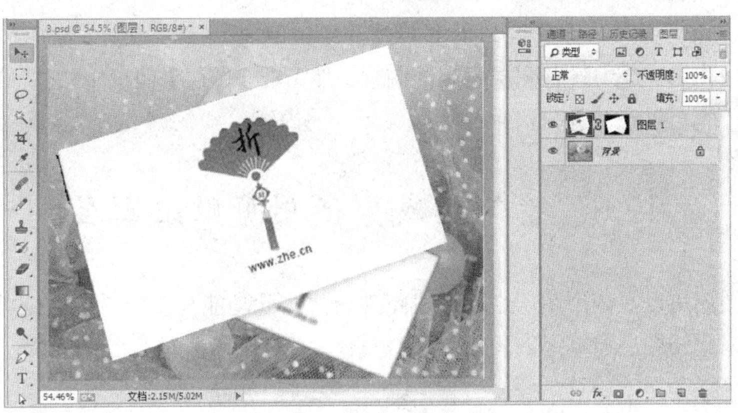

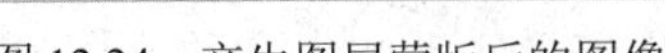
图 12.24　产生图层蒙版后的图像

从图中可以看出，选取范围之外的区域已被遮盖，而在【图层】面板的当前图层缩览图右侧，则出现一个图层蒙版缩览图，其中黑色区域将遮盖住当前图层中的图像，白色的区域则透出原图层中的图像内容。

提示：图层蒙版的作用是将选取范围之外的区域隐藏遮盖起来，仅显示蒙版轮廓的范围。在图层缩览图和图层蒙版缩览图中间有一个链接符号 ，该符号用于链接图层中图像和图层蒙版。当有此符号出现时，可以同时移动图层中图像与图层蒙版；若无此符号，则只能移动其中之一。单击此链接符号，可以显示/隐藏此链接符号 。

【拓展】

单击【图层蒙版缩览图】可以选中图层蒙版，表示用户对图层蒙版进行编辑操作，所有操作将只对图层蒙版起作用，而不会影响图像内容；如果单击【图层缩览图】则可以选中图层内容，表示用户可以对当前图层中的图像进行编辑操作，而不会影响图层蒙版内容。可以对图层蒙版进行以下操作。

1. 删除图层蒙版

当用户不需要图层蒙版时，可以将它删除。

【操作步骤】

第 1 步，选中要删除图层蒙版的图层。

第 2 步，选择【图层】|【图层蒙版】|【删除】命令。

提示：将鼠标指针移到图层蒙版缩览图上，按住鼠标左键并拖动至【图层】面板的【删除图层按钮】 上也可删除图层蒙版，但使用此方法删除时会提示一个对话框，单击【不应用】按钮即可删除。

2. 显示和隐藏蒙版

用户可以将图层蒙版关闭或隐藏图像内容。

☑　关闭蒙版。选中建有图层蒙版的图层，再选择【图层】|【图层蒙版】|【禁用】命令，或按住 Shift 键单击图层蒙版缩览图即可。这样图层蒙版将被关闭，而只显示图像内容。关闭蒙版时，在蒙版缩览图上将显示红色的×号。要显示蒙版时，可重新按住 Shift 键单击图层蒙

版的图层缩览图。

☑ 关闭图像内容。选中建有图层蒙版的图层，然后在【图层】面板中按住 Alt 键单击图层蒙版缩览图，就可以在图像窗口只显示图层蒙版的内容。

Note

视频讲解

12.6 案例实战：使用剪贴组图层

使用剪贴组图层可以在两个图层之间合成特殊效果，此功能与 12.5 节介绍的蒙版功能类似。下面通过一个案例来介绍图层剪贴组的使用过程。

【操作步骤】

第 1 步，建立两个图层，图层的效果分别如图 12.25 和图 12.26 所示。

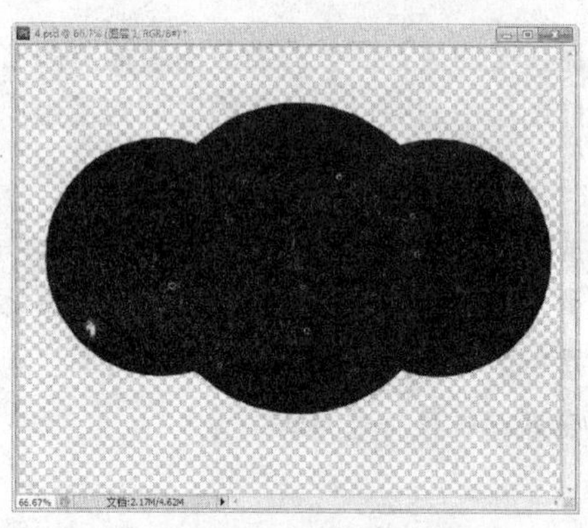

图 12.25 图层 1 中的图像效果

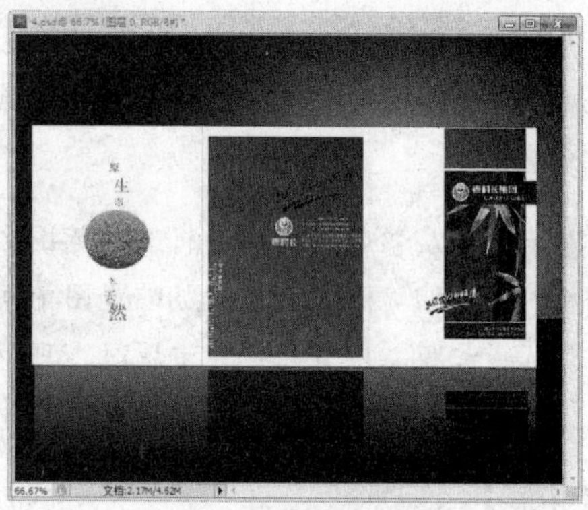

图 12.26 图层 0 中的图像效果

第 2 步，选中其中一个图层，接着移动鼠标指针至两个图层中间的交界线上，并按 Alt 键，此时光标显示为 ，单击鼠标就可以将两个图层建立剪贴组。用户也可以在选中图层后，选择【图层】|【与前一图层编组】命令来建立剪贴组。

第 3 步，执行上面操作就可以建立剪贴组，图 12.27 所示是建立剪贴组图层后的图像效果，可以看到，在【图层】面板中被编组的图层上有一个向下箭头 ，此箭头表示这是一个剪贴编组的图层。建立剪贴组后，底层的透明部分的内容将遮盖住上一图层中的内容，而只显示出底层不透明部分的内容。

图 12.27 建立剪贴组图层后的效果

提示：如果要取消剪贴组图层，只要按住 Alt 键，在剪贴组图层的两个图层之间单击，或者选中要取消剪贴组图层的图层，选择【图层】|【释放裁切蒙版】命令。

Note

12.7　添加图层特效

使用图层样式，可以设计很多特效，且图层样式可反复修改。图层样式主要通过【图层样式】对话框来选择和控制。有 3 种方式可以显示图层样式调板：一种是执行【图层】|【图层样式】子菜单下的各种样式命令；其二是单击图层调板下方的样式按钮 ，从弹出的菜单中选择相应命令；另一种是双击图层面板中普通图层的图层缩览图。

视频讲解

12.7.1　案例实战：制作阴影效果

Photoshop 提供了两种阴影效果：投影和内投影。使用投影可在当前图层下面添加一个类似当前图层的新层，然后可以设置新层的模式、透明度和角度等各种参数，从而达到所需的效果；使用内投影时，将在图层内图像的边缘增加投影，可使图像产生立体感和凹陷感。

【操作步骤】

第 1 步，在【图层】面板中选中要设置图层样式的图层。

第 2 步，选择【图层】|【图层样式】子菜单中的【投影】或【内阴影】命令。

第 3 步，打开【图层样式】对话框，如图 12.28 所示。

第 4 步，在对话框左侧的【样式】列表框中选中【投影】或【内阴影】复选框，此时对话框如图 12.28 所示。

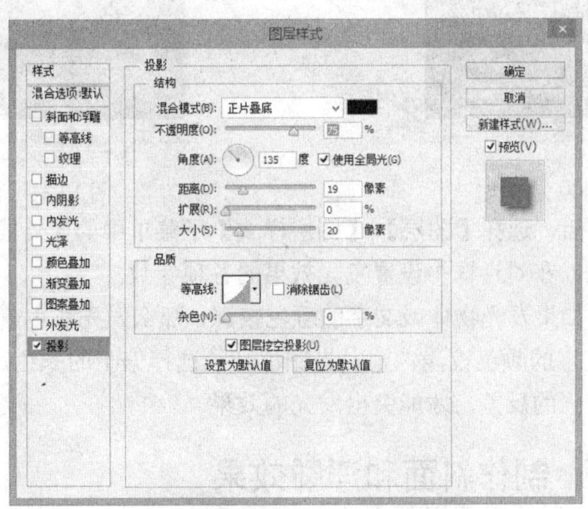

图 12.28　【图层样式】对话框

第 5 步，设置上述各选项后，单击【确定】按钮就可以产生投影或内阴影的效果，如图 12.29 所示。一旦建立图层样式后，在图层后将出现一个 图标。

Note

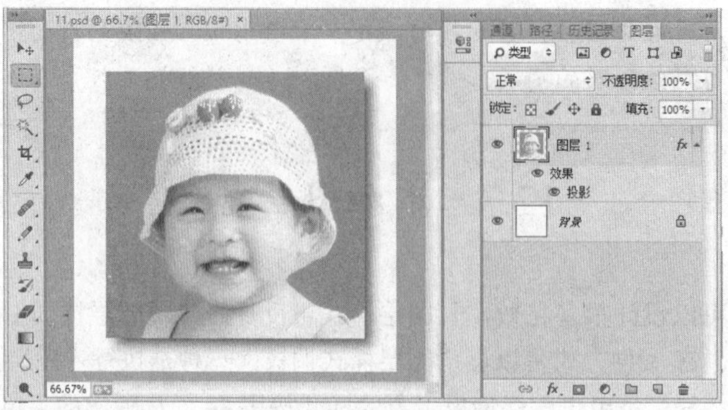

图 12.29　设置投影效果

提示：在打开【图层样式】对话框时，如果按住 Alt 键，则【取消】按钮变为【复位】按钮，单击该按钮可以将对话框中的参数恢复至刚打开对话框时的设置。

视频讲解

12.7.2　案例实战：制作发光效果

发光效果在直觉上比阴影效果更具有计算机色彩，而其制作方法也很简单，图 12.30 与图 12.31 所示为使用【外发光】和【内发光】命令后的效果。

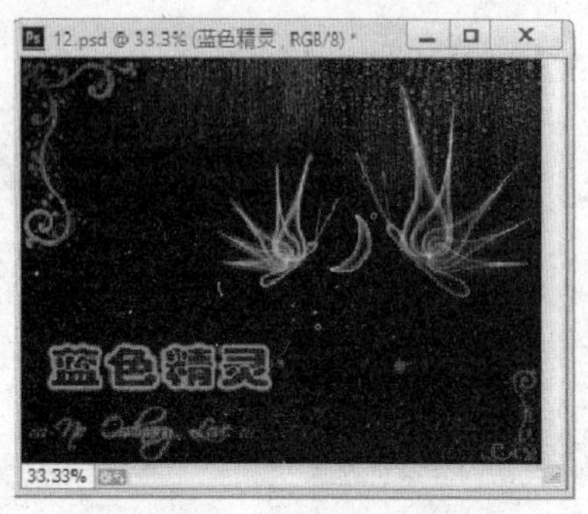

图 12.30　外发光效果

图 12.31　内发光效果

操作方法：选中图层后，选择【图层】|【图层样式】子菜单中的【外发光】和【内发光】命令，打开【图层样式】对话框，在对话框中设置发光效果的各项参数。

在制作发光效果时，如果发光物体或文字的颜色较深，那么发光颜色就应选择较为明亮的颜色。反之，如果发光物体或文字的颜色较浅，则发光颜色必须选择偏暗的颜色。总之，发光物体的颜色与发光颜色需要有一个较强的反差，才能突出发光的效果。

视频讲解

12.7.3　案例实战：制作斜面和浮雕效果

斜面和浮雕效果容易制作出立体感的文字和图像。在制作网页图像时，这两种效果的应用是非常普遍的。

【操作步骤】

第 1 步，选择要应用图层样式的图层。

第 2 步，选择【图层】|【图层样式】|【斜面和浮雕】命令，打开【图层样式】对话框，如图 12.32 所示。

第 3 步，在【图层样式】对话框左侧选中【斜面和浮雕】复选框，接着在右侧的【结构】选项组的【样式】下拉列表中选择一种图层效果。

☑ 外斜面：可以在图层内容外部边缘产生一种斜面的光线照明效果。此效果类似于投影效果，只不过在图像两侧都有光线照明效果而已。

☑ 内斜面：可以在图层内容的内部边缘产生一种斜面的光线照明效果。此效果与内投影效果非常相似。

☑ 浮雕效果：创建图层内容相对它下面的图层凸出的效果。

☑ 枕状浮雕：创建图层内容的边缘陷进下面图层的效果。

☑ 描边浮雕：创建边缘浮雕效果。

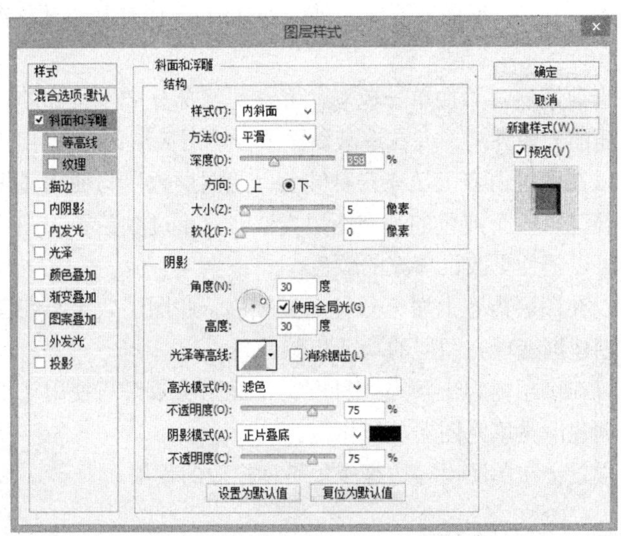

图 12.32　斜面和浮雕参数设置

第 4 步，在【方法】下拉列表中选择一种斜面表现方式。

☑ 平滑：斜面比较平滑。

☑ 雕刻清晰：产生一个较生硬的平面效果。

☑ 雕刻柔和：产生一个柔和的平面效果。

第 5 步，设置斜面的【深度】、【大小】、【软化】，以及斜面的亮部是在图层【上】还是【下】，默认设置为【上】。

第 6 步，在【阴影】选项组中设置阴影的【角度】、【高度】、【光泽等高线】、【高光模式】及【不透明度】、【阴影模式】及【不透明度】。

第 7 步，设置完毕，单击【确定】按钮就可以制作出斜面和浮雕效果，如图 12.33 所示。

还可以给斜面和浮雕的效果添加底纹图案和轮廓，以产生更多的效果变化。只要在对话框左侧选中【等高线】和【纹理】复选框，再在其右侧设置相关选项即可。

Note

图 12.33　斜面和浮雕效果

除了上面介绍的阴影、发光、斜面和浮雕之外，Photoshop 还有其他几种图层效果。它们的功能如下。

☑ 光泽：用于在当前图层上添加单一色彩，并在边缘部分产生柔和的“绸缎”光泽效果，创建类似金属表面的光泽外观，并在遮蔽斜面或浮雕后应用。

☑ 颜色叠加：可以在图层内容上填充一种纯色。此图层效果与使用【填充】命令填充前景色的功能相同，与建立一个纯色的填充图层类似，只不过颜色叠加图层效果比上述两种方法更方便，因为可以随便更改已填充的颜色。

☑ 渐变叠加：可以在图层内容上填充一种渐变颜色。此图层效果与在图层中填充渐变颜色的功能相同，与创建渐变填充图层的功能相似。

☑ 图案叠加：可以在图层内容上填充一种图案。此图层效果与使用【填充】命令填充图案的功能相同，与创建图案填充图层功能相似。

☑ 描边：此图层样式会在图层内容边缘产生一种描边的效果。

视频讲解

12.7.4　案例实战：应用样式

Photoshop 提供了很多设计好的图层特效，这些特效被放置在【样式】面板中。同时，通过【样式】面板，用户可制作出特殊效果，也可以直接应用和保存已经设置好的图层样式，管理图层样式，以及创建新的图层样式。

选择【窗口】|【样式】命令可显示【样式】面板，如图 12.34 所示。使用【样式】面板可以方便地应用、新建和保存图层样式。

图 12.34　【样式】面板

【操作步骤】

第 1 步，打开一幅图像，然后在图像中输入文字。

第 2 步，确保选中要应用样式的图层。

第 3 步，移动鼠标指针至【样式】面板中，单击要应用的样式，例如，这里单击“雕刻天空”样式，即可看到应用的图层特效，效果如图 12.35 所示。

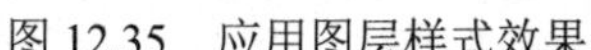

图 12.35　应用图层样式效果

提示：在【样式】面板中按住样式预览缩略图，然后拖动至【图层】面板的指定图层上或图像窗口中，也可应用样式到图层中。将某一个新样式应用到一个已应用了样式的图层中时，新样式中的效果将替代原有样式中的效果。而如果按 Shift 键将新样式拖动至已应用了样式的图层中，则可将新样式中的效果加到图层中，并保留原有样式的效果。

12.8　案例实战

本节将通过图层功能设计多个案例，以实战方式练习图层操作。

12.8.1　制作图案文字

视频讲解

本例将结合 Photoshop 的文本图层、填充、图案和锁定的功能来制作一个图案文字。

【操作步骤】

第 1 步，打开一个用作图案的图像（用户可以自定义一个图像），如果图案图像太大，则选择【图像】|【图像大小】命令，缩小图像，如图 12.36 所示，然后选择【编辑】|【定义图案】命令，打开对话框设置图案名称，单击【确定】按钮定义一个图案。

第 2 步，打开包含“龙”字的图像，使用魔棒工具抠出“龙”字，然后使用白色填充背景图层，效果如图 12.37 所示。也可以使用文字工具直接输入“龙”字。

第 3 步，选择“图层 1”图层，在【图层】面板中单击【锁定透明像素】按钮。如果是直接输入的文字，则在选中文本图层后选择【图层】|【栅格化】|【文字】命令，将文本图层栅格化。

第 4 步，选择【编辑】|【填充】命令，打开如图 12.38 所示的对话框，在【使用】下拉列表中选择【图案】选项，在其下方的【自定图案】下拉面板中选择刚才定义的图案，并在对话框中设置其他相关参数，单击【确定】按钮。

第 5 步，适当加上黄褐色背景进行衬托，就可以得到如图 12.39 所示的文字效果，即原来文本图层中有文字的部分被填充了图案内容，而透明的图层区域则受到保护不会被填充，仍显示为透明。

图 12.36 定义图案

图 12.37 输入文字

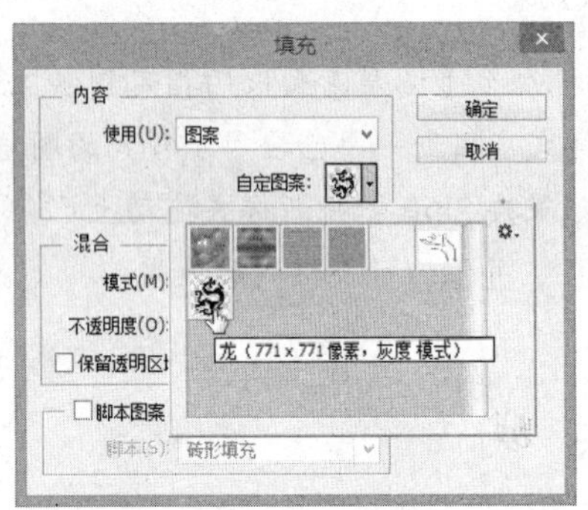

图 12.38 定义图案

图 12.39 创建后的图案文字

12.8.2 制作倒影文字

视频讲解

本例将通过制作文字的倒影，练习图层和图像旋转和翻转的功能。

【操作步骤】

第 1 步，打开一幅背景图像，然后在图像中输入文字“老村长”，如图 12.40 所示，并调整文字图层到合适的位置。

第 2 步，在【图层】面板中单击【创建新的图层】按钮创建一个新图层，如图 12.41 所示。选中新建的图层，然后按 Ctrl 键单击文本图层，载入文字选取范围。

图 12.40 在新图像中输入文字

图 12.41 载入文本图层中的选取范围

第 3 步，按 Alt+Delete 快捷键填充前景色，前景色为白色。

第 4 步，按 Ctrl+T 快捷键对图层中的图像进行自由变换，此时显示一个定界框，移动鼠标指针到定界框中心点上按下鼠标左键并将其拖曳到定界框下边的中心点上，如图 12.42 所示。

第 5 步，选择【编辑】|【变换】|【垂直翻转】命令，对图像进行垂直翻转。适当向下移动位置，接着再在定界框中单击鼠标右键，并在弹出的快捷菜单中依次选择【缩放】和【斜切】命令，将图像变形为如图 12.43 所示的效果。

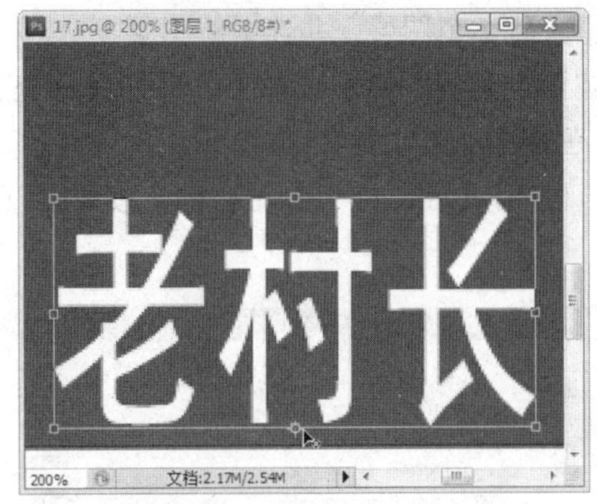

图 12.42　拖动中心点位置

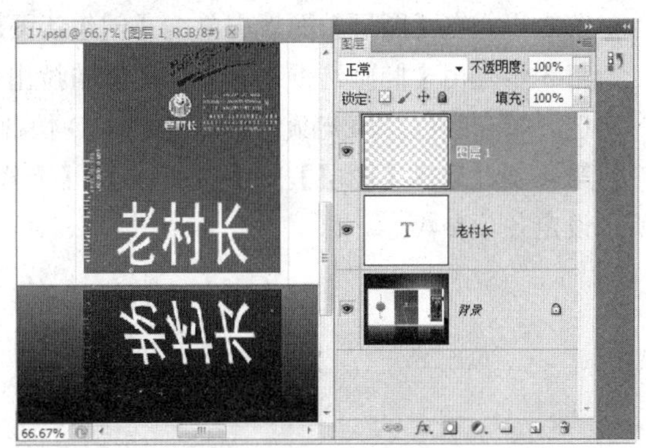

图 12.43　对文字变形

第 6 步，在定界框内双击或者按 Enter 键确认刚才的变形操作，就可以得到一个倒影文字的效果，由于倒影的颜色与原文字的颜色相同，效果不太理想，接着可以通过【图层】面板中的【填充】或【不透明度】列表框的功能进行图层混合，例如，将【不透明度】改为 25%。

第 7 步，为“图层 1”添加图层蒙版，并使用渐变工具填充蒙版，渐变选项为黑白两色的线性渐变，然后按住 Shift 键，从下往上拉出一个渐变填充，设计一种渐隐的倒影效果，如图 12.44 所示，最后就可以得到如图 12.45 所示的效果。

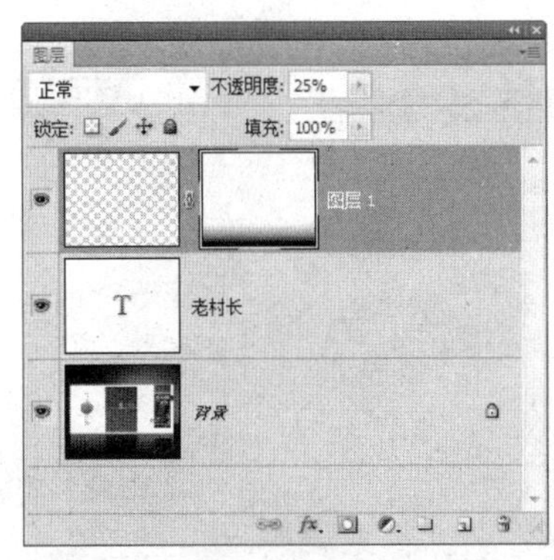

图 12.44　倒影文字效果

图 12.45　将【不透明度】设为 25%后的效果

12.8.3　制作立体按钮

Note

视频讲解

本例将通过制作一个立体按钮，练习【光泽】和【图案叠加】图层样式的使用技巧。

【操作步骤】

第 1 步，建立一个 RGB 模式的空白图像，大小和分辨率可以自己定义。

第 2 步，在【图层】面板中单击【创建新图层】按钮新建一个图层，并选中新图层。

第 3 步，用【椭圆选框工具】在图像中拉出一个椭圆形选取框，然后选择【编辑】|【填充】命令将选区填充颜色。填充颜色后，按 Ctrl+D 快捷键取消范围。效果如图 12.46 所示。

第 4 步，选择【图层】|【图层样式】|【光泽】命令，打开【图层样式】对话框，按如图 12.47 所示设定各项参数。

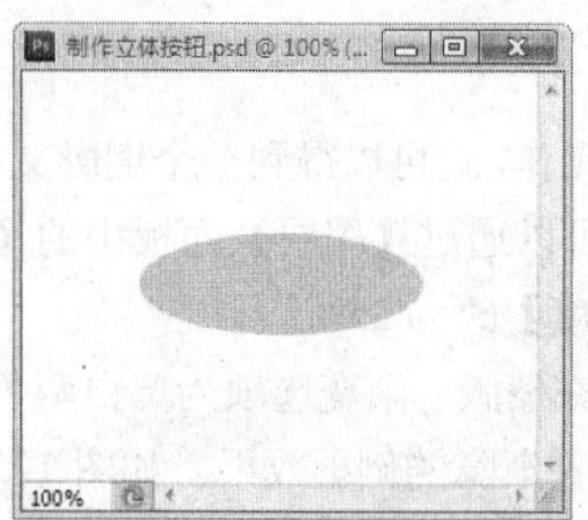

图 12.46　在新图层中画出椭圆

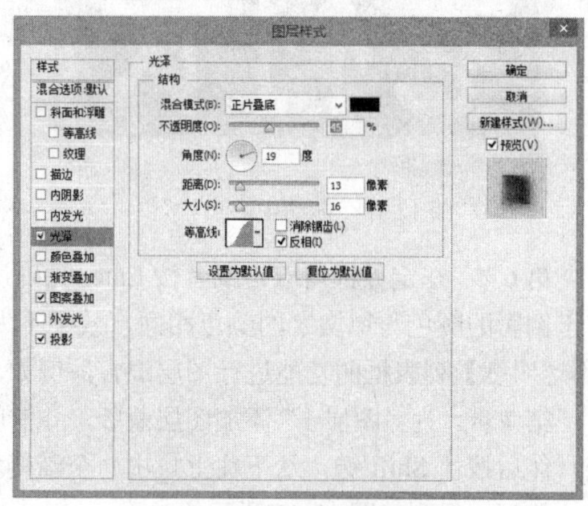

图 12.47　设置光泽效果

第 5 步，在对话框左侧选中【图案叠加】复选框，然后在对话框右侧设置各项参数，如图 12.48 所示。

第 6 步，完成上述设置后，单击【确定】按钮，就可以得到如图 12.49 所示按钮效果。

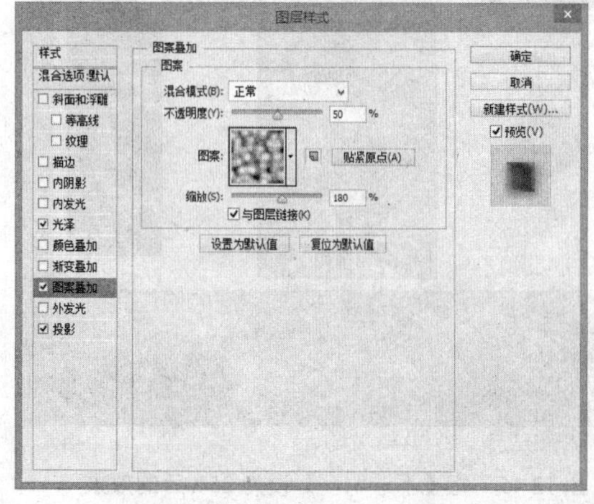

图 12.48　设置图案叠加效果

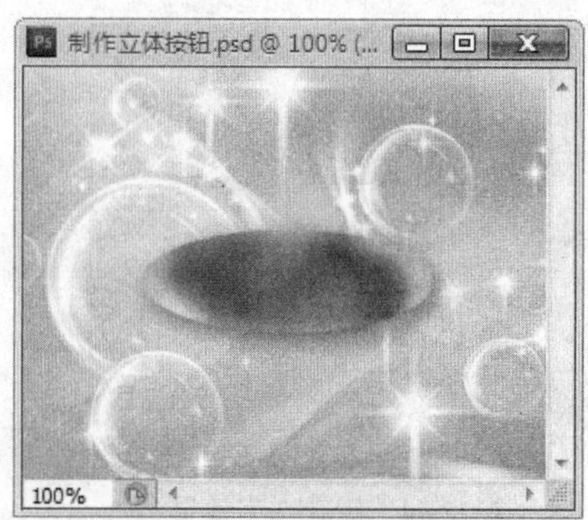

图 12.49　最终按钮效果

视频讲解

12.8.4　制作五环图案

本例将学习制作一个环环相扣的图像，来说明调整图层次序的技巧。

【操作步骤】

第 1 步，新建一幅 RGB 模式的图像，单击【图层】面板中的【创建新图层】按钮创建一个新图层，再用【椭圆选框工具】在图像中选取一个圆形范围，如图 12.50 所示。

第 2 步，选择【编辑】|【描边】命令，打开【描边】对话框，如图 12.51 所示，设置描边宽度为 16 像素，描边颜色为蓝色，位置为居中，单击【确定】按钮。

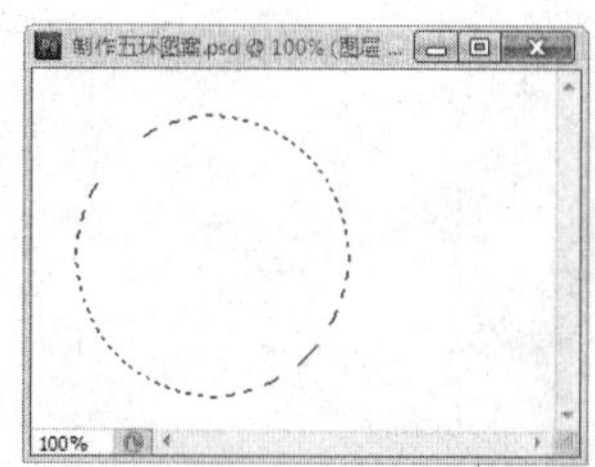

图 12.50　选取圆形选取范围

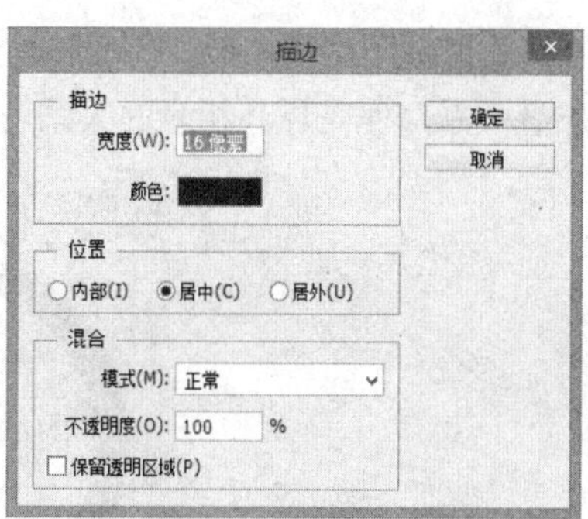

图 12.51　对选取范围描边

第 3 步，按 Ctrl+D 快捷键取消选取范围，在【图层】面板中用鼠标拖动“图层 1”到【创建新的图层】按钮复制图层。

第 4 步，出现“图层 1 副本”图层，接着选择【移动工具】，在图像窗口将新复制的图像移到窗口右侧。接着选中“图层 1 副本”图层，并选中【图层】面板中的【锁定透明像素】按钮。

第 5 步，在工具箱中单击前景色按钮，选择前景色为红色，接着按 Alt+Delete 快捷键填充圆环颜色，此时圆环变成红色，如图 12.52 所示。

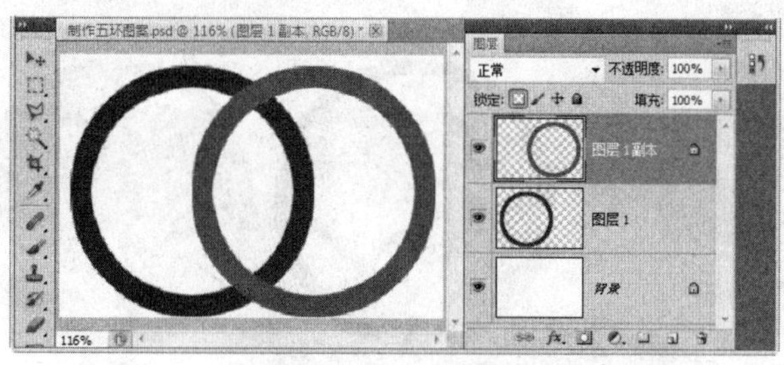

图 12.52　填充圆环颜

第 6 步，选择【矩形选框工具】，在图像窗口的“红色”圆环上选取半个圆环，如图 12.53 所示。

第 7 步，在选取范围中单击鼠标右键，在打开的快捷菜单中选择【通过剪切的图层】命令。也可以在选取范围后，选择【图层】|【新建】|【通过剪切的图层】命令或按 Shift+Ctrl+J 快捷键。

第 8 步，此时，在【图层】面板中将出现一个新图层，接着调整剪切后新增图层的图层次序，方法如图 12.54 所示，在图层上按住鼠标拖动至指定位置即可。

Note

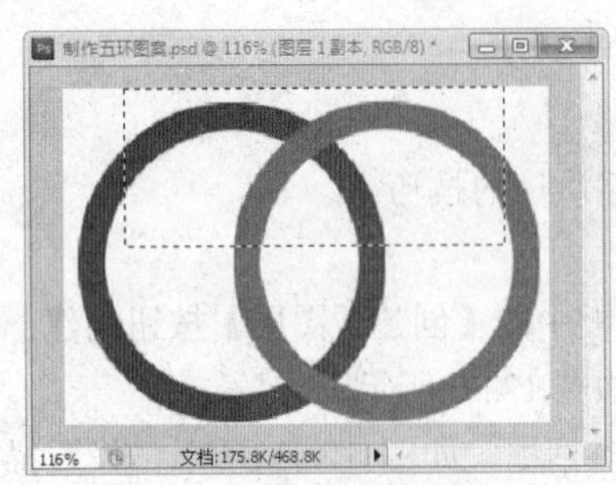

图 12.53　选取范围

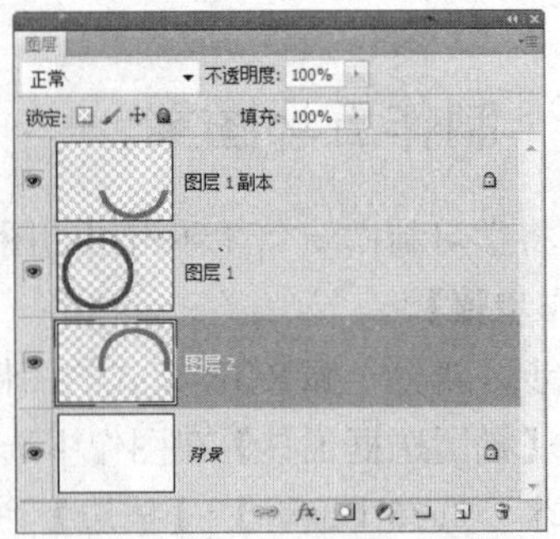

图 12.54　调整图层次序

第 9 步，调整图层次序后，就可以得到如图 12.55 所示的效果。可以看到两个圆环之间的关系已不再是层叠关系，而是环环相套的关系。

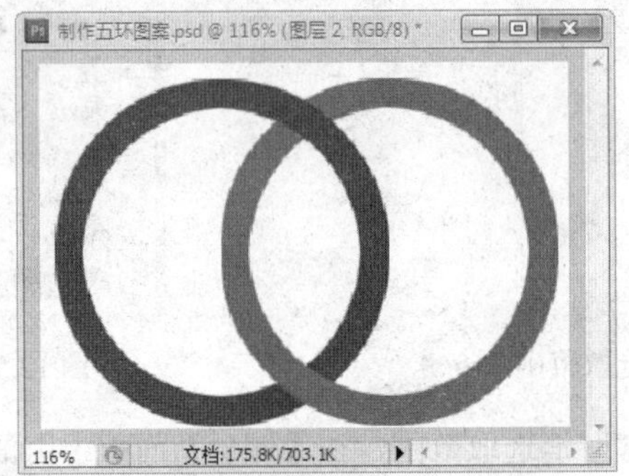

图 12.55　完成后的效果

第 10 步，以同样的方式设计其他圆环，并把它们连接在一起，调整位置和颜色，适当进行装饰性设计，如镶嵌图像、添加图层样式等，设计最后的效果如图 12.56 所示。

图 12.56　设计的五环图案效果

12.9　使用通道

【通道】面板是比较常用的面板，在完成好的作品过程中常常会用到此面板。通道显示了图像的大量信息，它们是文档的组成部分。感兴趣的读者可以扫码阅读。

线上阅读

12.10　使用滤镜

在 Photoshop 中，滤镜具有非常神奇的作用，它主要用来实现各种特殊效果。所有 Photoshop 滤镜都分类放置在【滤镜】菜单中，使用时只需从该菜单中执行相应的滤镜命令即可。感兴趣的读者可以扫码阅读。

线上阅读

Note

第13章

设计网页元素

在网页设计前期或初期，设计师需要准备大量的图像素材，如Logo（网站标识）、Banner（广告图）、图标、装饰图、边框线、背景图、按钮等，这些都需要提前设计好，且存为恰当的格式，并进行优化，一般都需要Photoshop协助完成这些工作。很多网站可能还要求先设计出效果图，供决策参考。本章将详细介绍各种网页元素的设计方法。

【学习重点】

- 了解主图和标题文字的制作。
- 能够根据网页需要制作按钮。
- 能够设计网页背景图像。
- 能够设计网站Logo和Banner。

Note

13.1　设计网页效果图

网页效果图就是模拟网页最终显示效果，它能体现出这个网页的整体风格。如图 13.1 所示是一个电商的主页，其中标题行部分就是一个主题图形，它在很大程度上决定了整个网页的主体色彩及风格。因此，在网页设计时，首先要设计的就是主题图形。

图 13.1　电商首页的主图

设计主题图形是比较关键的环节，主题图形制作得好坏，将直接关系到能否吸引浏览者的注意力。一个优秀的主题图形寥寥几笔就能生动地体现网站的特点。一般来说，主题图形的颜色必须与网页完美融合、有独特的创意，这是制作主题图形时必须注意的。

13.2　设计网页标题

在网页设计中，标题文字很重要，因为标题文字设计得是否吸引人，将直接关系着网页的访问量。而在设计标题文字时，除了名字好听、易懂、富有情趣之外，还要在文字效果的创意上下一番功夫，这样才能引起浏览者的注意。

究竟什么样的文字才算标题文字？没有严格标准，总之，只要能够体现主题内容，具有一定的特效和创意，并能区别于正文内容即可。当然，如果是一个广告标题，就需要精心设计，因为它将直接影响广告效益。如图 13.2 所示左侧广告条中的文字就是比较有创意的标题文字。

Note

图 13.2　以图形方式显示的标题文字

在制作网页标题文字时，要做到简单、醒目，所以需对标题文字进行一些简单的特效处理，如添加阴影、发光及渐变颜色等效果。但并不是将标题文字搞得越复杂就越漂亮，往往是简单明了的效果反而让人喜欢。如图 13.3 所示是一些常见的标题文字效果。

（a）阴影文字

（b）发光文字

（c）有背景图像的文字

（d）合理规划的文字

（e）图标加文字的标题

图 13.3　一些常见的标题文字效果

阴影文字是万能的特效文字，可适用于任何页面。只要给文字添加阴影效果，就可以立竿见影地收到奇效。制作阴影文字的方法很简单，所以在制作标题文字时应用阴影效果非常多。制作阴影文字时，一般可按如下步骤操作。

【操作步骤】

第 1 步，在 Photoshop 中输入文字，并设置好文本格式。

第 2 步，选择【图层】|【图层样式】|【投影】命令，在打开的【图层样式】对话框中为文字添加投影效果，结合【内阴影】、【外发光】和【内发光】等样式类型，可以设置各种阴影效果。

发光文字的效果不亚于阴影文字，其制作方法与制作阴影文字相同，只要在输入文字后，选择【图层】|【图层样式】|【外发光】命令，或者【内发光】命令，在打开的【图层样式】对话框中设置相关参数即可。

13.3　设计网页按钮

如图 13.4 所示是一些网页按钮，看上去很漂亮。制作出这些按钮的方法很多，用 Photoshop 可以轻松实现。

图 13.4　各种形状的网页按钮

【操作步骤】

第 1 步，在 Photoshop 中绘制出按钮形状，如矩形、圆形、椭圆或多边形。绘制按钮形状，可以使用 Photoshop 提供的形状工具；如果是绘制不规则的形状，则可使用钢笔工具、刷子工具和铅笔工具，再用自由变形工具和更改区域形状工具进行调整。

第 2 步，利用【图层样式】对话框对按钮对象进行处理。例如，给按钮填充渐变颜色，或者填入一些底纹效果等。

第 3 步，给按钮添加立体效果，使其一看就是一个按钮，此时可以使用【样式】面板为按钮添加一些样式效果，使按钮具有立体感。当然也可以使用其他效果。

第 4 步，进行按钮形状的编辑，最后给按钮命名。这样就完成了网页按钮的制作。

悬停按钮是一组按钮的组合，它在网页中有多种显示状态。如图 13.5 所示，在正常状态下，按钮中的书图标是关着的，文字显示为白色，当鼠标指针移到该按钮上时变成了第 2 种状态，即鼠标移过的状态，此时书被翻开一半，而文字会变成蓝色，而当在按钮上按下鼠标时，按钮变成了第 3 种状态，即鼠标按下状态，此时书完全被翻开，文字颜色又变成红色。

（a）正常

（b）鼠标移过

（c）鼠标按下

图 13.5　悬停按钮的 3 种状态

在 Photoshop 中制作悬停按钮的操作步骤如下。

【操作步骤】

第 1 步，新建文档，在【图层】面板中新建图层 1，使用图形工具绘制一个圆角矩形，填充指定颜色，如图 13.6 所示。

第 2 步，选择【窗口】|【样式】命令，打开【样式】面板，从中选择一款样式并单击，为当前背景图层进行应用，如图 13.7 所示，也可以自己利用【图层样式】对话框自定义设计。

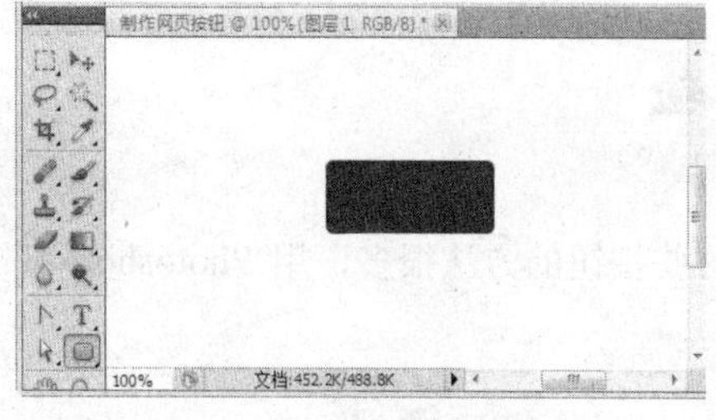

图 13.6 设计悬停按钮背景

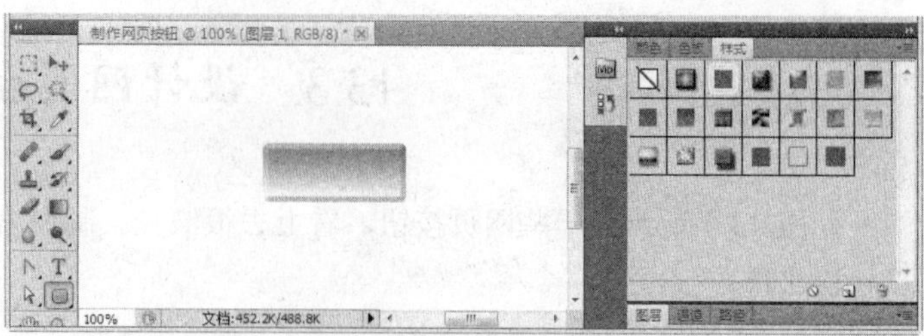

图 13.7 为按钮应用样式

第 3 步，重命名“图层 1”为“正常”，然后按 Ctrl+J 快捷键复制该图层，命名为“移过”。为该图层应用“投影”效果，设置保持默认值即可，设置【不透明度】为 50%，降低阴影度，效果如图 13.8 所示。

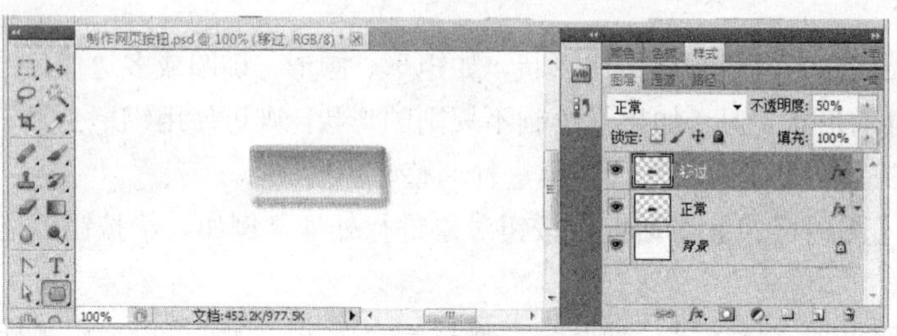

图 13.8 设计鼠标经过样式

第 4 步，复制“移过”图层，并命名为“按下”，双击图层缩览图，在打开的【图层样式】对话框中修改浮雕设置参数，如图 13.9 所示，完成鼠标按下时按钮的效果。

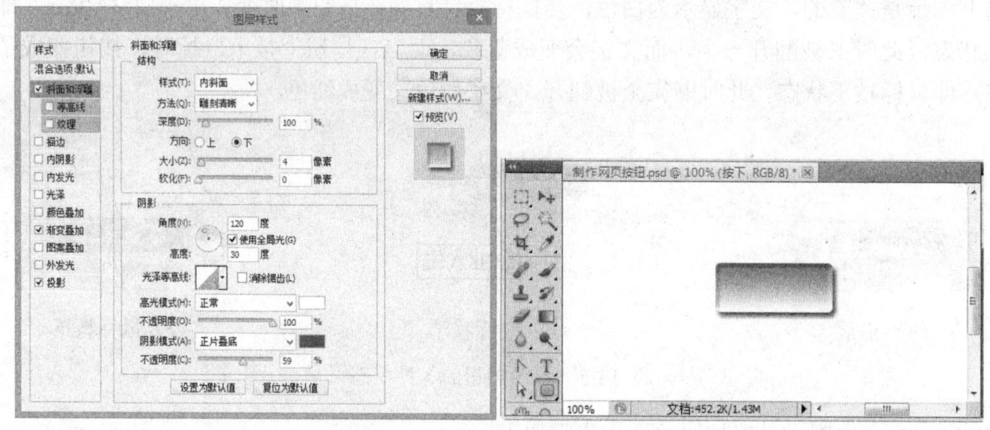

图 13.9 设计鼠标按下样式

第 5 步，完成 3 种不同状态的背景样式，最后使用文本工具输入按钮文本，选择【图像】|【裁切】命令，打开【裁切】对话框，裁切掉多余的区域，如图 13.10 所示。

第 6 步，隐藏“背景”图层，仅显示“正常”图层和“面对面”文字图层，选择【文件】|【存储为 Web 所用格式】命令，在打开的【存储为 Web 所用格式】对话框中，单击【存储】按钮即可，如图 13.11 所示。

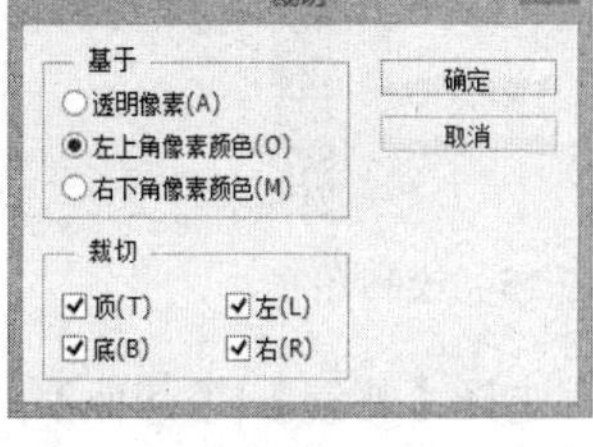

图 13.10　裁切多余的区域

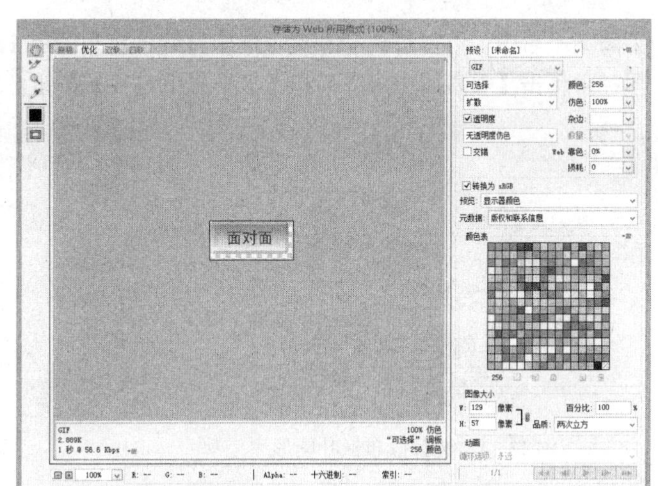

图 13.11　存储输出悬停按钮状态图

第 7 步，以同样的方式输出鼠标经过和鼠标按下时的按钮状态图，最后效果如图 13.12 所示。

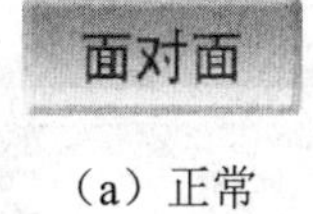

（a）正常

（b）鼠标移过

（c）鼠标按下

图 13.12　设计的悬停按钮

13.4　设计网页背景图

网页背景可以用单色来填充，也可以用图像来填充，还可以使用 GIF 动画格式来作为网页背景。背景图像的尺寸不宜过大，实际应用中经常是使用如图 13.13 所示的一小块有渐变效果的图像或一小块底纹。

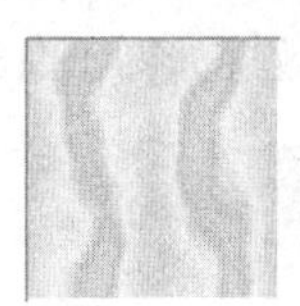

图 13.13　各种网页背景图像

使用 Photoshop 制作背景图像时，应该考虑背景图像的无缝衔接问题。下面以制作花布纹理图案为例来说明如何设计无缝背景图像。

【操作步骤】

第 1 步，新建一个大小为 80 像素×60 像素、72 像素/英寸、背景色为白色的 RGB 文件。

第 2 步，将前景色设置为天蓝色。从工具箱中选择画笔工具，选择一种预设的枫叶图形，在选项栏中设置大小为 28 像素（可以小于 30 像素，但是不要大于或者等于 30 像素），如图 13.14 所示。

第 3 步，在【图层】面板中新建“图层 1”，使用画笔在图像中间位置单击，生成一个图案，如

Note

果图案不居中，可以按住 Ctrl 键，选中背景图层和图层 1，然后在工具箱中选择【移动工具】，在选项栏中单击【垂直居中对齐】和【水平居中对齐】按钮，让图案居中显示，如图 13.15 所示。

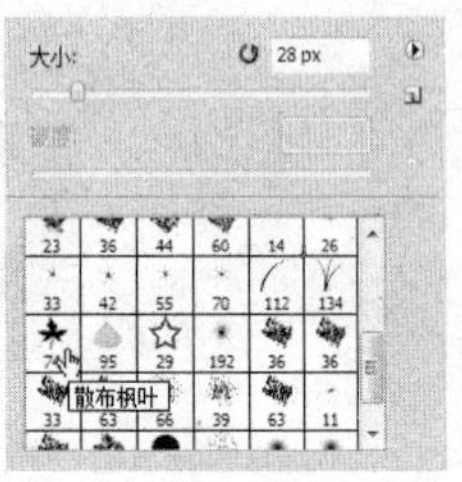

图 13.14　选择散布枫叶图形

图 13.15　绘制图案

第 4 步，在【图层】面板中复制“图层 1”为“图层 1 副本”，选择【滤镜】|【其他】|【位移】命令，在【位移】对话框中设置【水平】为 40 像素，【垂直】为 30 像素，【未定义区域】为【折回】，如图 13.16 所示。

第 5 步，单击【确定】按钮，得到如图 13.17 所示的图案效果。

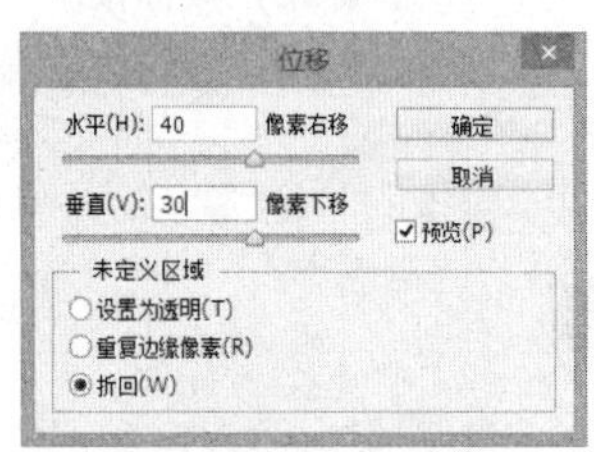

图 13.16　【位移】对话框

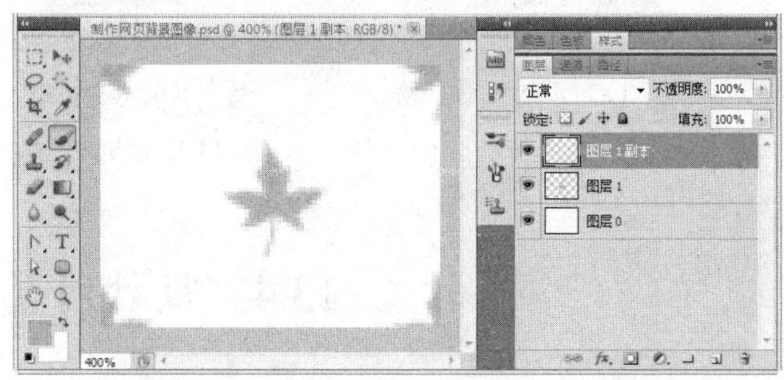

图 13.17　设计的图案效果

第 6 步，隐藏背景图层，选择【文件】|【存储为 Web 所用格式】命令，在打开的【存储为 Web 所用格式】对话框中，单击【存储】按钮即可，然后在网页中应用，则效果如图 13.18 所示。

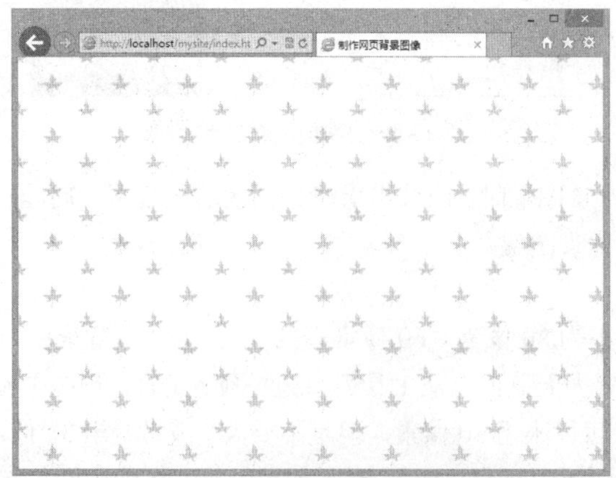

图 13.18　应用背景图像效果

Note

13.5　设计网站 Logo

网站 Logo 是网站的图形化标志，代表一个网站的形象。Logo 设计在网页设计中占据了很重要的地位，起到画龙点睛的作用，同时 Logo 设计风格将会影响网页的设计风格。网站 Logo 的设计方法：一般以网站名称为核心，适当艺术化或者图形化实现。

有关 Logo 设计的说明，感兴趣的读者可以扫码了解。

线上阅读

视频讲解

13.5.1　案例实战：制作 Google 标志

下面的示例将模拟 Google 标志来演示如何设计 Logo。

【操作步骤】

第 1 步，启动 Photoshop，新建文档，设置大小为 500 像素×300 像素，分辨率为 300 像素/英寸，保存为“制作 Google 标志.psd”。在工具箱中选择【横排文字工具】，在文档中输入 Google，如图 13.19 所示。

图 13.19　输入 Google

第 2 步，设置字体类型和大小。Google 的 Logo 使用的是 CATULL 字体，这是一个商业字体，需要付费购买。如果没有该字体，可以使用免费的字体 Book Anitqua，该字体可以从网上免费下载。如果这两种字体都没有，可以使用 Windows 内置的 New Times Roman。这里选用 Book Anitqua，字体大小是 36 点，不过可以按自己需要选择大小，如图 13.20 所示。

第 3 步，分别为每个字母单独设置 Logo 字体的色彩，从左到右字体颜色分别为 1851ce、c61800、efba00、1851ce、1ba823、c61800，如图 13.21 所示。

图 13.20　设置字体样式

图 13.21　设置字母颜色

Note

第 4 步，如果希望 Logo 有商标，在右下角添加 TM 标识。TM 字体颜色使用 606060，大小为 5 点，使用相同的字体，如图 13.22 所示。

图 13.22　添加商标标识符

第 5 步，在【图层】面板中选中“Google”图层，在菜单栏中选择【图层】|【图层样式】|【斜面和浮雕】命令，设置如图 13.23 所示。

第 6 步，单击【确定】按钮，关闭【图层样式】对话框，在菜单栏中选择【图层】|【图层样式】|【投影】命令，设置如图 13.24 所示。

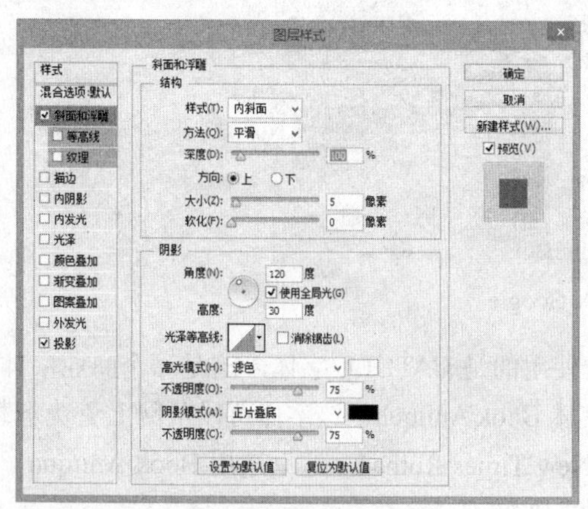

图 13.23　添加浮雕样式

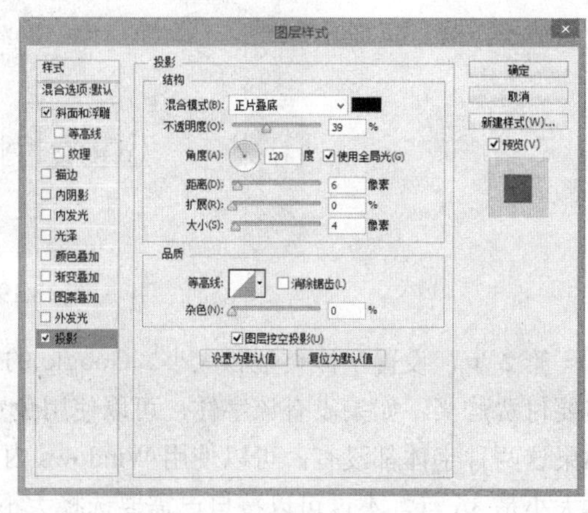

图 13.24　添加投影样式

第 7 步，单击【确定】按钮，最后可以设计出 Google 图标，效果如图 13.25 所示。

图 13.25　最后的设计效果

视频讲解

13.5.2　案例实战：制作迅雷标志

下面的示例演示了如何设计迅雷网站的标志 Logo。

【操作步骤】

第 1 步，启动 Photoshop，新建文档，设置大小为 600 像素×600 像素、分辨率为 300 像素的 RGB 图像，保存为"制作迅雷标志.psd"。使用钢笔工具绘制迅雷图标的一部分，如图 13.26 所示。

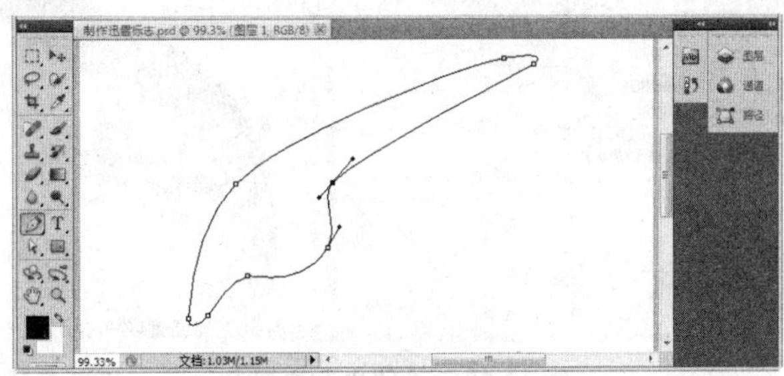

图 13.26　使用钢笔工具绘制路径

第 2 步，按 Ctrl+Enter 快捷键将路径转化为选区，在【图层】面板中新建"图层 1"。在工具箱中选择【渐变工具】，设置左侧渐变色为 6edeec，右侧渐变色为 2562df，然后使用【渐变工具】在选区内从左下角向右上角斜拉，填充渐变色，如图 13.27 所示。

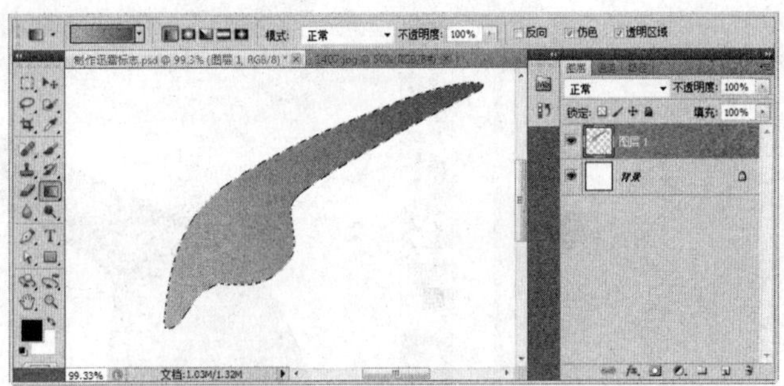

图 13.27　给选区填充渐变色

第 3 步，在菜单栏中选择【图层】|【图层样式】|【投影】命令，设置如图 13.28 所示。

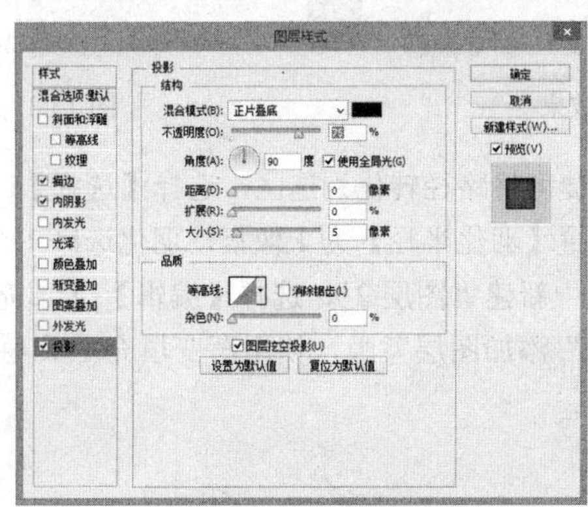

图 13.28　添加投影样式

Note

第 4 步，在【图层样式】对话框左侧的【样式】列表框中选中【内阴影】复选框，然后在右侧设置图层 1 的内阴影样式，设置和效果如图 13.29 所示。

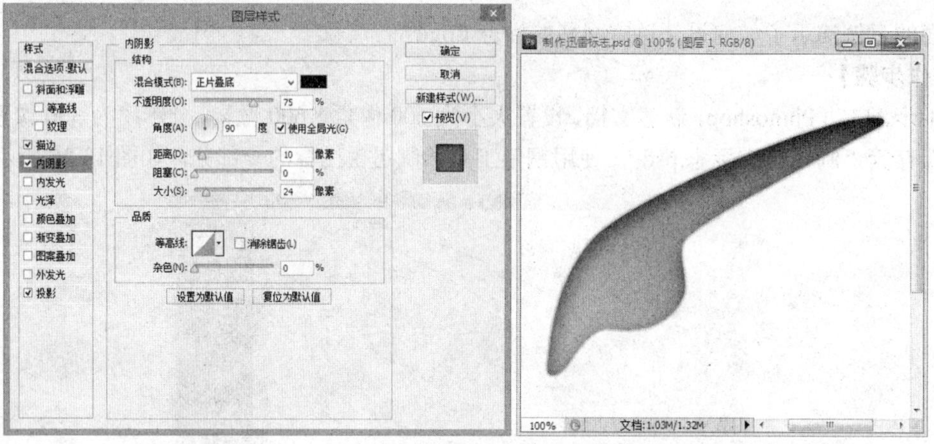

图 13.29 设置内阴影效果

第 5 步，在【图层样式】对话框左侧的【样式】列表框中选中【描边】复选框，然后在右侧设置图层 1 的描边样式，设置如图 13.30 所示。

第 6 步，使用钢笔工具绘制图形中的高光部分，如图 13.31 所示。

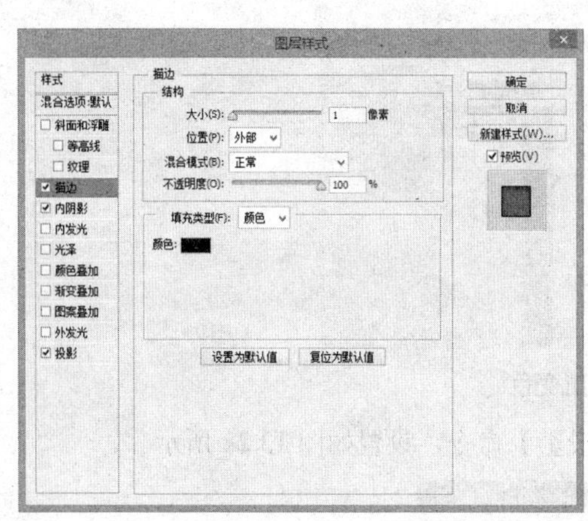

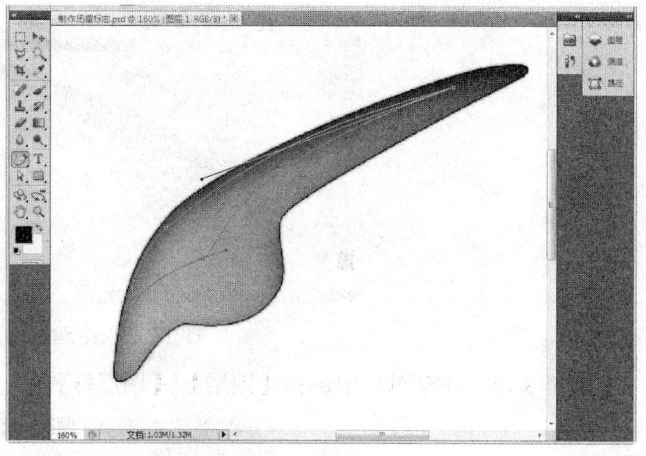

图 13.30 设置描边效果

图 13.31 绘制高光区域

第 7 步，按 Ctrl+Enter 快捷键将路径转化为选区，选择【选择】|【修改】|【羽化】命令，在打开的【羽化选区】对话框中设置【羽化半径】为 1 像素，羽化选区 1 个像素。

第 8 步，在【图层】面板中新建“图层 2”，选择【编辑】|【填充】命令，使用白色填充选区。在【图层】面板中为“图层 2”添加图层蒙版，使用渐变填充工具隐藏下面白色区域，如图 13.32 所示。

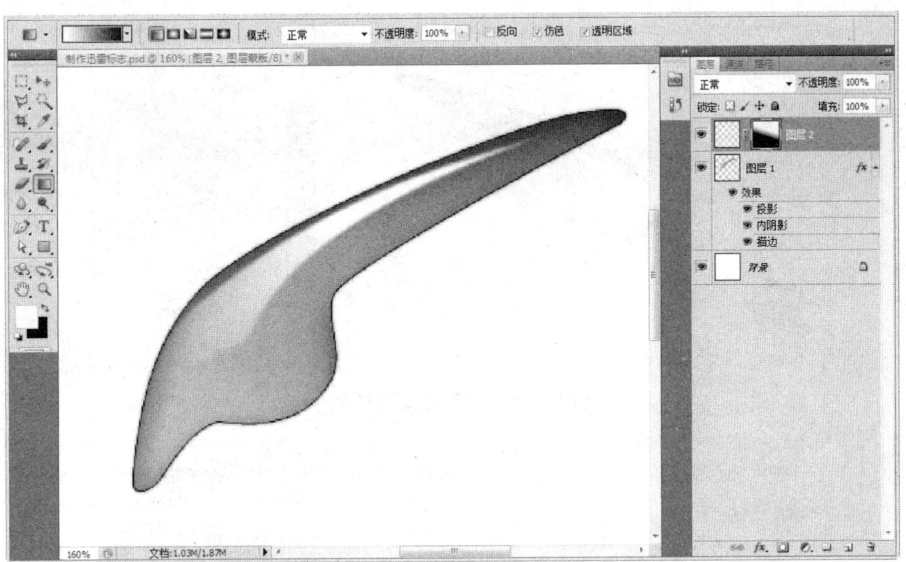

图 13.32 设置高亮区域

第 9 步，使用【钢笔工具】勾选底部反光区域，然后把路径转换为选区，羽化选区 1 个像素，新建图层，使用白色大笔刷，设置硬度为 0%，不透明度为 25%，轻轻擦拭选区，适当增亮反光区，如图 13.33 所示。

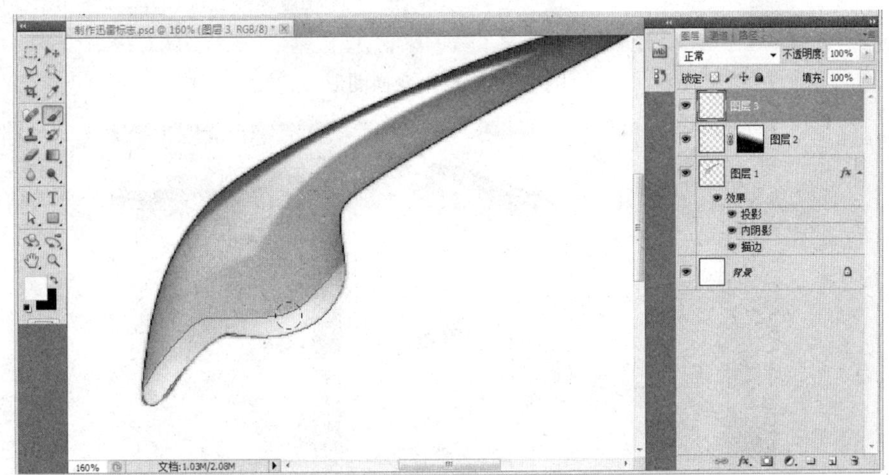

图 13.33 绘制反光区域

第 10 步，在【图层】面板中选中“图层 1”“图层 2”和“图层 3”，然后拖曳到面板底部的【创建新组】按钮上，把这 3 个图层放置在一个组中，再拖曳“组 1”到【创建新图层】按钮上，复制该组，得到“组 1 副本”，然后按 Ctrl+E 快捷键，合并该组，如图 13.34 所示。

第 11 步，按 Ctrl+T 快捷键自由变换“组 1 副本”图层，效果如图 13.35 所示。

第 12 步，按 Ctrl+J 快捷键，复制“组 1 副本”图层为“组 1 副本 2”图层，然后缩小图形，并放置在最下方，如图 13.36 所示。

Note

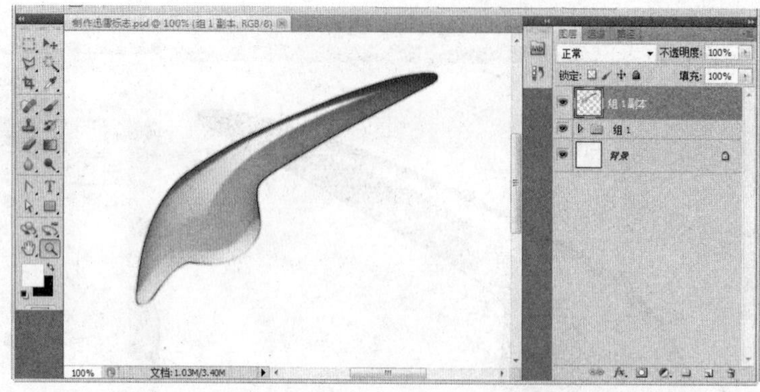

图 13.34　合并并复制图层组

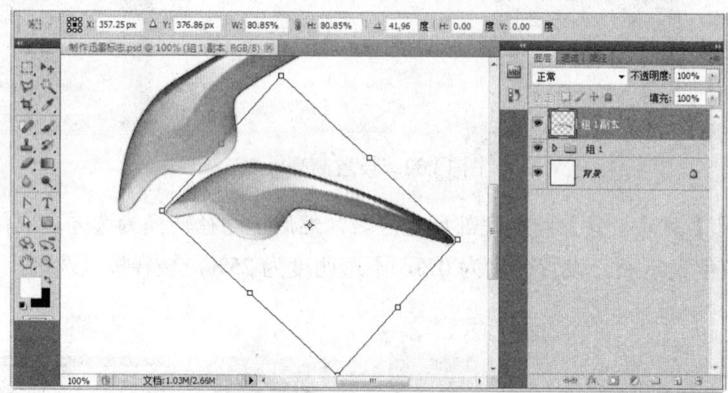

图 13.35　自由变换图形

图 13.36　自由变换图形

视频讲解

13.6　设计网页 Banner

Banner 是网站页面的横幅广告，大小不固定，根据具体页面而定，多位于头部区域，一个页面可以包含多幅 Banner。

与 Logo 一样，它是网页中重要的组成元素，除了广告作用，还具有页面装饰效果，因此在制作 Banner 时要注意主题的突出，使浏览者能够很容易地把握广告内容的主旨，同时要注意广告的视觉

效果，要能够给浏览者留下深刻的印象。

线上阅读

Note

有关 Banner 设计的说明，感兴趣的读者可以扫码了解。

下面的示例详细介绍了如何设计产品促销 Banner。

【操作步骤】

第 1 步，启动 Photoshop，新建一个文档，设置尺寸是 500 像素×300 像素，白色背景。新建“图层 1”，在工具箱中选择【圆角矩形工具】，圆角半径设为 5 像素，在该图层中画个圆角矩形，填充绿色#6d9e1e，如图 13.37 所示。

第 2 步，在【图层】面板中双击“图层 1”的缩览图，打开【图层样式】对话框，设置渐变叠加，参数设置如图 13.38 所示。

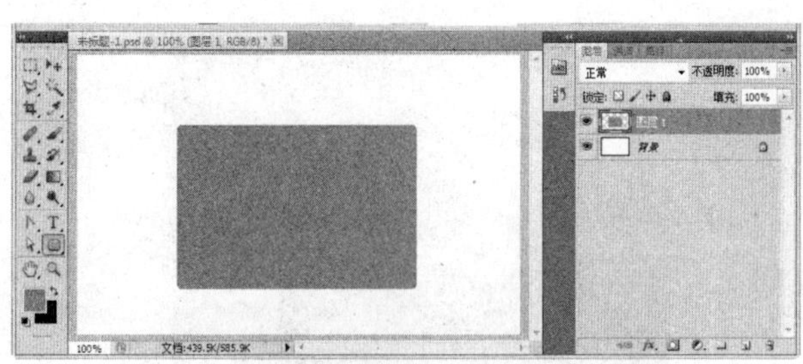

图 13.37　设计底图

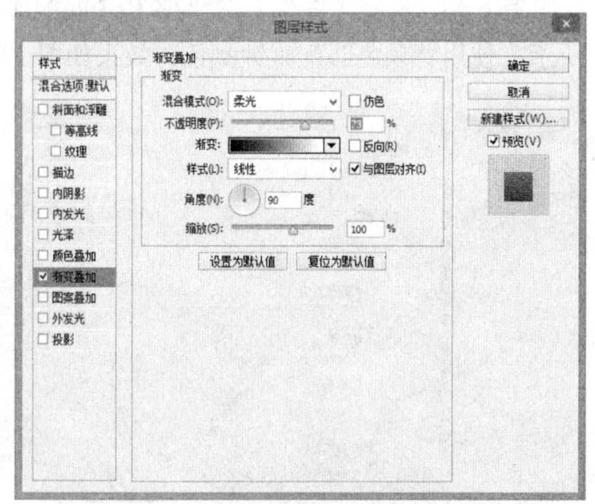

图 13.38　【图层样式】对话框

第 3 步，单击【确定】按钮，关闭【图层样式】对话框，然后开始制作 Banner 头部区域。按住 Ctrl 键的同时用鼠标左键单击图层缩览图，载入图层选区。选择【矩形选框工具】，按住 Alt 键拖曳减去下面一部分选区，如图 13.39 所示。

第 4 步，在【图层】面板中新建“图层 2”，选择【编辑】|【填充】命令，在打开的【填充】对话框中，使用白色填充选区，然后按 Ctrl+D 快捷键取消选区。在【图层】面板中设置图层混合模式为“叠加”，填充设置为 20%，如图 13.40 所示。

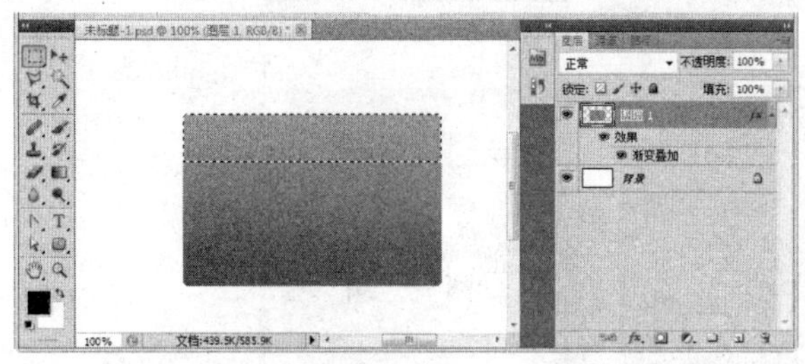

图 13.39　选取头部区域

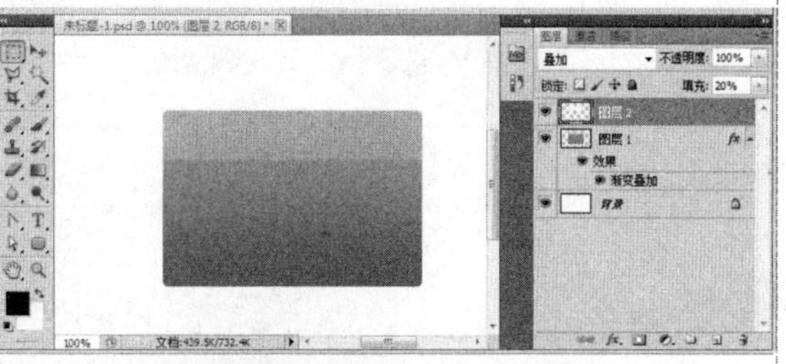

图 13.40　设计头部区域背景

第 5 步，打开小钟表图像，复制到当前文件中，按住 Ctrl+T 快捷键把图形变小一些，如图 13.41 所示。

Note

图 13.41　复制并变换时钟图像

第 6 步，选择【图像】|【调整】|【匹配颜色】命令，打开【匹配颜色】对话框，设置如图 13.42 所示，使用背景色匹配时钟颜色，效果如图 13.42 所示。

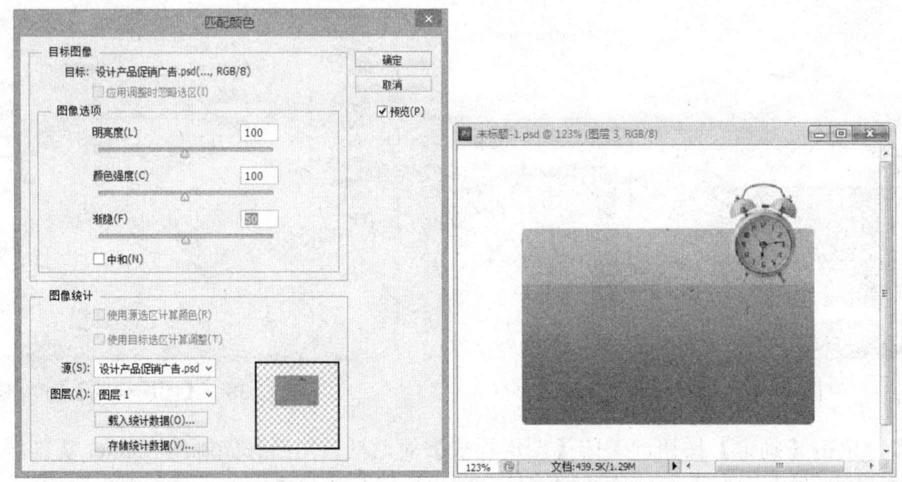

图 13.42　匹配颜色

第 7 步，使用文字工具输入标题文本 SPECIAL OFFER!，设置字体为 Comic Sans MS，字体颜色为白色，大小适中，效果如图 13.43 所示。

图 13.43　设置标题文本

Note

第 8 步，选择【图层】|【图层样式】|【投影】命令，打开【图层样式】对话框，设置投影效果，具体设置如图 13.44 所示。

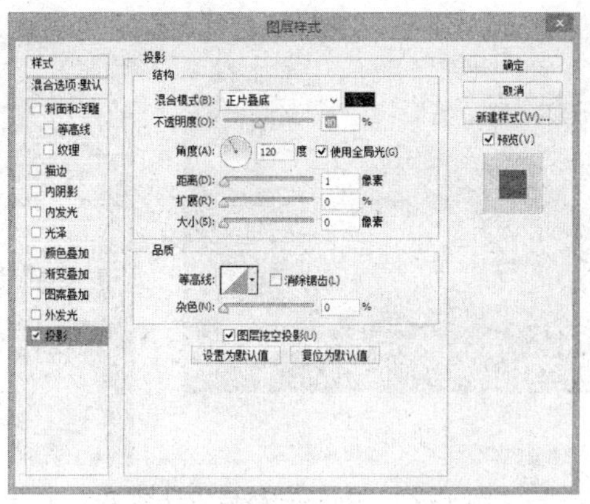

图 13.44　设置投影效果

第 9 步，为 Banner 添加更多的设计元素。选择【自定形状工具】，选择 Photoshop 自带的一个形状，分别新建图层，在 Banner 上面添加两个白色的形状，如图 13.45 所示。

图 13.45　添加图形效果

第 10 步，合并两个形状到一个图层中，接着把 Banner 外面的形状删除，设置形状图层的混合模式为柔光，不透明度为 20%，设计效果如图 13.46 所示。

图 13.46　设计暗花纹效果

Note

第 11 步，继续添加说明文字和按钮文字，其中利用【圆角矩形工具】设置圆角半径为 5 像素，拖曳一个颜色为#40720b 的圆角矩形作为按钮背景，最后设计效果如图 13.47 所示。

图 13.47　Banner 最后设计效果

13.7　网页绘图和调色基础

在网页设计中经常需要绘图，熟练掌握绘图工具的使用是非常必要的。对于一幅网页效果图，除了创意、内容和布局外，还要考虑色彩表现。颜色是图像中最本质的信息，不同的颜色给人的感觉是不一样的。Photoshop 提供了很多图像调色命令，使用这些命令可以快速有效地控制图像的色彩和色调，制作出色彩鲜明的网页图。

本节为选学内容，是专门为零基础的读者准备的，详细内容请扫码阅读。

线上阅读

第14章

把效果图转换为网页

在PhotoShop中，使用切片工具可以快速把图像输出为网页效果。其中使用切片工具能够将一个完整的设计稿切成一块块表格，这样就可以针对不同区块的图片进行优化和处理，以便于网络下载和后期编辑；使用切片选择工具可以方便选择切片，对切片进行操作。当把设计图切成网格后，就可以用Dreamweaver进行后期编辑。

【学习重点】

- 使用Photoshop切片工具。
- 使用Photoshop输出Web效果图。
- 根据具体效果图灵活输出不同版式的网页。

Note

视频讲解

14.1　使用 Photoshop 切图

在 Photoshop 中设计好效果图之后，利用切片工具可以将效果图切分为数个切片，这些切片可以充分根据页面设置需要，酌情进行调整，不会因为网页限制而失去效果的完整性。

14.1.1　实战演练：切图的基本方法

下面通过示例介绍如何灵活运用切片工具，根据效果图中版面区块边界来切分图像。

【操作步骤】

第 1 步，使用 Photoshop 打开本节的 index.psd 示例文件，如图 14.1 所示，在此将练习如何将首页效果图转换成网页格式，并进行相应的功能设定。

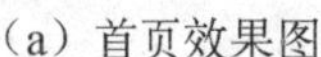

（a）首页效果图

（b）转换成HTML格式的页面效果

图 14.1　范例效果

第 2 步，在工具箱中选择【切片工具】，在编辑窗口左上角按下鼠标左键，往右下角拖拉，使选区覆盖整个 Logo 区域，即可创建一个切片 02，如图 14.2 所示。

图 14.2　新建切片

Note

提示：建立切片之后，如果不满意，可以按 Ctrl+Z 快捷键还原操作，即可重新创建新切片。也可以在工具箱的【切片工具】图标上按住不放，从弹出的下拉选项中选择【切片选取工具】，然后单击选择切片，拖动切片边框来调整切片区域大小。

第 3 步，模仿第 2 步操作，按顺序把整个效果图切分出多个图片，如图 14.3 所示。注意，在切割时，切片与切片之间不要留下空隙，并且要对齐切片，总共 15 个切片。

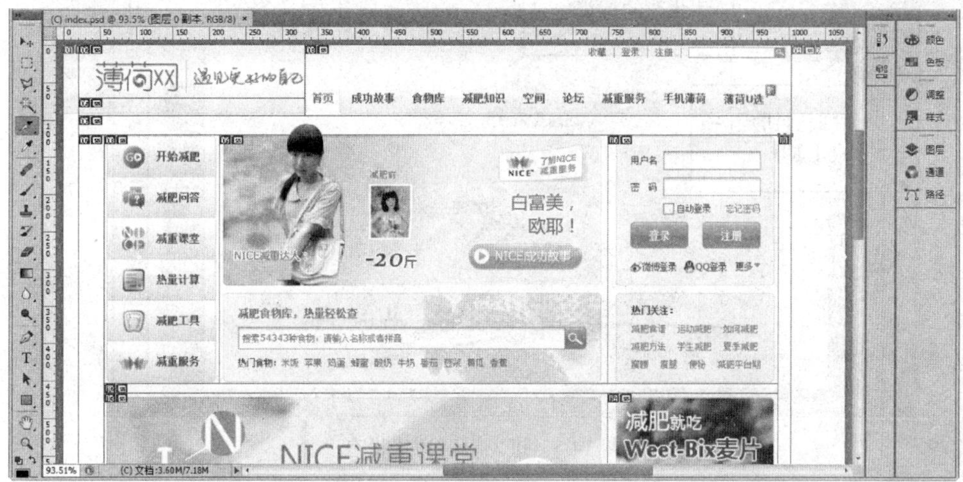

图 14.3　完成后的切片示意图

【拓展】

对于效果图没有明显的版块边界，整个页面是一幅图，则可以采用均分切割法快速实现 HTML 格式转换，其目的就是通过均分分割来缩小图像的大小，以提升网页下载速度和用户体验。

第 1 步，在工具箱中选择【切片选取工具】，在编辑窗口中单击，确定开始进行切片分割，此时窗口中显示自动切片状态，在编辑窗口左上角显示一个灰色的切片编号 01，如图 14.4 所示。

图 14.4　显示自动切片状态

Note

提示：如果没有上面的状态提示，在工具选项栏中可以看到【显示自动切片】按钮，单击该按钮即可进入自动切片状态，如图 14.5 所示。

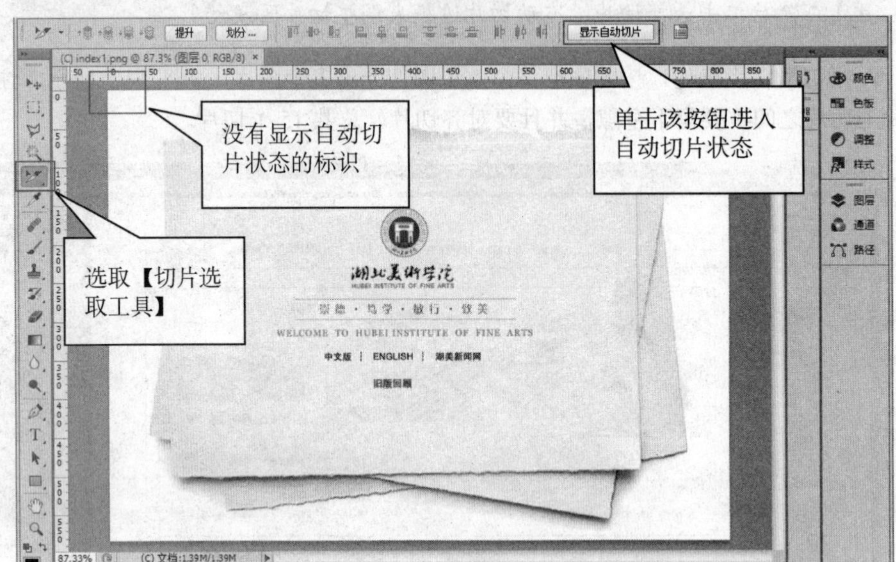

图 14.5　进入自动切片状态

第 2 步，在工具选项栏中单击【划分】按钮，打开【划分切片】对话框，选中【水平划分为】复选框，然后在下面的文本框中输入数字 3，设置水平分为 3 栏；选中【垂直划分为】复选框，然后在下面的文本框中输入数字 3，设置垂直分为 3 栏，设置如图 14.6 所示。

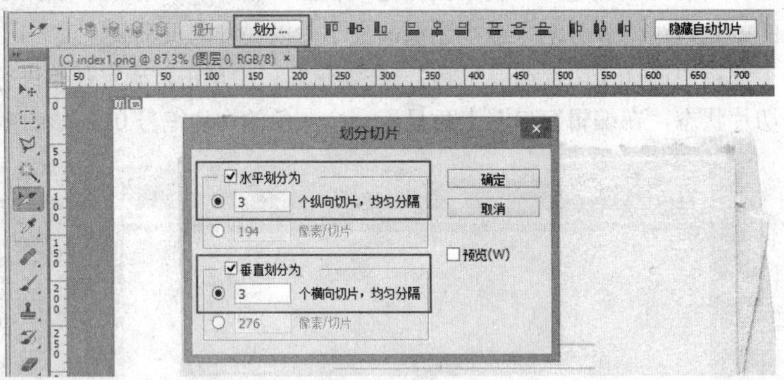

图 14.6　设置自动切片

第 3 步，单击【确定】按钮，关闭【划分切片】对话框，此时 Photoshop 会自动把整个图片切分为 9 块，如图 14.7 所示。

【操作提示】

在使用切片工具分割效果图时，应该注意以下 3 个问题。

☑　切片之间不要预留空隙

在切分图片时，应该确保切片之间不要留出空隙，读者可以通过切片编号观察，从上到下，从左到右，如果切片编号出现跳跃，则可能中间出现空隙区域，如图 14.8 所示。

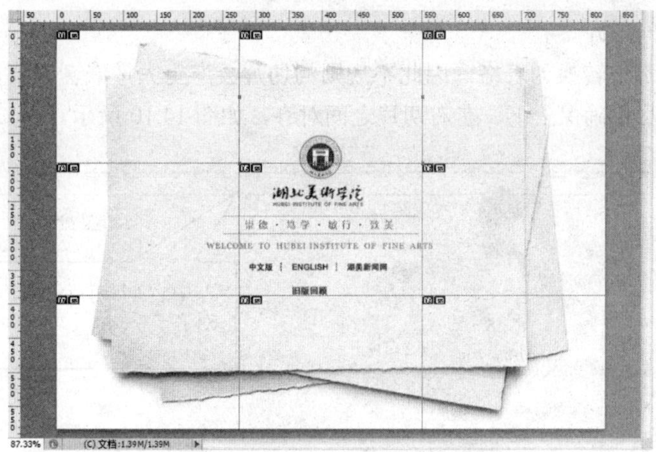

图 14.7　设置完成的切片效果

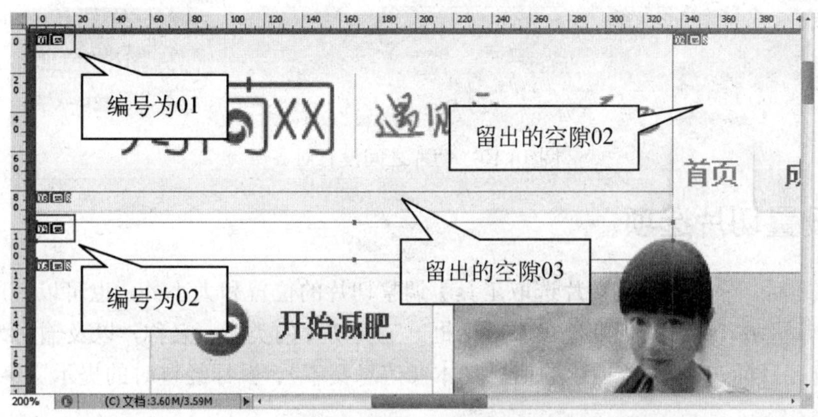

图 14.8　切片之间存在空隙

☑　切片之间不要重叠

除了切片之间不要预留空隙外，也不能够出现切片重叠现象。如果出现重叠现象，应该及时使用【切片选取工具】进行调整。如图 14.9 所示，切片 01 和切片 03 之间就存在重叠现象。

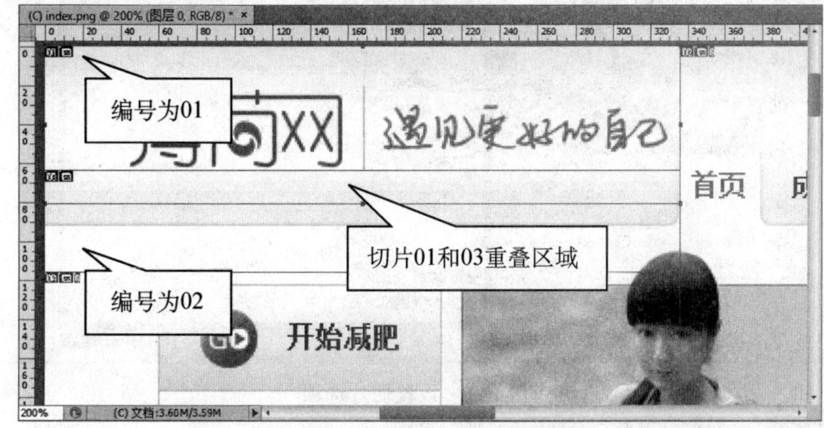

图 14.9　切片之间存在重叠

Note

☑ 确保切片之间对齐

考虑到切片最终都被转换为表格，因此不规则的切片会产生大量嵌套表格，并产生很多冗余代码。在操作时，应该尽量确保上下、左右切片之间对齐，如图 14.10 所示。

图 14.10　切片之间没有对齐

14.1.2　设置切片选项

新建切片之后，除了使用【切片选取工具】调整切片的位置和大小外，也可以使用【切片选取工具】双击切片区域，打开【切片选项】对话框，定义切片的类型、名称，以及输出为网页后会产生的 URL、链接目标（目标）、描述的信息文本（信息文本）、鼠标经过时的提示文字（Alt 标记），如图 14.11 所示。

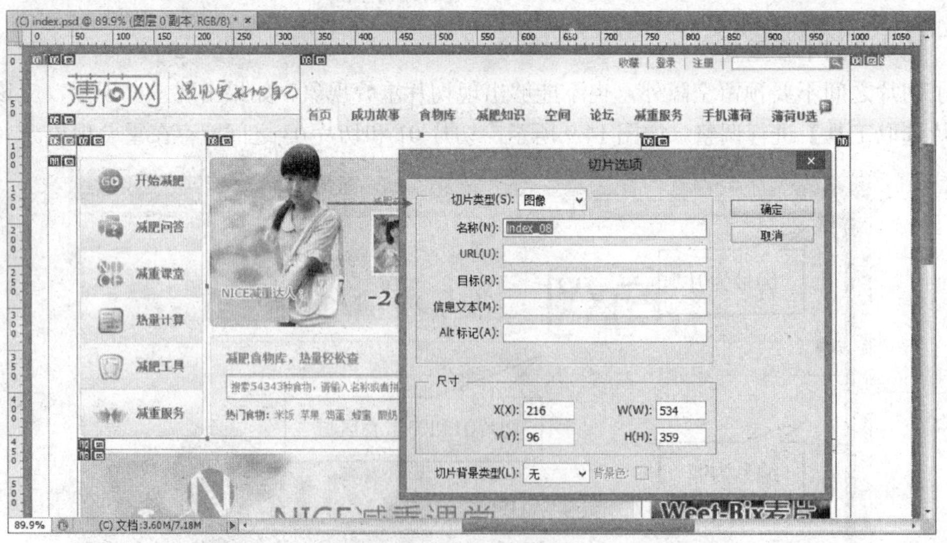

图 14.11　设置切片选项

另外，在【尺寸】选项组中可以精确定位切片的坐标位置（X 和 Y），以及切片大小（W 和 H）。设置完毕，单击【确定】按钮即可。

14.1.3　实战演练：输出网页

完成效果图的切割之后，就需要把它输出为网页文档。

【操作步骤】

第 1 步，继续以上面示例为基础进行演示。在 Photoshop 中选择【文件】|【存储为 Web 所用格式】命令，打开【存储为 Web 所用格式】面板，如图 14.12 所示。

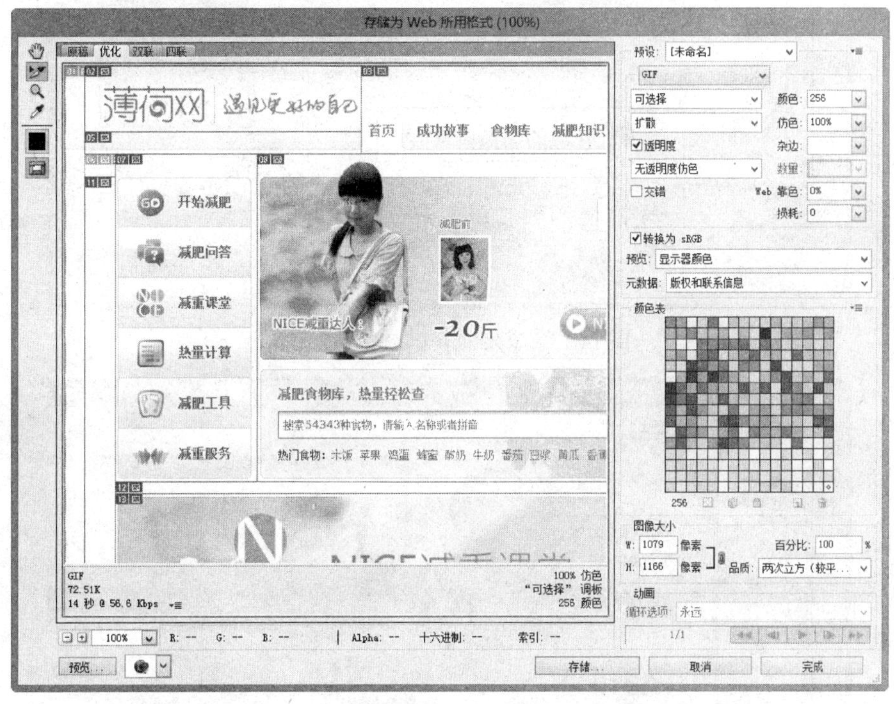

图 14.12　打开【存储为 Web 所用格式】面板

第 2 步，在窗口左侧选择【切片选取工具】，依次单击选中每个切片，设置切片的图像质量。在设置中，对于图像比较复杂且比较重要的切片，则可以设定比较高的品质，如 02（Logo 标识）、08（灯箱广告）等。对于高品质的图片，应该设定为 JPEG 格式（品质：60%），其他切片没有包含图像或者复杂的色彩，可以设定为 GIF 格式，如图 14.13 所示。

第 3 步，在窗口左上位置单击选择【优化】标签，切换到优化状态，检查每个切片的优化效果，以便根据情况调整优化品质，并在左下角可以查看优化图片的大小、传输速率等信息，如图 14.14 所示。

第 4 步，在优化过程中，单击窗口底部的【预览】按钮，可以自动开启网页浏览器，预览当前图片转换为网页的效果，如图 14.15 所示。

Note

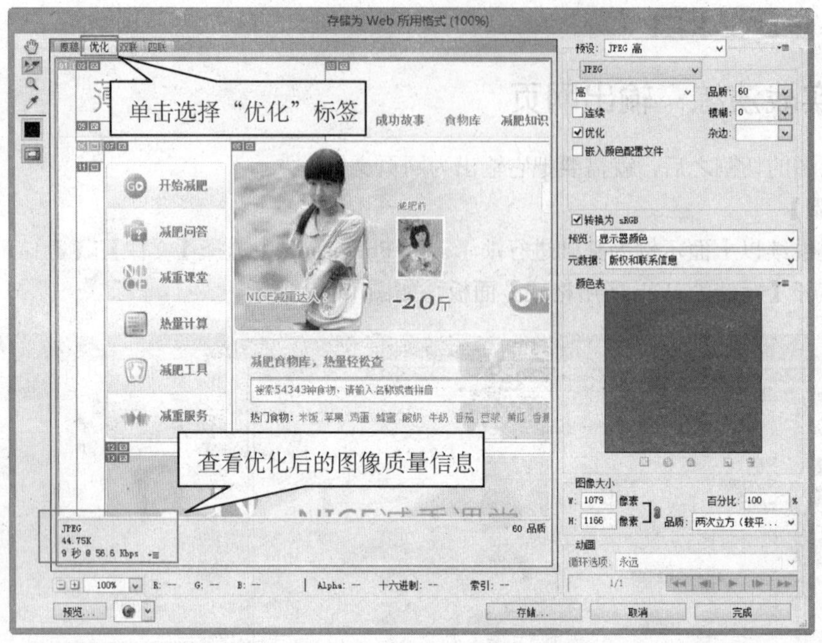

图 14.13　设定为 JPEG 格式的切片

图 14.14　优化图像

第 5 步，设定完毕，对于优化后的切片品质感觉满意之后，可以单击【存储】按钮，打开【将优化结果存储为】对话框，在【文件名】文本框中设置网页的名称，建议以英文字母配合数值进行命名；在【格式】下拉列表中选择【HTML 和图像】选项；在【设置】下拉列表中保持默认设置，在【切片】下拉列表中选择【所有用户切片】选项，详细设置如图 14.16 所示。

图 14.15　预览图片优化效果

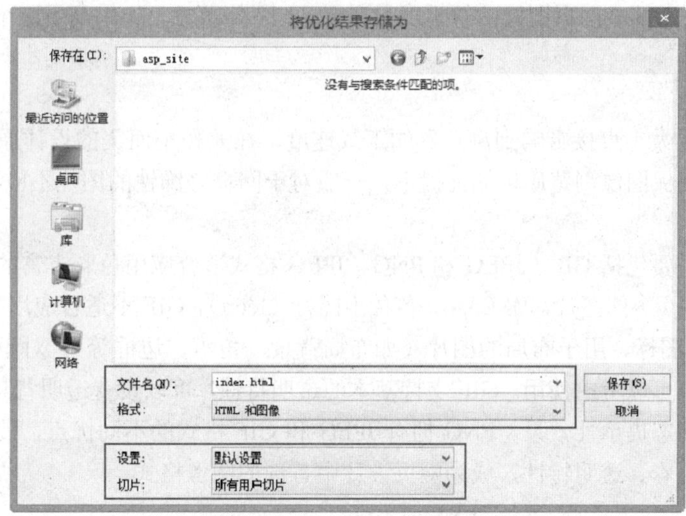

图 14.16　存储为网页格式

存储之后，可以在当前站点目录下看到所存储的 HTML 文档和 images 文件夹，在 images 文件夹中保存着所有的用户切片图像，直接双击 HTML 文件名，即可在网页浏览器中预览网页效果。

第 6 步，在 Dreamweaver 中打开 HTML 文件，可以看到所有的切片图像都是通过隐形表格进行控制，接着可以让表格居中显示，并设计网页背景色，如图 14.17 所示。

Note

图 14.17　设置网页居中显示

【知识拓展】

☑　色彩模式

网页图像都在屏幕中预览，一般均为 RGB 格式，如果要更改色彩模式，可以在 Photoshop 中打开图片，选择【图像】|【模式】|【RGB 色彩】命令即可。

☑　解析度

对于屏幕来说，大部分网页图像的解析度只需要 72 像素/英寸，如果高于这个解析度，就会导致图像大小暴增。

☑　图像大小

在网页中，图像大小直接影响到浏览器的下载速度，在兼顾小而美的设计原则下，图像尽可能要压缩小，当然要确保图像浏览质量的前提下，一般对于网页修饰性的图片不应该大于 30KB。

☑　图像格式

网页图像格式主要包括 GIF、JPEG 和 PNG。JPEG 格式适合应用色彩丰富的图片场合，但不适合做简单色彩（色调少）的图片，如 Logo、各种小图标（Icon）。GIF 不适合应用于色彩丰富的照片，主要适用 Logo、小图标、用于布局的图片（如布局背景、角落、边框等），对于仅包含不超过 256 种色彩的简单图片也可以考虑使用。GIF 支持基本的透明特性，可以设置透明背景；也支持动画，可以用来设计简单的动态提示性效果。PNG 拥有 JPEG 和 GIF 格式的不同优点，使其具有更广泛的应用场合。它支持多色彩、透明特性，成为网页设计中首选的图像格式。

14.1.4　输出效果图应注意事项

每个 PSD 源图建议都设计三套配色方案，按照同样规格分别切图，且 3 种配色切出的同一区域图片命名必须相同。按照配色方案建立 3 个以颜色命名的文件夹，每个文件夹里放置“配色方案”制作成网页所需的资料。

每种配色方案文件夹中包含必需内容：images、css、headers、buttons 文件夹和两个 HTML 文件；所有命名按照样例进行，自定义内容可以自由命名。

对于网页布局，所有网页都由以下几部分组成：

☑　页头（logo、headers）。

☑　一级导航条（buttons）。

☑　二级导航条（buttons）。

☑　页面内容区（内容区用于显示正文网页）。

☑　页脚（底部菜单、copyright）。

根据 PSD 文件决定制作的区域，原图中绘制出的区域必须制作出来，没有的区域（如二级导航条或页脚）不需要制作。

整个页面要制作在一个表格之内。然后通过表格嵌套设计不同部分，具体说明如下。

☑　页头：可以把 header 制作成背景，或者有些 header 图片属于不规则图形可以切成几部分来处理，要尽量减少切割次数。Logo 区域单独制作在一个表格内（可以限定表格宽度）；Logo 分为 3 部分：Logo 图片、公司名称、公司标语。

☑　一级导航：一级菜单（导航）中的内容必需制作在一个独立的表格内；不得设置单元格的宽度和高度；按钮图片需要制作出超连接的 3 种状态变化（根据 PSD 图，有些可能只有两种状态）；每一项里的图片和文字必需制作在一行里面，可以使用
使它们产生分行显示效果。

☑　二级导航（竖导航）：二级菜单（导航）中的内容必须制作在一个独立的表格内，不得设置表格的高度；文字链接最少需要制作出超连接的两种状态变化。

☑　页面内容区：可以使用替代文本将页面撑开，以达到在 1024px×768px 的屏幕下使用的 IE 浏览器出现左右上下拉伸条。

☑　页脚：为了使页面美观，版权信息区域要与上下区域保留一定的距离。

☑　底部菜单：二级菜单（导航）中的内容必须制作在一个独立的表格内，不得设置表格高度。

14.2　案例实战

用户可以直接在 Dreamweaver 中插入表格实现页面版面的编排处理，但更多的时候是利用 Photoshop 设计好效果图或者草图，也可以利用 Photoshop 设计好渐变、水晶、玻璃等效果的表格，最后输出为网页格式。利用 Photoshop 前期设计，Dreamweaver 后期编排，仍然能够保证网页的文本编辑功能，而不是一张无法编排的表格图片。

14.2.1　输出正文版面

视频讲解

在 Photoshop 中完成版面的效果设计，必须经过分割、存储等操作工序，完成版面设计的第一步，然后开启 Dreamweaver 实现页面的编排工作。

【操作步骤】

第 1 步，使用 Photoshop 打开本节的 index.psd 示例文件，如图 14.18 所示。在此将练习如何将此板型图转换成网页，并能够把文字置于版面空白区域，且确保版面保持完好。

（a）空白版式效果

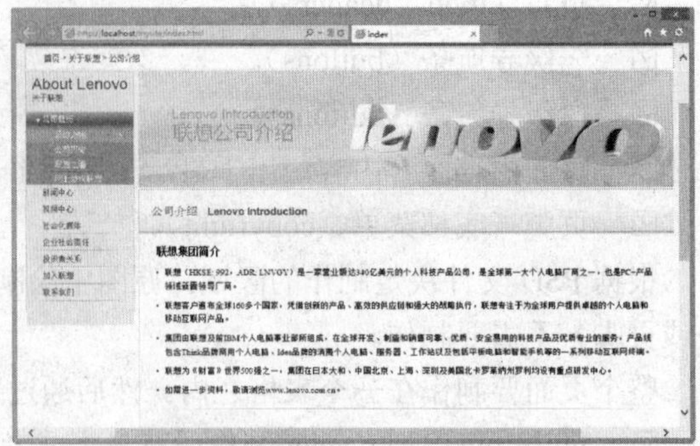

（b）填充文本版式效果

图 14.18　范例效果

第 2 步，使用【切片工具】把整个图切分为左、中、右 3 部分，左右为空白边，中间部分为网页内容区域。继续使用【切片工具】把内容区域切分为上、中、下 3 部分，上面为头部区块，中间为主体内容区块，下面为页脚区块，如图 14.19 所示。

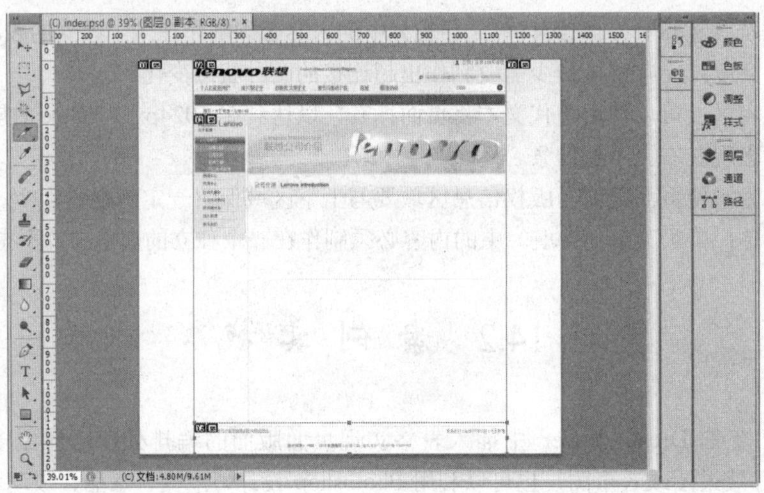

图 14.19　切分页面

第 3 步，使用【切片工具】把主体内容区域分为左、右两部分，左为导航区域，右为内容区域。继续使用【切片工具】把右侧分为上、中、下 3 部分。利用【切片工具】把中间部分切分为 06、07、08 共 3 部分，切片 06 和 08 的宽度确保相同，设置为 28 像素，如图 14.20 所示。

提示：在精确控制切片大小和位置的过程中，切分中可以借助提示信息实时动态调整，如图 14.21 所示，也可以借助【切片选项】对话框后期精确设置切片位置和大小。

第 4 步，选择【文件】|【存储为 Web 所用格式】命令，打开【存储为 Web 所用格式】面板，在窗口左侧选择【切片选取工具】，依次单击选中每个切片，设置切片的图像质量。对于高品质的图片，如 04、05，应该设定为 JPEG 格式（品质：60%），其他切片没有包含图像或者复杂的色彩，可以设定为 GIF 格式，如图 14.22 所示。

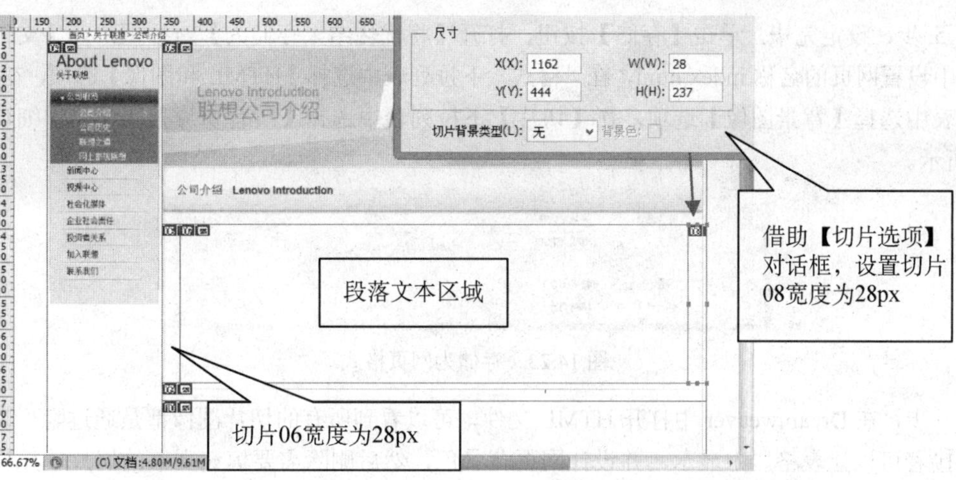

图 14.20　切分版面

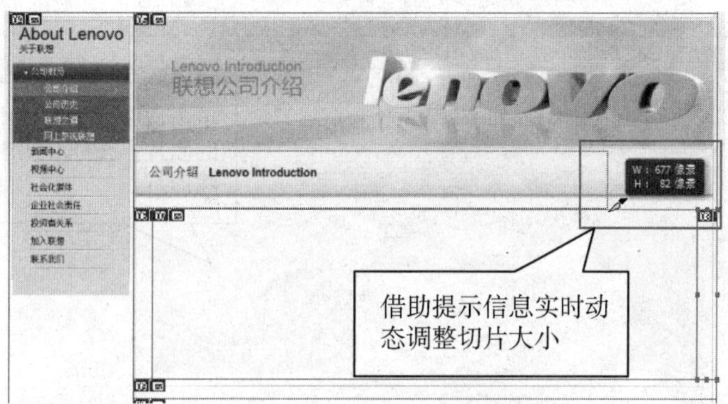

图 14.21　动态控制切片大小

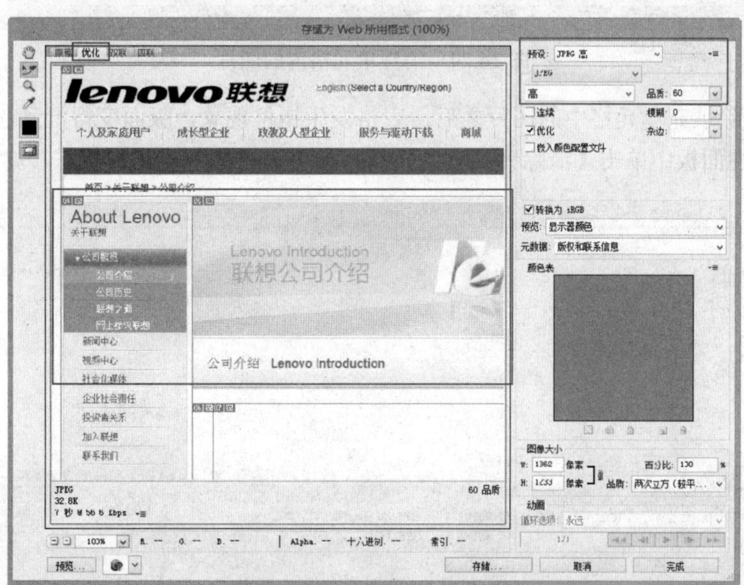

图 14.22　优化切片质量

Note

第 5 步，设定完毕，单击【存储】按钮，打开【将优化结果存储为】对话框，在【文件名】下拉列表中设置网页的名称 index.html，在“格式”下拉列表中选择【HTML 和图像】选项，在【设置】下拉列表中选择【背景图像】选项，在【切片】下拉列表中选择【所有切片】选项，详细设置如图 14.23 所示。

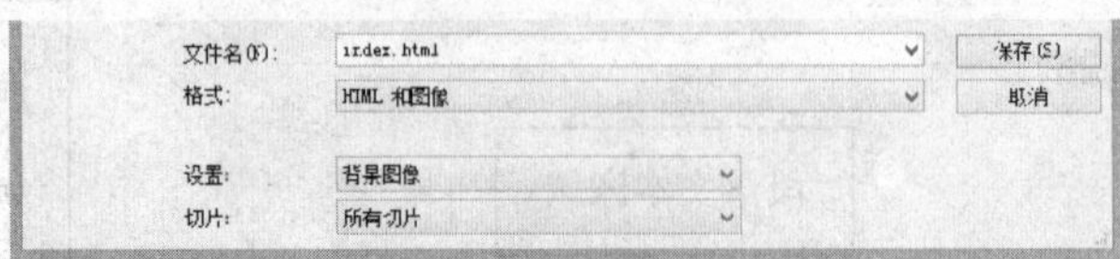

图 14.23　存储为网页格式

第 6 步，在 Dreamweaver 中打开 HTML 文件，可以看到所有的切片图像都是通过隐形表格进行控制，接着可以让表格居中显示，并设计网页背景色，然后删除需要填充文字的切片单元格中的图片，如图 14.24 所示。

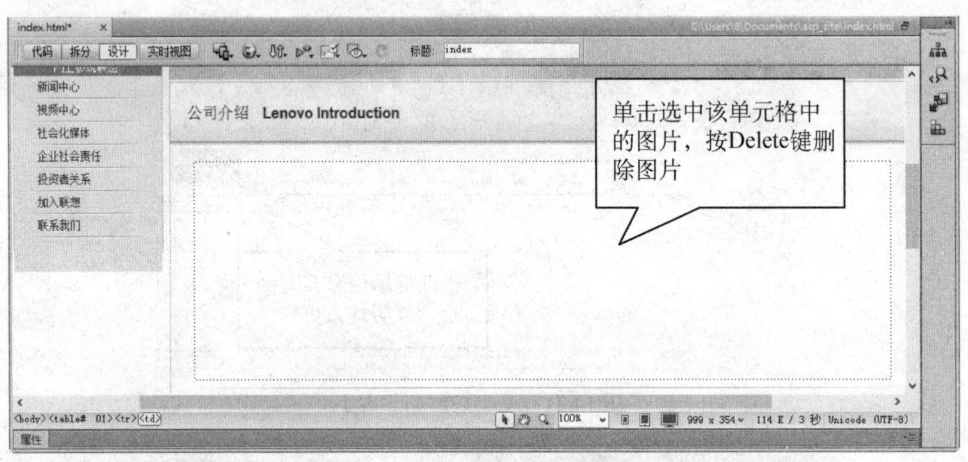

图 14.24　清理单元格内的图片

第 7 步，删除填充单元格中的图片之后，表格发生错位现象，版面变得混乱起来。此时选中该表格，然后在属性面板中单击【清除列高度】按钮，即可让表格恢复正常状态，如图 14.25 所示。

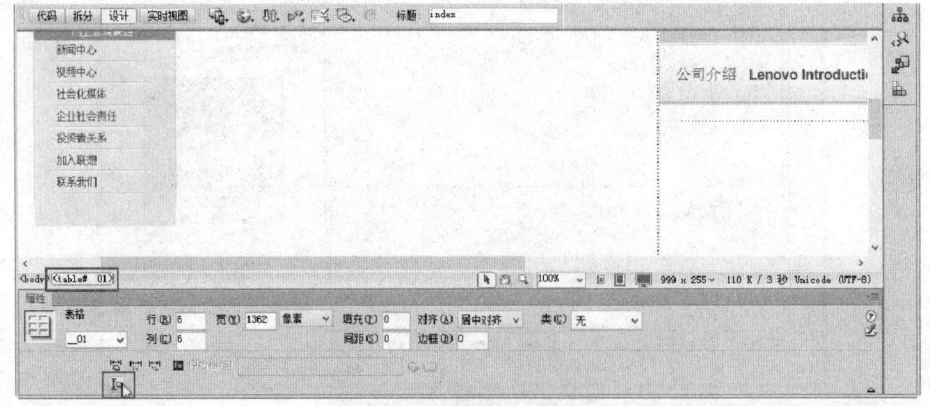

图 14.25　恢复表格正常状态

第 8 步，在中间区域输入多段段落文本，表格会自动向下延伸，这是设定前的正常状态，如图 14.26 所示。

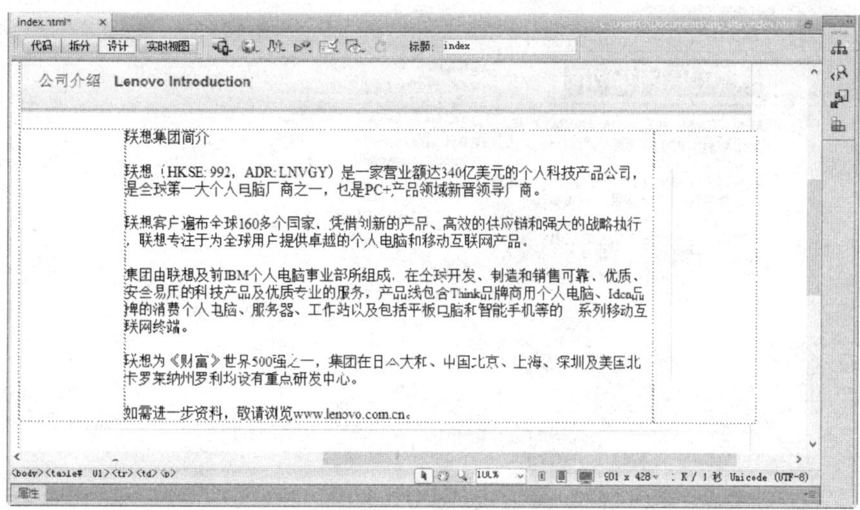

图 14.26　在表格中输入段落文本

第 9 步，选中单元格，在属性面板中设置背景颜色为#FBFBFB，使其背景色与效果图保持一致，如图 14.27 所示。

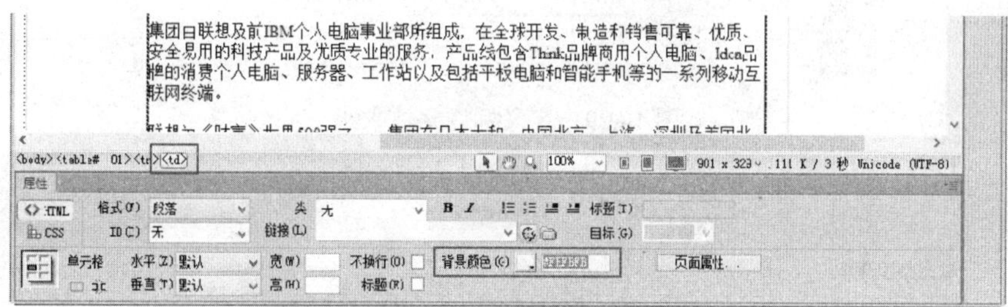

图 14.27　设置单元格背景色

第 10 步，选中第 1 段文本，在属性面板中设置【格式】为“标题 1”，选择【插入】|【Div】命令，打开【插入 Div】对话框，在该对话框中单击【新建 CSS 规则】按钮，打开【新建 CSS 规则】对话框，按如图 14.28 所示进行设置，单击【确定】按钮开始定义样式。

第 11 步，在打开的样式定义对话框中，在左侧选项卡中选择【类型】选项，然后在右侧设置字体大小为 16 像素：Font-size: 16px，如图 14.29 所示。

第 12 步，使用鼠标拖选第 2 段以及后面多段文本，在属性面板中单击【项目列表】按钮，把段落文本变成列表文本，如图 14.30 所示。

第 13 步，把光标置于项目文本中，在属性面板中单击【编辑规则】按钮，为列表项目定义类型样式：Font-size: 13px、Line-height: 1.6em，设计列表文字字体大小为 13 像素，行高为 1.6 倍的字体大小高度。设置方框样式：Padding: 0px、Margin-Top: 0px、Margin-Right: 0px、Margin-Bottom: 8px、Margin-Left: 0px，清除列表项目的缩进样式，设置 Padding 和 Margin 都为 0，再设置底部边界为 8 像素，如图 14.31 所示。

Note

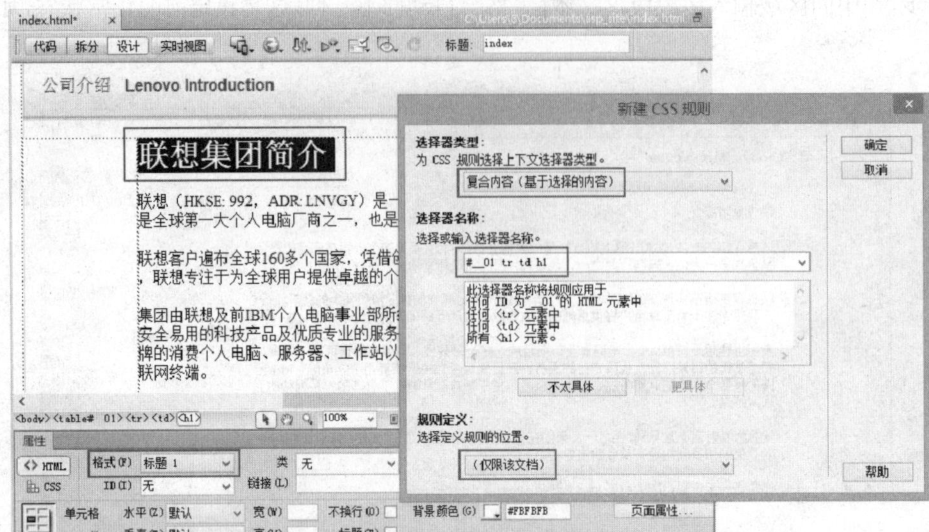

图 14.28　定义标题样式

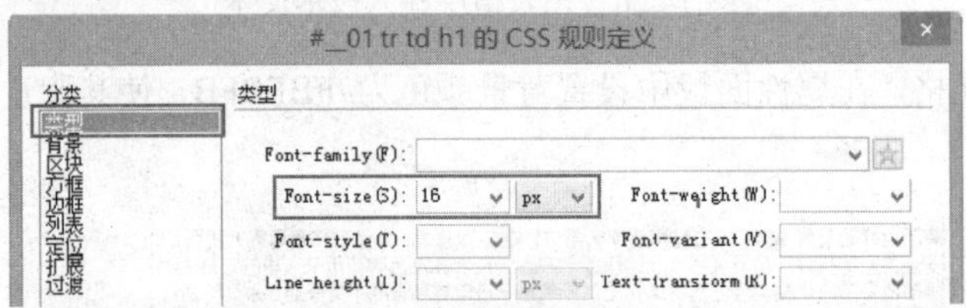

图 14.29　定义标题字体大小

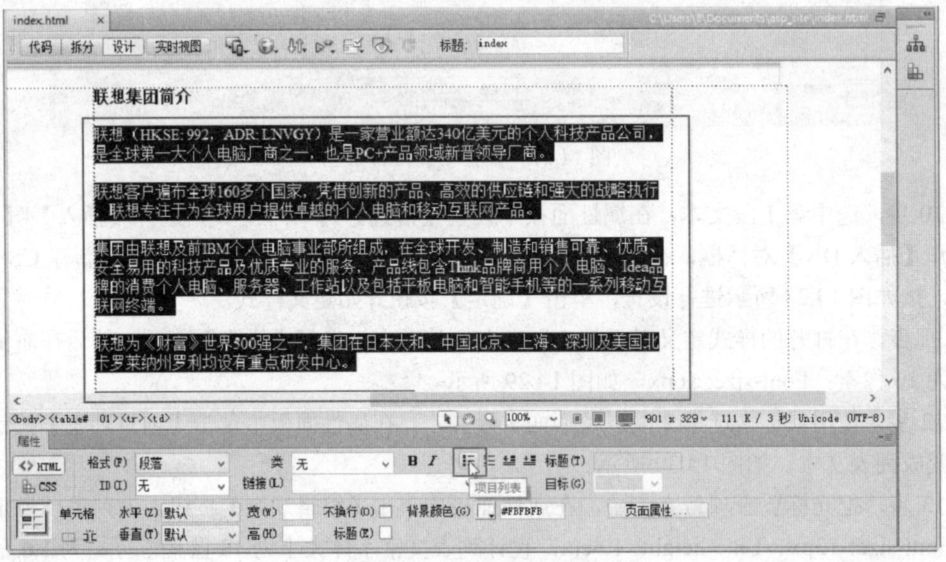

图 14.30　定义列表文本

Note

图 14.31　定义列表项目的 CSS 样式

第 14 步，选中<ul>标记，添加 CSS 规则，为列表包含框定义方框样式：Padding: 0px、Margin-Top: 0px、Margin-Right: 12px、Margin-Bottom: 0px、Margin-Left: 12px，清除列表缩进样式，设置 Padding 和 Margin 都为 0，再设置左右边界为 12 像素，如图 14.32 所示。

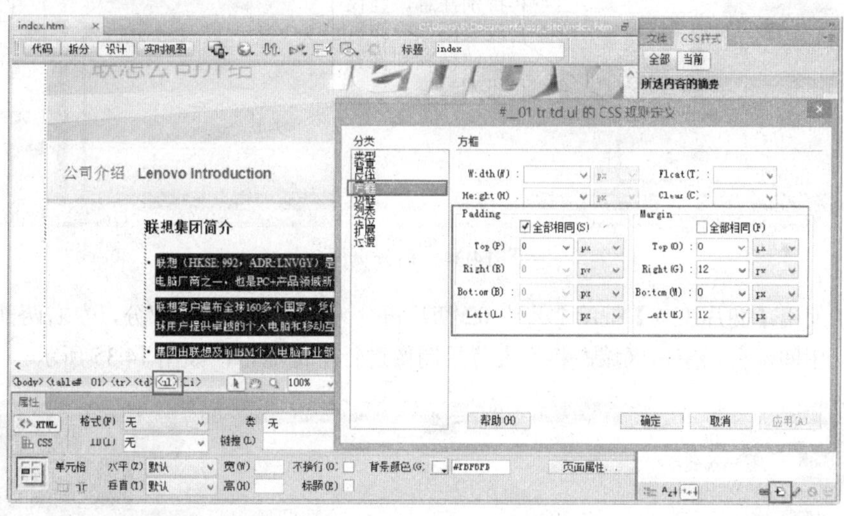

图 14.32　定义列表框的 CSS 样式

14.2.2　输出自适应版面

视频讲解

学习使用 Photoshop 切分静态页面之后，本节将介绍切割与版面应用的最高境界，即如何设计出可以与浏览器窗口大小自适应的表格版面，让版面内容能够根据窗口大小、内容多少自适应调整宽度和高度，放弃表格分割中一定是固定尺寸版面的错误观点。

【操作步骤】

第 1 步，使用 Photoshop 打开本节的 index.psd 示例文件，如图 14.33 所示，在此将练习如何将此板型图转换成网页，并能够把文字置于版面空白区域，让版面能够根据窗口自适应调整大小。

Note

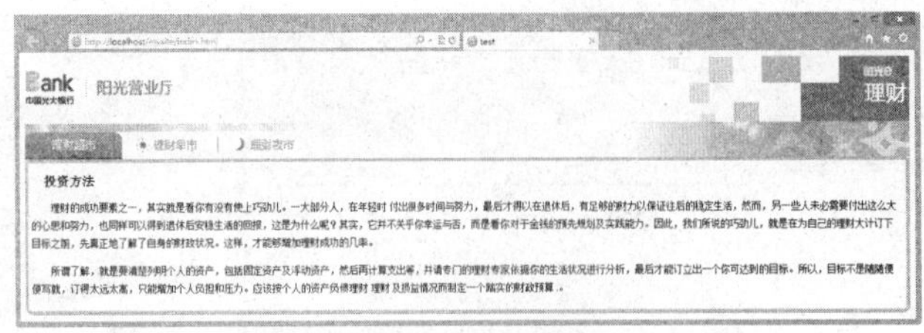

（a）宽屏窗口中的显示效果

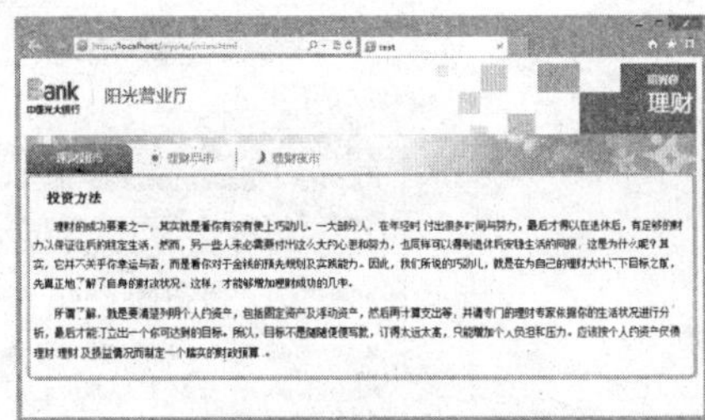

（b）窄屏窗口中的显示效果

图 14.33　范例效果

第 2 步，使用【切片工具】把整个图切分为左、中、右 3 部分，左右为空白边，中间部分为网页内容区域。继续使用【切片工具】把内容区域切分为上、中、下 3 部分，上面为头部区块，中间为内容板块，下面为空白区域，如图 14.34 所示。

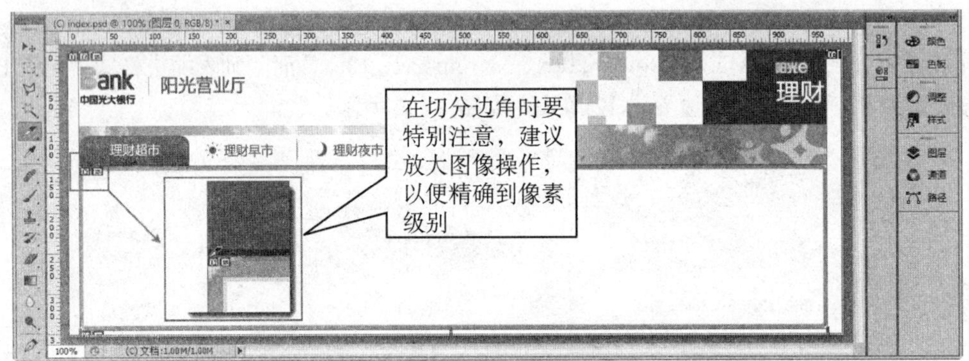

图 14.34　切分页面

第 3 步，使用【切片工具】把第 2 步中 02 切片再分为左、中、右 3 部分，左右两部分要包含所有色彩内容，中间部分为空白区域，将作为背景图像进行平铺显示，如图 14.35 所示。

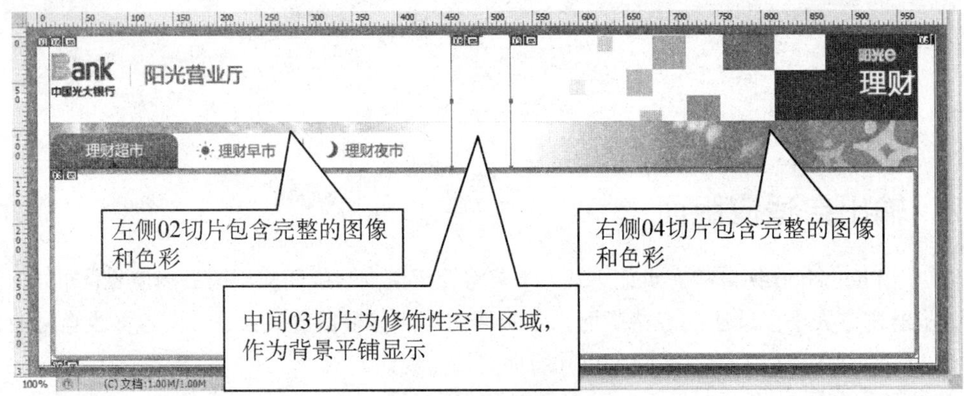

图 14.35　切分头部内容块

第 4 步，使用切片工具把第 2 步中 04 切片再进行细分，主要切割出 4 个顶角，为了能够精确切分，建议放大图像到 3200%，即从像素精度上进行控制，如图 14.36 所示放大显示了左上角和右下角

的切割细节。

提示：在切分 4 个顶角时，要注意左上角和右上角的高度必须相同，宽度可以不同，与此类似，左下角和右下角的切片高度也必须相同；左上角和左下角的宽度必须相同，高度可以不同，与此类似，右上角和右下角的切片宽度必须相同。

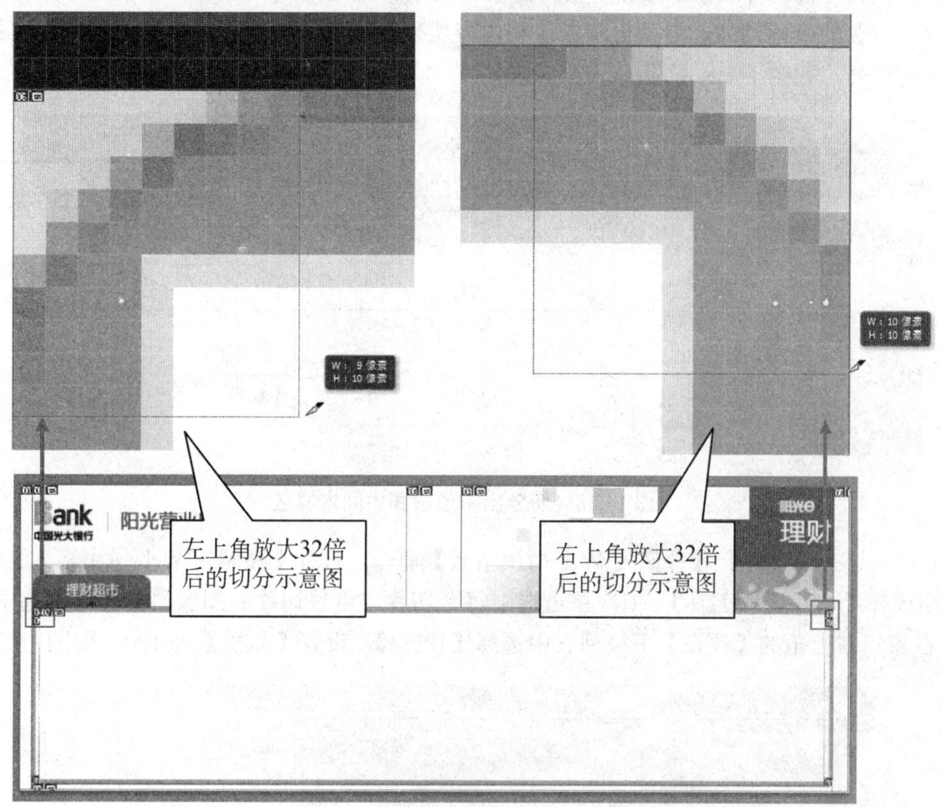

图 14.36　切分内容块四角和四边

【拓展】

九宫格是一种比较古老的设计，其实它就是一个 3 行 3 列的表格，如图 14.37 所示，因为窗体或板块需要在 8 个方向拉伸，所以网页版面中大量采用这种技术来布局设计。

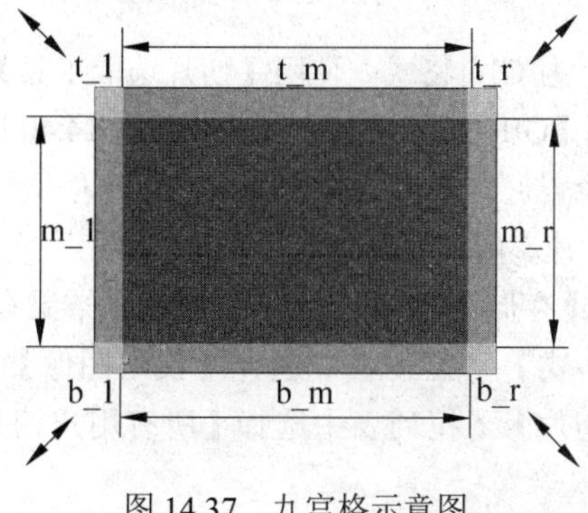

图 14.37　九宫格示意图

Note

从图 14.37 可以看出，每一行包括 3 列，其中蓝色方块是顶角，这 4 个块是宽高固定的区域，而黄色的 4 个区域分别是四条边，这些都是要水平或垂直平铺的，而中间的橙色区域是填充各内容的主要区域。这样的结构是最有利于内容区域随窗口不同而自动伸展宽高的，也是网页设计师最想要的一种布局结构，它灵动而从容。

第 5 步，再分别切分出四条边和中间内容块，由于已经把 4 个顶角准确切割出来，此时可以利用【切片工具】的吸附功能，自动把四条边和内容块切分出来。切分之后，要记录下九宫格中每个位置切片的编号，如图 14.38 所示。

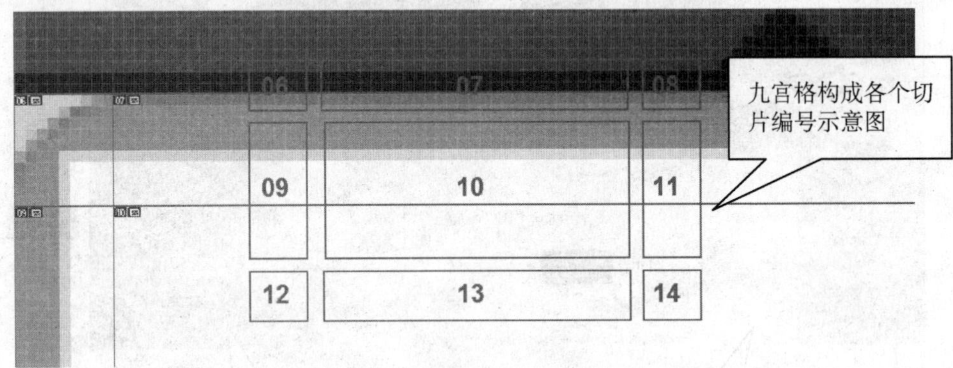

图 14.38　切分出四条边和中间内容区

第 6 步，选择【文件】|【存储为 Web 所用格式】命令，打开【存储为 Web 所用格式】面板，在窗口左侧选择【切片选取工具】，依次单击选中每个切片，设置切片的图像质量。分别选中切片 02 和 04，在窗口右上角的【预设】下拉列表中选择【JPEG】，设置【品质】为 100，如图 14.39 所示。

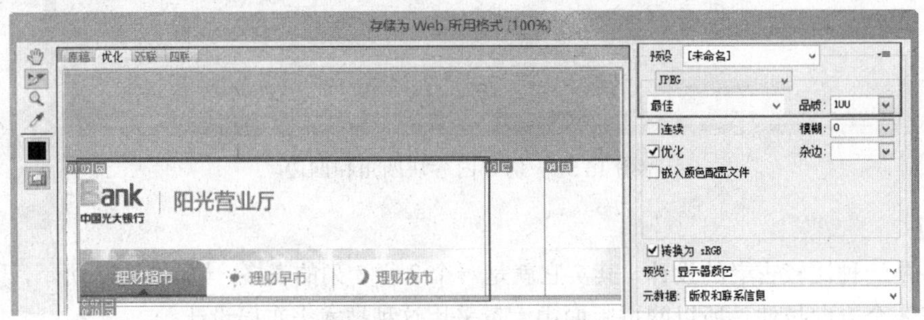

图 14.39　设定 JPEG 格式切片

第 7 步，其他各个切片设置为 GIF 格式。使用【切片选取工具】选中每个切片，然后在窗口右上角的【预设】下拉列表中选择【GIF 32 无仿色】选项，如图 14.40 所示。然后在左上位置单击【优化】标签，切换到优化状态，检查每个切片的优化效果，以便根据情况调整优化品质，并在左下角可以查看优化图片的大小、传输速率等信息。

第 8 步，设定完毕，单击【存储】按钮，打开【将优化结果存储为】对话框，在【文件名】下拉列表中输入“bg”，在【格式】下拉列表中选择【仅限图像】选项，在【设置】下拉列表中选择【背景图像】选项，在【切片】下拉列表中选择【所有用户切片】选项，详细设置如图 14.41 所示。

Note

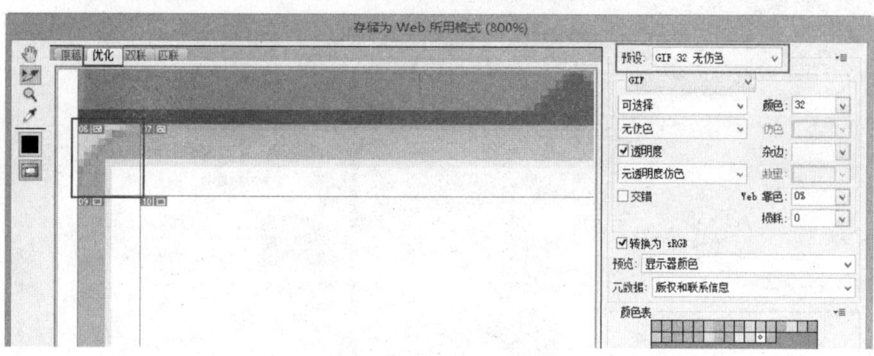

图 14.40　设定 GIF 格式切片

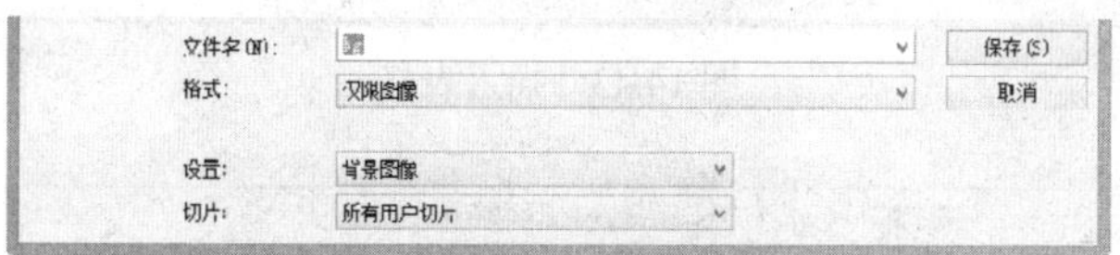

图 14.41　存储为背景图像

提示：当设置格式为“仅限图像”，则只生成切片图像，而不是生成 HTML 文档。在 images 文件夹中，将看到以文件名为前缀的序列切片图像，这些图像以文件名为前缀并添加切片编号，如图 14.42 所示。

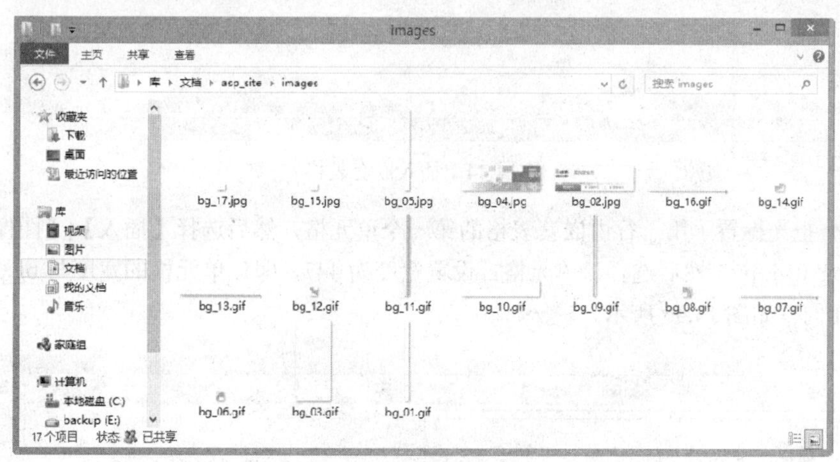

图 14.42　存储的背景图像

第 9 步，在 Dreamweaver 中新建 HTML 文件，保存为 index.html 文件，然后选择【插入】|【表格】命令，打开【表格】对话框，插入一个 2 行 1 列的无边框表格，设置宽度为 100%，边框粗细为 0，单元格边距为 0，单元格间距为 0，设置如图 14.43 所示。

第 10 步，把光标置于第一行单元格，然后选择【插入】|【表格】命令，插入一个 1 行 3 列的嵌套表格，设置宽度为 100%，边框粗细为 0，单元格边距为 0，单元格间距为 0；把光标置于第二行单元格，然后选择【插入】|【表格】命令，插入一个 3 行 3 列的嵌套表格，设置宽度为 100%，边框粗细为 0，单元格边距为 0，单元格间距为 0，效果如图 14.44 所示。

Note

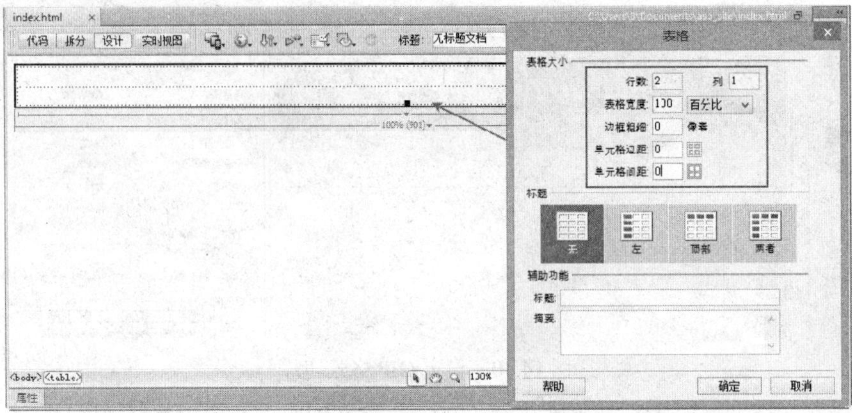

图 14.43　插入表格

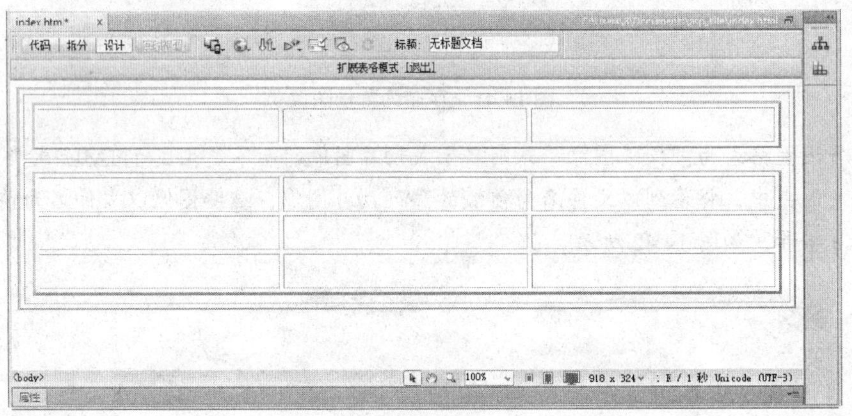

图 14.44　插入嵌套表格

第 11 步，把光标置于第一行内嵌套表格的第一个单元格，然后选择【插入】|【图像】命令，插入切片图像 bg_014.jpg。然后选择该单元格，设置宽度为 447，即让单元格的宽度与 bg_014.jpg 切片图像的宽度相同，如图 14.45 所示。

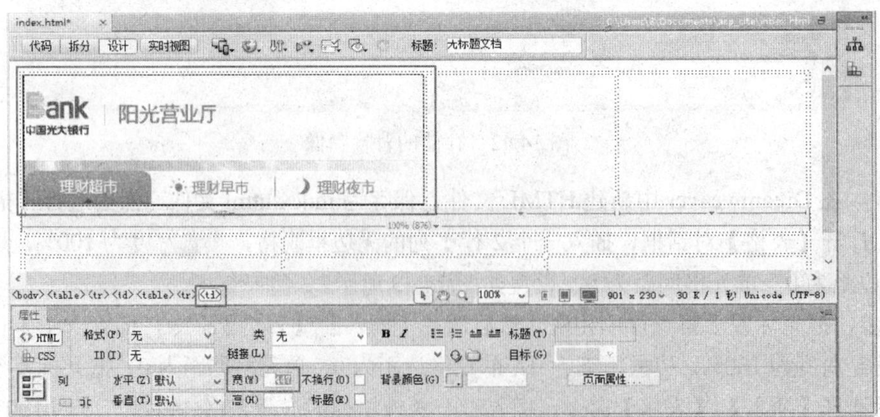

图 14.45　插入切片图像

第 12 步，以同样的方式插入 bg_04.jpg、bg_06.gif、bg_08.gif、bg_0114.gif、bg_014.gif 切片图像，即插入标题栏右侧图像，以及九宫格 4 个顶角的图像，在插入图像之后，根据该图像大小随手选中包含图像的单元格，在属性面板中设置单元格的大小与图像大小相同，如图 14.46 所示。

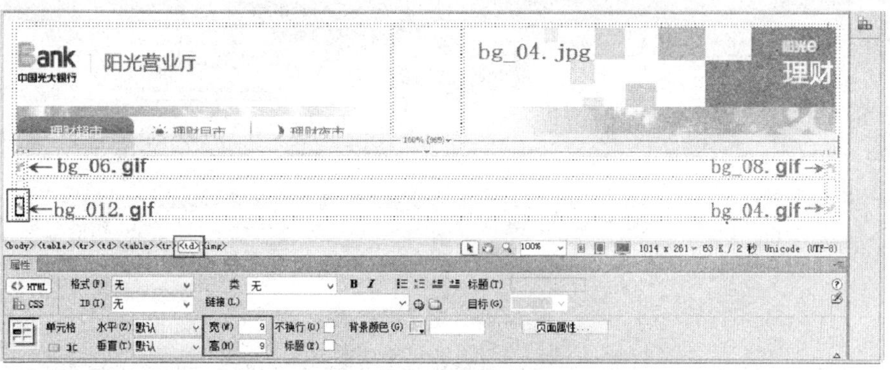

图 14.46　插入切片图像

第 13 步，选中第一行中间单元格，选择【插入】|【Div】命令，打开【插入 Div】对话框，在该对话框中单击【新建 CSS 规则】按钮，打开【新建 CSS 规则】对话框，按图 14.47 所示进行设置，在【选择器名称】文本框中输入类名 bg_03，单击【确定】按钮开始定义样式。

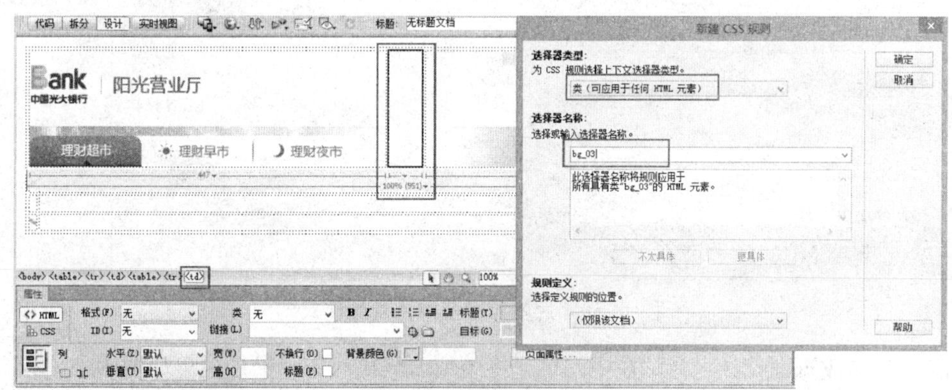

图 14.47　定义类样式

第 14 步，在打开的 CSS 规则定义对话框中，从左侧类别中选择“背景”选项，然后设置背景样式：Background-image: url (images/bg_03.gif)、Background-repeat: repeat-x，设计使用切片图像 bg_03.gif 水平平铺单元格，如图 14.48 所示。

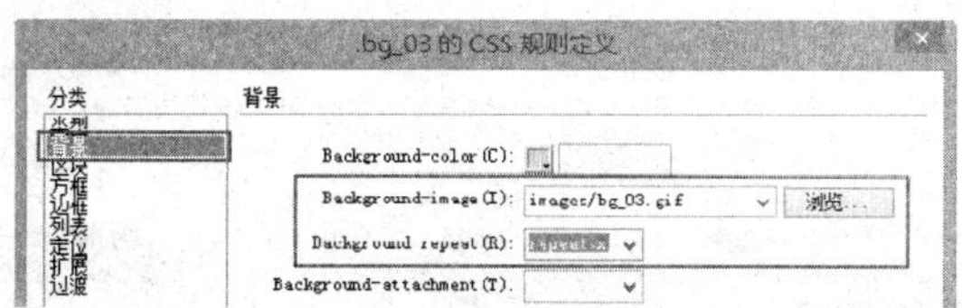

图 14.48　定义背景样式

第 15 步，以同样的方式定义 4 个样式类，分别命名为.bg_07、.bg_09、.bg_11、.bg_13，定义的

Note

背景样式如图 14.49 所示。这 4 个类样式分别应用于对应切片编号所在的位置，目的是设计九宫格上下边和左右两边的背景平铺效果。

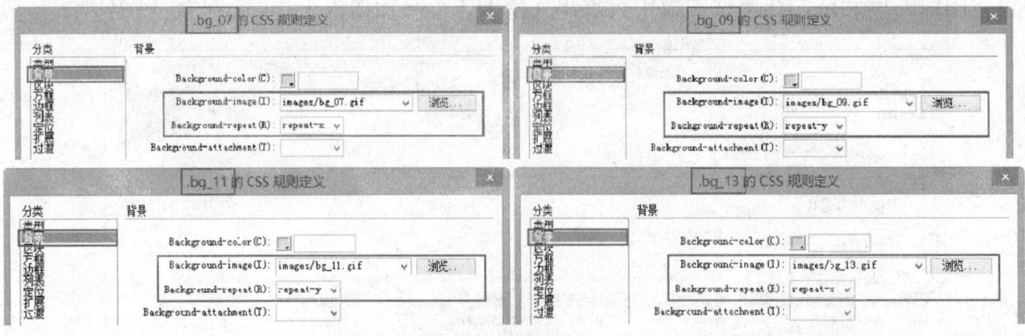

图 14.49　定义类样式

第 16 步，分别选中对应单元格，在属性面板中选择对应的类样式，为这些单元格应用背景重叠平铺样式，设置示意如图 14.50 所示。注意，类样式名称与每个单元格切片位置是一致的，读者在操作时应该根据切片编号分别进行应用。

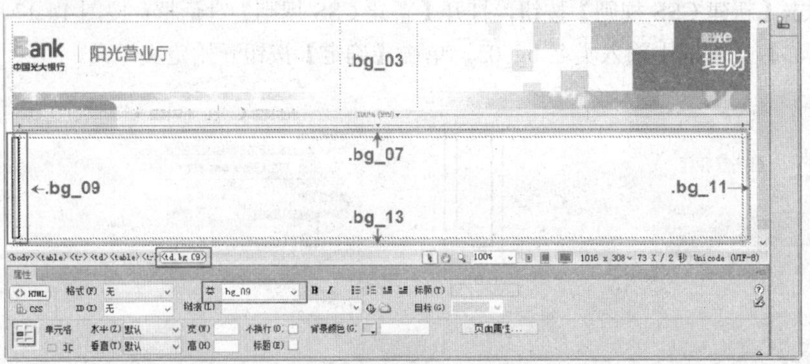

图 14.50　为单元格应用背景类样式

第 17 步，完成页面设计之后，在中间单元格中填入版块内容，最后效果如图 14.51 所示。保存页面，在浏览器中预览，就可以看到如图 14.33 所示的演示效果，当改变窗口大小时，版面大小也自

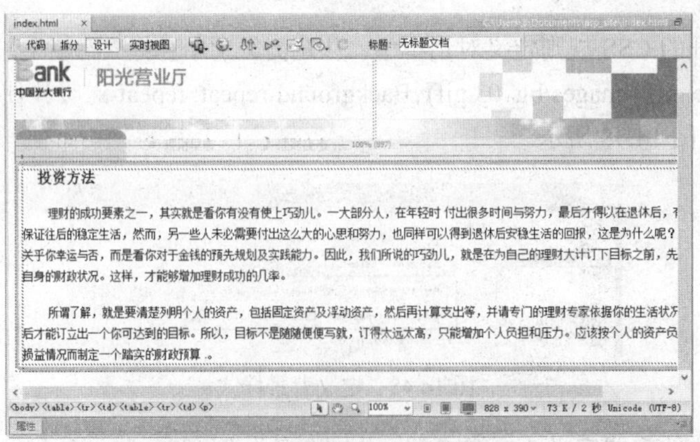

图 14.51　完成单元格内容的填充

适应进行调整。

14.2.3 输出首页

视频讲解

网页的版面设计可以使用图像表格的技巧，在 Photoshop 中设计好效果图，经由切片分割之后，存储为 HTML 文档格式，再通过 Dreamweaver 处理设定，就会以完美的形式呈现页面内容。例如，安排鼠标交互式图像按钮效果、背景图像的平铺和延伸等特效。

【操作步骤】

第 1 步，使用 Photoshop 打开本节的 index.psd 示例文件，如图 14.52 所示。在此将练习如何将此首页效果图转换成网页，并能够把滑动按钮图像同时输出为交互图像效果，实现交互式动态效果设计。

（a）首页版面效果

（b）交互式按钮显示效果

图 14.52 范例效果

第 2 步，使用【切片工具】把整个效果图切分为左、中、右 3 部分，左右为背景图，中间部分为网页内容区域。继续使用【切片工具】把内容区域切分为上、中、下、底 4 部分，上面为头部区块，中间为广告区块，下为内容板块，底面为版权区域，如图 14.53 所示。

图 14.53 切分效果图

Note

第 3 步，在【图层】面板中显示所有按钮图层，放大图像分别切割每个栏目，在切分按钮图片时，应该为每个按钮进行独立切割，并记录每个按钮的切片编号，如图 14.54 所示。

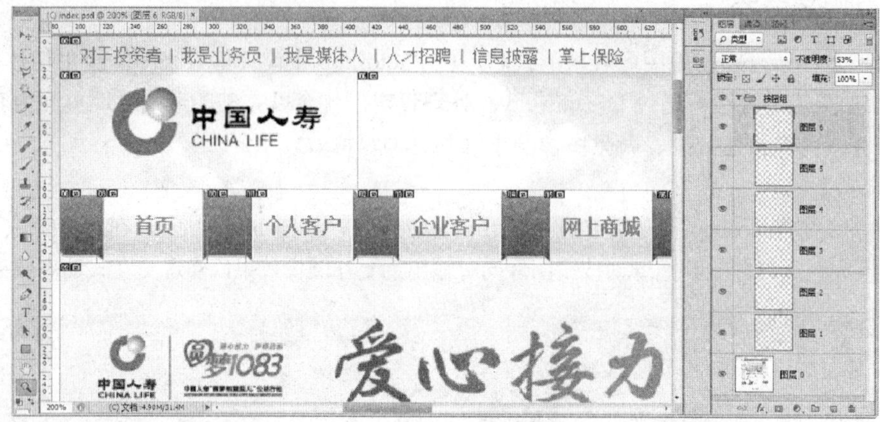

图 14.54　切分按钮组

第 4 步，先隐藏按钮组图层，然后选择【文件】|【存储为 Web 所用格式】命令，打开【存储为 Web 所用格式】面板，在窗口左侧选择【切片选取工具】，依次单击选中每个切片，设置切片的图像质量。分别选中切片 05、22、24、44 等，在窗口右上角的【预设】下拉列表选项中选择【JPEG】选项，设置【品质】为 60。其他各个切片设置为 GIF 格式。使用【切片选取工具】选中每个切片，然后在窗口右上角的【预设】下拉列表中选择【GIF 32 无仿色】选项，如图 14.55 所示。然后在左上角位置单击【优化】标签，切换到优化状态，检查每个切片的优化效果，以便根据情况调整优化品质，并在左下角可以查看优化图片的大小、传输速率等信息。

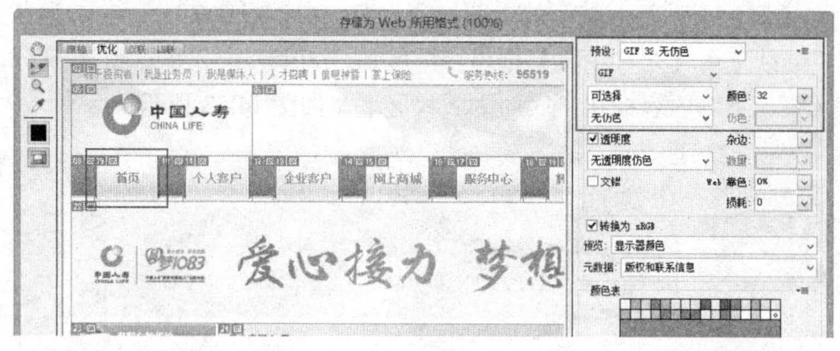

图 14.55　设定切片格式和质量

第 5 步，设定完毕，单击【存储】按钮，打开【将优化结果存储为】对话框，在【文件名】文本框中输入“index.html”，在【格式】下拉列表中选择【HTML 和图像】选项，在【设置】下拉列表中选择【背景图像】选项，在【切片】下拉列表中选择【所有切片】选项，详细设置如图 14.56 所示。

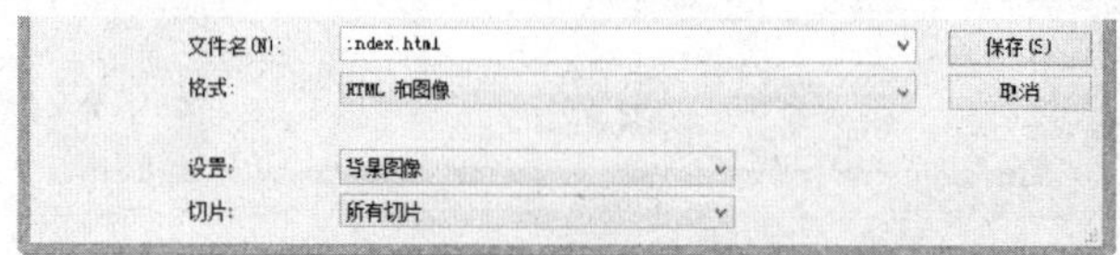

图 14.56　存储为背景图像

第 6 步，再显示按钮组图层，然后选择【文件】|【存储为 Web 所用格式】命令，打开【存储为 Web 所用格式】面板，在窗口左侧选择【切片选取工具】，按住 Shift 键，依次单击选中按钮切片。单击【存储】按钮，打开【将优化结果存储为】对话框，在【文件名】文本框中输入 over，在【格式】下拉列表中选择【仅限图像】选项，在【设置】下拉列表中选择【背景图像】选项，在【切片】下拉列表中选择【选中的切片】选项，详细设置如图 14.57 所示。

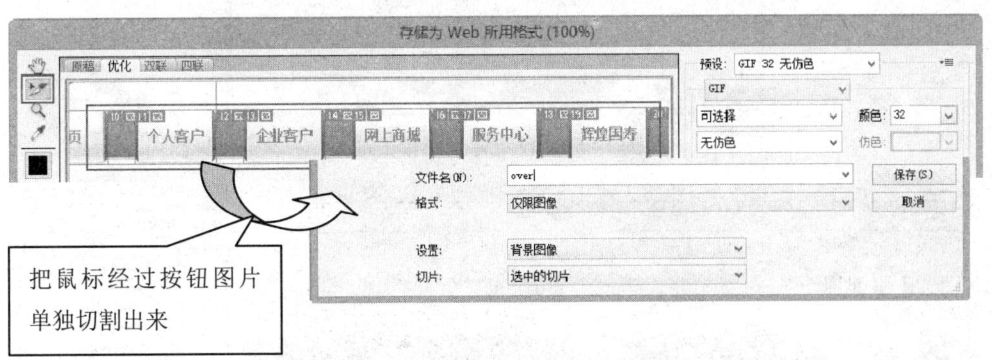

图 14.57　存储为背景图像

第 7 步，在 Dreamweaver 中打开 index.html 文件，可以看到所有的切片图像都是通过隐形表格进行控制。选中整个表格，在属性面板中让表格居中显示，如图 14.58 所示。

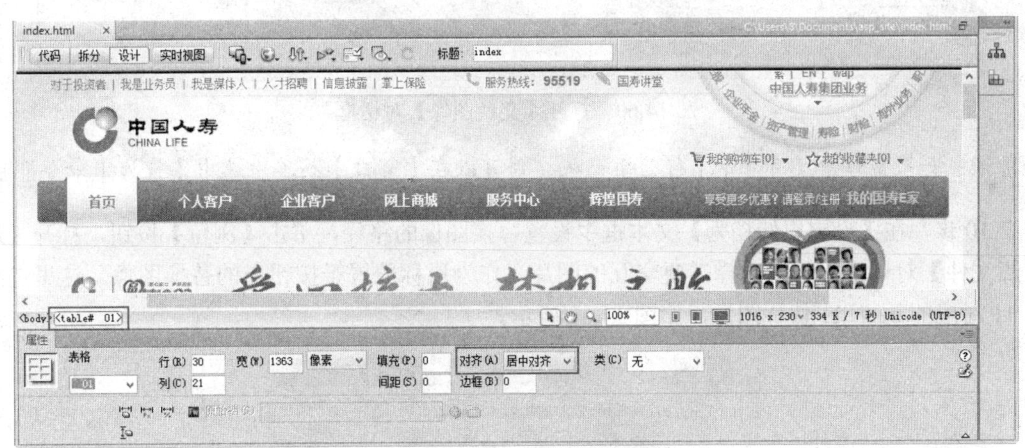

图 14.58　设置网页居中显示

第 8 步，设计网页背景渐变左右延伸。选择【修改】|【页面属性】命令，打开【页面属性】对话框，在左侧分类中选择【外观（CSS）】选项，然后设置【背景图像】为 images/index_01.jpg，即切片 01 图像，设置【重复】为 repeat-x，即切片 01 图像沿水平方向平铺，设置如图 14.59 所示。

第 9 步，设计交互式按钮效果，设计鼠标经过导航按钮时，交换显示另一个图片效果。先选中切片 11 图像（即个人客户菜单），在属性面板中定义 ID 编号为 index_11，即保持与切片名称一致，后面几个按钮都按此规律命名。单击【行为】面板上的 +, 按钮，在弹出的快捷菜单中选择【交换图像】命令，打开【交换图像】对话框，如图 14.60 所示。

Note

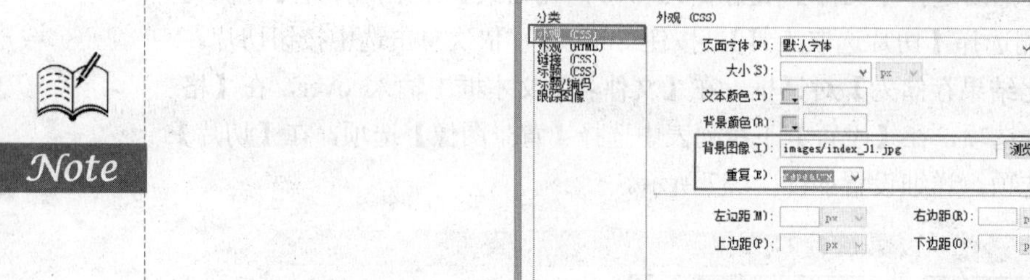

图 14.59　设定背景图像平铺

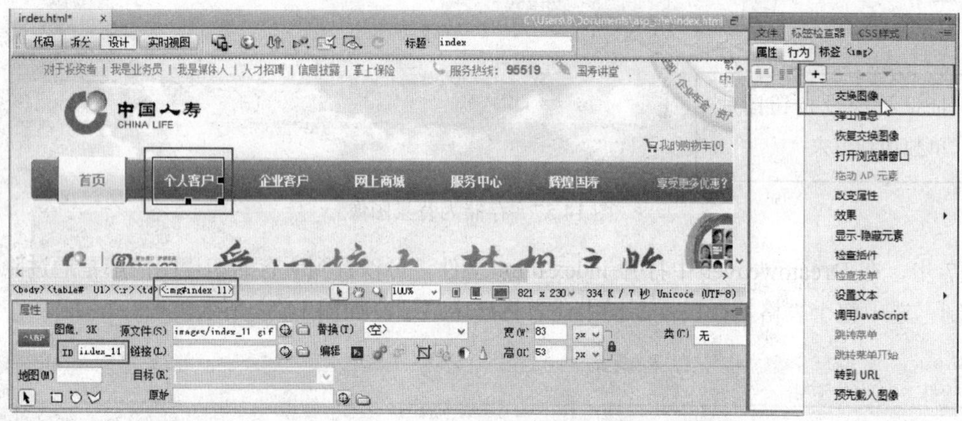

图 14.60　打开【交换图像】对话框

提示：如果窗口中没有显示【行为】面板，则可以在【窗口】菜单中选中【行为】命令即可。

第 10 步，在【设定原始档为】文本框中设置替换图像的路径，单击【浏览】按钮，打开【选择图像源文件】对话框，从中选择需要交互的图片，作为鼠标放置于按钮上的替换图像。这里选择与切片 11 对应的 over_11 切片图像，如图 14.61 所示。

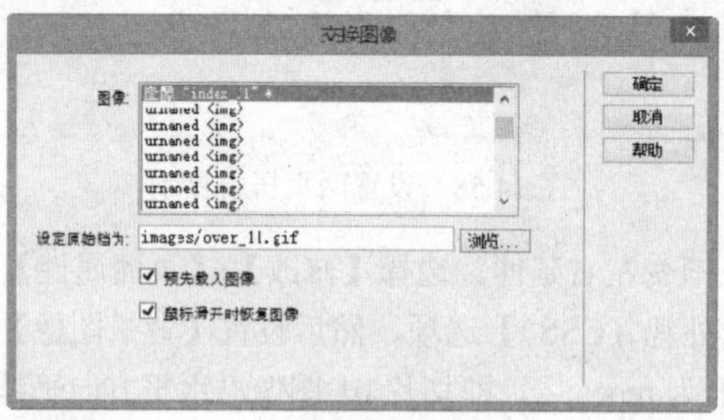

图 14.61　设置【交换图像】对话框

第 11 步，选中【预先载入图像】复选框，设置预先载入图像，以便及时响应浏览者的鼠标动作。因为替换图像在正常状态下不显示，浏览器默认情况下不会下载该图像。

第 12 步，选中【鼠标滑开时恢复图像】复选框，设置鼠标离开按钮时恢复为原图像，该选项实际上是启用“恢复交换图像”行为。如果不选择该选项，要恢复原始状态，用户还需要增加“恢复

交换图像”行为恢复图像原始状态。

提示：在【交换图像】对话框的【图像】列表框中，列出了网页上的所有图像。选中的图像如果没有命名，则会添加默认名 Image1。如果网页上图像很多，就必须通过命名来区分不同的图像。需要特别注意的是，图像的命名不能与网页上其他对象重名。

第 13 步，设置完毕，单击【确定】按钮关闭对话框。在编辑窗口中选中图像，在【行为】面板中会出现两个行为，如图 14.62 所示。“动作”栏显示一个为“恢复交换图像”，其事件为 onMouseOut（鼠标移出图像），另一个为“交换图像”，事件为 onMouseOver（鼠标在图像上方）。

图 14.62　设置交换图像事件

【拓展】

添加行为之后，还是可以编辑，在【行为】面板中双击“交换图像”选项，会打开【交换图像】对话框，可以对交换图像的效果进行重新设置。选中一个行为之后，可以单击面板上的 - 按钮删除行为。

第 14 步，以同样的方式为切片 13、切片 15、切片 17、切片 19 也定义交换图像行为，依次对应的切片图像为 over_13.gif、over_15.gif、over_17.gif、over_14.gif。到此，交换图像制作完成，按 F12 键预览效果。当鼠标放置在图像上时，会出现另一张图像，鼠标移开，恢复为原来的图像。

14.2.4　输出内页

线上阅读

对于网站内页来说，最常见的是左右分栏的版式效果，无论是页面顶部的标题区，还是左侧导航服务区，在 Photoshop 中设计好版式，经由切片分割之后，存储为 HTML 文档格式，再通过 Dreamweaver 处理设定，就会以完美的形式呈现出页面内容。详细操作请扫码阅读。

14.2.5　设计固定背景

线上阅读

使用 CSS 可以定义背景图，包括背景图像、定位方式、平铺方式等，在网页应用中可以先定义样式类，然后把这个类绑定到网页任何元素，包括表格、单元格等。详细操作请扫码阅读。

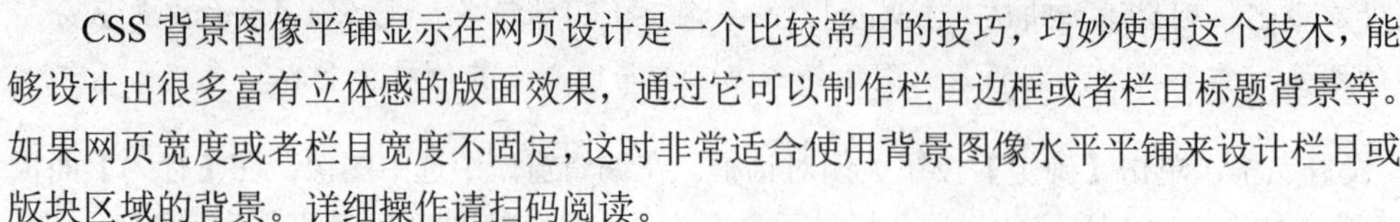

Note

14.2.6　设计渐变背景

线上阅读

CSS 背景图像平铺显示在网页设计是一个比较常用的技巧，巧妙使用这个技术，能够设计出很多富有立体感的版面效果，通过它可以制作栏目边框或者栏目标题背景等。如果网页宽度或者栏目宽度不固定，这时非常适合使用背景图像水平平铺来设计栏目或版块区域的背景。详细操作请扫码阅读。

14.2.7　设计圆角背景

线上阅读

使用背景图像设计圆角版面的基本思路是：先用 Photoshop 设计好圆角图像，再用 CSS 把圆角图像定义为背景图像，定位到版面中。详细操作请扫码阅读。

14.2.8　设计单栏背景

线上阅读

对于内容区无左、右侧栏的上下行单栏式版面，可以将背景设计在左右两侧，或者页头、页脚、内容区两侧，下面示例将介绍如何使用 CSS 制作 Tab 版面栏目背景的方法。详细操作请扫码阅读。

14.2.9　设计双栏背景

线上阅读

此例的版面背景设计位于左右两侧，内容区上，再加上内容区上端的标题栏背景，以及页脚区域的延长条衬线，如果没有好好安排 CSS 背景，则整个版面会变得支离破碎。详细操作请扫码阅读。

第15章

使用 Flash 新建动画

Flash 是最著名的矢量动画和多媒体创作软件，用于网页设计和多媒体创作等领域。前几年 Flash 设计非常流行，网页中大量充斥着 Flash 动画，甚至纯 Flash 网站都比较时尚。最近几年，HTML5 技术和标准化设计开始盛行，Flash 动画在网页设计中的热度逐渐减弱，但是依然占据了重要地位，是网页设计不可或缺的技术力量。

【学习重点】

- 熟悉 Flash CC 界面。
- 熟悉 Flash 工作场景。
- 操作 Flash 文档。
- 制作简单的动画。

Note

视频讲解

15.1 熟悉 Flash CC 主界面

启动 Flash CC 后，进入主工作界面，它与其他 Adobe CC 组件具有一致的外观，从而可以帮助用户更容易地使用多个应用程序，如图 15.1 所示。

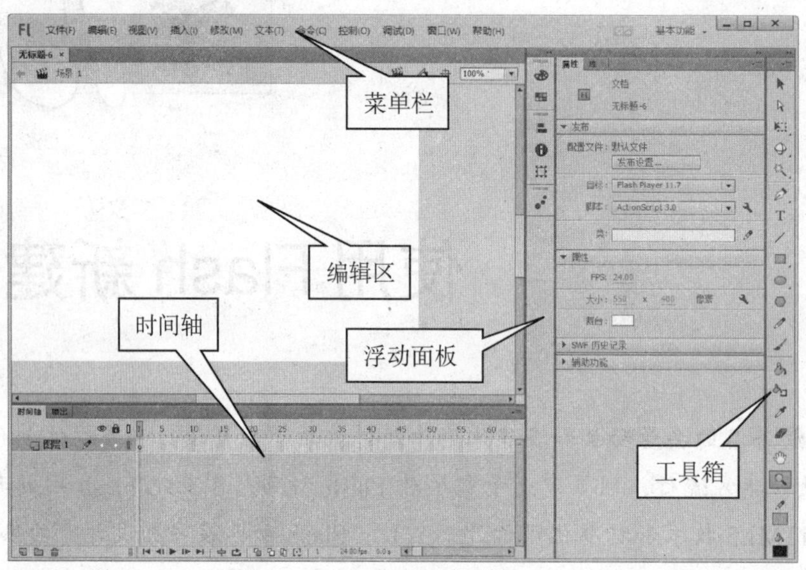

图 15.1 Flash CC 工作界面

15.1.1 编辑区

编辑区是 Flash CC 提供的制作动画内容的区域，所制作的 Flash 动画内容将完全显示在该区域中。在这里，用户可以充分发挥自己的想象力，制作出充满动感和生机的动画作品。根据工作情况和状态的不同，可以将编辑区分为舞台（Stage）和工作区两个部分。

编辑区正中间的矩形区域就是舞台，在编辑时，用户可以在其中绘制或者放置素材（或其他电影）内容，舞台中显示的内容是最终生成动画后，访问者能看到的全部内容，当前舞台的背景也就是生成影片的背景。

舞台周围灰色的区域就是工作区，在工作区里不管放置了多少内容，都不会在最终的影片中显示出来，因此可以将工作区看成舞台的后台。工作区是动画的开始点和结束点，也就是角色进场和出场的地方，它为进行全局性的编辑提供了条件。

如果不想在舞台后面显示工作区，可以单击【视图】菜单，取消对【工作区】（快捷键：Shift+Ctrl+W）命令的选择。执行该操作后，虽然工作区中的内容不显示，但是在生成影片时，工作区中的内容并不会被删除，它仍然存在。

15.1.2 菜单栏

在 Flash CC 中，菜单栏与窗口栏被整合在一起，使得界面整体更简洁，工作区域进一步扩大。

菜单栏提供了几乎所有的 Flash CC 命令，用户可以根据不同的功能类型，在相应的菜单项下找到所需的功能，其具体操作将在后面的章节中详细介绍。

15.1.3 工具箱

工具箱位于界面的右侧，包括工具、查看、颜色以及选项 4 个区域，集中了编辑过程中最常用的命令，如图形的绘制、修改、移动、缩放等操作，都可以在这里找到合适的工具来完成，从而提高了编辑效率。

15.1.4 时间轴

时间轴位于编辑区的下方，其中除了帧区以外，还有一个图层管理器，两者配合使用，可以在每一个图层中控制动画的帧数和每帧的效果。时间轴在 Flash 中是相当重要的，几乎所有的动画效果都是在这里完成的，可以说时间轴是 Flash 动画的灵魂，只有熟悉了它的操作和使用方法，才可以在动画制作中游刃有余。

15.1.5 浮动面板

在编辑区的右侧是多个浮动面板，用户可以根据需要，对它们进行任意的排列组合。当需要打开某个浮动面板时，只需在【窗口】菜单下查找并单击即可。

15.1.6 属性面板

在 Flash CC 中，属性面板以垂直方式显示，位于编辑区的右侧，该种布局能够利用更宽的屏幕提供更多的舞台空间。严格来说，属性面板也是浮动面板之一，但是因为它的使用频率较高，作用比较重要，用法比较特别，所以从浮动面板中单列出来。在动画的制作过程中，所有素材（包括工具箱及舞台）的各种属性都可以通过属性面板进行编辑和修改，使用起来非常方便。

15.2 文档操作

视频讲解

在制作 Flash 动画之前，首先必须创建一个新的 Flash CC 文档，Flash CC 为用户提供了非常便捷的文档操作。

15.2.1 打开文档

选择【文件】|【打开】（快捷键：Ctrl+O）命令，打开【打开】对话框，如图 15.2 所示，选择需要打开的文档，单击【打开】按钮即可。

15.2.2 新建文档

选择【文件】|【新建】（快捷键：Ctrl+N）命令，打开【新建文档】对话框，如图 15.3 所示，进

Note

行相应的设置，然后单击【确定】按钮即可。

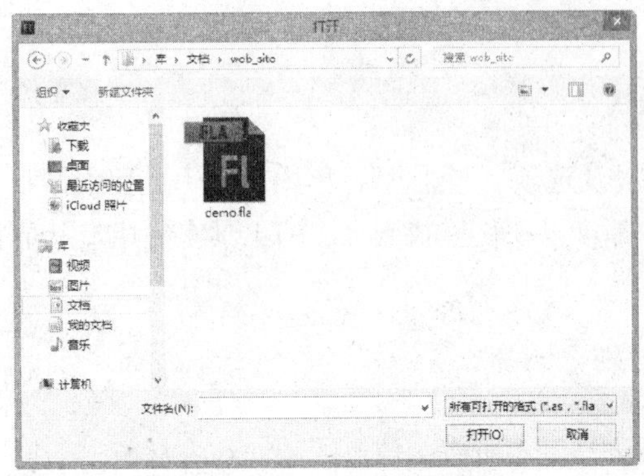

图 15.2　打开已有的 Flash 文档

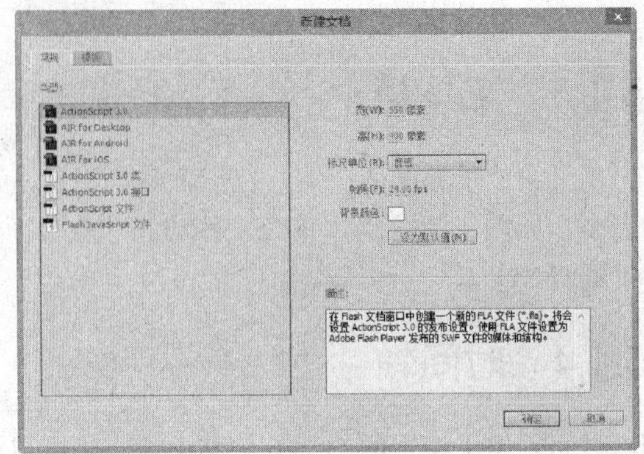

图 15.3　新建 Flash 文档

15.2.3　保存文档

制作好 Flash 动画后，可以选择【文件】|【保存】（快捷键：Ctrl+S）命令进行保存。

如果需要将当前文档存到计算机里的另一个位置，并且重命名，可以选择【文件】菜单下的【另存为】（快捷键：Shift+Ctrl+ S）命令进行保存。

15.2.4　关闭文档

当不需要继续制作 Flash 动画时，可以选择【文件】|【关闭】（快捷键：Ctrl+W）命令关闭当前文档。也可以选择【文件】|【全部关闭】（快捷键：Ctrl+Alt+W）命令关闭所有打开的文档。

当完成动画的编辑和制作之后，可以单击 Flash 软件右上角的【关闭】按钮关闭当前窗口，也可以选择【文件】|【退出】（快捷键：Ctrl+Q）命令退出 Flash 软件。

视频讲解

15.3　实战演练：使用 Flash

在制作 Flash 动画之前，必须了解如何在 Flash 中对文档进行相应的操作。

【操作步骤】

第 1 步，启动 Flash CC 软件。

第 2 步，选择【文件】|【新建】（快捷键：Ctrl+N）命令。

第 3 步，在打开的【新建文档】对话框中，选择【常规】选项卡中的 ActionScript 3.0 选项，如图 15.4 所示。

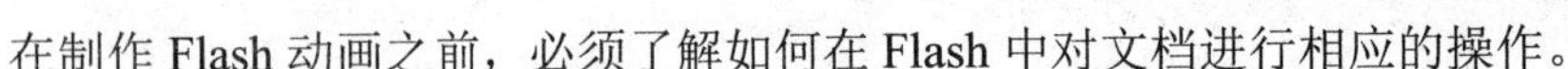

提示：选择 ActionScript 3.0 和 ActionScript 2.0 版本的文档，所创建出来的文档对 ActionScript 的支持是不一样的，ActionScript 3.0 文档支持更多的功能。

第 4 步，单击【确定】按钮，创建一个新的 Flash CC 文档。

第 5 步，选择【文件】|【保存】（快捷键：Ctrl+S）命令。Flash 源文件的格式为 FLA，在计算机中显示的图标如图 15.5 所示。

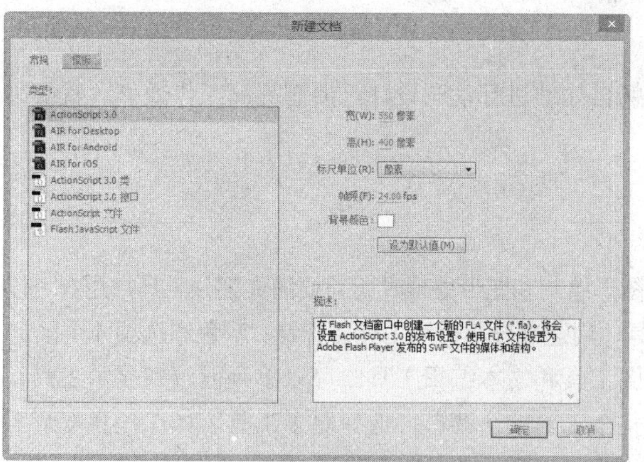

图 15.4　新建 Flash 文档

图 15.5　Flash 源文件图标

第 6 步，在打开的对话框中设置保存路径和文件名称，单击【确定】按钮保存。在保存 Flash 源文件时，可以选择不同的保存类型，但是不同版本的 Flash 软件只能打开特定类型的文档，例如，Flash CC 格式的文档不能够在 Flash CS3 中打开。

第 7 步，选择【文件】|【打开】（快捷键：Ctrl+O）命令，在打开的对话框中找到第 6 步保存的 Flash CC 文档，单击【打开】按钮将其打开。

Flash 可以打开的文件格式很多，但是一般来说，打开的都是 FLA 格式的源文件，如果要打开 SWF 格式的影片文件，Flash 将会使用 Flash 播放器，而不使用 Flash 编辑软件，如图 15.6 和图 15.7 所示。

图 15.6　Flash 影片文件图标

图 15.7　使用 Flash 播放器观看动画效果

第 8 步，选择【文件】|【关闭】（快捷键：Ctrl+W）命令，关闭当前文档，退出 Flash 动画的编辑状态。

Note

视频讲解

15.4　熟练工作场景

所谓“工欲善其事，必先利其器”，要想顺畅自如地进行动画设计，要想提高工作效率，就必须详细了解 Flash CC 的基本设置。

15.4.1　认识工具箱

Flash CC 的工具箱中，包含了用户进行矢量图形绘制和图形处理时所需要的大部分工具，用户可以使用它们进行图形设计。Flash CC 的工具箱按照具体用途来分，分为工具、查看、颜色和选项 4 个区。

☑ 工具区：包含 Flash CC 的强大矢量绘图工具和文本编辑工具。可以单列或双列显示工具，如图 15.8 所示为三列显示。可以展开某个工具的子菜单，选择更多工具，如在任意变形工具的折叠菜单中还有渐变变形工具，如图 15.9 所示。

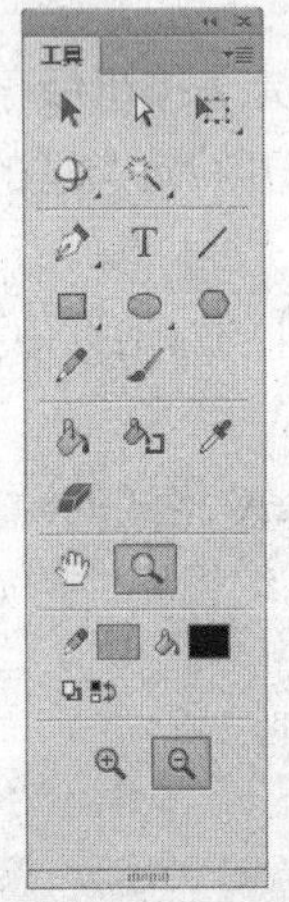

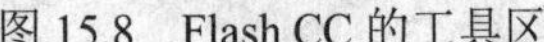

图 15.8　Flash CC 的工具区

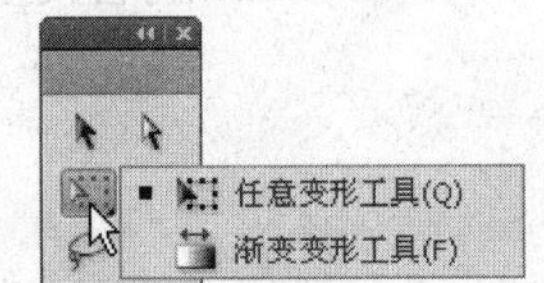

图 15.9　任意变形工具折叠菜单

☑ 查看区：包括对工作区中的对象进行缩放和移动的工具，如图 15.10 所示。

☑ 颜色区：包括描边工具和填充工具，如图 15.11 所示。

☑ 选项区：显示选定工具的功能设置按钮，如图 15.12 所示。

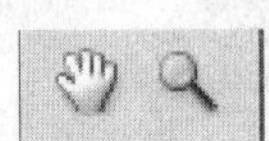

图 15.10　Flash CC 的查看区

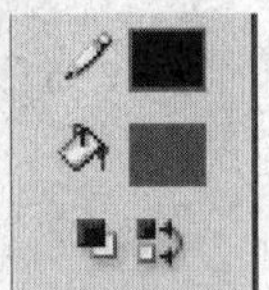

图 15.11　Flash CC 的颜色区

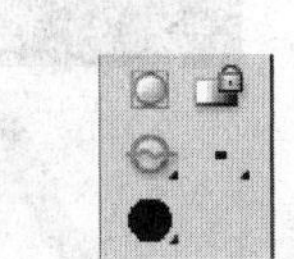

图 15.12　Flash CC 的选项区

15.4.2　设置舞台

Flash 中的舞台好比现实生活中剧场的舞台，其概念在前面已经介绍过，真正的舞台是缤纷多彩

的，Flash 中的舞台也不例外。用户可以根据需要，对舞台的效果进行设置。

【操作步骤】

第 1 步，启动 Flash CC 软件。

第 2 步，选择【文件】|【新建】（快捷键：Ctrl+N）命令，创建新的 Flash 文档。

第 3 步，选择【修改】|【文档】（快捷键：Ctrl+J）命令，打开 Flash 的【文档设置】对话框，如图 15.13 所示。

第 4 步，在【舞台大小】后的文本框中输入文档的宽度和高度，在【单位】下拉列表中选择标尺的单位，一般选择像素。

第 5 步，单击【舞台颜色】的颜色选取框，在打开的颜色拾取器中为当前 Flash 文档选择一种舞台颜色，如图 15.14 所示。

提示： 在 Flash 的颜色拾取器中，只能选择单色作为舞台的背景颜色，如果需要使用渐变色作为舞台的背景，可以在舞台上绘制一个和舞台同样尺寸的矩形，然后填充渐变色。

第 6 步，在【帧频】文本框中设置当前影片的播放速率（fps），fps 的含义是每秒钟播放的帧数，Flash CC 默认的帧频为 24。

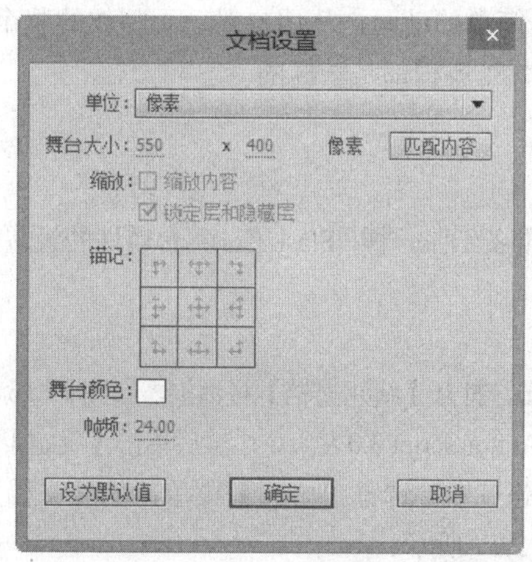

图 15.13　Flash CC 的【文档设置】对话框

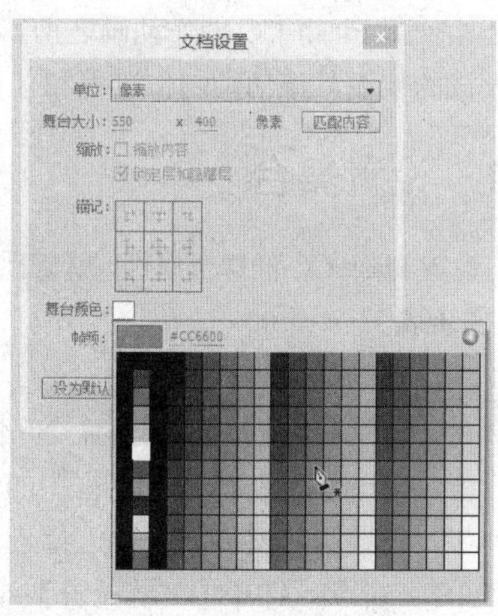

图 15.14　Flash CC 的颜色拾取器

并不是所有 Flash 影片的帧频都要设置为 24，而是要根据实际的影片发布需要来设置，如果制作的影片是要在多媒体设备上播放的，如电视、计算机，那么帧频一般设置为 24，如果是在互联网上进行播放，帧率一般设置为 12。

15.4.3　使用场景

与电影里的分镜头十分相似，场景就是在复杂的 Flash 动画中，几个相互联系而又性质不同的分镜头，即不同场景之间的组合和互换构成了一个精彩的多镜头动画。一般比较大型的动画和复杂的动画经常使用多场景。在 Flash CC 中，通过场景面板对影片的场景进行控制。

选择【窗口】|【其他面板】|【场景】（快捷键：Shift+F2）命令，打开【场景】面板，如图 15.15 所示。

Note

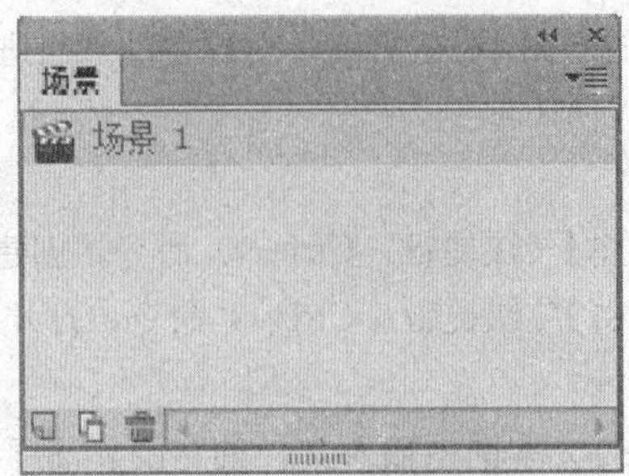

图 15.15　场景编辑面板

☑　单击【复制场景】按钮，复制当前场景。

☑　单击【新建场景】按钮，添加一个新的场景。

☑　单击【删除场景】按钮，删除当前场景。

视频讲解

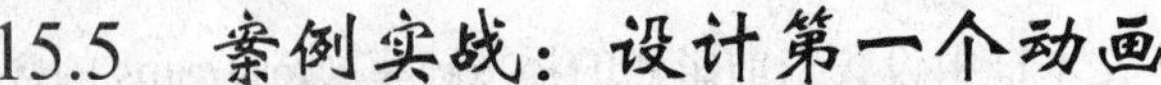

15.5　案例实战：设计第一个动画

在开始使用 Flash CC 创作动画之前，先来制作一个简单的动画，让用户对动画制作的整个流程有一个大概的认识，该动画制作流程和任何复杂动画的制作流程都是一样的。

15.5.1　设置舞台

首先设置 Flash CC 的舞台属性，就好比在绘画之前，准备纸张一样，Flash CC 舞台属性的设置如下。

【操作步骤】

第 1 步，启动 Flash CC 软件。

第 2 步，选择【文件】|【新建】命令（快捷键：Ctrl+N），打开【新建文档】对话框，如图 15.16 所示。

第 3 步，选择【新建文档】对话框中的“Flash 文件（ActionScript 3.0）命令，然后单击【确定】按钮。

第 4 步，设置影片文件的大小、背景色和播放速率等参数。选择【修改】菜单下的【文档】（快捷键：Ctrl+J）命令，打开【文档设置】对话框，如图 15.17 所示。

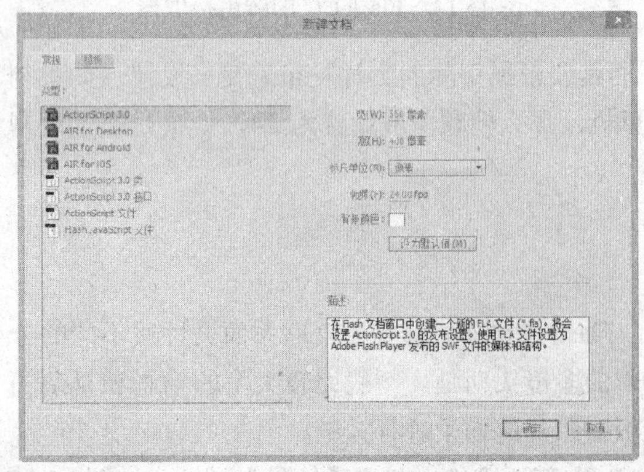

图 15.16　【新建文档】对话框

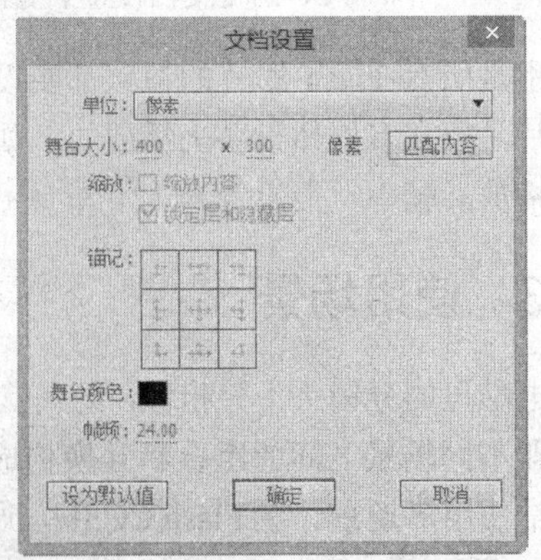

图 15.17　Flash CC 的【文档设置】对话框

或者双击时间轴中的图 15.18 所示的位置，同样可以打开【文档设置】对话框。

图 15.18　双击图中所示的位置

当然还有一种最快捷的方法，就是使用界面右方的属性面板，如图 15.19 所示。

第 5 步，在【文档属性】对话框中进行如下设置。

（1）设置舞台大小为 400 像素×300 像素。

（2）设置舞台的背景颜色为黑色。

（3）设置完毕后，单击【确定】按钮。

第 6 步，修饰舞台背景。选择工具箱中的矩形工具，如图 15.20 所示，然后将颜色区中的笔触设置为无色，填充设置为白色。

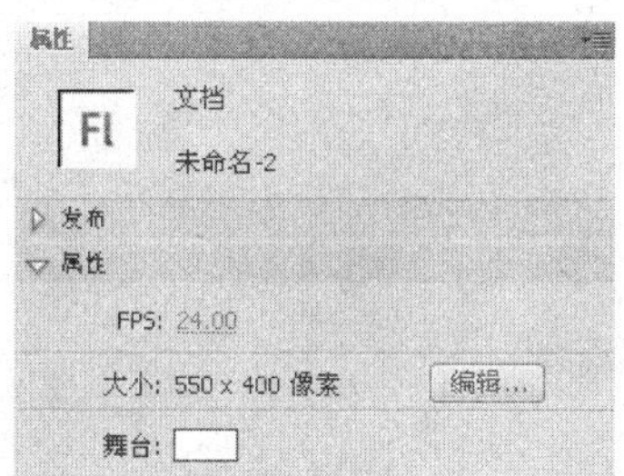

图 15.19　在属性面板中设置文档属性

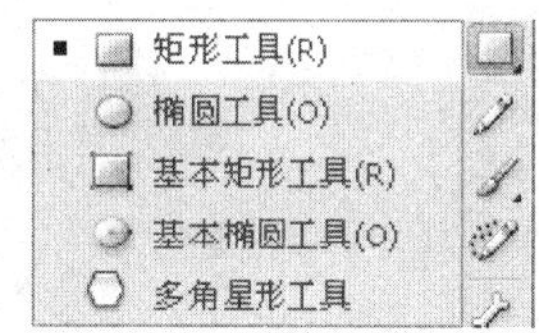

图 15.20　选择矩形工具

第 7 步，使用矩形工具在舞台的中央绘制一个没有边框的白色矩形，如图 15.21 所示。

第 8 步，选择工具箱中的文本工具，单击舞台的左上角，输入“Flash CC 动画制作”，然后在属性面板中设置文本的属性，如图 15.22 所示。

图 15.21　在舞台中绘制白色无边框矩形

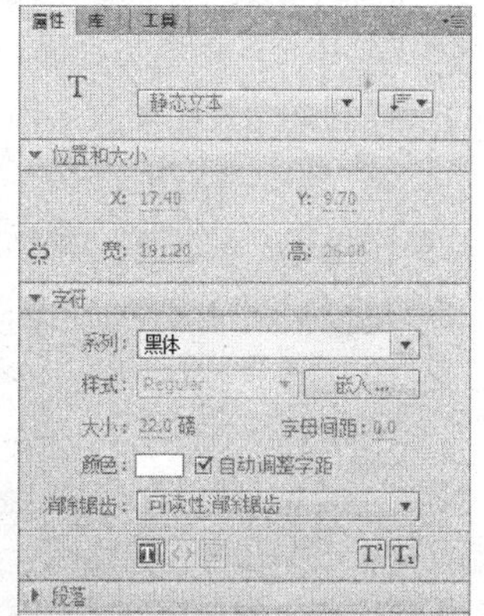

图 15.22　输入文本并设置其属性

Note

第 9 步，选择工具箱中的文本工具，在舞台的下方单击，输入“网页顽主，不怕慢就怕站”，然后在属性面板中设置文本的属性，如图 15.23 所示。

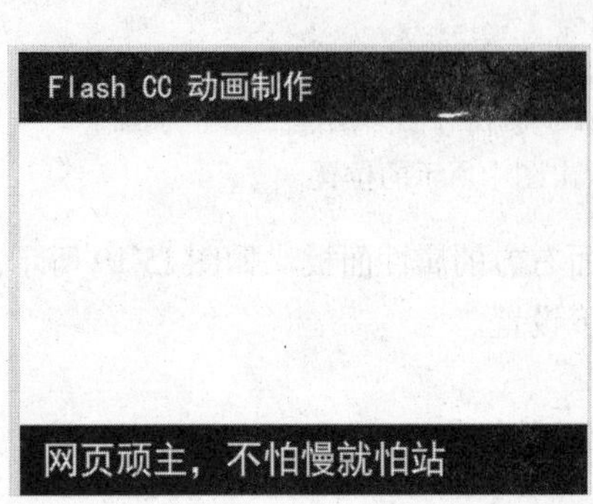

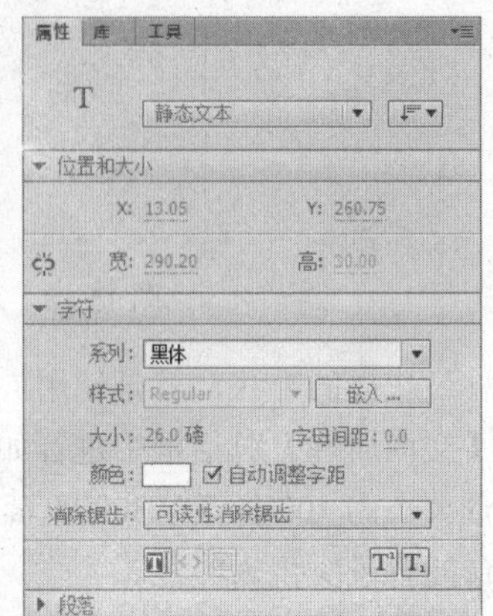

图 15.23　输入文本并设置其属性

第 10 步，以上所有的操作都是在“图层 1”中完成，为便于操作，将“图层 1”更名为“背景”，如图 15.24 所示。

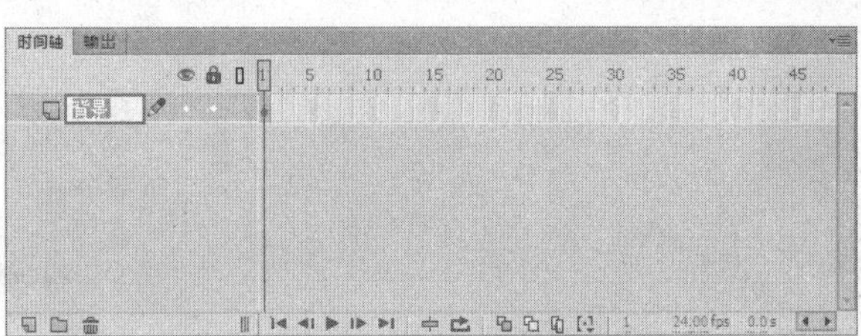

图 15.24　更改图层名称

15.5.2　制作动画

完成舞台设置之后，就可以动手制作动画。

【操作步骤】

第 1 步，为避免在编辑的过程中，对“背景”图层中的内容进行操作，可以单击“背景”图层与小锁图标交叉的位置，锁定“背景”图层，如图 15.25 所示。

第 2 步，单击时间轴左下角的【新建图层】按钮，创建“图层 2”，如图 15.26 所示（接下来的操作将在“图层 2”中完成）。

图 15.25　锁定“背景”图层

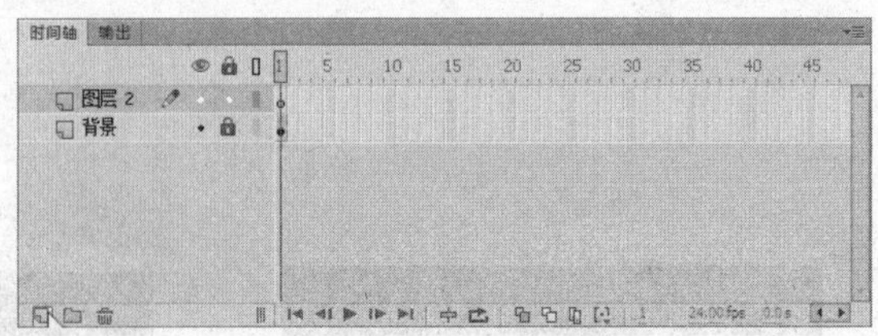

图 15.26　新建“图层 2”

第 3 步，选择【文件】|【导入】|【导入到舞台】（快捷键：Ctrl+R）命令，如图 15.27 所示。

第 4 步，在打开的【导入】对话框中查找需要导入的素材文件，然后单击【打开】按钮，如图 15.28 所示。

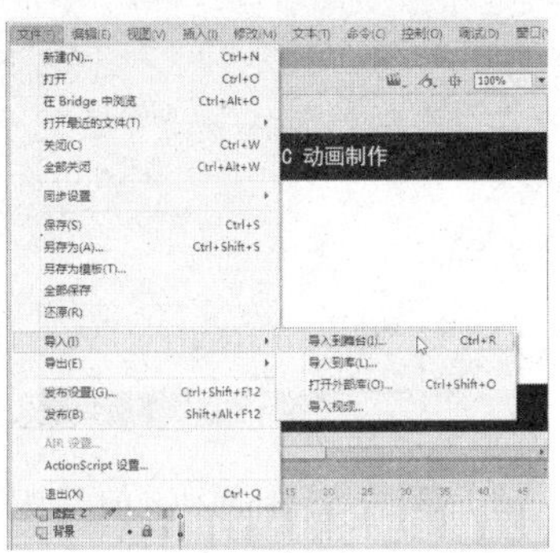

图 15.27　导入素材的命令

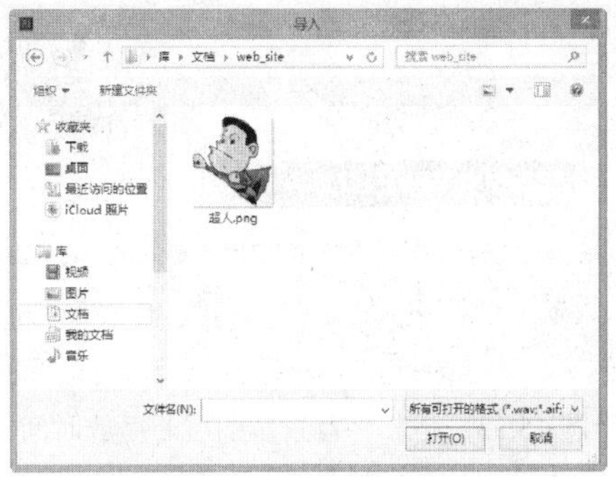

图 15.28　选择要导入的素材

第 5 步，此时，导入的素材会出现在舞台上，如图 15.29 所示。

第 6 步，选中舞台中的图片素材，选择【修改】|【转换为元件】命令，在打开的【转换为元件】对话框中进行相关设置，把图片转换为一个图形元件，如图 15.30 所示。

图 15.29　导入到舞台中的素材

图 15.30　【转换为元件】对话框

第 7 步，使用选择工具 ，把转换好的图形元件拖曳到舞台的最右边，如图 15.31 所示。

第 8 步，选中“图层 2”的第 30 帧，按 F6 键，插入关键帧，然后把该帧中的图形元件“超人”水平移动到舞台的最左侧，如图 15.32 所示。

图 15.31　移动元件的位置

图 15.32　设置第 30 帧的元件

第 9 步，为了能在整个动画的播放过程中看到所制作的背景，选中“背景”图层的第 30 帧，按 F5 键，插入静态延长帧，延长“背景”图层的播放时间，如图 15.33 所示。

第 10 步，右击“图层 2”第 1～29 帧的任意一帧，在打开的快捷菜单中选择【创建传统补间】

命令，如图 15.34 所示。

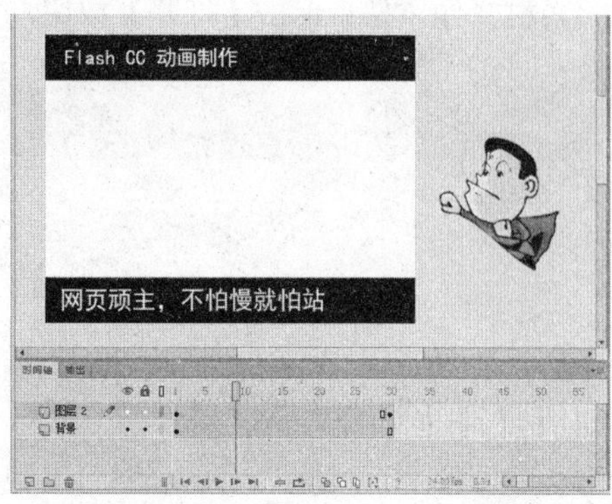

图 15.33　延长“背景”图层的播放时间

图 15.34　选择补间动画的类型

第 11 步，此时，在时间轴上会看到紫色的区域和由左向右的箭头，这就是成功创建传统补间动画的标志，如图 15.35 所示。

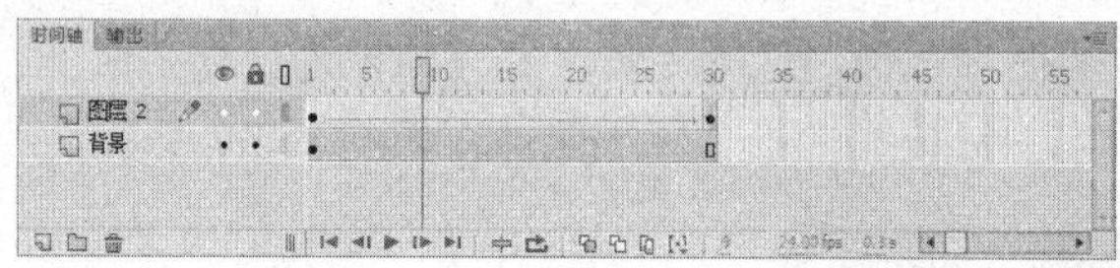

图 15.35　传统补间动画创建完成

到此，一个简单的动画就制作完成。

15.5.3　测试动画

用户可以在舞台中直接按 Enter 键预览动画效果，会看到超人快速地从舞台的右边移动到舞台的左边，也可以按 Ctrl+Enter 快捷键在 Flash 播放器中测试动画，如图 15.36 所示，测试的过程一般是用来检验交互功能的过程。

测试的另一种方法就是利用菜单命令，选择【控制】|【测试影片】（快捷键：Ctrl+Enter）命令，如图 15.37 所示。

图 15.36　在 Flash 播放器中测试动画

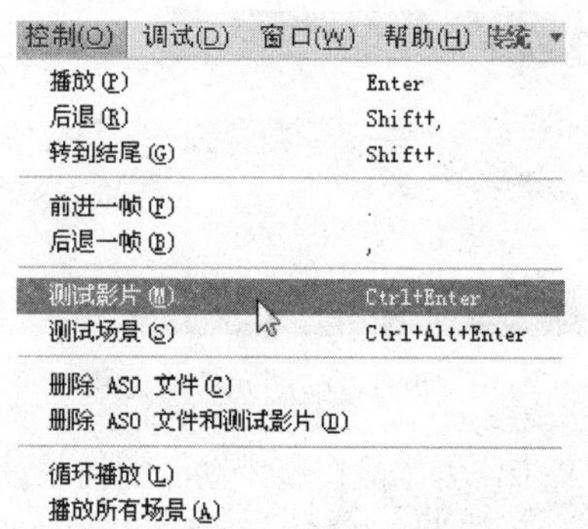

图 15.37　主菜单中的测试命令

15.5.4 保存、发布动画

动画制作完毕后要进行保存，选择【文件】|【保存】（快捷键：Ctrl+S）命令可以将动画保存为 FLA 的 Flash 源文件格式。也可以选择【另存为】（快捷键：Shift+Ctrl+S）命令，在打开的对话框中设置【保存类型】为“Flash 文档”，扩展名为.fla，然后单击【保存】按钮进行保存。

其实所有的 Flash 动画源文件，其格式都是 FLA，但是如果将其导出，则可能是 Flash 支持的任何格式，默认的导出格式为 SWF。

动画的导出和发布很简单，选择【文件】|【发布设置】（快捷键：Shift+Ctrl+F12）命令，打开如图 15.38 所示的对话框，设置输出文件的类型为 Flash、GIF、JPEG 以及 QuickTime 影片等（默认选中的是 Flash 和 HTML 两项），然后单击【发布】按钮，即可发布动画。

另一种导出影片的方法：选择【文件】|【导出】|【导出影片】（快捷键：Shift+Ctrl+ Alt+ S）命令，在打开的【导出影片】对话框中选择导出格式，如图 15.39 所示。

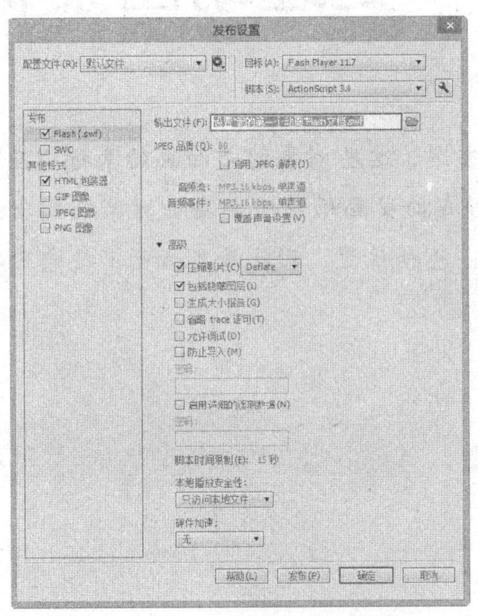

图 15.38 【发布设置】对话框

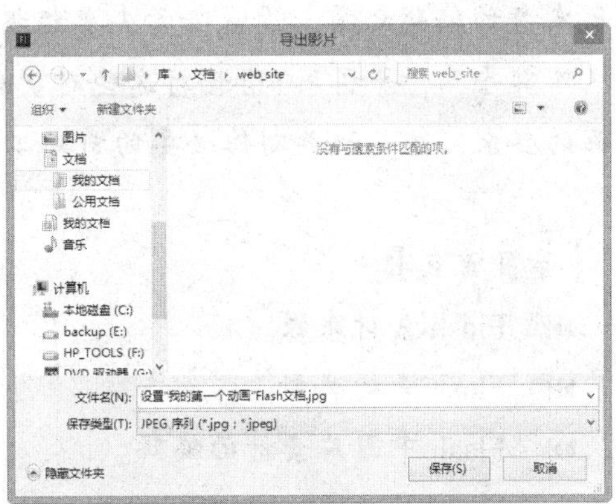

图 15.39 【导出影片】对话框

到此为止，整个动画制作完毕。在以后的制作中，不管用户制作什么样的动画效果，其制作流程和方法都是一样的。

第16章 处理动画素材

使用Flash进行动画创作，需要与一些对象打交道，这些对象就是动画的素材。在进行动画本身的编辑之前，设计者首先要根据头脑中形成的动画场景将相应的对象绘制出来或者从外部导入，并利用Flash对这些对象进行编辑，包括位置、形状等各方面，使它们符合动画的要求，这是动画制作必要的前期工作。

【学习重点】

- Flash素材来源。
- Flash素材类型。
- Flash中图片素材的编辑。

16.1 Flash 素材来源

“巧妇难为无米之炊”，要想将巧妙的构思最终实现为精彩的动画作品，首先必须有足够的和高品质的可供操作的素材，其来源有两种途径：使用 Flash 自行绘制或从其他地方导入。

16.1.1 绘制对象

使用 Flash CC 提供的绘图工具可以直接绘制矢量图形，从而使用这些绘制出来的图形生成简单的动画效果，如图 16.1 所示。

图 16.1 使用 Flash 绘图工具绘制简单图形来制作动画

使用 Flash CC 直接绘制出来的矢量图形有两种不同的属性，即路径形式（Lines）和填充形式（Fills）。使用基本形状工具可以同时绘制出边框路径和填充颜色，就是这两种不同属性的具体表现。下面通过一个简单的案例来说明两种形式的区别。

【操作步骤】

第 1 步，新建一个 Flash 文件。

第 2 步，分别选择工具箱中的铅笔工具和笔刷工具，在位图中绘制粗细接近的两条直线，如图 16.2 所示。

第 3 步，选择工具箱中的选择工具，把鼠标指针移动到路径的边缘，通过拖曳改变路径的形状，如图 16.3 所示。

第 4 步，选择工具箱中的选择工具，把鼠标指针移动到色块的边缘，通过拖曳改变色块的形状，如图 16.4 所示。

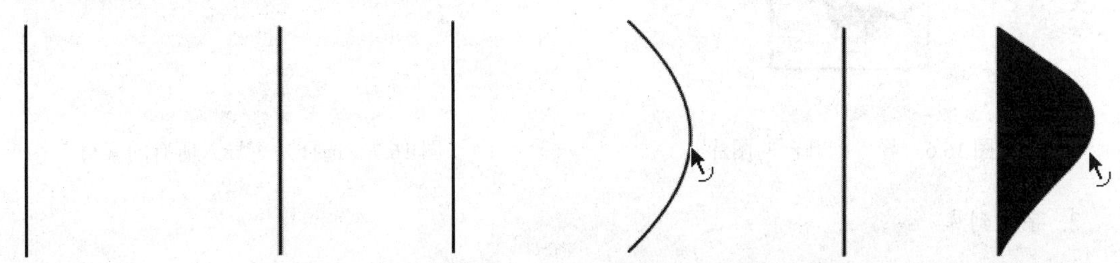

图 16.2 在舞台中分别绘制路径和色块　图 16.3 路径变形前后的效果对比　图 16.4 色块变形前后的效果对比

可以看到，由于属性不同，即使有时它们两者的形状完全相同，在进行编辑时也有完全不同的特性，因此相应使用的工具和编辑的方法也不同。

16.1.2 导入对象

在很多情况下不可能用手工绘制的方法得到所有对象，所以可以从其他地方将对象导入。导入方式有 3 种：导入到舞台、导入到库和打开外部库。

1. 导入到舞台

可以把外部图片素材直接导入到当前的动画舞台中，下面通过一个简单的案例来说明。

【操作步骤】

第 1 步，新建一个 Flash 文件。

第 2 步，选择【文件】|【导入】|【导入到舞台】（快捷键：Ctrl+R）命令，在打开的【导入】对话框中查找需要导入的素材，如图 16.5 所示。

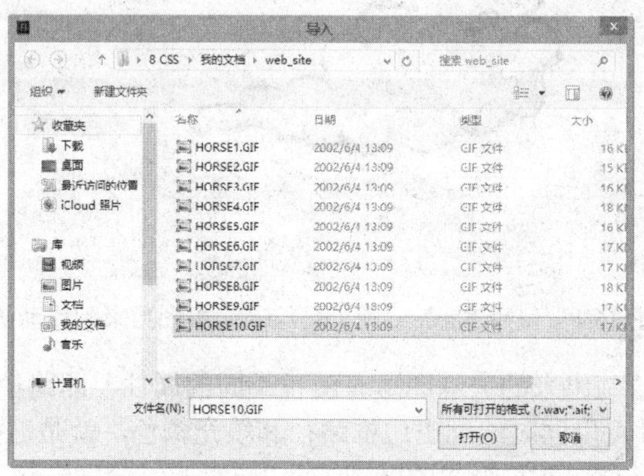

图 16.5 查找素材

第 3 步，单击【打开】按钮，素材会直接导入到当前的舞台中，如图 16.6 所示。

第 4 步，如果要导入的文件名称以数字结尾，并且在同一文件夹中还有其他按顺序编号的文件，Flash 会自动提示是否导入文件序列，如图 16.7 所示。单击【是】按钮，可以导入所有的顺序文件；单击【否】按钮，则只导入指定的文件。

图 16.6 导入到舞台的图片

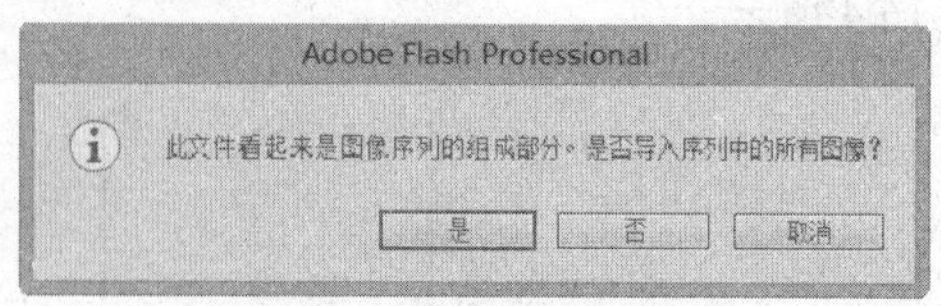

图 16.7 选择是否导入所有的素材

2. 导入到库

导入到库的操作过程和导入到舞台的基本一样，所不同的是，导入动画中的对象会自动保存到

库中，而不在舞台出现。

【操作步骤】

第 1 步，新建一个 Flash 文件。

第 2 步，选择【文件】|【导入】|【导入到库】命令，在打开的【导入到库】对话框中查找需要导入的素材，如图 16.8 所示。

第 3 步，单击【打开】按钮，素材会直接导入到当前动画的库中，如图 16.9 所示。

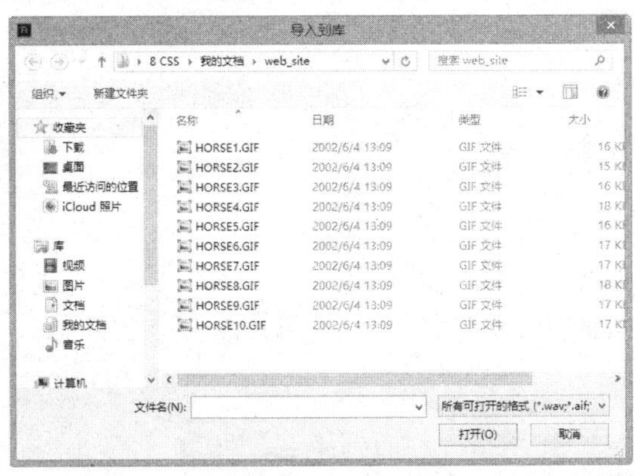

图 16.8 查找素材

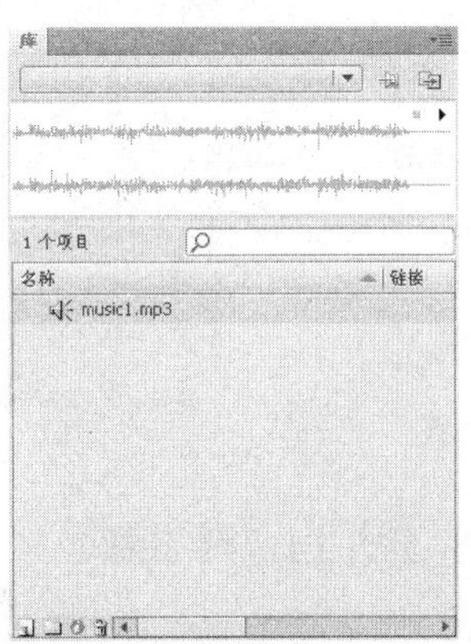

图 16.9 导入到库中的声音

第 4 步，选择【窗口】|【库】（快捷键：Ctrl+L）命令，打开库面板。选择需要调用的素材，按住鼠标左键直接拖曳到舞台中的相应位置，如图 16.10 所示。

图 16.10 把库中的素材添加到舞台中

3. 打开外部库

打开外部库的作用是只打开其他动画文件的库面板而不打开舞台，这样可以方便地在多个动画中互相调用不同库中的素材。

【操作步骤】

第 1 步，新建一个 Flash 文件。

Note

第 2 步，选择【文件】|【导入】|【打开外部库】（快捷键：Shift+Ctrl+O）命令，在打开的【打开】对话框中查找需要打开的动画源文件，如图 16.11 所示。

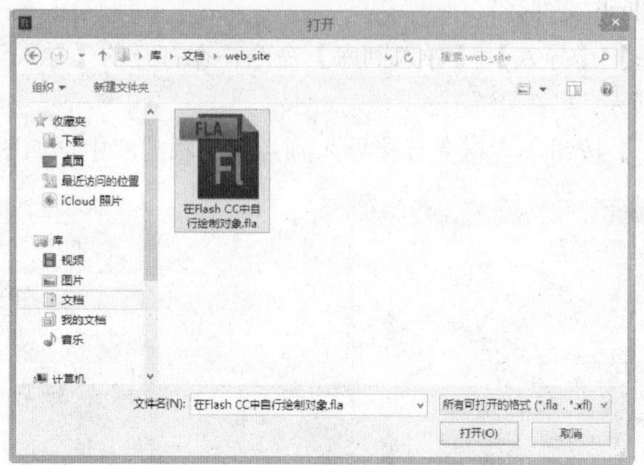

图 16.11　查找需要打开的动画源文件

第 3 步，单击【打开】按钮，打开所选动画源文件的库面板，如图 16.12 所示。

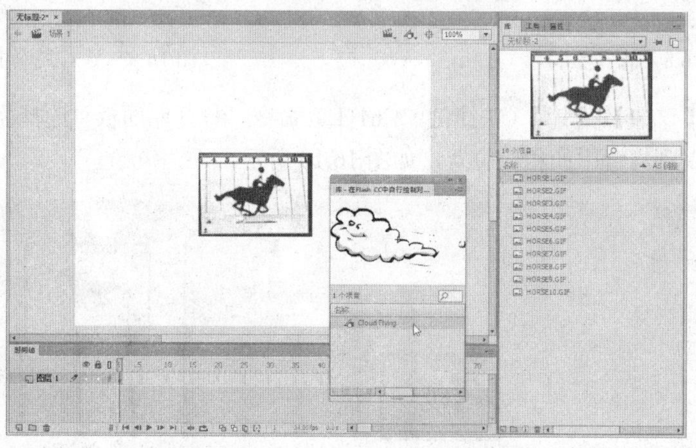

图 16.12　打开其他动画的库面板

第 4 步，打开的动画库面板呈灰色显示，但是同样可以直接用鼠标拖曳其中的素材到当前动画中来，从而实现不同动画素材的互相调用。

视频讲解

16.2　编 辑 位 图

在 Flash 中可以简单地编辑位图，并可以结合位图制作动画效果。

16.2.1　设置位图属性

在 Flash CC 中，所有导入动画中的位图都会自动保存到当前动画的库面板中，用户可以在库面板中对位图的属性进行设置，从而对位图进行优化，加快下载速度。

【操作步骤】

第1步，把位图素材导入到当前动画中。

第2步，选择【窗口】|【库】（快捷键：Ctrl+L）命令，打开库面板，如图16.13所示。

第3步，选择库面板中需要编辑的位图素材并双击。

第4步，在打开的【位图属性】对话框中对所选位图进行设置，如图16.14所示。

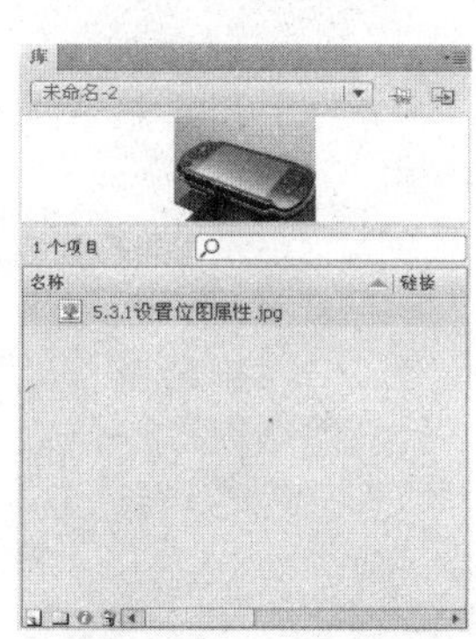

图16.13 库面板

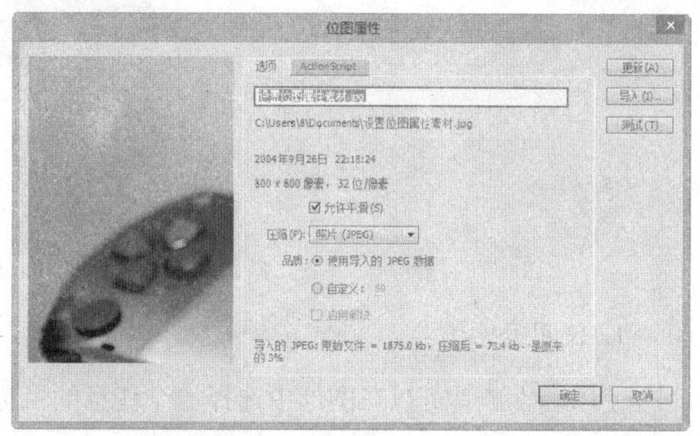

图16.14 【位图属性】对话框

第5步，选中【允许平滑】复选框，可以平滑位图素材的边缘。

第6步，展开【压缩】下拉列表，如图16.15所示。选择【照片】选项，表示用JPEG格式输出图像，选择【无损】选项表示以压缩的格式输出文件，但不牺牲任何的图像数据。

第7步，选中【使用导入的JPEG数据】单选按钮表示使用位图素材的默认质量，也可以选中【自定义】单选按钮，并在其文本框中输入新的品质值，如图16.16所示。

压缩(C): 照片 (JPEG)
照片 (JPEG)
无损 (PNG/GIF)

图16.15 【压缩】下拉列表

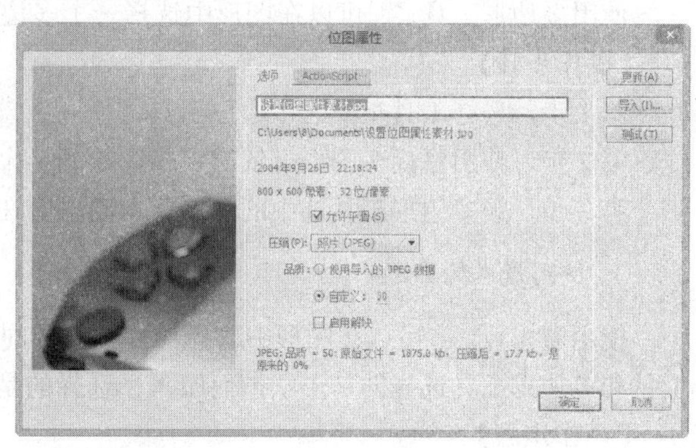

图16.16 自定义位图属性

第8步，单击【更新】按钮，表示更新导入的位图素材。

第9步，单击【导入】按钮，可以导入一张新的位图素材。

第10步，单击【测试】按钮，可以显示文件压缩的结果，并与未压缩的文件尺寸进行比较。

16.2.2 选择图像

套索工具主要用来选择任意形状的区域，选中后的区域可以作为单一对象进行编辑。套索工

Note

具也常常用于分割被分离后的图像某一部分。

在工具箱中单击并展开套索工具，可以看到其包含 3 个工具：套索工具、多边形工具和魔术棒，如图 16.17 所示。

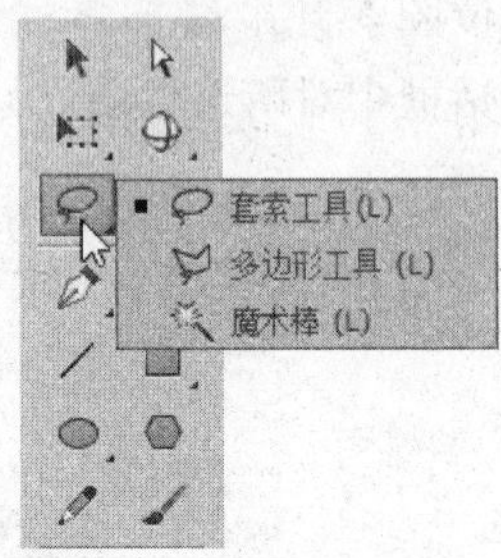

图 16.17　套索工具的选项区域

1. 使用套索工具

使用套索工具可以在图形中选择一个任意的鼠标绘制区域。

【操作步骤】

第 1 步，选择工具箱中的套索工具。

第 2 步，沿着对象区域的轮廓拖曳鼠标绘制。

第 3 步，在起始位置的附近结束拖曳，形成一个封闭的环，则被套索工具选中的图形将自动融合在一起。

2. 使用多边形工具

使用多边形工具可以在图形中选择一个多边形区域，其每条边都是直线。

【操作步骤】

第 1 步，选择工具箱中的多边形工具。

第 2 步，使用鼠标在图形上依次单击，绘制一个封闭区域。

第 3 步，被多边形工具选中的图形将自动融合在一起。

3. 使用魔术棒

使用魔术棒可以在图形中选择一片颜色相同的区域，它与前两个工具的不同之处在于，套索工具和多边形工具选择的是形状，而魔术棒选择的是一片颜色相同的区域。

【操作步骤】

第 1 步，选择工具箱中的魔术棒。

第 2 步，在属性面板中可以设置魔术棒属性，如图 16.18 所示。

第 3 步，在【阈值】文本框中输入 0～200 之间的整数，可以设定相邻像素在所选区域内必须达到的颜色接近程度。数值越高，可以选择的范围就越大。

第 4 步，在【平滑】下拉列表中设置所选区域边缘的平滑程度。

如果需要选择导入到舞台中的位图素材，必须先选择【分离】命令（快捷键：Ctrl+B），将其转换为可编辑的状态。

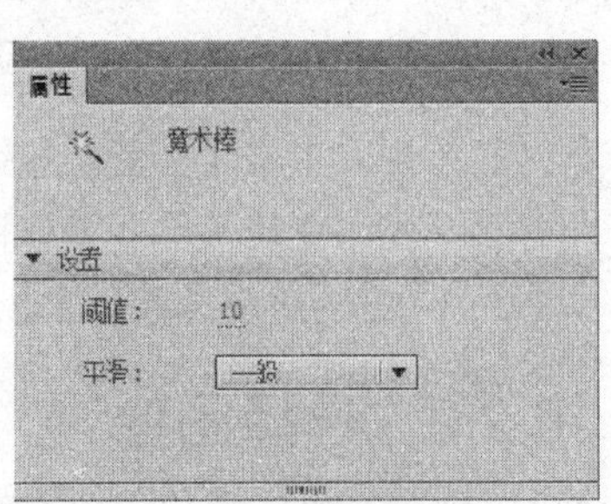

图 16.18　魔术棒设置对话框

16.2.3 案例实战：设计名片

视频讲解

在 Flash 动画中结合视频能够实现更加丰富的动画效果。下面通过一个具体的案例来说明。

【操作步骤】

第 1 步，新建一个 Flash 文件。

第 2 步，选择【文件】|【导入】|【导入到舞台】（快捷键：Ctrl+R）命令，把图片素材“背景.jpg”导入到当前动画的舞台中，如图 16.19 所示。

第 3 步，选择【修改】|【分离】（快捷键：Ctrl+B）命令，把导入到当前动画的位图素材“背景.jpg”转换为可编辑的网格状，如图 16.20 所示。

图 16.19 在舞台中导入图片素材

图 16.20 使用【分离】命令把位图转为可编辑状态

第 4 步，取消当前图片的选择状态，选择工具箱中的套索工具。

第 5 步，使用套索工具在当前图片上拖曳鼠标，绘制一个任意区域，如图 16.21 所示。

第 6 步，使用工具箱中的选择工具，把选取区域以外部分全部删除，如图 16.22 所示。

图 16.21 使用套索工具选择图片的任意区域

图 16.22 使用选择工具删除多余的区域

第 7 步，选择【修改】|【组合】（快捷键：Ctrl+G）命令，将得到的图形区域组合起来，以避免和其他的图形裁切，如图 16.23 所示。

第 8 步，选择工具箱中的任意变形工具，按住 Shift 键拖曳某一顶点，把得到的图形适当缩小，以符合舞台尺寸，如图 16.24 所示。

图 16.23 把得到的图形区域组合起来

图 16.24 使用任意变形工具缩小图形

第 9 步，选择【窗口】|【对齐】（快捷键：Ctrl+K）命令，打开【对齐】面板。把缩小后的图形对齐到舞台的中心位置，如图 16.25 所示。

第 10 步，选择【文件】|【导入】|【导入到舞台】（快捷键：Ctrl+R）命令，把图片素材“树叶.jpg”导入到当前动画的舞台中，如图 16.26 所示。

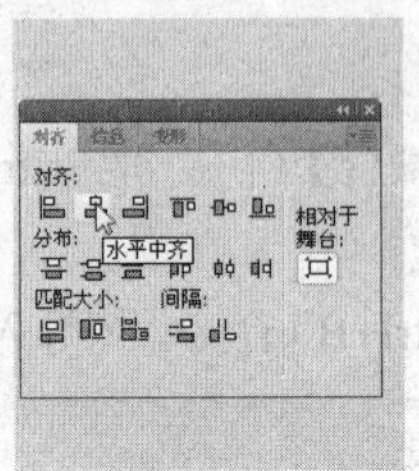

图 16.25 使用【对齐】面板把图形对齐到舞台的中心位置

图 16.26 继续导入位图素材“树叶”到舞台

第 11 步，选择【修改】|【分离】（快捷键：Ctrl+B）命令，把导入到当前动画中的位图素材“树叶.jpg”转换为可编辑的网格状，如图 16.27 所示。

第 12 步，取消当前图片的选择状态，选择工具箱中的魔术棒。

第 13 步，在当前图片上的空白区域单击，选择并删除素材树叶的白色背景，如图 16.28 所示。

图 16.27 把位图转换为可编辑状态

图 16.28 使用魔术棒选择并删除图片的白色背景

第 14 步，选择【修改】|【组合】（快捷键：Ctrl+G）命令，把树叶组合起来，以避免和其他的图形裁切。

第 15 步，选择【窗口】|【变形】（快捷键：Ctrl+K）命令，打开【变形】面板。把树叶缩小为原来的 20%，并单击【重制选区和变形】按钮，复制一个新的对象，如图 16.29 所示。

第 16 步，使用同样的方法，分别得到 20%、30%和 40%大小的树叶，并调整到舞台中合适的位置，如图 16.30 所示。

图 16.29 使用变形面板缩小并复制树叶素材

图 16.30 把得到的 3 片叶子调整到合适位置

第 17 步，选择【文件】|【导入】|【导入到舞台】（快捷键：Ctrl+R）命令，把图片素材“美女.ai”

导入到当前动画的舞台中，如图 16.31 所示。

第 18 步，导入进来的素材“美女.ai”默认是组合状态，用户可以在当前图形上双击，以进入到组合对象内部进行编辑。此时，其他的对象都呈半透明状显示，如图 16.32 所示。

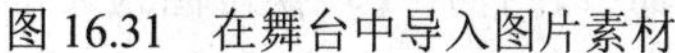

图 16.31 在舞台中导入图片素材

图 16.32 双击进入到组合对象内部进行编辑

第 19 步，这时的时间轴如图 16.33 所示，表示已进入组合对象内部。

图 16.33 进入组合对象内部时的时间轴状态

第 20 步，在组合对象内部对当前的图形进行位图填充，如图 16.34 所示。由于具体操作已在前面介绍过，这里就不再赘述。

第 21 步，单击时间轴上的“场景 1”，返回到场景的编辑状态。

第 22 步，调整各个图形的位置，如图 16.35 所示。

图 16.34 对图形进行位图填充

图 16.35 回到场景的编辑状态，调整各个图形的位置

第 23 步，选择工具箱的文本工具，在位图中输入文字，并调整其位置，最终效果如图 16.36 所示。

图 16.36 最终完成效果

16.2.4 案例实战：把位图转换为矢量图

Note

视频讲解

位图是由像素点构成的，而矢量图是由路径和色块构成的，它们在本质上有着很大的区别。Flash CC 提供了一个非常有用的“转换位图为矢量图”命令，这样在动画制作中，获得素材的方式就更多了。

【操作步骤】

第 1 步，新建一个 Flash 文件。

第 2 步，选择【文件】|【导入】|【导入到舞台】（快捷键：Ctrl+R）命令，把图片素材导入当前动画的舞台中，如图 16.37 所示。

第 3 步，选择【修改】|【位图】|【转换位图为矢量图】命令，打开【转换位图为矢量图】对话框，如图 16.38 所示。对各个选项的功能说明如下。

图 16.37 在舞台中导入图片素材

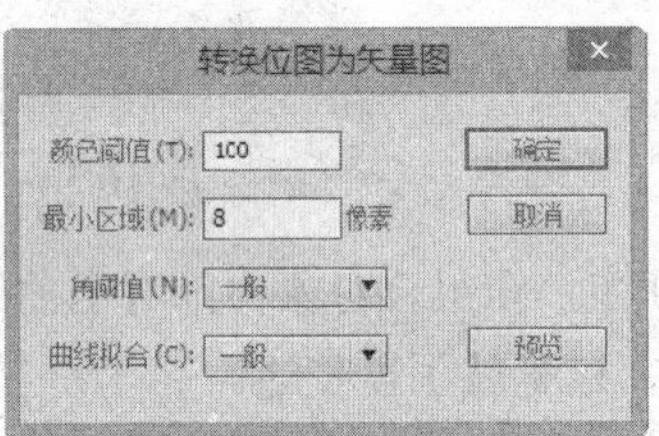

图 16.38 【转换位图为矢量图】对话框

- ☑ 颜色阈值：在该文本框中输入的数值范围是 1～500。当两个像素进行比较后，如果它们在 RGB 颜色值上的差异低于该颜色阈值，则两个像素被认为是颜色相同。如果增大了该阈值，则意味着降低了颜色的数量。
- ☑ 最小区域：在该文本框中输入的数值范围是 1～1000。用于设置在指定像素颜色时要考虑的周围像素的数量。
- ☑ 曲线拟合：用于确定所绘制轮廓的平滑程度，如图 16.39 所示。其中，选择【像素】选项，图像最接近于原图；选择【非常紧密】选项，图像不失真；选择【紧密】选项，图像几乎不失真；选择【一般】选项，是推荐使用的选项；选择【平滑】选项，图像相对失真；选择【非常平滑】选项，图像严重失真。
- ☑ 角阈值：用于确定是保留锐边还是进行平滑处理，如图 16.40 所示。

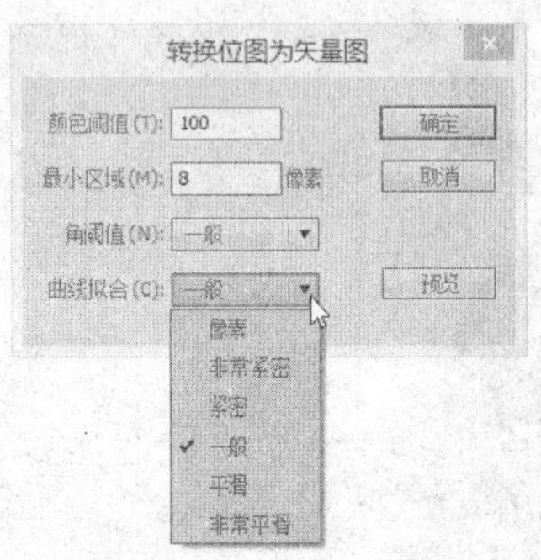

图 16.39 曲线拟合选项

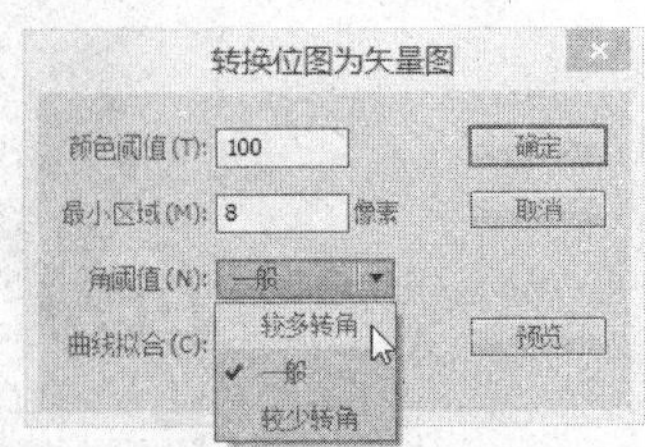

图 16.40 角阈值选项

其中，选择【较多转角】选项，表示转角很多，图像将失真；选择【一般】选项，是推荐使用的选项；选择【较少转角】选项，图像不失真，如图 16.41 所示为使用不同设置的位图转换效果。

（a）原图

（b）颜色阈值为 200，最小区域为 10

（c）颜色阈值为 40，最小区域为 4

图 16.41　使用不同设置的位图转换效果

16.3　编辑图形

视频讲解

对对象的编辑操作是使用 Flash CC 制作动画的基本的和主体的工作。在动画制作的过程中，设计者需要根据设计的动画流程，对相关的对象进行旋转、缩放、扭曲、组合和分散等编辑操作，并根据生成动画的预览效果，对对象的属性进一步修改。

16.3.1　任意变形

任意变形工具是 Flash CC 提供的一项基本的编辑功能，对象的变形不仅包括旋转、倾斜、缩放等基本的变形形式，还包括扭曲、封套等特殊的变形形式。

选择工具箱中的任意变形工具，在舞台中选择需要进行变形的图像，在工具箱的选项区内将出现如图 16.42 所示的附加功能。下面分别以简单的实例来介绍任意变形工具的使用。

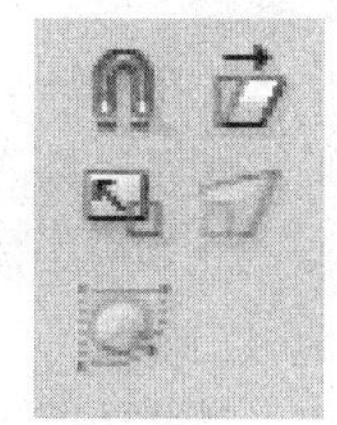

图 16.42　任意变形工具的附加选项

1. 旋转与倾斜

旋转会使对象围绕其中心点进行旋转。一般中心点都在对象的物理中心，通过调整中心点的位置，可以得到不同的旋转效果。而倾斜的作用是使图形对象倾斜。

【操作步骤】

第 1 步，选择舞台中的对象。

第 2 步，选择工具箱中的任意变形工具，在工具箱中单击附加选项中的【旋转与倾斜】按钮。

第 3 步，在舞台中的图形对象周围会出现一个可以调整的矩形框，该矩形框上一共有 8 个控制点，如图 16.43 所示。

第 4 步，将鼠标指针放置在矩形框边线中间的 4 个控制点上，可以对对象进行倾斜操作，如图 16.44 所示。

Note

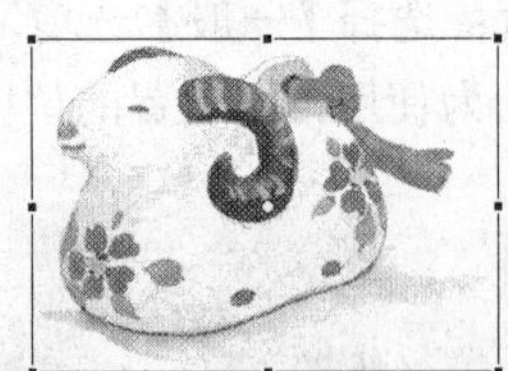

图 16.43　使用旋转与倾斜工具选择舞台中的对象

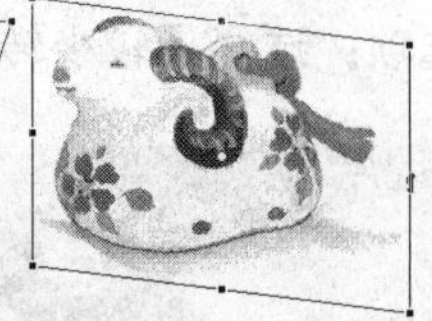

图 16.44　对图形对象进行倾斜操作

第 5 步，将鼠标指针放置在矩形框的 4 个顶点上，可以对对象进行旋转操作，在默认情况下，是围绕图形对象的物理中心点进行旋转的，如图 16.45 所示。

第 6 步，也可以通过鼠标指针拖曳，改变默认中心点的位置。对于以后的操作，图形对象将围绕调整后的中心点进行旋转，如图 16.46 所示。

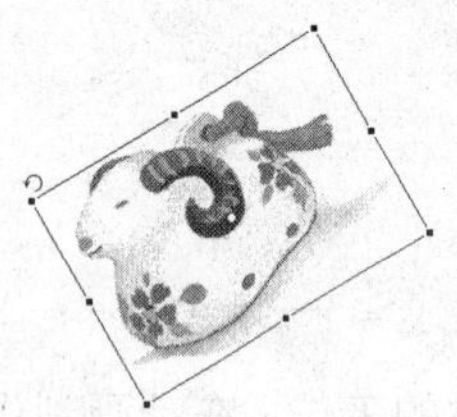

图 16.45　对图形对象进行旋转操作

图 16.46　改变对象旋转的中心点

2. 缩放

可以通过调整图形对象的宽度和高度来调整对象的尺寸，这是在设计中使用非常频繁的操作。

【操作步骤】

第 1 步，选择舞台中的对象。

第 2 步，选择工具箱中的任意变形工具，在工具箱中单击附加选项中的【缩放】按钮。

第 3 步，在舞台中的图形对象周围会出现一个可以调整的矩形框，该矩形框上一共有 8 个控制点，如图 16.47 所示。

第 4 步，将鼠标指针放置在矩形框边线中间的 4 个控制点上，可以单独改变图形对象的宽度和高度，如图 16.48 所示。

第 5 步，将鼠标指针放置在矩形框的 4 个顶点上，可以同时改变当前图形对象的宽度和高度，如图 16.49 所示。

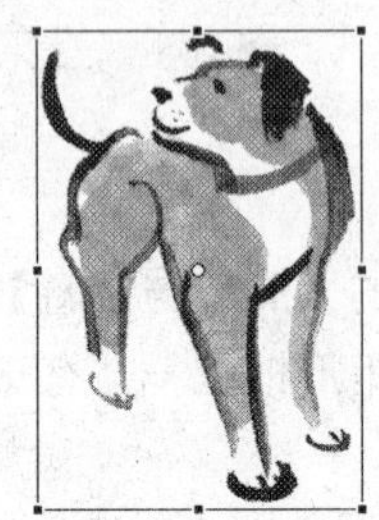

图 16.47　使用缩放工具选择舞台中的对象

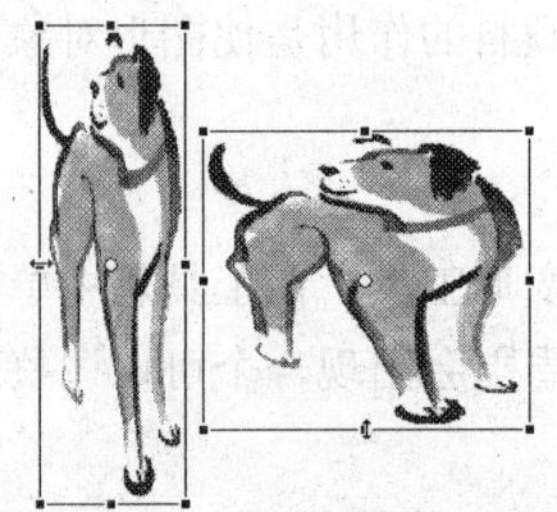

图 16.48　分别改变图形对象的宽度和高度

图 16.49　同时改变当前图形对象的宽度和高度

3. 扭曲

扭曲也称为对称调整，对称调整就是在对象的一个方向上进行调整时，反方向也会自动调整。

【操作步骤】

第1步，选择舞台中的对象。

第2步，选择工具箱中的任意变形工具，在工具箱中单击附加选项中的【扭曲】按钮。

第3步，在舞台中的图形对象周围会出现一个可以调整的矩形框，该矩形框上一共有8个控制点，如图16.50所示。

第4步，将鼠标指针放置在矩形框边线中间的4个控制点上，可以单独改变4个边的位置，如图16.51所示。

图16.50 使用扭曲工具选择舞台中的对象

图16.51 使用扭曲工具拖曳4个中间点

第5步，将鼠标指针放置在矩形框的4个顶点上，可以单独调整图形对象的一个角，如图16.52所示。

第6步，在拖曳4个顶点的过程中，按住Shift键可以锥化该对象，使该角和相邻角沿彼此的相反方向移动相同距离，如图16.53所示。

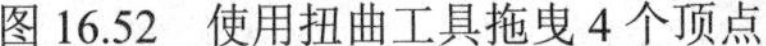

图16.52 使用扭曲工具拖曳4个顶点

图16.53 在拖曳过程中按住Shift键锥化图形对象

4. 封套

封套功能类似于部分选取工具的功能，它允许使用切线调整曲线，从而调整对象的形状。

【操作步骤】

第1步，选择舞台中的对象。

第2步，选择工具箱中的任意变形工具，在工具箱中单击附加选项中的【封套】按钮。

第3步，在舞台中的图形对象周围会出现一个可以调整的矩形框，该矩形框上一共有8个方形控制点，并且每个方形控制点两边都有两个圆形的调整点，如图16.54所示。

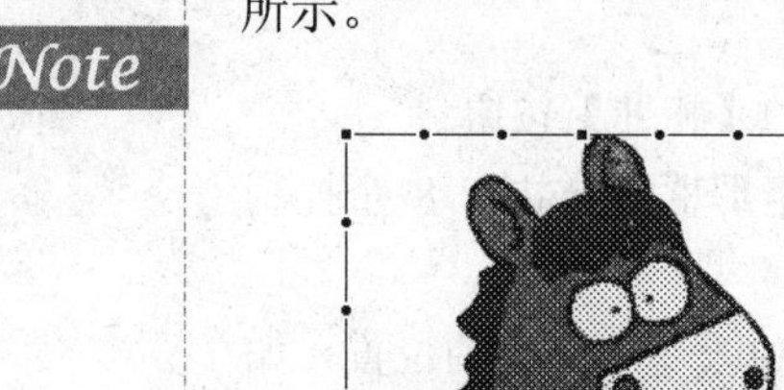

第 4 步，将鼠标指针放置在矩形框的 8 个方形控制点上，可以改变图形对象的形状，如图 16.55 所示。

第 5 步，将鼠标指针放置在矩形框的圆形点上，可以对每条边的边缘进行曲线变形，如图 16.56 所示。

图 16.54　使用封套工具选择舞台中的对象

图 16.55　对图形对象进行变形操作

图 16.56　对图形对象进行曲线编辑

提示： 扭曲工具和封套工具不能修改元件、位图、视频对象、声音、渐变、对象组和文本。如果所选内容包含以上内容，则只能扭曲形状对象。另外，要修改文本，必须首先将文本分离。

16.3.2　快速变形

对图形对象进行形状的编辑，也可以使用 Flash CC 的变形命令完成。Flash 不仅提供了任意变形工具，还提供了一些更加方便快捷的变形命令。选择【修改】|【变形】命令，可以显示 Flash CC 中的所有变形命令，如图 16.57 所示。

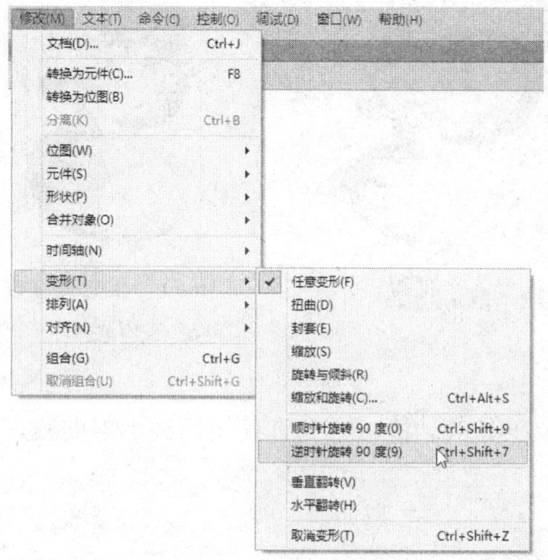

图 16.57　Flash CC 中的变形命令

通过命令，可以对对象进行顺时针或逆时针 90°的旋转，也可以直接旋转 180°，也可以对对象进行垂直和水平翻转。只需在选择舞台中的对象后，选择相应的命令即可实现变形效果。

16.3.3　组合和分散对象

组合与分散操作常用于舞台中对象比较复杂的时候。

1. 组合对象

组合对象的操作会涉及对象的组合与解组两部分，组合后的各个对象可以被一起移动、复制、缩放和旋转等，这样会减少编辑中不必要的麻烦。当需要对组合对象中的某个对象进行单独编辑时，可以在解组后再进行编辑。组合不仅可以在对象和对象之间进行，也可以在组合和组合对象之间进行。

【操作步骤】

第 1 步，选择舞台中需要组合的多个对象，如图 16.58 所示。

第 2 步，选择【修改】|【组合】（快捷键：Ctrl+G）命令，将所选对象组合成一个整体，如图 16.59 所示。

图 16.58　同时选择舞台中的多个对象

图 16.59　组合后的对象

第 3 步，如果需要对舞台中已经组合的对象进行解组，可以选择【修改】|【取消组合】（快捷键：Shift+ Ctrl+G）命令。

第 4 步，也可以在组合后的对象上双击，进入到组合对象的内部，单独编辑组合内的对象，如图 16.60 所示。

图 16.60　进入到组合对象内部单独编辑对象

第 5 步，在完成单独对象的编辑后，只需要单击时间轴左上角的“场景 1”按钮，从当前的“组合”编辑状态返回到场景编辑状态即可。

2. 分散到图层

在 Flash 动画制作中，可以把不同的对象放置到不同的图层中，以便于制作动画时操作方便。为此，Flash CC 提供了非常方便的命令——分散到图层，帮助用户快速地把同一图层中的多个对象分别放置到不同的图层中。

【操作步骤】

第 1 步，在一个图层中选择多个对象，如图 16.61 所示。

第 2 步，选择【修改】|【时间轴】|【分散到图层】（快捷键：Shift+Ctrl+D）命令，把舞台中的不同对象放置到不同的图层中，如图 16.62 所示。

图 16.61　选择同一个图层中的多个对象

图 16.62　分散到图层

16.3.4　对齐对象

虽然借助辅助工具，如标尺、网格等可以将舞台中的对象对齐，但是不够精确。通过使用对齐面板，可以实现对象的精确定位。

选择【窗口】|【对齐】（快捷键：Ctrl+K）命令，可以打开 Flash CC 的对齐面板，如图 16.63 所示。在对齐面板中，包含“对齐”“分布”“匹配大小”“间隔”和“相对于舞台”5 个选项组。下面通过一些具体操作来说明它们的功能。

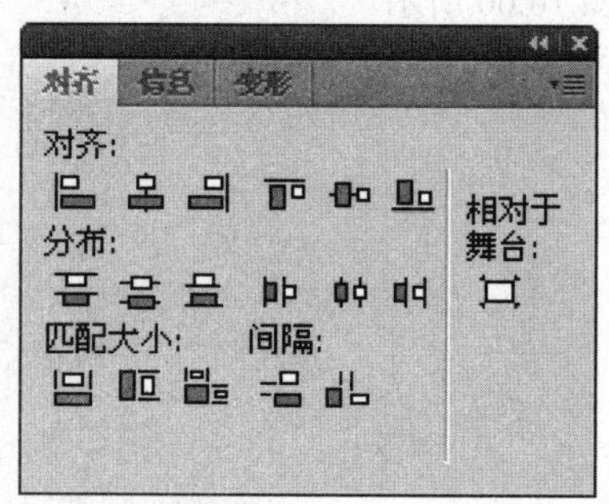

图 16.63　【对齐】面板

1. 对齐

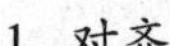

【对齐】选项组中的 6 个按钮用来进行多个对象的左边、水平中间、右边、顶部、垂直中间、底部对齐操作。

☑　左对齐：以所有被选对象的最左侧为基准，向左对齐，如图 16.64 所示。

☑　水平中齐：以所有被选对象的中心进行垂直方向上的对齐，如图 16.65 所示。

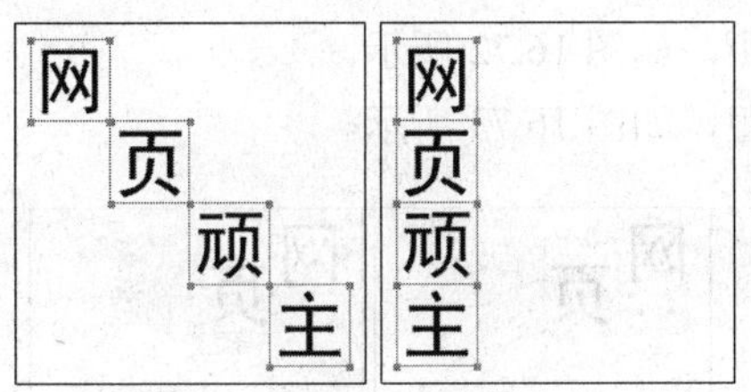

图 16.64　左对齐前后对比

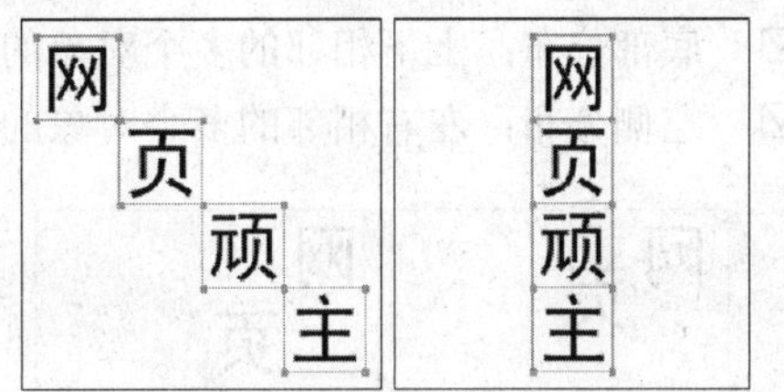

图 16.5　水平中齐前后对比

☑　右对齐：以所有被选对象的最右侧为基准，向右对齐，如图 16.66 所示。

☑　上对齐：以所有被选对象的最上方为基准，向上对齐，如图 16.67 所示。

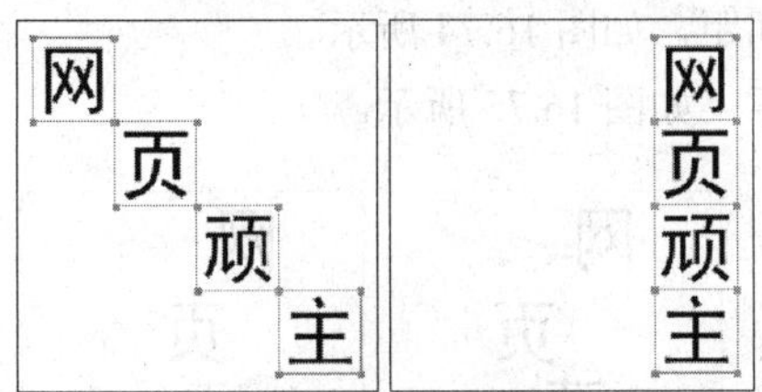

图 16.66　右对齐前后对比

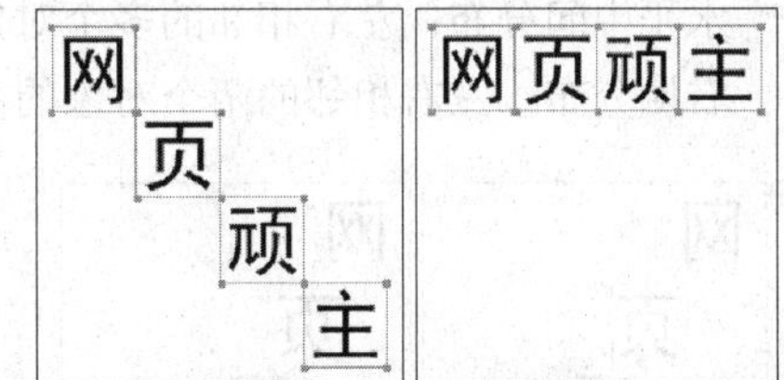

图 16.67　上对齐前后对比

☑　垂直中齐：以所有被选对象的中心进行水平方向上的对齐，如图 16.68 所示。

☑　底对齐：以所有被选对象的最下方为基准，向下对齐，如图 16.69 所示。

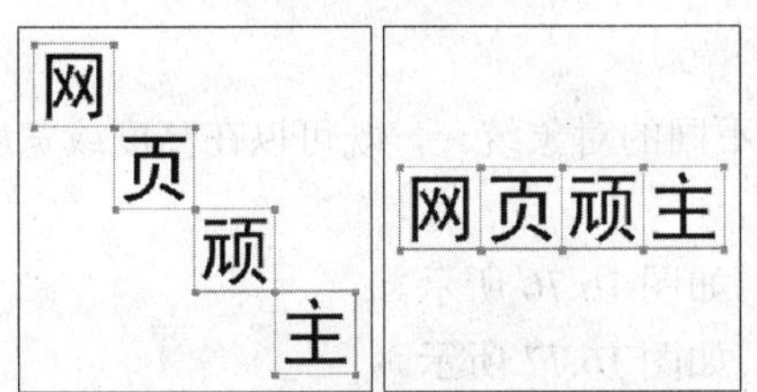

图 16.68　垂直中齐前后对比

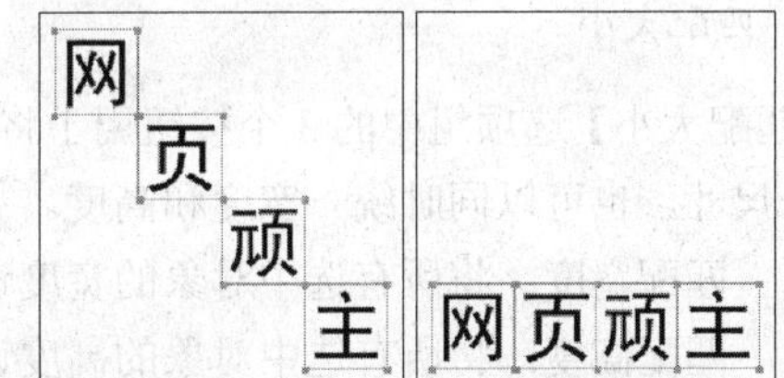

图 16.69　底对齐前后对比

2. 分布

【分布】选项组中的 6 个按钮用于使所选对象按照中心间距或边缘间距相等的方式进行分布，包括顶部分布、垂直中间分布、底部分布、左侧分布、水平中间分布、右侧分布。

☑　顶部分布：上下相邻的多个对象的上边缘等间距，如图 16.70 所示。

☑　垂直中间分布：上下相邻的多个对象的垂直中心等间距，如图 16.71 所示。

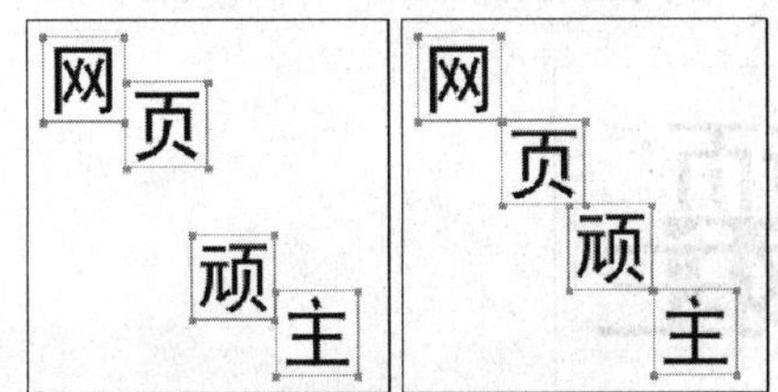

图 16.70　顶部分布的前后对比

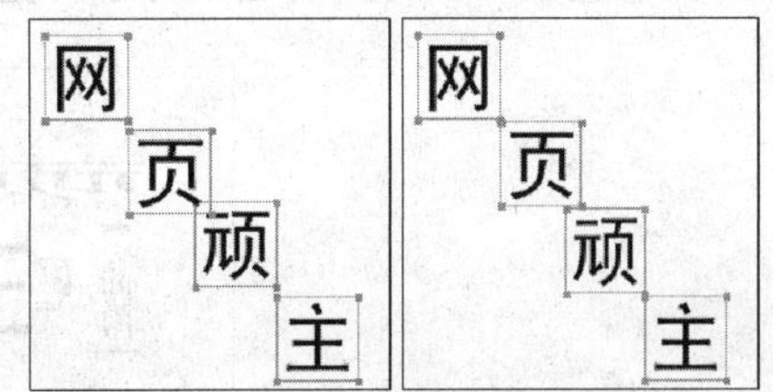

图 16.71　垂直中间分布的前后对比

Note

☑ 底部分布：上下相邻的多个对象的下边缘等间距，如图 16.72 所示。

☑ 左侧分布：左右相邻的多个对象的左边缘等间距，如图 16.73 所示。

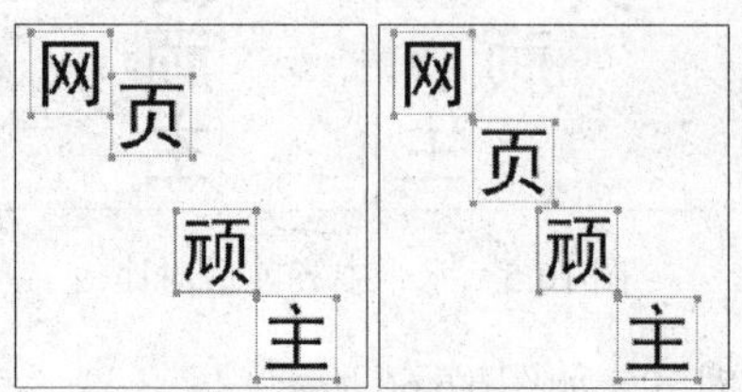

图 16.72　底分布的前后对比

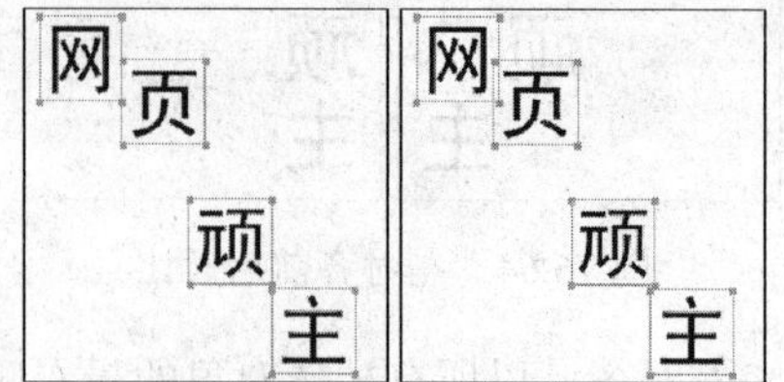

图 16.73　左侧分布的前后对比

☑ 水平中间分布：左右相邻的多个对象的中心等间距，如图 16.74 所示。

☑ 右侧分布：左右相邻的两个对象的右边缘等间距，如图 16.75 所示。

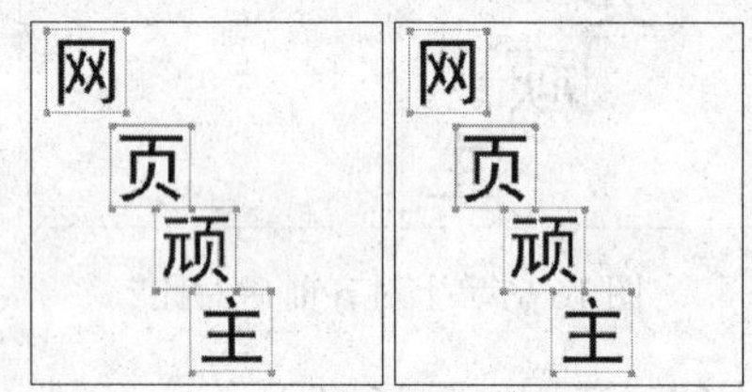

图 16.74　水平中间分布的前后对比

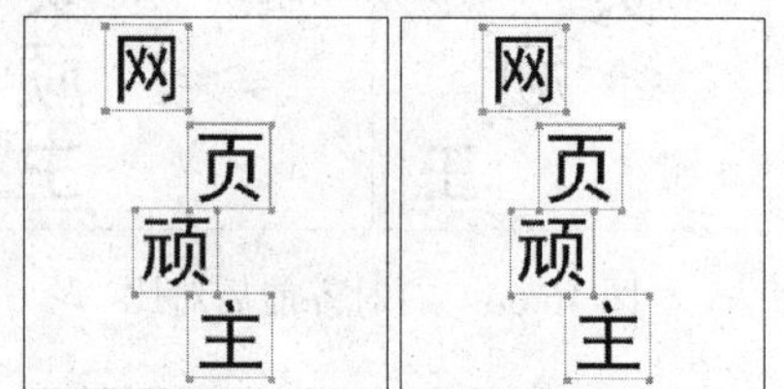

图 16.75　右侧分布的前后对比

3. 匹配大小

【匹配大小】选项组中的 3 个按钮用于将形状和尺寸不同的对象统一，既可以在高度或宽度上分别统一尺寸，也可以同时统一宽度和高度。

☑ 匹配宽度：将所有选中对象的宽度调整为相等，如图 16.76 所示。

☑ 匹配高度：将所有选中对象的高度调整为相等，如图 16.77 所示。

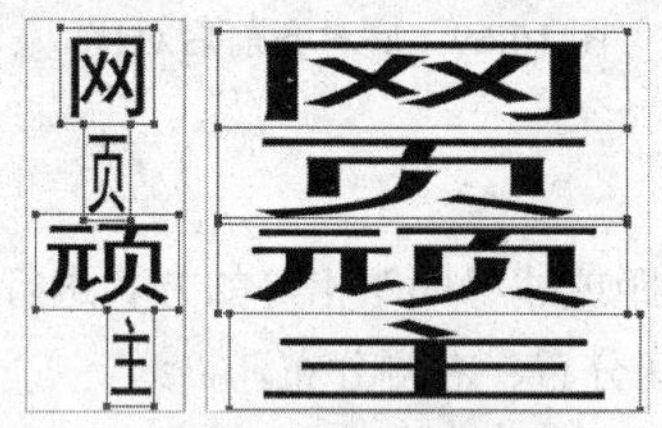

图 16.76　匹配宽度的前后对比

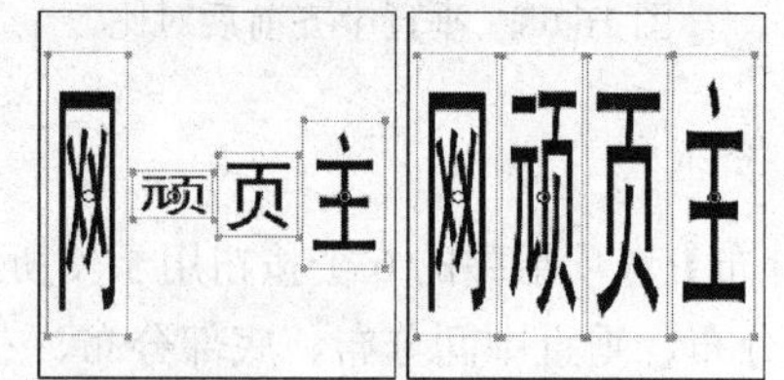

图 16.77　匹配高度的前后对比

☑ 匹配宽和高：将所有选中对象的宽度和高度同时调整为相等，如图 16.78 所示。

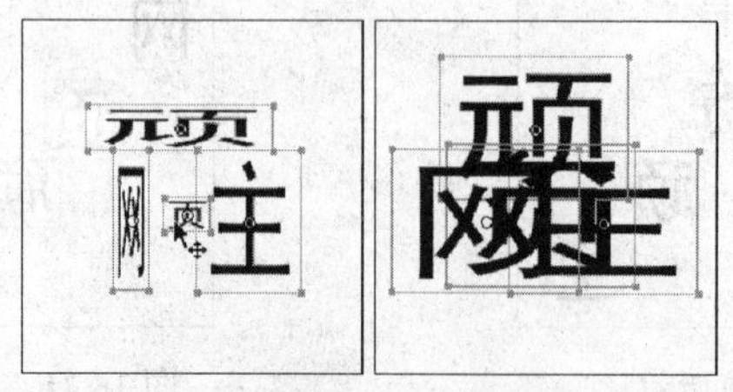

图 16.78　匹配宽和高的前后对比

4. 间隔

“间隔”选项组中有两个按钮，用于使对象之间的间距保持相等。

☑　垂直平均间隔：使上下相邻的多个对象的间距相等，如图 16.79 所示。

☑　水平平均间隔：使左右相邻的多个对象的间距相等，如图 16.80 所示。

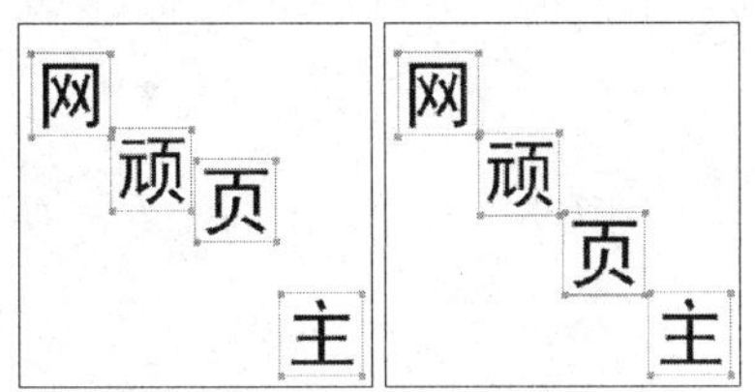

图 16.79　垂直平均间隔的前后对比

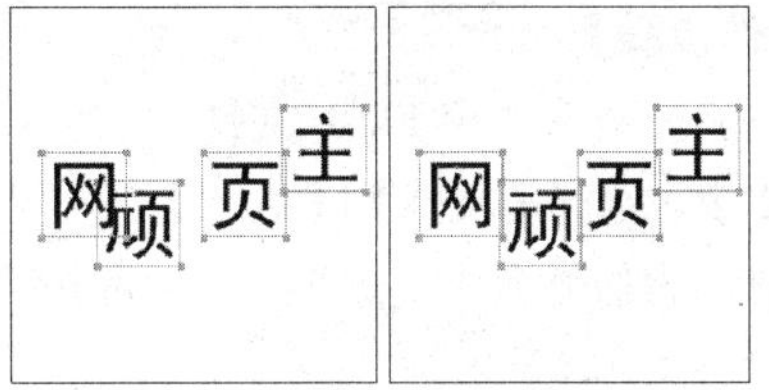

图 16.80　水平平均间隔的前后对比

5. 相对于舞台

相对于舞台是以整个舞台为参考对象来进行对齐的。

16.3.5　变形面板和信息面板

在前面的变形操作中，只能粗略地改变对象的形状，如果要精确控制对象的变形程度，可以使用变形面板和信息面板来完成。

【操作步骤】

第 1 步，选择舞台中的对象。

第 2 步，选择【窗口】|【对齐】（快捷键：Ctrl+I）命令，打开 Flash CC 的信息面板，如图 16.81 所示。

第 3 步，在信息面板中可以以像素为单位改变当前对象的宽度和高度，也可以调整对象在舞台中的位置。在信息面板的下方还会出现当前选择对象的颜色信息。

第 4 步，选择【窗口】|【变形】（快捷键：Ctrl+T）命令，打开 Flash CC 的变形面板，如图 16.82 所示。

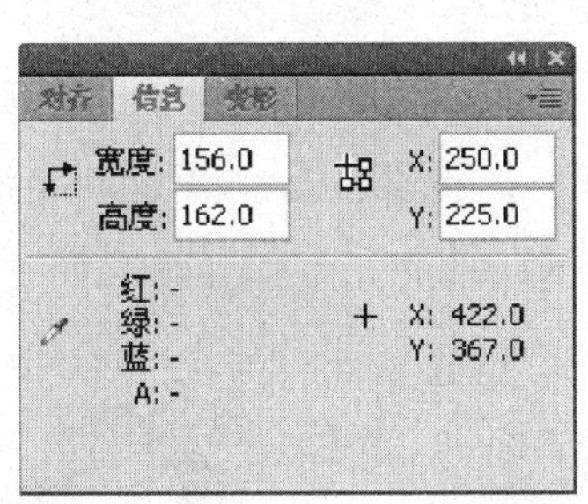

图 16.81　Flash CC 的信息面板

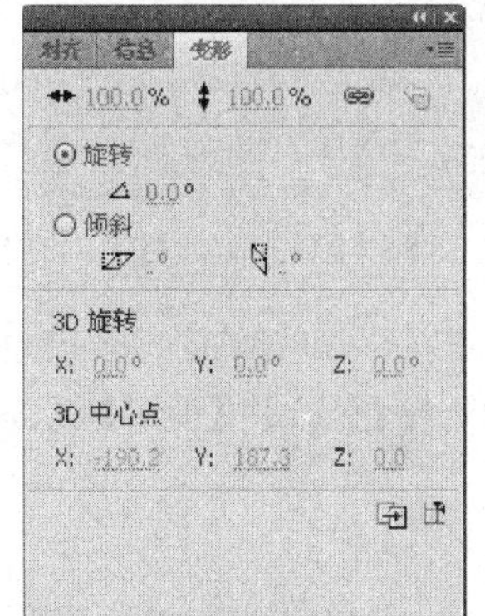

图 16.82　Flash CC 的变形面板

第 5 步，在变形面板中可以以百分比为单位改变当前对象的宽度和高度，也可以调整对象的旋转角度和倾斜程度。

第 6 步，单击【重制选区和变形】按钮，可以在变形对象的同时复制对象。

Note

视频讲解

16.3.6 案例实战：设计倒影特效

如图 16.83 所示为一个有倒影的 Logo，从整体上看它给人一种立体的感觉，实现这种倒影特效的具体操作步骤如下。

【操作步骤】

第 1 步，新建一个 Flash 文件。

第 2 步，选择【文件】|【导入】|【导入到舞台】（快捷键：Ctrl+R）命令，把图片素材 Avivah.png 导入当前动画的舞台中，如图 16.84 所示。

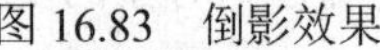

图 16.83　倒影效果

图 16.84　在舞台中导入图片素材

第 3 步，选择【修改】|【转换为元件】（快捷键：F8）命令，打开【转换为元件】对话框，如图 16.85 所示。

第 4 步，选择“图形”元件类型，单击【确定】按钮，把导入到当前动画中的位图素材 Avivah.png 转换为图形元件，如图 16.86 所示。

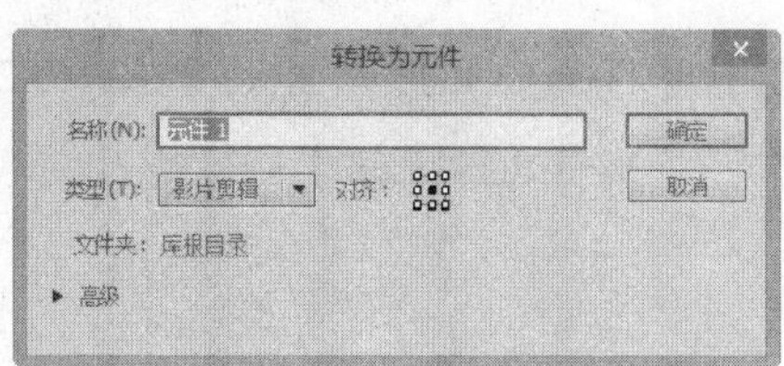

图 16.85 【转换为元件】对话框

图 16.86　把图形素材转换为图形元件

第 5 步，在按住 Alt 键的同时拖曳鼠标，复制当前的图形元件，如图 16.87 所示。

第 6 步，选择【修改】|【变形】|【垂直翻转】命令，把复制出来的图形元件垂直翻转，如图 16.88 所示。

图 16.87　复制当前的图形元件

图 16.88　垂直翻转复制出来的图形元件

第 7 步，调整两个图形元件在舞台中的位置，如图 16.89 所示。

第 8 步，选择下方的图形元件，在属性面板的【样式】下拉列表中选择 Alpha 选项，如图 16.90 所示。

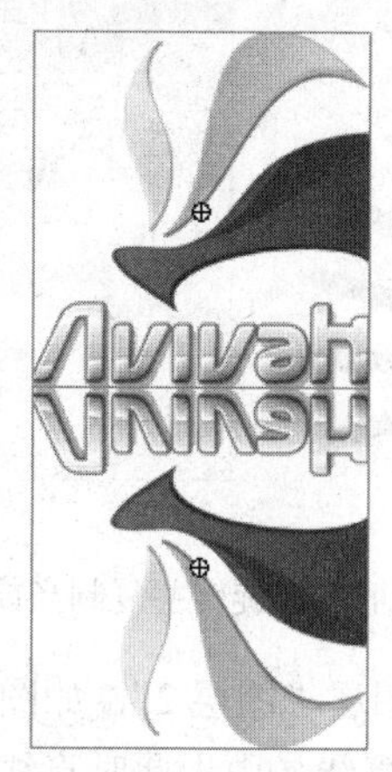

图 16.89　调整两个图形元件在舞台中的位置

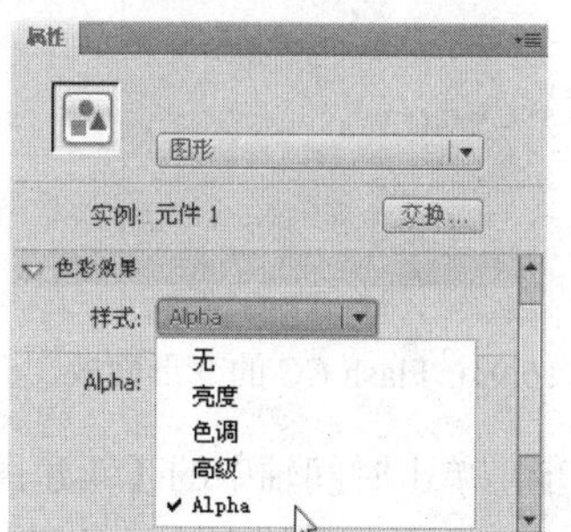

图 16.90　选择 Alpha 选项

第 9 步，设置下方图形元件的透明度为 30%，完成最终效果。

16.3.7　案例实战：设计折叠纸扇

视频讲解

折扇的结构很特别，它由多根扇骨和扇面构成，并且每一根扇骨的形状一致，两根扇骨之间的角度也是固定的。因此，可以利用一根扇骨的旋转变形来制作所有的扇骨，从而和扇面构成一把折扇。

【操作步骤】

第 1 步，新建一个 Flash 文件。

第 2 步，选择工具箱中的矩形工具绘制“扇骨”，在矩形工具选项中选择对象绘制模式，并调整矩形的颜色和尺寸，如图 16.91 所示。

第 3 步，选择工具箱中的任意变形工具，把当前矩形的中心点调整到矩形的下方，如图 16.92 所示。

图 16.91　在舞台中绘制扇骨

图 16.92　使用任意变形工具调整矩形中心点的位置

第 4 步，选择【窗口】|【变形】（快捷键：Ctrl+T）命令，打开 Flash CC 的变形面板，如图 16.93 所示。

Note

第 5 步，在变形面板的【旋转】文本框中输入旋转角度为 15，然后单击【重制选区和变形】按钮，一边旋转一边复制多个矩形，如图 16.94 所示。

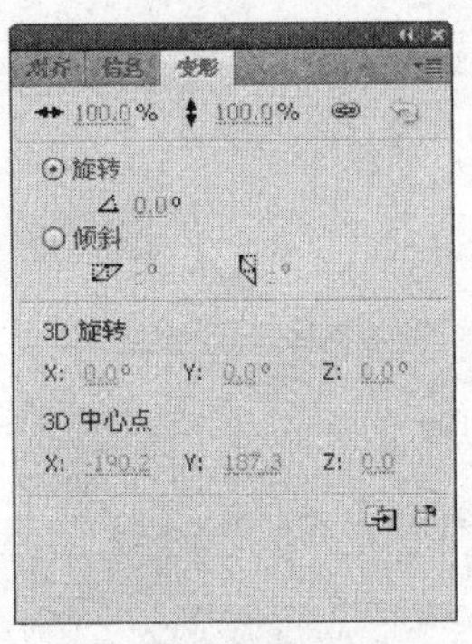

图 16.93 Flash CC 的变形面板

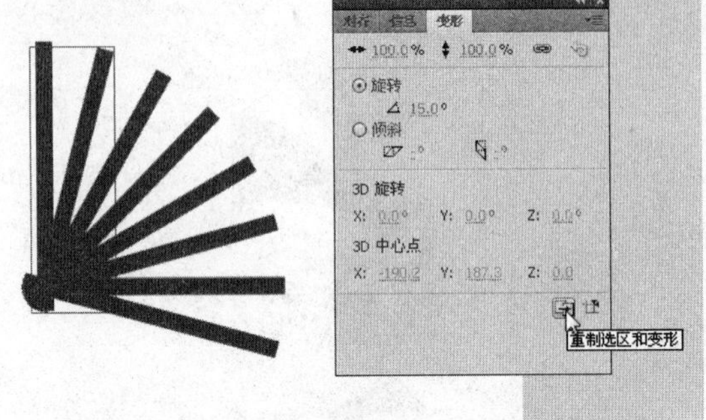

图 16.94 使用变形面板旋转并复制当前的矩形

第 6 步，单击时间轴中的【新建图层】按钮，创建一个新的图层“图层 2”，如图 16.95 所示。

第 7 步，选择工具箱中的线条工具，在扇骨的两边绘制两条直线（由于此时直线是绘制在“图层 2”中的，所以是独立的），如图 16.96 所示。

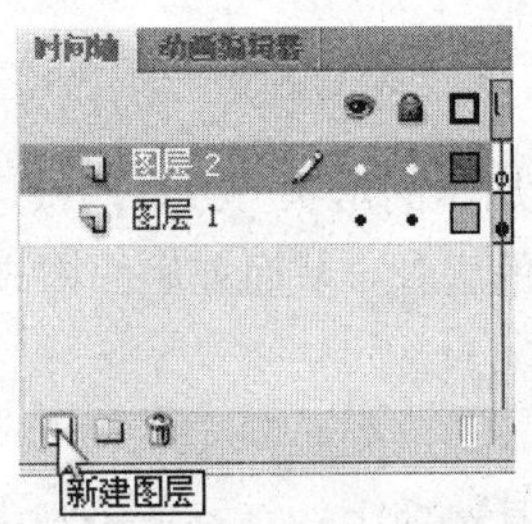

图 16.95 创建一个新的图层

图 16.96 在新的图层中绘制两条直线

第 8 步，使用选择工具将两条直线拉成和扇面弧度一样的圆弧，如图 16.97 所示。

第 9 步，选择工具箱中的线条工具，把两条直线的两端连接起来，变成一个闭合的路径，同时使用油漆桶工具填充一种颜色，如图 16.98 所示。

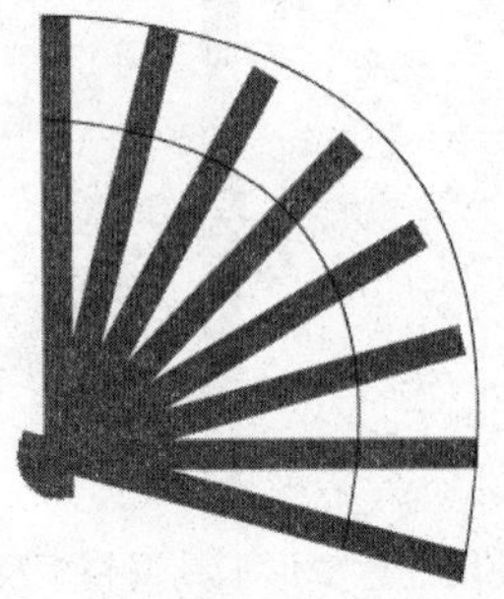

图 16.97 使用选择工具对直线变形

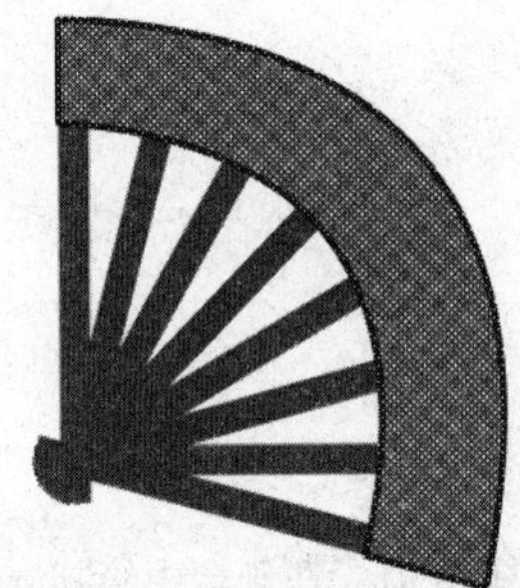

图 16.98 给得到的形状填充颜色

第 10 步，在颜色面板中的【类型】下拉列表中选择【位图】选项，单击【导入】按钮，在打开

的【导入到库】对话框中找到扇面的图片素材。

第 11 步，所选图片将会填充到【扇面】中，如图 16.99 所示。

第 12 步，选择工具箱中的渐变变形工具，调整填充到扇面中的图片素材，使图片和扇面更加吻合，如图 16.100 所示。

第 13 步，完成最终效果，如图 16.101 所示。

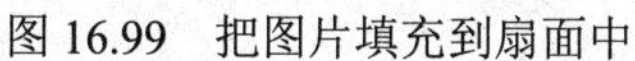

图 16.99　把图片填充到扇面中

图 16.100　使用填充变形工具调整填充到扇面中的图片素材

图 16.101　最终完成的折扇效果

16.4　修饰图形

视频讲解

路径和色块是 Flash CC 中经常要使用的对象，主要用来实现各种动画效果。除了可以使用前面介绍过的工具进行调整以外，还可以使用 Flash CC 所提供的一些修饰命令来进行调整。

16.4.1　优化路径

优化路径的作用就是通过减少定义路径形状的路径点数量来改变路径和填充的轮廓，以达到减小 Flash 文件大小的目的。

【操作步骤】

第 1 步，选择舞台中需要优化的图形对象。

第 2 步，选择【修改】|【形状】|【优化】（快捷键：Shift+Ctrl+Alt+C）命令，打开 Flash CC 的【优化曲线】对话框，如图 16.102 所示。

第 3 步，拖曳【优化强度】滑块调整路径平滑的程度，也可以直接在文本框中填写数字。

第 4 步，选中【显示总计消息】复选框，将显示提示框，提示完成平滑时优化的效果，如图 16.103 所示。

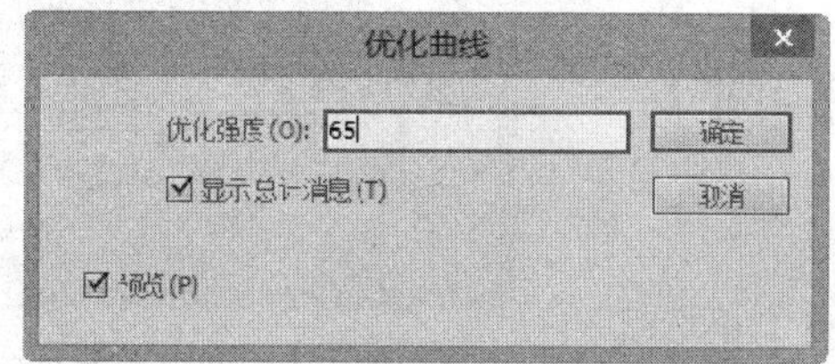

图 16.102　【优化曲线】对话框

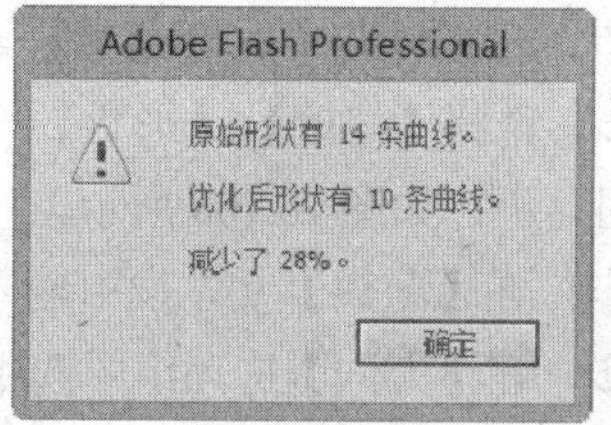

图 16.103　显示总计消息的提示框

第 5 步，不同的优化对比效果如图 16.104 所示。

（a）原图

（b）优化后

（c）重复优化后

图 16.104　不同的优化对比效果

16.4.2　将线条转换为填充

将线条转换为填充的目的是把路径的编辑状态转换为色块的编辑状态，从而填充渐变色，进行路径运算等。但是在 Flash CC 中，路径已经可以任意地改变粗细和填充渐变色，所以该命令的使用相对较少。

【操作步骤】

第 1 步，使用基本绘图工具在舞台中绘制路径，如图 16.105 所示。

第 2 步，选择【修改】|【形状】|【将线条转换为填充】命令，将路径转换为色块，如图 16.106 所示。

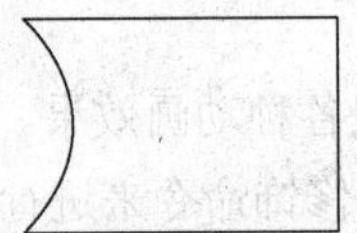

图 16.105　在舞台中绘制路径

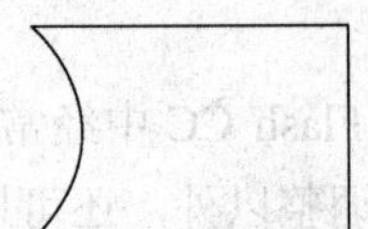

图 16.106　将路径转换为色块

第 3 步，转换后，对路径和色块进行变形的对比效果如图 16.107 所示。

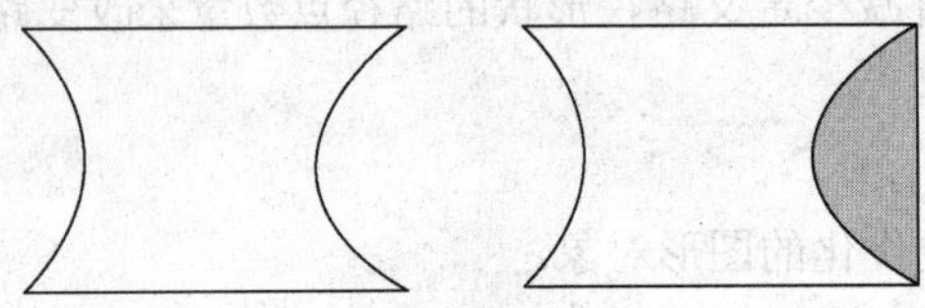

图 16.107　转换后变形的对比效果

16.4.3　扩展填充

使用扩展填充可以改变填充的大小范围。

【操作步骤】

第 1 步，选择舞台中的填充对象。

第 2 步，选择【修改】|【形状】|【扩展填充】命令，打开【扩展填充】对话框，如图 16.108 所示。

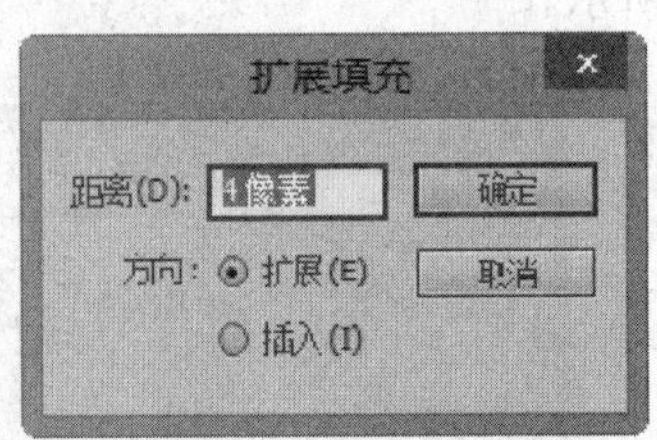

图 16.108　【扩展填充】对话框

第 3 步，在【距离】文本框中输入改变范围的尺寸。

第 4 步，在【方向】选项组中选中【扩展】或【插入】单选按钮，其中，【扩展】表示扩大一个填充，【插入】表示缩小一个填充。

Note

第 5 步，设置完毕后，单击【确定】按钮。转换前后的对比效果如图 16.109 所示。

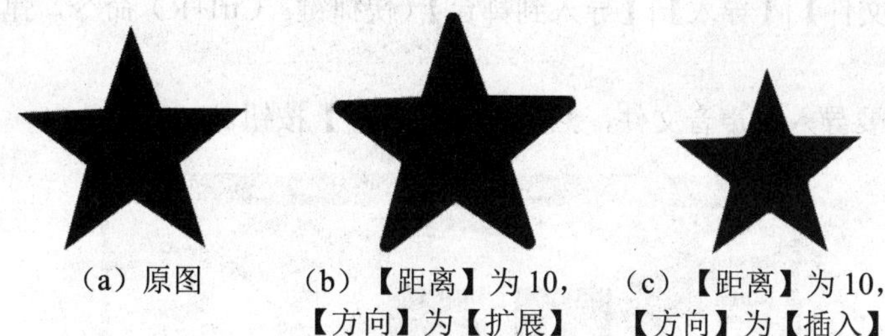

（a）原图　（b）【距离】为 10，【方向】为【扩展】　（c）【距离】为 10，【方向】为【插入】

图 16.109　扩展填充前后的对比效果

16.4.4　柔化填充边缘

使用【柔化填充边缘】命令可以对对象的边缘进行模糊，如果图形边缘过于尖锐，可以使用该命令适当调整。

【操作步骤】

第 1 步，选择舞台中的填充对象。

第 2 步，选择【修改】|【形状】|【柔化填充边缘】命令，打开【柔化填充边缘】对话框，如图 16.110 所示。

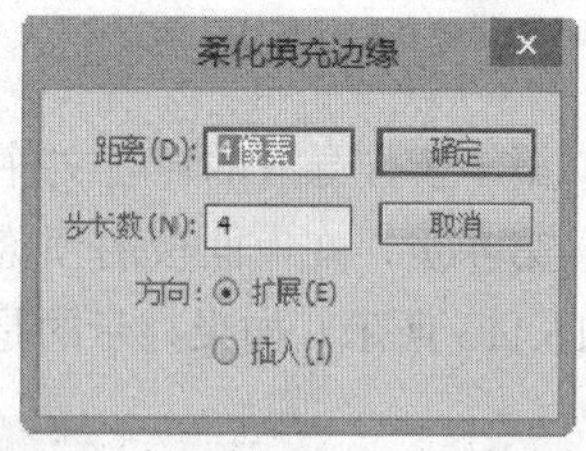

图 16.110　【柔化填充边缘】对话框

第 3 步，在【距离】文本框中输入柔化边缘的宽度。

第 4 步，在【步长数】文本框中输入用于控制柔化边缘效果的曲线数值。

第 5 步，在【方向】选项组中选中【扩展】或【插入】单选按钮，其中，【扩展】表示扩大一个填充，【插入】表示缩小一个填充。

第 6 步，设置完毕后，单击【确定】按钮。转换前后的对比效果如图 16.111 所示。

（a）原图　（b）【扩展】选项效果　（c）【插入】选项效果

图 16.111　柔化填充边缘前后的对比效果

16.5　案例实战：导入音频

Flash CC 支持所有主流的声音文件格式，所有导入 Flash 中的声音文件会自动保存到当前库中。当用户需要把某个声音文件导入 Flash 中时，可以按下面的操作步骤来完成。

视频讲解

Note

【操作步骤】

第 1 步，选择【文件】|【导入】|【导入到舞台】（快捷键：Ctrl+R）命令，弹出【导入】对话框，如图 16.112 所示。

第 2 步，选择需要导入的声音文件，然后单击【打开】按钮。

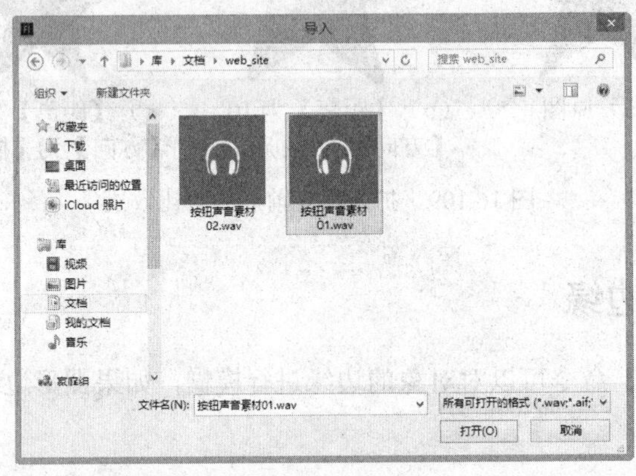

图 16.112　选择要导入的声音文件

第 3 步，导入的声音文件会自动出现在当前影片的库面板中，如图 16.113 所示。

第 4 步，在库面板的预览窗口中，如果显示的是一条波形，则导入的是单声道的声音文件，如图 16.113 所示；如果显示的是两条波形，则导入的是双声道的声音文件，如图 16.114 所示。

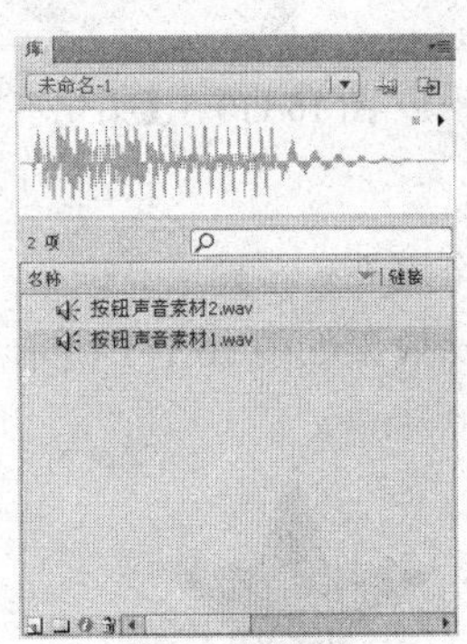

图 16.113　库面板中的单声道声音文件

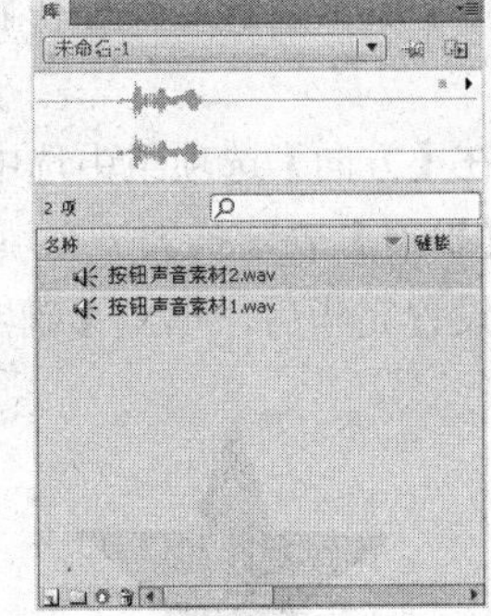

图 16.114　双声道的声音文件

为了给 Flash 动画添加声音，可以把声音添加到影片的时间轴上。用户通常要建立一个新的图层来放置声音，在一个影片文件中可以有任意数量的声音图层，Flash 会对这些声音进行混合。但是太多的图层会增加影片文件的大小，而且太多的图层也会影响动画的播放速度。下面通过一个简单的实例来说明如何将声音添加到关键帧上。

【操作步骤】

第 1 步，新建一个 Flash 文件。

第 2 步，从外部导入一个声音文件。

第 3 步，单击时间轴中的【新建图层】按钮，创建“图层 2”。

第 4 步，选择【窗口】|【库】（快捷键：Ctrl+L）命令，打开 Flash 的库面板。

第 5 步，把库面板中的声音文件拖曳到“图层 2”所对应的舞台中。声音文件只能拖曳到舞台中，不能拖曳到图层上。

第 6 步，这时在时间轴上会出现声音的波形，但是却只有一帧，所以看不见，如图 16.115 所示。

第 7 步，要将声音的波形显示出来，在“图层 2”靠后的任意一帧插入一个静态延长帧即可，如图 16.116 所示。

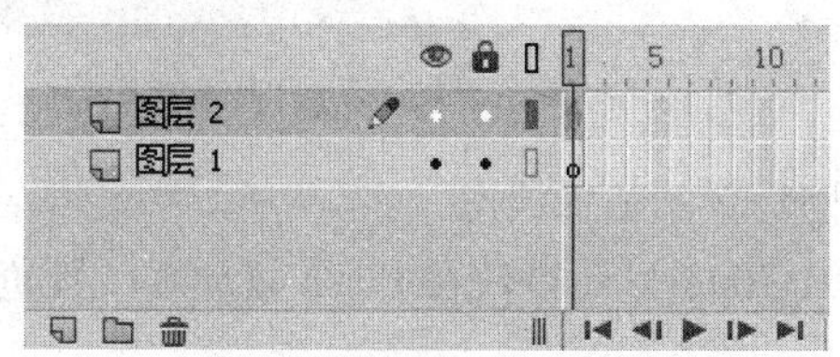

图 16.115　添加声音后的时间轴

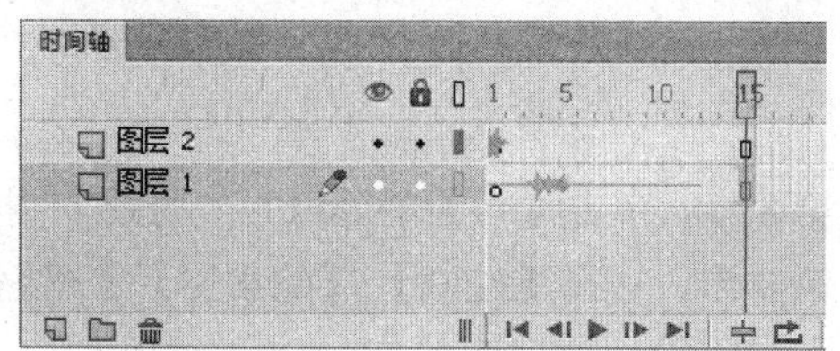

图 16.116　在时间轴中显示声音的波形

第 8 步，如果要使声音和动画播放时间相同，则需要计算声音总帧数，用声音文件的总时间（s）× 12 即可得出声音文件的总帧数。

在 Flash CC 中，可以很方便地为按钮元件添加声音效果，从而增强交互性。按钮元件的 4 种状态都可以添加声音，即可以在指针经过、按下、弹起和点击帧中设置不同的声音效果。下面通过一个简单的实例来说明如何给按钮元件添加声音。

【操作步骤】

第 1 步，新建一个 Flash 文件。

第 2 步，从外部导入一个声音文件。

第 3 步，选择舞台中需要添加声音的按钮元件，双击进入按钮元件的编辑状态，如图 16.117 所示。

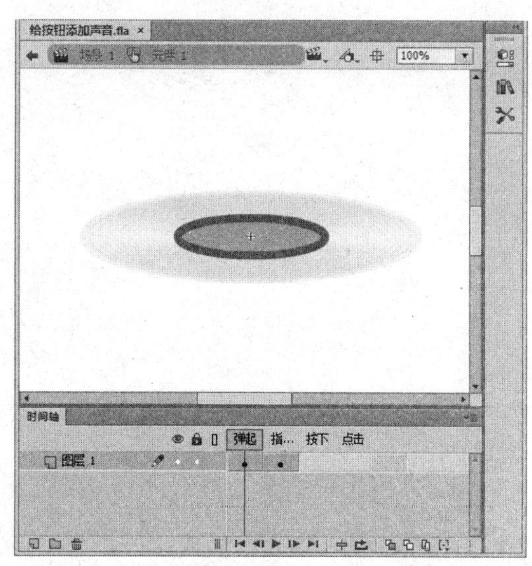

图 16.117　进入按钮元件的编辑窗口

第 4 步，单击时间轴中的【新建图层】按钮，创建“图层 2”。

第 5 步，选择时间轴中的“按下”状态，按 F7 键，插入空白关键帧，如图 16.118 所示。

Note

第 6 步，选择【窗口】|【库】（快捷键：Ctrl+L）命令，打开 Flash 的库面板。

第 7 步，把库面板中的声音文件拖曳到图层 2“按下”状态所对应的舞台中，如图 16.119 所示。

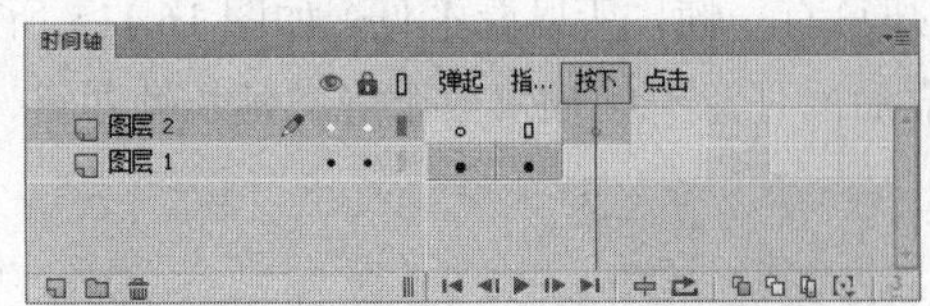

图 16.118　在“按下”状态插入空白关键帧

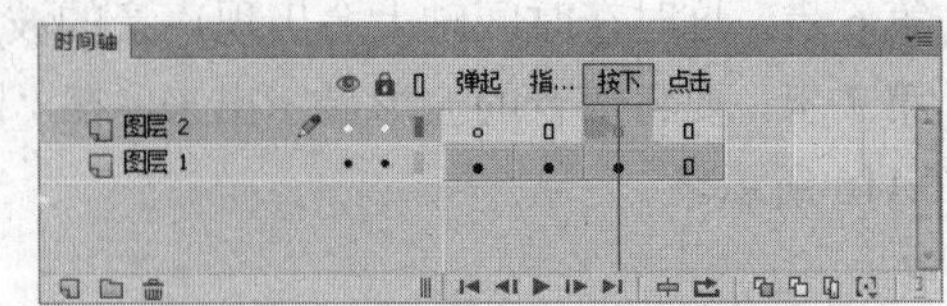

图 16.119　在“按下”状态添加声音

第 8 步，单击时间轴左上角的“场景 1”按钮，返回场景的编辑状态。

第 9 步，选择【控制】|【测试影片】（快捷键：Ctrl+Enter）命令，在 Flash 播放器中预览动画效果。

16.6　案例实战：导入视频

本节示例演示如何在 Flash 动画中导入视频，实现更加丰富的动画效果。具体操作请扫码阅读。

线 上 阅 读

16.7　使用辅助工具

辅助工具的作用是帮助用户更好地进行图形绘制。具体介绍请扫码了解。

线 上 阅 读

第17章

设计动画元素

图形和文本是动画制作的基础，它们构成了Flash动画基本元素。每个精彩的Flash动画都少不了精美的图形素材，以及必要的文字说明。Flash具有功能强大的绘图工具，可以利用它绘制图形、上色和修饰等。熟练掌握Flash的绘图技巧，将为制作精彩的Flash动画奠定坚实的基础。Flash的文本编辑功能也非常强大，除了可以通过Flash输入文本外，还可以制作各种很酷的字体效果，以及利用文本进行交互输入等。

【学习重点】

- 熟练使用Flash基本绘图工具。
- 绘制Flash路径、图形等。
- 熟练使用Flash颜色工具。
- 能够编辑和管理颜色。
- 熟练使用文本工具。
- 能够编辑和操作图形对象。

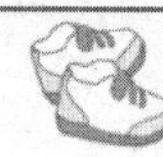

17.1 绘图准备

Note

视频讲解

在学习绘图之前，用户需要掌握选择工具的使用，以及绘图模式基础。选择工具是工具箱中使用最频繁的工具，主要用于对工作区中的对象进行选择和对一些路径进行修改。部分选取工具主要用于对图形进行细致的变形处理。

17.1.1 选择工具

选择工具可用于选择、移动和改变图形形状，它是Flash中使用最多的工具，选中该工具后，在工具箱下方的工具选项中会出现3个附属按钮，如图17.1所示，通过这些按钮可以完成以下操作。

☑ 【对齐】按钮：单击该按钮，然后使用选择工具拖曳某一对象时，光标将出现一个圆圈，如果将它向其他对象移动，则会自动吸附上去，有助于将两个对象连接在一起。另外该按钮还可以使对象对齐辅助线或网格。

☑ 【平滑】按钮：对路径和形状进行平滑处理，消除多余的锯齿。可以柔化曲线，减少整体凹凸等不规则变化，形成轻微的弯曲。

☑ 【伸直】按钮：对路径和形状进行平直处理，消除路径上多余的弧度。

为了说明【平滑】按钮和【伸直】按钮的作用，最好的方法就是通过实例看一下操作的结果。在图17.2中，左侧的曲线是使用铅笔工具所绘制的，它是凹凸不平而且带有毛刺的，使用鼠标徒手绘制的结果大多如此。图中间及右侧的曲线分别是经过3次平滑和伸直操作得到的，用户可以看出曲线变得非常光滑。

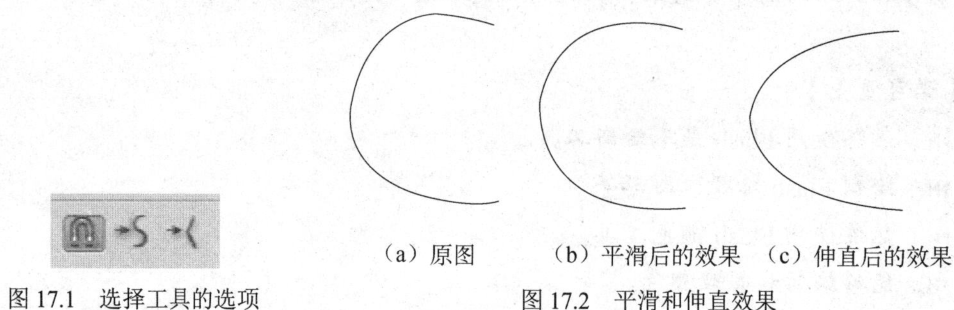

（a）原图　（b）平滑后的效果　（c）伸直后的效果

图17.1　选择工具的选项

图17.2　平滑和伸直效果

在工作区使用选择工具选择对象时，应注意下面几个问题。

1. 选择一个对象

如果选择的是一条直线、一组对象或文本，只需要在该对象上单击即可；如果所选的对象是图形，单击一条边线并不能选择整个图形，而需要在某条边线上双击。如图17.3所示，左侧是单击选择一条边线的效果，右侧是双击一条边线后选择所有边线的效果。

2. 选择多个对象

选择多个对象的方法主要有两种：使用选择工具框选或者按住Shift键进行复选，如图17.4所示。

图 17.3 不同的选择效果

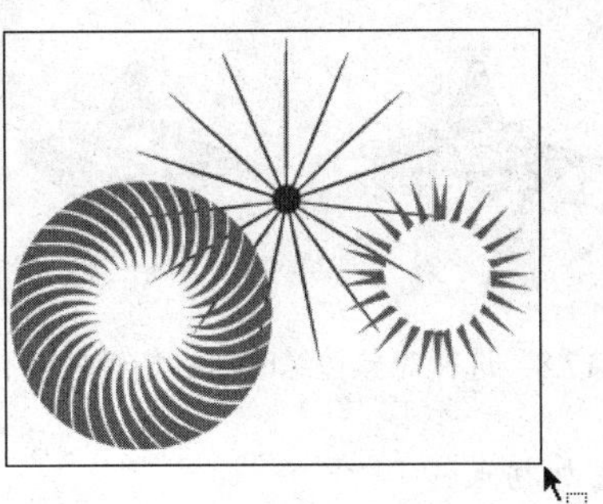

图 17.4 框选多个对象

3. 裁剪对象

在框选对象时，如果只框选了对象的一部分，那么将会对对象进行裁剪操作，如图 17.5 所示。

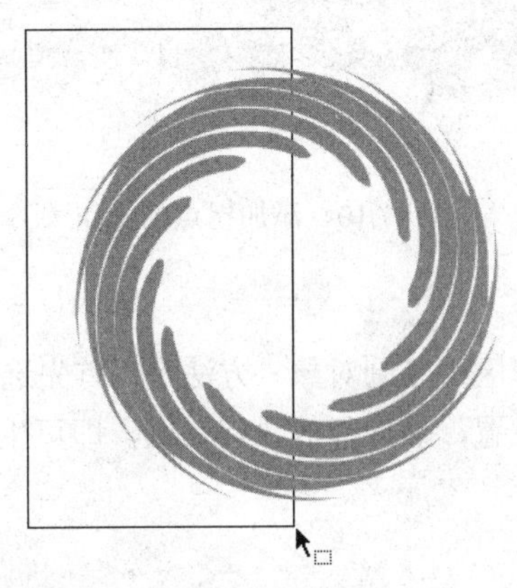

图 17.5 裁剪对象

4. 移动拐角

如果要利用选择工具移动对象的拐角，当鼠标指针移动到对象的拐角点上时，鼠标指针的形状会发生变化，如图 17.6 所示。这时可以按住鼠标左键并拖曳，改变前拐点的位置，当移动到指定位置后释放左键即可。移动拐点前后的效果如图 17.7 所示。

图 17.6 选择拐点时鼠标指针的变化

图 17.7 移动拐点的过程

5. 将直线变为曲线

将选择工具移动到对象的边缘时，鼠标指针的形状会发生变化，如图 17.8 所示。这时按住鼠标左键并拖曳，当移动到指定位置后释放左键即可。直线变曲线的前后效果如图 17.9 所示。

Note

图 17.8　选择对象边缘时鼠标指针的变化

图 17.9　直线到曲线的变化过程

6. 增加拐点

用户可以在线段上增加新的拐点，当鼠标指针下方出现一个弧线的标志时，按住 Ctrl 键进行拖曳，当移动到适当位置后释放左键，就可以增加一个拐点，如图 17.10 所示。

图 17.10　添加拐点的操作

7. 复制对象

使用选择工具可以直接在工作区中复制对象。方法是：首先选择需要复制的对象，然后按住 Alt 键，拖曳对象至工作区上的任意位置，然后释放鼠标左键，即可生成复制对象。

17.1.2　部分选取工具

使用部分选取工具可以像使用选择工具那样选择并移动对象，还可以对图形进行变形等处理。当使用部分选取工具选择对象时，对象上将会出现很多的路径点，表示该对象已经被选中，如图 17.11 所示。

1. 移动路径点

使用部分选取工具选择图形，在其周围会出现一些路径点，把鼠标指针移动到这些路径点上，在鼠标指针的右下角会出现一个白色的正方形，拖曳路径点可以改变对象的形状，如图 17.12 所示。

图 17.11　被部分选择工具选中的对象

图 17.12　移动路径点

2. 调整路径点的控制手柄

当选择路径点进行移动的过程中，在路径点的两端会出现调节路径弧度的控制手柄，并且选中的路径点将变为实心，拖曳路径点两边的控制手柄，可以改变曲线弧度，如图 17.13 所示。

3. 删除路径点

使用部分选取工具选中对象上的任意路径点后，按 Delete 键可以删除当前选中的路径点，删除路径点可以改变当前对象的形状。在选择多个路径点时，同样可以框选或者按 Shift 键进行复选，如图 17.14 所示。

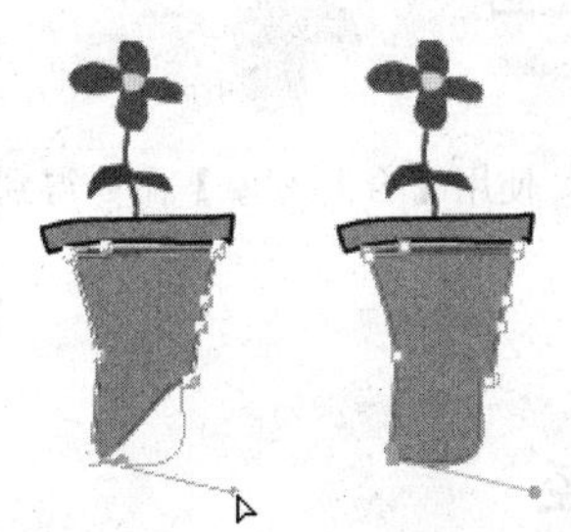

图 17.13　调整路径点两端的控制手柄

图 17.14　删除路径点

17.1.3　Flash 绘图模式

在 Flash 中，当同一图层的形状或线条叠加在一起时，是会互相裁切的，这会给用户操作带来不少麻烦，最常见的就是移动对象时“拖泥带水”，即只把填充移走了，而轮廓线留在原处，给后面的动画操作带来不必要的麻烦，如图 17.15 所示。

在 Flash CC 中，在保留原来绘图模式的基础上，又添加了一种对象绘制模式，它类似于 Illustrator 等矢量图形软件中的方式。如果使用了该模式，在同一层中绘制出的形状和线条会自动成组，并且在移动时不会互相切割、互相影响。用户可以在钢笔、刷子、形状等工具的选项中找到该设置，如图 17.16 所示。

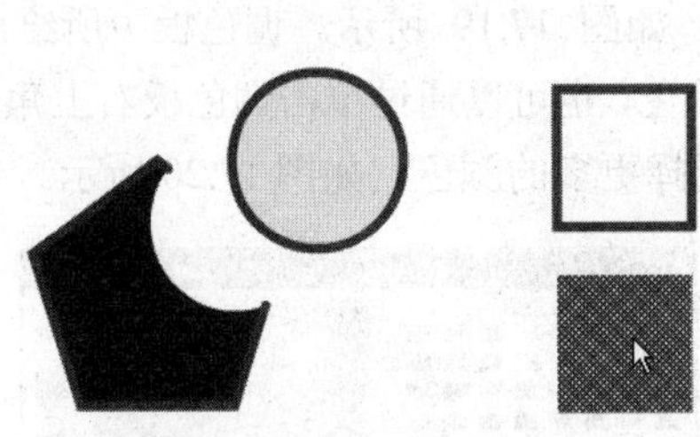

图 17.15　同一图层的对象裁切

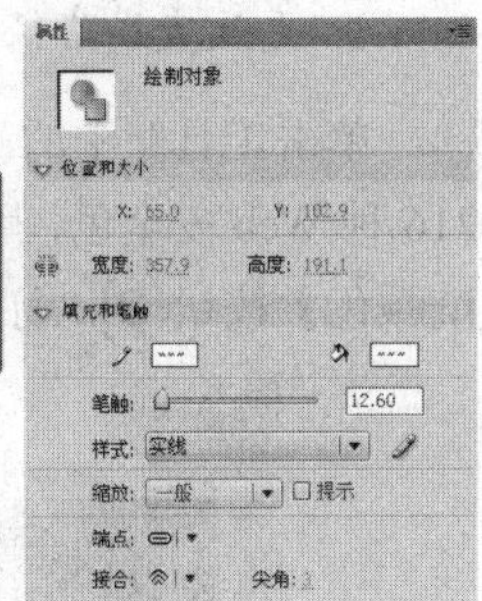

图 17.16　对象绘制模式

当然这并不意味着在该种模式下，用户无法完成对象的组合和切割。Flash CC 提供了更完善和标准的方法，即在【修改】|【合并对象】菜单下添加了一些新的命令，如图 17.17 所示。

这些命令是在任何一个矢量绘图软件里都有的矢量运算命令，它们用于对多个路径进行运算，

从而生成新的形状。在 Fireworks 中，它们被称为“组合路径”。如图 17.18 所示为对两个叠加在一起的图形使用“合并对象”命令后的效果。

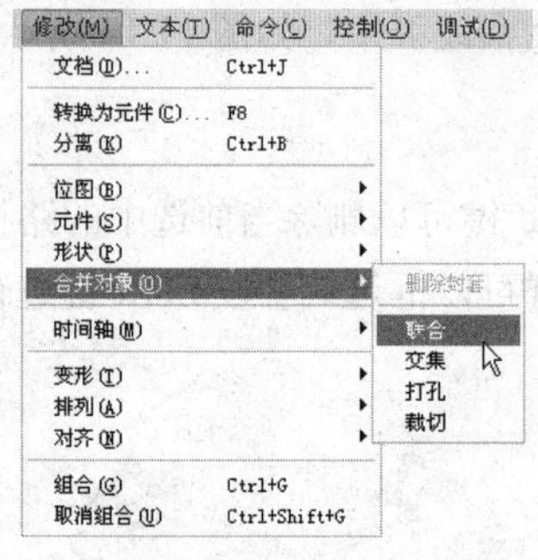

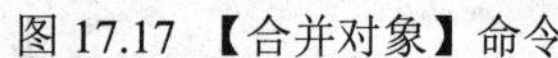

图 17.17 【合并对象】命令

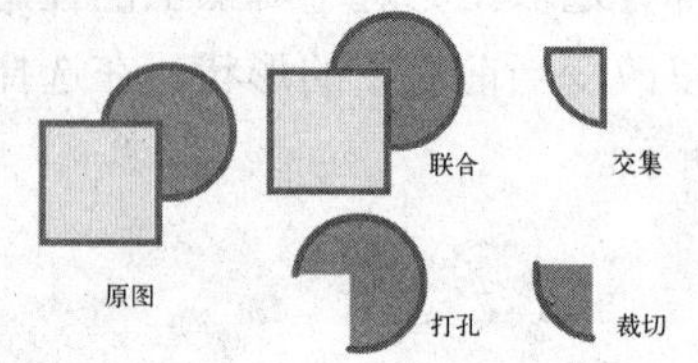

图 17.18 使用【合并对象】命令得到的效果

合理、灵活地运用这些命令必定会为作品添姿增彩。

视频讲解

17.2 绘制路径

在 Flash 中，路径和路径点的绘制是最基本的操作，绘制路径的工具有线条工具、钢笔工具和铅笔工具。绘制路径的方法非常简单，只需使用这些工具在合适的位置单击即可，至于具体使用哪种工具，要根据实际的需要来选择。绘制路径的主要目的是为了得到各种形状。

17.2.1 绘制线条

选择线条工具，拖曳鼠标可以在舞台中绘制直线路径。通过设置属性面板中的相应参数，还可以得到各种样式、粗细不同的直线路径。

在使用线条工具绘制直线路径的过程中，按住 Shift 键，可以使绘制的直线路径围绕 45°角进行旋转，从而很容易地绘制出水平和垂直的直线。

1. 更改直线路径的颜色

单击工具箱中的【笔触颜色】按钮，打开一个调色板，如图 17.19 所示。调色板中所给出的是 216 种 Web 安全色，用户可以直接在调色板中选择需要的颜色，也可以通过单击调色板右上角的【系统颜色】按钮，打开 Windows 的系统调色托盘，从中选择更多的颜色，如图 17.20 所示。

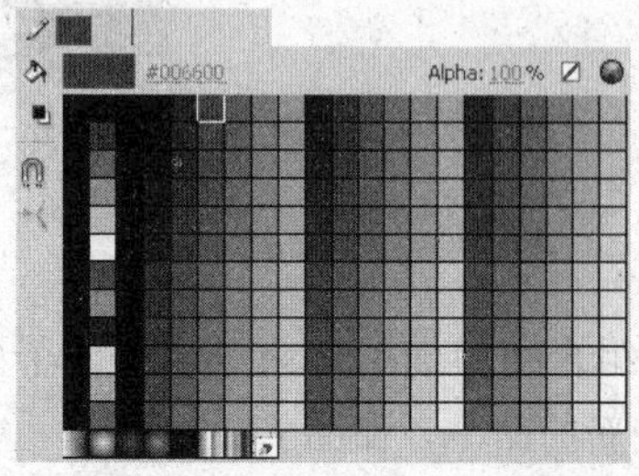

图 17.19 【笔触颜色】的调色板

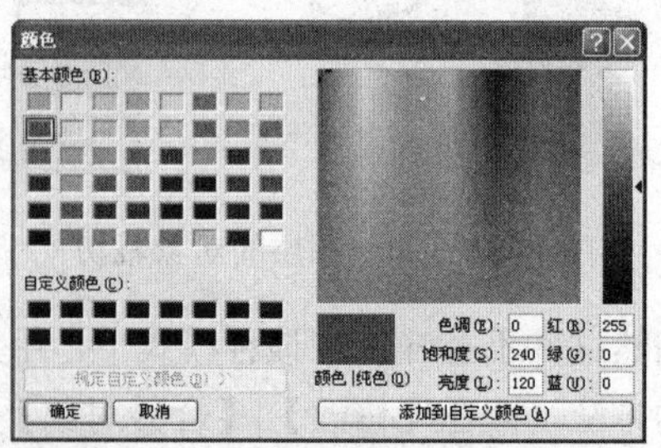

图 17.20 Windows 的系统调色托盘

同样，颜色设置也可以从属性面板的笔触颜色中进行调整，由于其操作和上面操作相似，这里就不再赘述，如图 17.21 所示。

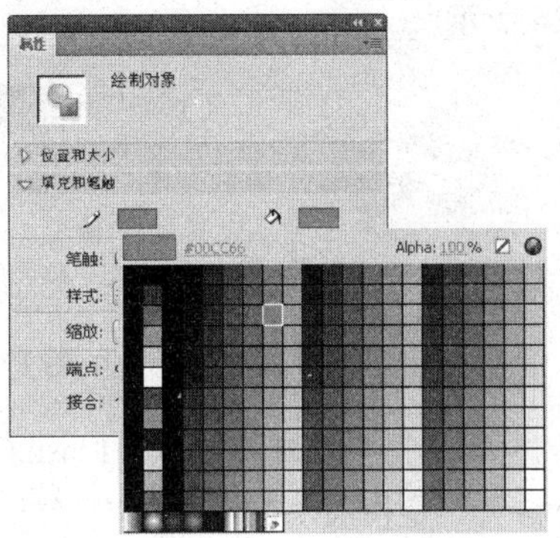

图 17.21　属性面板中的笔触颜色

2. 更改直线路径的宽度和样式

选择需要设置的线条，在属性面板中显示当前直线路径的属性，如图 17.22 所示。其中，【笔触】文本框用于设置直线路径的宽度，用户可以在其文本框中手动输入数值，也可以通过拖曳滑块设置；【样式】下拉列表用于设置直线路径的样式效果，用户可以根据需要进行设置，如图 17.23 所示。

图 17.22　直线路径的属性

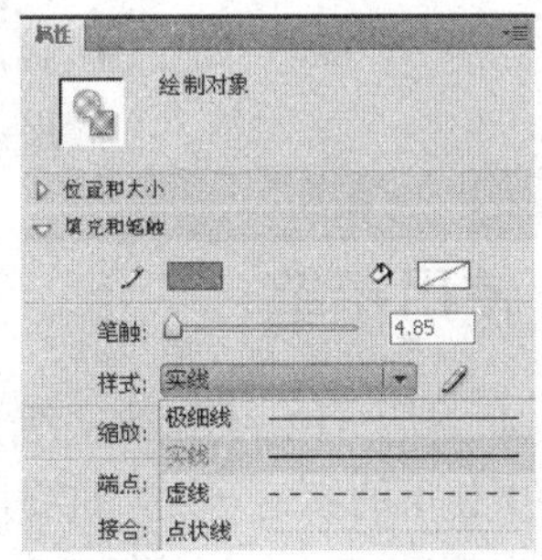

图 17.23　直线路径的宽度和样式

如果单击后面的【编辑】按钮，会打开【笔触样式】面板，在该面板中可以对直线路径的属性进行详细的设置，如图 17.24 所示。

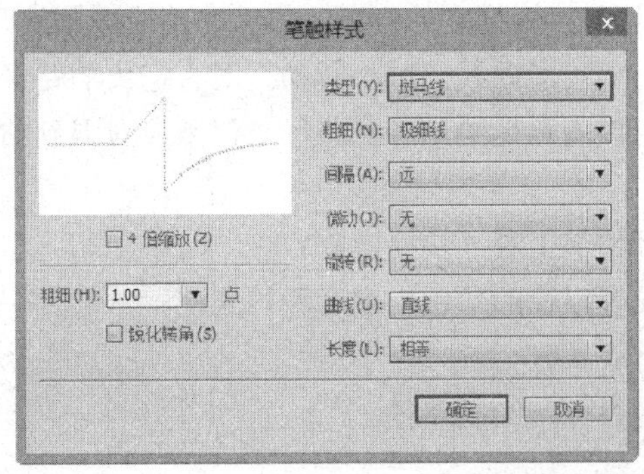

图 17.24　在【笔触样式】面板中设置直线路径的属性

3. 更改直线路径的端点和接合点

在 Flash CC 的属性面板中，可以对所绘路径的端点设置形状，如图 17.25 所示。若分别选择“圆角”和“方形”，其效果如图 17.26 所示。

图 17.25　端点选项

图 17.26　直线路径端点的设置

接合点指两条线段的相接处，也就是拐角的端点形状。Flash CC 提供了 3 种接合点的形状：“尖角”“圆角”和“斜角”，其中，“斜角”是指被“削平”的方形端点。图 17.27 所示为 3 种接合点的形状对比。

（a）尖角　　（b）圆角　　（c）斜角

图 17.27　直线路径接合时的形状

17.2.2　使用铅笔

铅笔工具是一种手绘工具，使用铅笔工具可以在 Flash 中随意绘制路径、不规则的形状。这和日常生活中使用的铅笔一样，只要用户有足够的美术基础，即可利用铅笔工具绘制任何需要的图形。在绘制完成后，Flash 还能够帮助用户把不是直线的路径变直或者把路径变平滑。

在工具箱的选项区中单击【铅笔模式】按钮后，在打开的对话框中选择不同的“铅笔模式”类型，有“伸直”“平滑”和“墨水”3 种选择。

☑　伸直模式：该模式可以将所绘路径自动调整为平直（或圆弧形）的路径。例如，在绘制近似矩形或椭圆时，Flash 将根据它的判断，将其调整成规则的几何形状。

☑　平滑模式：该模式可以平滑曲线、减少抖动，对有锯齿的路径进行平滑处理。

☑　墨水模式：该模式可以随意地绘制各类路径，但不能对得到的路径进行任何修改。

【操作步骤】

第 1 步，在工具箱中选择铅笔工具（快捷键：Y）。

第 2 步，在属性面板中设置路径的颜色、宽度和样式。

第 3 步，选择需要的铅笔模式。

第 4 步，在工作区中拖曳鼠标，绘制路径。

17.2.3　使用钢笔

钢笔工具 的主要作用是绘制贝塞尔曲线，这是一种由路径点调节路径形状的曲线。使用钢笔工具与使用铅笔工具有很大的差别，要绘制精确的路径，可以使用钢笔工具创建直线和曲线段，然后调整直线段的角度和长度以及曲线段的斜率。钢笔工具不但可以绘制普通的开放路径，还可以创建闭合的路径。

1. 绘制直线路径

【操作步骤】

第 1 步，在工具箱中选择钢笔工具（快捷键：P）。

第 2 步，在属性面板中设置笔触和填充的属性。

第 3 步，返回到工作区，在舞台上单击，确定第一个路径点。

第 4 步，单击舞台上的其他位置绘制一条直线路径，继续单击可以添加相连接的直线路径，如图 17.28 所示。

第 5 步，如果要结束路径绘制，可以按住 Ctrl 键，在路径外单击。如果要闭合路径，可以将鼠标指针移到第一个路径点上并单击，如图 17.29 所示。

图 17.28　使用钢笔工具绘制直线路径

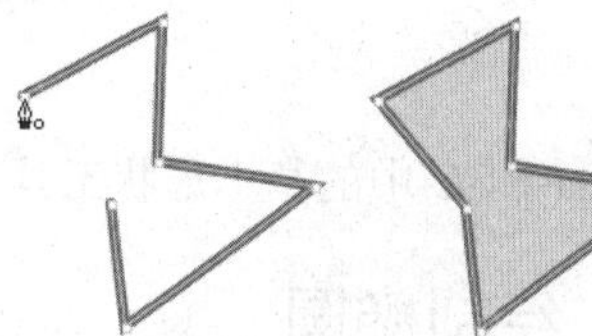

图 17.29　结束路径绘制

2. 绘制曲线路径

【操作步骤】

第 1 步，在工具箱中选择钢笔工具（快捷键：P）。

第 2 步，在属性面板中设置笔触和填充的属性。

第 3 步，返回到工作区，在舞台上单击，确定第一个路径点。

第 4 步，拖曳出曲线的方向。在拖曳时，路径点的两端会出现曲线的切线手柄。

第 5 步，释放鼠标，将指针放置在希望曲线结束的位置，单击，然后向相同或相反的方向拖曳，如图 17.30 所示。

第 6 步，如果要结束路径绘制，可以按住 Ctrl 键，在路径外单击。如果要闭合路径，可以将鼠标指针移到第一个路径点上并单击。

3. 转换路径点

路径点分为直线点和曲线点，要将曲线点转换为直线点，在选择路径后，使用转换锚点工具单击所选路径上已存在的曲线路径点，即可将曲线点转换为直线点，如图 17.31 所示。

Note

图 17.30　曲线路径的绘制

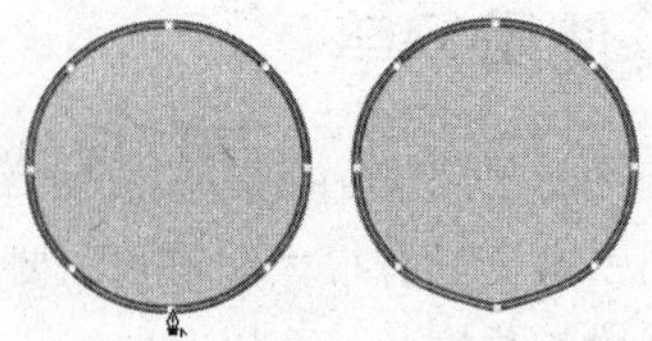

图 17.31　使用转换锚点工具将曲线点转换为直线点

4. 添加、删除路径点

用户可以使用 Flash CC 中的添加锚点工具和删除锚点工具为路径添加或删除路径点，从而得到满意的图形。

添加路径点的方法：选择路径，使用添加锚点工具在路径边缘没有路径点的位置单击，即可完成操作。

删除路径点的方法：选择路径，使用删除锚点工具单击所选路径上已存在的路径点，即可完成操作。

视频讲解

17.3　绘制图形

使用 Flash CC 中的基本形状工具，可以快速绘制想要的图形。

17.3.1　绘制椭圆

Flash 中的椭圆工具用于绘制椭圆和正圆，用户可以根据需要任意设置椭圆路径的颜色、样式和填充色。当选择工具箱中的椭圆工具时，在属性面板中就会出现与椭圆工具相关的属性设置，如图 17.32 所示。

【操作步骤】

第 1 步，选择工具箱中的椭圆工具。

第 2 步，在选项区中选择【对象绘制】模式。

第 3 步，在属性面板中设置椭圆路径和填充属性。

第 4 步，在舞台中拖曳鼠标指针，绘制图形。

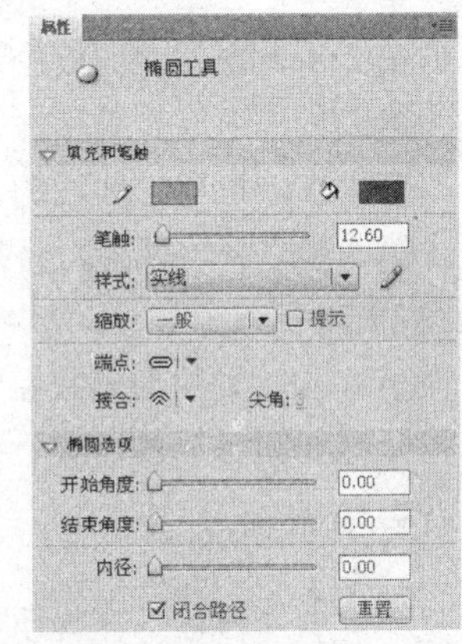

图 17.32　椭圆工具对应的属性面板

17.3.2　绘制矩形

矩形工具用于创建矩形和正方形。矩形工具的使用方法和椭圆工具的一样，所不同的是矩形工具包括一个控制矩形圆角度数的属性，在属性面板中输入一个圆角的半径像素点数值，即能绘制出相应的圆角矩形，如图 17.33 所示。

在【矩形选项】的文本框中，可以输入 0～999 的数值。数值越小，绘制出来的圆角弧度就越小，默认值为 0，即绘制直角矩形。如

果输入“999”，绘制出来的圆角弧度则最大，得到的是两端为半圆的圆角矩形，如图 17.34 所示。

图 17.33　矩形工具对应的属性面板

图 17.34　边角半径为 999 的圆角矩形

【操作步骤】

第 1 步，选择工具箱中的矩形工具。

第 2 步，根据需要，在选项区中选择【对象绘制】模式。

第 3 步，根据需要，在属性面板中控制矩形的圆角度数。

第 4 步，在属性面板中设置矩形的路径和填充属性。

第 5 步，在舞台中拖曳鼠标，绘制图形。

与基本椭圆工具一样，Flash CC 也新增加了基本矩形工具，使用该工具在舞台中绘制矩形以后，如果对矩形圆角的度数不满意，可以随时进行修改。

17.3.3　绘制多角星形

多角星形工具用于创建星形和多边形。多角星形工具的使用方法和矩形工具的使用方法一样，所不同的是多角星形工具的属性面板中多了“选项”设置按钮，如图 17.35 所示。单击该按钮，在打开的【工具设置】对话框中，可以设置多角星形工具的详细参数，如图 17.36 所示。

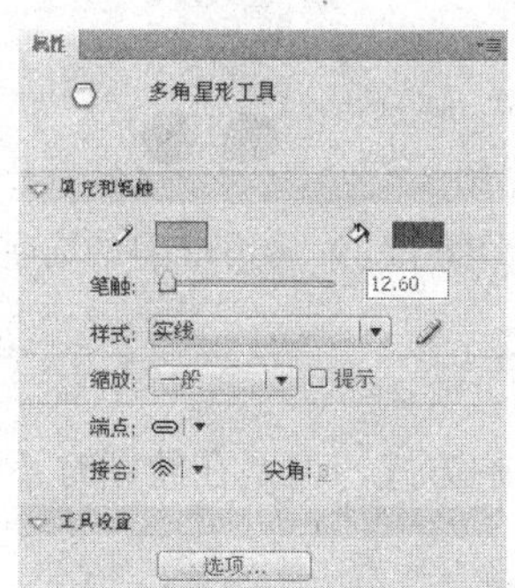

图 17.35　多角星形工具对应的属性面板

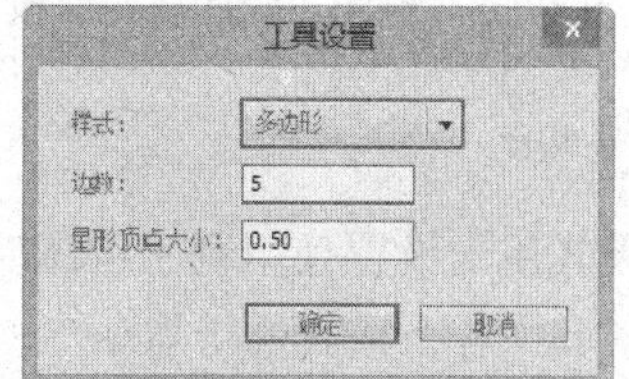

图 17.36　多角星形工具的【工具设置】对话框

【操作步骤】

第 1 步，选择工具箱中的多角星形工具。

第 2 步，根据需要，在选项区中选择【对象绘制】模式。

第 3 步，单击多角星形工具属性面板中的【选项】按钮，在打开的【工具设置】对话框中，设置多角星形工具的详细参数。

第 4 步，在属性面板中设置矩形的路径和填充属性。

第 5 步，在舞台中拖曳鼠标，绘制图形，如图 17.37 所示。

图 17.37　使用多角星形工具绘制图形

17.3.4　使用刷子

刷子工具的绘制效果与日常生活中使用的刷子类似，是为影片进行大面积上色时使用的。使用刷子工具可以为任意区域和图形填充颜色，它对于填充精度要求不高。通过更改刷子的大小和形状，可以绘制各种样式的填充线条。

选择刷子工具时，在属性面板中会出现刷子工具的相关属性，如图 17.38 所示。同时，在刷子工具的选项区中也会出现一些刷子的附加功能，如图 17.39 所示。

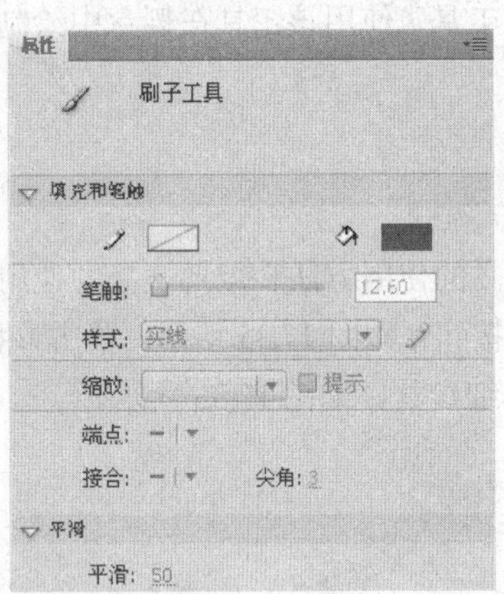

图 17.38　刷子工具的属性面板设置

图 17.39　刷子工具的选项区

1. 设置模式

刷子模式用于设置使用刷子绘图时对舞台中其他对象的影响方式，但是在绘图时不能使用对象绘制模式。其中各个模式的特点如下。

☑　标准绘画：在这种模式下，新绘制的线条会覆盖同一层中原有的图形，但是不会影响文本对象和导入的对象，对比效果如图 17.40 所示。

☑　颜料填充：在这种模式下，只能在空白区域和已有的矢量色块填充区域内绘制，并且不会影响矢量路径的颜色，对比效果如图 17.41 所示。

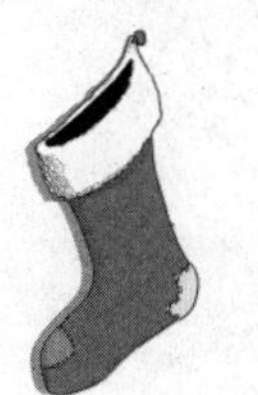
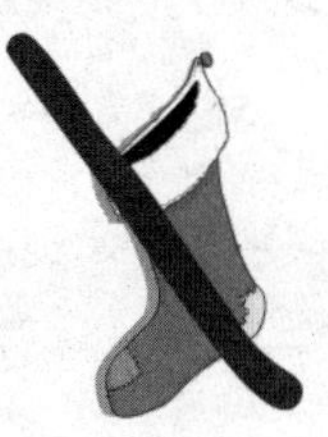

图 17.40　使用标准绘画模式的对比效果

图 17.41　使用颜料填充模式的对比效果

☑ 后面绘画：在这种模式下，只能在空白区域绘制，不会影响原有图形的颜色，所绘制出来的色块全部在原有图形下方，对比效果如图 17.42 所示。

☑ 颜料选择：在这种模式下只能在选择的区域中绘制，也就是说，必须先选择一个区域，然后才能在被选区域中绘图，对比效果如图 17.43 所示。

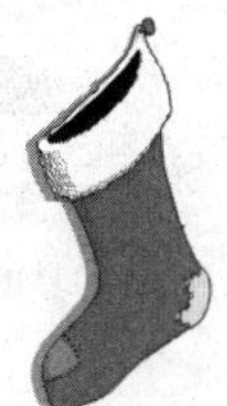

图 17.42　使用后面绘画模式的对比效果

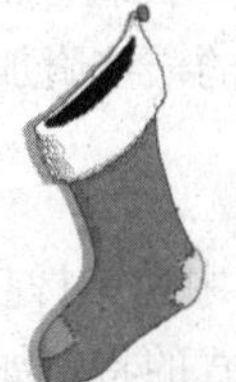
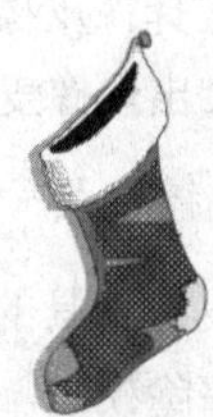

图 17.43　使用颜料选择模式的对比效果

☑ 内部绘画：在这种模式下，只能在起始点所在的封闭区域中绘制。如果起始点在空白区域，则只能在空白区域内绘制；如果起始点在图形内部，则只能在图形内部进行绘制，对比效果如图 17.44 所示。

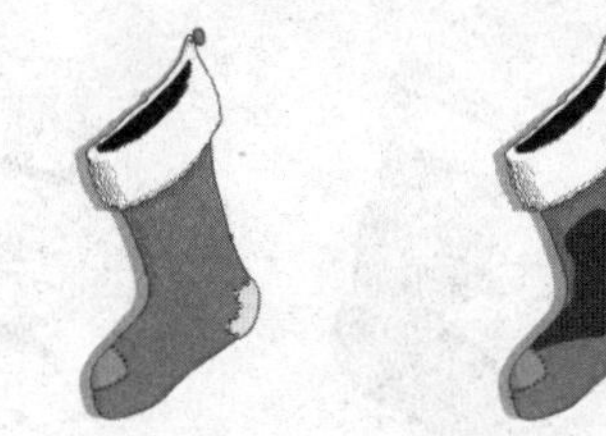

图 17.44　使用内部绘画模式的对比效果

2. 设置大小和形状

利用刷子大小选项，可以设置刷子的大小，共有 8 种不同的尺寸可以选择，如图 17.45 所示。利用刷子形状选项，可以设置刷子的不同形状，共有 9 种形状的刷子样式可以选择，如图 17.46 所示。

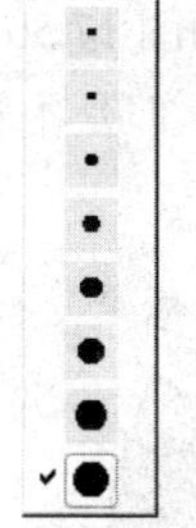

图 17.45　刷子的大小设置

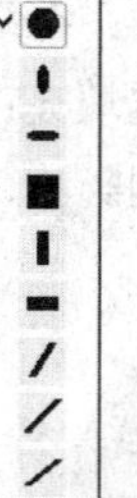

图 17.46　刷子的形状设置

3. 锁定填充设置

锁定填充选项用来切换在使用渐变色进行填充时的参照点。当使用渐变色填充时，单击【锁定填充】按钮，即可将上一笔触的颜色变化规律锁定，从而作为对该区域的色彩变化规范。

Note

【操作步骤】

第 1 步，选择刷子工具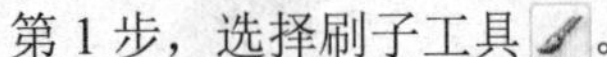。

第 2 步，在属性面板中设置刷子工具的填充色和平滑度。

第 3 步，在工具箱中设置刷子模式。

第 4 步，在工具箱中设置刷子大小。

第 5 步，在工具箱中设置刷子形状。

第 6 步，在舞台中拖曳鼠标，绘制图形。

17.3.5 使用橡皮擦

橡皮擦工具虽然不具备绘图的能力，但是可以使用它来擦除图形的填充色和路径。选择橡皮擦工具时，在属性面板中并没有相关设置，但是在工具箱的选项区中会出现橡皮擦工具的一些附加选项，如图 17.47 所示。

图 17.47 橡皮擦工具的选项区

1.橡皮擦模式

在橡皮擦工具的选项区中单击橡皮擦模式，会打开擦除模式选项，共有 5 种不同的擦除模式，各个模式的特点如下。

☑ 标准擦除：在这种模式下，将擦除同一层中的矢量图形、路径、分离后的位图和文本，擦除效果如图 17.48 所示。

☑ 擦除填色：在这种模式下，只擦除图形内部的填充色，而不擦除路径，如图 17.49 所示。

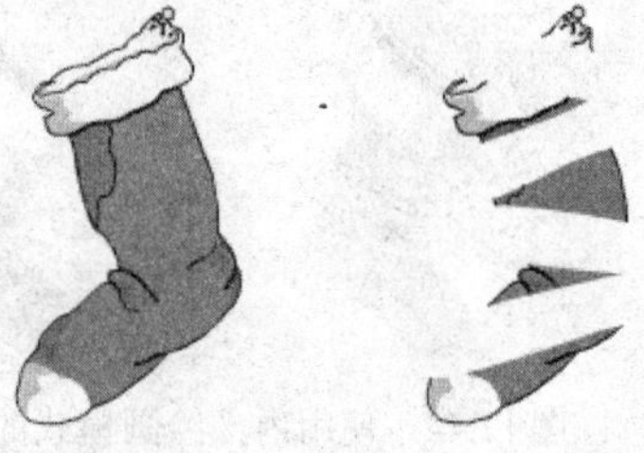

图 17.48 使用标准擦除模式得到的效果

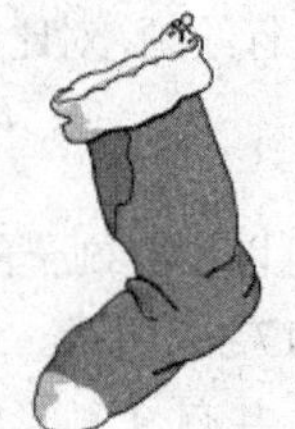

图 17.49 使用擦除填色模式得到的效果

☑ 擦除线条：在这种模式下，只擦除路径而不擦除填充色，如图 17.50 所示。

☑ 擦除所选填充：在这种模式下，只擦除事先被选择的区域，但是不管路径是否被选择，都不会受到影响，擦除效果如图 17.51 所示。

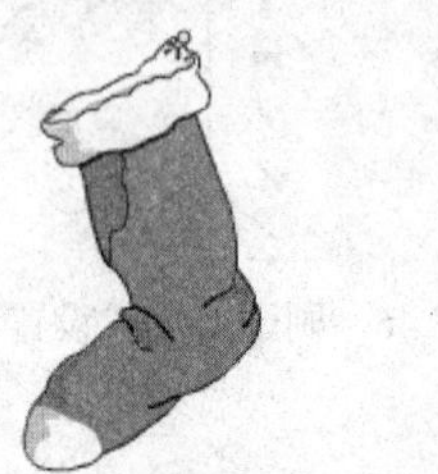

图 17.50 使用擦除线条模式得到的效果

图 17.51 使用擦除所选填充模式得到的效果

☑ 内部擦除：在这种模式下，只擦除连续的、不能分割的填充色块，如图 17.52 所示。

2. 水龙头模式

使用水龙头模式的橡皮擦工具可以单击删除整个路径和填充区域，它被看作是油漆桶工具和墨水瓶工具的反作用，也就是将图形的填充色整体去除，或者将路径全部擦除。在使用时，只需在要擦除的填充色或路径上单击即可，如图 17.53 所示。

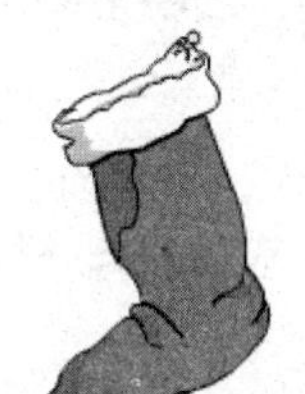

图 17.52 使用内部擦除模式得到的效果

图 17.53 使用水龙头模式得到的效果

3. 橡皮擦的大小和形状

打开橡皮擦大小和形状下拉列表框，可以看到 Flash CC 提供的 10 种大小和形状不同的选项，如图 17.54 所示。

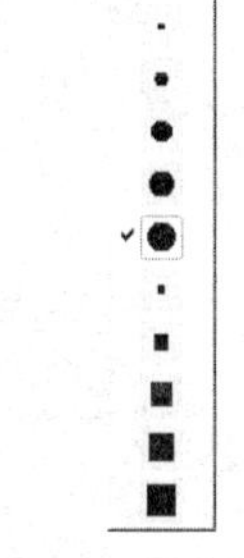

图 17.54 橡皮擦大小和形状下拉列表框

【操作步骤】

第 1 步，选择橡皮擦工具。

第 2 步，在工具箱中设置橡皮擦模式。

第 3 步，在工具箱中设置橡皮擦大小。

第 4 步，在工具箱中设置橡皮擦形状。

第 5 步，在舞台中拖曳鼠标，擦除图形。

17.3.6 案例实战：绘制 Logo 标识

中国工商银行的 Logo（标志）是一个隐形的方孔圆币，体现出金融业的行业特征，标志的中心是经过变形的“工”字，中间断开，使工字更加突出，表达了深层含义。两边对称，体现出银行与客户之间平等互信的依存关系。以“断”强化“续”，以“分”形成“合”，是银行与客户的共存基础。设计手法的巧妙应用，强化了标志的语言表达力，中国汉字与古钱币形的运用充分体现了现代气息，绘图效果如图 17.55 所示。

图 17.55 中国工商银行标志

Note

【操作提示】

复杂的图形实际上可以分解为一些简单的基本图形，可以使用Flash中的基本形状工具来绘制不同大小的圆和不同大小的矩形。通过这些圆和矩形的叠加就可以最终得到中国工商银行的标志。可以在选择图形后，直接在属性面板中更改图形尺寸。在对齐多个对象时可以使用对齐面板（快捷键：Ctrl+K）。当需要以百分比为单位调整图形大小时可以打开变形面板（快捷键：Ctrl+T）。

【操作步骤】

第1步，新建一个Flash文件。

第2步，选择工具箱中的椭圆工具，在属性面板中设置路径和填充样式，如图17.56所示。路径没有颜色，填充颜色为红色。选择工具选项中的“对象绘制”模式。

第3步，在舞台中绘制一个宽度和高度都为200像素的正圆，圆的尺寸可以直接在属性面板中进行设置，如图17.57所示。

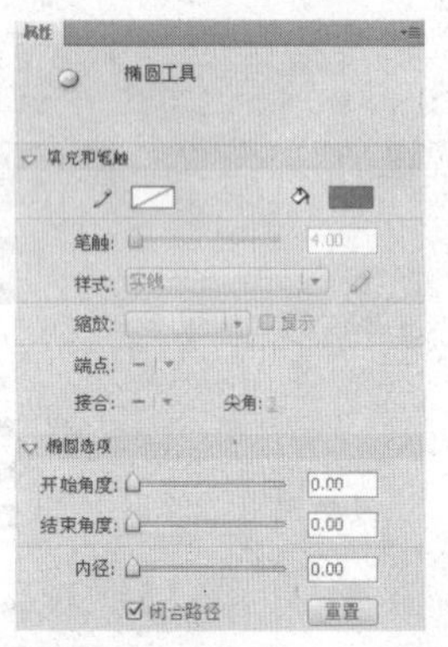

图17.56 设置椭圆工具属性

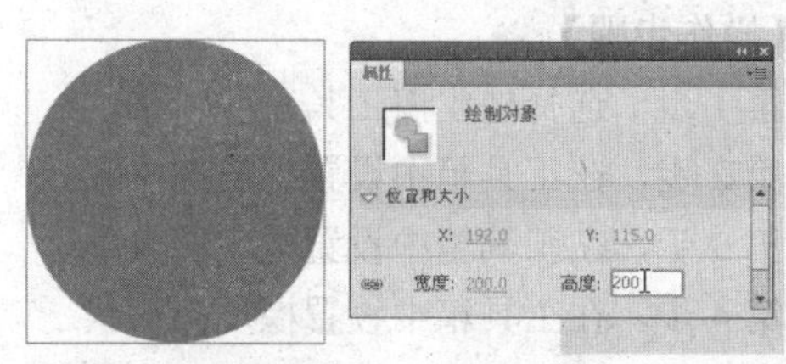

图17.57 绘制一个正圆

第4步，选择【窗口】|【对齐】（快捷键：Ctrl+K）命令，打开对齐面板，单击对齐面板中的【相对于舞台】按钮，把椭圆对齐到舞台的正中心位置，如图17.58所示。

第5步，选择【窗口】|【变形】（快捷键：Ctrl+T）命令，打开变形面板，把椭圆等比例缩小到原来的80%。然后单击【重制选区和变形】按钮，这样可以一边缩小的同时一边复制，如图17.59所示。

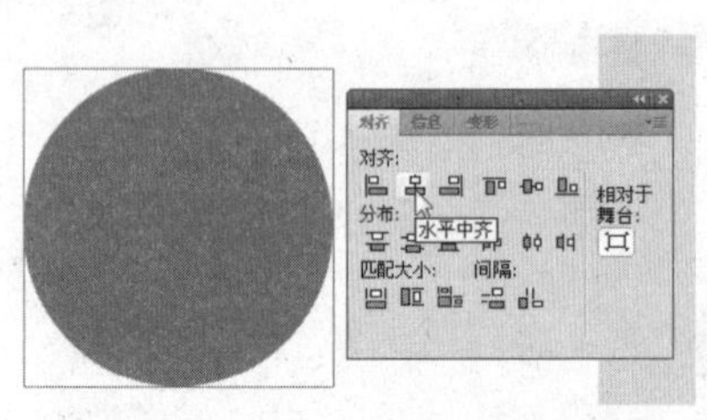

图17.58 对齐椭圆到舞台正中心

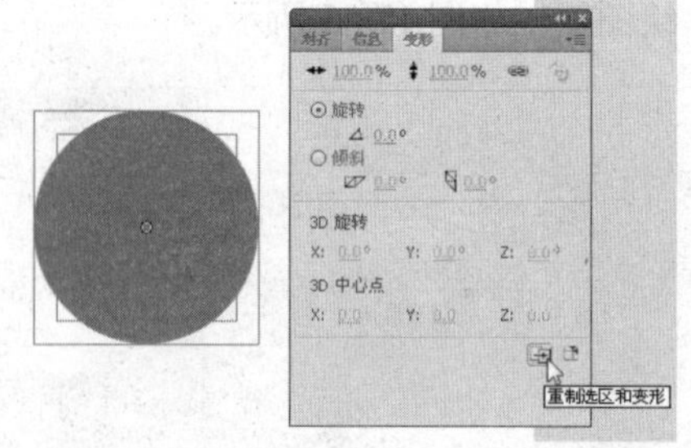

图17.59 使用变形面板缩小并复制当前椭圆

第6步，同时选择两个椭圆，选择【修改】|【合并对象】|【打孔】命令，对两个椭圆进行路径运算，得到的效果如图17.60所示。

第 7 步，选择工具箱中的矩形工具，属性面板中的设置同上。在舞台中绘制一个边长为 100 像素的正方形，如图 17.61 所示。

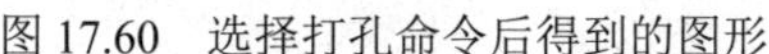
图 17.60 选择打孔命令后得到的图形

图 17.61 绘制一个正方形

第 8 步，选择【窗口】|【对齐】（快捷键：Ctrl+K）命令，打开对齐面板，单击对齐面板中的【相对于舞台】按钮，把正方形和圆环都对齐到舞台的正中心位置，如图 17.62 所示。

第 9 步，选择工具箱中的矩形工具，设置填充色为白色。在舞台中绘制两个宽度为 30 像素，高度为 10 像素的矩形，对齐到如图 17.63 所示的位置。

图 17.62 使用对齐面板对齐矩形和圆形

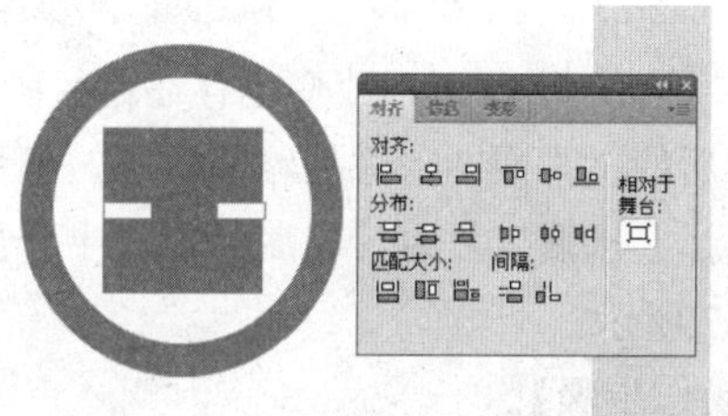

图 17.63 绘制两个矩形并放置到相应位置

第 10 步，选择工具箱中的矩形工具，属性面板中的设置同上。在舞台中绘制两个宽度为 60 像素，高度为 10 像素的矩形，对齐到如图 17.64 所示的位置。

第 11 步，选择工具箱中的矩形工具，属性面板中的设置同上。在舞台中绘制一个宽度为 5 像素，高度为 110 像素的矩形，对齐到如图 17.65 所示的位置。

图 17.64 绘制两个矩形并放置到相应位置

图 17.65 绘制中心的矩形

第 12 步，选择工具箱中的矩形工具，属性面板中的设置同上。在舞台中绘制一个宽度为 10 像素，高度为 60 像素的矩形，对齐到如图 17.66 所示的位置。

Note

视频讲解

图 17.66　绘制中心矩形

17.4　动画上色

动画效果的好坏，不光取决于动画的声光效果，颜色的合理搭配也是非常重要的。Flash 中的色彩工具提供了对图形路径和填充色的编辑和调整功能，用户可以轻松创建各种颜色效果应用到动画中。

17.4.1　使用墨水瓶

墨水瓶工具可以改变已存在路径的粗细、颜色和样式等，并且可以给分离后的文本或图形添加路径轮廓，但墨水瓶工具本身是不能绘制图形的。选择墨水瓶工具时，在属性面板中会出现墨水瓶工具的相关属性，如图 17.67 所示。

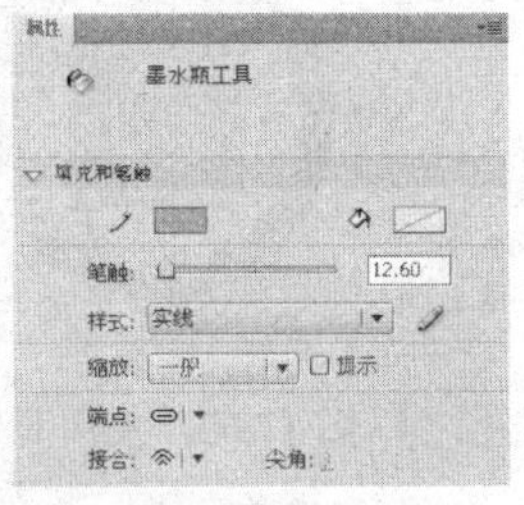

图 17.67　墨水瓶工具的属性面板

【操作步骤】

第 1 步，在工具箱中选择墨水瓶工具。

第 2 步，在属性面板中设置描边路径的颜色、粗细和样式。

第 3 步，在图形对象上单击即可。

17.4.2　使用颜料桶

颜料桶工具用于填充单色、渐变色及位图到封闭的区域，同时也可以更改已填充的区域颜色。在填充时，如果被填充的区域不是闭合的，则可以通过设置颜料桶工具的【空隙大小】来进行填充。选择颜料桶工具时，在属性面板中会出现颜料桶工具的相关属性，如图 17.68 所示。同时，颜料桶工具的选项区中也会出现一些附加功能，如图 17.69 所示。

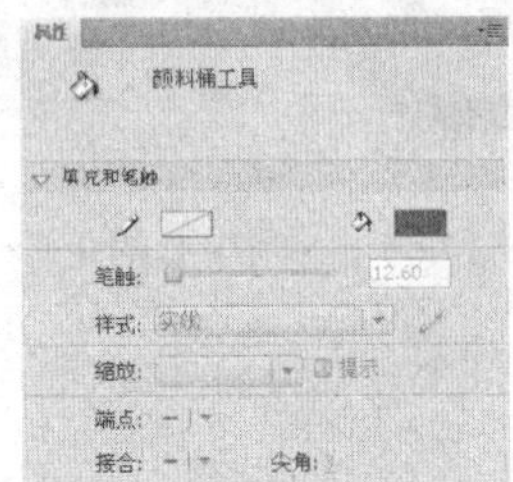

图 17.68　颜料桶工具的属性面板

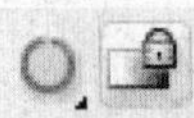

图 17.69　颜料桶工具的选项

1. 空隙大小

不封闭空隙
封闭小空隙
封闭中等空隙
封闭大空隙

图 17.70　空隙大小选项

空隙大小是颜料桶工具特有的选项，单击该按钮会出现一个下拉菜单，有 4 个选项，如图 17.70 所示。

Note

用户在进行填充颜色操作时，可能会遇到无法填充颜色的问题，原因是鼠标所单击的区域不是完全闭合的区域。解决的方法有两种：一是闭合路径，二是使用空隙大小选项。各空隙大小选项的功能如下。

☑　不封闭空隙：填充时不允许空隙存在。

☑　封闭小空隙：如果空隙很小，Flash 会近似地将其判断为完全封闭空隙而进行填充。

☑　封闭中等空隙：如果空隙中等，Flash 会近似地将其判断为完全封闭空隙而进行填充。

☑　封闭大空隙：如果空隙很大，Flash 会近似地将其判断为完全封闭空隙而进行填充。

2. 锁定填充

选择颜料桶工具选项中的“锁定填充”功能，可以将位图或者渐变填充扩展覆盖在要填充的图形对象上，该功能和刷子工具的锁定功能类似。

【操作步骤】

第 1 步，选择工具箱中的颜料桶工具。

第 2 步，选择一种填充颜色。

第 3 步，选择一种空隙大小。

第 4 步，单击需要填充颜色的区域，如图 17.71 所示为填充前后的效果对比。

图 17.71　使用颜料桶工具的前后对比

17.4.3　使用滴管

滴管工具可以从 Flash 的各种对象上获得颜色和类型的信息，从而帮助用户快速得到颜色。

Flash CC 中的滴管工具和其他绘图软件中的滴管工具在功能上有很大的区别。如果滴管工具吸取的是路径颜色，则会自动转换为墨水瓶工具，如图 17.72 所示。如果滴管工具吸取的是填充颜色，则会自动转换为颜料桶工具，如图 17.73 所示。

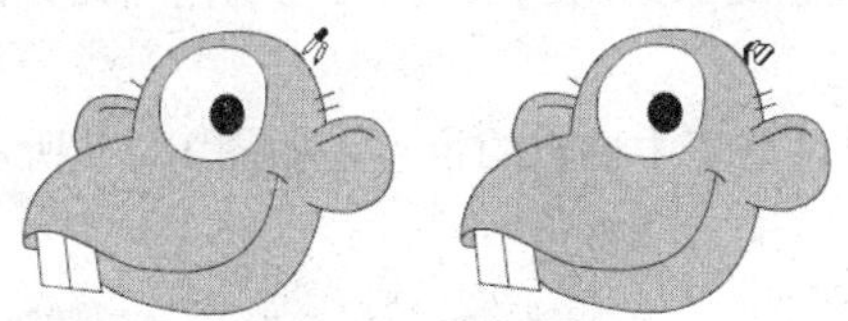

图 17.72　吸取路径颜色

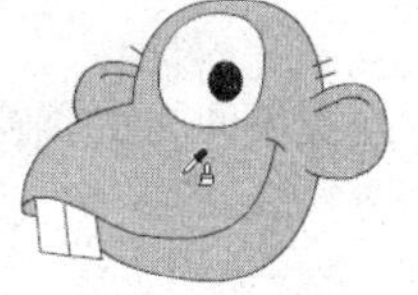

图 17.73　吸取填充颜色

滴管工具没有属性面板，在工具箱的选项区中也没有附加选项，它的功能就是对颜色特征进行采集。

17.4.4　使用渐变变形

渐变变形工具用于调整渐变的颜色、填充对象和位图的尺寸、角度和中心点。使用渐变变形工

具调整填充内容时，在调整对象的周围会出现一些控制手柄，根据填充内容的不同，显示的手柄也会有所区别。

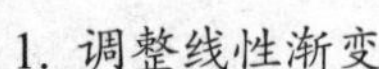

1. 调整线性渐变

【操作步骤】

第 1 步，使用渐变变形工具单击需要调整的对象，在被调整对象的周围会出现一些控制手柄，如图 17.74 所示。

第 2 步，使用鼠标拖曳中间的空心圆点，可以改变线性渐变中心点的位置，如图 17.75 所示。

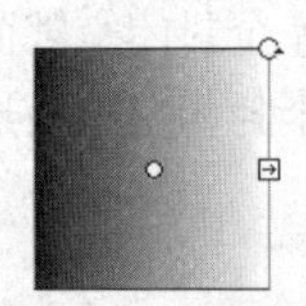

图 17.74　选择填充对象

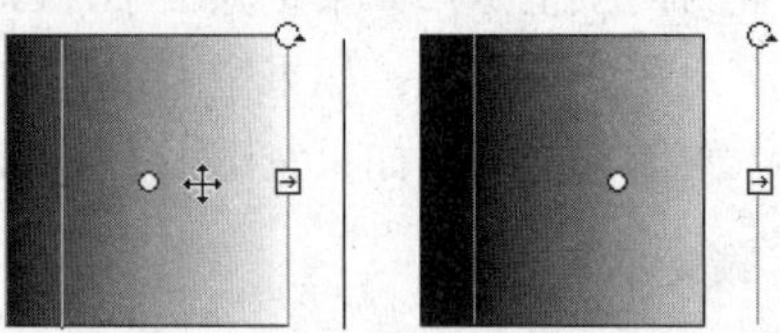

图 17.75　调整线性渐变中心点位置

第 3 步，使用鼠标拖曳右上角的空心圆点，可以改变线性渐变的方向，如图 17.76 所示。

第 4 步，使用鼠标拖曳右边的空心方点，可以改变线性渐变的范围，如图 17.77 所示。

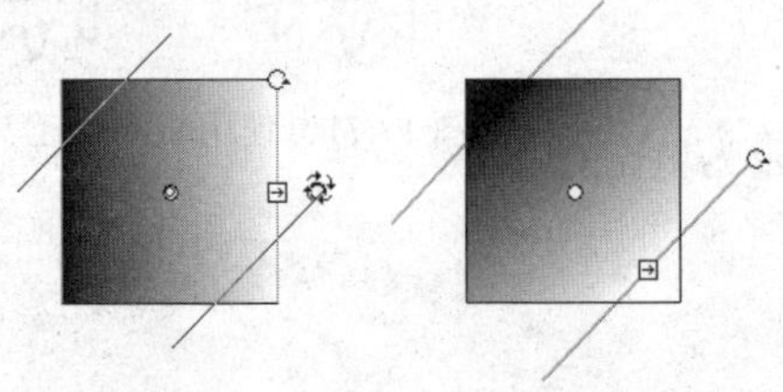

图 17.76　调整线性渐变方向

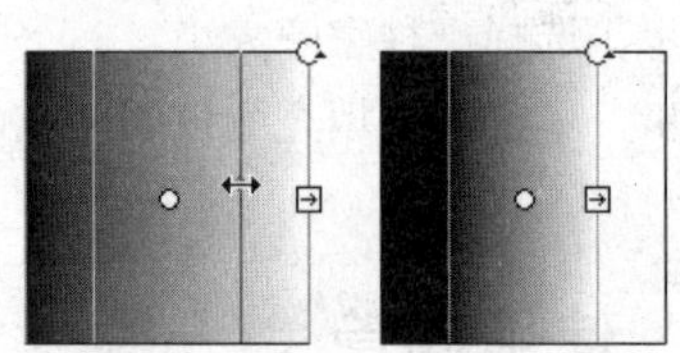

图 17.77　调整线性渐变范围

2. 调整放射状渐变

【操作步骤】

第 1 步，使用渐变变形工具单击调整的对象，在被调整对象的周围出现一些控制手柄，如图 17.78 所示。

第 2 步，使用鼠标拖曳中间的空心圆点，改变放射性渐变中心点的位置，如图 17.79 所示。

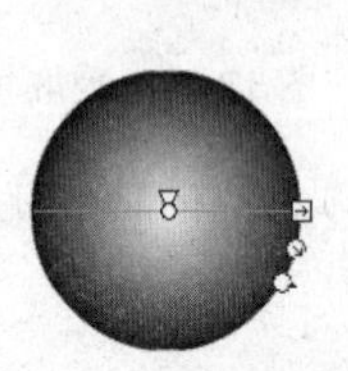

图 17.78　选择填充对象

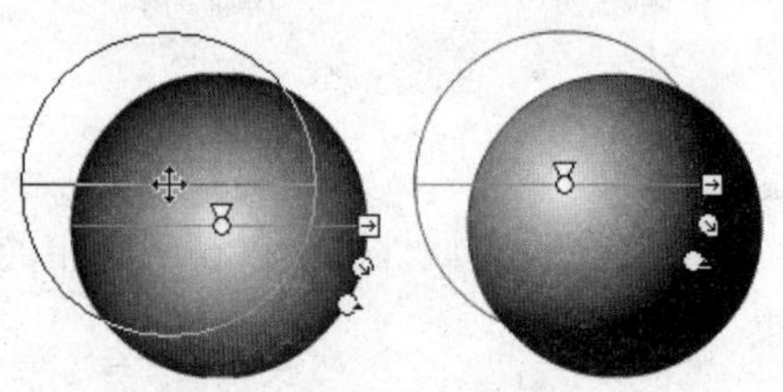

图 17.79　调整放射状渐变中心点位置

第 3 步，使用鼠标拖曳中间空心倒三角，改变放射状渐变中心的方向，如图 17.80 所示。

第 4 步，使用鼠标拖曳右边的空心方点，改变放射状渐变的宽度，如图 17.81 所示。

Note

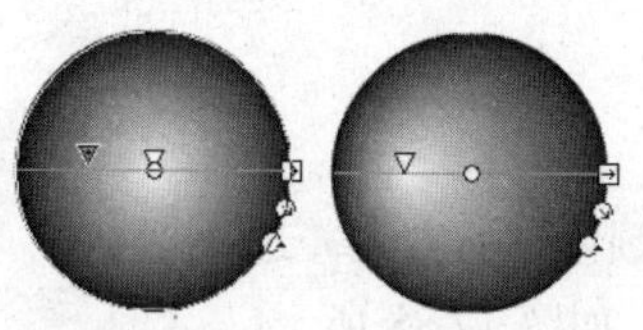

图 17.80　调整放射状渐变中心方向

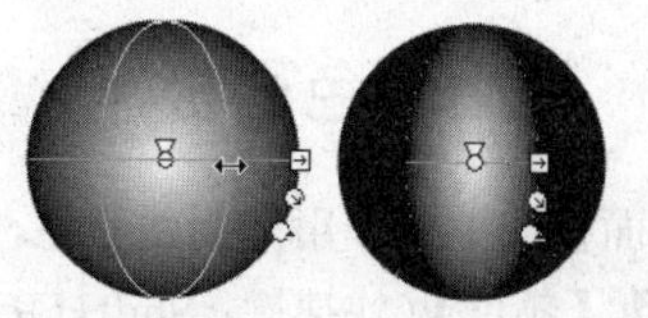

图 17.81　调整放射状渐变宽度

第 5 步，使用鼠标拖曳右边中间空心圆点，改变放射状渐变的范围，如图 17.82 所示。

第 6 步，使用鼠标拖曳右边下方空心圆点，改变放射状渐变的旋转角度，如图 17.83 所示。

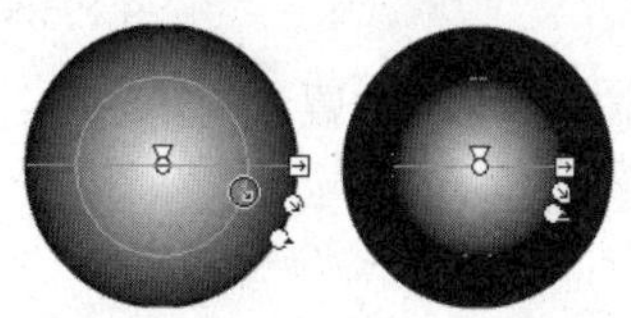

图 17.82　调整放射状渐变范围

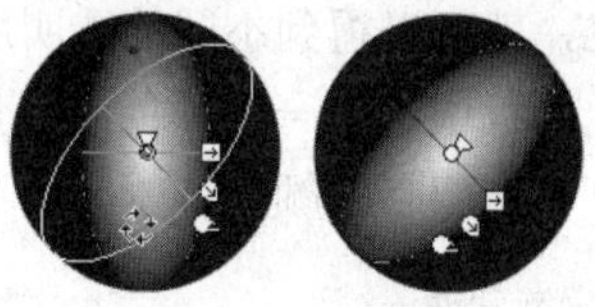

图 17.83　调整放射状渐变旋转角度

3. 调整位图填充

【操作步骤】

第 1 步，使用渐变变形工具单击需要调整的对象，在被调整对象的周围会出现一些控制手柄，如图 17.84 所示。

第 2 步，使用鼠标拖曳中间空心圆点，改变位图填充中心点的位置，如图 17.85 所示。

图 17.84　选择填充对象

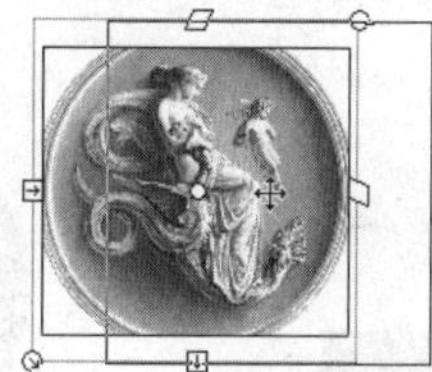

图 17.85　调整位图填充中心点位置

第 3 步，使用鼠标拖曳上方和右边的空心四边形，可以改变位图填充的倾斜角度，如图 17.86 所示。

第 4 步，使用鼠标拖曳左边和下方的空心方点，可以分别调整位图填充的宽度和高度，拖曳右下角的空心圆点则可以同时调整位图填充的宽度和高度，如图 17.87 所示。

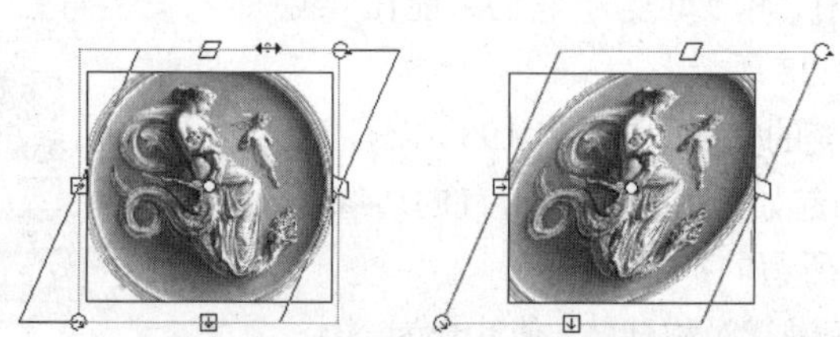

图 17.86　调整位图填充倾斜角度

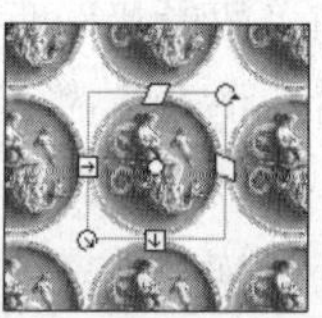

图 17.87　调整位图填充的大小

Note

17.4.5 使用颜色面板

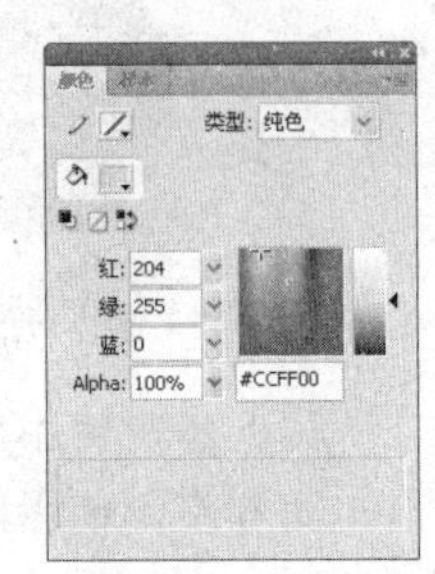

图 17.88 颜色面板

颜色面板的主要作用是创建颜色，它提供了多种不同的颜色创建方式。选择【窗口】|【颜色】（快捷键：Shift+F9）命令，打开颜色面板，如图 17.88 所示。

1. 设置单色

在颜色面板中可以设置颜色，也可以对现有的颜色进行编辑。在【红】、【绿】、【蓝】3 个文本框中输入数值，就可以得到新的颜色，在 Alpha 文本框中输入不同的百分比，就可以得到不同的透明度效果。

在颜色面板中选择一种基色后，调节右边的黑色小三角箭头的上下位置，就可以得到不同明暗的颜色。

2. 设置渐变色

渐变色就是从一种颜色过渡到另一种颜色的过程。利用这种填充方式，可以轻松地表现出光线、立体及金属等效果。Flash 中提供的渐变色一共有两种类型：线性渐变和放射状渐变。“线性渐变”的颜色变化方式是从左到右沿直线进行的，如图 17.89 所示。“放射状渐变”的颜色变化方式是从中心向四周扩散变化的，如图 17.90 所示。

选择一种渐变色以后，即可在颜色面板中对颜色进行调整。要更改渐变中的颜色，可以单击渐变定义栏下面的某个指针，然后在展开的渐变栏下面的颜色空间中单击，拖动“亮度”控件还可以调整颜色的亮度，如图 17.91 所示。

图 17.89 线性渐变

图 17.90 放射状渐变

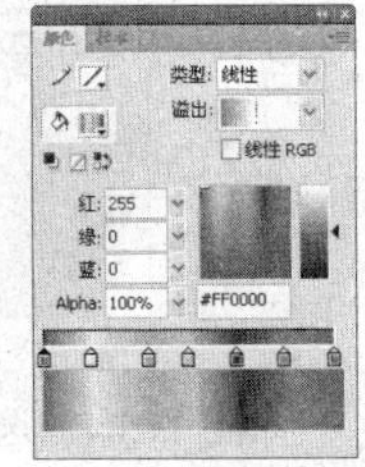

图 17.91 调整渐变色

3. 设置渐变溢出

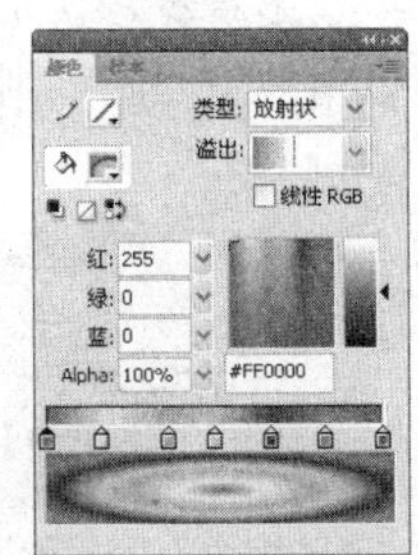

图 17.92 渐变溢出设置

溢出是指当应用的颜色超出了这两种渐变的限制，会以何种方式填充空余的区域。Flash 提供了 3 种溢出样式，“扩充”“映射”和“重复”，它们只能在“线性”和“放射状”两种渐变状态下使用，如图 17.92 所示。

☑ 扩充模式：使用渐变变形工具，缩小渐变的宽度，如图 17.93 所示。可以看到，缩窄后渐变居于中间，渐变的起始色和结束色一直向边缘蔓延开来，填充了空出来的地方，这就是所谓的扩充模式。

☑ 映射模式：该模式是指把现有的小段渐变进行对称翻转，使其合为一体、头尾相接，然后作为图案平铺在空余的区域，并且根据形状大小的伸缩，一直把此段渐变重复下去，直到填满整个形状为止，如图 17.94 所示。

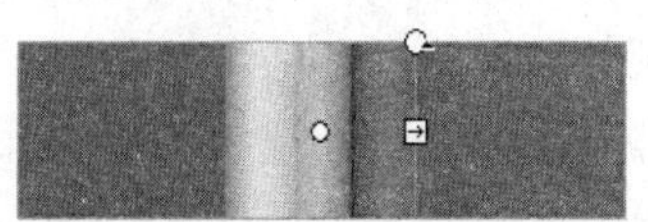

图 17.93　扩充模式的效果

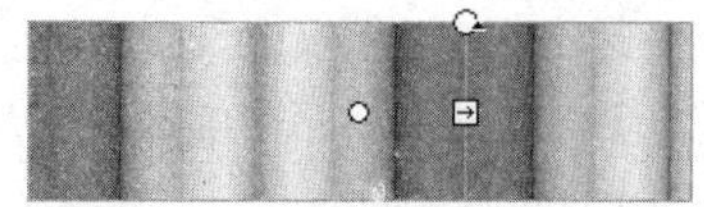

图 17.94　映射模式的效果

Note

☑　重复模式：该模式比较容易理解，可以想象此段渐变有无数个副本，它们像排队一样，一个接一个地连在一起，以填充溢出后空余的区域。在图 17.95 中，用户可以明显看出该模式和映射模式之间的区别。

4. 设置位图填充

在 Flash 中可以把位图填充到矢量图形中，如图 17.96 所示。

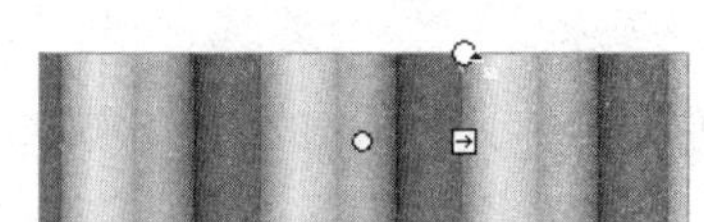

图 17.95　重复模式的效果

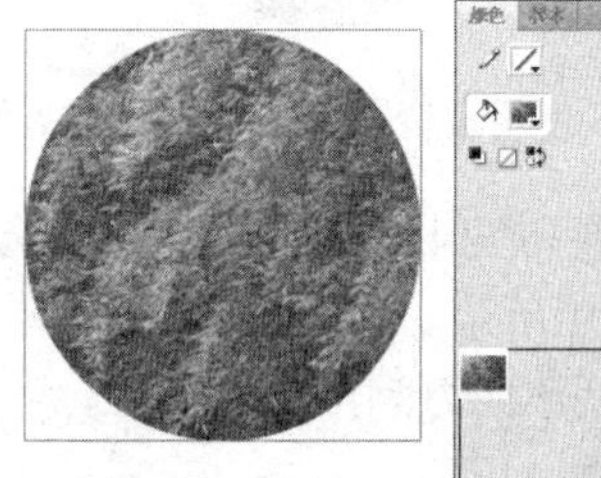

图 17.96　添加自定义颜色

【操作步骤】

第 1 步，选择舞台中的矢量对象。

第 2 步，打开颜色面板。

第 3 步，在类型中选择“位图”填充。

第 4 步，单击【导入】按钮，查找需要填充的位图素材。

17.4.6　案例实战：设计导航按钮

视频讲解

在 Flash 中通过调整渐变色，可以很轻松地实现立体的按钮效果。

【操作步骤】

第 1 步，新建一个 Flash 文件。

第 2 步，选择工具箱中的椭圆工具，激活对象绘制模式，在舞台中绘制一个正圆，如图 17.97 所示。

第 3 步，选中正圆，在属性面板中选择一种放射状渐变，如图 17.98 所示。

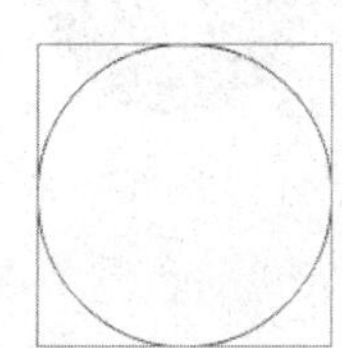

图 17.97　在舞台中绘制一个正圆

图 17.98　调整正圆的颜色为放射状渐变

第 4 步，在属性面板中设置笔触颜色为无色，去掉椭圆的边框路径。

第 5 步，选择工具箱中的渐变变形工具，调整放射状渐变的中心点位置和渐变范围，调整后的效果如图 17.99 所示。

第 6 步，选择【窗口】|【变形】（快捷键：Ctrl+T）命令，打开变形面板，把正圆等比例缩小为原来的 60%，并且同时旋转 180°，如图 17.100 所示。

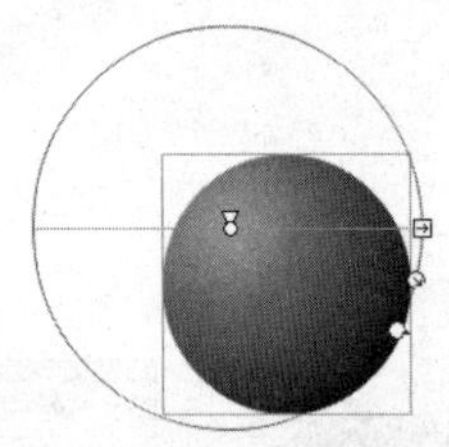

图 17.99　使用渐变变形工具调整渐变色

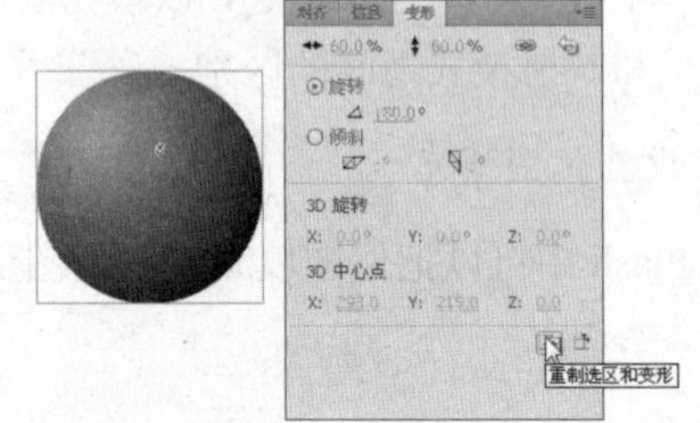

图 17.100　使用变形面板对正圆变形

第 7 步，单击变形面板中的【重制选区和变形】按钮，按照第 6 步的变形设置复制一个新的正圆，如图 17.101 所示。

第 8 步，选中所复制出来的正圆，在变形面板中将其等比例缩小为原来的 57%，旋转角度为 0°，如图 17.102 所示。

第 9 步，继续单击变形面板中的【重制选区和变形】按钮，得到如图 17.103 所示的效果。

第 10 步，选择工具箱中的文本工具，在按钮上书写文本，如图 17.104 所示。

说明： 在实际的动画设计中，很多的立体效果都是通过渐变色的调整来实现的。

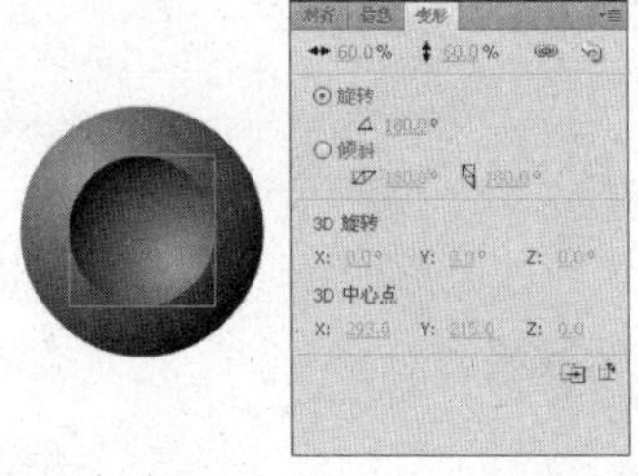

图 17.101　复制并且变形以后得到的效果

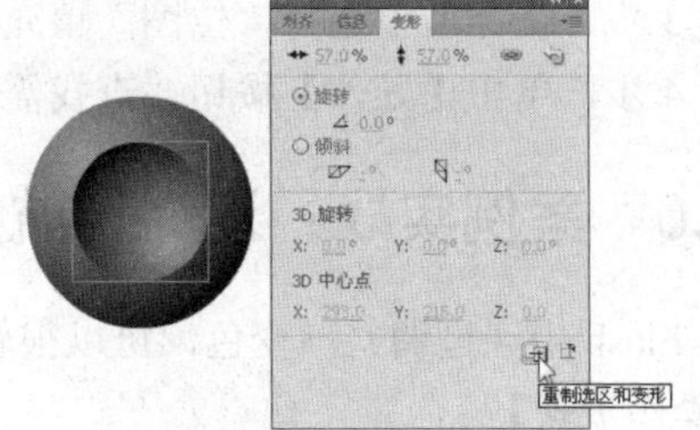

图 17.102　使用变形面板对正圆变形

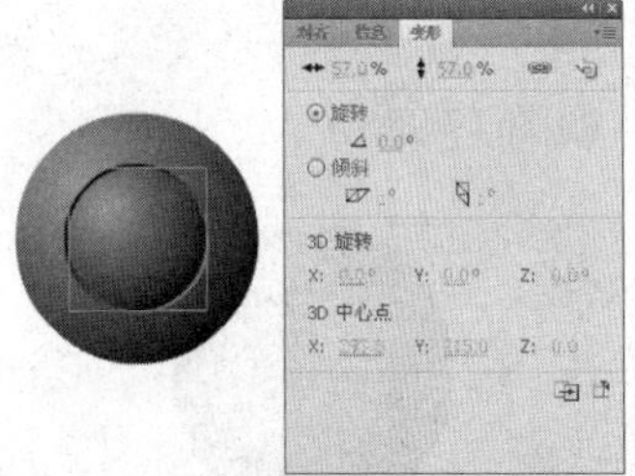

图 17.103　得到的按钮效果

图 17.104　最终效果

Note

视频讲解

17.5　使用文本

在 Flash 中，大部分信息都需要使用文本来传递。因此，几乎所有的动画都离不开文本。本节介绍 Flash 文本工具的使用，以及动画文本的一般编辑方法。

17.5.1　文本类型

Flash 文本包括 3 种类型：静态文本、动态文本和输入文本。下面简单认识一下。

1. 静态文本

静态文本是在动画设计中应用最多的一种文本类型，也是 Flash 软件所默认的文本类型。

2. 动态文本

输入文本后，用户可以在文本属性面板中选择“动态文本”类型，如图 17.105 所示。选择动态文本，表示要在工作区中创建可以随时更新的信息，它提供了一种实时跟踪和显示文本的方法。用户可以在动态文本的“变量”文本框中为该文本命名，文本框将接收这个变量的值，从而动态地改变文本框所显示的内容。

为了与静态文本相区别，动态文本的控制手柄出现在文本框右下角，如图 17.106 所示。和静态文本一样，空心的圆点表示单行文本，空心的方点表示多行文本。

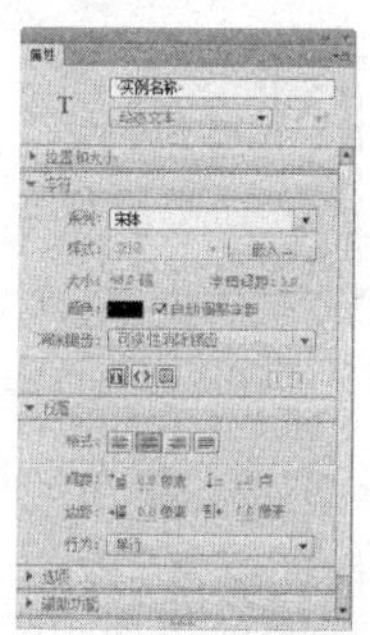

图 17.105　动态文本属性面板

动画设计

图 17.106　动态文本框的控制手柄

3. 输入文本

输入文本用于人机交互，在 Flash 动画播放时，可以通过这种输入文本框输入文本，实现用户与动画的交互。用户可以在文本属性面板中选择“输入文本”类型，如图 17.107 所示。

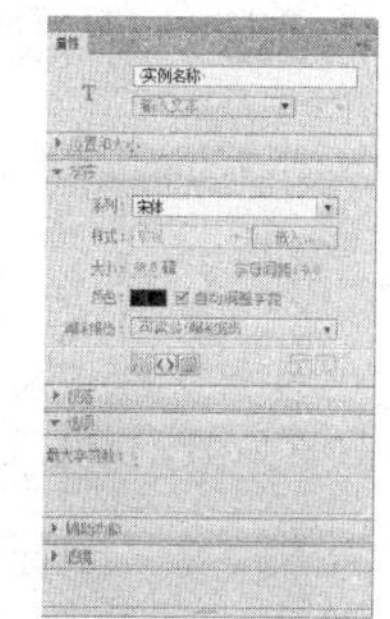

图 17.107　输入文本属性面板

17.5.2　输入文本

选择工具箱中的文本工具 T，这时鼠标指针会显示为一个十字文本。在舞台中单击，直接输入文本即可，Flash 中的文本输入方式有如下两种。

Note

1. 创建可伸缩文本框

【操作步骤】

第 1 步，选择工具箱中的文本工具。

第 2 步，在工作区的空白位置单击。

第 3 步，这时在舞台中会出现文本框，并且文本框的右上角显示空心的圆形，表示此文本框为可伸缩文本框，如图 17.108 所示。

第 4 步，在文本框中输入文本，文本框会跟随文本自动改变宽度，如图 17.109 所示。

图 17.108　舞台中的可伸缩文本框状态

图 17.109　在可伸缩文本框中输入文本

2. 创建固定文本框

【操作步骤】

第 1 步，选择工具箱中的文本工具。

第 2 步，在工作区的空白位置单击，然后拖曳出一个区域。

第 3 步，这时在舞台中会出现文本框，并且文本框的右上角显示空心的方形，表示此文本框为固定本框，如图 17.110 所示。

第 4 步，在文本框中输入文本，文本会根据文本框的宽度自动换行，如图 17.111 所示。

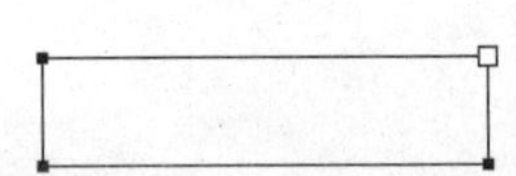

图 17.110　舞台中的固定文本框状态

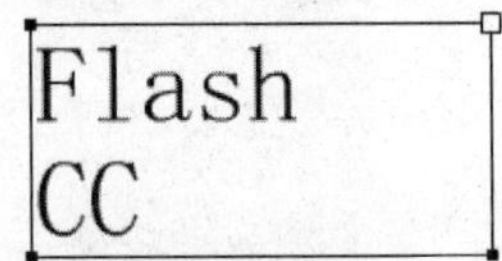

图 17.111　在固定文本框中输入文本

【提示】

选择工具箱中的文本工具，在属性面板中会出现相应的文本属性设置，用户可以在其中设置文本的字体、大小和颜色等文本属性。详细说明请扫码阅读。

线上阅读

17.5.3　修改文本

在 Flash 中添加文本以后，可以使用文本工具进行修改，修改文本的方式有以下两种。

1. 在文本框外部修改

直接选择文本框调整文本属性，可以对当前文本框中的所有文本进行同时设置。

【操作步骤】

第 1 步，选择工具箱中的选择工具，单击需要调整的文本框，如图 17.112 所示。

第 2 步，直接在属性面板中调整相应的文本属性。

第 3 步，所有文本效果被同时更改。

2. 在文本框内部修改

进入到文本框的内部，可以对同一个文本框中的不同文本分别进行设置。

【操作步骤】

第 1 步，选择工具箱中的文本工具，单击需要调整的文本框，进入到文本框内部，如图 17.113 所示。

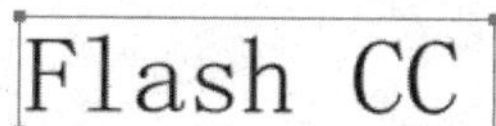

图 17.112　选择舞台中的文本

图 17.113　进入文本框内部

第 2 步，拖曳鼠标，选择需要调整的文本，如图 17.114 所示。

第 3 步，直接在属性面板中调整相应的文本属性。

第 4 步，所选文本效果被更改，如图 17.115 所示。

图 17.114　选择需要修改的文本

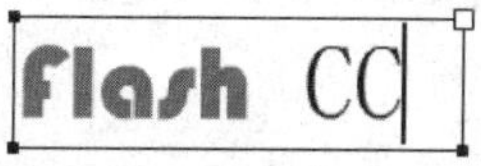

图 17.115　修改选择文本的属性

17.5.4　分离文本

Flash 文本是比较特殊的矢量对象，不能对它直接进行渐变色填充、绘制边框路径等针对矢量图形的操作；也不能制作形状改变的动画。如果要进行以上操作，首先要对文本进行“分离”，“分离”的作用是把文本转换为可编辑状态的矢量图形。

【操作步骤】

第 1 步，选择工具箱中的文本工具，在舞台中输入文字，如图 17.116 所示。

第 2 步，选择【修改】|【分离】（快捷键：Ctrl+B）命令，原来的单个文本框会拆分成数个文本框，并且每个字符各占一个，如图 17.117 所示。此时，每一个字符都可以单独使用文本工具进行编辑。

图 17.116　使用文本工具在舞台中输入文字

图 17.117　第一次分离后的文本状态

第 3 步，选择所有的文本，继续使用【修改】|【分离】（快捷键：Ctrl+B）命令，这时所有的文本都会转换为网格状的可编辑状态，如图 17.118 所示。

图 17.118　第二次分离后的文本状态

提示：将文本转换为矢量图形的过程是不可逆转的，即不能将矢量图形转换成单个的文本。

17.5.5　编辑矢量文本

将文本转换为矢量图形后，就可以对其进行填充渐变色、路径编辑、添加边框等操作。

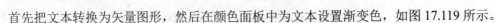

1. 给文本添加渐变色

首先把文本转换为矢量图形，然后在颜色面板中为文本设置渐变色，如图 17.119 所示。

2. 编辑文本路径

首先把文本转换为矢量图形，然后使用工具箱中的部分选取工具对文本的路径点进行编辑，从而改变文本的形状，如图 17.120 所示。

动画设计

图 17.119　渐变色文本

动画设计

图 17.120　编辑文本路径点

3. 给文本添加边框路径

首先把文本转换为矢量图形，然后使用工具箱中的墨水瓶工具为文本添加边框路径，如图 17.121 所示。

4. 编辑文本形状

首先把文本转换为矢量图形，然后使用工具箱中的任意变形工具对文本进行变形操作，如图 17.122 所示。

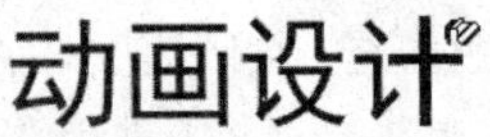

动画设计

图 17.121　给文本添加边框路径

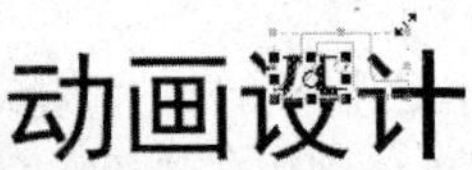

动画设计

图 17.122　编辑文本形状

17.5.6　案例实战：设计 Logo

视频讲解

在很多时候，需要给动画添加文本作为说明或者修饰，以传递作者需要表达的信息。下面通过一个具体的案例来说明。

【操作步骤】

第 1 步，新建一个 Flash 文件。

第 2 步，选择工具箱中的文本工具，在舞台中输入“动画设计 Flash Professional CC”，如图 17.123 所示。

第 3 步，选择工具箱中的文本工具，在舞台中的文本上单击，进入到文本框的内部，拖曳选择“动画设计”4 个字，如图 17.124 所示。

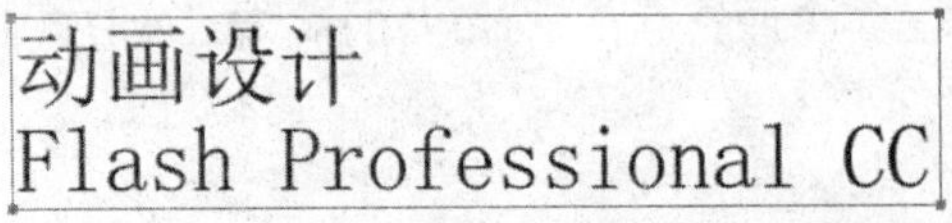

动画设计
Flash Professional CC

图 17.123　使用文本工具在舞台中输入文字

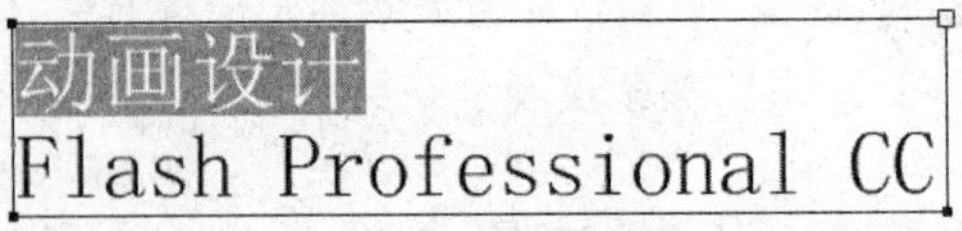

动画设计
Flash Professional CC

图 17.124　选择文本框中的文本

第 4 步，在属性面板中设置“动画设计”4 个字的属性：字体为“隶书”，字体大小为“50”，效

果如图 17.125 所示。

第 5 步，选择“Flash Professional CC”，设置字体为 Arial，字体大小为 14，字母间距为 2，效果如图 17.126 所示。

图 17.125　设置文本属性

图 17.126　设置英文文本属性

第 6 步，将“计”和 Professional 的文本填充颜色设置为红色，效果如图 17.127 所示。

第 7 步，使用工具箱中的选择工具，选择整个文本框。

第 8 步，在当前文本的属性面板中设置文本的链接，如图 17.128 所示。

图 17.127　设置文本颜色属性

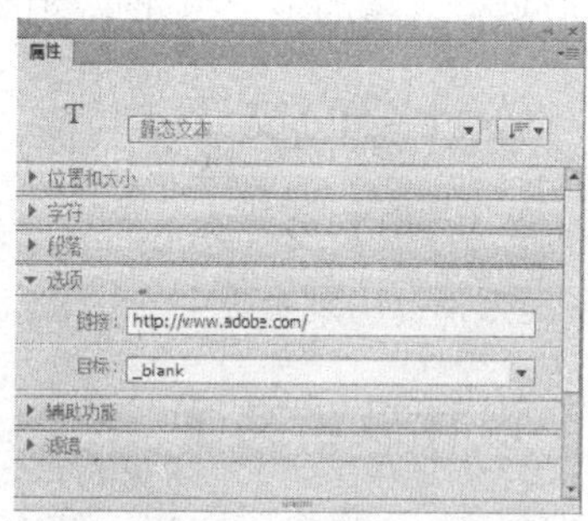

图 17.128　给文本添加超链接

第 9 步，选择【控制】|【测试影片】（快捷键：Ctrl+Enter）命令，在 Flash 播放器中预览动画效果，如图 17.129 所示。

图 17.129　完成后的最终效果

第 10 步，单击链接文本，可以跳转到相应的网页上。

17.6　案例实战

本节为线上拓展练习内容，补充练习使用 Flash 绘制图形的基本功。

17.6.1　绘制头像

使用 Flash 的绘图工具创建一个人物头像，在这里并不需要复杂的细节绘制，只需绘制出一个

轮廓图，就已经能够展示人物风采。人物头像由直线和曲线组成，对于这种复杂的路径绘制，可以使用钢笔工具来完成。再搭配不同的颜色，突出整体效果。详细操作请扫码阅读。

线上阅读

Note

17.6.2 给卡通涂色

很多时候，在操作的过程中需要给图形对象添加边框路径，使用墨水瓶工具可以快速完成该效果。详细操作请扫码阅读。

线上阅读

17.6.3 给人物上色

如果在动画设计中仅仅使用矢量图形，给人的感觉就比较单调，而且不真实。用户可以通过在矢量图形中填充位图图像来解决这个问题。详细操作请扫码阅读。

线上阅读

17.6.4 设计空心文字

所谓的空心字就是没有填充色，只有边框路径的文字，所以要对文字进行路径的编辑。很多地方都会用到空心字的效果，制作空心字的方法很多。详细操作请扫码阅读。

线上阅读

17.6.5 设计披雪文字

每逢隆冬季节，使用披雪文字进行广告宣传是很应景的，它能轻松明了地表现出雪天的气氛。要实现文字的披雪效果，需要对文字的上下部分填充不同的颜色。详细操作请扫码阅读。

线上阅读

17.6.6 设计立体文字

立体的对象不再是二维的，而是三维的，需要有一定的空间思维能力，然后结合Flash中的绘图工具，可以实现立体的效果。在Flash中，使用文本工具结合绘图工具，可以轻松创建立体文字效果。详细操作请扫码阅读。

线上阅读

第18章 使用 Flash 元件

在 Flash 动画中，如果一个元素被频繁调用，就应该将它转换为元件，这样能有效降低动画的大小。影片中的所有元件都会保存在元件库中，元件库可以理解为一个仓库，专门存放动画中的素材。把元件从库中拖曳到舞台上，即可创建当前元件的实例，可以拖曳很多实例到舞台中，重复应用元件，降低复杂动画的设计门槛。

【学习重点】

- 了解 Flash 元件类型。
- 创建 Flash 元件。
- 编辑 Flash 元件。

18.1 使用元件

Note

本节将简单介绍如何创建和使用 Flash 元件。

视频讲解

18.1.1 元件类型

Flash 元件被分为 3 种类型：图形元件、按钮元件和影片剪辑元件。不同的元件适合不同的应用情况，在创建元件时首先要选择元件的类型。

1. 图形元件

通常用于静态的图像或简单的动画，它可以是矢量图形、图像、动画或声音。图形元件的时间轴和影片场景的时间轴同步运行，交互函数和声音将不会在图形元件的动画序列中起作用。

2. 按钮元件

可以在影片中创建交互按钮，通过事件来激发它的动作。按钮元件有 4 种状态：弹起、指针经过、按下和点击。每种状态都可以通过图形、元件及声音来定义。当创建按钮元件时，在按钮编辑区域中提供了这 4 种状态帧。当用户创建了按钮后，就可以给按钮实例分配动作。

3. 影片剪辑元件

与图形元件的主要区别在于，影片剪辑元件支持 Action Script 和声音，具有交互性。是用途和功能最多的元件。影片剪辑元件本身就是一段小动画，可以包含交互控制、声音以及其他的影片剪辑的实例，也可以将它放置在按钮元件的时间轴内来制作动画按钮。影片剪辑元件的时间不随创建时间轴同步运行。

18.1.2 创建图形元件

在动画设计的过程中，有两种方法可以创建元件，一种是创建一个空白元件，然后在元件的编辑窗口中编辑元件；另一种是将当前工作区中的对象选中，然后将其转换为元件。

1. 新建图形元件

下面的示例演示了如何创建一个空白图形元件。

【操作步骤】

第 1 步，新建一个 Flash 文件。

第 2 步，选择【插入】|【新建元件】（快捷键：Ctrl+F）命令，打开【创建新元件】对话框，如图 18.1 所示。

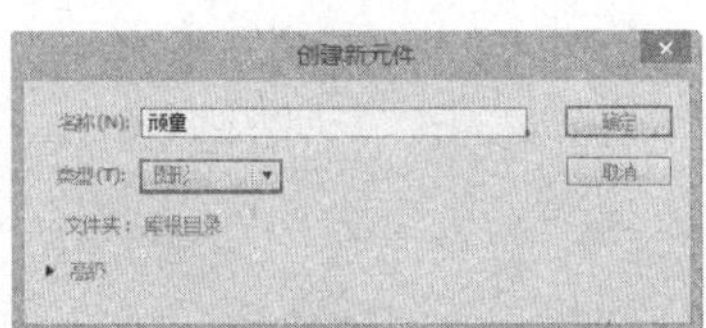

图 18.1 【创建新元件】对话框

第 3 步，在打开的对话框中输入新元件的名称，并且设置元件的类型为“图形”。

第 4 步，如果要把生成的元件保存到库面板的不同目录中，可以单击“库根目录”超链接，选择现有的目录或者创建一个新的目录。

Note

第 5 步，单击【确定】按钮，Flash CC 会自动进入当前按钮元件的编辑状态，用户可以在其中绘制图形、输入文本或者导入图像等，如图 18.2 所示。

第 6 步，元件创建完毕后，单击舞台左上角的场景名称，即可返回到场景的编辑状态。

第 7 步，在返回到场景的编辑状态后，选择【窗口】|【库】（快捷键：Ctrl+L）命令，可以在打开的库面板中找到刚刚制作的元件，如图 18.3 所示。

图 18.2 进入到元件的编辑状态

图 18.3 库面板中的图形元件

第 8 步，要将创建的元件应用到舞台中，只需从库面板中拖曳这个元件到舞台中即可，如图 18.4 所示。

图 18.4 把库面板中的图形元件拖曳到舞台中

2. 转换为图形元件

下面的示例演示了如何将舞台中已经存在的对象转换为图形元件。

【操作步骤】

第 1 步，打开一个 Flash 文件。

第 2 步，在舞台中选择需要转换为元件的对象，如图 18.5 所示。

第 3 步，选择【修改】|【转换为元件】（快捷键：F8）命令，打开【转换为元件】对话框，如图 18.6 所示。

Note

图 18.5 选择舞台中的对象

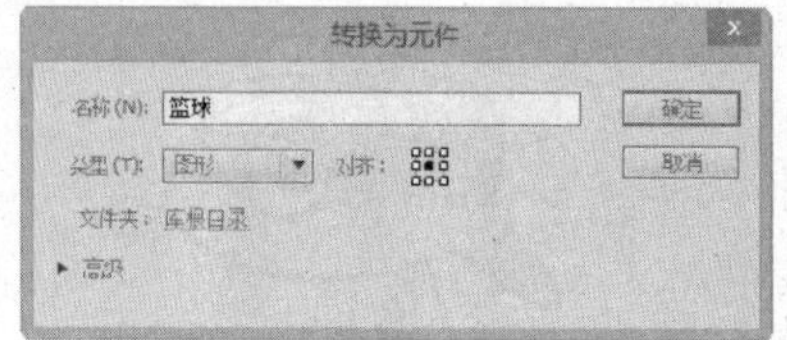

图 18.6 【转换为元件】对话框

第 4 步，在对话框中输入新元件的名称，并且设置元件的类型为“图形”。

第 5 步，在【对齐】选项中调整元件的对齐中心点位置。

第 6 步，如果要把生成的元件保存到库面板的不同目录中，可以单击“库根目录”超链接，选择现有的目录或者创建一个新的目录。

第 7 步，单击【确定】按钮，即可完成元件的转换操作。

第 8 步，选择【窗口】|【库】（快捷键：Ctrl+L）命令，打开库面板，可以从中找到刚刚转换的元件，如图 18.7 所示。

第 9 步，和新建的图形元件不同的是，转换后的元件实例已经在舞台中存在了，如果需要继续在舞台中添加元件的实例，可以从库面板中拖曳这个元件到舞台，如图 18.8 所示。

图 18.7 库面板中的图形元件

图 18.8 把库面板中的图形元件拖曳到舞台中

18.1.3 创建按钮元件

按钮元件是 Flash CC 中的一种特殊元件，不同于图形元件，按钮元件在影片的播放过程中是静止播放的，并且按钮元件可以响应鼠标的移动或单击操作激发相应的动作。

Note

1. 新建按钮元件

下面的示例演示了如何创建一个空白的按钮元件。

【操作步骤】

第 1 步，新建一个 Flash 文件。

第 2 步，选择【插入】|【新建元件】（快捷键：Ctrl+F8）命令，打开【创建新元件】对话框，如图 18.9 所示。

第 3 步，在对话框中输入新元件的名称，并且设置元件的类型为“按钮”。

第 4 步，单击【确定】按钮，Flash CC 会自动进入当前按钮元件的编辑状态，用户可以在其中绘制图形、输入文本或者导入图像等，如图 18.10 所示。

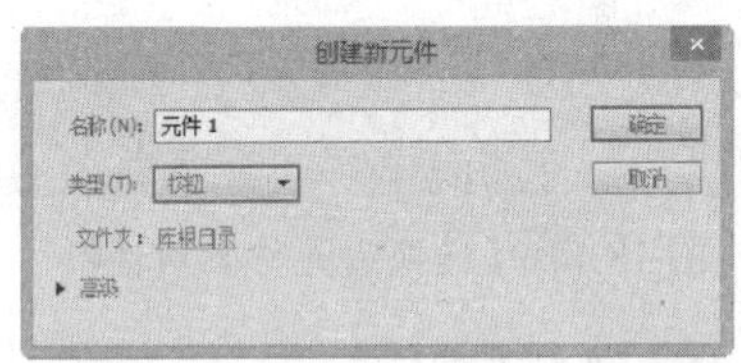

图 18.9　【创建新元件】对话框

图 18.10　进入到按钮元件的编辑状态

第 5 步，元件创建完毕后，单击舞台左上角的场景名称，即可返回到场景的编辑状态。

第 6 步，在返回到场景的编辑状态后，选择【窗口】|【库】（快捷键：Ctrl+L）命令，可以在打开的库面板中找到刚刚制作的元件，如图 18.11 所示。

第 7 步，要将创建的元件应用到舞台中，只需从库面板中拖曳这个元件到舞台中即可，如图 18.12 所示。

图 18.11　库面板中的按钮元件

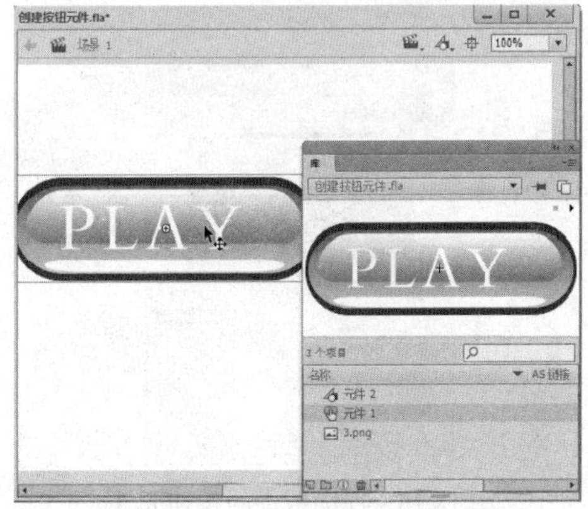

图 18.12　把库面板中的按钮元件拖曳到舞台中

2. 转换为按钮元件

下面的示例演示了如何将舞台中已经存在的对象转换为按钮元件。

Note

【操作步骤】

第 1 步，打开一个 Flash 文件。

第 2 步，在舞台中选择需要转换为按钮元件的对象，如图 18.13 所示。

第 3 步，选择【修改】|【转换为元件】（快捷键：F8）命令，打开【转换为元件】对话框，如图 18.14 所示。

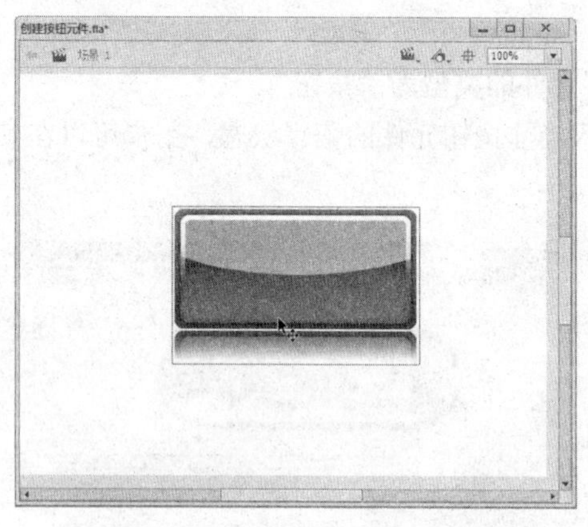

图 18.13　选择舞台中的对象

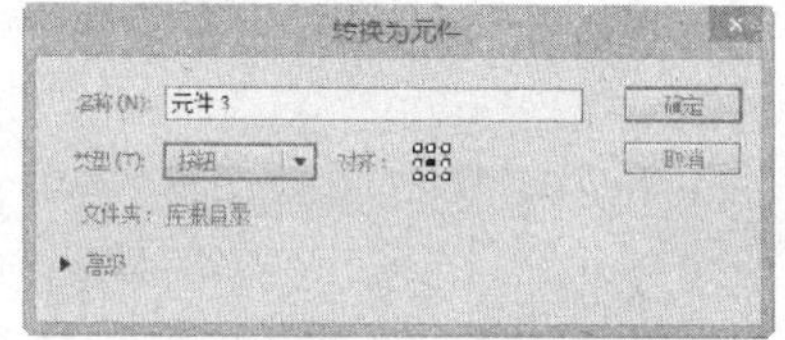

图 18.14 【转换为元件】对话框

第 4 步，在对话框中输入新元件的名称，并且设置元件的类型为“按钮”。

第 5 步，在【对齐】选项中调整元件的对齐中心点位置。

第 6 步，单击【确定】按钮，即可完成元件的转换操作。

第 7 步，选择【窗口】|【库】（快捷键：Ctrl+L）命令，打开库面板，找到刚刚转换的元件，如图 18.15 所示。

第 8 步，要将创建的元件应用到舞台中，只需从库面板中拖曳这个元件到舞台中即可，如图 18.16 所示。

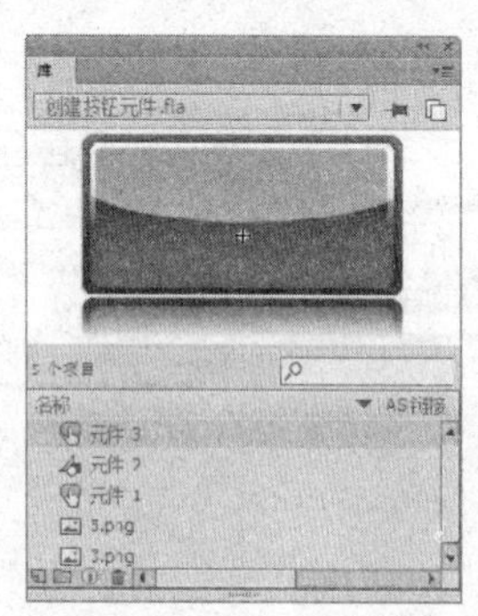

图 18.15　库面板中的按钮元件

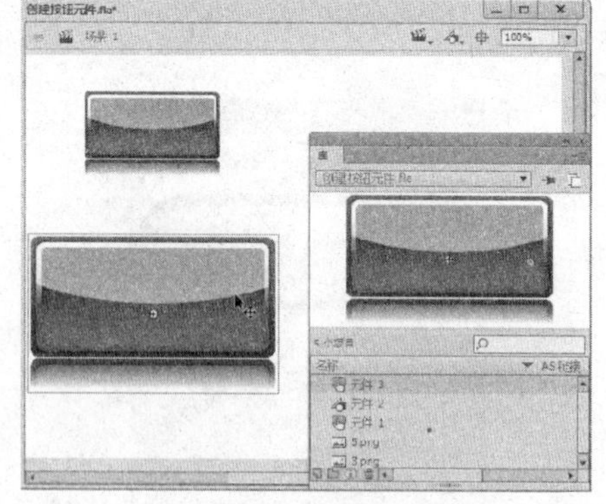

图 18.16　把库面板中的按钮元件拖曳到舞台中

3. 定义按钮元件的状态

在 Flash 按钮元件的时间轴中，包含 4 种状态，并且每种状态都有特定的名称与之对应，可以在时间轴中进行定义，如图 18.17 所示。

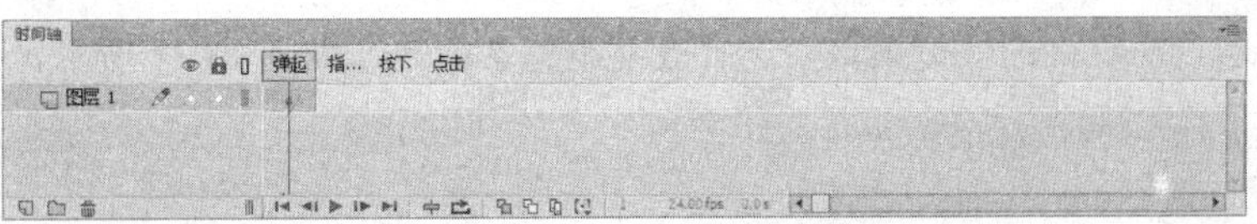

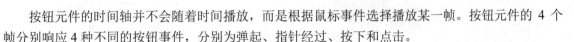

图 18.17 按钮元件的时间轴

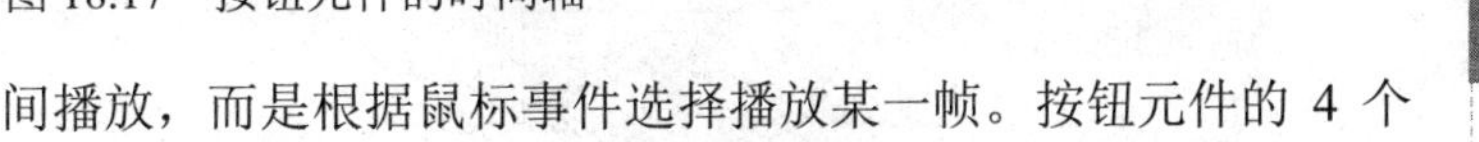

按钮元件的时间轴并不会随着时间播放，而是根据鼠标事件选择播放某一帧。按钮元件的 4 个帧分别响应 4 种不同的按钮事件，分别为弹起、指针经过、按下和点击。

- ☑ 弹起：当鼠标指针不接触按钮时，该按钮处于弹起状态。该状态为按钮的初始状态，用户可以在该帧中绘制各种图形或者插入影片剪辑元件。
- ☑ 指针经过：当鼠标移动到该按钮上面但没有按下鼠标时的状态。如果希望在鼠标移动到该按钮上时能够出现一些内容，则可以在此状态中添加内容。在指针经过帧中也可以绘制图形，或放置影片剪辑元件。
- ☑ 按下：当鼠标移动到按钮上面并且按下了鼠标左键时的状态。如果希望在按钮按下时同样发生变化，也可以绘制图形或是放置影片剪辑元件。
- ☑ 点击：点击帧定义了鼠标单击的有效区域。在 Flash CC 的按钮元件中，这一帧尤为重要，例如，在制作隐藏按钮时，就需要专门使用按钮元件的点击帧来制作。

18.1.4 创建影片剪辑元件

在动画制作的过程中，如果要重复使用一个已经创建的动画片段，最好的办法就是将该动画转换为影片剪辑元件。转换和新建影片剪辑元件的方法和图形元件类似。

1. 新建影片剪辑元件

选择【插入】|【新建元件】（快捷键：Ctrl+F8）命令，在打开的【创建新元件】对话框中进行相关设置即可，如图 18.18 所示。

2. 将舞台中的对象转换为影片剪辑元件

选择【修改】|【转换为元件】（快捷键：F8）命令，在打开的【转换为元件】对话框中进行相关设置即可，如图 18.19 所示。

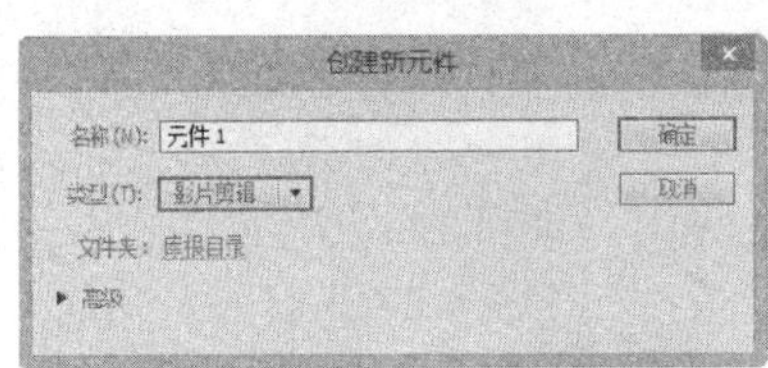

图 18.18 【创建新元件】对话框

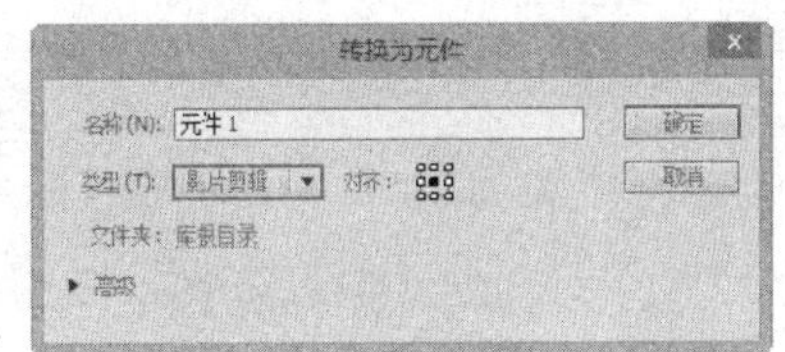

图 18.19 【转换为元件】对话框

3. 将舞台动画转换为影片剪辑元件

【操作步骤】

第 1 步，打开一个 Flash 文件。

第 2 步，在时间轴中选择一个动画的多个帧序列，如图 18.20 所示。

第 3 步，右击，在打开的快捷菜单中选择【复制帧】命令，如图 18.21 所示。

图 18.20　选择动画的多个帧序列

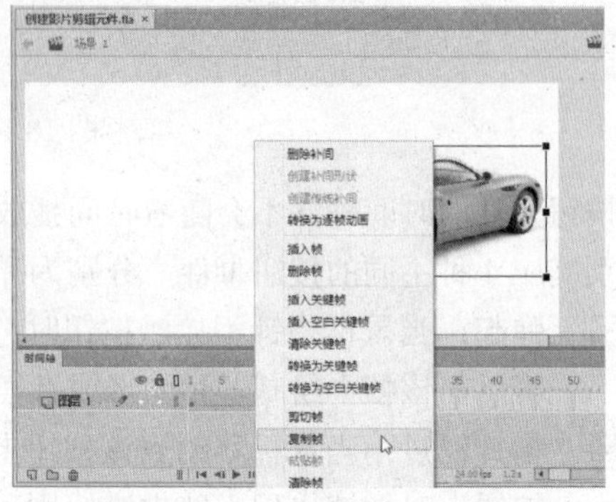

图 18.21　选择【复制帧】命令

第 4 步，选择【插入】|【新建元件】（快捷键：Ctrl+F8）命令，打开【创建新元件】对话框，如图 18.22 所示。

第 5 步，在对话框中输入新元件的名称，并且设置元件的类型为“影片剪辑”。

第 6 步，单击【确定】按钮，进入影片剪辑元件的编辑状态，如图 18.23 所示。

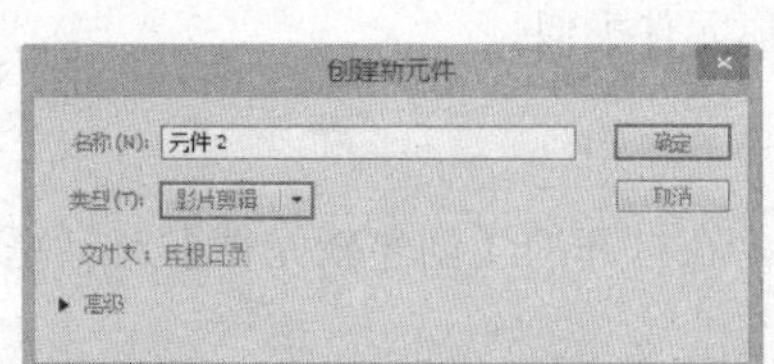

图 18.22　【创建新元件】对话框

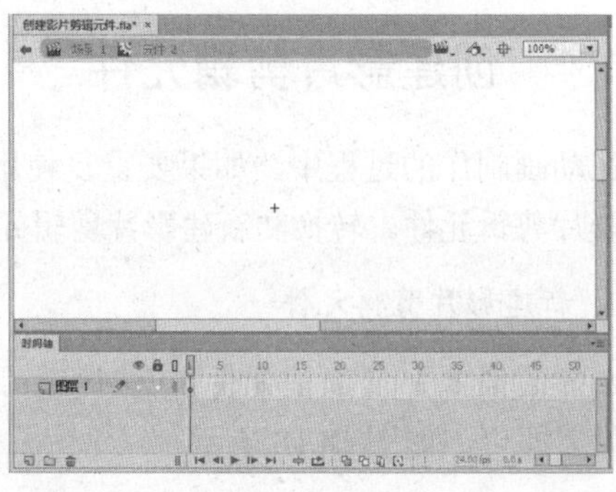

图 18.23　进入影片剪辑元件的编辑状态

第 7 步，右击时间轴第一帧，在打开的快捷菜单中选择【粘贴帧】命令，如图 18.24 所示。

第 8 步，这样，即可把舞台中的动画粘贴到影片剪辑元件内，如图 18.25 所示。

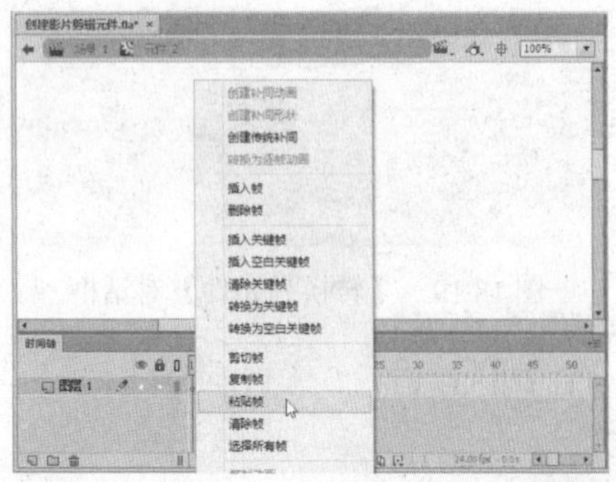

图 18.24　在影片剪辑元件的编辑状态中粘贴帧

图 18.25　把舞台中的动画粘贴到影片剪辑元件中

第 9 步，在元件创建完后，单击舞台左上角的场景名称，即可返回到场景的编辑状态。

第 10 步，返回到场景的编辑状态后，选择【窗口】|【库】（快捷键：Ctrl+L）命令，在打开的库面板中即可找到所制作的影片剪辑元件，如图 18.26 所示。

第 11 步，新建图层，将创建好的元件应用到舞台中，直接从库面板中拖曳该元件到舞台中即可，如图 18.27 所示。

把舞台中的动画转换为影片剪辑元件，实际上就是把舞台中的动画复制到影片剪辑元件中，在复制动画时复制的是整个动画的帧序列，而不是单个帧中的对象。

图 18.26 库面板中的影片剪辑元件

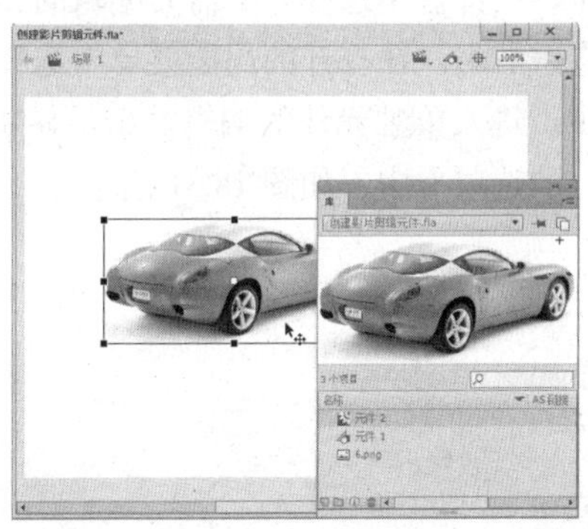

图 18.27 把库面板中的影片剪辑元件拖曳到舞台中

18.1.5 编辑元件

创建元件之后，还可以对元件进行修改编辑。在编辑元件后，Flash CC 会自动更新当前影片中应用了该元件的所有实例。Flash CC 提供了 3 种编辑元件的方法。

1. 在当前位置编辑元件

用户可以在当前的影片文档中直接编辑元件。

【操作步骤】

第 1 步，在舞台中选择一个需要编辑的元件实例。

第 2 步，右击，在打开的快捷菜单中选择【在当前位置编辑】命令，如图 18.28 所示。

第 3 步，这时其他对象将以灰色的方式显示，正在编辑的元件名称会显示在时间轴左上角的信息栏中，如图 18.29 所示。

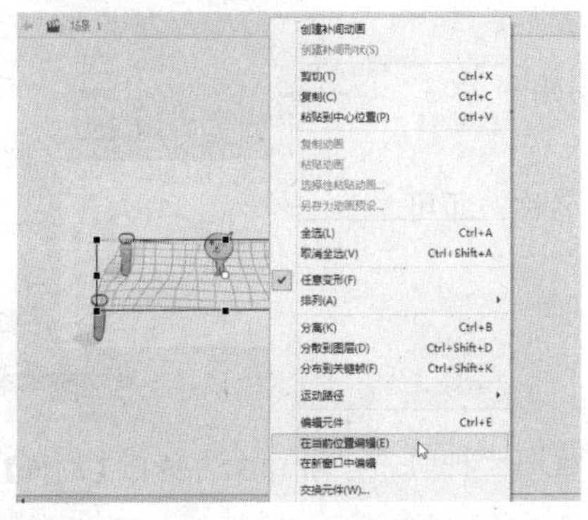

图 18.28 选择【在当前位置编辑】命令

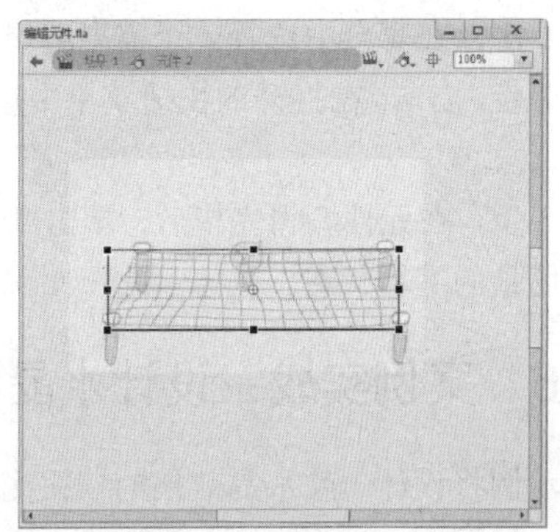

图 18.29 在当前位置编辑元件

第 4 步，也可以直接双击元件的实例，执行【在当前位置编辑】命令。

第 5 步，在元件编辑完毕后，单击舞台左上角的场景名称，返回到场景的编辑状态。

Note

2. 在新窗口中编辑元件

用户也可以在新的窗口对元件进行编辑。

【操作步骤】

第 1 步，在舞台中选择一个需要编辑的元件实例。

第 2 步，右击，在打开的快捷菜单中选择【在新窗口中编辑】命令，如图 18.30 所示。

第 3 步，进入单独元件的编辑窗口，显示其对应的时间轴，此时，正在编辑的元件名称会显示在窗口上方的选项卡中，如图 18.31 所示。

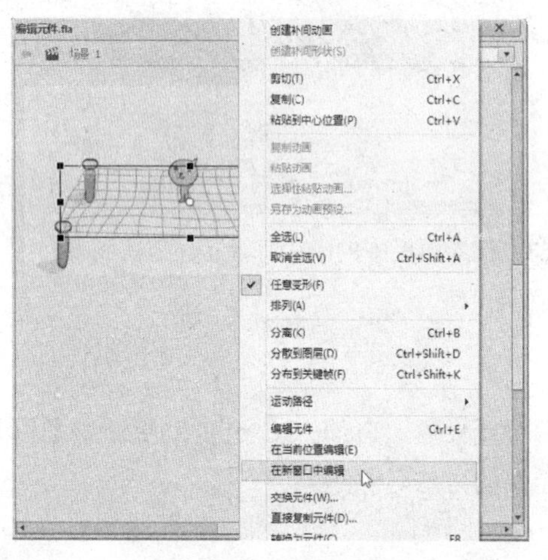

图 18.30　选择【在新窗口中编辑】命令

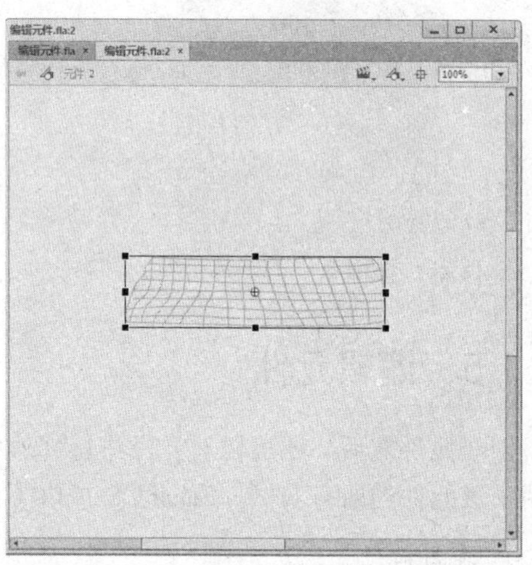

图 18.31　在新窗口中编辑元件

第 4 步，也可以直接在库面板的元件上双击，执行【在新窗口中编辑】命令。

第 5 步，在元件编辑完毕后，单击舞台左上角的场景名称，即可返回到场景的编辑状态。

3. 使用编辑模式编辑元件

使用编辑模式编辑元件的方法如下。

【操作步骤】

第 1 步，在舞台中选择一个需要编辑的元件实例。

第 2 步，右击，在打开的快捷菜单中选择【编辑】命令，如图 18.32 所示。

第 3 步，在元件编辑完毕后，单击舞台左上角的场景名称，即可返回到场景的编辑状态。

图 18.32　选择【编辑】命令

18.1.6　案例实战：设计水晶按钮

视频讲解

本示例将设计一款水晶效果的按钮元素，使用渐变色营造一种时尚感觉，如图 18.33 所示，这样就可以在动画中反复调用。

【操作步骤】

第 1 步，新建一个 Flash 文件。

第 2 步，选择【插入】|【新建元件】（快捷键：Ctrl+F8）命令，打开【创建新元件】对话框，如图 18.34 所示。

图 18.33 水晶按钮效果

图 18.34 【创建新元件】对话框

第 3 步，在对话框中输入新元件的名称，并且设置元件的类型为“按钮”。

第 4 步，单击【确定】按钮，进入元件的编辑状态，如图 18.35 所示。

第 5 步，选择工具箱中的基本矩形工具，在时间轴的“弹起”帧所对应的舞台中绘制一个矩形，如图 18.36 所示。

图 18.35 进入到按钮元件的编辑状态

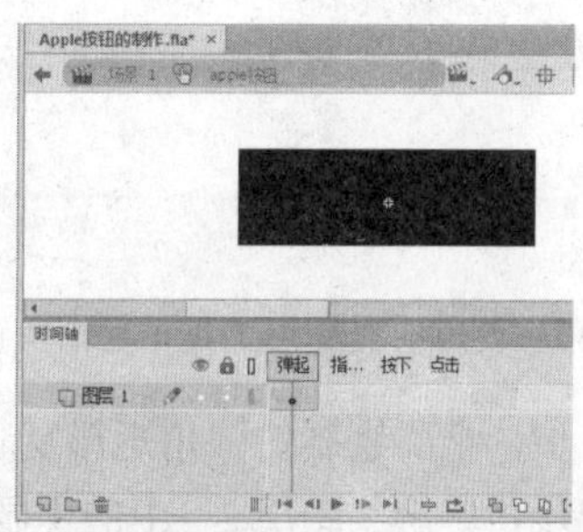

图 18.36 在舞台中绘制一个矩形

第 6 步，在属性面板中设置矩形的边角半径为 10，得到圆角矩形，如图 18.37 所示。

第 7 步，选择圆角矩形，在属性面板中设置笔触颜色为“无”，填充颜色为“白色到黑色的线性渐变色”，如图 18.38 所示。

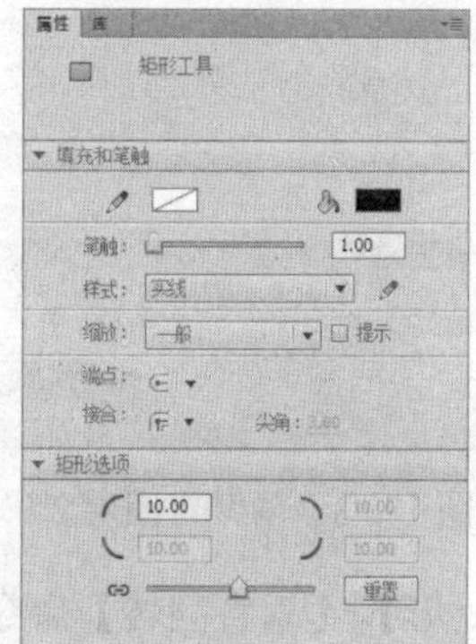

图 18.37 设置矩形的边角半径

图 18.38 设置圆角矩形的属性

Note

第 8 步，打开颜色面板，把线性渐变色由白到黑调整为白到浅灰，如图 18.39 所示。

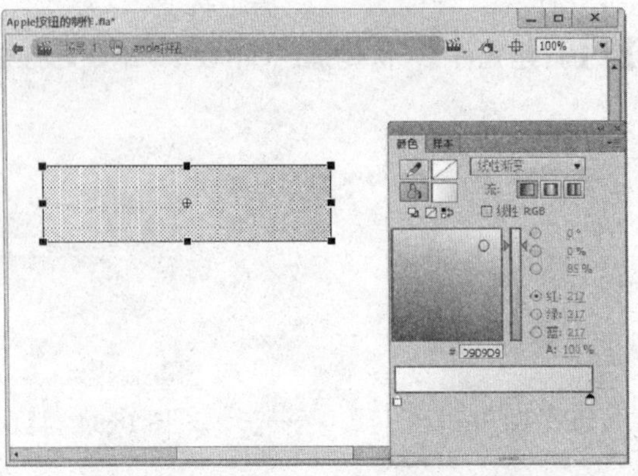

图 18.39　使用颜色面板调整渐变色

第 9 步，选择工具箱中的渐变变形工具，把线性渐变的方向由从左到右调整为从上到下，如图 18.40 所示。

第 10 步，单击时间轴中的【新建图层】按钮，创建一个新的图层“图层 2”，如图 18.41 所示。

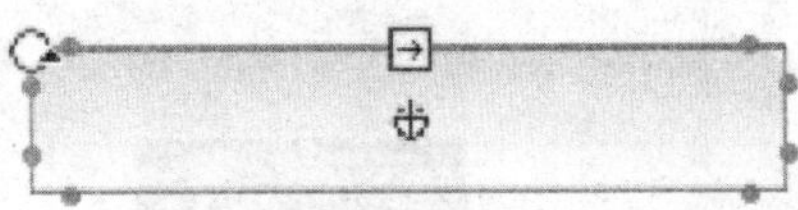

图 18.40　使用渐变变形工具调整渐变色方向

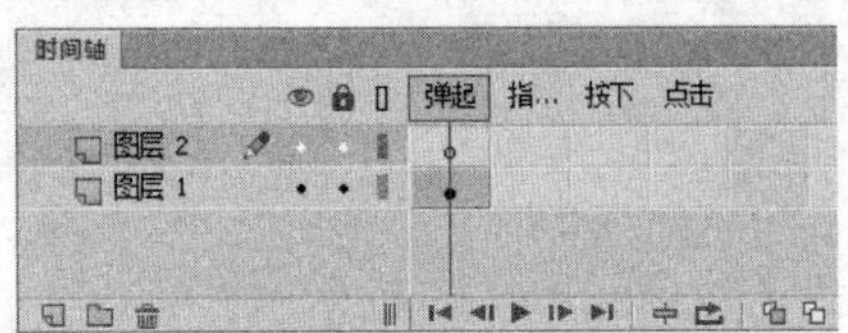

图 18.41　创建“图层 2”

第 11 步，把所绘制的圆角矩形复制到“图层 2”中，调整到相同的位置，如图 18.42 所示。

第 12 步，单击“图层 2”中的【显示/隐藏所有图层】按钮，隐藏“图层 2”，以便于编辑“图层 1”中的圆角矩形，如图 18.43 所示。

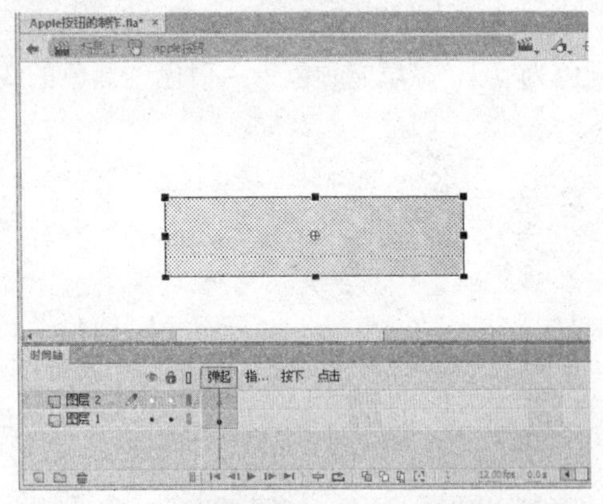

图 18.42　把圆角矩形复制到“图层 2”中

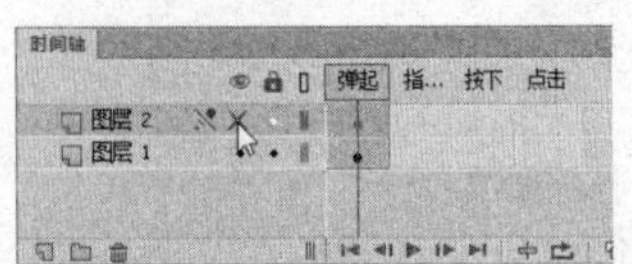

图 18.43　隐藏“图层 2”

第 13 步，选中“图层 1”中的圆角矩形，选择【修改】|【变形】|【垂直翻转】命令，改变圆角矩形的渐变方向，如图 18.44 所示。

第 14 步，选中“图层 1”中的圆角矩形，选择【修改】|【形状】|【柔化填充边缘】命令，打开【柔化填充边缘】对话框，如图 18.45 所示。

图 18.44　把“图层 1”中的圆角矩形垂直翻转

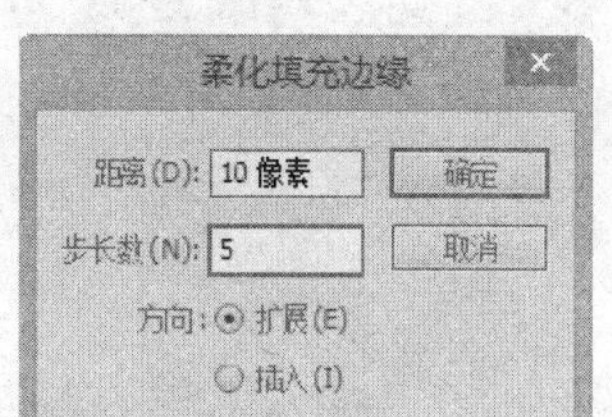

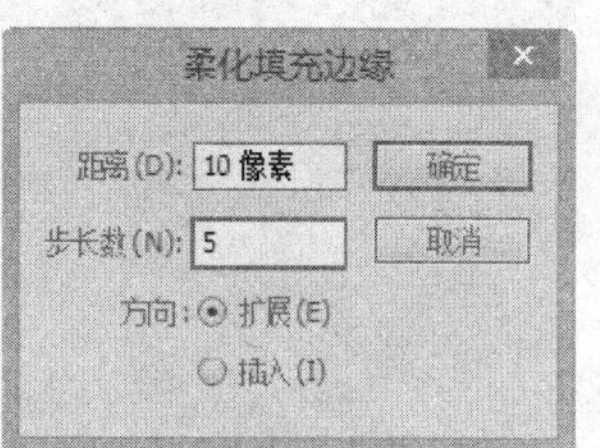

图 18.45　【柔化填充边缘】对话框

第 15 步，为了使“图层 1”中的圆角矩形边缘模糊，在【距离】文本框中设置柔化范围为 10；在【步长数】文本框中设置柔化步骤为 5；在【方向】选项组中设置柔化方向为【扩展】，得到如图 18.46 所示的效果。

第 16 步，再次单击“图层 2”中的【显示/隐藏所有图层】按钮，把隐藏的“图层 2”显示出来，按钮效果如图 18.47 所示。

图 18.46　柔化填充边缘后的效果

图 18.47　按钮效果

第 17 步，制作按钮的高光效果，目的是为了让立体水晶的效果更加明显。使用同样的操作，把“图层 1”隐藏起来。

第 18 步，使用工具箱中的选择工具，在舞台中拖曳选取“图层 2”圆角矩形的下半部分，并且复制，如图 18.48 所示。

第 19 步，把复制得到的区域垂直翻转，并放置到按钮的上方，完成按钮高光效果的制作，如图 18.49 所示。

图 18.48　选择“图层 2”中圆角矩形的一部分区域

图 18.49　按钮的高光效果

第 20 步，至此，按钮元件创建完毕。单击舞台左上角的场景名称，即可返回到场景的编辑状态。

第 21 步，返回到场景的编辑状态后，选择【窗口】|【库】（快捷键：Ctrl+L）命令，在打开的库面板中即可找到所制作的元件，如图 18.50 所示。

第 22 步，从库面板中拖曳元件到舞台中，即可创建按钮的实例，并且可以拖曳多个，如图 18.51 所示。

Note

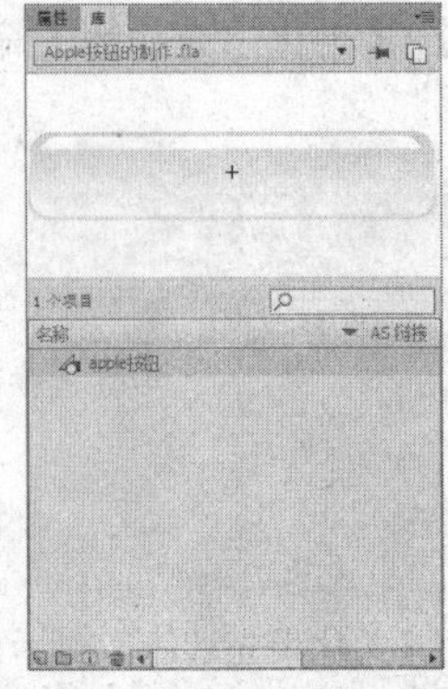

图 18.50　库面板中的按钮元件

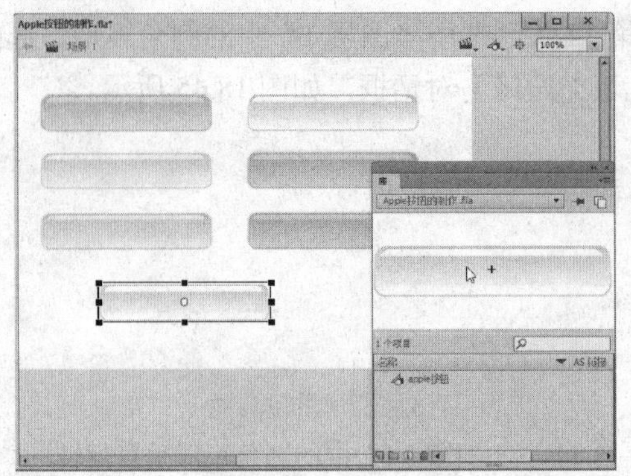

图 18.51　从库面板中拖曳按钮元件到舞台中

第 23 步，选择舞台中的按钮元件实例，在属性面板的【样式】下拉列表中选择【高级】选项。

第 24 步，在相应的【高级效果】设置区中分别设置每个按钮的红、绿、蓝颜色值，从而制作出五颜六色的水晶按钮效果。

第 25 步，至此，完成整个水晶按钮的制作过程。选择【文件】|【保存】（快捷键：Ctrl+S）命令，把所制作的按钮效果保存。

第 26 步，选择【控制】|【测试影片】（快捷键：Ctrl+Enter）命令，在 Flash 播放器中预览按钮效果。

视 频 讲 解

18.1.7　案例实战：设计交互式按钮

本示例制作跟随鼠标的边框按钮，当把鼠标指针移动到图形的不同区域时，按钮的边框会随之发生改变，如图 18.52 所示。

要实现按钮边框随鼠标移动的效果，可以在舞台中放置多个按钮，这些按钮的效果都是相同的，只是尺寸不一样。用户可以把按钮制作在元件内，从而快速地生成动画。

【操作步骤】

第 1 步，新建一个 Flash 文件。

第 2 步，选择【插入】|【新建元件】（快捷键：Ctrl+F8）命令，打开【创建新元件】对话框，如图 18.53 所示。

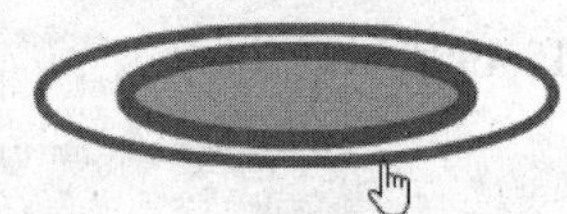

图 18.52　交互按钮效果

第 3 步，在对话框中输入新元件的名称，并且设置元件的类型为“按钮”。

第 4 步，单击【确定】按钮后，会进入到元件的编辑状态，如图 18.54 所示。

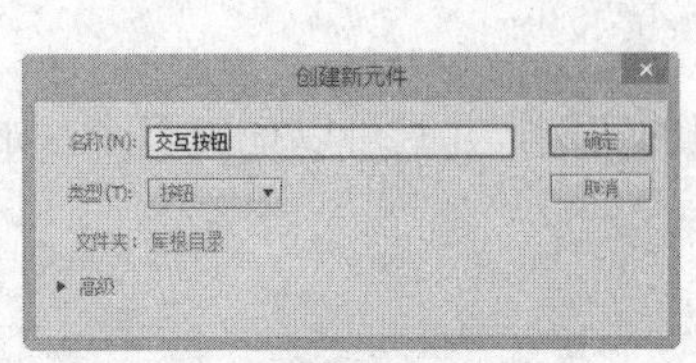

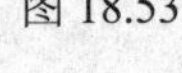

图 18.53　【创建新元件】对话框

图 18.54　进入到按钮元件的编辑状态

第 5 步，在按钮元件的编辑状态中，选择时间轴的“指针经过”状态，按 F6 键，插入关键帧，如图 18.55 所示。

第 6 步，选择工具箱中的椭圆工具，在属性面板中设置笔触颜色为“绿色”，笔触高度为 8，填充颜色为“无”，如图 18.56 所示。

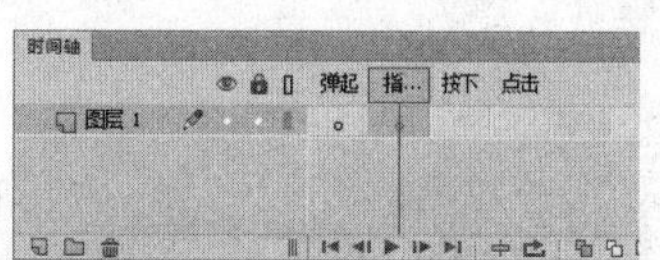

图 18.55　在按钮元件的“指针经过”状态插入关键帧

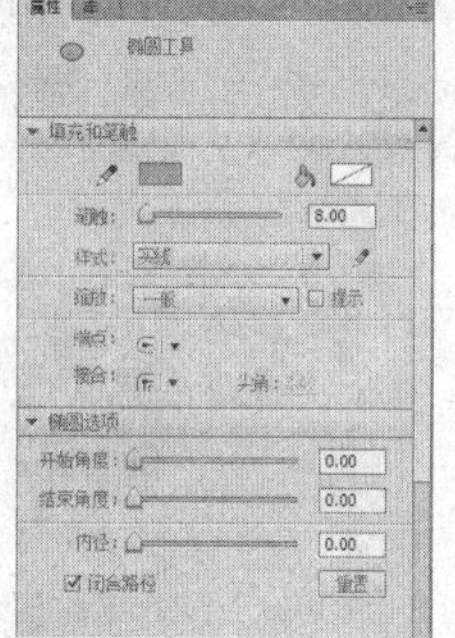

图 18.56　椭圆工具的属性设置

第 7 步，在按钮元件的“指针经过”帧中绘制一个椭圆，如图 18.57 所示。

第 8 步，选择时间轴的“点击”状态，按 F6 键，插入关键帧，如图 18.58 所示。

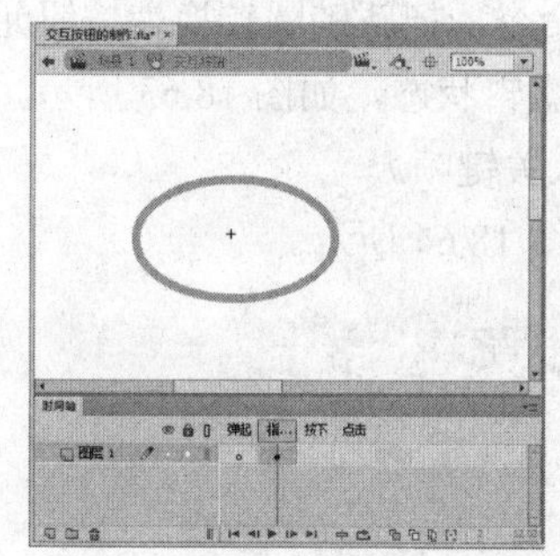

图 18.57　在舞台中绘制一个椭圆

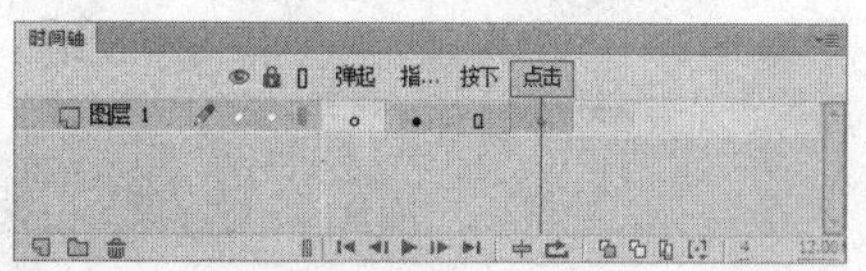

图 18.58　在“点击”状态插入关键帧

第 9 步，单击舞台左上角的场景名称，返回到场景的编辑状态。

第 10 步，返回场景的编辑状态后，选择【窗口】|【库】（快捷键：Ctrl+L）命令，在打开的库面板中即可找到所制作的按钮元件，如图 18.59 所示。

第 11 步，把库面板中的按钮元件拖曳到舞台的中心，如图 18.60 所示。

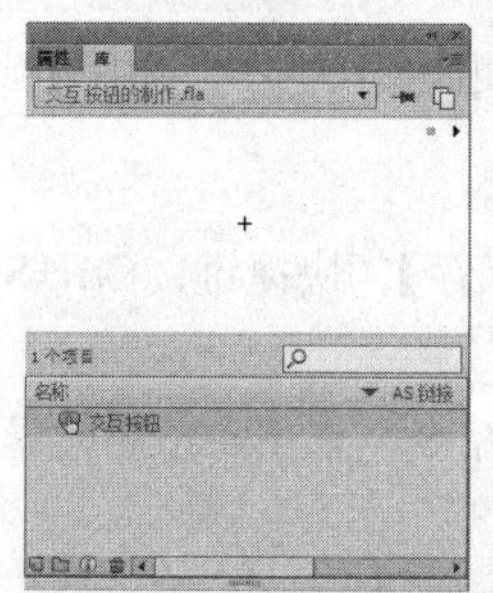

图 18.59　库面板中的按钮元件

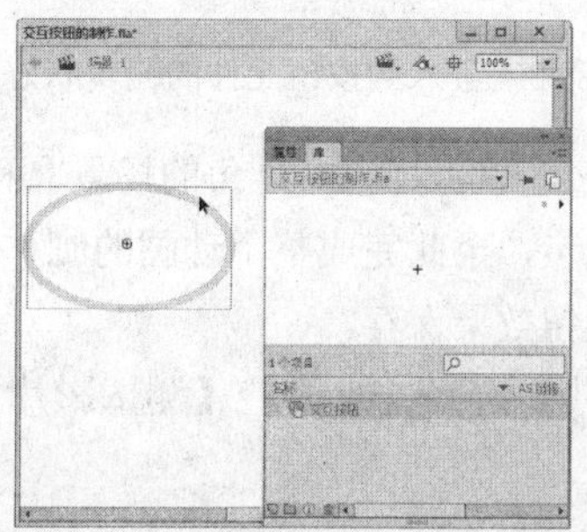

图 18.60　把按钮元件从库面板中拖曳到舞台的中心

Note

第 12 步，选择【窗口】|【变形】（快捷键：Ctrl+T）命令，打开对齐面板。

第 13 步，单击【重制选区和变形】按钮，把按钮以 50%的比例缩小并复制，得到的效果如图 18.61 所示。

第 14 步，选择工具箱中的椭圆工具，根据缩小后最小椭圆的尺寸，绘制一个椭圆，并放置到按钮元件的正中心，如图 18.62 所示。

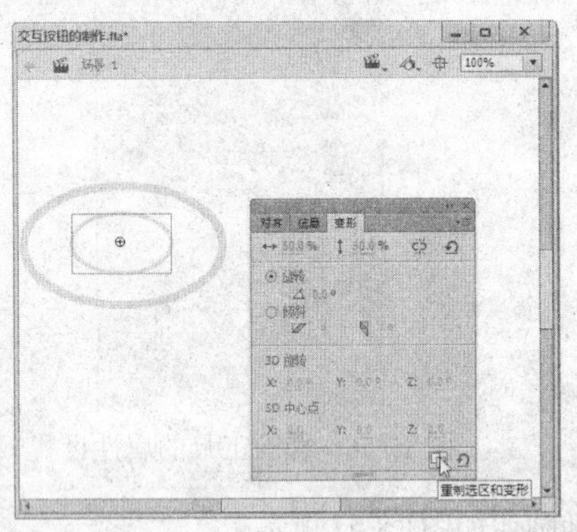

图 18.61 使用对齐面板复制并缩小椭圆按钮

图 18.62 在按钮的中心绘制一个新的椭圆

第 15 步，选择【修改】|【转换为元件】（快捷键：F8）命令，把新椭圆转换为按钮元件。

第 16 步，在该按钮元件上快速双击，进入到按钮元件的编辑状态，如图 18.63 所示。

第 17 步，在按钮元件的“指针经过”状态按 F6 键，插入关键帧。

第 18 步，适当更改“指针经过”状态中椭圆的颜色，如图 18.64 所示。

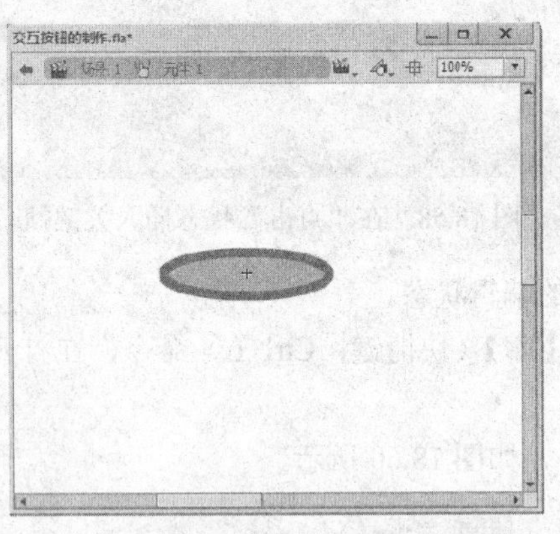

图 18.63 进入到按钮元件的编辑状态

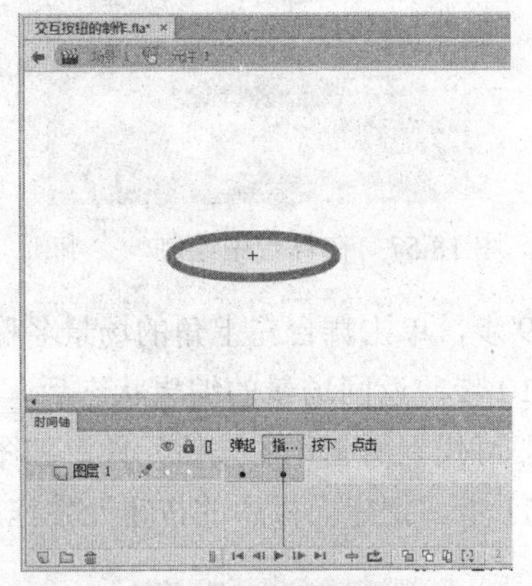

图 18.64 更改指针经过状态中椭圆的颜色

第 19 步，单击舞台左上角的场景名称，返回到场景的编辑状态。

第 20 步，至此完成整个动画的制作过程。选择【文件】|【保存】（快捷键：Ctrl+S）命令，把所制作的按钮效果保存。

第 21 步，选择【控制】|【测试影片】（快捷键：Ctrl+Enter）命令，在 Flash 播放器中预览按钮效果。

Note

视频讲解

18.2　使用实例

在影片任何位置都可以创建元件的实例。用户可以对这些实例进行编辑，改变它们的颜色或者放大/缩小它们。但这些变化只能存在于实例上，而不会对元件产生影响。

18.2.1　创建实例

下面的示例演示了如何创建元件实例。

【操作步骤】

第 1 步，在当前场景中选择放置实例的图层（Flash 只能够把实例放在当前层的关键帧中）。

第 2 步，选择【窗口】|【库】（快捷键：Ctrl+L）命令，在打开的库面板中显示所有的元件，如图 18.65 所示。

第 3 步，选择需要应用的元件，将该元件从库面板中拖曳到舞台上，创建元件的实例，如图 18.66 所示。

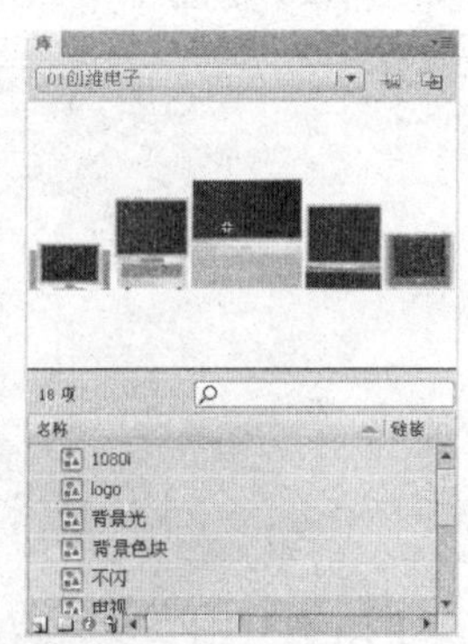

图 18.65　打开当前影片的库

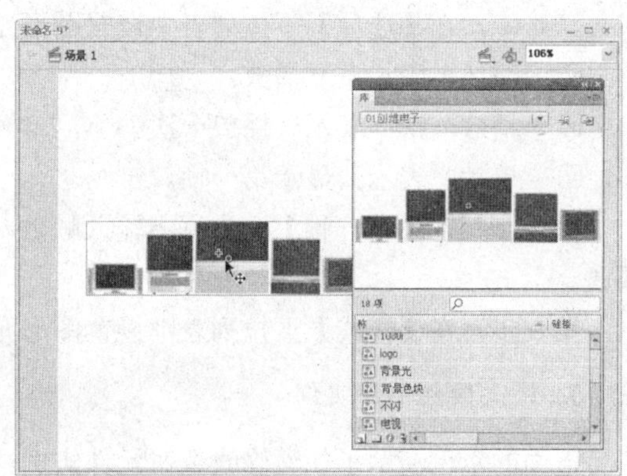

图 18.66　把库中的元件拖曳到舞台上

实例创建完成后，就可以对实例进行修改了。Flash CC 只将修改的步骤和参数等数据记录到动画文件中，而不会像存储元件一样将每个实例都存储下来。因此 Flash 动画的体积都很小，非常适合于在网上传输和播放。

18.2.2　修改实例

实例创建完成后，可以随时修改元件实例的属性，这些修改设置都可以在属性面板中完成。并且不同类型的元件属性设置会有所不同。

1. 修改图形元件实例

下面的示例演示了如何修改图形元件实例。

【操作步骤】

第 1 步，在舞台中选择一个图形元件的实例。

Note

第 2 步，选择【窗口】|【属性】（快捷键：Ctrl+F3）命令，打开 Flash CC 的属性面板，如图 18.67 所示。

第 3 步，单击【交换】按钮，打开【交换元件】对话框，可以把当前的实例更改为其他元件的实例，如图 18.68 所示。

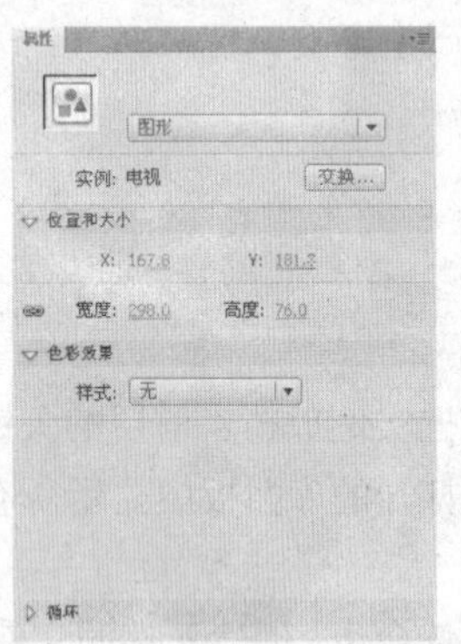

图 18.67　图形元件实例的属性面板

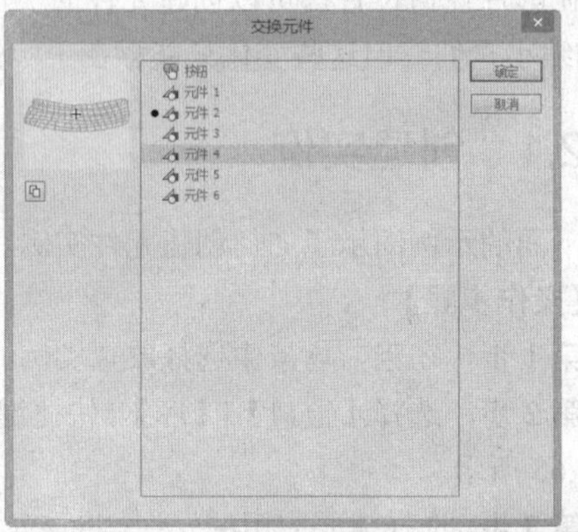

图 18.68　【交换元件】对话框

第 4 步，在【选项】下拉列表中设置图形元件的播放方式，如图 18.69 所示。

☑　循环：表示重复播放。

☑　播放一次：表示只播放一次。

☑　单帧：表示只显示第一帧。

第 5 步，在【第一帧】文本框中输入帧数，指定动画从哪一帧开始播放。

第 6 步，在【样式】下拉列表中设置图形元件的颜色属性。

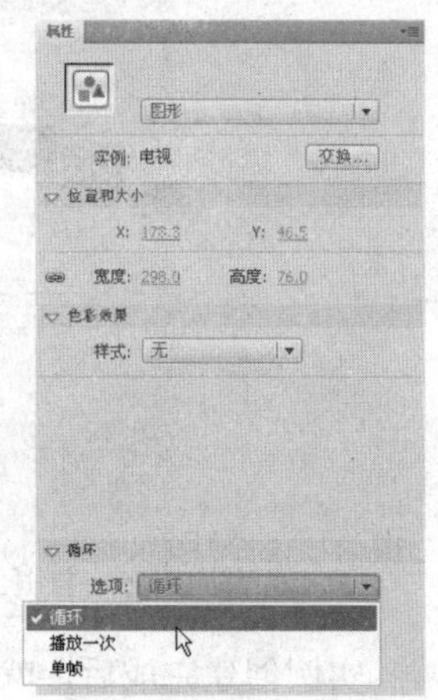

图 18.69　“选项”下拉列表

2. 修改按钮元件实例

下面的示例演示了如何修改按钮元件实例。

第 1 步，在舞台中选择一个按钮元件的实例。

第 2 步，选择【窗口】|【属性】（快捷键：Ctrl+F3）命令，打开 Flash CC 的属性面板，如图 18.70 所示。

第 3 步，在【实例名称】文本框中对按钮元件的实例进行变量的命名操作。

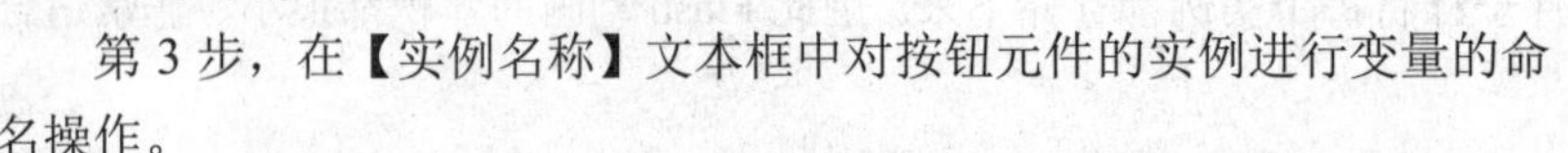

第 4 步，单击【交换】按钮，打开【交换元件】对话框，可以把当前的实例更改为其他元件的实例。

第 5 步，在【样式】下拉列表中设置按钮元件的颜色属性，如图 18.71 所示。

第 6 步，在【混合】下拉列表中设置按钮元件的混合模式。

3. 修改影片剪辑元件实例

下面的示例演示了如何修改影片剪辑元件实例。

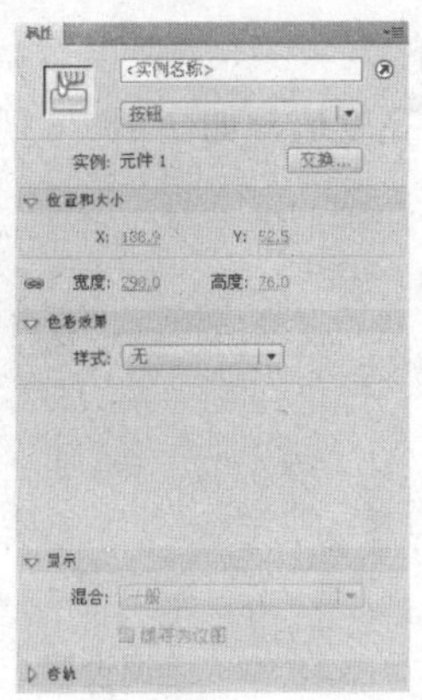

图 18.70　按钮元件实例的属性面板

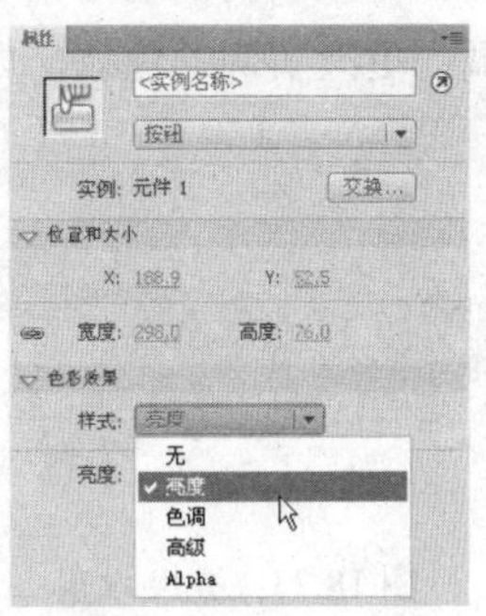

图 18.71　设置颜色属性

【操作步骤】

第 1 步，在舞台中选择一个影片剪辑元件的实例。

第 2 步，选择【窗口】|【属性】（快捷键：Ctrl+F3）命令，打开 Flash CC 的属性面板，如图 18.72 所示。

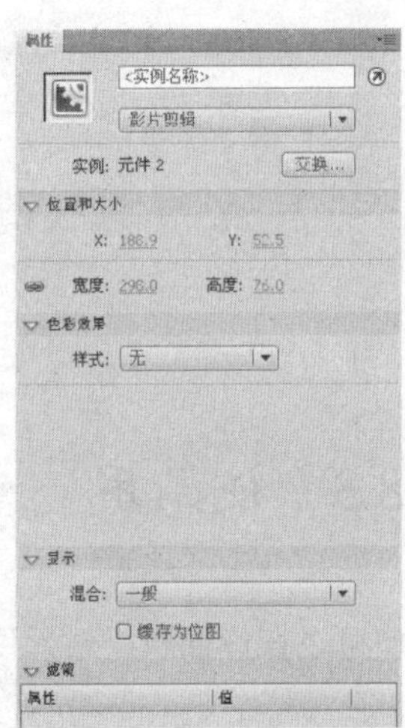

图 18.72　影片剪辑元件实例的属性面板

第 3 步，在【实例名称】文本框中对影片剪辑元件的实例进行变量的命名操作。

第 4 步，单击【交换】按钮，打开【交换元件】对话框，可以把当前的实例更改为其他元件的实例。

第 5 步，在【样式】下拉列表中设置按钮元件的颜色属性。

第 6 步，在【混合】下拉列表中设置按钮元件的混合模式。

第 7 步，在【滤镜】选项组中添加滤镜。

18.2.3　设置实例显示属性

通过在属性面板的【样式】下拉列表中进行设置，可以改变元件实例的颜色效果，从而快速创

Note

建丰富多彩的动画效果。【样式】下拉列表中的各个选项含义如下。

☑ 亮度：更改实例的明暗程度。在【亮度】文本框中输入亮度值，如图 18.73 所示。

☑ 色调：更改实例的色调，如图 18.74 所示。

图 18.73　亮度设置

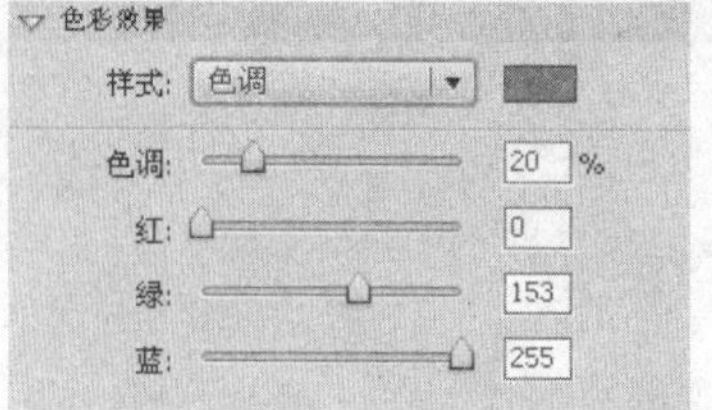

图 18.74　色调设置

☑ Alpha（透明度）：更改实例的透明程度。在 Alpha 文本框中可以输入不同程度的透明度值，如图 18.75 所示。

☑ 高级：更改实例的整体色调。可以通过调整红、绿、蓝的颜色值调整实例的整体色调，也可以通过设置透明度效果进行调整，如图 18.76 所示。

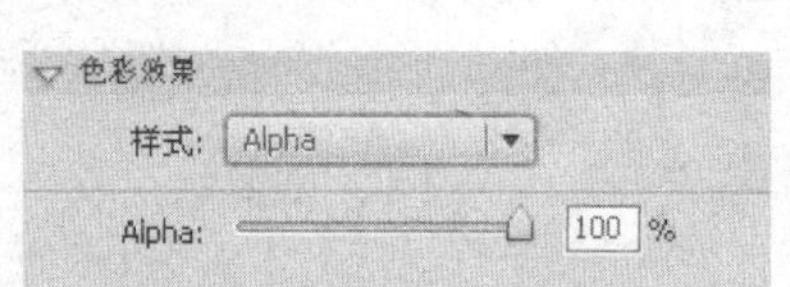

图 18.75　透明度设置

图 18.76　高级设置

视频讲解

18.3　使　用　库

Flash 元件都存储在库面板中，用户可以在库面板中对元件进行编辑和管理，也可以直接从库面板中拖曳元件到场景中，制作动画。

18.3.1　操作元件库

下面通过一个简单的案例来说明库面板的操作。

【操作步骤】

第 1 步，新建一个 Flash 文件。

第 2 步，选择【窗口】|【库】（快捷键：Ctrl+L）命令，打开库面板，在该面板中是没有任何元件的，如图 18.77 所示。

第 3 步，单击【新建元件】按钮，打开【创建新元件】对话框，如图 18.78 所示。

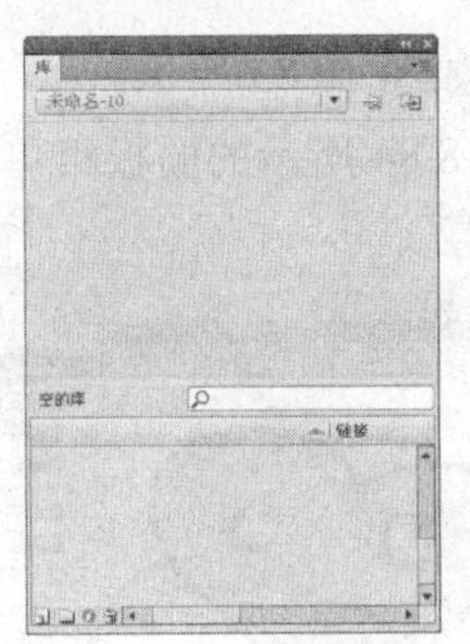

图 18.77 空白的库面板

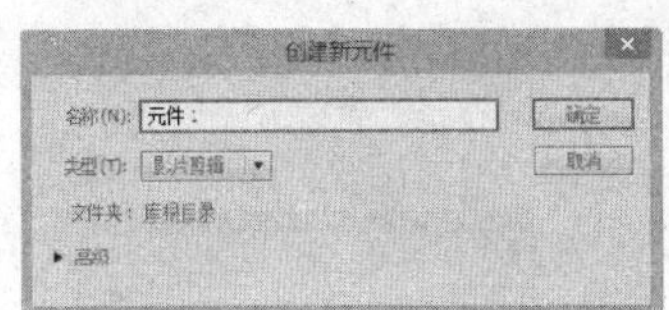

图 18.78 【创建新元件】对话框

第 4 步，在对话框中输入元件的名称并且选择元件的类型，创建新元件。在这里创建了图形元件、按钮元件和影片剪辑元件，如图 18.79 所示。

第 5 步，单击库面板中的【新建文件夹】按钮，可以在库面板中创建不同的文件夹，以便于元件的分类管理，如图 18.80 所示。

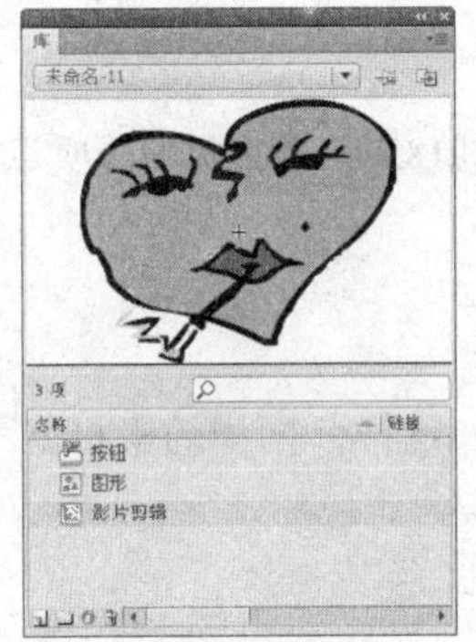

图 18.79 库面板中不同类型的元件

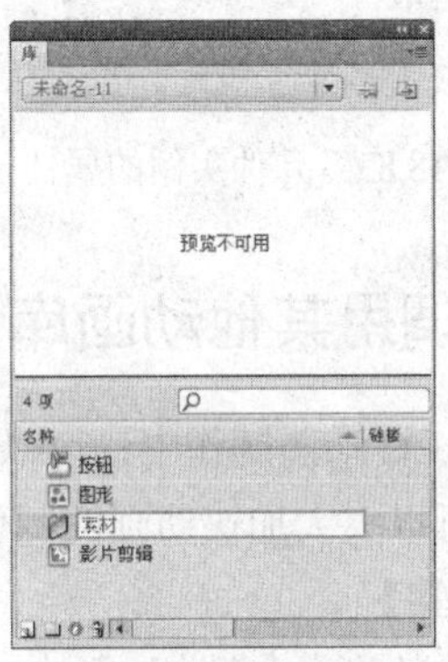

图 18.80 新建库文件夹

第 6 步，选择库面板中的 3 个元件，将它们拖曳到库文件夹中，如图 18.81 所示。

第 7 步，选择库中的一个元件，单击【属性】按钮，打开【元件属性】对话框，在其中可以更改元件的名称和类型，如图 18.82 所示。

第 8 步，单击【删除】按钮，可以直接删除库中的元件。

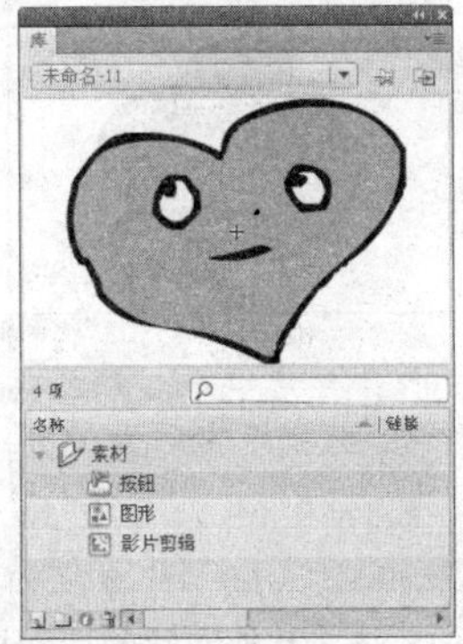

图 18.81 将元件拖曳到库文件夹中

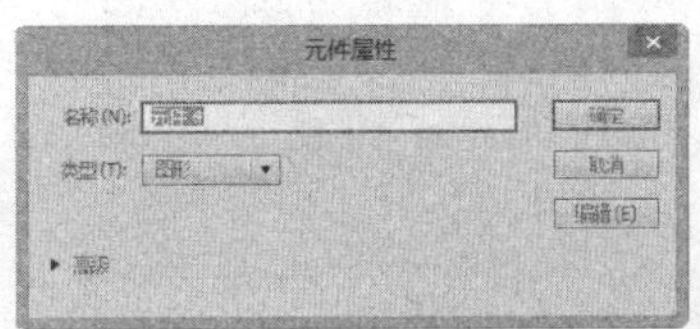

图 18.82 【元件属性】对话框

第 9 步，在库面板中可以详细显示各个元件实例的属性，如图 18.83 所示。

Note

第 10 步，单击库面板右上角的小三角按钮，会打开如图 18.84 所示的面板菜单，在其中可以对库中的元件进行更加详细的管理。

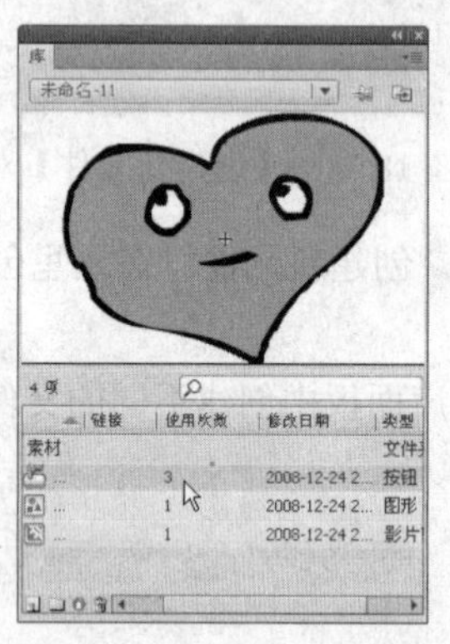

图 18.83　元件实例的属性设置

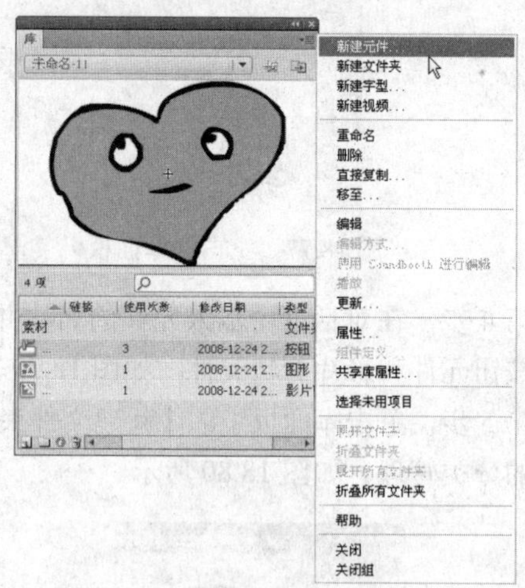

图 18.84　库面板的选项菜单

18.3.2　调用其他动画库

在 Flash CC 动画制作中，可以调用其他影片文件中的元件，这样，同样的素材就不需要制作多次了，从而可以大大加快动画的制作效率。

【操作步骤】

第 1 步，新建一个 Flash 文件。

第 2 步，选择【窗口】|【库】（快捷键：Ctrl+L）命令，打开库面板，在该面板中是没有任何元件的，如图 18.85 所示。

第 3 步，选择【文件】|【导入】|【打开外部库】（快捷键：Shift+Ctrl+O）命令，打开另外一个影片的库面板，如图 18.86 所示。

图 18.85　空白的库面板

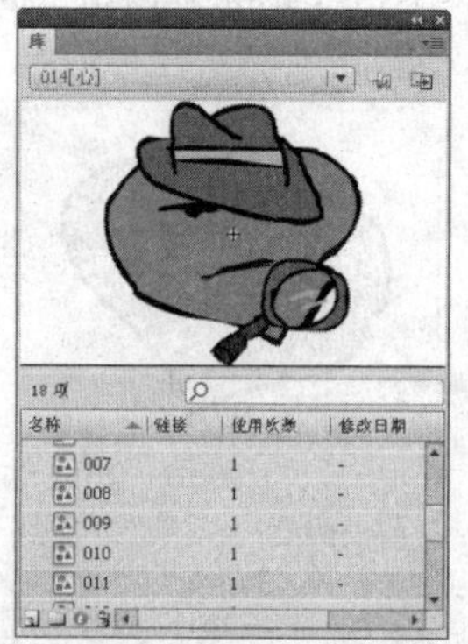

图 18.86　其他影片的库面板

Note

第 4 步，对于不是当前影片的库面板，将呈现为灰色。

第 5 步，直接把其他影片库面板中的元件拖曳到当前影片中即可，如图 18.87 所示。

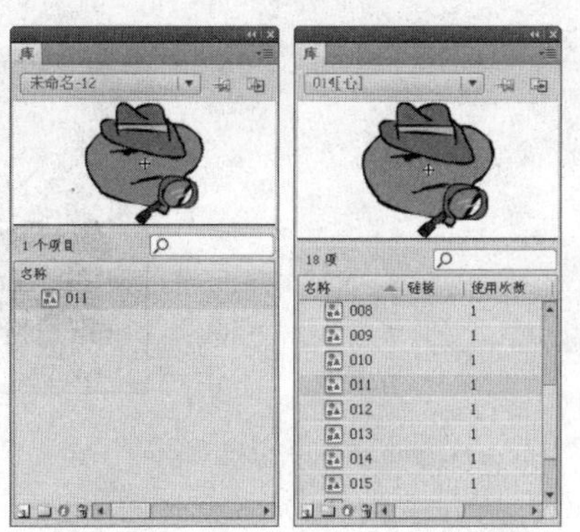

图 18.87　把其他影片中的元件拖曳到当前影片中

第 6 步，所拖曳的元件会自动添加到当前的元件库中。

18.4　使 用 组 件

组件可以将应用程序的设计过程和编码过程分开。通过使用组件，开发人员可以创建设计人员在应用程序中用到的功能。开发人员可以将常用功能封装到组件中，设计人员可以通过更改组件的参数来自定义组件的大小、位置和行为。通过编辑组件的图形元素或外观，还可以更改组件的外观。

本节为选学内容，感兴趣的读者请扫码阅读。

线上阅读

第19章

创建 Flash 动画

Flash 提供了 5 种类型的动画效果和制作方法，具体包括逐帧动画、运动补间动画、形状补间动画、引导线动画和遮罩层动画。本章将分别对这些 Flash 动画类型进行讲解，并结合实例演示如何进行应用。

【学习重点】

- 制作 Flash 逐帧动画。
- 制作 Flash 运动补间动画。
- 制作 Flash 形状补间动画。
- 设计 Flash 引导线动画。
- 设计 Flash 遮罩动画。

19.1 使 用 帧

帧是 Flash 动画的构成基础，在整个动画制作的过程中，对于舞台中对象的时间控制，主要通过更改时间轴中的帧来完成。

19.1.1 认识帧

在 Flash 中，帧可以分为关键帧、空白关键帧和静态延长帧等类型。空白关键帧加入对象后即可转换为关键帧。

☑ 关键帧：用来描述动画中关键画面的帧，每个关键帧中的画面内容都是不同的。用户可以编辑当前关键帧所对应的舞台中的所有内容。关键帧在时间轴中显示为实心小圆点，如图 19.1 所示。

☑ 空白关键帧：和关键帧的概念一样，不同的是当前空白关键帧所对应的舞台中没有内容。空白关键帧在时间轴中显示为空心小圆点，如图 19.2 所示。

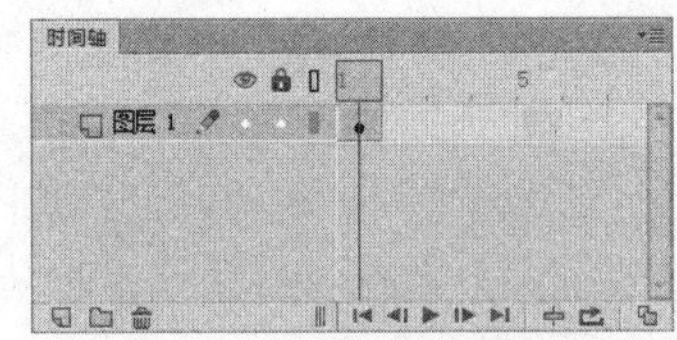

图 19.1 Flash 中的关键帧

图 19.2 Flash 中的空白关键帧

☑ 静态延长帧：用来延长上一个关键帧的播放状态和时间，当前静态延长帧所对应的舞台不可编辑。静态延长帧在时间轴中显示为灰色区域，如图 19.3 所示。

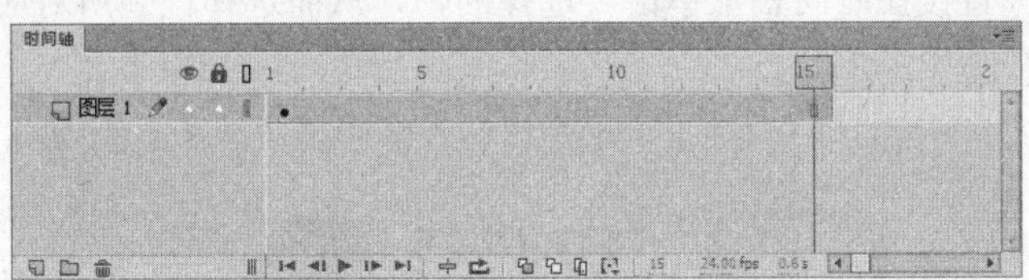

图 19.3 Flash 中的静态延长帧

19.1.2 创建帧

对帧的操作，基本上都是通过时间轴来完成的，在时间轴的上方标有帧的序号，用户可以在不同的帧中添加不同的内容，然后连续播放这些帧即可生成动画。

1. 添加静态延长帧

在 Flash 中添加静态延长帧的方法有 3 种：

☑ 在时间轴中需要插入帧的地方按 F5 键可以快速插入静态延长帧。

☑ 在时间轴中需要插入帧的地方右击，在打开的快捷菜单中选择【插入帧】命令。

Note

☑ 单击时间轴中需要插入帧的位置，选择【插入】|【时间轴】|【帧】命令。

2. 添加关键帧

在 Flash 中添加关键帧的方法有 3 种：

☑ 在时间轴中需要插入帧的地方按 F6 键可以快速插入关键帧。

☑ 在时间轴中需要插入帧的地方右击，在打开的快捷菜单中选择【插入关键帧】命令。

☑ 单击时间轴中需要插入帧的位置，选择【插入】|【时间轴】|【关键帧】命令。

3. 添加空白关键帧

在 Flash 中添加空白关键帧的方法有 3 种：

☑ 在时间轴中需要插入帧的地方按 F7 键可以快速插入空白关键帧。

☑ 在时间轴中需要插入帧的地方右击，在打开的快捷菜单中选择【插入空白关键帧】命令。

☑ 单击时间轴中需要插入帧的位置，选择【插入】|【时间轴】|【空白关键帧】命令。

4. 删除和修改帧

要删除或修改动画的帧，同样也可以从右键的快捷菜单中选择相应的命令，但是最快的方法还是使用快捷键。

☑ 按 Shift+F5 快捷键可以删除静态延长帧。

☑ 按 Shift+F6 快捷键可以删除关键帧。

19.1.3 选择帧

选择帧的目的是为了编辑当前所选帧中的对象，或者改变这一帧在时间轴中的位置。

1. 选择帧

要选择单帧，可以直接在时间轴上单击要选择的帧，从而选择该帧所对应舞台中的所有对象，如图 19.4 所示。

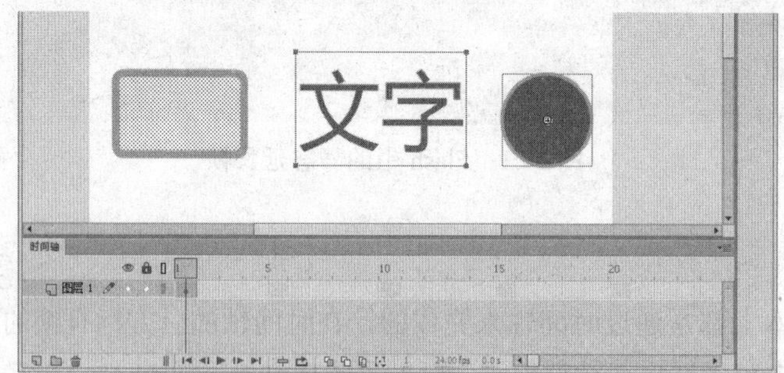

图 19.4 选择时间轴中的单帧

2. 选择帧序列

选择多个帧的方法有两种：一是直接在时间轴上拖曳鼠标指针进行选择；二是按住 Shift 键的同时选择多帧，如图 19.5 所示。

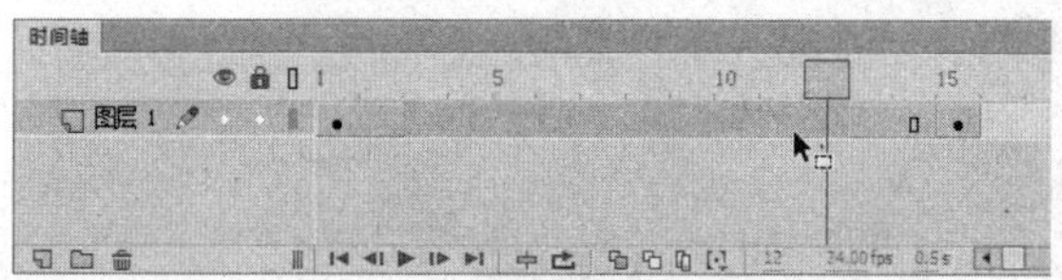

图 19.5　选择时间轴中的帧序列

Note

用户可以改变某帧在时间轴中的位置，连同帧的内容一起改变，实现这个操作最快捷的方法就是利用鼠标。选中要移动的帧或者帧序列，单击鼠标并拖曳到时间轴中新的位置即可，如图 19.6 所示。

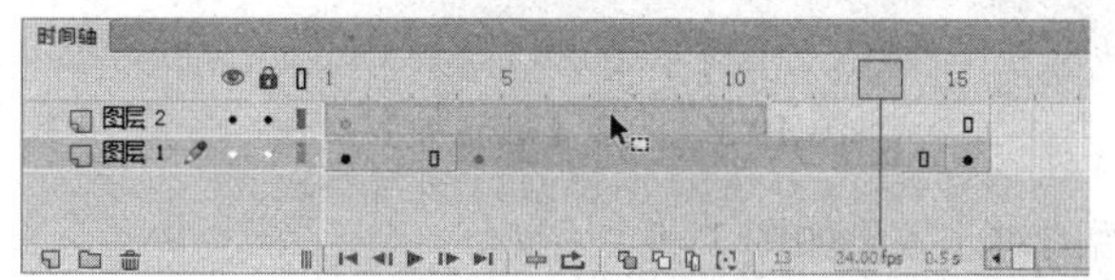

图 19.6　移动时间轴中的帧

19.1.4　编辑帧

下面介绍复制和粘贴帧、翻转帧和清除关键帧的操作。

1. 复制和粘贴帧

【操作步骤】

第 1 步，选择要复制的帧或帧序列。

第 2 步，右击，在打开的快捷菜单中选择【复制帧】命令，如图 19.7 所示。

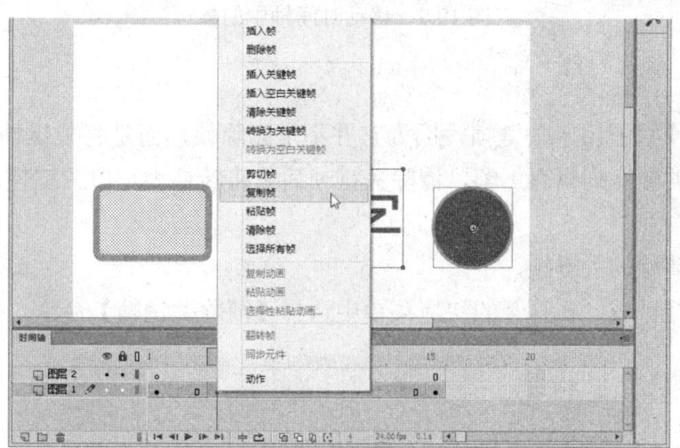

图 19.7　选择【复制帧】命令

第 3 步，选择时间轴中需要粘贴帧的位置，右击，在打开的快捷菜单中选择【粘贴帧】命令即可。

2. 翻转帧

利用翻转帧的功能可以使一段连续的关键帧序列进行逆转排列，最终的效果是倒着播放动画。

【操作步骤】

第 1 步，选择要翻转的帧序列。

第 2 步，右击选择区域，在打开的快捷菜单中选择【翻转帧】命令，如图 19.8 所示。

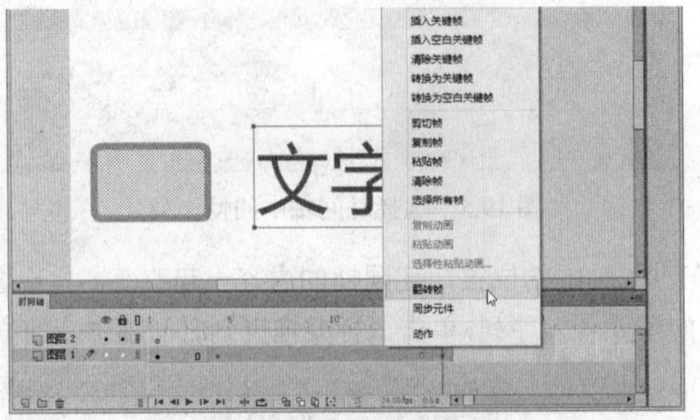

图 19.8　选择【翻转帧】命令

第 3 步，翻转帧前后的对比效果如图 19.9 所示。

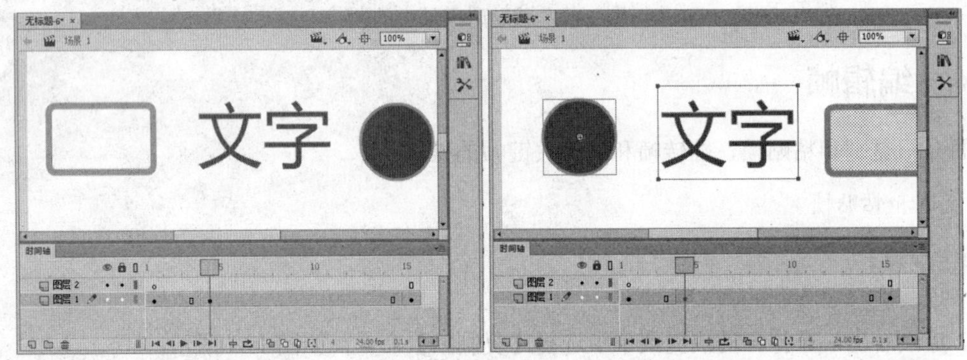

图 19.9　移动时间轴中的帧

3. 清除关键帧

清除关键帧的操作只能用于关键帧，因为它并不是删除帧，而是将关键帧转换为静态延长帧，如果这个关键帧所在的帧序列只有 1 帧，清除关键帧后它将转换为空白关键帧。

【操作步骤】

第 1 步，选择要清除的关键帧。

第 2 步，右击选择区域，在打开的快捷菜单中选择【清除关键帧】命令，如图 19.10 所示。

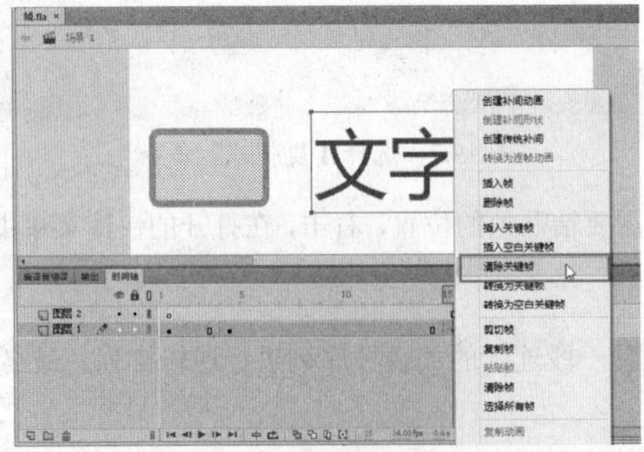

图 19.10　选择【清除关键帧】命令

19.1.5 使用洋葱皮

一般情况下，在编辑区域内看到的所有内容都是同一帧里的，如果使用了洋葱皮功能就可以同时看到多个帧中的内容。这样便于比较多个帧内容的位置，使用户更容易安排动画、给对象定位等。

1. 绘图纸外观

单击时间轴下方的【绘图纸外观】按钮，会看到当前帧以外的其他帧，它们以不同的透明度来显示，但是不能选择，如图 19.11 所示。

这时在时间轴的帧数上会多一个大括号，这是洋葱皮的显示范围，只需要拖曳该大括号，就可以改变当前洋葱皮工具的显示范围。

2. 绘图纸外观轮廓

单击时间轴下方的【绘图纸外观轮廓】按钮，在舞台中的对象只显示边框轮廓，而不显示填充，如图 19.12 所示。

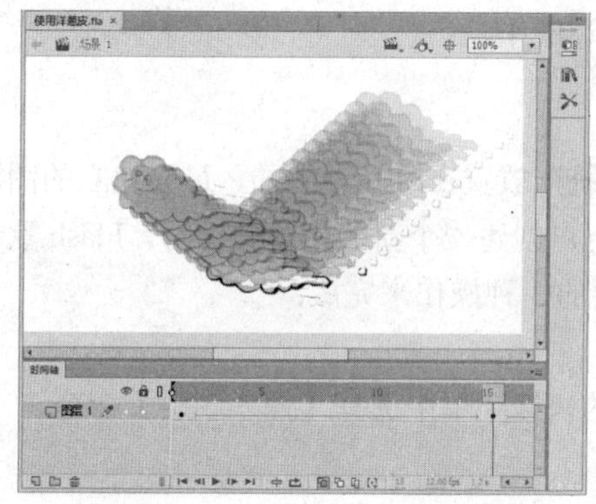

图 19.11　使用绘图纸外观

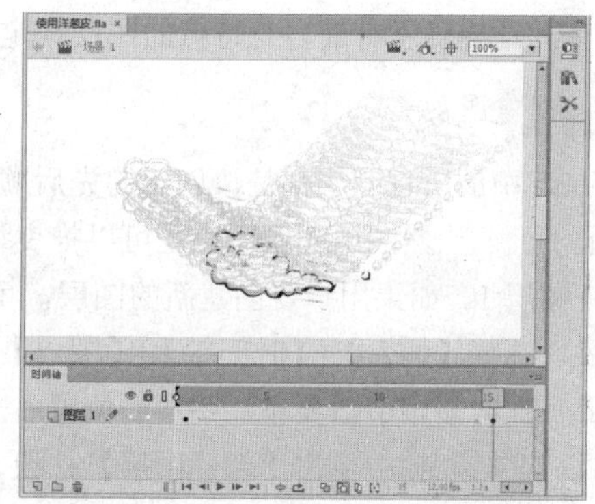

图 19.12　使用绘图纸外观轮廓

3. 多个帧编辑模式

单击时间轴下方的【编辑多个帧】按钮，在舞台中只显示关键帧中的内容，而不显示补间的内容，并且可以对关键帧中的内容进行修改，如图 19.13 所示。

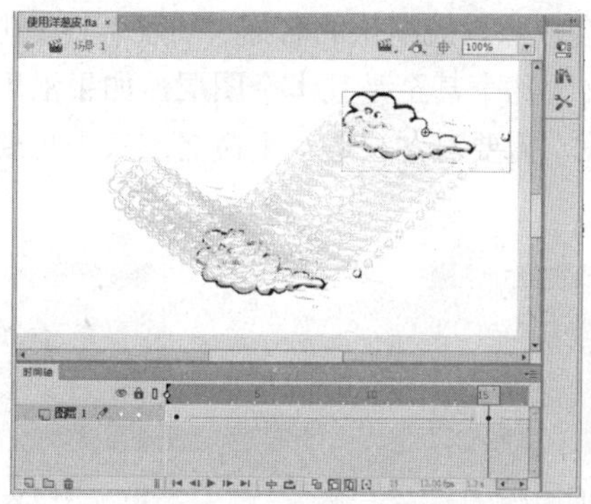

图 19.13　使用多个帧编辑模式

Note

4. 修改洋葱皮标记

单击时间轴下方的【修改标记】按钮，可以对洋葱皮的显示范围进行控制。

☑ 总是显示标记：选中后，不论是否启用绘图纸外观，都会显示标记。

☑ 锚定洋葱皮：在默认情况下，启用洋葱皮范围是以目前所在的帧为标准的，如果当前帧改变，洋葱皮的范围也会跟着变化。

☑ 洋葱皮 2 帧、洋葱皮 5 帧、洋葱皮全部：快速地将洋葱皮的范围设置为 2 帧、5 帧以及全部帧。

视频讲解

19.2 使 用 图 层

图层是时间轴的一部分，用户可以在不同的图层中放置对象，这样在对象编辑和动画制作时就不会相互影响了。而且所有的图层在时间轴上都是默认从第一帧开始播放的。

19.2.1 操作图层

Flash 还提供了有其自身特点的图层锁定、线框显示等操作。

1. 创建图层

Flash 中的所有图层都是按创建的先后顺序由下到上统一放置在时间轴中的，最先建立的图层放置在最下面。当然图层的顺序也是可以拖曳调整的。当用户创建一个新的影片文件时，Flash 默认只有一个图层 1。如果用户要创建新的图层，可以通过下面的 3 种操作来完成：

☑ 选择【插入】|【时间轴】|【图层】命令。

☑ 在时间轴中需要添加图层的位置右击，在打开的快捷菜单中选择【插入图层】命令。

☑ 在时间轴中单击【新建图层】按钮。

在执行了上述方法之一后，都可以创建一个新的图层，如图 19.14 所示。

对于不需要的图层，用户也可以将其删除，在 Flash 中有以下两种操作可以删除图层：

☑ 选中需要删除的图层，右击，在打开的快捷菜单中选择【删除图层】命令。

☑ 选中需要删除的图层，在时间轴中单击【删除图层】按钮。

2. 更改图层名称

在创建新的图层时，Flash 会按照系统默认的名称“图层 1”“图层 2”等依次命名。在制作一个复杂的动画效果时，用户要建立十几个甚至是几十个图层，如果沿用默认的图层名称，将很难区分或记忆每一个图层的内容。因此，需要对图层进行重命名。双击想要重命名的图层名称，然后输入新的名称即可，如图 19.15 所示。

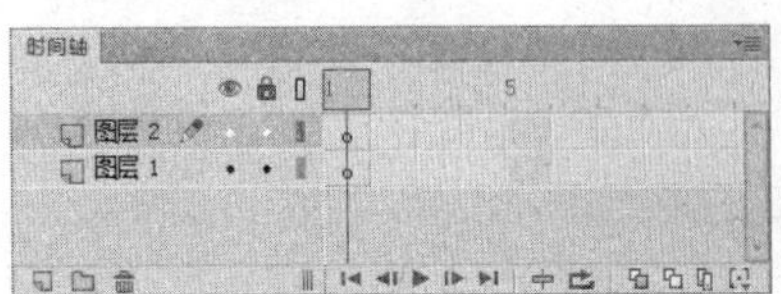

图 19.14　创建一个新的图层

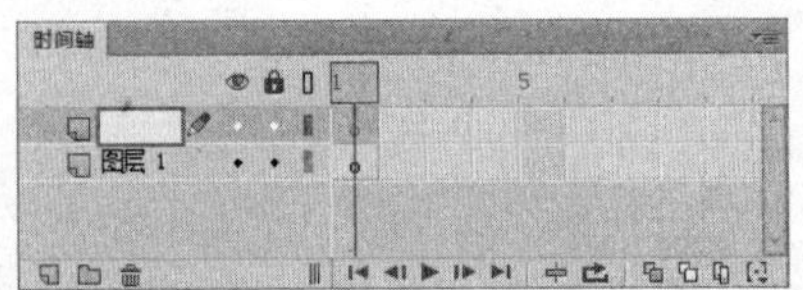

图 19.15　更改图层的名称

3. 选择图层

在 Flash 中有多种方法选取一个图层，较常用的方法有以下 3 种：

☑　直接在时间轴上单击所要选取的图层名称。

☑　在时间轴上单击所要选取图层所包含的帧，则该图层会被选中。

☑　在舞台中单击要编辑的图形，则包含该图形的图层会被选中。

有时为了编辑的需要，用户可能要同时选择多个图层。这时可以按住 Shift 键选取连续的多个图层，也可以按住 Ctrl 键选取多个不连续的图层，如图 19.16 所示。

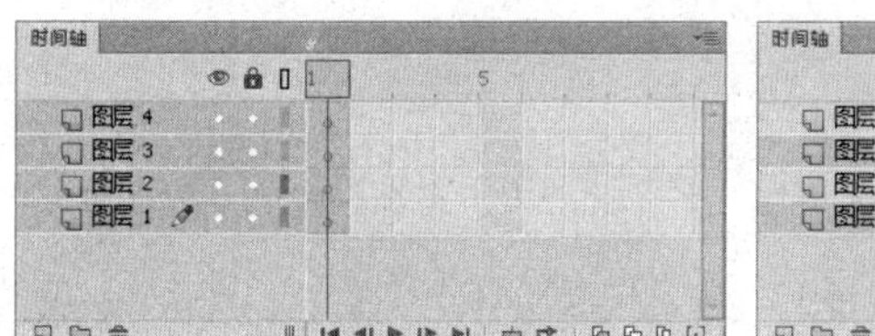

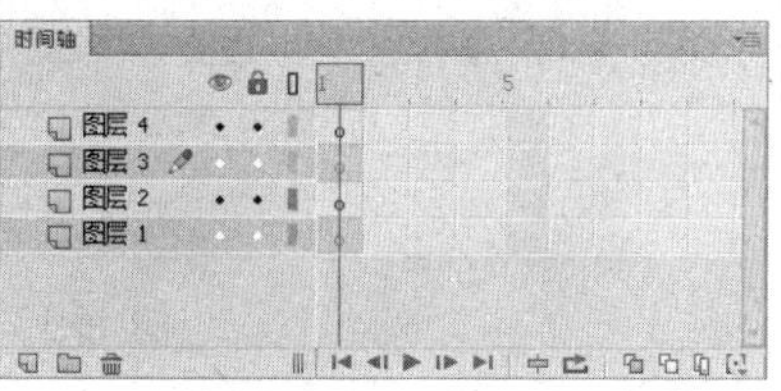

图 19.16　不同选择方式的对比效果

4. 改变图层的排列顺序

图层的排列顺序会直接影响图形的重叠形式，即排列在上面的图层会遮挡下面的图层。用户可以根据需要任意改变图层的排列顺序。

改变图层排列顺序的操作很简单，只需要在时间轴中拖曳图层到相应的位置即可。图 19.17 所示为更改两个图层排列顺序的对比效果。

图 19.17　更改图层的排列顺序对比效果

5. 锁定图层

当用户在某些图层上已经完成了操作，而这些内容在一段时间内不需要编辑时，用户可以将这些图层锁定，以免对其中内容误操作。

【操作步骤】

第 1 步，选择需要锁定的图层。

第 2 步，单击时间轴中的【锁定图层】按钮 ，锁定当前图层，如图 19.18 所示。在图层锁定以后，不能编辑图层中的内容，但是可以对图层进行复制、删除等操作。

图 19.18　锁定图层

第 3 步，再次单击【锁定图层】按钮 ，即可解除图层锁定状态。

6. 显示和隐藏图层

某些时候用户要对对象进行详细的编辑，一些图层中的内容可能会影响用户的操作，那么可以把影响操作的图层先隐藏起来，等需要时再重新显示。

【操作步骤】

第 1 步，选择需要隐藏的图层。

第 2 步，单击时间轴中的【显示/隐藏图层】按钮 ，隐藏当前图层，如图 19.19 所示。

第 3 步，再次单击【显示/隐藏图层】按钮 ，即可显示图层，如图 19.20 所示。

图 19.19　隐藏图层

图 19.20　显示图层

7. 显示图层轮廓

在一个复杂的影片中查找一个对象是很复杂的事情，用户可以利用 Flash 显示轮廓的功能进行区别，此时，每一层所显示的轮廓颜色是不同的，从而有利于用户分清图层中的内容。

【操作步骤】

第 1 步，选择需要显示轮廓的图层。

第 2 步，单击时间轴中的【显示图层轮廓】按钮 ，当前图层则以轮廓显示，如图 19.21 所示。

第 3 步，再次单击【显示图层轮廓】按钮 ，即可取消图层的轮廓显示状态，如图 19.22 所示。

图 19.21 显示图层轮廓

图 19.22 取消图层轮廓显示

8. 使用图层文件夹

通过创建图层文件夹，可以组织和管理图层。在时间轴中展开和折叠图层夹不会影响在舞台中看到的内容，把不同类型的图层分别放置到图层文件夹中的操作如下。

【操作步骤】

第 1 步，单击时间轴中的【新建文件夹】按钮 ，创建图层文件夹，如图 19.23 所示。

第 2 步，选择时间轴中的普通图层，将其拖曳到图层文件夹中，如图 19.24 所示。

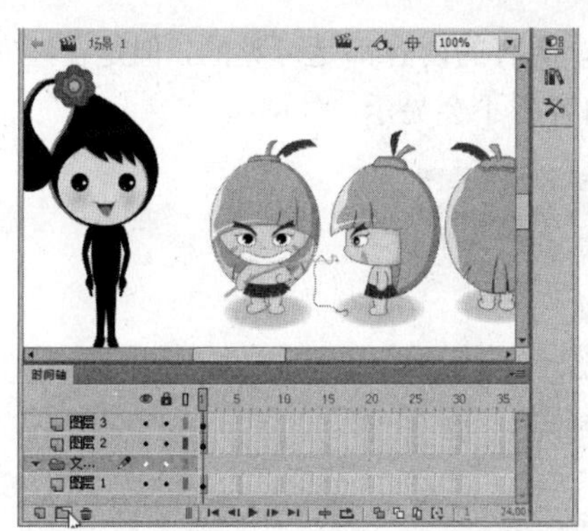

图 19.23 创建图层文件夹

图 19.24 把图层移动到图层文件夹中

第 3 步，如果需要删除图层文件夹，可以单击时间轴中的【删除图层】按钮 。

19.2.2 引导层

引导层是 Flash 中一种特殊的图层，在影片中起辅助作用。它可以分为普通引导层和运动引导层两种，其中，普通引导层起辅助定位的作用，运动引导层在制作动画时起引导运动路径的作用。

1. 建立普通引导层

普通引导层是在普通图层的基础上建立的，其中的所有内容只是在制作动画时作为参考，不会出现在最后的作品中。

Note

【操作步骤】

第 1 步，选择一个图层，右击选中的图层，在打开的快捷菜单中选择【引导层】命令，如图 19.25 所示。

第 2 步，这时普通图层则转换为普通引导层，如图 19.26 所示。

图 19.25 选择“引导层”命令

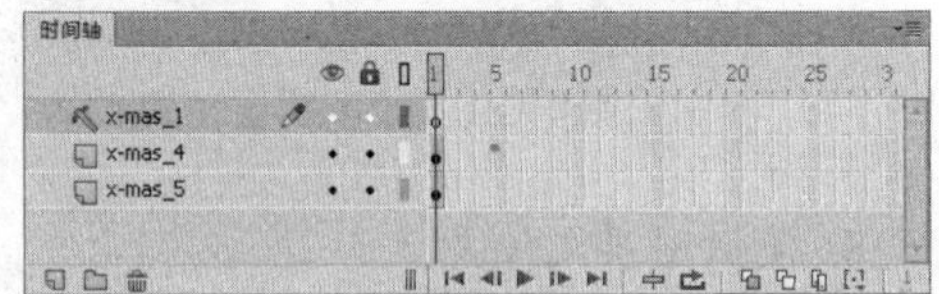

图 19.26 将普通图层转换为普通引导层

第 3 步，如果再次选择【引导层】命令，即可把普通引导层转换为普通图层。

提示：在实际的使用过程中，最好将普通引导层放置在所有图层的下方，这样就可以避免将一个普通图层拖曳到普通引导层的下方，把该引导层转换为运动引导层。

在图 19.27 所示的编辑窗口中，图层 1 是普通引导层，所有的内容都是可见的，但是在发布动画以后，只有普通图层中的内容可见，而普通引导层中的内容将不会显示。

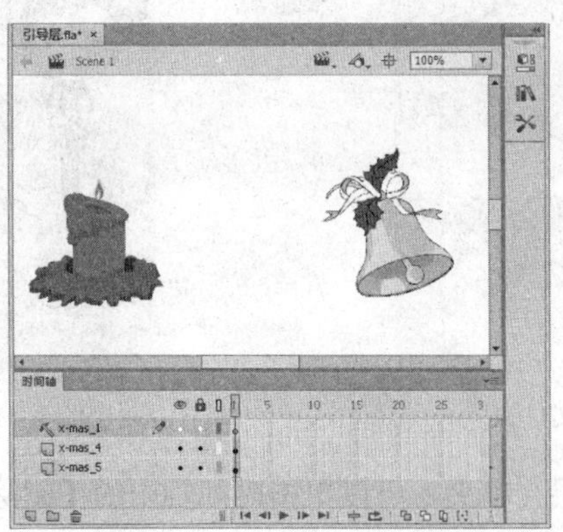

图 19.27 引导层中的内容在发布后的动画中不显示

2. 建立运动引导层

在 Flash 中，用户可以使用运动引导层来绘制物体的运动路径。在制作以元件为对象并沿着特定路径移动的动画中，运动引导层的应用较多。与普通引导层相同的是，运动引导层中的内容在最后发布的动画中也是不可见的。

【操作步骤】

第 1 步，选择一个图层。

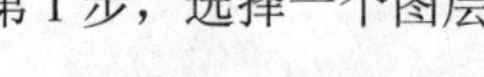

第 2 步，右击该选中的图层，在打开的快捷菜单中选择【添加运动引导层】命令，即可在当前图层的上方创建一个运动引导层，如图 19.28 所示。

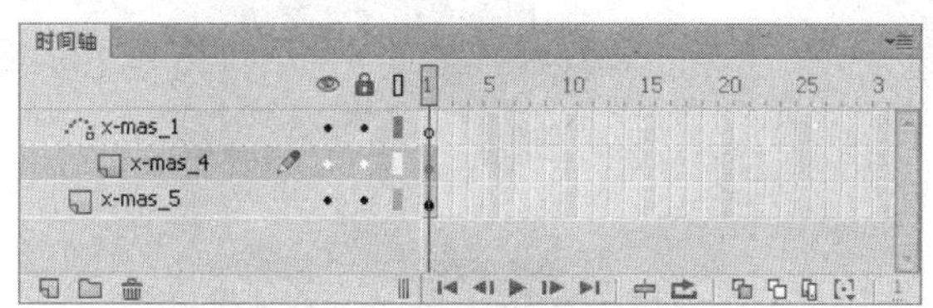

图 19.28　创建运动引导层

第 3 步，如果需要删除运动引导层，可以单击时间轴中的【删除图层】按钮。

运动引导层总是与至少一个图层相连，与它相连的层是被引导层。将层与运动引导层相连可以使被引导层中的物体沿着运动引导层中设置的路径移动。在创建运动引导层时，被选中的层会与该引导层相连，并且被引导层在引导层的下方，这表明了一种层次或从属关系。

19.2.3　案例实战：设计遮罩特效

视频讲解

遮罩层的作用就是在当前图层的形状内部，显示与其他图层重叠的颜色和内容，而不显示不重叠的部分。在遮罩层中可以绘制一般单色图形、渐变图形、线条和文本等，它们都能作为挖空区域。利用遮罩层，可以遮罩出一些特殊效果，如图像的动态切换、探照灯和百叶窗效果等。下面通过一个简单的案例来说明创建遮罩层的过程。

【操作步骤】

第 1 步，新建一个 Flash 文件。

第 2 步，选择【文件】|【导入】|【导入到舞台】命令，向舞台中导入一张图片素材。

第 3 步，在时间轴中单击【新建图层】按钮，创建“图层 2”，如图 19.29 所示。

第 4 步，使用多角星形工具在“图层 2”所对应的舞台中绘制一个五角星。

第 5 步，将“图层 2”中的五角星和“图层 1”中的图片素材重叠在一起，如图 19.30 所示。

图 19.29　新建“图层 2”

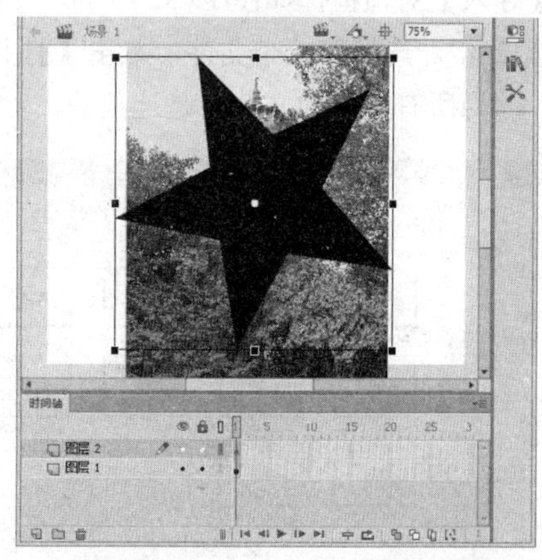

图 19.30　在“图层 2”中绘制五角星

第 6 步，右击“图层 2”，在打开的快捷菜单中选择【遮罩】命令，如图 19.31 所示。

Note

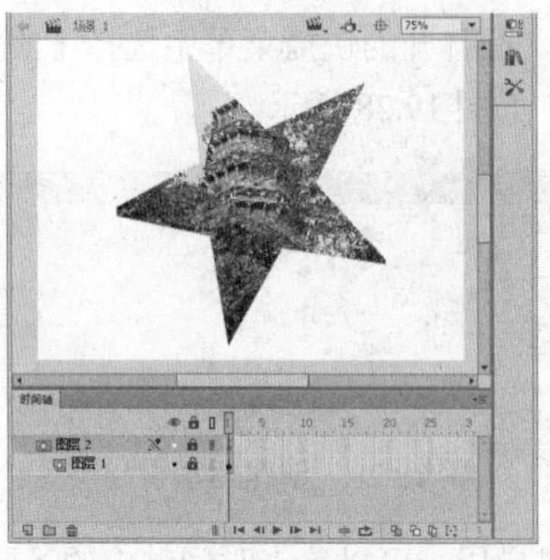

图 19.31　遮罩效果

第 7 步，图片显示在五角星的形状中。如果需要取消遮罩效果，可以再次选择【遮罩】命令。一旦选择【遮罩】命令，相应的图层就会自动锁定。如果要对遮罩层中的内容进行编辑，必须先取消图层的锁定状态。

视频讲解

19.3　设计逐帧动画

逐帧动画实际上每一帧的内容都不同，当制作完成一幅幅的画面并连续播放时，就可以看到运动的画面。要创建逐帧动画，每一帧都必须定义为关键帧，然后在每一帧中创建不同的画面即可。

19.3.1　自动生成逐帧动画

当导入素材时，如果是连续的图片，则 Flash 会自动生成逐帧动画。

【操作步骤】

第 1 步，新建一个 Flash 文件。选择【文件】|【导入】|【导入到舞台】（快捷键：Ctrl+R）命令，打开【导入】对话框，如图 19.32 所示。

第 2 步，选择第一个文件，单击【打开】按钮，打开一个提示对话框，询问用户是否导入所有图片，因为所有图片的文件名是连续的，如图 19.33 所示。

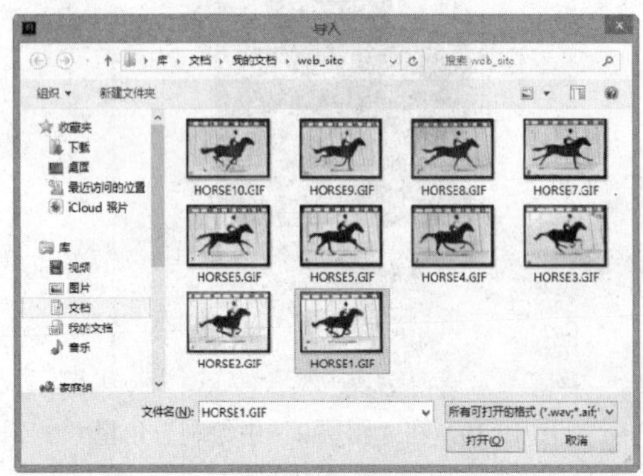

图 19.32　【导入】对话框

图 19.33　系统询问

第 3 步，单击【是】按钮，Flash 会把所有的图片导入舞台中，并且在时间轴中按顺序排列到不同的帧上，如图 19.34 所示。

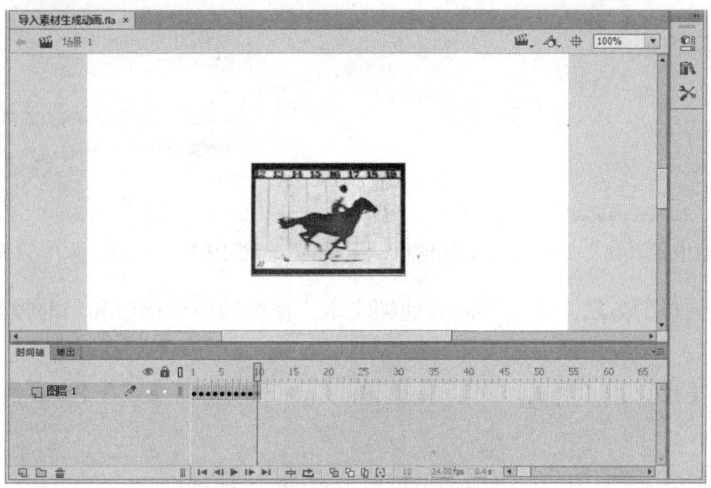

图 19.34 时间轴

第 4 步，按 Ctrl+Enter 快捷键即可预览动画效果。

19.3.2 制作逐帧动画

下面通过一个具体案例来讲解逐帧动画的制作过程。

【操作步骤】

第 1 步，新建一个 Flash 文件。

第 2 步，选择工具箱中的文本工具，在舞台中输入“欢迎您访问本小站”。

第 3 步，选择舞台中的文本，在属性面板中设置文本的属性：字体为“黑体”，字体大小为 50，文本颜色为“黑色”，如图 19.35 所示。

第 4 步，在时间轴中按 F6 键插入关键帧，这里一共插入 8 个关键帧，因为一共有 8 个字，如图 19.36 所示。

欢迎您访问本小站

图 19.35 在舞台中输入文本

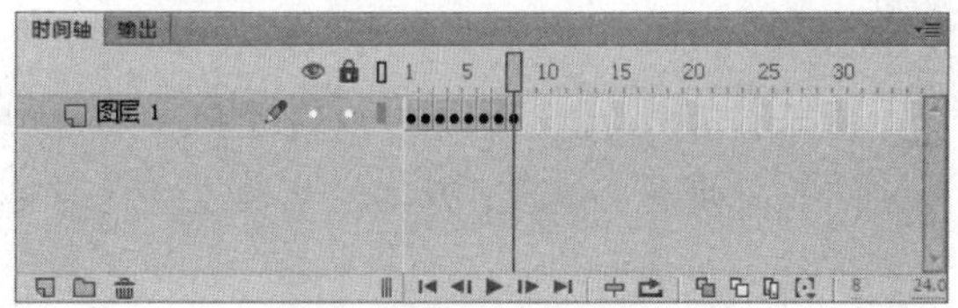

图 19.36 插入 8 个关键帧

第 5 步，选择第 1 帧，把舞台中的“迎您访问本小站”文本都删除掉，只保留第一个字，如图 19.37 所示。

第 6 步，选择第 2 帧，把舞台中的“您访问本小站”文本都删除掉，只保留前两个字，如图 19.38 所示。

Note

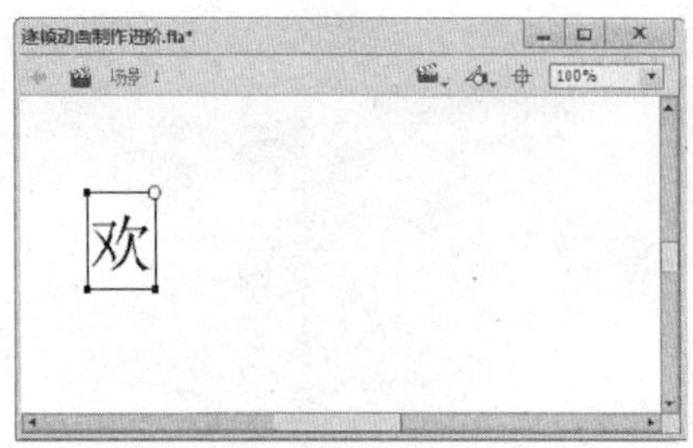

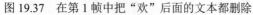

图 19.37 在第 1 帧中把“欢”后面的文本都删除

图 19.38 在第 2 帧中只保留前两个字

第 7 步，使用同样的方法，依次删除其他帧文本，使每帧中只保留和当前帧数相同的文本。

第 8 步，在最后一帧保留所有的文本。

第 9 步，选择【控制】|【测试影片】（快捷键：Ctrl+Enter）命令，在 Flash 播放器中预览动画效果，如图 19.39 所示。

第 10 步，但是，这时的动画播放速度很快，需要适当调整。

第 11 步，选择【修改】|【文档】（快捷键：Ctrl+J）命令，打开【文档设置】对话框。

第 12 步，更改【帧频】为 1，如图 19.40 所示。

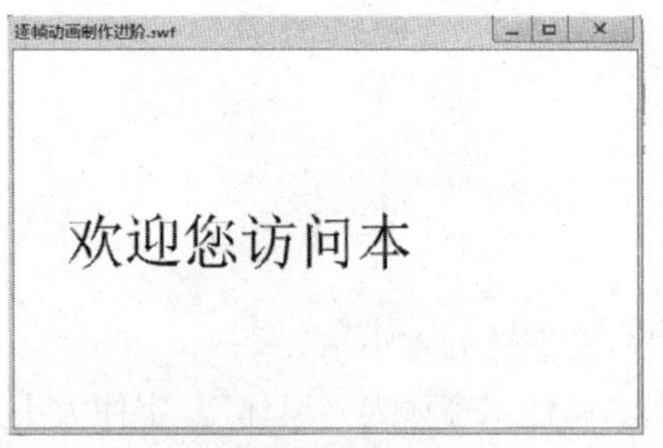

图 19.39 完成的动画效果

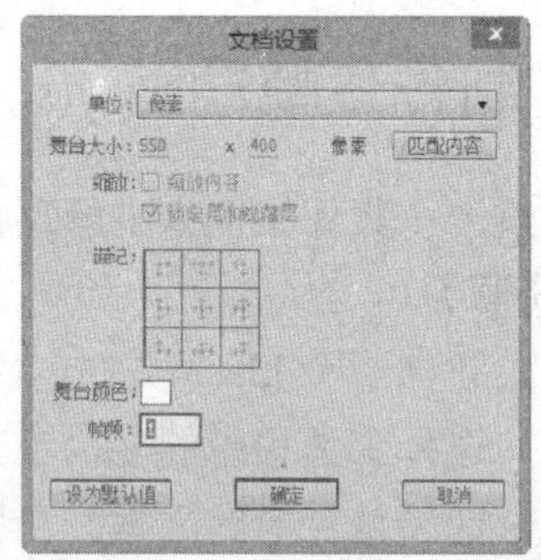

图 19.40 设置【文档设置】中的帧频为 1

第 13 步，选择【控制】|【测试影片】（快捷键：Ctrl+Enter）命令，在 Flash 播放器中预览动画效果。

提示：动画的播放频率可以通过 Flash 的帧频进行控制。把帧频更改为每秒钟播放一帧，播放速度就会减慢；反之，播放速度就会变快。

19.4 设计补间动画

Flash CC 提供了 3 种补间动画的制作方法：创建传统补间、创建形状补间和创建运动补间。

19.4.1 制作传统补间动画

视频讲解

Flash CC 中的传统补间只能够给元件的实例添加动画效果，使用传统补间可以轻松地创建移动、

旋转、改变大小和属性的动画效果。下面通过一个简单的案例，来学习有关创建传统补间的过程和方法。

【操作步骤】

第1步，新建一个Flash文件。

第2步，选择【修改】|【文档】（快捷键：Ctrl+J）命令，打开【文档设置】对话框。

第3步，设置舞台的背景颜色为“黑色”，其他选项保持默认状态，如图19.41所示。设置完毕后，单击【确定】按钮。

第4步，选择工具箱中的文本工具，在舞台中输入Flash Professional CC。

第5步，选择舞台中的文本，在属性面板中设置文本的属性：字体为Verdana，字体大小为50，文本颜色为“白色”，如图19.42所示。

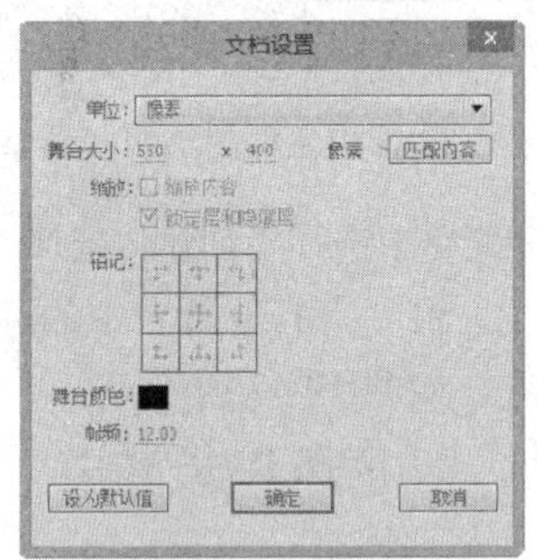

图19.41 设置舞台的背景颜色为“黑色”

Flash Professional CC

图19.42 在舞台中输入文本

第6步，选择【修改】|【转换为元件】（快捷键：F8）命令，打开【转换为元件】对话框，把舞台中的文本转换为图形元件，如图19.43所示。

第7步，选择【窗口】|【对齐】（快捷键：Ctrl+K）命令，打开Flash的对齐面板，把转换好的图形元件对齐到舞台的中心位置，如图19.44所示。

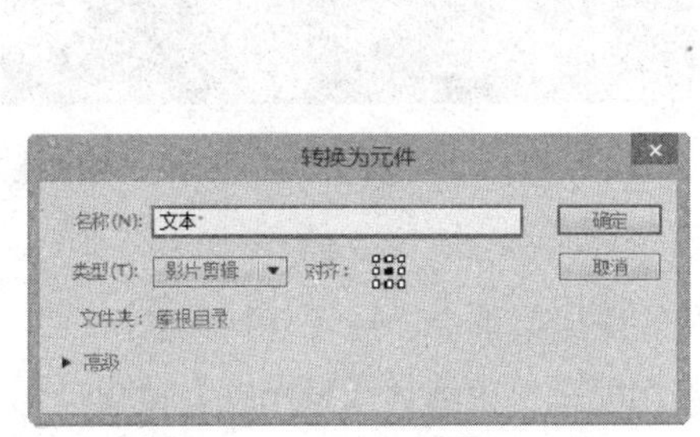

图19.43 【转换为元件】对话框

图19.44 使用对齐面板，把元件对齐到舞台中心

第8步，在时间轴的第20帧中按F6键插入关键帧，然后用选择工具选中第20帧所对应舞台中的元件。

第9步，选择【窗口】|【变形】（快捷键：Ctrl+T）命令，打开Flash的变形面板，把图形元件的高度缩小为原来的10%，宽度不变，如图19.45所示。

Note

第 10 步，在属性面板的【样式】下拉列表中选择 Alpha 选项，设置第 20 帧中元件的透明度为 0，如图 19.46 所示。

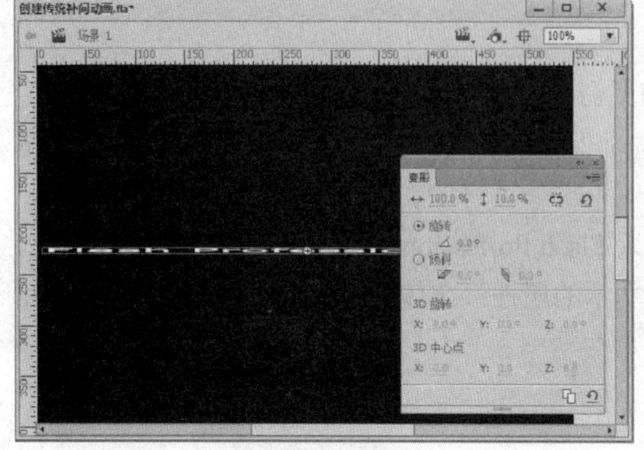

图 19.45　把元件的高度缩小为原来的 10%

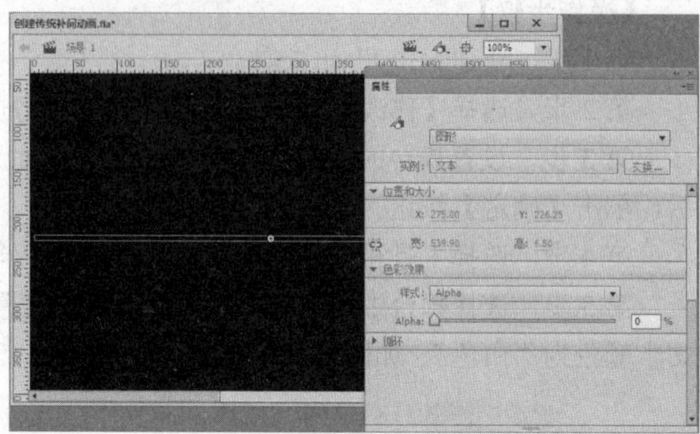

图 19.46　把第 20 帧中元件的透明度调整为 0

第 11 步，在“图层 1”的两个关键帧之间右击，在打开的快捷菜单中选择【创建传统补间】命令。

第 12 步，选择【视图】|【标尺】（快捷键：Shift+Ctrl+Alt+ R）命令，打开舞台中的标尺。

第 13 步，从标尺中拖曳出辅助线，对齐第 1 帧中文本的下方，如图 19.47 所示。

第 14 步，选中第 20 帧中的文本，把文本的下方对齐到辅助线上，如图 19.48 所示。

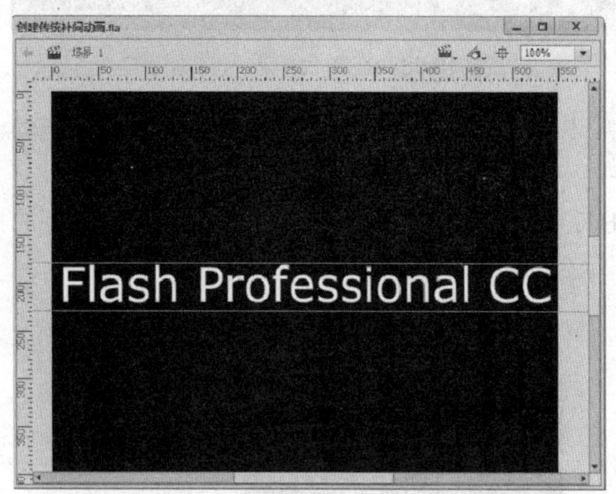

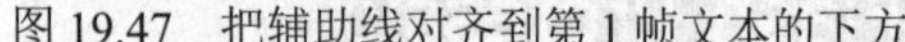

图 19.47　把辅助线对齐到第 1 帧文本的下方

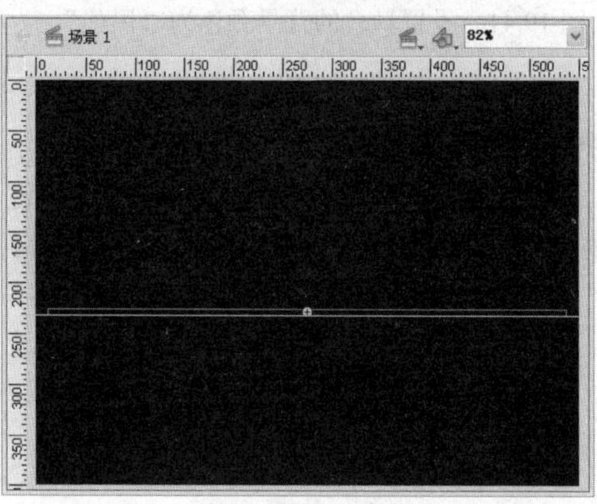

图 19.48　使第 20 帧的文本下方对齐辅助线

第 15 步，单击时间轴中的【插入图层】按钮，创建“图层 2”。

第 16 步，选择“图层 1”中的所有帧，右击，在打开的快捷菜单中选择【复制帧】命令。

第 17 步，选择“图层 2”的第 1 帧，右击，在打开的快捷菜单中选择【粘贴帧】命令，把“图层 1”中的动画效果直接复制到“图层 2”中，如图 19.49 所示。复制帧以后，Flash 会在“图层 2”自动生成一些多余的帧，删掉即可。

第 18 步，选择“图层 2”中的所有帧，右击，在打开的快捷菜单中选择【翻转帧】命令。

第 19 步，从标尺中拖曳出辅助线，对齐到第 1 帧中文本的上方，如图 19.50 所示。

Note

图 19.49　把“图层 1”中的动画效果直接复制到“图层 2”中

图 19.50　把辅助线对齐到第 1 帧中文本的上方

第 20 步，把“图层 2”第 1 帧中的文本对齐到辅助线的上方，如图 19.51 所示。

第 21 步，动画制作完毕。选择【控制】|【测试影片】（快捷键：Ctrl+Enter）命令，在 Flash 播放器中预览动画效果，如图 19.52 所示。

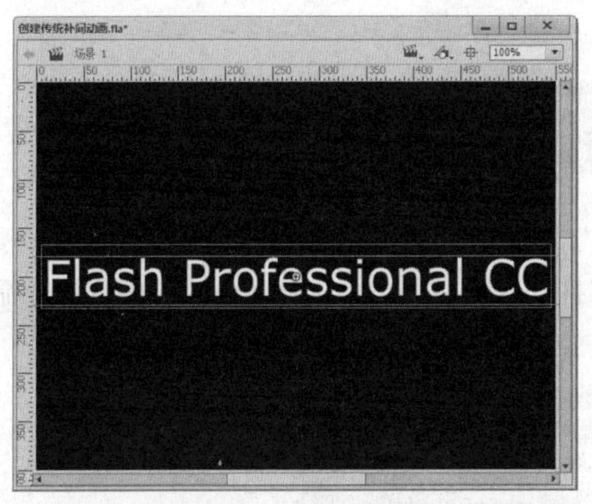

图 19.51　把“图层 2”第 1 帧的文本对齐到辅助线的上方

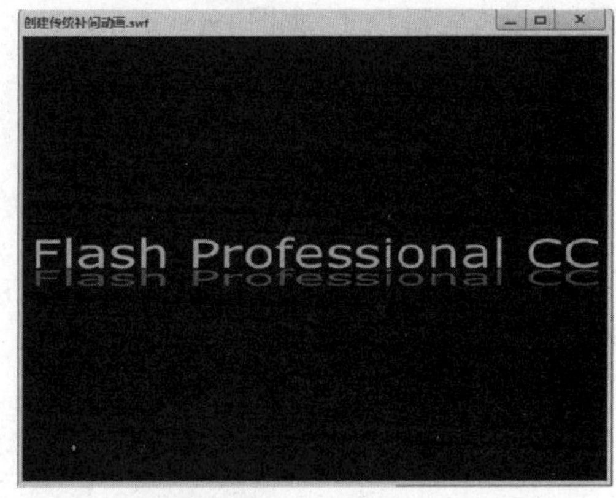

图 19.52　动画完成效果

19.4.2　制作形状补间动画

视频讲解

Flash CC 中的形状补间动画只能给分离后的可编辑对象或者是对象绘制模式下生成的对象添加动画效果，使用补间形状，可以轻松地创建几何变形和渐变色改变的动画效果。下面通过一个简单的案例，来学习有关创建形状补间动画的过程和方法。

【操作步骤】

第 1 步，新建一个 Flash 文件。

第 2 步，选择工具箱中的文本工具，在属性面板中设置路径和填充样式。文本类型为“静态文本”，文本填充为“黑色”，字体为“黑体”，字体大小为 96，如图 19.53 所示。

第 3 步，使用文本工具在舞台中输入文本“网”字。

Note

第 4 步，按 F7 键分别在时间轴的第 10、20 和 30 帧插入空白关键帧。

第 5 步，使用文本工具，分别在第 10 帧的舞台中输入文本“页”；在第 20 帧的舞台中输入文本“顽”；在第 30 帧的舞台中输入文本“主”。这 4 个关键帧中的内容如图 19.54 所示。

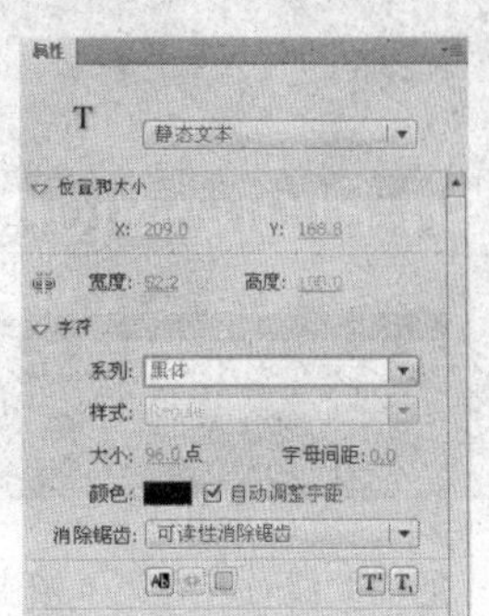

图 19.53　文本工具属性设置

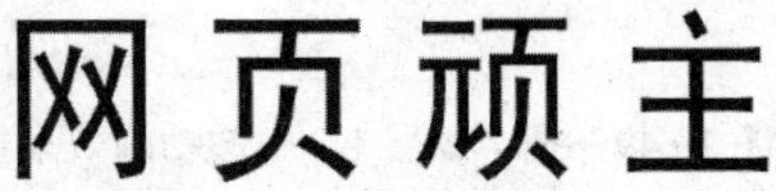

网页顽主

图 19.54　每个关键帧中的文本内容

第 6 步，依次选择每个关键帧中的文本，然后选择【修改】|【分离】（快捷键：Ctrl+B）命令，把文本分离成可编辑的网格状。

第 7 步，依次选择每个关键帧中的文本。在属性面板中设置文本的填充颜色为渐变色，使每个文本的渐变色都不同，如图 19.55 所示。

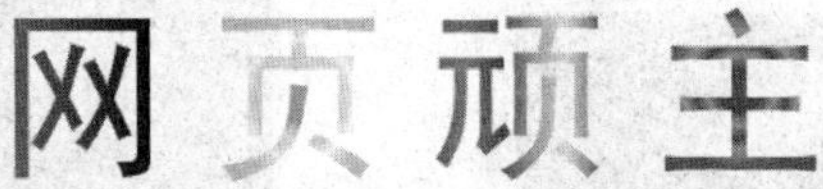

网页顽主

图 19.55　给每个关键帧中的文本添加渐变色

第 8 步，选择“图层 1”中的所有帧，右击，在打开的快捷菜单中选择【创建补间形状】命令，时间轴如图 19.56 所示。

图 19.56　添加形状补间后的时间轴

第 9 步，动画制作完毕。选择【控制】|【测试影片】（快捷键：Ctrl+Enter）命令，在 Flash 播放器中预览动画效果。

视频讲解

19.4.3　添加形状提示

在 Flash 中的形状补间过程中，关键帧之间的变形过程是由 Flash 软件随机生成的。如果要控制几何图形的变化过程，可以给动画添加形状提示。

形状提示是一个有颜色的实心小圆点，上面标识着小写的英文字母。当形状提示位于图形的内部时，显示为红色；当位于图形的边缘时，起始帧会显示为黄色，结束帧会显示为绿色。下面通过一个简单的案例来学习有关形状提示的制作过程和方法。

【操作步骤】

第1步，新建一个Flash文件。

第2步，选择工具箱中的文本工具，在属性面板中设置路径和填充样式。文本类型为“静态文本”，文本填充为“黑色”，字体为Arial，样式为Black，字体大小为150，如图19.57所示。

第3步，使用文本工具在舞台中输入数字“1”。

第4步，按F7键在时间轴的第20帧插入空白关键帧。

第5步，使用文本工具，在第20帧的舞台中输入数字“2”。

第6步，依次选择每个关键帧中的文本，然后选择【修改】|【分离】（快捷键：Ctrl+B）命令，把文本分离成可编辑的网格状。

第7步，选择“图层1”中的任意1帧，右击，在打开的快捷菜单中选择【创建形状补间】命令，时间轴面板如图19.58所示。

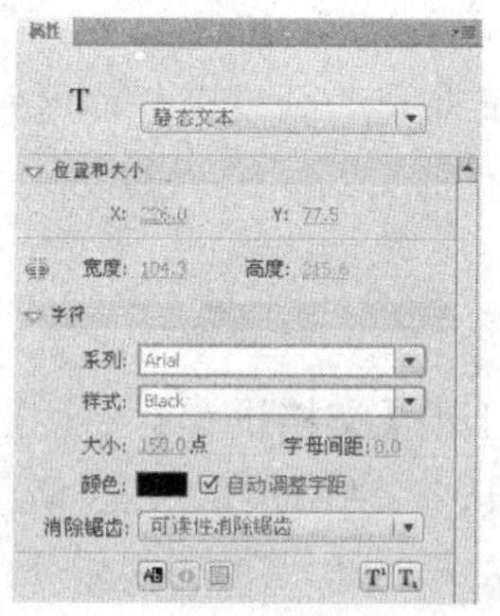

图19.57　文本工具属性设置

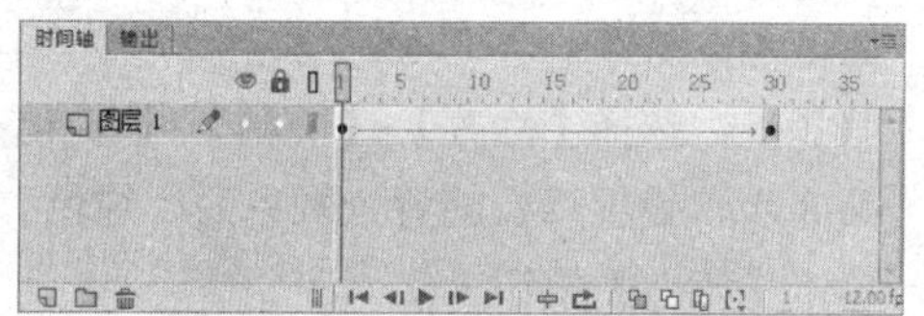

图19.58　添加形状补间后的时间轴

第8步，按Enter键，在当前编辑状态中预览动画效果。这时，Flash软件会随机生成数字1到2的变形过程，如图19.59所示。

第9步，选择第1帧，选择【修改】|【形状】|【添加形状提示】（快捷键：Shift+Ctrl+H）命令，给动画添加形状提示。

第10步，这时，在舞台中的数字1上会增加一个红色的a点，同样在第20帧的数字2上也会生成同样的a点，如图19.60所示。

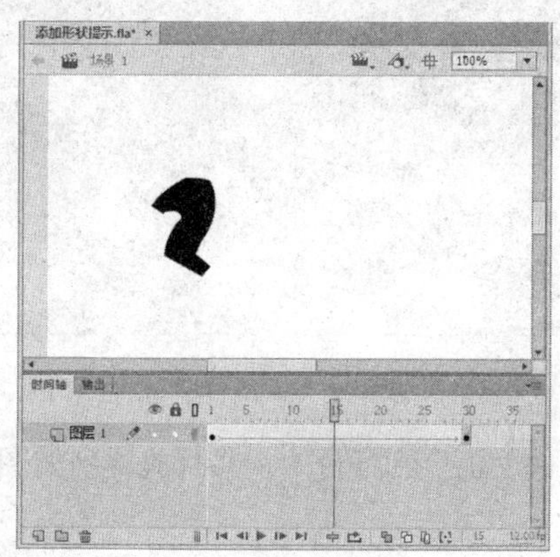

图19.59　Flash动画随机生成的变形过程

12

图19.60　给动画添加形状提示

Note

第 11 步，分别把数字 1 和数字 2 上的形状提示点 a 移动到相应的位置，如图 19.61 所示。

第 12 步，可以给动画添加多个形状提示点，在这里继续添加形状提示点 b，并且移动到相应的位置，如图 19.62 所示。

图 19.61　移动形状提示点的位置　　　　图 19.62　继续添加形状提示点

第 13 步，至此使用形状提示的形状补间动画完成。选择【控制】|【测试影片】（快捷键：Ctrl+Enter）命令，在 Flash 播放器中预览动画效果。观察和没有添加形状提示时的动画效果的区别。

视频讲解

19.4.4　制作运动补间动画

运动补间动画是另一种动画制作模式，它与前面介绍的传统补间动画没有任何区别，只是补间动画功能提供了更加直观的操作方式，使动画的创建变得更加简单。

【操作步骤】

第 1 步，新建一个 Flash 文件。

第 2 步，选择【修改】|【文档】（快捷键：Ctrl+J）命令，打开【文档设置】对话框。

第 3 步，设置舞台的背景颜色为“绿色”，其他选项保持默认状态，如图 19.63 所示。设置完毕后，单击【确定】按钮。

第 4 步，在舞台中绘制背景效果，如图 19.64 所示。

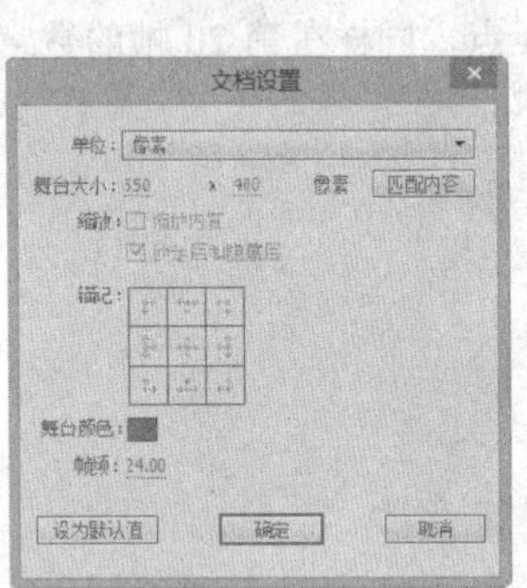

图 19.63　设置舞台的背景颜色为“绿色”

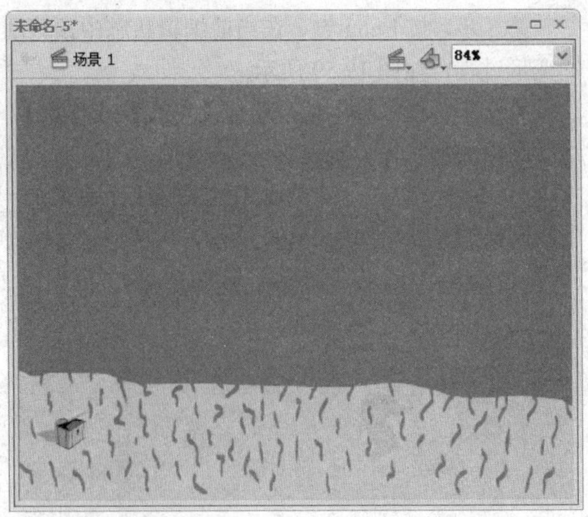

图 19.64　绘制背景

第 5 步，新建“图层 2”，从库面板中拖曳影片剪辑元件“鱼”到舞台中，并且放置到如图 19.65 所示的位置。

第 6 步，右击“图层 2”的第 1 帧，在打开的快捷菜单中选择【创建补间动画】命令，这时 Flash

会自动生成一定数量的补间帧，如图 19.66 所示。

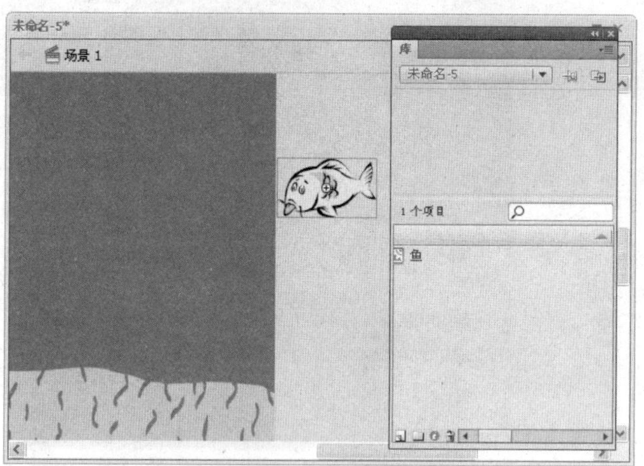

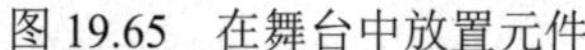

图 19.65　在舞台中放置元件

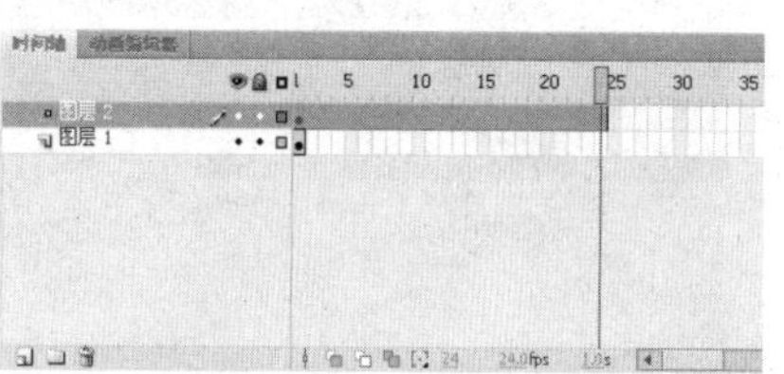

图 19.66　Flash 自动生成的补间帧

第 7 步，右击“图层 2”的第 10 帧，在打开的快捷菜单中选择【插入关键帧】|【位置】命令，如图 19.67 所示。

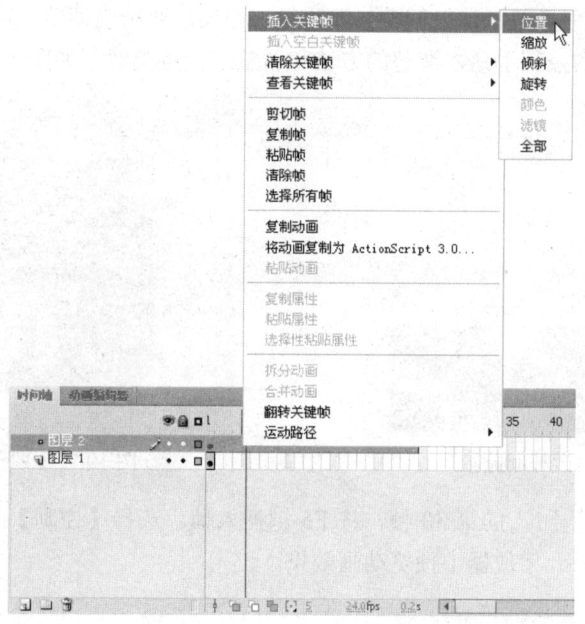

图 19.67　在第 10 帧插入关键帧

第 8 步，把第 10 帧中的元件“鱼”移动到如图 19.68 所示的位置。

第 9 步，除了在鼠标右键菜单中选择，也可以直接按 F6 键，在第 20 帧和第 30 帧中插入属性关键帧，并且依次调整位置，如图 19.69 所示。这样鱼移动的效果就制作出来了，但是这时播放动画，会发现鱼是以直线的方式进行移动的，还需要把移动的路径更改为曲线。

Note

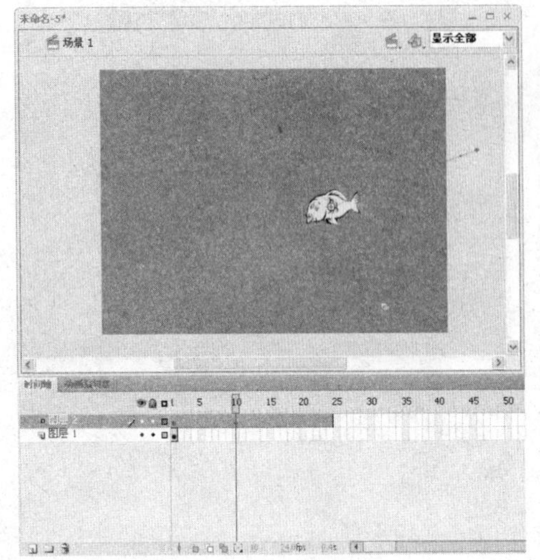
图 19.68　移动元件的位置

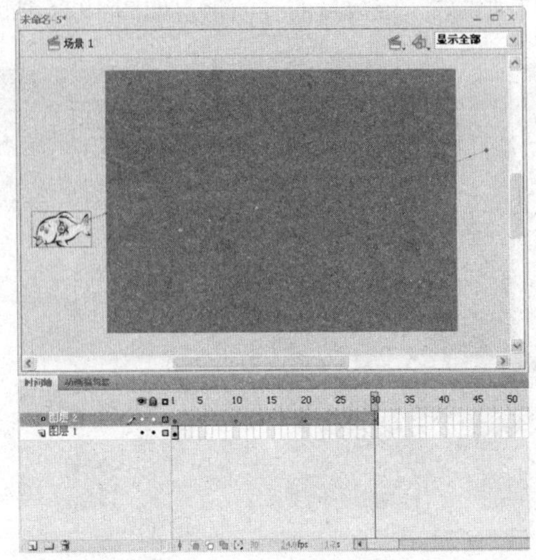
图 19.69　插入属性关键帧并且移动元件的位置

第 10 步，使用选择工具，把鼠标指针移动到补间动画生成的路径上，这时在其右下角会出现一个弧线的图标，按住鼠标左键不放，拖曳补间动画的路径，即可把直线调整为曲线，如图 19.70 所示。

第 11 步，可以修改任意关键帧来调整补间路径，如果需要精确调整，可以使用部分选取工具，调整路径上属性关键帧的控制手柄，调整的方法和调整路径点类似，如图 19.71 所示。

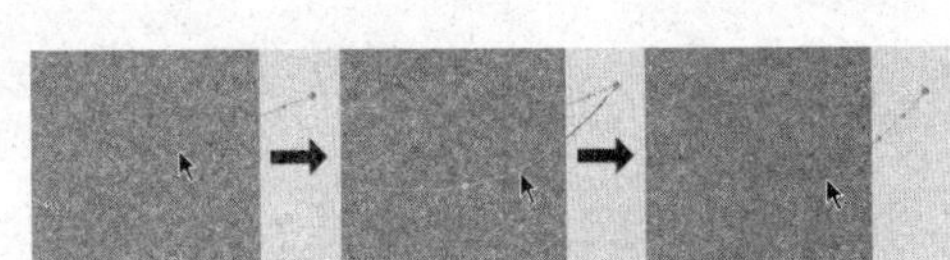
图 19.70　修改补间路径

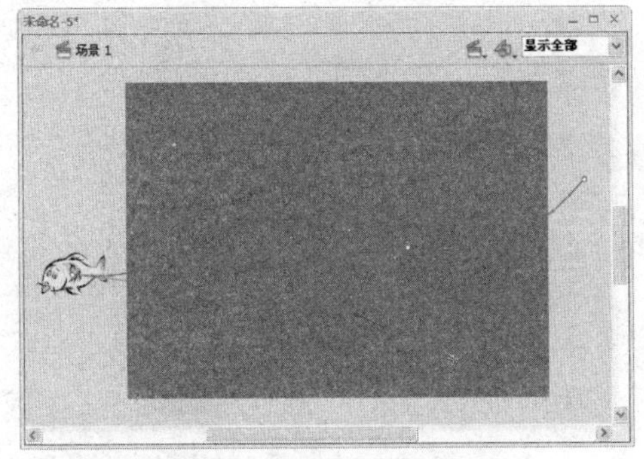
图 19.71　调整补间路径点

第 12 步，选择“图层 1”的第 30 帧，按 F5 键插入帧。选择【控制】|【测试影片】（快捷键：Ctrl+Enter）命令，在 Flash 播放器中预览动画效果。

视频讲解

19.5　设计引导线动画

使用补间动画可以制作对象按某一路径移动的效果，但是如果需要对路径进行精确控制，引导线动画是最好的选择。下面演示如何使用引导线制作一个小白兔吃萝卜时一蹦一跳的动画效果。

【操作步骤】

第 1 步，新建一个 Flash 文件。

第 2 步，使用 Flash 的绘图工具，在“图层 1”中绘制动画的背景；在“图层 2”中绘制小白兔；在图层 3 中绘制胡萝卜，如图 19.72 所示。

第 3 步，依次把这 3 个图形转换为图形元件，并在舞台中排列好位置。

第 4 步，在“图层 2”的第 20 帧按 F6 键，插入关键帧，并且创建补间动画，如图 19.73 所示。

图 19.72　在舞台中绘制动画的素材

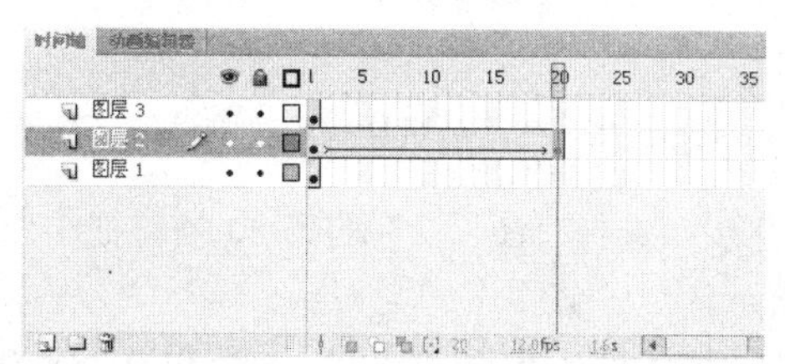

图 19.73　在“图层 2”第 20 帧插入关键帧创建补间动画

第 5 步，分别在“图层 1”“图层 2”和“图层 3”的第 30 帧按 F5 键，插入静态延长帧，如图 19.74 所示。

第 6 步，选择“图层 2”，右击，在打开的快捷菜单中选择【添加传统运动引导层】命令，如图 19.75 所示。

图 19.74　在所有图层的第 30 帧插入静态延长帧

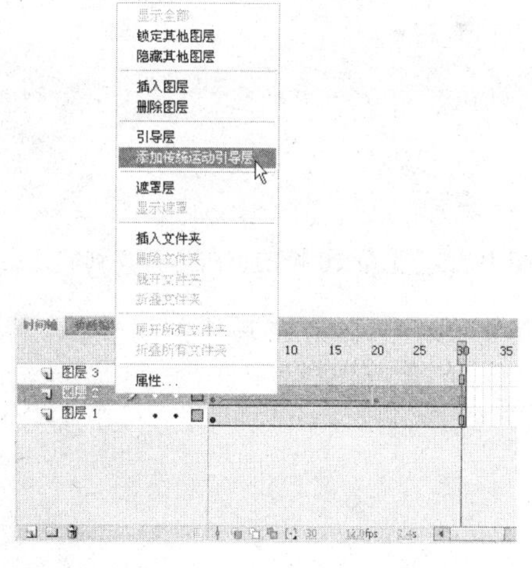

图 19.75　在“图层 2”的上方创建运动引导层

第 7 步，使用 Flash 的绘图工具，在运动引导层中绘制曲线，如图 19.76 所示。

第 8 步，选择“图层 2”的第 1 帧，把小白兔的元件注册中心点对齐曲线的起始位置，如图 19.77 所示。

Note

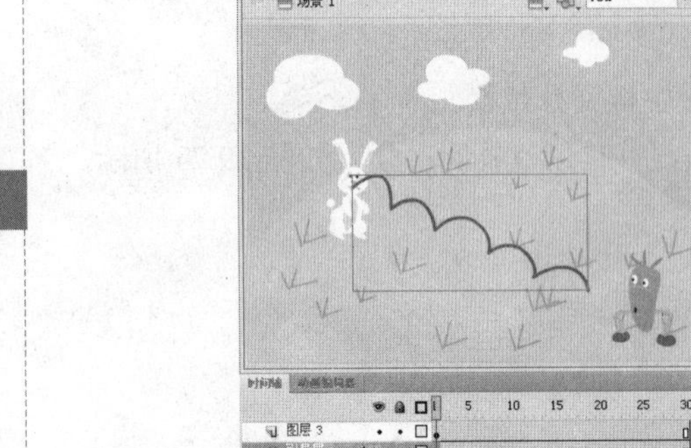
图 19.76　在运动引导层中绘制曲线

图 19.77　把第 1 帧的小白兔对齐曲线起始点

第 9 步，选择“图层 2”的第 20 帧，把小白兔的元件注册中心点对齐到曲线的结束位置，如图 19.78 所示。

第 10 步，在“图层 3”的第 15 帧和第 25 帧按 F6 键，插入关键帧，并且创建运动补间动画，如图 19.79 所示。

图 19.78　把第 20 帧的小白兔对齐到曲线结束点

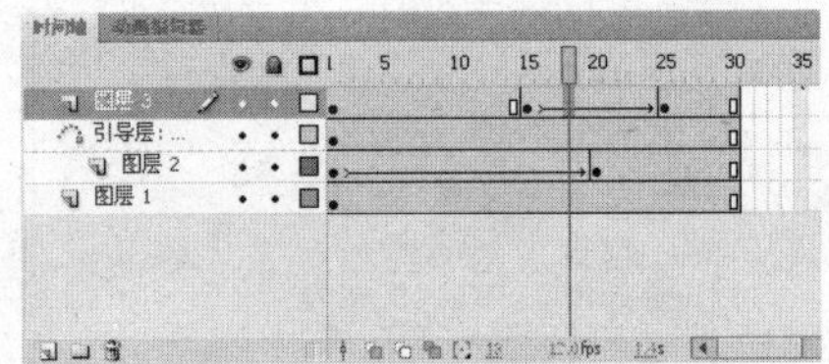
图 19.79　“图层 3”的时间轴

第 11 步，选择第 25 帧中的胡萝卜，移动到舞台的右侧，如图 19.80 所示。

图 19.80　把“图层 3”第 25 帧中的胡萝卜移动到舞台的右侧

第 12 步，动画制作完毕，选择【控制】|【测试影片】（快捷键：Ctrl+Enter）命令，在 Flash 播放器中预览动画效果。

19.6　设计遮罩动画

遮罩是将某层作为遮罩层，遮罩层的下一层是被遮罩层，只有遮罩层中填充色块下的内容可见，色块本身是不可见的。遮罩的项目可以是填充的形状、文本对象、图形元件实例和影片剪辑元件。一个遮罩层下方可以包含多个被遮罩层，按钮不能用来制作遮罩。

19.6.1　定义遮罩层动画

位于被遮罩层上方的图层称之为“遮罩层”，用户可以给遮罩层制作动画，从而实现遮罩形状改变的动画效果。下面的示例利用遮罩层制作了一个文本遮罩效果。

【操作步骤】

第 1 步，新建一个 Flash 文件。

第 2 步，选择工具箱中的矩形工具，在“图层 1”中绘制一个矩形。

第 3 步，选择【窗口】|【对齐】（快捷键：Ctrl+K）命令，打开 Flash 的对齐面板，使矩形匹配舞台的尺寸，并且对齐舞台的中心位置，如图 19.81 所示。

第 4 步，给矩形填充线性渐变色，使两端为白色，中间为黑色，如图 19.82 所示。

图 19.81　使用对齐面板把矩形对齐到舞台中心

图 19.82　给矩形填充线性渐变色

第 5 步，选择工具箱中的填充变形工具，把矩形的渐变色由左右方向调整为上下方向，如图 19.83 所示。

第 6 步，单击时间轴中的【新建图层】按钮，创建“图层 2”。

第 7 步，使用工具箱的文本工具，在“图层 2”的第 1 帧中输入一段文本，并且把文本对齐到舞台的下方，如图 19.84 所示。

Note

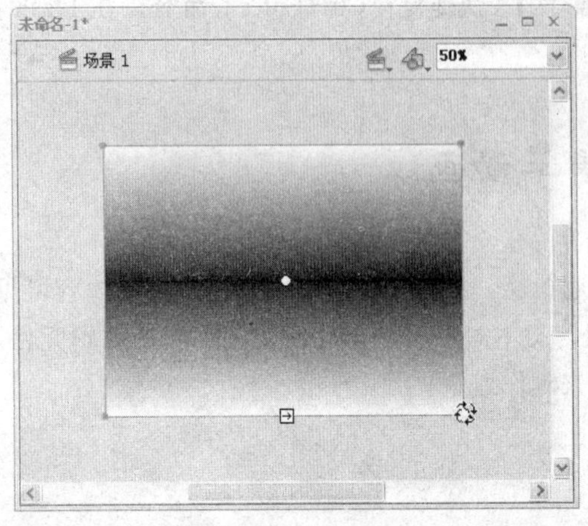

图 19.83　调整线性渐变方向

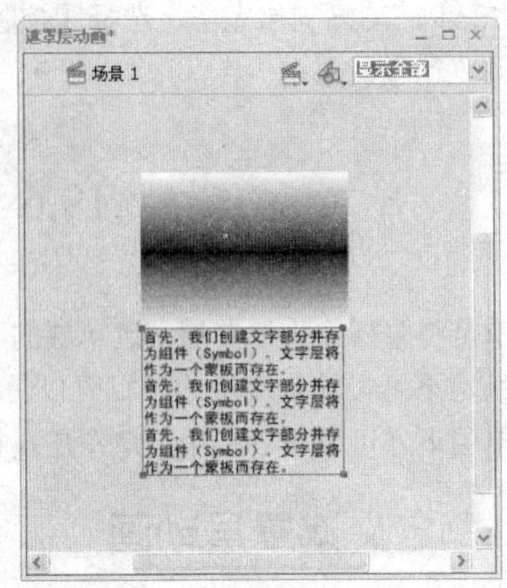

图 19.84　在舞台中添加文本

第 8 步，选择文本，按 F8 键，将其转换为图形元件。

第 9 步，在“图层 2”的第 30 帧按 F6 键，插入关键帧。

第 10 步，在“图层 1”第 30 帧按 F5 键，插入静态延长帧。

第 11 步，把“图层 2”第 30 帧中的文本对齐到舞台的上方，并创建传统补间，如图 19.85 所示。

第 12 步，在“图层 2”上右击，在打开的快捷菜单中选择【遮罩层】命令，如图 19.86 所示。

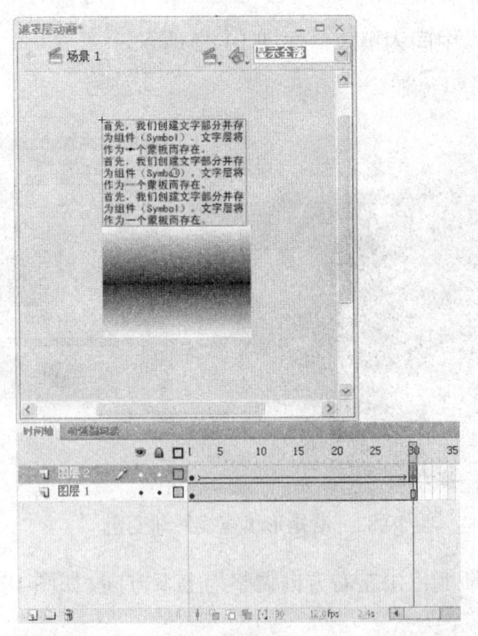

图 19.85　把第 30 帧中的文本对齐到舞台上方

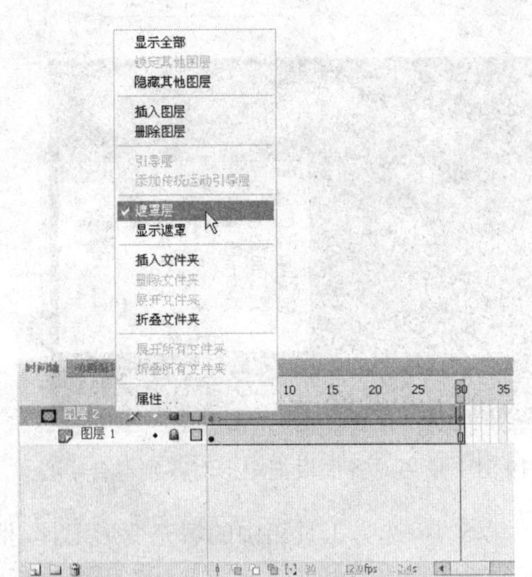

图 19.86　选择【遮罩层】命令

第 13 步，动画制作完毕。选择【控制】|【测试影片】（快捷键：Ctrl+Enter）命令，在 Flash 播放器中预览动画效果，如图 19.87 所示。

Note

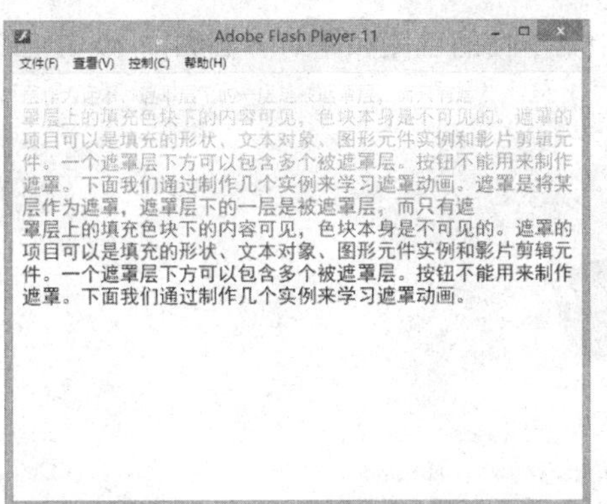

图 19.87　最终动画效果

19.6.2　定义被遮罩层动画

视频讲解

位于遮罩层下方的图层称之为“被遮罩层”，用户也可以给被遮罩层制作动画，从而实现遮罩内容改变的动画效果。下面的示例演示了使用被遮罩层制作一个旋转球体的效果。

【操作步骤】

第 1 步，新建一个 Flash 文件。

第 2 步，选择【修改】|【文档】（快捷键：Ctrl+J）命令，打开【文档设置】对话框。

第 3 步，设置舞台的背景颜色为“白色”，宽度为 200 像素，高度为 200 像素，其他选项保持默认状态，如图 19.88 所示。设置完毕后，单击【确定】按钮。

第 4 步，选择【文件】|【导入】|【导入到舞台】（快捷键：Ctrl+R）命令，向当前的动画中导入图片素材，如图 19.89 所示。

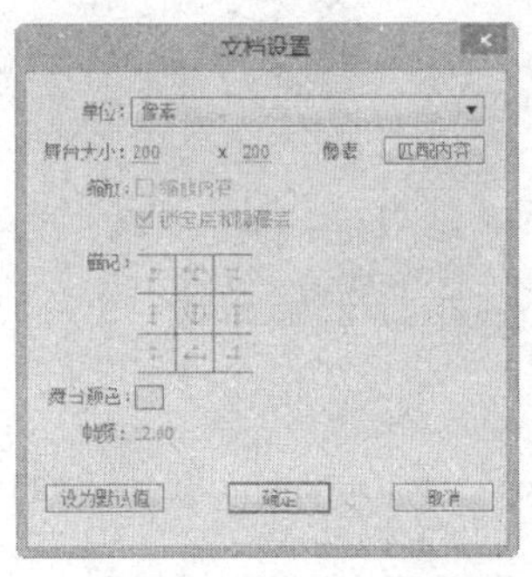

图 19.88　设置文档属性

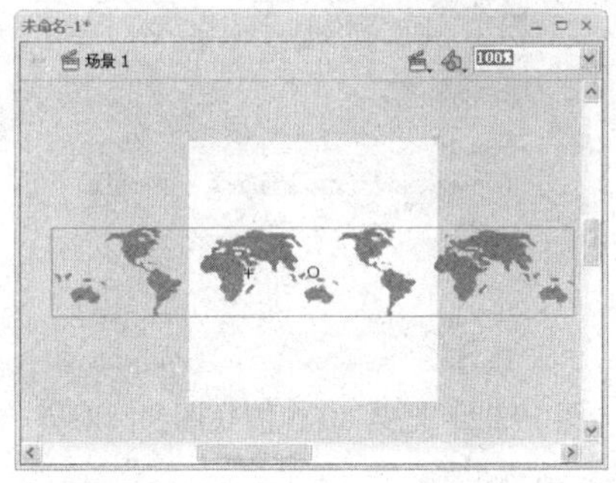

图 19.89　向舞台中导入一张图片素材

第 5 步，按 F8 键，把图片转换为一个图形元件。

第 6 步，单击时间轴中的【新建图层】按钮，创建“图层 2”。

第 7 步，选择椭圆工具，在“图层 2”所对应舞台中绘制一个没有边框的圆。

第 8 步，给“图层 2”中的圆填充放射状渐变，如图 19.90 所示。

第 9 步，在“图层 1”的第 30 帧按 F6 键，插入关键帧，并且创建补间动画。

第 10 步，在“图层 2”的第 30 帧按 F5 键，插入静态延长帧。

第 11 步，为了便于对齐，选择“图层 2”的轮廓显示模式。

Note

第 12 步，把“图层 1”中第 1 帧的底图和圆对齐到如图 19.91 所示的位置。

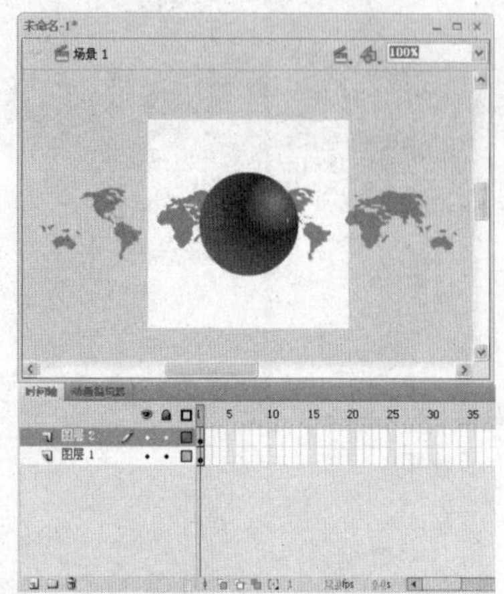

图 19.90　在“图层 2”中绘制一个圆并填充放射状渐变

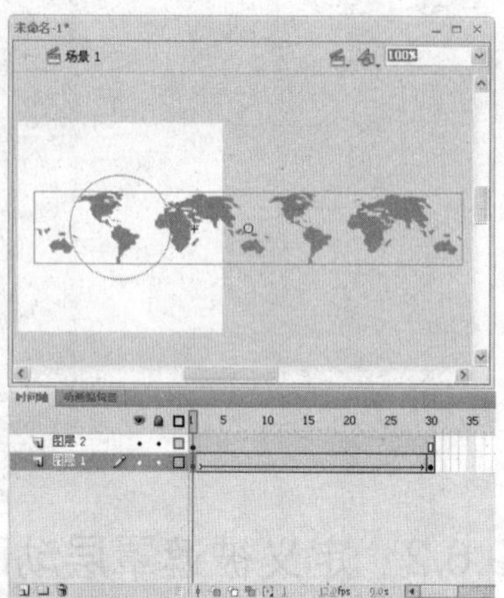

图 19.91　把第 1 帧的底图和圆对齐

第 13 步，把“图层 2”中第 30 帧的底图和圆对齐到如图 19.92 所示的位置。

第 14 步，右击“图层 2”，在打开的快捷菜单中选择【遮罩层】命令。

第 15 步，单击时间轴中的【新建图层】按钮，在“图层 2”的上方创建“图层 3”。

第 16 步，按 Ctrl+L 快捷键，打开当前影片库面板，把圆图形元件拖曳到“图层 3”的舞台中。

第 17 步，使用对齐面板，把“图层 3”中的圆对齐到舞台中心的位置，如图 19.93 所示。

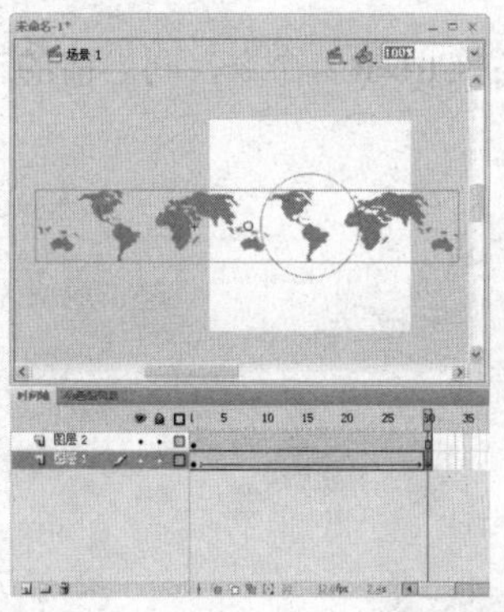

图 19.92　把第 30 帧的底图和圆对齐

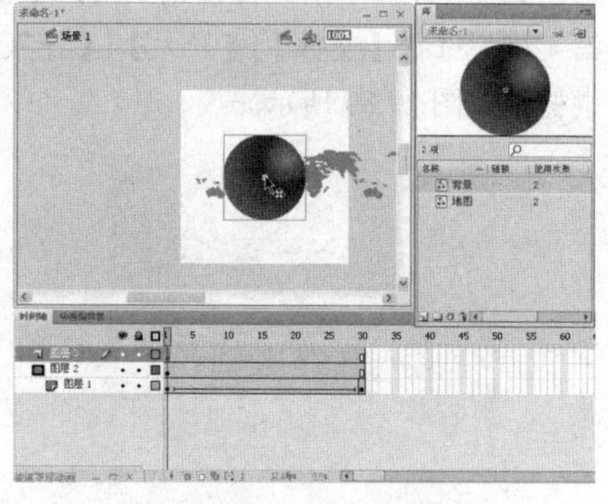

图 19.93　把库中的圆拖曳到“图层 3”中

第 18 步，选择“图层 3”中的图形元件，在属性面板中设置透明度为 70，如图 19.94 所示。

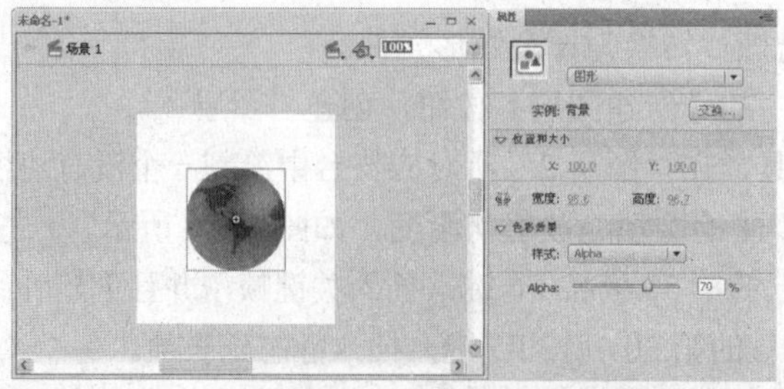

图 19.94　设置“图层 3”中圆的透明度为 70

第 19 步，按 Shift 键，选择“图层 1”和“图层 2”中的所有帧，右击，在打开的快捷菜单中选择【复制帧】命令。

第 20 步，单击时间轴中的【新建图层】按钮，在“图层 3”的上方创建“图层 4”。

第 21 步，右击“图层 4”的第 1 帧，在打开的快捷菜单中选择【粘贴帧】命令，把“图层 1”和“图层 2”中的所有内容粘贴到“图层 4”中，如图 19.95 所示。

第 22 步，选择“图层 5”中的所有帧，右击，在打开的快捷菜单中选择【翻转帧】命令。

第 23 步，动画制作完毕。选择【控制】|【测试影片】(快捷键：Ctrl+Enter）命令，在 Flash 播放器中预览动画效果，如图 19.96 所示。可以看到，动画的内容都显示在一个圆的形状内，能够产生自转的效果，是因为有两个遮罩动画，但是这两个动画的移动方向相反。

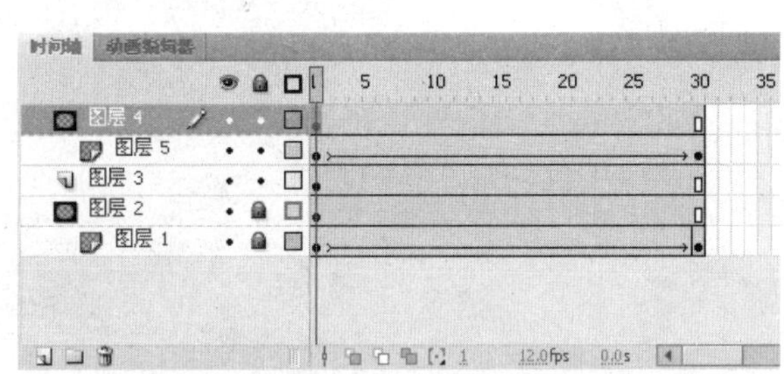

图 19.95 把“图层 1”和“图层 2”的内容复制到“图层 4”中

图 19.96 最终动画效果

19.7 案例实战

利用影片剪辑元件和图形元件来制作动画的局部，可以实现复合动画的效果。复合的概念很简单，就是在元件的内部有一个动画效果，然后把这个元件拿到场景里再制作另一个动画效果，在预览动画的时候两种效果可以重叠在一起。

19.7.1 设计弹跳的小球

线上阅读

掌握复合动画的制作技巧，可以轻松地制作复杂的动画效果。下面示例将演示如何制作一个跳动的小球动画。具体操作请扫码阅读。

19.7.2 设计探照灯效果

线上阅读

本案例通过制作遮罩层动画来实现探照灯效果。在舞台中有一个圆形的探照灯来回移动，当移动到文本上时可以改变文本的颜色。具体操作请扫码阅读。

Note

19.7.3 设计 3D 运动效果

本案例制作一个 3D 环绕运动动画，在舞台中会有 3 个小球围绕椭圆移动。通过制作引导线动画来实现小球围绕椭圆移动的效果。动画中的 3 个小球移动的效果相同，可以把动画制作在影片剪辑元件中，以便反复调用。具体操作请扫码阅读。

线上阅读

第20章

设计交互式动画

ActionScript 是 Flash 的脚本语言，它是一种面向对象的编程语言。随着 Flash 版本的不断更新，ActionScript 也在发生着重大的变化，从最初 Flash 4 中所包含的十几个基本函数提供对影片的简单控制，到现在Flash CC中的面向对象的编程语言，并且可以使用ActionScript来开发应用程序，这意味着 Flash 平台的重大变革。

【学习重点】

- 使用动作面板。
- 能够在脚本中添加函数。
- ActionScript 基本交互行为应用。

Note

视频讲解

20.1 使用动作面板

Flash CC 提供了一个专门用来编写程序的窗口，它就是动作面板，如图 20.1 所示。在运行 Flash CC 后，有两种方式可以打开动作面板。

【操作步骤】

第 1 步，选择【窗口】|【动作】命令。

第 2 步，或按 F9 键，打开 Flash CC 的动作面板。面板右侧的脚本窗口用来创建脚本，用户可以在其中直接编辑动作，也可以输入动作的参数或者删除动作。

第 3 步，要添加 ActionScript 脚本，可以单击工具栏中的【插入实例路径和名称】按钮，打开【插入目标路径】对话框，从中选择一个实例对象，如图 20.2 所示。

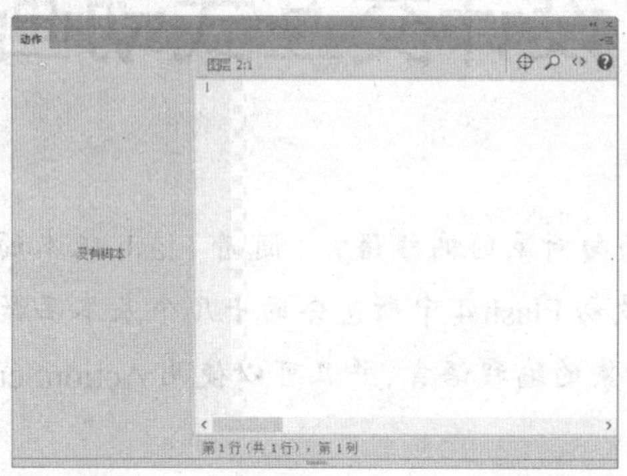

图 20.1　动作面板

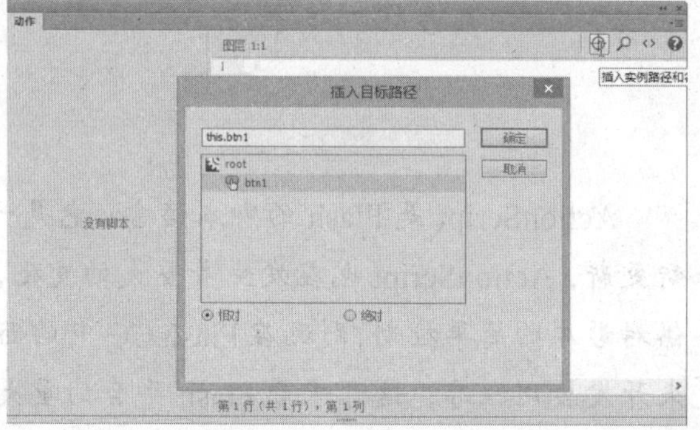

图 20.2　选中目标路径

第 4 步，为选中的按钮绑定一个鼠标单击事件，当单击按钮时设计在输出面板中显示提示信息，编写的代码如图 20.3 所示。面板的左侧以分类的方式列出了 Flash CC 中所有的动作及语句。

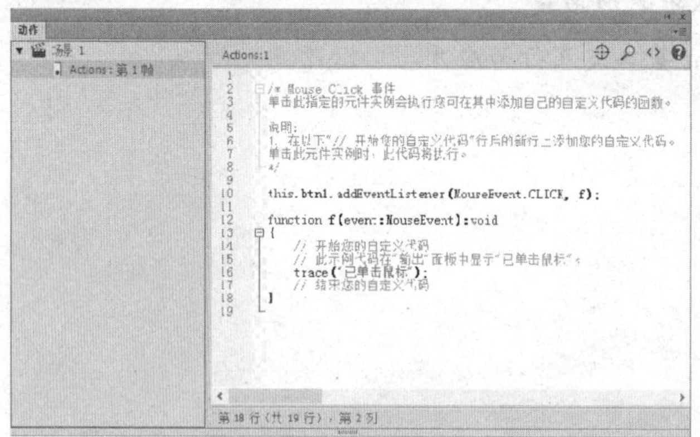

图 20.3　添加动作

Flash CC 提供了代码片断助手，使用代码片断可以快速、简单地插入动作脚本，以适合初学者使用，如图 20.4 所示。

Note

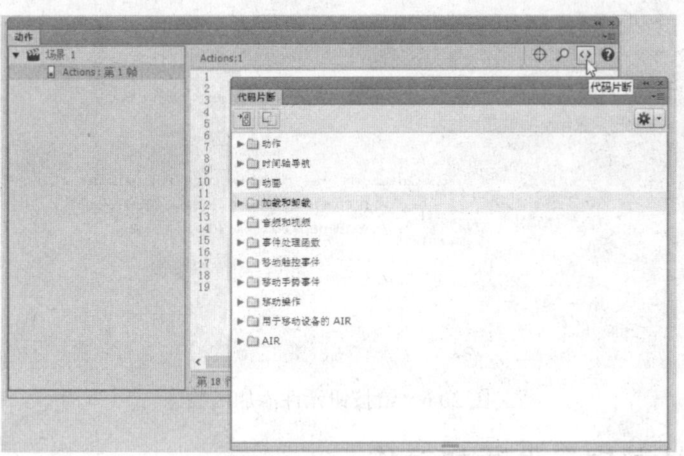

图 20.4　动作面板的代码片断

20.2　添加动作

视频讲解

与 ActionScript 2.0 不同，ActionScript 3.0 要求所有代码都必须放在一个时间轴的关键帧上或放在与一个时间轴相关的 ActionScript 类中。建议用户向时间轴的图层顶部添加一个“动作”图层，并将动作代码添加到此图层上的关键帧中。一般将代码添加到第 1 帧中，以方便找到。

20.2.1　给关键帧添加动作

给关键帧添加动作，可以让影片播放到某一帧时执行某种动作。例如，给影片的第 1 帧添加 stop（停止）语句命令，可以让影片在开始的时候就停止播放。同时，帧动作也可以控制当前关键帧中的所有内容。给关键帧添加函数后，在关键帧上会显示一个 a 标记，如图 20.5 所示。

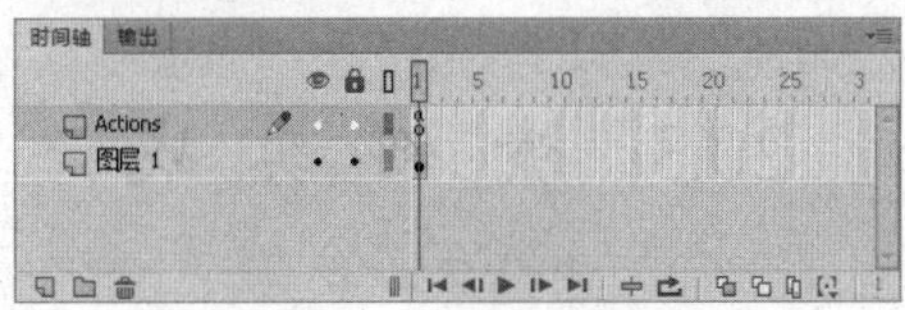

图 20.5　添加动作的帧

20.2.2　给按钮元件添加动作

给按钮元件添加动作，可以通过事件监听器函数来实现。ActionScript 3.0 对事件进行了改进。addEventListener 方法需要侦听器的一个函数引用，而不是一个对象或函数引用。在 ActionScript 2.0 中，通常使用一个对象作为许多事件处理函数的容器，但在 ActionScript 3.0 中，侦听器充当着事件的函数。

按钮用于控制影片的播放或者控制其他元件。通常这些动作或程序都是在特定的按钮事件发生时才会执行，如按下或松开鼠标右键等。结合按钮元件，可以轻松创建互动式的界面和动画，也可以制作有多个按钮的菜单，每个按钮的实例都可以有自己的动作，而且互相不会影响，如图 20.6 所示。

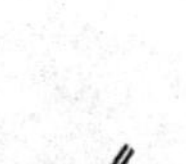

Note

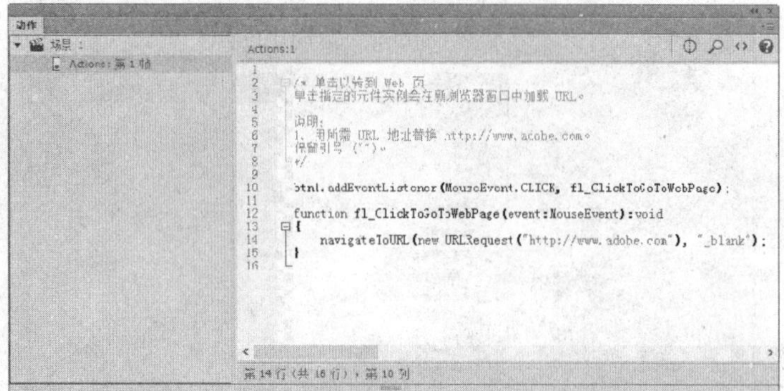

图 20.6　给按钮元件添加函数

20.2.3　给影片剪辑元件添加动作

给影片剪辑分配动作，当装载影片剪辑或播放影片剪辑到达某一帧时，分配给该影片剪辑的动作将被执行。灵活运用影片剪辑动作，可以简化很多的工作流程，如图 20.7 所示。

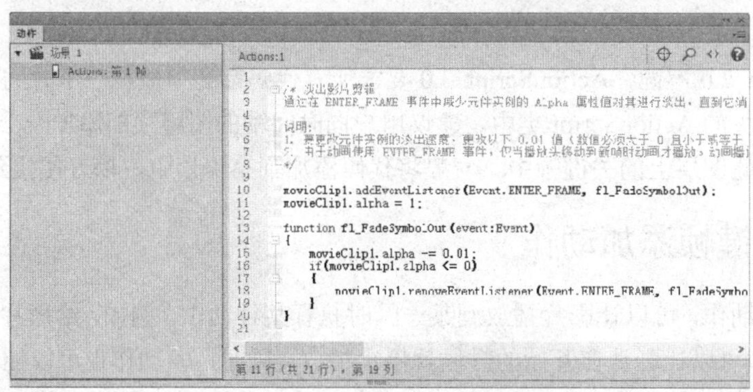

图 20.7　给影片剪辑元件添加函数

20.3　案 例 实 战

本节通过多个示例，帮助用户初步掌握如何为动画添加脚本，以实现复杂的操控目标。

视频讲解

20.3.1　控制动画播放

Flash 动画默认的状态下是永远循环播放的，如果需要控制动画的播放和停止，可以添加相应的脚本来完成。其中，play()方法用于播放动画，而 stop()方法用于停止播放动画，并且让动画停止在当前帧，这两个方法没有语法参数。

【操作步骤】

第 1 步，打开本节示例中的练习文件“控制影片播放”(ActionScript 3.0)。

第 2 步，在场景的“按钮”图层中放置两个透明的按钮元件，如图 20.8 所示。

第 3 步，选择时间轴中任意图层的第 1 帧，动作面板的左上角会显示“动作-帧”。

第 4 步，在动作编辑区输入语句，如图 20.9 所示。直接给关键帧添加动作，时间就是帧数，表示播放到第 1 帧停止。

```
stop();
```

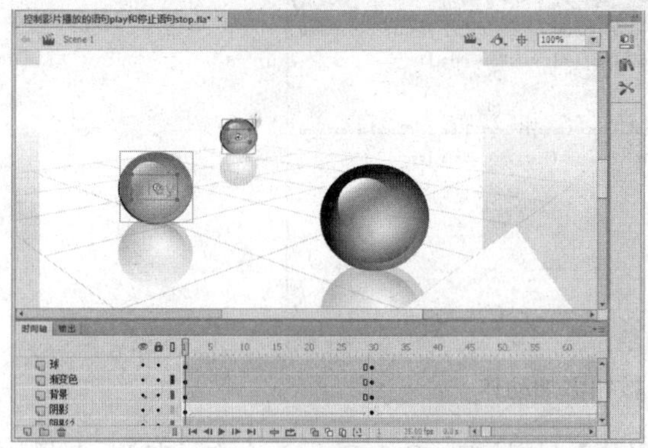

图 20.8 在场景中制作动画并放置按钮元件

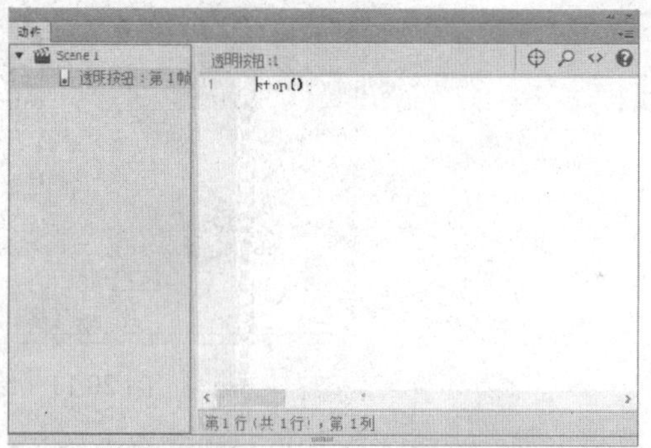

图 20.9 输入语句

第 5 步，选择舞台中的 play 按钮实例，在属性面板中设置播放按钮的实例名称为 button_1。

第 6 步，在图层面板中新建图层，命名为 Actions，定位到第一帧，在动作编辑区输入语句，如图 20.10 所示。给按钮元件添加动作时，必须首先给出按钮定义实例名称。

```
button_1.addEventListener (MouseEvent.CLICK, fl_ClickToPosition);
function fl_ClickToPosition (event:MouseEvent):void
{
    play ();
}
```

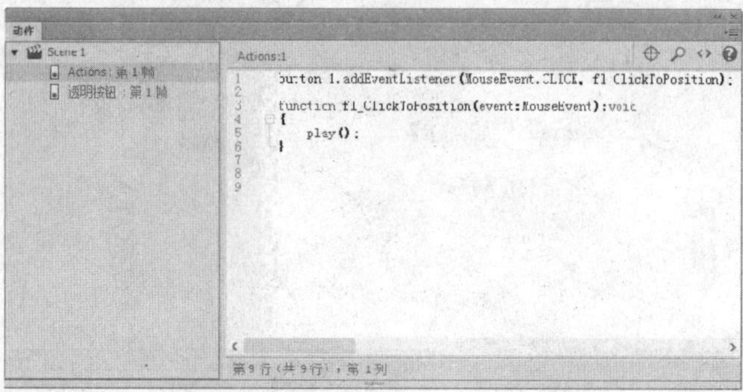

图 20.10 给 play 按钮添加动作

第 7 步，选择舞台中的 stop 按钮实例，在属性面板中设置播放按钮的实例名称为 button_2。

第 8 步，选中 Actions 图层，定位到第一帧，在动作编辑区中输入语句，如图 20.11 所示。

```
button_2.addEventListener (MouseEvent.CLICK, f2_ClickToPosition);
function f2_ClickToPosition (event:MouseEvent):void
```

```
{
    stop();
}
```

Note

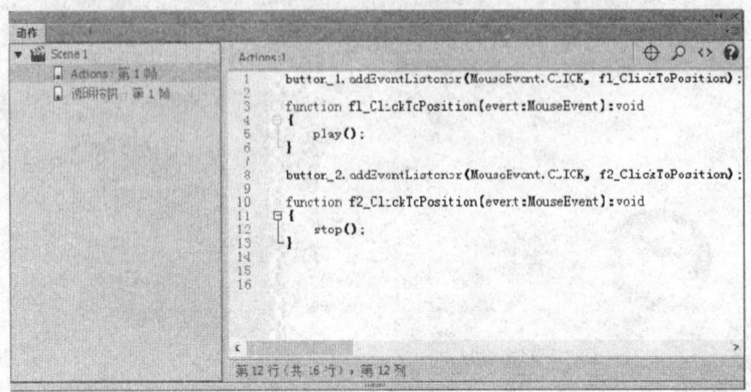

图 20.11　给 stop 按钮添加动作

第 9 步，动画效果完成。选择【控制】|【测试影片】（快捷键：Ctrl+Enter）命令，在 Flash 播放器中预览动画效果。动画打开后是不播放的，当单击 play 按钮时才播放，单击 stop 按钮时会停止。

视频讲解

20.3.2　动画回播和跳转

使用 goto() 方法可以跳转到影片中指定的帧或场景。根据跳转后的状态，执行命令有两种：gotoAndPlay() 方法和 gotoAndStop() 方法。下面通过一个具体的案例来说明这些方法的使用。

【操作步骤】

第 1 步，打开本节示例中的练习文件“跳转语句”（ActionScript 3.0）。

第 2 步，在场景的“图层 1”中放置一个按钮元件“停止播放”，如图 20.12 所示。

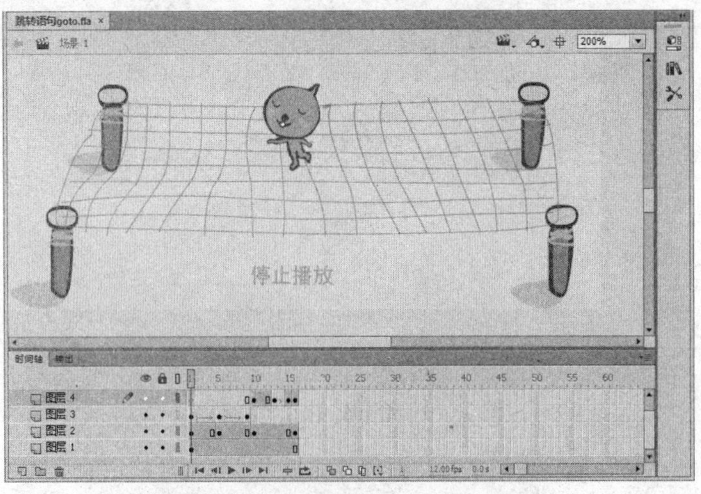

图 20.12　在场景中放置按钮元件

第 3 步，选择时间轴“图层 4”中的第 16 帧。

第 4 步，在动作编辑区输入下面的脚本，如图 20.13 所示。

```
this.gotoAndPlay(1);
```

动画第 1 次播放后，会返回并重复播放第 1～16 帧之间的动画效果。

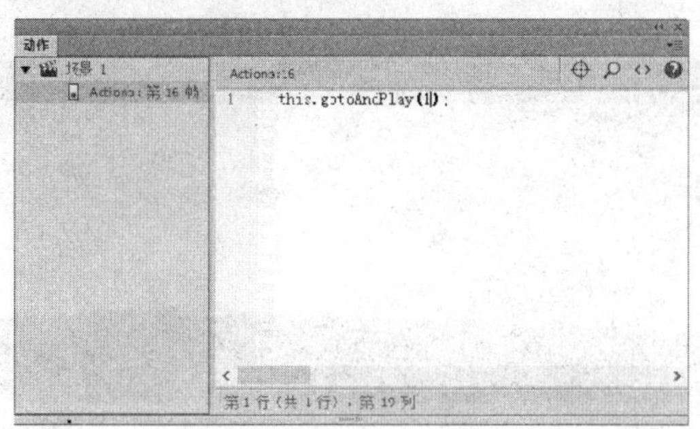

图 20.13　输入语句

第 5 步，选择舞台中的按钮实例，在属性面板中设置播放按钮的实例名称为 button_1。

第 6 步，在动作编辑区输入下面的脚本，如图 20.14 所示。

```
button_1.addEventListener (MouseEvent.CLICK, f1_ClickToPosition);
function f1_ClickToPosition (event:MouseEvent):void
{
    stop();
}
```

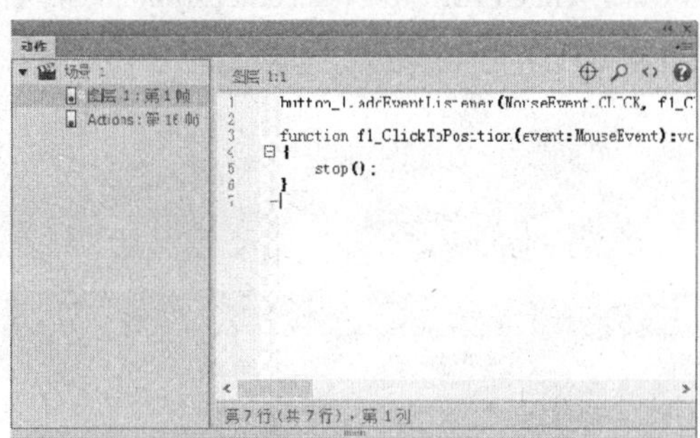

图 20.14　给按钮添加动作

第 7 步，在时间轴面板中，把图层 1 拖到最上面。

第 8 步，动画效果完成。选择【控制】|【测试影片】（快捷键：Ctrl+Enter）命令，在 Flash 播放器中预览动画效果。动画会重复播放，当单击舞台中的按钮时，动画将停止播放。

20.3.3　控制背景音乐

stopAll()是一个简单的声音控制方法，执行该方法会停止当前影片文件中所有的声音播放。下面通过一个具体的案例来说明这个方法的使用。

【操作步骤】

第 1 步，打开本节示例中的练习文件“停止所有声音播放”（ActionScript 3.0）。

Note

第 2 步，在“背景声音”图层中添加一个声音文件，并且将声音的属性设置为“循环”。

第 3 步，在“按钮”图层中放置一个按钮元件，如图 20.15 所示。

图 20.15　给按钮添加动作

第 4 步，选择舞台中的按钮实例，在属性面板中设置播放按钮的实例名称为 button_1。

第 5 步，在动作编辑区输入下面的脚本，如图 20.16 所示。

```
button_1.addEventListener (MouseEvent.CLICK, fl_ClickToStopAllSounds);
function fl_ClickToStopAllSounds (event:MouseEvent):void
{
    SoundMixer.stopAll();
}
```

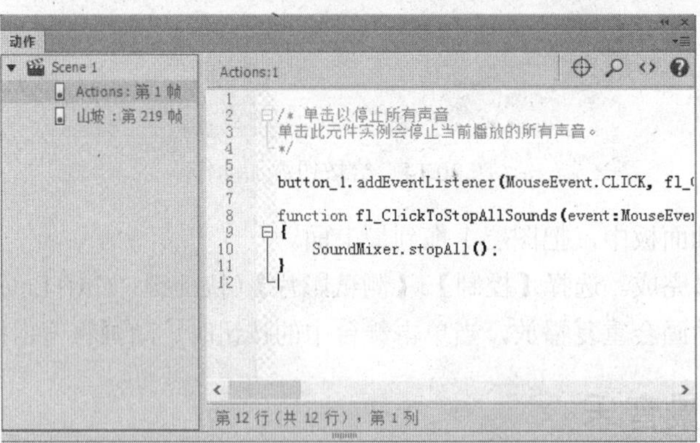

图 20.16　输入语句

第 6 步，动画效果完成。选择【控制】|【测试影片】（快捷键：Ctrl+Enter）命令，在 Flash 播放器中预览动画效果。当单击舞台中的按钮时，动画中的声音将停止播放。

视频讲解

20.3.4　添加超链接

在 ActionScript 3.0 中，使用 navigateToURL()方法可以从指定的 URL 加载一个文件到浏览器窗口。也可以用来在 Flex 和 JavaScript 之间通信。navigateToURL()方法的语法格式如下：

```
navigateToURL (request：URLRequest，window：String)：void
```

其中，request 参数是一个 URLRequest 对象，用来定义目标；window 参数是一个字符串对象，用来定义加载的 URL 窗口是否为新窗口。window 参数的值与 HTML 中 target 的值一样，可选值如下。

☑　_self：表示当前窗口。
☑　_blank：表示新窗口。
☑　_parent：表示父窗口。
☑　_top：表示顶层窗口。

例如：

```
import flash.net.*;            //添加引用
private function GoItzcn (domain:String): void{    }//声明函数
var URL:String="http://"+domain+".itzcn.com";   //设置打开的网址
var request:URLRequest = new URLRequest (URL); //创建 URLRequest 对象
navigateToURL (request, "_blank");      //在浏览器中打开
```

下面通过一个具体的案例来说明这个方法的使用。

【操作步骤】

第 1 步，打开本节示例中的练习文件“转到 Web 页语句”（ActionScript 3 0）。

第 2 步，在“按钮”图层中放置一个按钮元件，如图 20.17 所示。

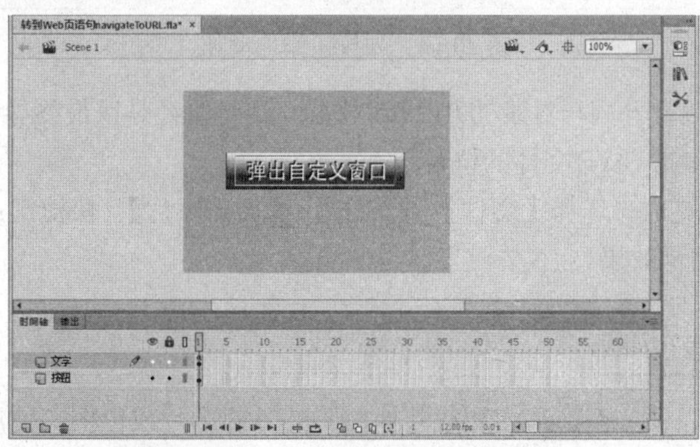

图 20.17　在场景中放置按钮元件

第 3 步，选择时间轴中任意图层的第 1 帧。

第 4 步，在动作编辑区输入下面的脚本，如图 20.18 所示。这样当动画开始播放时就可以自动跳转。

```
navigateToURL (new URLRequest ("http://www.baidu.com"), "_blank");
```

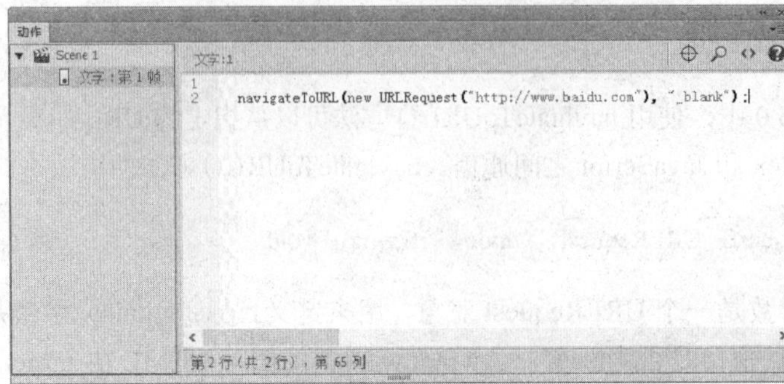

图 20.18　输入语句

第 5 步，选择舞台中的按钮实例，在属性面板中设置播放按钮的实例名称为 button_1。

第 6 步，在动作编辑区输入如下脚本，如图 20.19 所示。

```
movieClip_1.addEventListener (MouseEvent.CLICK, fl_ClickToGoToWebPage);
function fl_ClickToGoToWebPage (event:MouseEvent):void{
    navigateToURL(new URLRequest ("01.html"), "_blank");
}
```

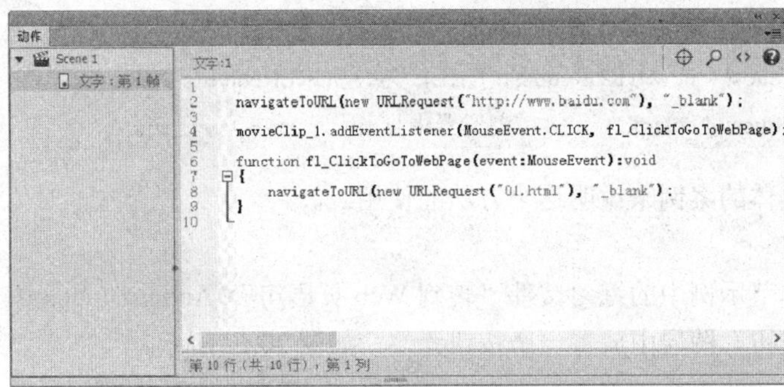

图 20.19　为按钮添加动作

当单击按钮时就可以打开同一目录的 01.html 文档。相对路径是以最终导出的影片所在的网页位置为参考的，而并不是参考 SWF 文件的位置。

第 7 步，动画效果完成。选择【文件】|【导出】|【导出影片】（快捷键：Shift+Ctrl+S）命令，在 Flash 播放器中预览动画效果。

视频讲解

20.3.5　加载外部动画

使用 load()方法可以在一个影片中加载其他位置的外部影片或位图，使用 unload()方法可以卸载前面载入的影片或位图。下面通过一个具体的案例来说明这些方法的使用。

【操作步骤】

第 1 步，新建一个 Flash 文件（ActionScript 3.0）。

Note

第 2 步，在场景的“图层 1”中放置两个按钮元件。

第 3 步，在“图层 1”中绘制一个白色矩形。

第 4 步，按 F8 键把这个矩形转换为影片剪辑元件，调整其注册中心点为左上角，如图 20.20 所示。

第 5 步，选择影片剪辑元件，在属性面板的【实例名称】文本框中输入 here，如图 20.21 所示。实例的命名规则是只能以字母和下画线开头，中间可以包含数字，不能以数字开头，不能使用中文。

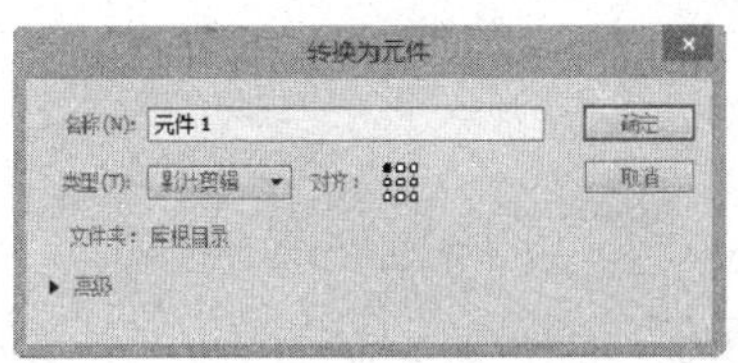

图 20.20　把矩形转换为影片剪辑元件

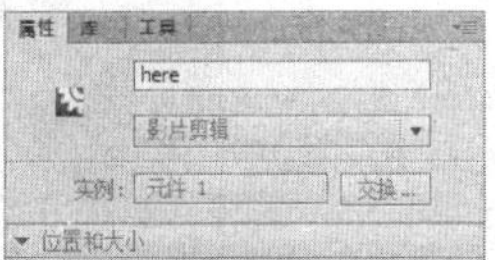

图 20.21　设置影片剪辑元件的实例名称

第 6 步，选择舞台中的第一个按钮元件，在属性面板中设置播放按钮的实例名称为 button_1。然后，在第 1 帧输入下面的脚本，如图 20.22 所示。

```
button_1.addEventListener (MouseEvent.CLICK, fl_ClickToLoadUnloadSWF);
import fl.display.ProLoader;
var fl_ProLoader:ProLoader;
function fl_ClickToLoadUnloadSWF (event:MouseEvent):void{
    fl_ProLoader = new ProLoader();
    fl_ProLoader.load (new URLRequest ("2.png"));
    here.addChild (fl_ProLoader);
}
```

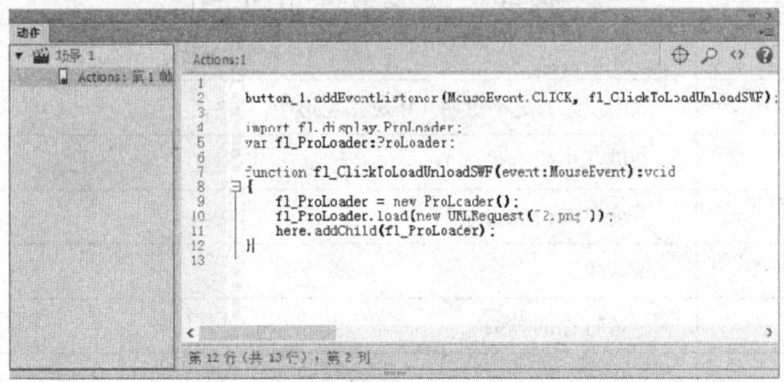

图 20.22　为第一个按钮添加动作

第 7 步，选择舞台中的第二个按钮元件，在属性面板中设置播放按钮的实例名称为 button_2。然后，在第 1 帧中输入下面的代码，如图 20.23 所示。

```
button_2.addEventListener (MouseEvent. CLICK, f2_ClickToLoadUnloadSWF);
function f2_ClickToLoadUnloadSWF (event:MouseEvent):void {
    if (fl_ProLoader){
        fl_ProLoader.unload();
```

Note

```
        here.removeChild (fl_ProLoader);
        fl_ProLoader = null;
    }
}
```

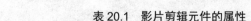

图 20.23　为第二个按钮添加动作

第 8 步，动画效果完成。选择【文件】|【导出】|【导出影片】（快捷键：Shift+Ctrl+S）命令，在 Flash 播放器中预览动画效果。

提示：单击不同的按钮，可加载动画到当前的影片中，且对齐到影片剪辑元件 here 的位置上。

视 频 讲 解

20.3.6　设置影片显示样式

要改变影片剪辑元件实例的透明度、大小、位置等效果，可以通过修改影片剪辑元件实例的各种属性数据来实现。对象的属性很多，常用的属性如表 20.1 所示。

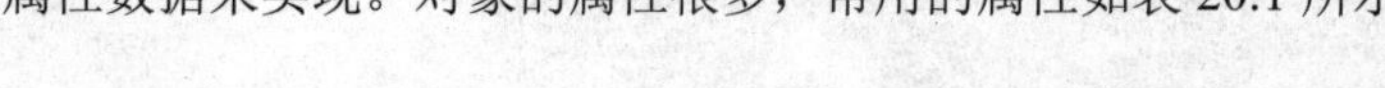

表 20.1　影片剪辑元件的属性

属性名称	说明
alpha	透明度，1 是不透明，0 是完全透明
height	高度（单位为像素）
width	宽度（单位为像素）
rotation	旋转角度
soundbuftime	声音暂存的秒数
x	X 坐标
y	Y 坐标
scaleX	缩放宽度（单位为倍数）
scaleY	缩放高度（单位为百分比）
heightqulity	1 是最高画质，0 是一般画质
name	实例名称
visible	1 为可见，0 为不可见
currentFrame	当前影片播放的帧数

下面通过一个具体的案例来说明这些属性的应用。

【操作步骤】

第 1 步，新建一个 Flash 文件（ActionScript 3.0）。

第 2 步，在“图层 1”中导入一张外部的图片。

第 3 步，按 F8 键，把这张图片转换为一个影片剪辑元件。

第 4 步，在属性面板中设置影片剪辑元件的实例名称为 girl。

第 5 步，新建“图层 2”，在其中放置 4 个按钮，如图 20.24 所示。

图 20.24　在场景中放置按钮和影片剪辑元件

第 6 步，选择舞台左上角的椭圆按钮，在属性面板中设置播放按钮的实例名称为 button_1。在动作编辑区输入下面的脚本，如图 20.25 所示。

```
button_1.addEventListener (MouseEvent.CLICK, fl_ClickToLoadUnloadSWF);
function fl_ClickToLoadUnloadSWF (event:MouseEvent): void{
    girl.scaleX=girl.scaleX-0.1
    girl.scaleY=girl.scaleY-0.1
}
```

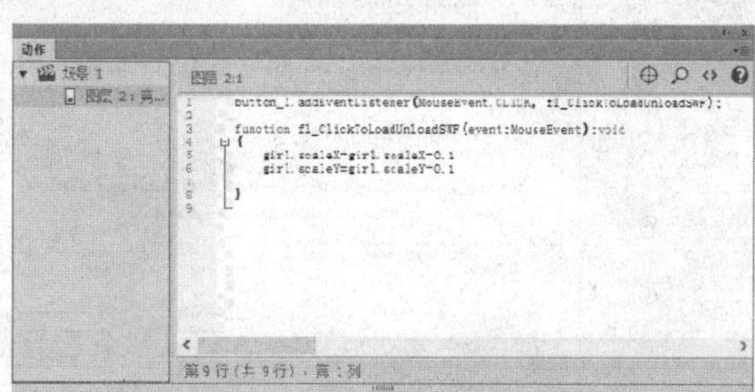

图 20.25　为左上角按钮添加动作

第 7 步，选择舞台右上角的椭圆按钮，在属性面板中设置播放按钮的实例名称为 button_2。在动

Note

作编辑区输入下面的脚本，如图 20.26 所示。

```
button_2.addEventListener (MouseEvent.CLICK, f2_ClickToLoadUnloadSWF);
function f2_ClickToLoadUnloadSWF (event:MouseEvent):void{
    girl.scaleX=girl.scaleX + 0.1
    girl.scaleY=girl.scaleY + 0.1
}
```

图 20.26　为右上角按钮添加动作

第 6 步和第 7 步的脚本通过不断地改变影片剪辑元件的宽度和高度的百分比，从而实现对图片放大和缩小的操作。

第 8 步，选择舞台左下角的矩形按钮，在属性面板中设置播放按钮的实例名称为 button_3。在动作编辑区输入下面的脚本，如图 20.27 所示。

```
button_3.addEventListener (MouseEvent.CLICK, f3_ClickToLoadUnloadSWF);
function f3_ClickToLoadUnloadSWF (event:MouseEvent):void{
    girl.rotation=girl.rotation - 10
    girl.rotation=girl.rotation - 10
}
```

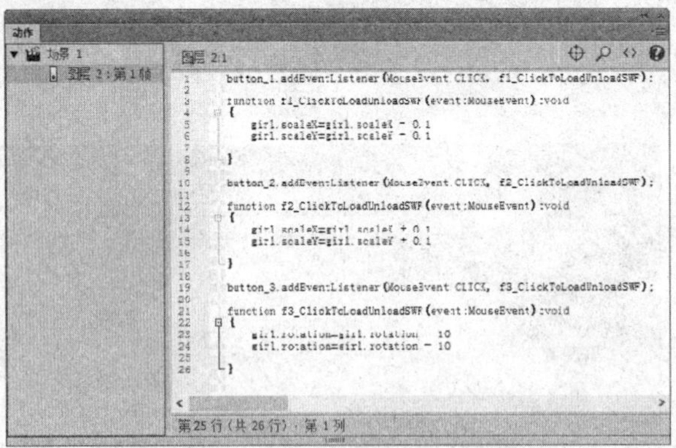

图 20.27　为左下角按钮添加动作

第 9 步，选择舞台右下角的矩形按钮，在属性面板中设置播放按钮的实例名称为 button_4。在动作编辑区输入下面的脚本，如图 20.28 所示。

```
button_4.addEventListener (MouseEvent.CLICK, f4_ClickToLoadUnloadSWF);
function f4_ClickToLoadUnloadSWF (event:MouseEvent):void{
    girl.rotation=girl.rotation + 10
    girl.rotation=girl.rotation + 10
}
```

图 20.28　为右下角按钮添加动作

第 8 步和第 9 步的脚本通过不断地改变影片剪辑元件的旋转角度，可以实现对图片的顺时针和逆时针旋转。

第 10 步，动画效果完成。选择【控制】|【测试影片】（快捷键：Ctrl+Enter）命令，在 Flash 播放器中预览动画效果。

20.3.7　设计 Flash 小站

视频讲解

图 20.29 所示是一个使用 Flash 制作的个人网站的主页，单击不同的栏目可以进入到相应的栏目内容中，单击每个栏目的返回按钮即可返回到主页中。在 Flash 中实现内部的栏目跳转，实际上可以理解为帧的跳转，通过 goto()方法的应用可以轻松实现。

图 20.29　Flash 个人网站

Note

【操作步骤】

第 1 步，新建一个 Flash 文件（ActionScript 3.0），设置背景颜色为“白色”，舞台的尺寸为 700 像素×400 像素。

第 2 步，选择【导入】|【导入到舞台】（快捷键：Ctrl+R）命令，向 Flash 中导入一张图片素材，并且放置到舞台的右侧，如图 20.30 所示。

第 3 步，新建“按钮”图层，在其中放置 3 个按钮元件，分别是 CONTENT（联系）、ABOUT（关于）和 SERVICE（服务），如图 20.31 所示。

图 20.30　导入位图素材

图 20.31　在舞台中添加按钮

第 4 步，在所有图层的上方新建“栏目”图层。

第 5 步，选择“栏目”图层的第 1 帧。

第 6 步，在动作面板的动作编辑区输入下面的代码，如图 20.32 所示。

```
stop();
```

第 7 步，选择“栏目”图层的第 2 帧，按 F7 键，插入空白关键帧。

第 8 步，在“栏目”图层的第 2 帧中制作“联系”栏目的内容，如图 20.33 所示。

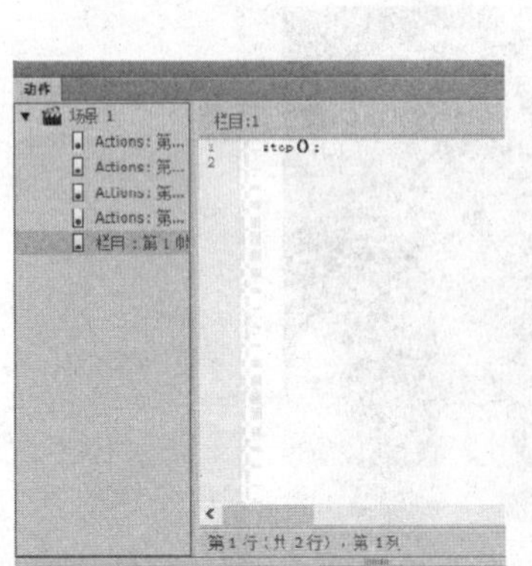

图 20.32　输入语句

图 20.33　在“栏目”图层的第 2 帧中制作“联系”栏目的内容

第9步，选择“栏目”图层的第3帧，按F7键，插入空白关键帧。

第10步，在“栏目”图层的第3帧中制作“简介”栏目的内容，如图20.34所示。

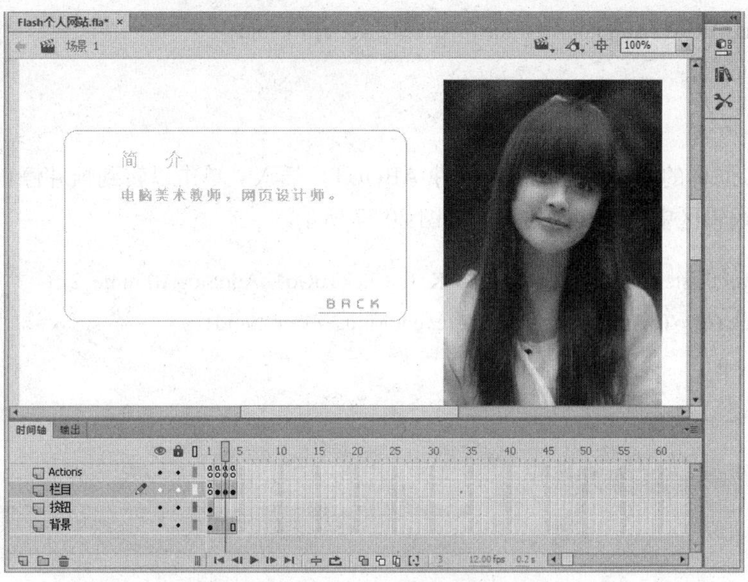

图20.34　在“栏目”图层的第3帧中制作“简介”栏目的内容

第11步，选择“栏目”图层的第4帧，按F7键，插入空白关键帧。

第12步，在“栏目”图层的第4帧中制作“服务”栏目的内容，如图20.35所示。

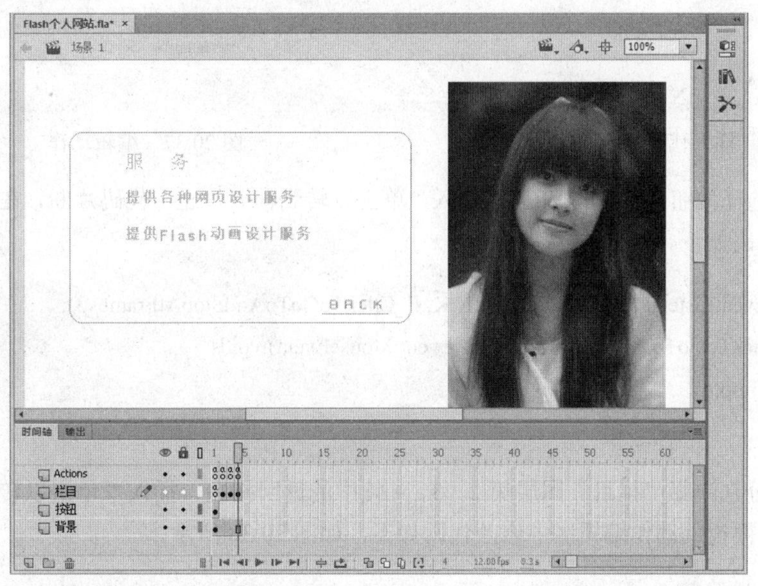

图20.35　在“栏目”图层的第4帧中制作“服务”栏目的内容

第13步，选择“背景”图层的第4帧，按F5键，插入静态延长帧。

第14步，选择按钮元件CONTENT，在代码片断面板中选择【时间轴导航】|【单击以转到帧并

Note

停止】命令，然后在动作面板中修改跳转帧为 2，如图 20.36 所示。

```
button_1.addEventListener (MouseEvent.CLICK, fl_ClickToGoToAndStopAtFrame);
function fl_ClickToGoToAndStopAtFrame (event:MouseEvent):void{
    gotoAndStop(2);
}
```

第 15 步，以同样的方式，选择按钮元件 ABOUT，插入“单击以转到帧并停止”代码片断，在动作面板的动作编辑区中修改代码如下，如图 20.37 所示。

```
button_2.addEventListener (MouseEvent.CLICK, fl_ClickToGoToAndStopAtFrame_2);
function fl_ClickToGoToAndStopAtFrame_2 (event:MouseEvent):void{
    gotoAndStop (3);
}
```

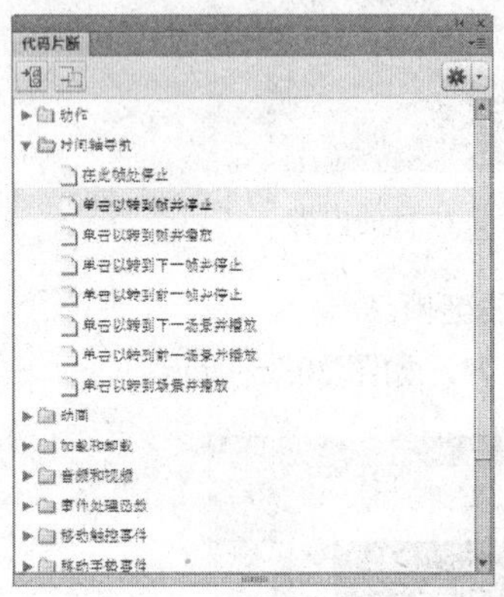

图 20.36 插入代码片断

图 20.37 编辑动作

第 16 步，选择按钮元件 SERVICE，插入“单击以转到帧并停止”代码片断，在动作面板的动作编辑区中修改代码如下。

```
button_3.addEventListener (MouseEvent.CLICK, fl_ClickToGoToAndStopAtFrame_3);
function fl_ClickToGoToAndStopAtFrame_3 (event:MouseEvent):void{
    gotoAndStop(4);
}
```

第 17 步，分别选择“栏目”图层第 2、3、4 帧中的返回按钮，插入“单击以转到帧并停止”代码片断，在动作面板的动作编辑区中修改代码如下，如图 20.38 所示。

```
button_6.addEventListener (MouseEvent.CLICK, fl_ClickToGoToAndStopAtFrame_6);
function fl_ClickToGoToAndStopAtFrame_6 (event:MouseEvent):void{
    gotoAndStop(1);
}
```

Note

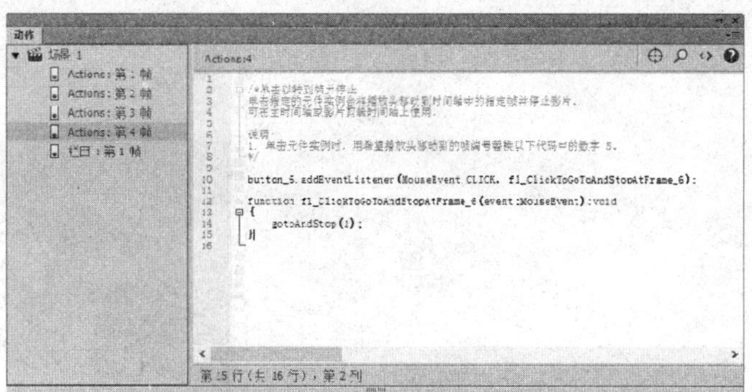

图 20.38　添加动作代码

第 18 步，动画效果完成。选择【控制】|【测试影片】(快捷键：Ctrl+Enter) 命令，在 Flash 播放器中预览动画效果。

20.3.8　全屏显示动画

线上阅读

fscommand 命令用来控制 Flash 的播放器。例如，Flash 中常见的全屏、隐藏右键菜单等效果都可以通过添加这个命令来实现。具体操作请扫码阅读。

20.3.9　设计控制条

线上阅读

代码片段面板包含一些使用比较频繁的 ActionScript 动作。使用代码片段面板可以快速地创建交互效果。具体操作请扫码阅读。

20.4　综合案例：设计 Flash 网站

线上阅读

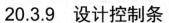

Flash 网站多以界面设计和动画演示为主，比较适合做那些文字信息不太多，主要以平面展示、动画交互效果为主的应用，如企业品牌推广、特定网上广告、网络游戏、个性个人网站等。下面结合“我的多媒体”全 Flash 网站开发来介绍 Flash 网站制作全过程。详细操作和说明请扫码阅读。

第21章

手机应用类型网站布局与设计

手机应用类型网站总的说来，提供全面详尽的各种手机资讯，实时介绍每日最新行情，提供细致入微的机型导购，新机精美图片速递，手机游戏、手机主题下载，热门机型专业评测，针对不同人群做出适合的推荐，此外有些网站还有强大的数据库提供自助选机的贴心服务功能等。

随着电子消费市场的不断成熟，手机应用类型网站更是向更全面更个性化发展，下面便是一些典型的网站：木蚂蚁应用市场（http://www.mumayi.com/）（见图 21.1）、历趣（http://www.liqucn.com/）。当然，还有一部分是手机厂商定制的，如 OPPO 手机（http://www.oppo.com/）、小米手机（http://www.xiaomi.com/）（见图 21.2）等。

图 21.1　木蚂蚁应用市场

图 21.2　小米手机

21.1　产 品 策 划

街旁是基于真实位置的社区：一本城市旅人的日记，记下双腿的经历和身心的感受；一本出行指南，和朋友探索身边的有趣地点和新的玩法；一本省钱攻略，得到店家优惠和性价比贴士。

从“街旁”网上面的描述来看，更准确地说它应该是一个社区网站，而不是一个手机应用类型网站。打开网站的第一眼就给我们很强烈的感觉：这是一个注重个性，前卫，自我展示类型的网站。页面上文字不多，基本上都是图片，就算是要用到文字的地方也加上了很多图形化的修饰。图形的本身也是很漫画的风格，而不是以写实的方式呈现。所以网站传达了很鲜明的与一般的网站截然不同的特征。正是这样才很好地表达了网站的功能定位。

这里才是我们要学习的地方，一个网站要表达一种什么样的抽象的思想，然后我们通过设计的语言怎么才能将这种抽象的思想形象地表达出来。

本案例一个很大的特点是强调个性化，强调网站内容的前卫、自我、随性。给人的感觉就像阅读一本都市白领的小说，设计网站之前要抓住这样一些特性非常重要。第二个特点就是网站的图片占据了绝大部分版面，就算要用文字表达的地方，文字也是经过设计以图片的方式展示的。

对于这种类型的网站来说，通栏的图片展示方式是能得到一定的视觉效果的。故多数情况下其布局都会采用单列三行的形式，如图 21.3 所示。基于网站的不同定位需要，有些也会采用两列三行的形式，如图 21.4 所示。

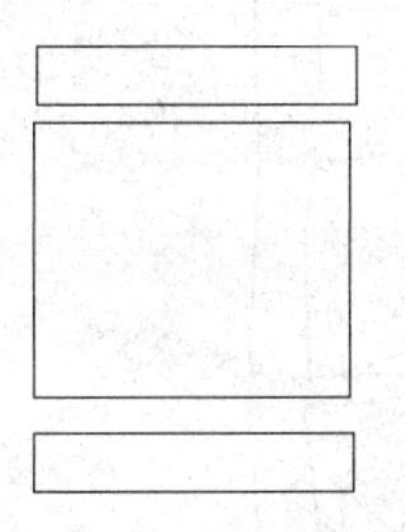

图 21.3　单列三行布局

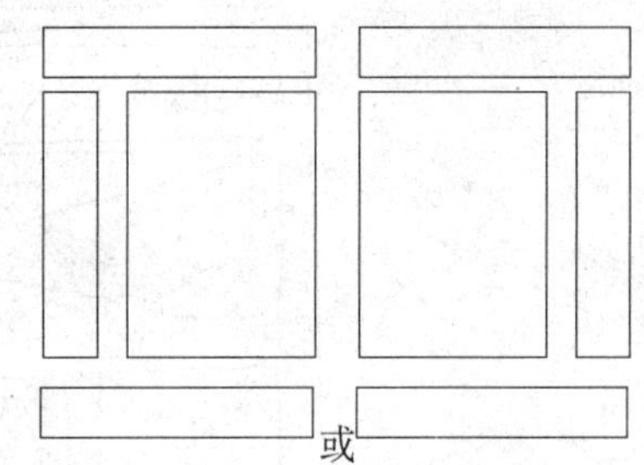

图 21.4　两列三行布局

另外网站还有一个处理得很适当的地方，纵观整个页面，颜色很丰富，为了避免过于花哨，网站大胆地用了与网站主体颜色截然相反的灰色。这样整体看上去网站在突出个性的同时也显得很沉稳。

21.2　画板和设计

根据策划的基本思路，整个网站包括如图 21.5 所示的网站 Logo、会员登录注册、Banner、手机街旁、会员相关信息、品牌主页、版权信息等版块内容。

图 21.5　网站效果图

根据这些模块，初步在稿纸上画出页面布局的草图，如图 21.6 所示。

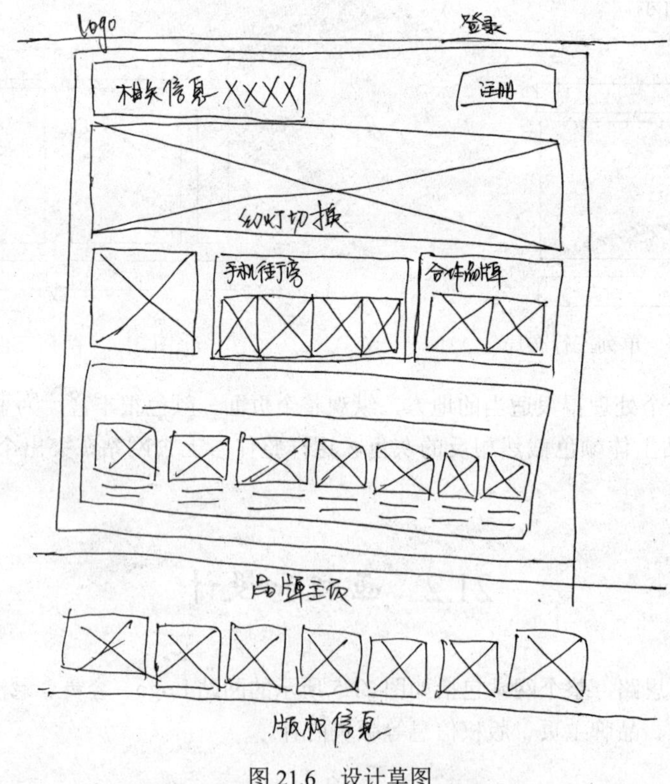

图 21.6　设计草图

通过草图对将要做的页面进行初步分析，整个页面大体有一个轮廓。现在就可以通过画图软件 Photoshop 设计效果图了。

启动 Photoshop，新建文档，设置文档大小为 1002px×700px，分辨率为 96px/英寸，然后保存为“效果图.psd”。借助辅助线设计出网站的基本轮廓，如图 21.7 所示。

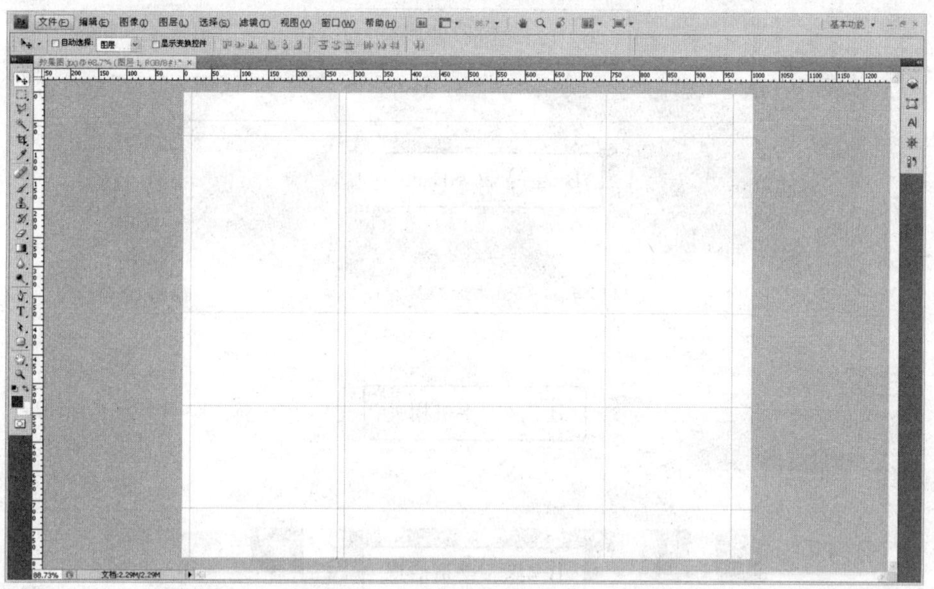

图 21.7　设置辅助线

在 Photoshop 中新建“线框图”图层，使用绘图工具绘制页面的基本相框和背景样式，如图 21.8 所示。

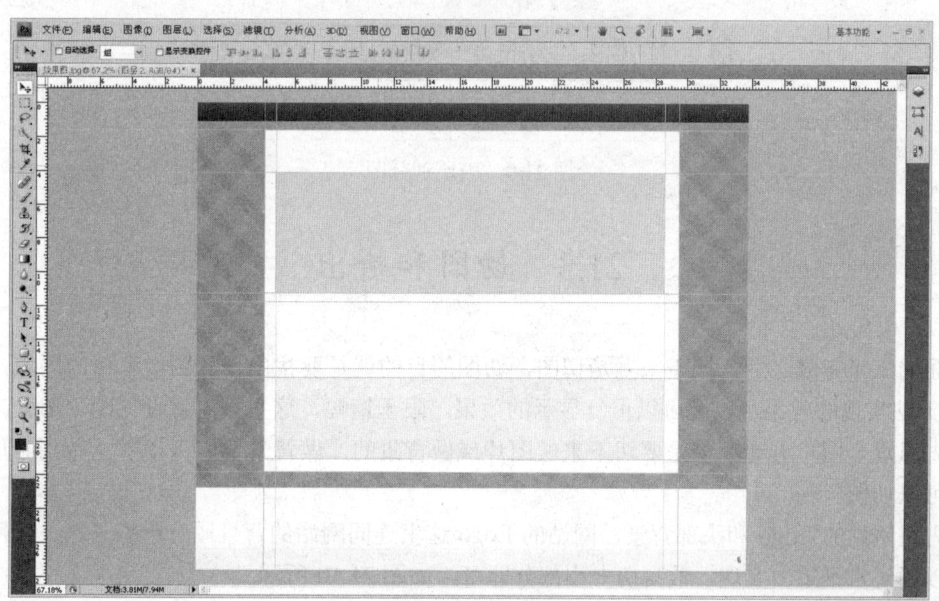

图 21.8　绘制页面线框

Note

在线框的基础上进一步细化栏目形态，明确栏目样式和内容，特别是重要内容的显示形式，最后如图 21.9 所示。

图 21.9 版块划分图

21.3 切图和输出

上面的工作完成之后，接下来就是切图，切图的目的就是要找出设计图中有用的区域，包括使用 CSS 无法实现的效果，以及可以重复显示的效果。限于篇幅，这里只讲解设计图一部分。

首先纵观全图，看看哪些是要切下来做图片或做背景的，做背景要怎么切等。做到心里有数，然后就可以切图了。

首先是网站的 Logo 和头部背景，网站的 Logo 这里连同网站的背景图一起切下来。而网站的背景图可以通过水平重复实现，故只切一小部分即可，如图 21.10 所示。

图 21.10　切割网站 Logo 和头部背景图

接着是 B-2 区左边的文字信息，从效果图我们知道用 CSS 是无法实现这样的效果的，于是把它看作一张图片切割下来，还有右边的【注册】按钮更是 CSS 没法实现的，故也切割下来，如图 21.11 所示。

图 21.11　切割文字图片和【注册】按钮

然后是 B-4 区的背景图，第一，这里斜线的花纹和圆角没办法通过背景重复等方式实现，第二，中间的栏目标题文字也没办法用 CSS 实现。所以这里一整张大图都切割下来，如图 21.12 所示。

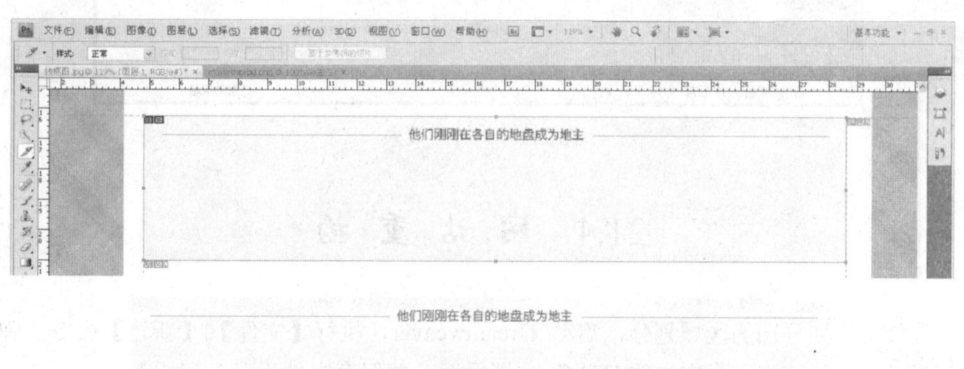

图 21.12　切割 B-4 区背景图片

当然还有其他的部分也是要切割的，这里就不再一一分析，读者可以自己去完成。

切割完后，选择【文件】|【存储为 Web 所用格式】命令，打开【存储为 Web 所用格式】对话框，保持默认设置，单击【存储】按钮，打开【将优化结果存储为】对话框，其中【切片】选择【所有切片】选项，【保存类型】为【仅限图像】，具体设置如图 21.13 所示。

Note

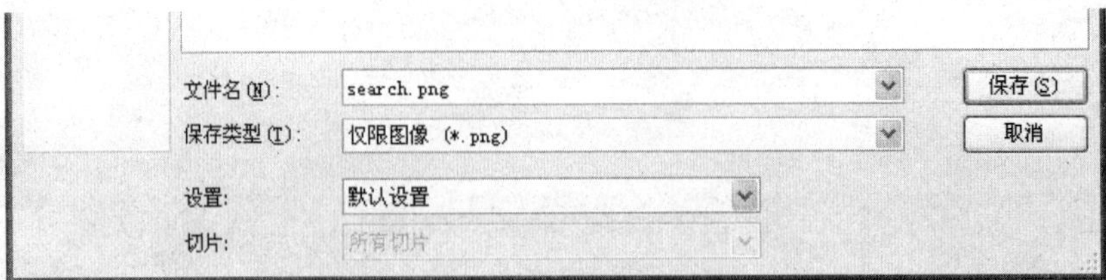

图 21.13　输出切割的图片

最后，就可以在 images 文件夹中看到我们所需要的背景图像，如图 21.14 所示。然后，根据需要把它重命名即可。

图 21.14　切图效果

21.4　网站重构

根据设计版块划分图的区域划分，启动 Dreamweaver，执行【文件】|【新建】命令，弹出【新建文档】对话框。新建立一个空白的 HTML 文档页面，并保存文件为 index.html。

然后编写 HTML 基本结构。在编写结构时，读者应该注意结构的嵌套关系，以及每级结构的类名和 ID 编号，详细代码如下。

```
<html>
<head>
<title>街旁</title>
<meta charset=utf-8>
```

```
</head>
<body>
<header>
  <div id=header-inner>
    <div id=header-content>
      <h1 id=logo></h1>
      <form id=header-login method=post action=""></form>
    </div></div>
</header>
<div id=container>
  <div id=home-container>
    <div id=home-intro></div>
    <div><div></div></div>
    <div id=home-usejiepang>
      <div id=home-video-preview></div>
      <div id=home-mobile>
        <h3>手机街旁：</h3><ul></ul>
      </div>
      <div id=home-phone>
        <h3></h3> <ul></ul>
      </div></div>                                                    <!--home-usejiepang end-->
    <div id=home-video></div>
    <div id=recentmayors style="margin-top:20px;">
      <h3>他们刚刚在各自的地盘成为地主</h3>
      <ul >
        <li></li> <li></li> <li></li>
        <li></li> <li></li> <li></li>
        <li></li> <li></li> <li></li><li></li>
      </ul></div>                                                     <!--recentmayors end-->
  </div>                                                              <!--home-container end-->
  <div style="position: absolute; width: 0px; height: 0px; visibility: hidden" id=baidu> </div>
</div>                                                                <!--container end-->
<footer>
  <section id=footer-brands>
    <h3></h3>
    <div class=content><ul></ul></div>
  </section>
  <section id=footer-inner>
```

```
        <div id=footer-content>
            <ul class=left></ul> <p class=right></p>
        </div>
    </section>
</footer>
</body>
</html>
```

简化一下代码，这样才能更清晰地看出网站的脉络和结构，对于下面要做的网站布局才更能做到心中有数，在分析时才会得心应手，如图 21.15 所示。

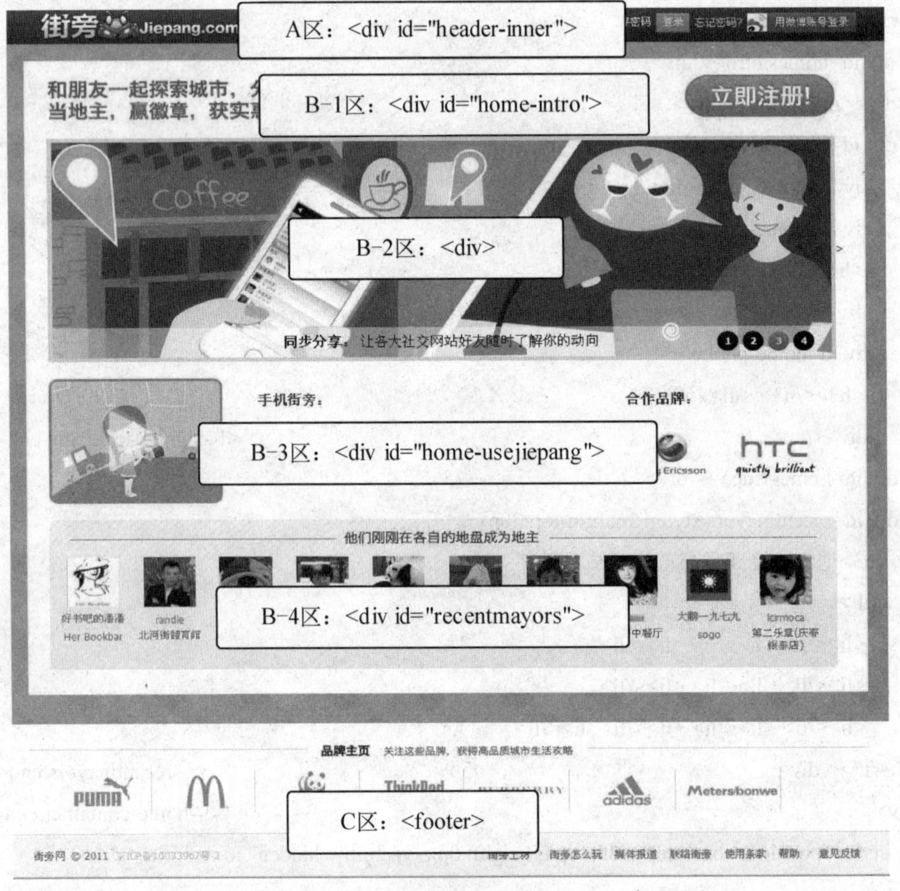

图 21.15　几个主要层的包含标记

下面是网站主要几个层之间的关系：

```
<header></header>
<div id="container">
    <div id="home-intro"></div>
    <div></div>
```

```
    <div id="home-usejiepang"></div>
    <div id="recentmayors"></div>
</div>
<footer>
<footer/>
```

Note

21.5 网站布局

通过上面的网站重构，我们已大致清楚了网站的总体结构，下面就一步步实现整个网站。

启动 Dreamweaver 软件，打开 21.4 节中重构的网页结构文档 index.htm，然后逐步添加页面的微结构和图文信息，主要包括段落、列表、标题，以及必要的文本和图像内容，对于需要后台自动生成的内容，可以填充简单的图文，以方便在设计时预览和测试，等设计完毕后，再进行清理，留待程序员添加后台代码。

第 1 步，新建样式表文档。

执行【文件】|【新建】命令，创建外部 CSS 样式表文件，保存为 style.css 文件，并存储在 images 文件夹中。执行【窗口】|【CSS 样式】命令，打开【CSS 样式】面板，单击【附加样式表】按钮，在弹出的【链接外部样式表】对话框中，单击【浏览】按钮，找到 style.css 文件，将其链接到 index.htm 文档中，最后单击【确定】按钮，此时会自动在页面头部区域插入下面的代码。

```
<link rel=stylesheet type=text/css href="images/style.css" media=all>
```

第 2 步，初始化标签样式。

将所有将要用到以及即将用到的元素初始化，确保所有元素在不同浏览器下默认状态是一致的，代码如下所示，具体代码请查看 style.css 文件头部初始化。

```
html { border: 0px; padding: 0px; margin: 0px; font: inherit; vertical-align: baseline; }
body { text-align:center; border: 0px; padding: 0px; margin: 0px auto; font: inherit; vertical-align: baseline; }
div { border: 0px; padding: 0px; margin: 0px; font: inherit; vertical-align: baseline; }
span { border: 0px; padding: 0px; margin: 0px; font: inherit; vertical-align: baseline; }
……
```

第 3 步，分析实现 A 区的结构和样式代码。

首先分析一下网站的头部元素，这里最外面的包含框为<header>，以块状的方式显示，最小宽度为 960 像素，将溢出来的内容隐藏。然后在其里面写一个<div id="header-inner">层，高为 45 像素，连接一张背景图并设为水平重复。其中 Box Shadow（图层阴影效果）为 CSS3 的元素。然后再写一个层<div id="header-content">，这里限定了其宽度为 960 像素，同时页面水平居中。

里面主要分为两个部分：网站的 Logo 图片放在<h1 id="logo">里面，设置为向左浮动，右外边距 18 像素。考虑到便于搜索引擎的搜索，这里还要加上标题“街旁”，但又不能在页面上显示出来，于是可以通过设置 display:none 将其隐藏起来。分析如图 21.16 所示。

Note

第二部分是会员的登录/注册操作，将在下一步分析。

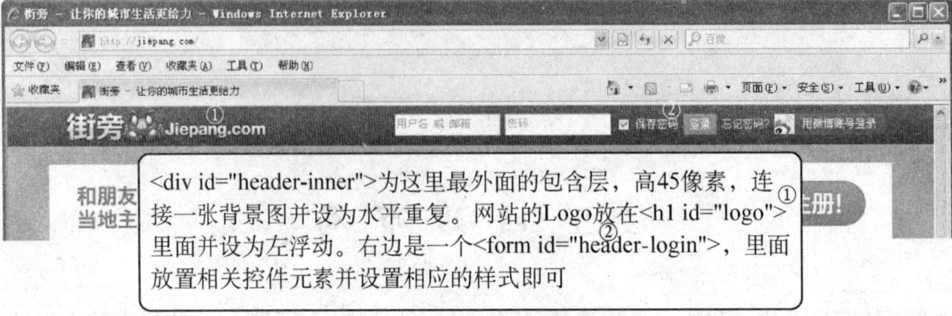

图 21.16　A 区的结构和样式代码分析

具体结构代码如下：

```
<header>
  <div id=header-inner>
    <div id=header-content>
      <h1 id=logo><a><img src=""><span>街旁</span></a></h1>
    </div>
    <form id=header-login></form>
  </div>
</header>
```

下面是相对应的样式：

```
header { border:0px; padding: 0px; margin: 0px; font: inherit; vertical-align: baseline;}
#header-inner { margin-top: -2px; background: url (header-bg.gif) #333 repeat-x 0px 0px; height: 45px; -webkit-box-shadow: 0 0 2px rgba (0, 0, 0, 0.75); -moz-box-shadow: 0 0 2px rgba (0, 0, 0, 0.75); box-shadow: 0 0 2px rgba (0, 0, 0, 0.75) }
/*连接一张背景图，设置不同浏览器的图层阴影效果（这是 CSS3 里面规定的一些属性）*/
#header-content { margin: 0px auto; width: 960px }
#logo { float: left; margin-left: 18px }
#logo a { width: 235px; display: block; height: 45px }
#logo span { display: none }
```

第二部分为会员的登录/注册操作，先在其最外面写一个表单<form id="header-login">，高为 24 像素，向右浮动，将溢出来的内容隐藏。然后写上相关的控件并设置相对应的样式，最后都设为向左浮动，让它们都在一个水平上显示。最后面的“用微博账号登录”是一张图片，同样设置其左浮动即可。分析如图 21.17 所示。

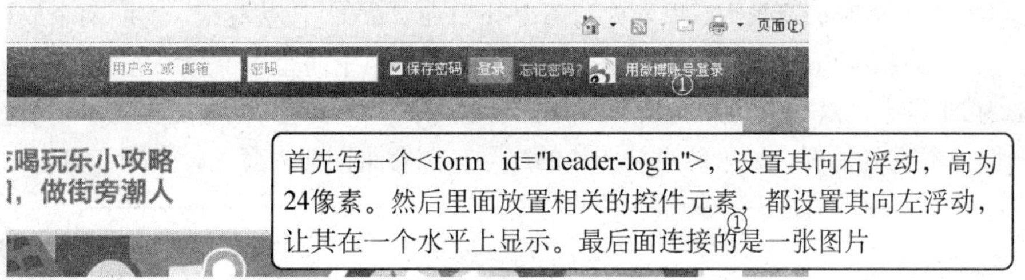

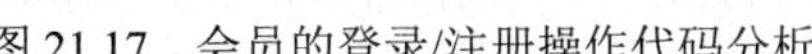

图 21.17　会员的登录/注册操作代码分析

具体结构代码如下：

```
<form id=header-login>
    <input id=user class=text type=text>
<input id=pwds class=text type=text>
    <label for=save-pwd><input id=save-pwd type=checkbox>保存密码</label>
    <input id=btn-login type=submit value="登录">
    <a id=header-reset>忘记密码?</a>
<a class=sina-connect><img src=""></a>
 </form>
```

下面是 form 表单元素的相关样式：

```
#header-login { float: right; height: 24px; padding: 10px 8px 0px 0px}
#header-login #user { width: 114px; float: left; margin-right: 5px; height:22px; color:#999; }
#header-login #pwds { width: 114px; float: left; margin-right: 5px; height:22px; color:#999; }
/*宽为 114 像素，向左浮动，右外边距为 5 像素，高为 22 像素*/
#header-login label { line-height: 24px; float: left; margin-right: 5px }
#header-login label input { vertical-align: middle }
#header-login #btn-login { float: left; margin-right: 5px; background:url (buttons.png) no-repeat; width:39px; height:24px; color:#fff; }
#header-login #header-reset { line-height: 16px; float: left; color: #ccc; margin-right: 5px; padding-top: 4px }
/*行高为 16 像素，向左浮动，右外边距为 5 像素，上内边距为 4 像素*/
#header-login #header-reset:hover { border-bottom: #fff 1px dotted; color: #fff; text-decoration: none }
#header-login .sina-connect { width: 126px; float: left; height: 24px }
```

第 4 步，分析 B-2 区网站 Banner 的结构和样式代码。

首先读者要清楚，这里是一个 Banner 幻灯片切换效果。当图片切换时，下面的文字说明和序号也相应地发生变化。这样的效果在前面的章中遇到过，此处我们只要分析其结构和样式代码即可。

这里最外面的层为<div id="slide-holder">，设置其 4 边的边框为 5 像素宽的灰色实线。相对定位，宽为 890 像素，高为 260 像素，将溢出来的内容隐藏。当然还承继了<div>层一些应有的样式。然后里面再写一个层<div id="slide-runner">，先放 4 张图片。设置 zoom:1，触发该图片的 layout。

接着再写一个层<div class="pngfix" id="slide-controls">，绝对定位，居中对齐，以块状的方式显

示。最后连接一张半透明的背景图。里面先写两个<p class="text">段落标记，前面两个放相应图片的文字说明。再写<p class="pngfix">，绝对定位于页面的右边。里面写 4 个<a>链接标记，居中对齐，行高和高都为 24 像素，以行内的方式显示，向左浮动，字体颜色为白色并加粗显示，最后连接一张圆形的背景图并不重复显示。如果是当前图片的序号，则背景图变为蓝色，如图 21.18 所示。

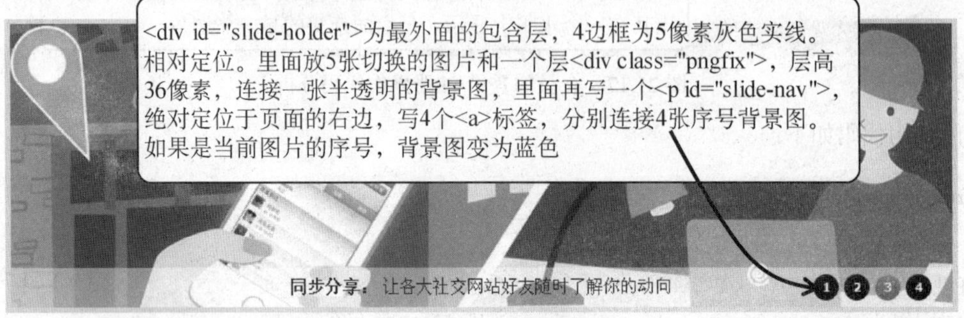

<div id="slide-holder">为最外面的包含层，4边框为5像素灰色实线。相对定位。里面放5张切换的图片和一个层<div class="pngfix">，层高36像素，连接一张半透明的背景图，里面再写一个<p id="slide-nav">，绝对定位于页面的右边，写4个<a>标签，分别连接4张序号背景图。如果是当前图片的序号，背景图变为蓝色
同步分享：让各大社交网站好友随时了解你的动向
1 2 3 4

图 21.18　网站 Banner 区域结构分析

具体的结构代码如下：

```
<div id="slide-holder">
  <div id="slide-runner">
    <img class="slide" id="slide-img-1" src=""/><img class="slide" id="slide-img-1" src=""/>
    <img class="slide" id="slide-img-1" src=""/><img class="slide" id="slide-img-1" src=""/>
    <div class="pngfix" id="slide-controls">
      <p class="text" id="slide-client"><span></span></p>
      <p class="text" id="slide-desc"></p>
      <p class="pngfix" id="slide-nav">
        <a id="slide-link-0"></a> <a id="slide-link-1"></a>
        <a id="slide-link-2"></a> <a id="slide-link-3"></a>
      </p></div>
  </div></div>
```

下面是 CSS 样式代码：

```
#slide-holder { border: #ddd 5px solid; position: relative; width: 890px; height: 260px; overflow: hidden;}
/*4 边的边框为 5 像素灰色实线，相对定位，溢出来的隐藏*/
#slide-holder #slide-runner { width: 890px; height: 260px }
#slide-holder #slide-controls { position: absolute; text-align: center; width: 890px; bottom: 0px; display: none;
background: url (slider-bg.png) 0px 0px; height: 36px; left: 0px; _background: #fff }
/*绝对定位，居中对齐，连接一张半透明的背景图，兼容在 IE 下，背景颜色为白色*/
#slide-holder #slide-controls p.text { line-height: 36px; display: inline; color: #000; font-size: 16px }
#slide-holder #slide-controls #slide-nav { position: absolute; height: 24px; top: 6px; right: 15px }
#slide-holder #slide-controls #slide-nav a { text-align: center; line-height: 24px; margin: 0px 5px 0px 0px; width:
```

```
24px; display: inline; background-repeat: no-repeat; background-position: 0px 0px; float: left; height: 24px; color: #fff; font-size: 11px; font-weight: bold; text-decoration: none }
    /*行高和高同为24像素，文字居中并加粗显示，左浮动，去除下画线，连接一张背景图*/
    #slide-holder #slide-controls #slide-nav a.on { background-position: 0px -24px }
    #slide-holder #slide-controls #slide-nav a { background-image: url (silde-nav.png); background-color: transparent }
```

第5步，分析B-3区<div id="home-usejiepang">的框体结构。

该区域最外面的包含层为<div id="home-usejiepang">，上下外边距为20像素，居左对齐。同时为了兼容其他的浏览器，再为其写一个伪类。里面分为3个层，第一个层为<div id="home-video-preview">，宽为200像素，高为150像素，向左浮动右外边距为30像素，最后连接一张背景图，即在效果图看到的左边的图片。然后里面再写一个<a id="video-btn">，以块状的方式显示，溢出来的隐藏，文字缩进负-9999像素。相当于把图片隐藏起来。

第二个层为<div id="home-mobile">，宽为420像素，向左浮动。当然会承继<div>相关的样式，这里就不再列出来。里面先写一个<h3>，设置上右下左4边的内边距分别为15像素、10像素、7像素、10像素。放这里的文字标题“手机街旁”。然后再写一个无序列表<ul>，同样为其设置一个伪类。对应的效果图上的5张图片，在其里面写<li>子标记。设置宽为70像素，向左浮动。然后把图片分别放置在里面即可。

第三个层为<div id="home-phone">，同样向左浮动，宽为240像素。里面先写一个<h3>，上下的内边距为15像素，左右则为10像素，放这里的标题“合作品牌”。然后里面也写一个<ul>，两张图片则放置在其两个子标记<li>里面并设置相关的样式即可，如图21.19所示。

图21.19 分析B-3区的框体结构

具体结构代码如下：

```
<div id=home-usejiepang>
  <div id=home-video-preview><a id=video-btn>视频</a> </div>
  <div id=home-mobile>
    <h3>手机街旁：</h3>
    <ul>
      <li><img src=""></li><li><img src=""></li>
      <li><img src=""></li><li><img src=""></li>
```

```
            <li><img src=""></li>
        </ul></div>
    <div id=home-phone>
        <h3>合作品牌：</h3>
        <ul>
            <li><a><img src=""></a> </li><li><a><img src=""></a> </li>
        </ul></div>
</div>
```

下面是 CSS 样式代码：

```
#home-usejiepang { margin: 20px 0px; text-align:left; }
#home-usejiepang:after {line-height:0; display:block; visibility:hidden; clear:both; content: "." }
#home-video-preview { width: 200px; background: url (home-video-preview.jpg) no-repeat 0px 0px; float: left; height: 150px; margin-right: 30px }.
/*连接一张背景图并不重复，向左浮动，右外边距为 30 像素*/
#home-video-preview a {text-indent:-999em; width:200px; display: block; height:150px; overflow:hidden }
#home-video { position: absolute; margin: 0px 0px 0px -410px; display: none; top: 100px; padding: 10px; left: 50%; -webkit-border-radius: 5px; -moz-border-radius: 5px; border-radius: 5px }
/*绝对定位，左外边距为-410 像素，不显示在页面上，并兼容其他浏览器*/
#video-close-btn { position: absolute; text-indent: -999em; width: 30px; background: url (box-close.png) no-repeat 0px 0px; height: 30px; overflow: hidden; top: -12px; right: -12px; _background: none }
#home-mobile h3 { color: #444; padding: 15px 10px 7px 10px }
#home-mobile li a { text-indent: -999em; width: 70px; display: block; height: 70px; overflow: hidden }
/*文字缩进-999em，相当于把文字在页面上隐藏起来，以块状的方式显示*/
#home-mobile-mobile-web { width: 80px; background: none transparent scroll repeat 0% 0% }
#home-phone { width: 240px; float: left }
#home-phone h3 { color: #444; padding-top: 15px 10px }
#home-phone li {width: 120px; float: left; height: 60px; padding-top: 10px }
```

第 6 步，分析 B-4 区<div id="recentmayors">的结构。

下面分析的是网站相关会员的展示栏目。首先最外面的包含层为<div id="recentmayors">，上外边距为 20 像素，宽为 900 像素，高为 180 像素，将溢出来的内容隐藏。最后连接一张在前面的切图部分切割出的大背景图，并且把这里的栏目标题也打在背景图上。如果图片过于复杂不好切割处理，不妨这样子去处理，往往可以在接下来写样式时省下不少精力。

接着写一个<h3>，输入文字标题“他们刚刚在各自……”，字体为 16 像素并加粗显示。设置其显示方式为不显示。这样做才能达到我们在页面上看到的是背景图上的文字，搜索引擎也可根据页面代码搜到这里的标题。

然后再写一个<ul>，里面放会员的相关信息，在下一步将分析这里面的结构。分析如图 21.20 所示。

图 21.20　网站 B-4 区的结构分析

具体的结构代码如下：

```
<div id=recentmayors style="margin-top:20px;">
  <h3>他们刚刚在各自的地盘成为地主</h3>
  <div style="height:45px; clear:both;"></div>
  <ul></ul>
</div>
```

CSS 样式代码如下：

```
#recentmayors { width: 900px; background: url (mayership-bg.png) no-repeat 0px 0px; height: 180px; overflow: hidden }
/*宽为 900 像素，背景图不重复显示，高为 180 像素，将溢出来的内容隐藏*/
#recentmayors h3 { display: none }
/*标题的显示方式为不显示*/
#recentmayors ul { width: 890px }
```

接着上一步来分析会员相关信息的展示，最外面是一个无序列表<ul>，其宽为 890 像素。对应页面这里展示的 10 位会员的信息，里面写 10 个<li>标记。宽为 88 像素，并设为向左浮动，这样可以让它们都在一条水平线上显示。

每个<li>里面的结构是一样的，故我们只分析其中一个即可。在里面先写一个<p class="picture">放会员头像图片。然后写<p class="people">，设置字体颜色为蓝色。最后<p class="place">放会员所处的地理位置文字。设置相关样式即可，如图 21.21 所示。

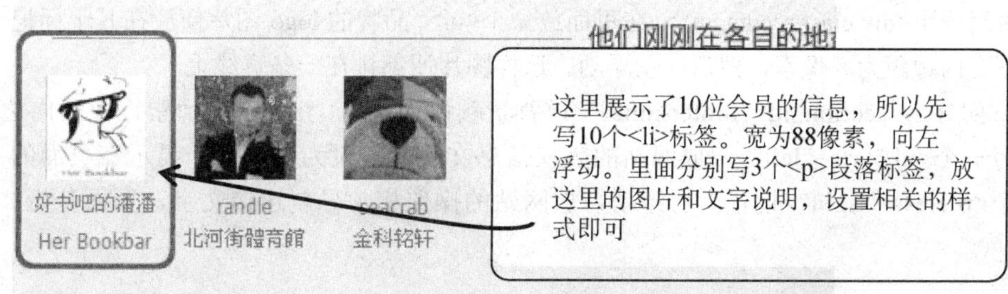

图 21.21　B-4 区会员信息的结构分析

Note

具体的结构代码如下：

```
<ul >
  <li><p class=picture><a>
<img style="background:url (small.jpg) no-repeat 50% 50%" class=avatar src="" width=60 height=60>
</a></p>
      <p class=people><a>好书吧的潘潘</a></p>
      <p class=place><a ></a></p></li>
  <li></li>
  ......
</ul>
```

具体的 CSS 样式代码如下：

```
#recentmayors ul { width: 890px }
#recentmayors li { list-style-type: none; width: 88px; float:left; list-style-image: none }
/*其样式为无，即去掉列表标签前面的小圆点，向左浮动，宽为 88 像素*/
#recentmayors .picture { height: 60px }
#recentmayors .people { line-height: 12px; padding: 9px 12px 6px 0px }
#recentmayors .place { line-height: 15px }
#recentmayors .place a { color: #666 }
#recentmayors .place a:hover { color: #fff }
#recentmayors p { width: 100%; text-overflow: ellipsis; overflow: hidden; -o-text-overflow: ellipsis }
/*宽为 100%，将溢出来的内容隐藏，如果是文字，多出来的内容则省略*/
```

第 7 步，编写 C 区网站<footer>的结构和样式代码。

页脚部分最外面的包含层为<footer>，最小宽度 960 像素，背景颜色为白色，上边框为 1 像素深蓝色实线。里面分为两个部分，第一部分为<section id="footer-brands">，设置下边框为 1 像素灰色实线。里面先写一个<h3>，宽 960 像素，上外边距 30 像素，上边框为 1 像素灰色实线。然后里面再写一个<span>，相对定位，居中显示，宽 320 像素，高 20 像素，以块状方式显示，溢出来的隐藏，通过缩进−9999 像素把里面的文字“品牌主页……”隐藏。然后连接一张背景图，背景图上的文字即为隐藏起来的栏目标题。

接着写一个<div class="content">，在里面放一个<ul>，品牌的 logo 图片便放在其子标记<li>里面，设置其左右内边距为 5 像素，然后向左浮动。这样图片便都排在一条直线上。

第二部分为<section id="footer-inner">，背景颜色为灰色，行高 16 像素，上下内边距 17 像素。先写一个<ul class="left">，放网站的版权信息文字，并设为左浮动，显示在页面的左边。然后写一个<p class="right">设置为右浮动，放网站的操作相关导航连接文字，页面分析如图 21.22 所示。

最外面的包含层为<footer>，最小宽度为960像素。<h3>放这里的“品牌主页……”①，设置其不显示在页面上。<div class="content">②放相关的品牌logo图片。下面的网站版权信息放在<section id="footer-inner">③里面并设置相应的样式即可

图 21.22 网站<footer>的结构和样式代码

具体的结构代码如下：

```
<footer>
  <section id=footer-brands>
    <h3><span>品牌主页 - 关注这些品牌，获得高品质城市生活攻略</span></h3>
    <div class=content><ul>
        <li><a><img src=""></a></li><li><a><img src=""></a></li>
        ……
      </ul></div>
  </section>
  <section id=footer-inner>
    <div id=footer-content>
      <ul class=left><li>街旁网 © 2011</li><li><a id=beian>京 icp 备 10033967 号-2</a></li></ul>
      <p class=right>
      <a></a> <span class=separator>·</span>
      ……
      </p></div>
  </section>
</footer>
```

CSS 样式代码如下：

```
footer { min-width: 960px; background: #fff; border-top: #6ac 1px solid }
#footer-brands { border-bottom: #ddd 1px solid }
#footer-brands h3 { margin: 30px auto 0px; width: 960px; border-top: #ddd 1px solid }
#footer-brands h3 span { position: relative; text-indent: -9999px; margin: 0px auto; width: 320px; display: block;
background: url (brands-title.gif) #fff no-repeat 50% 50%; height: 20px; overflow: hidden; top: -10px }
/*文本缩进-9999 像素，以块状的方式显示，连接一张背景图，有溢出来的内容将其隐藏*/
#footer-brands ul { margin: 0px auto; width: 960px; padding: 5px 0px 25px 0px }
#footer-brands ul:after { line-height: 0; display: block; visibility: hidden; clear: both; font-size: 0px; content:
```

Note

```
"." }/*这里为其设置了一个伪类，以块状的方式显示，清除两边的浮动等*/
    #footer-brands li { width: 120px; float: left; height: 50px; overflow: hidden; border-right: #ddd 1px solid; padding-top: 0px 5px }
    #footer-brands a { margin-top: -50px; width: 120px; display: block; height: 100px }
    #footer-inner {line-height: 16px; background: #f7f7f7; color: #666; border-top: #fff 1px solid; padding: 17px 0px }/*行高为 16 像素，背景颜色为灰色，上边框为 1 像素白色的实线等*/
    #footer-content { margin: 0px auto; width: 950px }
    footer .left { float: left }
    footer .left li { display: inline }
```

由于篇幅有限，关于页面其他地方的结构和样式代码不再详细分析。

软件开发视频大讲堂

循序渐进，实战讲述

375个应用实例，32小时视频讲解，基础知识→核心技术→高级应用→项目实战

海量资源，可查可练

◎ 实例资源库　◎ 模块资源库　◎ 项目资源库

◎ 测试题库　◎ 面试资源库　◎ PPT课件

（以《Java从入门到精通（第4版）》为例）